CAX工程应用丛书

AutoCAD 2013 中文版电气设计标准教程

赵月飞 解璞 编著

清华大学出版社

北京

内容简介

本书重点介绍了AutoCAD 2013中文版在电气设计中的应用方法与技巧。全书分为13章，主要内容包括电气设计概述、AutoCAD入门、二维绘图命令、基本绘图工具、二维编辑命令、辅助绘图工具、机械电气设计、电路图的设计、控制电气工程图的设计、电力电气工程图的设计、通信工程图电气设计、建筑电气工程图的设计及柴油机PLC系统电气工程图综合实例等知识。

本书图文并茂、语言简洁、思路清晰、解说翔实、由浅入深，各章节既相对独立又前后关联。另外，作者还根据自己多年的实践经验及学习的通常心理，给出总结和相关提示，帮助读者及时快速掌握所学知识。

随书配有多媒体学习光盘。光盘中包含全书所有实例的源文件素材，并制作了实例的全程配音讲解AVI文件。

本书既可作为高等院校、各类职业院校相关专业的教材，也可作为初学AutoCAD的入门教材，还可以作为电气工程技术人员的参考用书。

图书在版编目（CIP）数据

AutoCAD 2013中文版电气设计标准教程 / 赵月飞，解璞编著. -- 北京 ：清华大学出版社，2013
（CAX工程应用丛书）
ISBN 978-7-302-32678-6

Ⅰ.①A… Ⅱ.①赵… ②解… Ⅲ.①电气设备－计算机辅助设计－AutoCAD软件－教材 Ⅳ.①TM02-39

中国版本图书馆CIP数据核字（2013）第122377号

责任编辑：夏非彼
封面设计：王　翔
责任校对：闫秀华
责任印制：李红英

出版发行：清华大学出版社
　　网　　址：http://www.tup.com.cn，http://www.wqbook.com
　　地　　址：北京清华大学学研大厦A座　　**邮　　编：**100084
　　社 总 机：010-62770175　　**邮　　购：**010-62786544
　　投稿与读者服务：010-62776969，c-service@tup.tsinghua.edu.cn
　　质 量 反 馈：010-62772015，zhiliang@tup.tsinghua.edu.cn
印 刷 者：北京富博印刷有限公司
装 订 者：北京市密云县京文制本装订厂
经　　销：全国新华书店
开　　本：190mm×260mm　　**印　　张：**27.75　　**字　　数：**710千字
　　（附光盘1张）
版　　次：2013年9月第1版　　**印　　次：**2013年9月第1次印刷
印　　数：1～3500
定　　价：59.00元

产品编号：050956-01

前言

AutoCAD 2013 是当前最新版的 AutoCAD 软件，它运行速度快，安装要求比较低，而且具有众多制图、出图的优点。它提供的平面绘图功能能胜任电气工程图中使用的各种电气系统图、框图、电路图、接线图、电气平面图等的绘制。AutoCAD 2013 还提供了三维造型、图形渲染等功能，以及电气设计人员有可能要绘制的一些机械图、建筑图，作为电气设计的辅助工作。

电气工程图用来阐述电气工程的构成和功能，描述电气装置的工作原理，提供安装和维护使用的信息，辅助电气工程研究和指导电气工程实践施工等。电气工程的规模不同，该项工程的电气图种类和数量也不同。电气工程图的种类与工程的规模有关，较大规模的电气工程通常要包含更多种类的电气工程图，从不同的侧面表达不同侧重点的工程含义。

电气工程图一方面可以根据功能和使用场合分为不同的类别，另一方面各种类别的电气工程图都有某些联系和共同点，不同类别的电气工程图适用于不同的场合，其表达工程含义的侧重点也不尽相同。对于不同专业和在不同场合下，只要是按照同一种用途绘成的电气图，不仅在表达方式与方法上必须是统一的，而且在图的分类与属性上也应该一致。

AutoCAD 电气设计是计算机辅助设计与电气设计结合的交叉学科。虽然在现代电气设计中，普遍应用 AutoCAD 辅助设计，但国内专门对利用 AutoCAD 进行电气设计的方法和技巧进行讲解的书很少。本书根据电气设计在各学科和专业中的应用实际，全面具体地对各种电气设计的 AutoCAD 设计方法和技巧进行深入细致的讲解。

与市面上同类书比较，本书的写作具有以下鲜明特点。

1．思路明确，线索清晰

全书分为基础知识和设计实例两部分，前者包括电气制图规则和制图方法、AutoCAD 基础知识、二维绘图与编辑命令、基本绘图工具、常用电气元件的绘制以及电气图制图规则和表示方法，这一部分为后面的具体设计进行必要的知识准备，交代电气设计的基本知识要点；后者包括机械电气设计、电路图设计、控制电气图设计、电力电气工程图设计、通信工程图设计、建筑电气工程图设计。最后通过柴油机 PLC 系统电气工程图综合实例帮助读者体会实际电气设计工程实践的一些基本方法和技巧。

2．实例丰富，举一反三

本书所有实例归类讲解，摆脱其他书籍为讲解而讲解的樊篱。在利用实例讲解 AutoCAD

知识的同时，对实例进行剖析和解释。这样既训练了读者的 AutoCAD 绘图能力，又锻炼了读者的工程设计能力。在每一章的最后都给出了上机实验和思考练习例题，供读者及时练习巩固。

3．多种手段，立体讲解

本书除利用传统的纸面讲解外，还随书配送了多功能学习光盘。光盘中包含全书讲解实例和引申实例的源文件素材，并制作了所有实例操作过程配音讲解 AVI 文件。利用作者精心设计的多媒体界面，读者可以像看电影一样轻松愉悦地学习本书。

4．内容全面，针对性强

本书由目前 Autodesk 公司 AutoCAD 中国认证考试中心资深专家负责策划，全书参照 Autodesk 公司 AutoCAD 中国认证考试相关大纲编写，书中实例和思考练习题的编写整理参考 AutoCAD 中国认证考试历年试题，对希望参加相关认证考试的读者具有针对性的指导意义。

5．作者权威，精雕细琢

参加编写的作者都是电气设计和 CAD 教学与研究方面的专家和技术权威，都有过多年的教学经验，也是 CAD 设计与开发的高手。他们集中自己多年的心血，融化于字里行间，有很多地方都是他们经过反复研究得出的经验总结。本书所有讲解实例都严格按照电气设计规范进行绘制，包括图纸幅面设置，标题栏填写及尺寸标注等无不严格执行国家标准。这种对细节的把握与雕琢无不体现作者的工程学术造诣与精益求精的严谨治学态度。

本书主要由军械工程学院的赵月飞和解璞两位老师编写，参加编写的还有刘昌丽、胡仁喜、王佩楷、袁涛、康士廷、王培合、李鹏、周广芬、周冰、李瑞、董伟、王敏、路纯红、王兵学、王艳池、王玮、王义发、王玉秋等。本书的编写和出版得到了很多朋友的大力支持，在此向他们表示衷心的感谢。

由于时间仓促，加上编者水平有限，书中不足之处在所难免，恳请广大读者登录网站 www.sjzsanweishuwu.com 或发送邮件到 win760520@126.com 予以批评指正。

编　者

2013 年 3 月

目录

第 1 章

电气设计概述

AutoCAD 电气设计是计算机辅助设计与电气设计结合的交叉学科。虽然在现代电气设计中，应用 AutoCAD 辅助设计是顺理成章的事，但国内专门对利用 AutoCAD 进行电气设计的方法和技巧进行讲解的书很少。本章将介绍电气工程制图的有关基础知识，包括电气工程图的种类、特点以及电气工程 CAD 制图的相关规则，并对电气图的基本表示方法和连接线的表示方法加以说明。

1.1 电气图分类及特点

对于用电设备来说，电气图主要是主电路图和控制电路图；对于供配电设备来说，主要电气图是指一次回路和二次回路的电路图。但要表示清楚一项电气工程或一种电气设备的功能、用途、工作原理、安装和使用方法等，光有这两种图是不够的。电气图的种类很多，下面分别介绍常用的几种。

1.1.1 电气图分类

根据各电气图所表示的电气设备、工程内容及表达形式的不同，电气图通常分为以下几类。

1. 系统图或框图

系统图或框图就是用符号或带注释的框概略表示系统或分系统的基本组成、相互关系及其主要特征的一种简图。例如，电动机的主电路（如图 1-1 所示）就表示了它的供电关系，它的供电过程是由电源 L1、L2、L3 三相→熔断器 FU→接触器 KM→热继电器热元件 FR→电动机。又如，某供电系统图（如图 1-2 所示）表示这个变电所把 10kV 电压通过变压器变换为 380V 电压，经断路器 QF 和母线后通过 FU1、FU2、FU3 分别供给三条支路。系统图或框图常用来表示整个工程或其中某一项目的供电方式和电能输送关系，也可表示某一装置或设备各主要组成部分的关系。

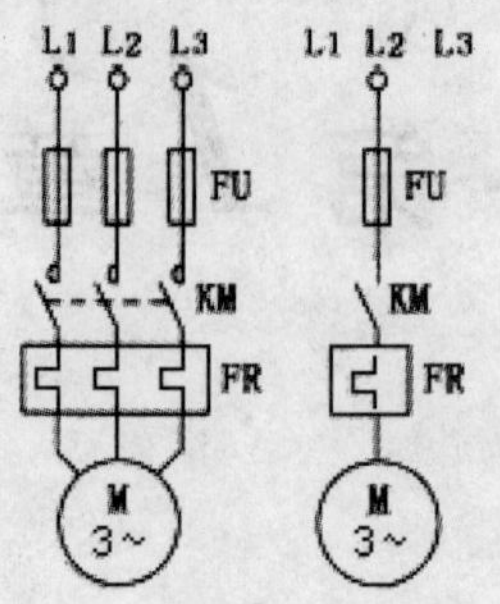

图 1-1 电动机供电系统图

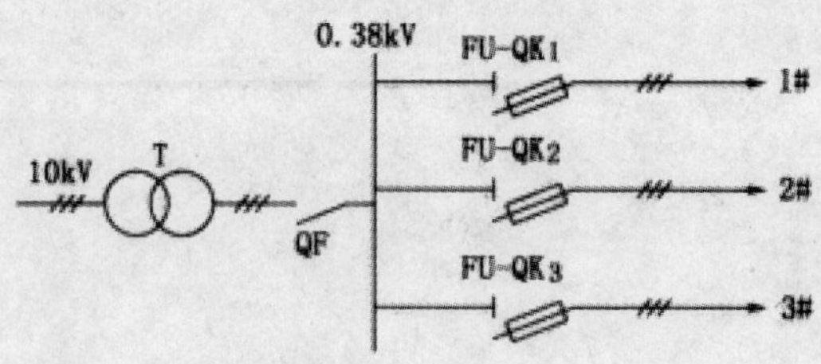

图 1-2 某变电所供电系统图

2．电路图

电路图就是按工作顺序用图形符号从上而下、从左到右排列，详细表示电路、设备或成套装置的全部组成和连接关系，而不考虑其实际位置的一种简图。其目的是便于详细理解设备工作原理、分析和计算电路特性及参数，所以这种图又称为电气原理或原理接线图。例如。磁力启动器电路图中（见图 1-3），当按下启动按钮 SB2 时，接触器 KM 的线圈将得电，它的常开主触点闭合，使电动机得电，启动运行；另一个辅助常开触点闭合，进行自锁。当按下停止按钮 SB1 或热继电器 FR 动作时，KM 线圈失电，常开主触点断开，电动机停止。可见它表示了电动机的操作控制原理。

3．接线图

接线图主要用于表示电气装置内部元件之间及其外部其他装置之间的连接关系，它是便于制作、安装及维修人员接线和检查的一种简图或表格。图 1-4 就是磁力启动器控制电动机的主电路接线图，它清楚地表示了各元件之间的实际位置和连接关系：电源（L1、L2、L3）由 BX-3×6 的导线接至端子排 X 的 1、2、3 号，然后通过熔断器 FU1～FU3 接至交流接触器 KM 的主触点，再经过继电器的发热元件接到端子排的 4、5、6 号，最后用导线接入电动机的 U、V、W 端子。当一个装置比较复杂时，接线图又可分解为以下几种。

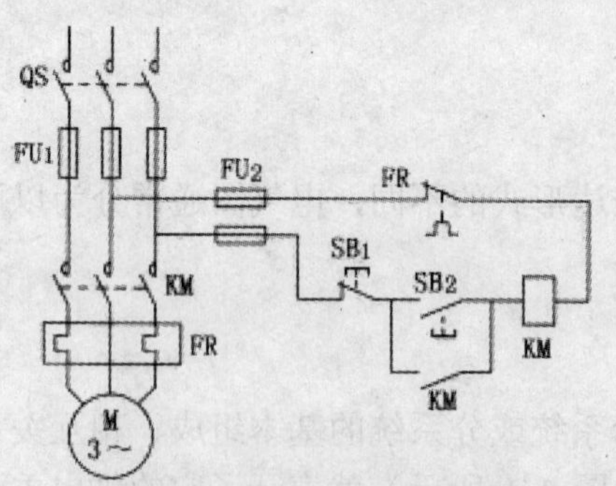

图 1-3 磁力启动器电路

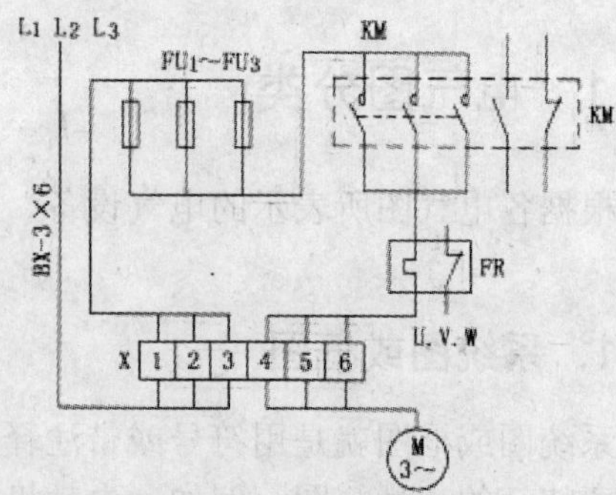

图 1-4 磁力启动器接线图

（1）单元接线图。它是表示成套装置或设备中一个结构单元内的各元件之间的连接关系的一种接线图。这里所指“结构单元”是指在各种情况下可独立运行的组件或某种组合体，如电动机、开关柜等。

（2）互连接线图。它是表示成套装置或设备的不同单元之间连接关系的一种接线图。

（3）端子接线图。它是表示成套装置或设备的端子以及接在端子上外部接线(必要时包括内部接线)的一种接线图，如图 1-5 所示。

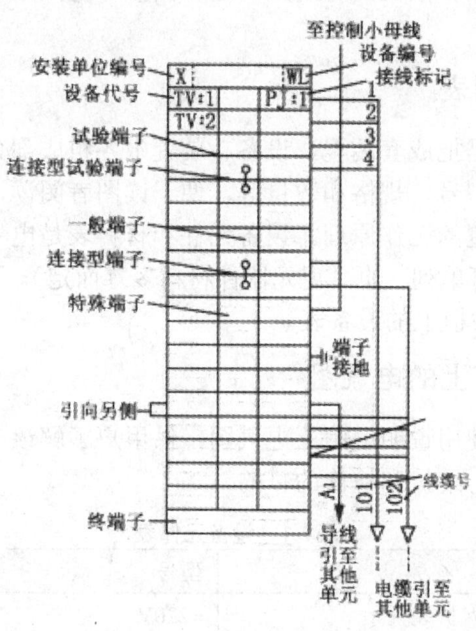

图 1-5　端子接线图

（4）电线电缆配置图。它是表示电线电缆两端位置，必要时还包括电线电缆功能、特性和路径等信息的一种接线图。

4．电气平面图

电气平面图是表示电气工程项目的电气设备、装置和线路的平面布置图，它一般是在建筑平面图的基础上制作出来的。常见的电气平面图有：供电线路平面图、变配电所平面图、电力平面图、照明平面图、弱电系统平面图、防雷与接地平面图等。图 1-6 是某车间的动力电气平面图，它表示了各车床的具体平面位置和供电线路。

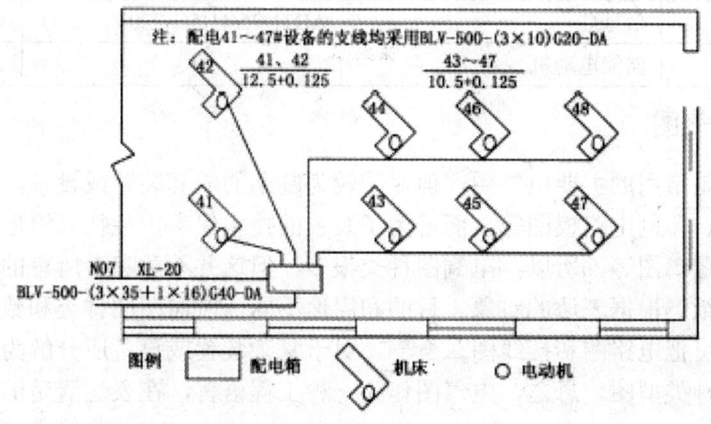

图 1-6　某车间动力电力平面图

5．设备布置图

设备布置图表示各种设备和装置的布置形式、安装方式以及相互之间的尺寸关系，通常由平面图、主面图、断面图、剖面图等组成。这种图按三视图原理绘制，与一般机械图没有大的区别。

6．设备元件和材料表

设备元件和材料表就是把成套装置、设备、装置中各组成部分和相应数据列成表格，来表示各组成部分的名称、型号、规格和数量等，便于读图者阅读，了解各元器件在装置中的作用和功能，从而读懂装置的工作原理。设备元件和材料表是电气图中重要组成部分，它可置于图中的某一位置，也可单列一页（视元器件材料多寡而定）。为了方便书写，通常是从下而上排序。表 1-1 是某开关柜上的设备表。

7．产品使用说明书上的电气图

生产厂家往往随产品使用说明书附上电气图，供用户了解该产品的组成和工作过程及注意事项，以达到正确使用、维护和检修的目的。

表1-1　设备元件表

符号	名称	型号	数量
ISA-351D	微机保护装置	=220V	1
KS	自动加热除湿控制器	KS-3-2	1
SA	跳、合闸控制开关	LW-Z-1a，4，6a，20/F8	1
QC	主令开关	LS1-2	1
QF	自动空气开关	GM31-2PR3，0A	1
FU1-2	熔断器	AM1 16/6A	2
FU3	熔断器	AM1 16/2A	1
1-2DJR	加热器	DJR-75-220V	2
HLT	手车开关状态指示器	MGZ-91-1-220V	1
HLQ	断路器状态指示器	MGZ-91-1-220V	1
HL	信号灯	AD11-25/41-5G-220V	1
M	储能电动机		1

8．其他电气图

上述电气图是常用的主要电气图，但对于较为复杂的成套装置或设备，为了便于制造，有局部的大样图、印刷电路板图等，而若为了装置的技术保密，往往只给出装置或系统的功能图、流程图、逻辑图等。所以，电气图种类很多，但这并不意味着所有的电气设备或装置都应具备这些图纸。根据表达的对象、目的和用途不同，所需图的种类和数量也不一样，对于简单的装置，可把电路图和接线图二合一，对于复杂装置或设备应分解为几个系统，每个系统也有以上各种类型图。总之，电气图作为一种工程语言，在表达清楚的前提下，越简单越好。

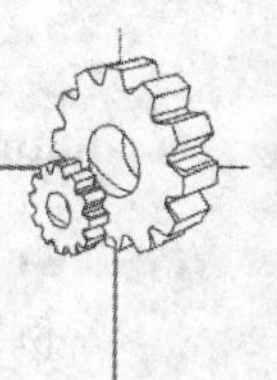

1.1.2　电气图特点

电气图与其他工程图有着本质的区别，它表示系统或装置中的电气关系，所以具有其独特的一面，其主要特点有以下几个方面。

1. 清晰

电气图是用图形符号、连线或简化外形来表示系统或设备中各组成部分之间相互电气关系及其连接关系的一种图。如某一变电所电气图（如图 1-7 所示），10kV 电压变换为 0.38kV 低压，分配给 4 条支路，用文字符号表示，并给出了变电所各设备的名称、功能和电流方向及各设备连接关系和相互位置关系，但没有给出具体位置和尺寸。

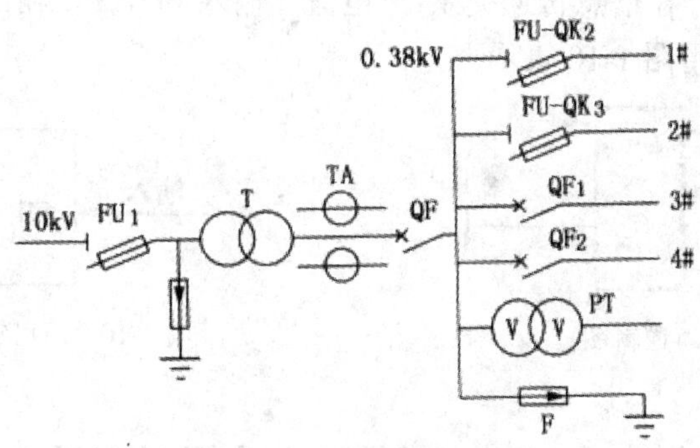

图 1-7　变电所电气图

2. 简洁

电气图是采用电气元器件或设备的图形符号、文字符号和连线来表示的，没有必要画出电气元器件的外形结构。所以对于系统构成、功能及电气接线等，通常都采用图形符号、文字符号来表示。

3. 独特性

电气图主要是表示成套装置或设备中各元器件之间的电气连接关系，不论是说明电气设备工作原理的电路图、供电关系的电气系统图，还是表明安装位置和接线关系的平面图和连线图等，都表达了各元器件之间的连接关系，例如图 1-1～图 1-4。

4. 布局

电气图的布局依据图所表达的内容而定。电路图、系统图是按功能布局，只考虑便于看出元件之间功能关系，而不考虑元器件实际位置，要突出设备的工作原理和操作过程，按照元器件动作顺序和功能作用，从上而下，从左到右布局。而对于接线图、平面布置图，则要考虑元器件的实际位置，所以应按位置布局，如图 1-4 和图 1-6。

5. 多样性

对系统的元件和连接线描述方法不同，构成了电气图的多样性，如元件可采用集中表示法、半集中表示法、分散表示法，连线可采用多线表示、单线表示和混合表示。同时，对于一个电气系统中各种电气设备和装置之间，从不同角度、不同侧面去考虑，存在不同关系。

例如在图 1-1 的某电动机供电系统图中，就存在着不同关系。

（1）电能是通过 FU、KM、FR 送到电动机 M，它们存在能量传递关系，如图 1-8 所示。

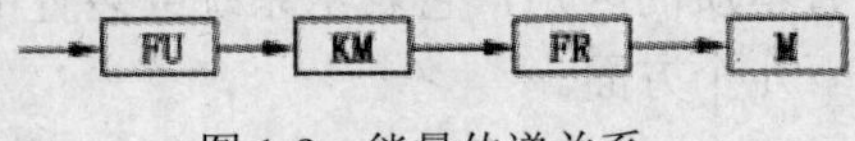

图 1-8　能量传递关系

（2）从逻辑关系上，只有当 FU、KM、FR 都正常时，M 才能得到电能，所以它们之间存在“与”的关系：M=FU · KM · FR。即只有 FU 正常为“1”、KM 合上为“1”、FR 没有烧断为“1”时，M 才能为“1”，表示可得到电能。其逻辑图如图 1-9 所示。

（3）从保护角度表示，FU 进行短路保护。当电路电流突然增大发生短路时，FU 烧断，使电动机失电。它们就存在信息传递关系：“电流”输入 FU，FU 输出“烧断”或“不烧断”，取决于电流的大小，可用图 1-10 表示。

图 1-9　逻辑图　　图 1-10　FU 的信息传递图

1.2　电气图 CAD 制图规则

电气图是一种特殊的专业技术图，它除必须遵守国家标准局颁布的《电气制图》（GB6988）、《电气图用图形符号》（GB4728）、《电气技术中的项目代号》（GB5094-85）、《电气技术中的文字符号制定通则》（GB7I59-87）的标准外，还要遵守“机械制图”、“建筑制图”等方面的有关规定，所以制图和读图人员有必要了解这些规则或标准。由于国家标准局所颁布的标准很多，这里只能简单介绍跟电气图的制图有关的规则和标准。

1.2.1　图纸格式和幅面尺寸

1. 图纸格式

电气图的格式和机械图图纸、建筑图纸的格式基本相同，通常由边框线、图框线、标题线、会签栏组成，其格式如图 1-11 所示。

图中的标题栏相当于一个设备的铭牌，标示着这张图纸的名称、图号张次、制图者、审核者等有关人员的签名，其一般式样见表 1-2。标题栏通常放在右下角位置，也可放在其他位置，但必须在本张图纸上，而且标题栏的文字方向与看图方向一致。会签栏是留给相关的水、暖、建筑、工艺等专业设计人员会审图纸时签名用的。

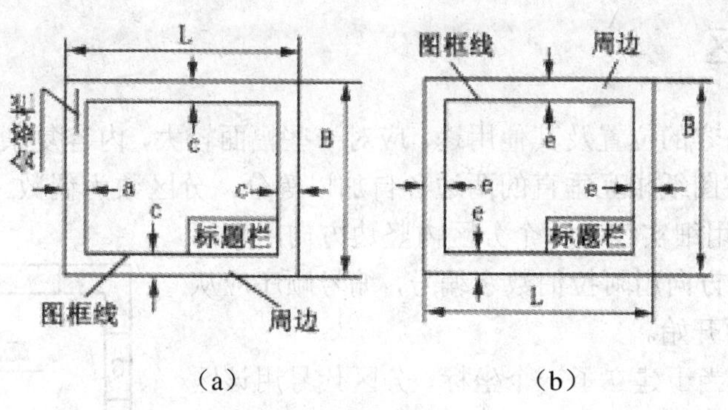

图 1-11 电气图图纸格式

表1-2 标题栏一般格式

<table>
<tr><td colspan="4">××电力勘察设计院</td><td colspan="2">××区域 10kV 开闭及出线电缆工程</td><td>施工图</td></tr>
<tr><td>所长</td><td></td><td>校核</td><td></td><td colspan="3" rowspan="4">10kV 配电装备电缆联系及屏顶小母线布置图</td></tr>
<tr><td>主任工程师</td><td></td><td>设计</td><td></td></tr>
<tr><td>专业组长</td><td></td><td>CAD 制图</td><td></td></tr>
<tr><td>项目负责人</td><td></td><td>会签</td><td></td></tr>
<tr><td>日期</td><td>年 月 日</td><td>比例</td><td></td><td>图号</td><td colspan="2">B812S-D01-14</td></tr>
</table>

2．幅面尺寸

由边框线围成的图画称为图纸的幅面。幅面大小共分 5 类：A0～A4，其尺寸见表 1-3。根据需要可对 A3、A4 号图加长，加长幅面尺寸见表 1-4。

表1-3 基本幅面尺寸（mm）

幅面代号	A0	A1	A2	A3	A4
宽×长（B×L）	841×1189	594×841	420×594	297×420	210×297
留装订边边宽（c）	10	10	10	5	5
不留装订边边宽（e）	20	20	10	10	10
装订侧边宽（a）	25				

表1-4 加长幅面尺寸（mm）

序号	代号	尺寸
1	A3×3	420×891
2	A3×4	420×1189
3	A4×3	297×630
4	A4×4	297×841
5	A4×5	297×1051

当表 1-3 和表 1-4 所列幅面系列还不能满足需要时，可按 GB4457.1 的规定，选用其他加长幅面的图纸。

1.2.2 图幅分区

为了确定图上内容的位置及其他用途。应对一些幅面较大，内容复杂的电气图进行分区。图幅分区的方法是将图纸相互垂直的两边各自加以等分，分区数为偶数。每一分区的长度为25～75mm。分区线用细实线，每个分区内竖边方向用大写英文字母编号，横边方向用阿拉伯数字编号，编号顺序应从标题栏相对的左上角开始。

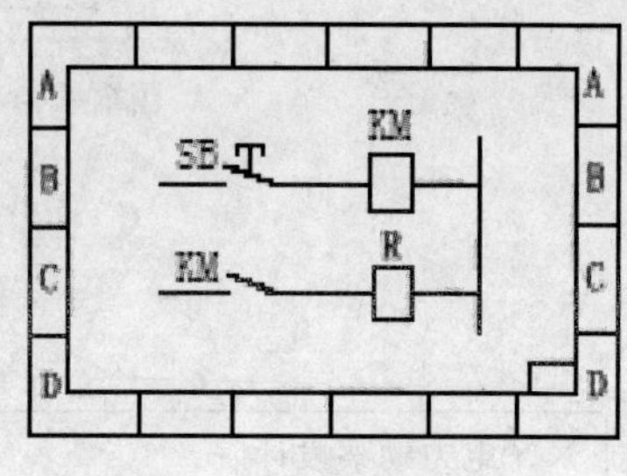

图 1-12　图幅分区示例

图幅分区后，相当于建立了一个坐标，分区代号用该区域的字母和数字表示，字母在前，数字在后，如 B3、C4，也可用行（如 A、B）或列（如 1、2）表示。这样，在说明设备工作元件时，就可让读者很方便地找出所指元件。

图 1-12 中，将图幅分成 4 行（A～D）和 6 列（1～6）。图幅内所绘制的元件 KM、SB、R 在图上的位置被唯一地确定下来了，其位置代号列于表 1-5 中。

表1-5　图上元件的位置代号

序号	元件名称	符号	行号	列号	区号
1	继电器线圈	KM	B	4	B4
2	继电器触点	KM	C	2	C2
3	开关（按钮）	SB	B	2	B2
4	电阻器	R	C	4	C4

1.2.3 图线、字体及其他图

1. 图线

图中所用的各种线条称为图线。机械制图规定了 8 种基本图线，即粗实线、细实线、波浪线、双折线、虚线、细点画线、粗点画线和双点画线，并分别用代号 A、B、C、D、F、G、J 和 K 表示，见表 1-6。

表1-6　图线及应用

序号	图线名称	图线型式	代号	图线宽度（mm）	一般应用
1	粗实线		A	b=0.5～2	可见轮廓线，可见过渡线
2	细实线		B	约 b/3	尺寸线和尺寸界线，剖面线，重合剖面轮廓线，螺纹的牙底线及齿轮的齿根线，引出线，分界线及范围线，弯折线，辅助线，不连续的同一表面的连线，成规律分布的相同要素的连线
3	波浪线		C	约 b/3	断裂处的边界线，视图与剖视的分线
4	双折线		D	约 b/3	断裂处的边界线

（续表）

序号	图线名称	图线型式	代号	图线宽度（mm）	一般应用
5	虚线	— — — — —	F	约 b/3	不可见轮廓线，不可见过渡线
6	细点画线	——— - ———	G	约 b/3	轴线，对称中心线，轨迹线，节圆及节线
7	粗点画线	━━━ - ━━━	J	b	有特殊要求的线或表面的表示线
8	双点画线	——— - - ———	K	约 b/3	相邻辅助零件的轮廓线，极限位置的轮廓线，坯料轮廓线或毛坯图中制成品的轮廓线，假想投影轮廓线，试验或工艺用结构（成品上不存在）的轮廓线，中断线

2．字体

图中的文字，如汉字、字母和数字，是图的重要组成部分，是读图的重要内容。按 GB4457.3-84《机械制图的文件》的规定，汉字采用长仿宋体，字母、数字可用直体、斜体；字体号数，即字体高度（单位为 mm），分为 20、14、10、7、5、3.5 和 2.5 七种，字体的宽度约等于字体高度的 2/3，而数字和字母的笔画宽度约为字体高度的 1/10。因汉字笔画较多，所以不宜用 2.5 号字。

3．箭头和指引线

电气图中有两种形式的箭头：开口箭头（见图 1-13（a））表示电气连接上能量或信号的流向，而实心箭头（见图 1-13（b））表示力、运动、可变性方向。

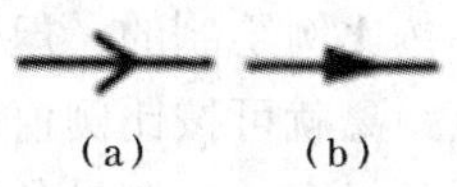

图 1-13　箭头

指引线用于指示注释的对象，其末端指向被注释处，并在某末端加注以下标记（如图 1-14 所示）：若指在轮廓线内，用一黑点表示，见图 1-14（a）；若指在轮廓线上，用一箭头表示，见图 1-14(b)；若指在电气线路上，用一斜短画线表示，见图 1-14(c)，图中指明导线分别为 $3\times10mm^2$ 和 $2\times2.5mm^2$。

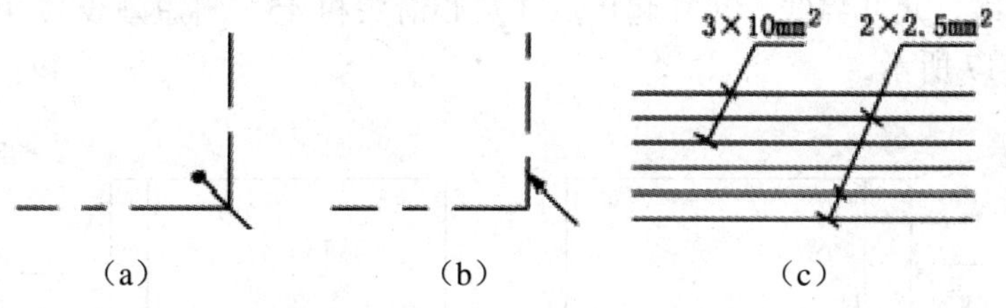

图 1-14　指引线

4．围框

当需要在图上显示其中的一部分所表示的是功能单元、结构单元或项目组（电器组、继电器装置）时，可以用点画线围框表示。为了图面清楚，围框的形状可以是不规则的，如图 1-15 所示。围框内有两个继电器，每个继电器分别有三对触点，用一个围框表示这两个继电器 KM1、KM2 的作用关系会更加清楚，且具有互锁和自锁功能。

当用围框表示一个单元时，若在围框内给出了可在其他图纸或文件上查阅更详细资料的标记，则其内的电路等可用简化形式表示或省略。如果在表示一个单元的围框内的图上含有不属于该单元的元件符号，则必须对这些符号加双点画线的围框并加代号或注解。例如图 1-16 的-A 单元内包含有熔断器 FU、按钮 SB、接触器 KM 和功能单元-B 等，它们在一个框内。而-B 单元在功能上与-A 单元有关，但不装在-A 单元内，所以用双点画线围起来，并且加了注释，表明-B 单元在图（a）中给出了详细资料，这里将其内部连接线省略。但应注意，在采用围框表示时，围框线不应与元件符号相交。

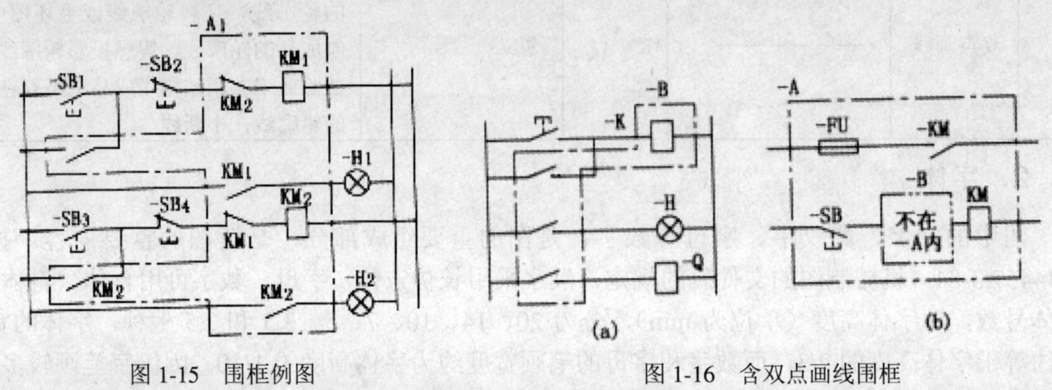

图 1-15　围框例图　　　　图 1-16　含双点画线围框

5. 比例

图上所画图形符号的大小与物体实际大小的比值，称为比例。大部分的电气线路图都是不按比例绘制的，但位置平面图等则按比例绘制或部分按比例绘制，这样在平面图上测出两点距离就可按比例值计算出两者间的实际距离（如线长度、设备间距等），这对导线的放线，设备机座、控制设备等安装都有利。

电气图采用的比例一般为 1∶10、1∶20、1∶50、1∶100、1∶200、1∶500。

6. 尺寸标准

在一些电气图上标注了尺寸。尺寸数据是有关电气工程施工和构件加工的重要依据。

尺寸由尺寸线、尺寸界线、尺寸起止点（实心箭头和 45° 斜短画线）、尺寸数字 4 个要素组成，如图 1-17 所示。

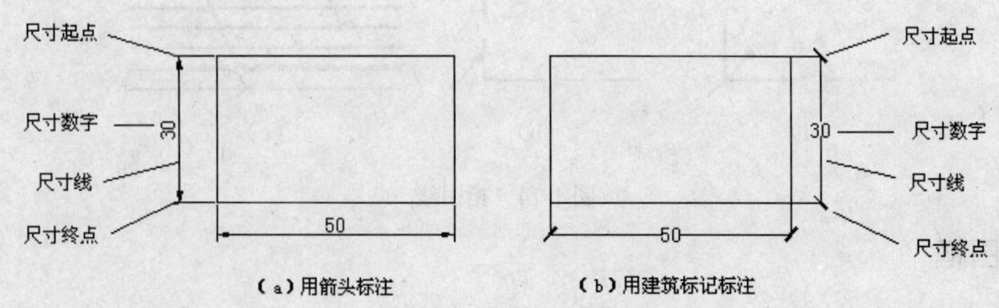

图 1-17　尺寸标注示例

图纸上的尺寸通常以毫米（mm）为单位，除特殊情况外，图上一般不另标注单位。

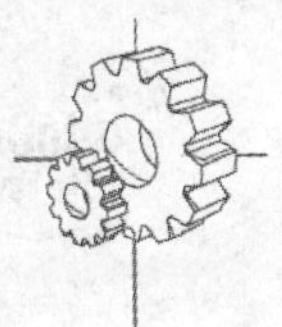

7．建筑物电气平面图专用标志

在电力、电气照明平面布置和线路敷设等建筑电气平面图上，往往画有一些专用的标志，以提示建筑物的位置、方向、风向、标高、结构等。这些标志对电气设备安装、线路敷设有着密切关系，了解了这些标志的含义，对阅读电气图十分有利。

（1）方位

建筑电气平面图一般按“上北下南，左西右东”表示建筑物的方位，但在许多情况下，都是用方位标记表示其朝向。方位标记如图 1-18 所示，其箭头方向表示正北方向（N）。

（2）风向频率标记

它是根据这一地区多年统计出的各方向刮风次数的平均百分值，并按一定比例绘制而成的，如图 1-19 所示。它像一朵玫瑰花，故又称风向玫瑰图，其中实线表示全年的风向频率，虚线表示夏季（6 月~8 月）的风向频率。由图可见，该地区常年以西北风为主，夏季以西北风和东南风为主。

（3）标高

标高分为绝对标高和相对标高。绝对标高又称海拔高度，我国是以青岛市外黄海平面作为零点来确定标高尺寸的。相对标高是选定某一参考面或参考点为零点而确定的高度尺寸，建筑电气平面图均采用相对标高，它一般采用室外某一平面或某层楼平面作为零点而确定标高，这一标高又称安装标高或敷设标高，其符号及标高尺寸示例如图 1-20 所示。图 1-20（a）用于室内平面图和剖面图上，标注的数字表示高出室内平面某一确定的参考点 2.50m，图 1-20（b）图用于总平面图上的室外地面，其数字表示高出地面 6.10m。

图 1-18　方位标记

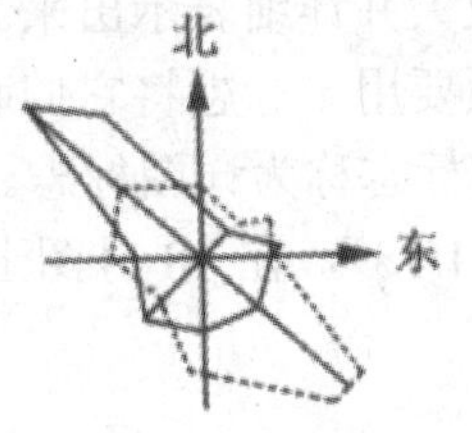

图 1-19　风向频率标记

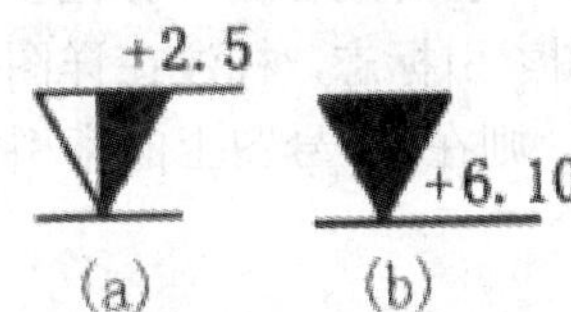

图 1-20　安装标高例图

（4）建筑物定位轴线

定位轴线一般都是根据载重墙、柱、梁等主要载重构件的位置所画的轴线。定位轴线编号的方法是：水平方向，从左到右，用数字编号；垂直方向，由下而上用字母（易造成混淆的 I、O、Z 不用）编号，数字和字母分别用点画线引出，如图 1-21 所示。其轴线分别为 A、B、C 和 1、2、3、4、5。

有了这个定位轴线，就可确定图上所画的设备位置，计算出电气管线长度，便于下料和施工。

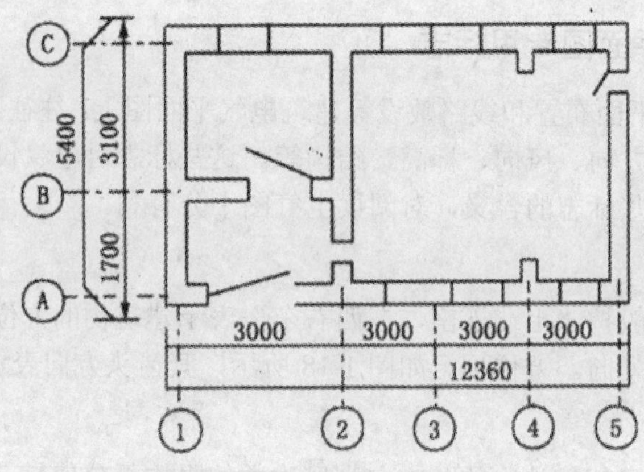

图 1-21　定位轴线标注方法示例

8．注释、详图

（1）注释

用图形符号表达不清楚或不便表达的地方，可在图上加注释。注释可采用两种方式：一是直接放在所要说明的对象附近；二是加标记，将注释放在另外位置或另一页。当图中出现多个注释时，应把这些注释按编号顺序放在图纸边框附近。如果是多张图纸，一般性注释放在第一张图上，其他注释则放在与其内容相关的图上，注释方法采用文字、图形、表格等形式，其目的就是把对象表达清楚。

（2）详图

详图实质上是用图形来注释。这相当于机械制图的剖面图，就是把电气装置中某些零部件和连接点等结构、做法及安装工艺要求放大并详细表示出来。详图位置可放在要详细表示对象的图上，也可放在另一张图上，但必须要用一标志将它们联系起来。标注在总图上的标志称为详图索引标志，标注在详图位置上的标志称为详图标志。例如，11 号图上 1 号详图在 18 号图上，则在 11 号图上的索引标志为“1/18”，在 18 号图上的标注为“1/11”，即采用相对标注法。

1.2.4　电气图布局方法

图的布局应从有利于对图的理解出发，做到布局突出图的本意、结构合理、排列均匀、图面清晰、便于读图。

1．图线布局

电气图的图线一般用于表示导线、信号通路、连接线等，要求用直线，即横竖直，尽可能减少交叉和弯折。图线的布局方法有以下两种。

（1）水平布局

水平布局是将元件和设备按行布置，使其连接线处于水平布置，如图 1-22 所示。

（2）垂直布局

垂直布局是将元件和设备按列布置，使其连接线处于竖直布置，如图 1-23 所示。

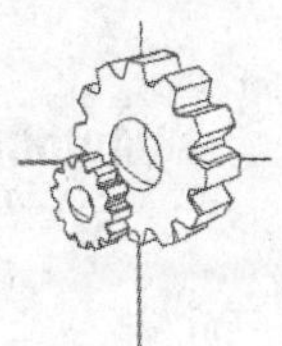

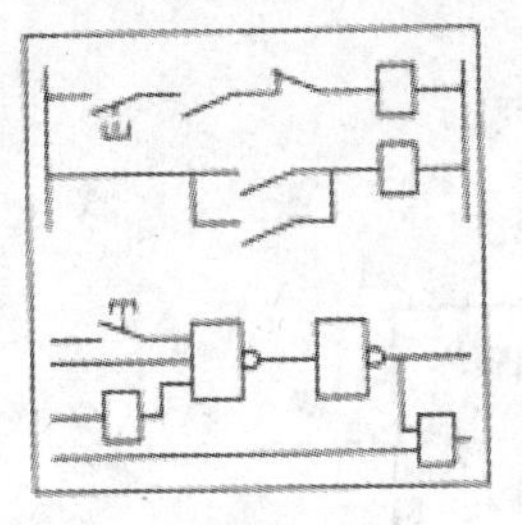

图 1-22　图线水平布局范例

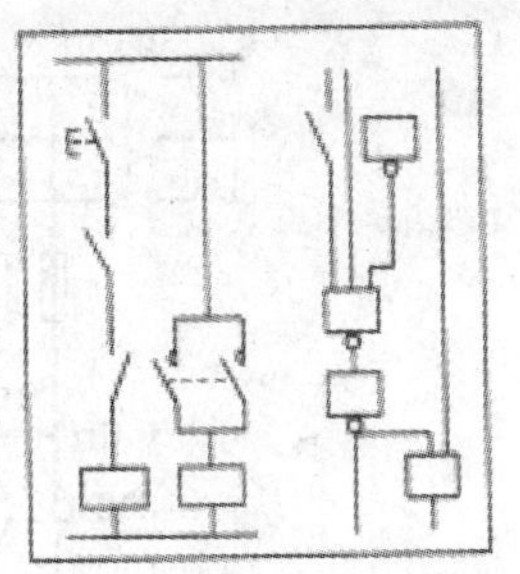

图 1-23　图线垂直布局范例

2. 元件布局

元件在电路中的排列一般是按因果关系和动作顺序从左到右、至上而下布置，看图时也要按这一排列规律来分析。例如，图 1-24 是水平布局，从左向右分析，SB1、FR、KM 都处于常闭状态，KT 线圈才能得电。经延时后，KT 的常开触点闭合，KM 得电。不按这一规律来分析，就不易看懂这个电路图的动作过程。

如果元件在接线图或布局图等图中，它是按实际元件位置来布局，这样便于看出各元件间的相对位置和导线走向。例如，图 1-25 是某两个单元的接线图，它表示了两个单元的相对位置和导线走向。

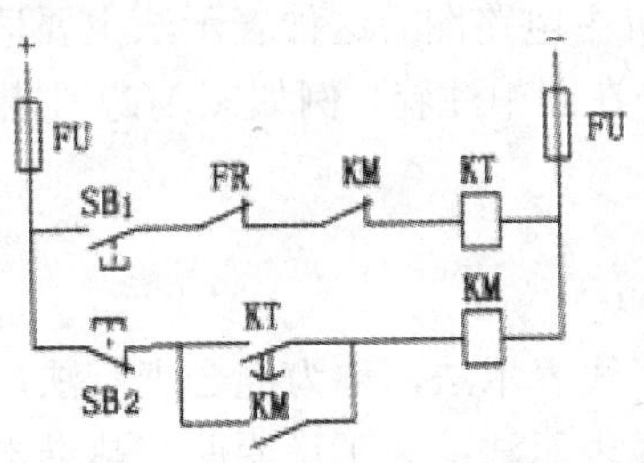

图 1-24　元件布局范例

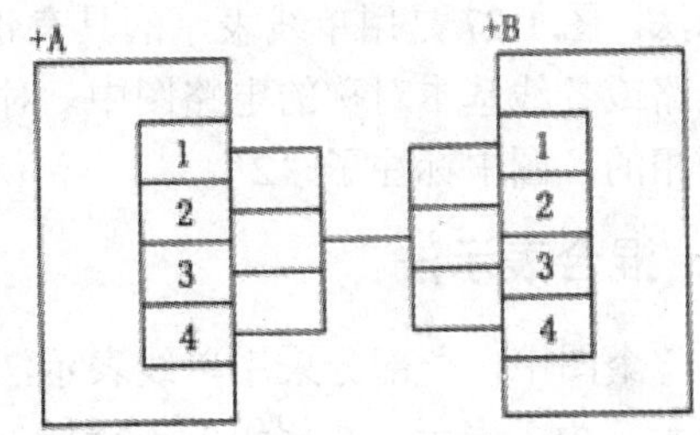

图 1-25　两单元按位置布局范例

1.3　电气图基本表示方法

电气图可以通过线路、电气元件以及元器件触头和工作状态来表示。

1.3.1　线路表示方法

线路的表示方法通常有多线表示法、单线表示法和混合表示法三种。

1. 多线表示法

在图中，电气设备的每根连接线或导线各用一条图线表示的方法，称为多线表示法。图 1-26 就是一个具有正、反转的电动机主电路，多线表示法能比较清楚地看出电路工作原理。但图线太多，对于比较复杂的设备，交叉就多，反而不利于看懂图。多线表示法一般用于表示各相或各线内容的不对称和要详细表示各相和各线的具体连接方法的场合。

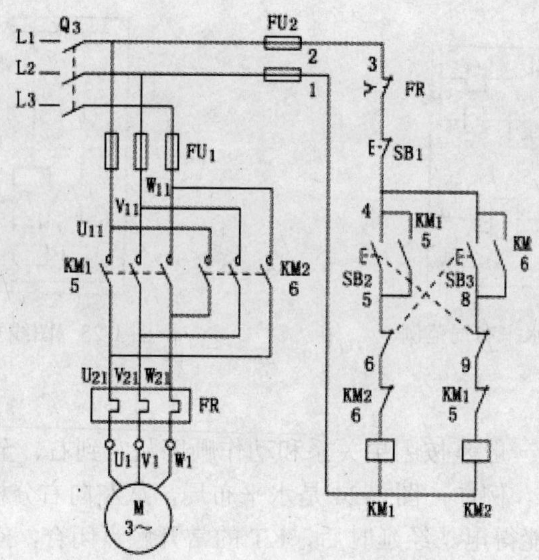
图 1-26　多线表示法例图

2. 单线表示法

在图中，电气设备的两根或两根以上的连接线或导线，只用一根线表示的方法，称为单线表示法。图 1-27 是用单线表示的具有正、反转的电动机主电路图。这种表示法主要适用于三相电路或各线基本对称的电路图中。对于不对称的部分在图中注释，例如图 1-27 中热继电器是两相的，图中标注了“2”。

3. 混合表示法

在一个图中，一部分采用单线表示法，一部分采用多线表示法，称为混合表示法，如图 1-28 所示。为了表示三相绕组的连接情况，该图用了多线表示法；为了说明两相热继电器，也用了多线表示法；其余的断路器 QF、熔断器 FU、接触器 KM1 都是三相对称，采用单线表示。这种表示法既具有单线表示法简洁精练的优点，又有多线表示法描述精确、充分的优点。

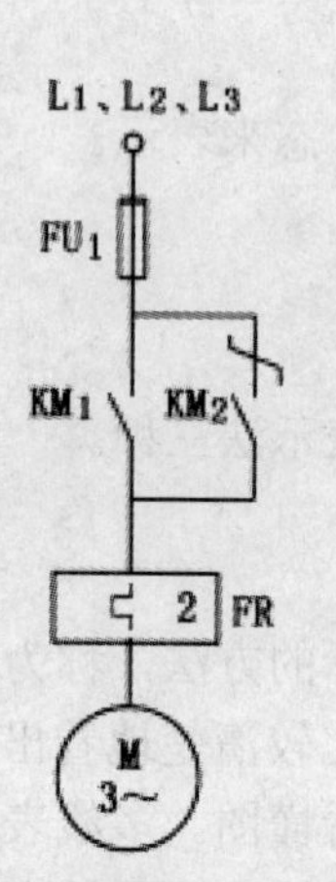
图 1-27　单线表示法例图

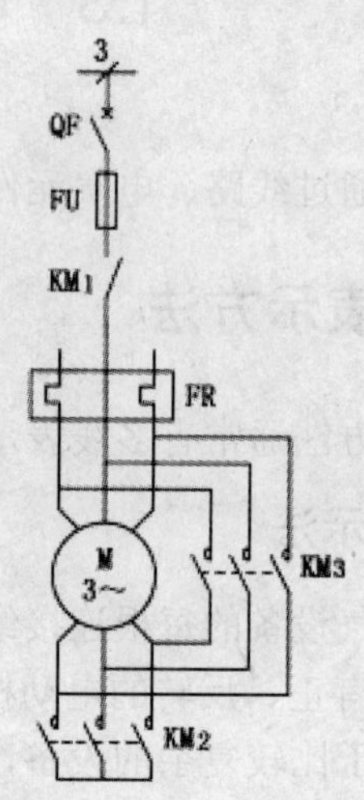
图 1-28　Y-△切换主电路的混合表示法

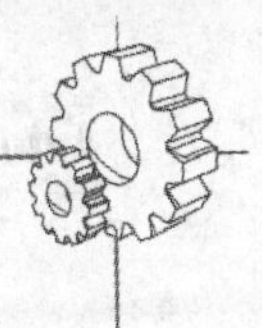

1.3.2　电气元件表示方法

电气元件在电气图中通常采用图形符号来表示，绘出其电气连接，在符号旁标注项目代号（文字符号），必要时还标注有关的技术数据。

一个元件在电气图中完整图形符号的表示方法有：集中表示法和半集中表示法。

1．集中表示法

把设备或成套装置中的一个项目各组成部分的图形符号在简图上绘制在一起的方法，称为集中表示法。在集中表示法中，各组成部分用机械连接线（虚线）互相连接起来，连接线必须是一条直线。可见这种表示法只适用于简单的电路图。图 1-29 是两个项目，继电器 KA 有一个线圈和一对触点，接触器 KM 有一个线圈和三对触头，它们分别用机械连接线联系起来，各自构成一体。

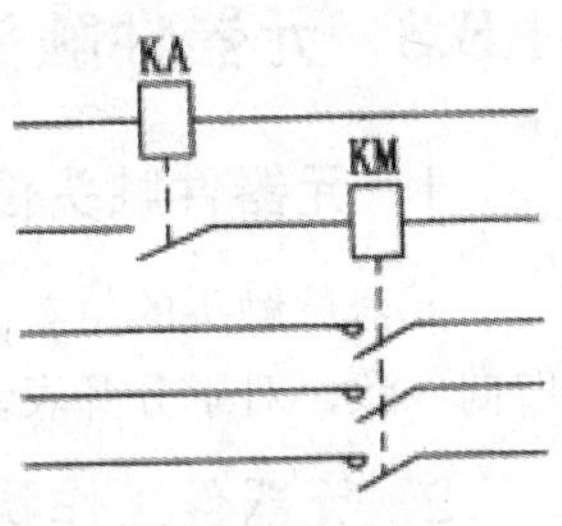

图 1-29　集中表示法示例

2．半集中表示法

把一个项目中某些部分的图形符号在简图中分开布置，并用机械连接符号把它们连接起来，称为半集中表示法。例如，图 1-30 中，KM 具有一个线圈、三对主触头和一对辅助触头，表达清楚。在半集表示中，机械连接线可以弯折、分支和交叉。

3．分开表示法

把一个项目中某些部分的图形符号在简图中分开布置，并使用项目代号（文字符号）表示它们之间关系的方法，称为分开表示法，也称展开法。若图 1-30 采用分开表示法，就成为图 1-31，可见分开表示法只要把半集中表示法中的机械连接线去掉，在同一个项目图形符号上标注同样的项目代号就行了。这样图中的点画线就少，图面更简洁，但是在看图中，要寻找各组成部分比较困难，必须综观全局图，把同一项目的图形符号在图中全部找出，否则在看图时就可能会遗漏。为了看清元件、器件和设备各组成部分，便于寻找其在图中的位置，分开表示法可与半集中表示法结合起来，或者采用插图、表格表示各部分的位置。

4．项目代号的标注方法

采用集中表示法和半集中表示法绘制元件，其项目代号只在图形符号旁标出并与机械连接线对齐，见图 1-29 和图 1-30 中的 KM。

采用分开表示法绘制的元件，其项目代号应在项目的每一部分自身符号旁标注，如图 1-31 所示。必要时，对同一项目的同类部件（如各辅助开关，各触点）可加注序号。

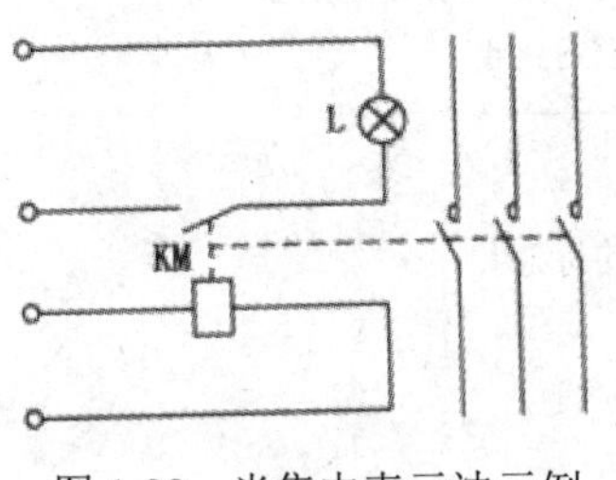

图 1-30　半集中表示法示例

图 1-31　分开表示法示例

标注项目代号时应注意：

（1）项目代号的标注位置尽量靠近图形符号。

（2）图线水平布局的图，项目代号应标注在符号上方。图线垂直布局的图，项目代号标注在符号的左方。

（3）项目代号中的端子代号应标注在端子或端子位置的旁边。

（4）对围框的项目代号应标注在其上方或右方。

1.3.3 元器件触头和工作状态表示方法

1．元器件触头位置

元器件触头的位置在同一电路中，当它们加电和受力作用后，各触点符号的动作方向应取向一致，对于分开表示法绘制的图，触头位置可以灵活运用，没有严格规定。

2．元器件工作状态的表示方法

在电气图中，元器件和设备的可动部分通常应表示在非激励或不工作的状态或位置。例如：

（1）继电器和接触器在非激励的状态，图中的触头状态是非受电下的状态。

（2）断路器、负荷开关和隔离开关在断开位置。

（3）带零位的手动控制开关在零位置，不带零位的手动控制开关在图中规定位置。

（4）机械操作开关（如行程开关）在非工作的状态或位置（即搁置）时的情况，以及机械操作开关在工作位置的对应关系，一般表示在触点符号的附近或另附说明。

（5）温度继电器、压力继电器都处于常温和常压（一个大气压）状态。

（6）事故、备用、报警等开关或继电器的触点应该表示在设备正常使用的位置，如有特定位置，应在图中另加说明。

（7）多重开闭器件的各组成部分必须表示在相互一致的位置上，而不管电路的工作状态。

3．元器件技术数据的标志

电路中的元器件的技术数据（如型号、规格、整定值、额定值等）一般标在图形符号的近旁，对于图线水平布局图，尽可能标在图形符号下方；对于图线垂直布局图，则标在项目代号的右方；对于像继电器、仪表、集成块等方框符号或简化外形符号，则可标在方框内，如图 1-32 所示。

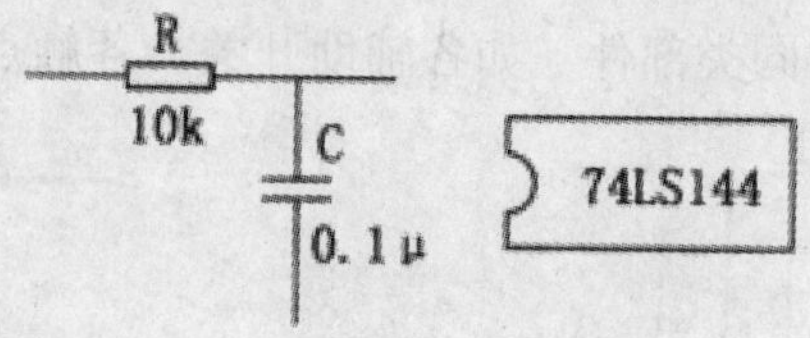

图 1-32 元器件技术数据的标志

1.4　电气图中连接线的表示方法

在电气线路图中，各元件之间都采用导线连接，起到传输电能、传递信息的作用。所以看图者应了解连接线的表示方法。

1.4.1　连接线一般表示法

1．导线一般表示法

一般的图线就可表示单根导线。对于多根导线，可以分别画出，也可以只画一根图线，但需加标志。若导线少于 4 根，可用短画线数量代表根数；若多于 4 根，可在短画线旁加数字表示，如图 1-33（a）所示。表示导线特征的方法是：在横线上面标出电流种类、配电系统、频率和电压等；在横线下面标出电路的导线数乘以每根导线截面积（mm^2），当导线的截面不同时，可用“+”将其分开，如图 1-33（b）所示。

要表示导线的型号、截面、安装方法等，可采用短划指引线，加标导线属性和敷设方法，如图 1-33(c)所示。该图表示导线的型号为 BLV(铝芯塑料绝缘线)；其中 3 根截面积为 25 mm^2，1 根截面积为 16 mm^2；敷设方法为穿入塑料管（VG），塑料管管径为 40mm，沿地板暗敷。

要表示电路相序的变换、极性的反向、导线的交换等，可采用交换号表示，如图 1-33（d）所示。

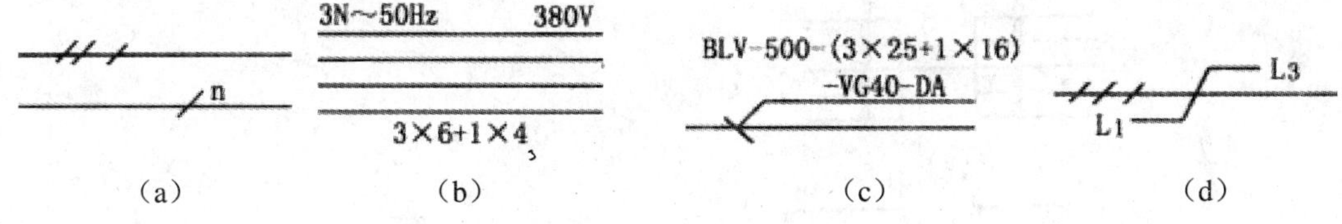

图 1-33　导线的表示方法

2．图线的粗细

一般而言，电源主电路、一次电路、主信号通路等采用粗线，控制回路和二次回路等采用细线表示。

3．连接线分组和标记

为了方便看图，对多根平行连接线，应按功能分组。若不能按功能分组，可任意分组，但每组不多于三条，组间距应大于线间距。

为了便于看出连接线的功能或去向，可在连接线上方或连接线中断处做信号名标记或其他标记，如图 1-34 所示。

4．导线连接点的表示

导线的连接点有“T”形连接点和多线的“十”形连接点。对于“T”形连接点可加实心圆点，也可不加实心圆点，如图 1-35（a）所示。对于“十”形连接点，必须加实心圆点。如图 1-35（b）所示。而交叉不连接的，不能加实心圆点，如图 1-35（c）所示。

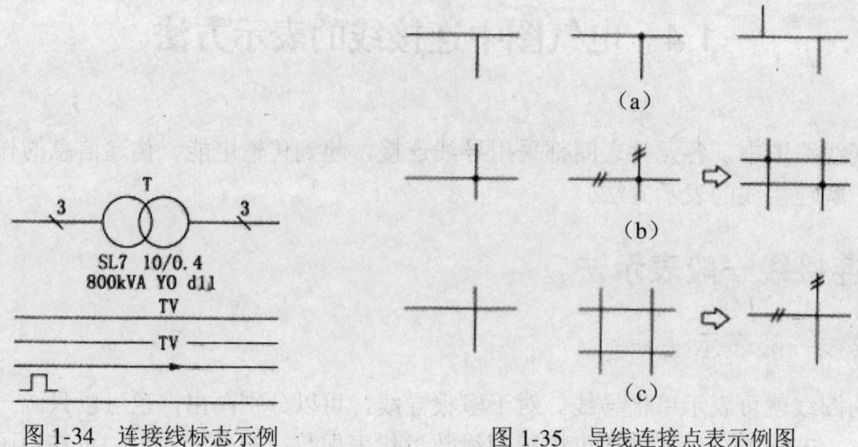

图 1-34　连接线标志示例　　　图 1-35　导线连接点表示例图

1.4.2　连接线连续表示法和中断表示法

1．连续表示法及其标志

连接线可用多线或单线表示，为了避免线条太多，以保持图面的清晰。对于多条去向相同的连接线，常采用单线表示法，如图 1-36 所示。

当导线汇入用单线表示的一组平行连接线时，在汇入处应折向导线走向，而且每根导线两端应采用相同的标记号，如图 1-37 所示。

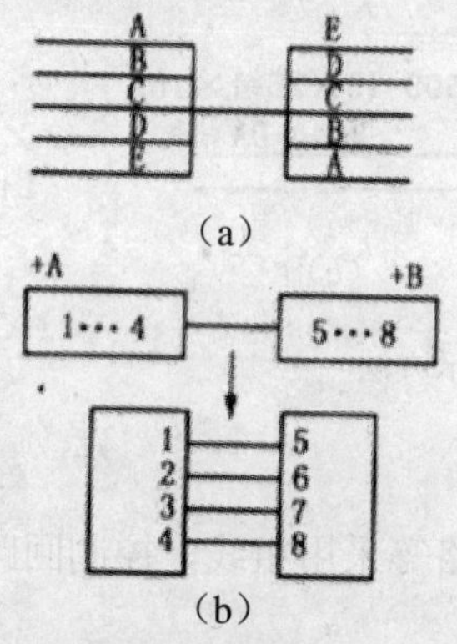

图 1-36　连接线表示法

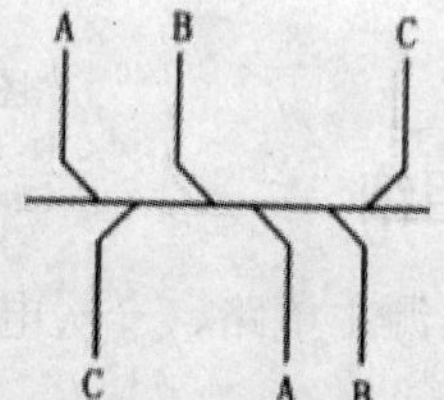

图 1-37　汇入导线表示法

连续表示法中导线的两端应采用相同的标记号。

2．中断表示法及其标志

为了简化线路图或使多张图采用相同的连接表示，连接线一般采用中断表示法。

在同张图中断处的两端给出相同的标记号，并给出导线连接线去向的箭号，如图 1-38 中的 G 标记号。对于不同张的图，应在中断处采用相对标记法，即中断处标记名相同，并标注“图序号/图区位置”，如图 1-38 所示。图中断点 L 标记名，在第 20 号图纸上标有“L 3/C4”，它表示 L 中断处与第 3 号图纸的 C 行 4 列处的 L 断点连接;而在第 3 号图纸上标有“L 20/A4”，它表示 L 中断处与第 20 号图纸的 A 行 4 列处的 L 断点相连。

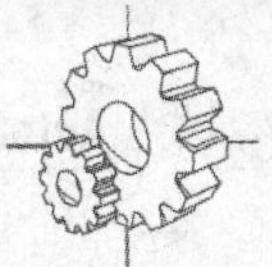

对于接线图，中断表示法的标注采用相对标注法，即在本元件的出线端标注去连接的对方元件的端子号。如图 1-39 所示，PJ 元件的 1 号端子与 CT 元件的 2 号端子相连接，而 PJ 元件的 2 号端子与 CT 元件的 1 号端子相连接。

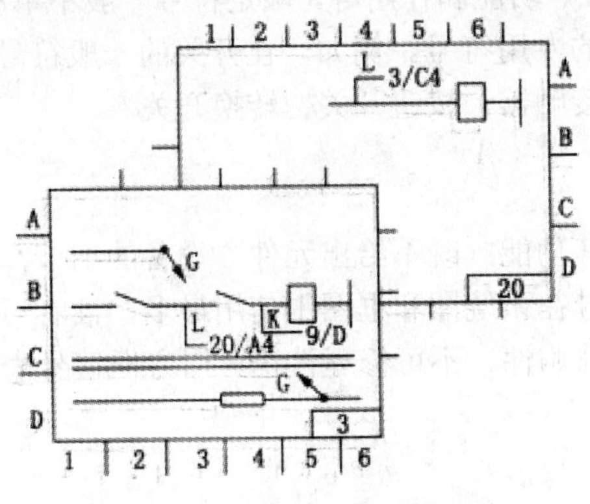

图 1-38　中断面表示法及其标志

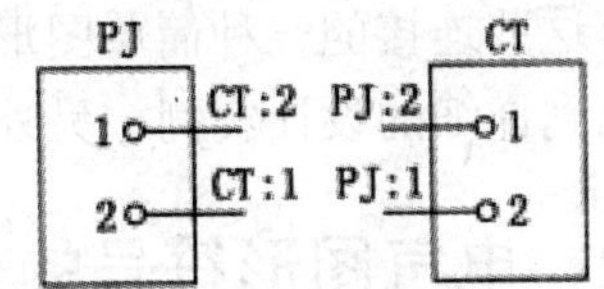

图 1-39　中断表示法的相对标注

1.5　电气图符号的构成和分类

按简图形式绘制的电气工程图中，元件、设备、线路及其安装方法等都是借用图形符号、文字符号和项目代号来表达的：分析电气工程图，首先要明了这些符号的形式、内容、含义以及它们之间的相互关系。

1.5.1　电气图形符号的构成

电气图形符号包括一般符号、符号要素、限定符号和方框符号。

1．一般符号

一般符号是用来表示一类产品或此类产品特征的简单符号，如电阻、电容、电感等，如图 1-40 所示。

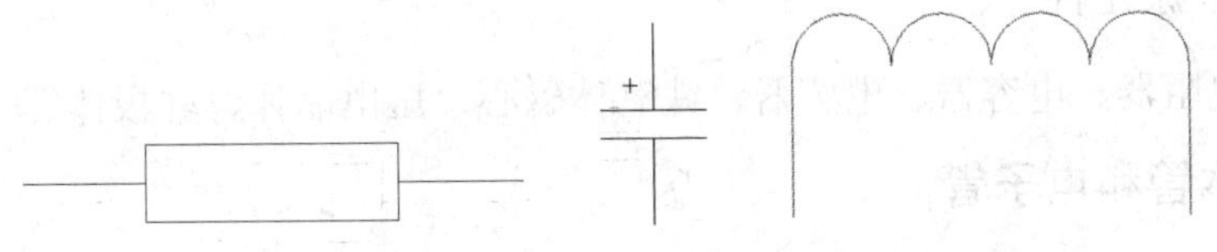

图 1-40　电阻、电容、电感符号

2．符号要素

符号要素是一种具有确定意义的简单图形，必须同其他图形组合构成一个设备或概念的完整符号。例如，真空二极管是由外壳、阴极、阳极和灯丝 4 个符号要素组成的。符号要素一般不能单独使用，只有按照一定方式组合起来才能构成完整的符号。符号要素的不同组合可以构成不同的符号。

3. 限定符号

一种用来提供附加信息的加在其他符号上的符号，称为限定符号。限定符号一般不代表独立的设备、器件和元件，仅用来说明某些特征、功能和作用等。限定符号一般不单独使用，当一般符号加上不同的限定符号，可得到不同的专用符号。例如，在开关的一般符号上加不同的限定符号可分别得到隔离开关、断路器、接触器、按钮开关、转换开关。

4. 方框符号

方框符号用来表示元件、设备等的组合及其功能，既不给出元件、设备的细节，也不考虑所有这些连接的一种简单图形符号。方框符号在系统图和框图中使用最多，读者可在第 5 章中见到详细的设计实例。另外，电路图中的外购件、不可修理件也可用方框符号表示。

1.5.2 电气图形符号的分类

新的《电气图用图形符号 总则》国家标准代号为 GB/T4728.1—1985，采用国际电工委员会（IEC）标准，在国际上具有通用性，有利于对外技术交流。GB/T4728 电气图用图形符号共分 13 部分。

1. 总则

有本标准内容提要、名词术语、符号的绘制、编号使用及其他规定。

2. 符号要素、限定符号和其他常用符号

内容包括轮廓和外壳、电流和电压的种类、可变性、力或运动的方向、流动方向、材料的类型、效应或相关性、辐射、信号波形、机械控制、操作件和操作方法、非电量控制、接地、接机壳和等电位、理想电路元件等。

3. 导体和连接件

内容包括电线、屏蔽或绞合导线、同轴电缆、端子与导线连接、插头和插座、电缆终端头等。

4. 基本无源元件

内容包括电阻器、电容器、电感器、铁氧体磁心、压电晶体、驻极体等。

5. 半导体管和电子管

如二极管、三极管、晶闸管、电子管等。

6. 电能的发生与转换

内容包括绕组、发电机、变压器等。

7. 开关、控制和保护器件

内容包括触点、开关、开关装置、控制装置、启动器、继电器、接触器和保护器件等。

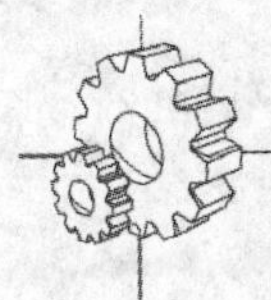

8．测量仪表、灯和信号器件

内容包括指示仪表、记录仪表、热电偶、遥测装置、传感器、灯、电铃、蜂鸣器、喇叭等。

9．电信：交换和外围设备

内容包括交换系统、选择器、电话机、电报和数据处理设备、传真机等。

10．电信：传输

内容包括通信电路、天线、波导管器件、信号发生器、激光器、调制器、解调器、光纤传输线路等。

11．建筑安装平面布置图

内容包括发电站、变电所、网络、音响和电视的分配系统、建筑用设备、露天设备。

12．二进制逻辑元件

内容包括计数器、存储器等。

13．模拟元件

内容包括放大器、函数器、电子开关等。

第2章 AutoCAD入门

在本章中，我们开始循序渐进地学习 AutoCAD 2013 绘图的有关基本知识。了解如何设置图形的系统参数和绘图环境，熟悉图形文件的管理方法，掌握图层设置和辅助绘图工具的使用方法等。为后面进入系统学习准备必要的前提知识。

2.1 操作界面

AutoCAD 2013 的操作界面是 AutoCAD 显示、编辑图形的区域，一个完整的 AutoCAD 2013 的操作界面如图 2-1 所示，包括标题栏、绘图区、十字光标、菜单栏、工具栏、坐标系图标、命令行、状态栏、布局标签和滚动条等。

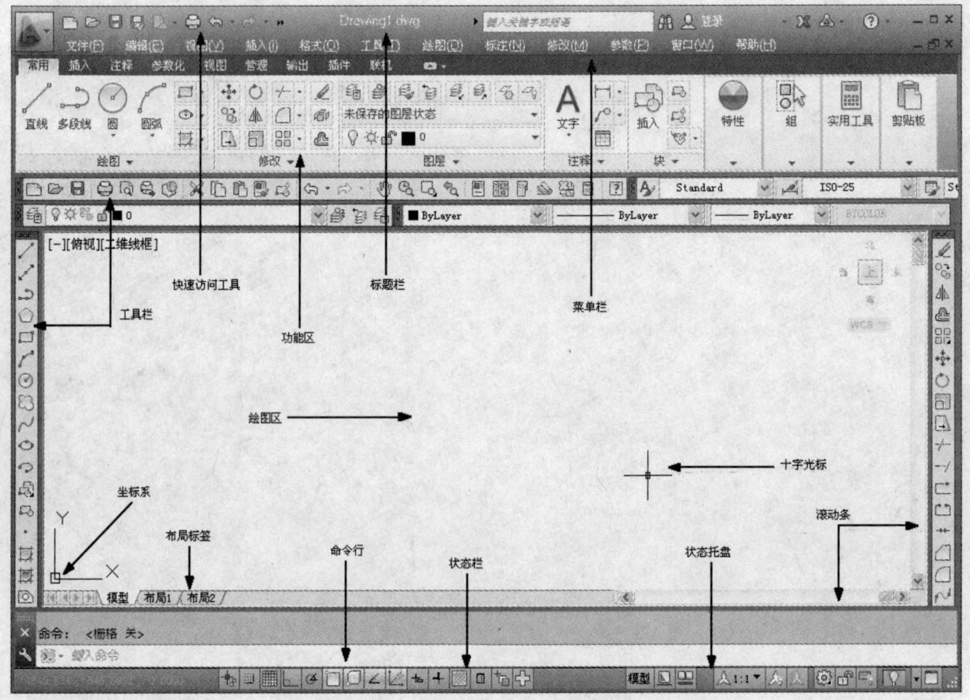

图 2-1 AutoCAD 2013 中文版的操作界面

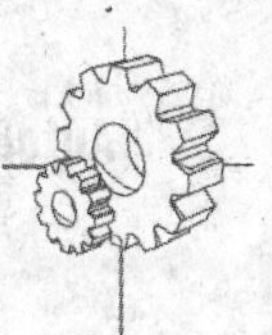

2.1.1　标题栏

在 AutoCAD 2013 中文版绘图窗口的最上端是标题栏。在标题栏中，显示了系统当前正在运行的应用程序（AutoCAD 2013）和用户正在使用的图形文件。在用户第一次启动 AutoCAD 时，在 AutoCAD 2013 绘图窗口的标题栏中，将显示 AutoCAD 2013 在启动时创建并打开的图形文件的名字 Drawing1.dwg，如图 2-1 所示。

2.1.2　绘图区

绘图区是指在标题栏下方的大片空白区域，它是用户使用 AutoCAD 绘制图形的区域。用户完成一幅设计图形的主要工作都是在绘图区域中完成的。

在绘图区域中，还有一个作用类似光标的十字线，其交点反映了光标在当前坐标系中的位置。在 AutoCAD 中，将该十字线称为光标，如图 2-1 所示，AutoCAD 通过光标显示当前点的位置。十字线的方向与当前用户坐标系的 X 轴、Y 轴方向平行，十字线的长度系统预设为屏幕大小的 5%。

1．修改图形窗口中十字光标的大小

光标的长度系统预设为屏幕大小的 5%，用户可以根据绘图的实际需要更改其大小。改变光标大小的方法如下。

在绘图窗口中选择菜单栏中的“工具”→“选项”命令，屏幕上将打开关于系统配置的“选项”对话框。打开“显示”选项卡，在“十字光标大小”区域中的文本框中直接输入数值，或者拖动文本框右边的滑块，即可对十字光标的大小进行调整，如图 2-2 所示。

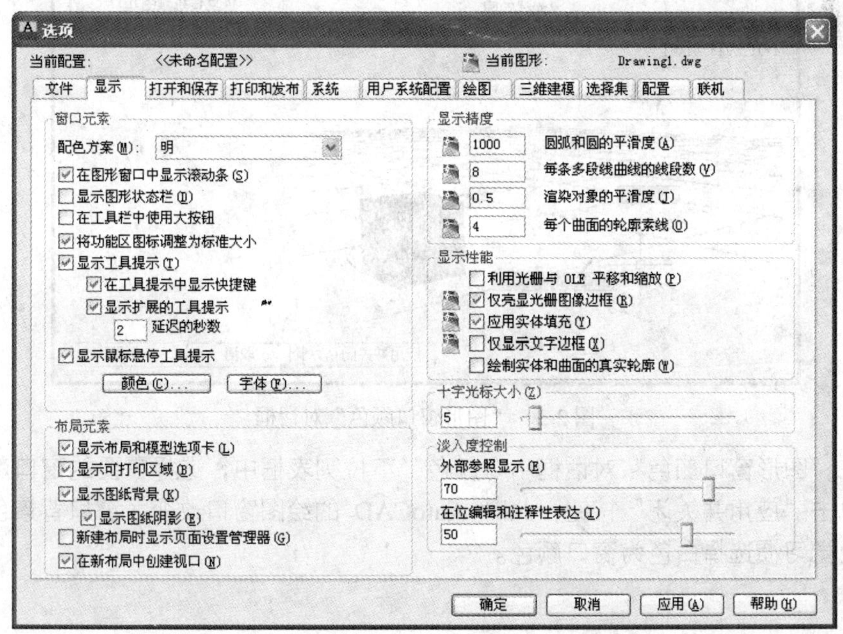

图 2-2　“选项”对话框中的“显示”选项卡

此外，还可以通过设置系统变量 CURSORSIZE 的值，实现对其大小的更改，其方法是在命令行中输入如下命令。

```
命令：CURSORSIZE↙
输入 CURSORSIZE 的新值 <5>:
```

在提示下输入新值即可，默认值为 5%。

2. 修改绘图窗口的颜色

在默认情况下，AutoCAD 的绘图窗口是黑色背景、白色线条，这不符合绝大多数用户的习惯，因此修改绘图窗口颜色是大多数用户都需要进行的操作。

修改绘图窗口颜色的步骤如下。

01 选择菜单栏中的“工具”→“选项”命令，打开“选项”对话框，选择如图 2-2 所示的“显示”选项卡，单击“窗口元素”区域中的“颜色”按钮，将打开如图 2-3 所示的“图形窗口颜色”对话框。

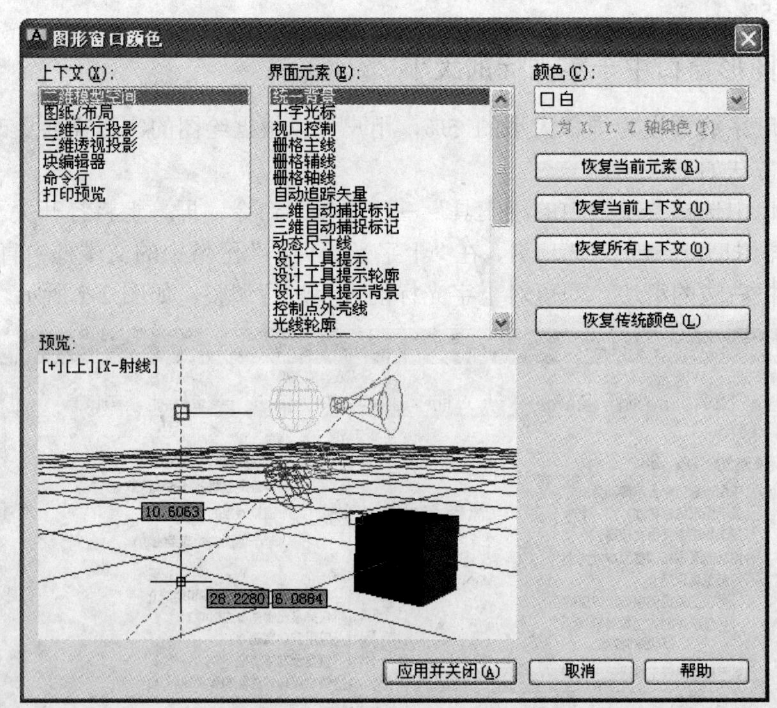

图 2-3 “图形窗口颜色”对话框

02 在“图形窗口颜色”对话框中“颜色”下拉列表框中，选择需要的窗口颜色，然后单击“应用并关闭”按钮，此时 AutoCAD 的绘图窗口改变了窗口背景色，通常按视觉习惯选择白色为窗口颜色。

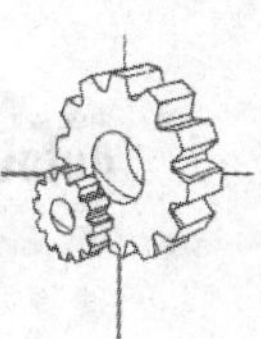

2.1.3　坐标系图标

在绘图区域的左下角，有一个箭头指向图标，称为坐标系图标，表示用户绘图时正使用的坐标系形式，如图 2-1 所示。坐标系图标的作用是为点的坐标确定一个参照系。根据工作需要，用户可以选择将其关闭。打开坐标系图标的方法是：选择菜单栏中的“视图”→“显示”→“UCS 图标”→“开”命令，如图 2-4 所示。

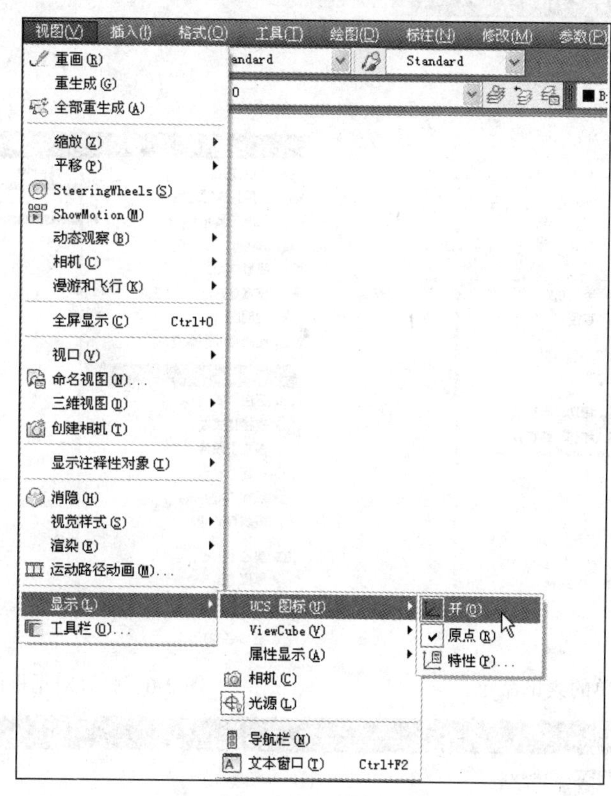

图 2-4　“视图”菜单

2.1.4　菜单栏

在 AutoCAD 绘图窗口标题栏的下方是 AutoCAD 的菜单栏。同其他 Windows 程序一样，AutoCAD 的菜单也是下拉形式的，并在菜单中包含子菜单。AutoCAD 的菜单栏中包含 12 个菜单：“文件”、“编辑”、“视图”、“插入”、“格式”、“工具”、“绘图”、“标注”、“修改”、“参数”、“窗口”和“帮助”，这些菜单几乎包含了 AutoCAD 的所有绘图命令，后面的章节将围绕这些菜单展开讲述，具体内容在此从略。一般来讲，AutoCAD 下拉菜单中的命令有以下三种。

1．带有子菜单的菜单命令

这种类型的命令后面带有小三角形。例如，单击菜单栏中的“绘图”菜单，指向其下拉菜单中的“圆”命令，屏幕上就会进一步显示出“圆”子菜单中所包含的命令，如图 2-5 所示。

2．打开对话框的菜单命令

这种类型的命令后面带有省略号。例如，单击菜单栏中的“格式”菜单，选择其下拉菜单中的“文字样式（S）...”命令，如图 2-6 所示。屏幕上就会打开对应的“文字样式”对话框，如图 2-7 所示。

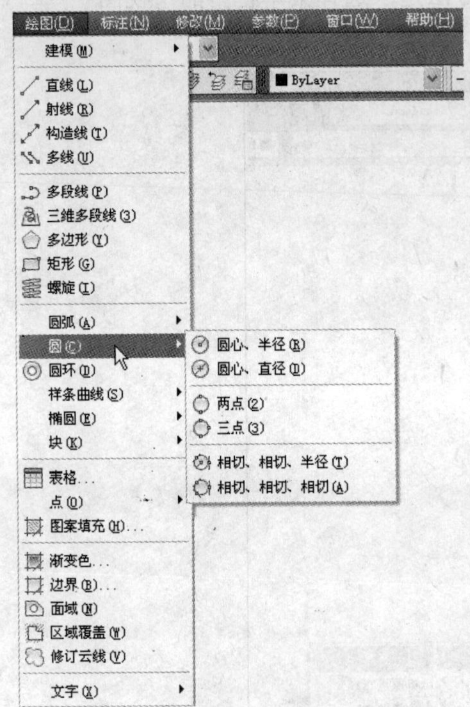

图 2-5　带有子菜单的菜单命令

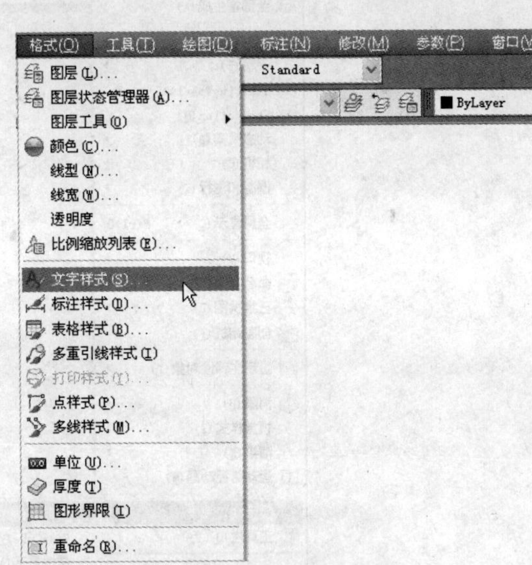

图 2-6　打开对话框的菜单命令

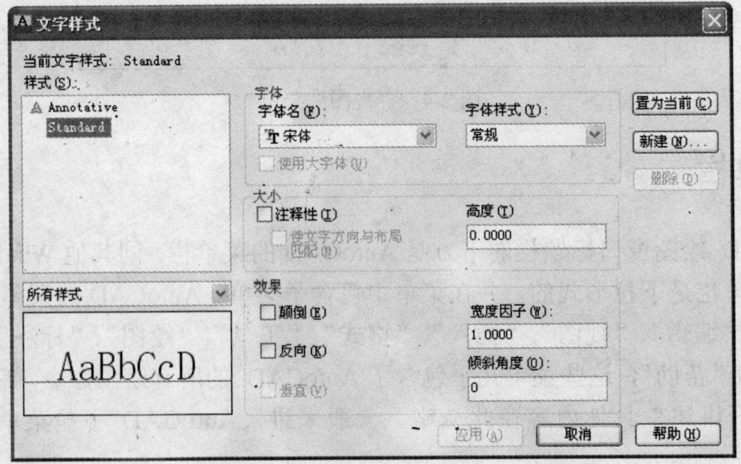

图 2-7　“文字样式”对话框

3．直接执行操作的菜单命令

这种类型的命令后面既不带小三角形，也不带省略号，选择该命令将直接进行相应的操作。例如，选择菜单栏中的“视图”→“重画”命令，系统将刷新显示所有视口，如图 2-8 所示。

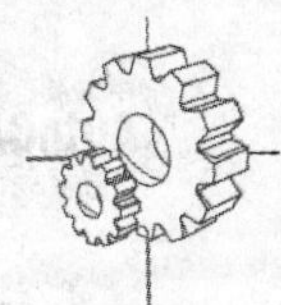

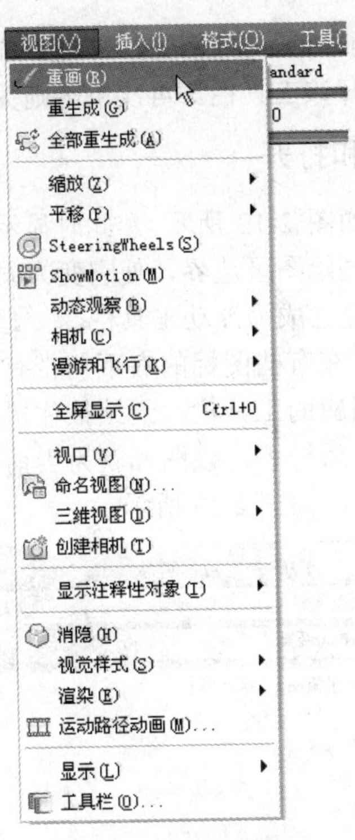

图 2-8　直接执行操作

2.1.5　工具栏

工具栏是一组图标型工具的集合，把光标移动到某个图标，稍停片刻即在该图标一侧显示相应的工具提示，同时在状态栏中，显示对应的说明和命令名。此时，点取图标也可以启动相应命令。在默认情况下，可以见到绘图区顶部的“标准”工具栏、“图层”工具栏、“特性”工具栏及“样式”工具栏（如图 2-9 所示），位于绘图区左侧的“绘图”工具栏，右侧的“修改”工具栏和“绘图次序”工具栏（如图 2-10 所示）。

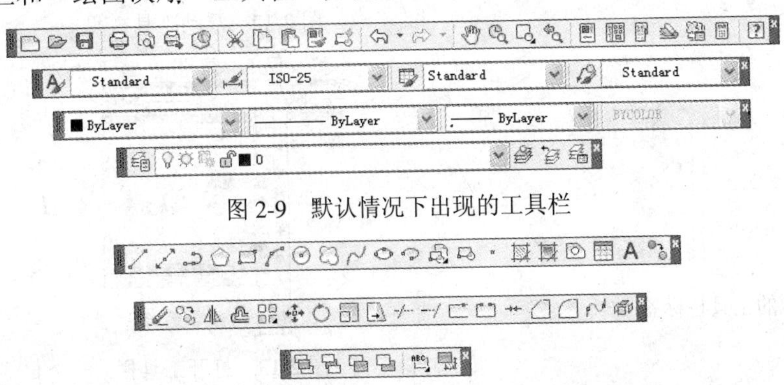

图 2-9　默认情况下出现的工具栏

图 2-10　“绘图”、“修改”和“绘图次序”工具栏

1. 设置工具栏

AutoCAD 2013 的标准菜单提供有 52 种工具栏。将光标放在任一工具栏的非标题区，单

击鼠标右键，系统会自动打开单独的工具栏标签，如图 2-11 所示。单击某一个未在界面显示的工具栏名，系统自动在界面打开该工具栏。再次单击则关闭工具栏。

2．工具栏的固定、浮动和打开

工具栏可以在绘图区浮动（如图 2-12 所示），此时显示该工具栏标题，并可关闭该工具栏。用鼠标可以拖动浮动工具栏到绘图区边界，使它变为固定工具栏，此时该工具栏标题隐藏。也可以把固定工具栏拖出，使它成为浮动工具栏。

在有些图标的右下角带有一个小三角，按住鼠标左键会打开相应的工具栏，继续按住鼠标左键，将光标移动到某一图标上然后松手，该图标就为当前图标。单击当前图标，执行相应命令，如图 2-13 所示。

CAD 标准
UCS
UCS II
Web
标注
标注约束
✔ 标准
标准注释
布局
参数化
参照
参照编辑
测量工具
插入
查询
查找文字
动态观察
对象捕捉
多重引线
✔ 工作空间
光源
✔ 绘图
✔ 绘图次序
绘图次序，注释前置
几何约束
建模
漫游和飞行
平滑网格
平滑网格图元
曲面编辑
曲面创建
曲面创建 II
三维导航
实体编辑
视觉样式
视口
视图
缩放
✔ 特性
贴图
✔ 图层
图层 II
文字
相机调整
✔ 修改
修改 II
渲染

图 2-11 单独的工具栏标签

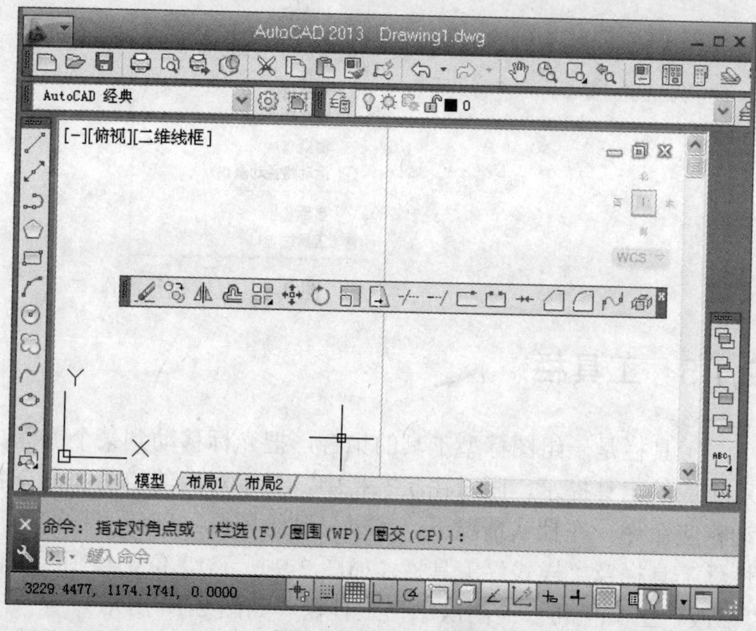

图 2-12 浮动工具栏

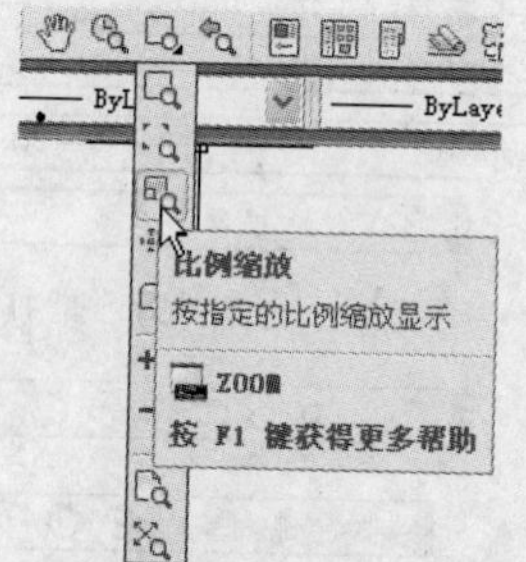

图 2-13 打开工具栏

2.1.6 命令行窗口

命令行窗口是输入命令名和显示命令提示的区域，默认的命令行窗口布置在绘图区下方，

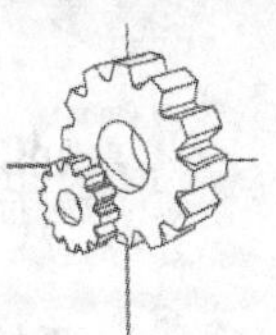

是若干文本行，如图 2-1 所示。对命令行窗口，有以下几点需要说明。

（1）移动拆分条，可以扩大与缩小命令行窗口。

（2）可以拖动命令行窗口，布置在屏幕上的其他位置。默认情况下布置在图形窗口的下方。

（3）对当前命令行窗口中输入的内容，可以按 F2 键用文本编辑的方法进行编辑，如图 2-14 所示。AutoCAD 文本窗口和命令窗口相似，它可以显示当前 AutoCAD 进程中命令的输入和执行过程，在执行 AutoCAD 某些命令时，它会自动切换到文本窗口，列出有关信息。

（4）AutoCAD 通过命令行窗口，反馈各种信息，包括出错信息。因此，用户要时刻关注在命令行窗口中出现的信息。

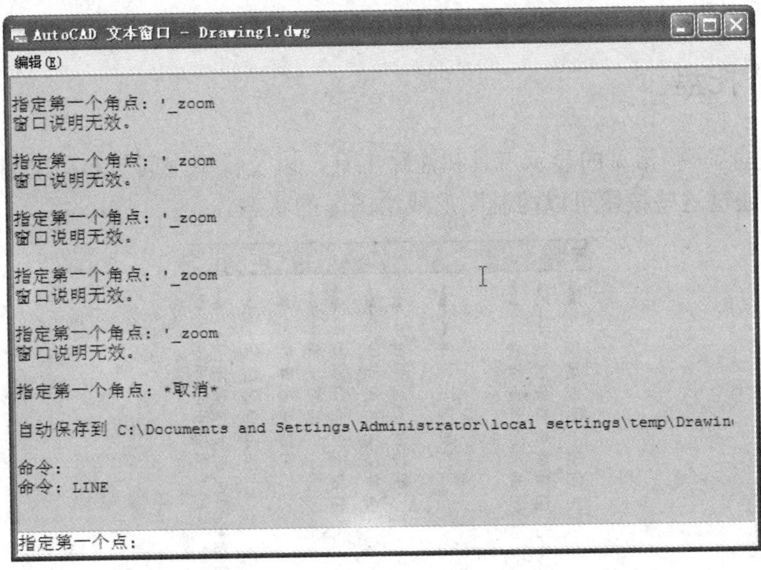

图 2-14　文本窗口

2.1.7　布局标签

AutoCAD 系统默认设定一个模型空间布局标签和“布局 1”、“布局 2”两个图样空间布局标签。在这里有两个概念需要解释一下。

1．布局

布局是系统为绘图设置的一种环境，包括图样大小、尺寸单位、角度设定、数值精确度等，在系统预设的三个标签中，这些环境变量都按默认设置。用户根据实际需要改变这些变量的值，在此暂且从略。用户也可以根据需要设置符合自己要求的新标签。

2．模型

AutoCAD 的空间分模型空间和图样空间。模型空间是我们通常绘图的环境，而在图样空间中，用户可以创建叫做“浮动视口”的区域，以不同视图显示所绘图形。用户可以在图样空间中调整浮动视口并决定所包含视图的缩放比例。如果选择图样空间，则可打印多个视图，用户可以打印任意布局的视图。AutoCAD 系统默认打开模型空间，用户可以通过单击选择需要的布局。

2.1.8 状态栏

状态栏在屏幕的底部，左端显示绘图区中光标定位点的坐标 x、y、z，在右侧依次有“推断约束”、“捕捉模式”、“栅格显示”、“正交模式”、“极轴追踪”、“对象捕捉”、“三维对象捕捉”、“对象捕捉追踪”、“允许/禁止动态 UCS”、“动态输入”、“显示/隐藏线宽”、“显示/隐藏透明度”、“快捷特性”、“选择循环”和“注释监视器”15 个功能开关按钮，如图 2-1 所示。单击这些开关按钮，可以实现这些功能的开关。这些开关按钮的功能与使用方法将在第 4 章详细介绍，在此从略。

2.1.9 状态托盘

状态托盘包括一些常见的显示工具和注释工具，以及模型空间与布局空间转换工具，如图 2-15 所示，通过这些按钮可以控制图形或绘图区的状态。

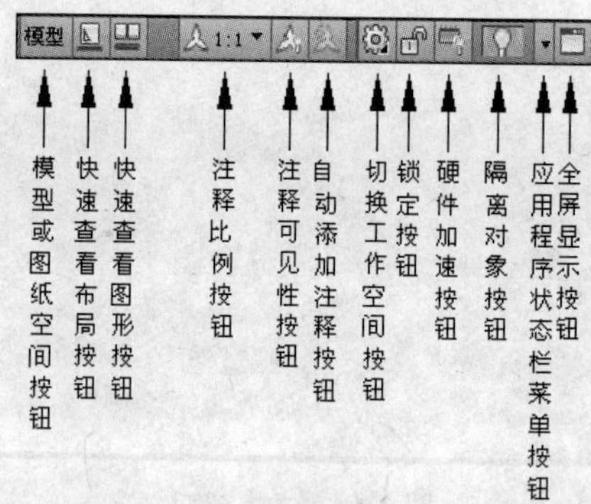

图 2-15 状态托盘工具

- 模型或图纸空间按钮：在模型空间与布局空间之间进行转换。
- 快速查看布局按钮：快速查看当前图形在布局空间的布局。
- 快速查看图形按钮：快速查看当前图形在模型空间的图形位置。
- 注释比例按钮：左键单击注释比例右下角小三角符号打开注释比例列表，如图 2-16 所示，可以根据需要选择适当的注释比例。
- 注释可见性按钮：当图标亮显时表示显示所有比例的注释性对象；当图标变暗时表示仅显示当前比例的注释性对象。
- 自动添加注释按钮：注释比例更改时，自动将比例添加到注释对象。
- 切换工作空间按钮：进行工作空间转换。
- 锁定按钮：控制是否锁定工具栏或绘图区在操作界面中的位置。
- 硬件加速按钮：设定图形卡的驱动程序以及设置硬件加速的选项。
- 隔离对象按钮：当选择隔离对象时，在当前视图中显示选定对象。所有其他对象都暂时隐藏；当选择隐藏对象时，在当前视图中暂时隐藏选定对象。所有其他对象都可见。
- 应用程序状态栏菜单按钮：单击该下拉按钮，如图 2-17 所示。可以选择打开或锁定相

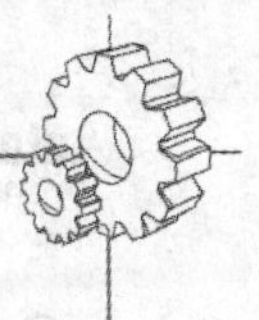

关选项位置。

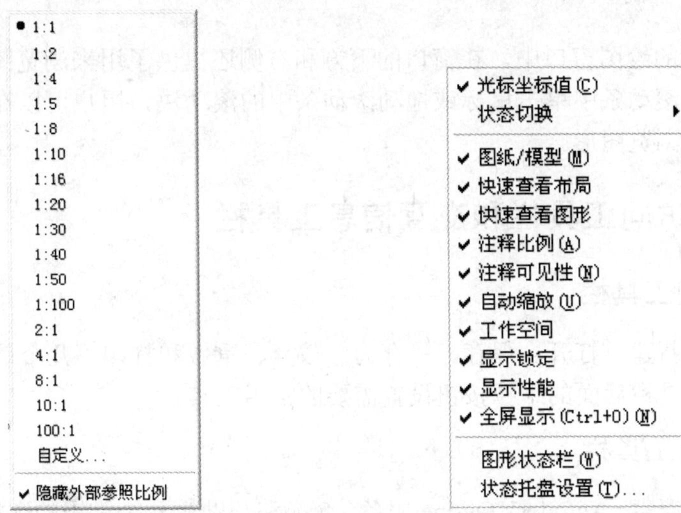

图 2-16　注释比例列表　　　　　　图 2-17　工具栏/窗口位置锁右键菜单

- 全屏显示按钮：单击该按钮可以清除操作界面中的标题栏、工具栏和选项板等界面元素，使 AutoCAD 的绘图区全屏显示，如图 2-18 所示。

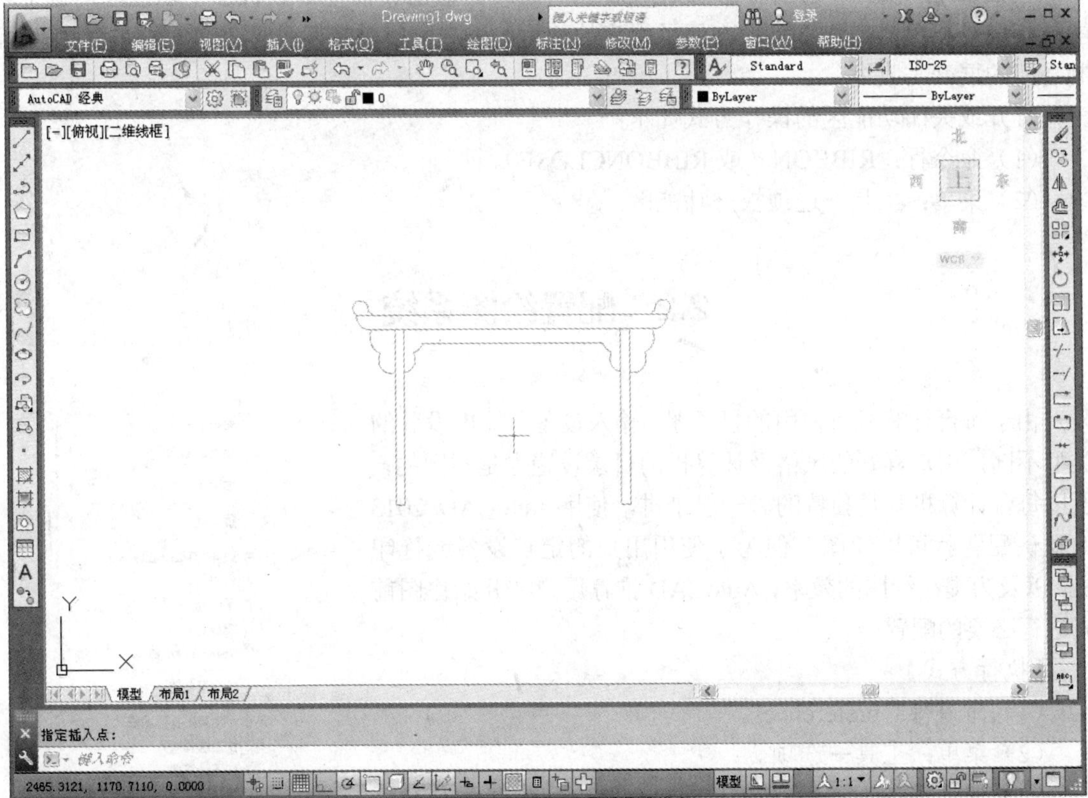

图 2-18　全屏显示

2.1.10 滚动条

在 AutoCAD 的绘图窗口中，在窗口的下方和右侧还提供了用来浏览图形的水平和竖直方向的滚动条。在滚动条中单击鼠标或拖动滚动条中的滚动块，用户可以在绘图窗口中按水平或竖直两个方向浏览图形。

2.1.11 快速访问工具栏和交互信息工具栏

1. 快速访问工具栏

该工具栏包括新建、打开、保存、另存为、放弃、重做和打印等几个最常用的工具。用户也可以单击本工具栏后面的下拉按钮设置需要的常用工具。

2. 交互信息工具栏

该工具栏包括搜索、Autodesk Online 服务、交换和帮助等几个常用的数据交互访问工具。

2.1.12 功能区

包括常用、插入、注释、参数化、视图、管理、输出、插件和联机 9 个功能区，每个功能区集成了相关的操作工具，方便了用户的使用。用户可以单击功能区选项后面的按钮控制功能的展开与收缩。

打开或关闭功能区的操作方式如下：

（1）命令行：RIBBON（或 RIBBONCLOSE）。

（2）菜单：工具→选项板→功能区。

2.2 配置绘图系统

由于每台计算机所使用的显示器、输入设备和输出设备的类型不同，用户喜好的风格及计算机的目录设置也是不同的，所以每台计算机都是独特的。一般来讲，使用 AutoCAD 2013 的默认配置就可以绘图，但为了使用用户的定点设备或打印机，以及为提高绘图的效率，AutoCAD 推荐用户在开始作图前先进行必要的配置。

【执行方式】

（1）命令行：preferences。

（2）菜单：工具→选项。

（3）快捷菜单：选项（单击鼠标右键，系统打开右键菜单，其中包括一些最常用的命令，如图 2-19 所示）。

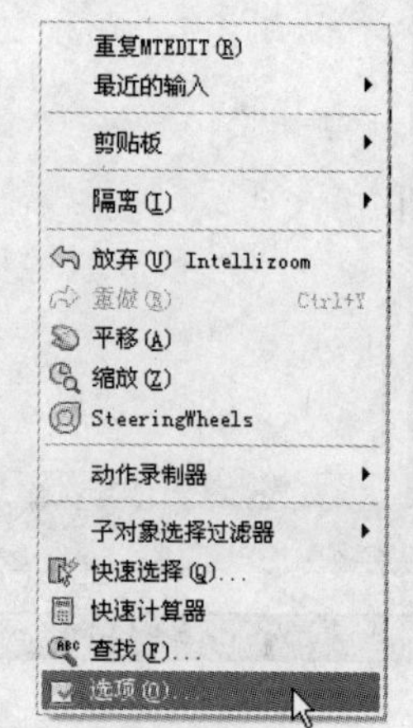

图 2-19 “选项”右键菜单

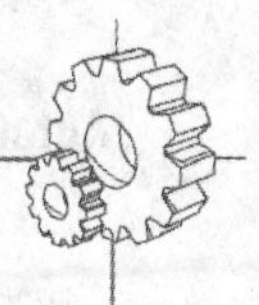

【操作格式】

执行上述命令后，系统自动打开“选项”对话框。用户可以在该对话框中选择有关选项，对系统进行配置。下面就其中主要的几个选项卡作一下说明，其他配置选项，在后面用到时再作具体说明。

2.2.1　显示配置

在“选项”对话框中的第二个选项卡为“显示”，该选项卡控制 AutoCAD 窗口的外观。该选项卡设定屏幕菜单、滚动条显示与否、固定命令行窗口中文字行数、AutoCAD 2013 的版面布局设置、各实体的显示分辨率以及 AutoCAD 运行时的其他各项性能参数等。前面已经讲述了屏幕菜单设定、屏幕颜色、光标大小等知识，其余有关选项的设置读者可自己参照“帮助”文件学习。

在设置实体显示分辨率时，请务必记住，显示质量越高，即分辨率越高，计算机计算的时间越长，千万不要将其设置的太高。显示质量设定在一个合理的程度上是很重要的。

2.2.2　系统配置

在“选项”对话框中“系统”选项卡，如图 2-20 所示。该选项卡用来设置 AutoCAD 系统的有关特性。

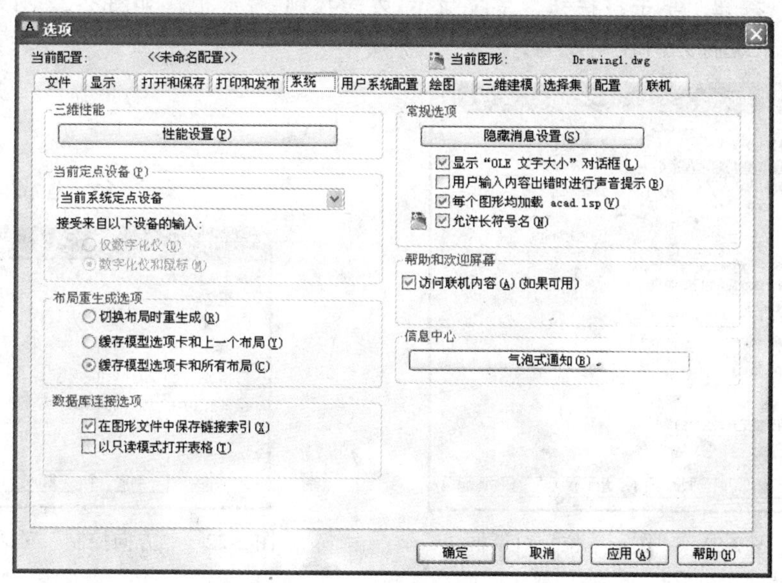

图 2-20　“系统”选项卡

2.3　设置绘图环境

启动 AutoCAD 2013，在 AutoCAD 中，可以利用相关命令对图形单位和图形边界以及工作工件进行具体设置。

2.3.1 绘图单位设置

【执行方式】

（1）命令行：DDUNITS（或 UNITS）。

（2）菜单：格式→单位。

【操作格式】

执行上述命令后，系统打开“图形单位”对话框，如图 2-21 所示。该对话框用于定义单位和角度格式。

【选项说明】

- “长度”与“角度”选项组：指定测量的长度与角度当前单位及当前单位的精度。
- “插入时的缩放单位”下拉列表框：控制使用工具选项板（例如 DesignCenter 或 i-drop）拖入当前图形的块的测量单位。如果块或图形创建时使用的单位与该选项指定的单位不同，则在插入这些块或图形时，将对其按比例缩放。插入比例是源块或图形使用的单位与目标图形使用的单位之比。如果插入块时不按指定单位缩放，请选择“无单位”。
- 输出样例：显示用当前单位和角度设置的例子。
- 光源：控制当前图形中光度控制光源的强度测量单位。
- “方向”按钮：单击该按钮，系统显示“方向控制”对话框。如图 2-22 所示。可以在该对话框中进行方向控制设置。

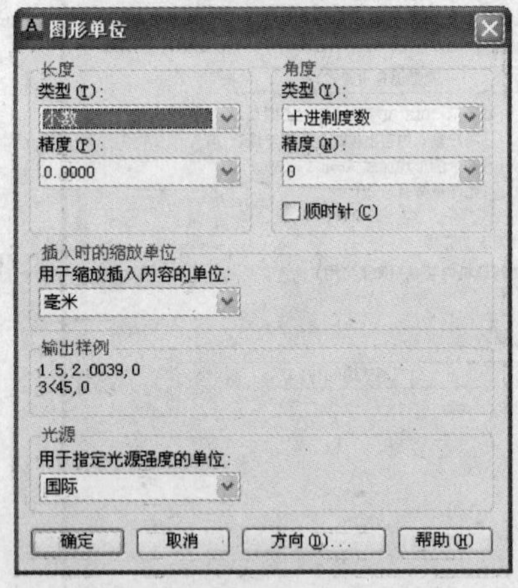

图 2-21 “图形单位”对话框

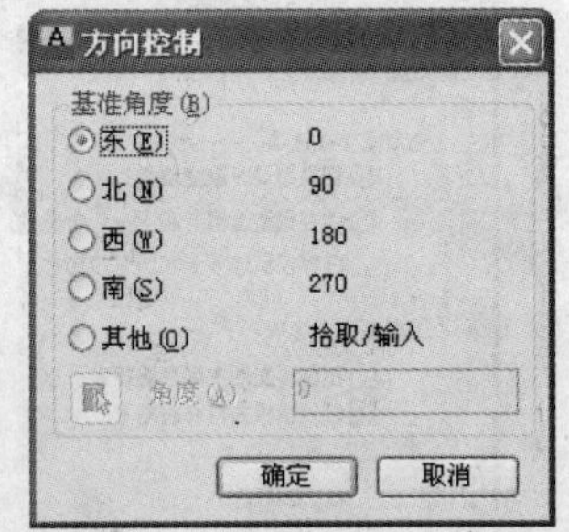

图 2-22 “方向控制”对话框

2.3.2 图形边界设置

【执行方式】

（1）命令行：LIMITS。

（2）菜单：格式→图形界限。

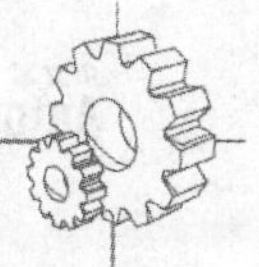

【操作格式】

```
命令：LIMITS↙
重新设置模型空间界限：
指定左下角点或 [开(ON)/关(OFF)] <0.0000,0.0000>：(输入图形边界左下角的坐标后回车)
指定右上角点 <12.0000,9.0000>：(输入图形边界右上角的坐标后回车)
```

【选项说明】

- 开（ON）：使绘图边界有效。系统将在绘图边界以外拾取的点视为无效。
- 关（OFF）：使绘图边界无效。用户可以在绘图边界以外拾取点或实体。
- 动态输入角点坐标：AutoCAD 2013 的动态输入功能，可以直接在屏幕上输入角点坐标，输入了横坐标值后，按下“,”键，接着输入纵坐标值，如图 2-23 所示。也可以按光标位置直接按下鼠标左键确定角点位置。

图 2-23　动态输入

2.4　文件管理

本节将介绍有关文件管理的一些基本操作方法，包括新建文件、打开已有文件、保存文件、删除文件等，这些都是进行 AutoCAD 2013 操作最基础的知识。

另外，本节也将介绍安全口令和数字签名等涉及文件管理操作的 AutoCAD 2013 新增知识，请读者注意体会。

2.4.1　新建文件

【执行方式】

（1）命令行：NEW。

（2）菜单：文件→新建。

（3）工具栏：标准→新建。

【操作步骤】

执行上述命令后，系统打开如图 2-24 所示“选择样板”对话框。

在运行快速创建图形功能之前必须进行如下设置。

（1）将 FILEDIA 系统变量设置为 1；将 STARTUP 系统变量设置为 0。

（2）从“工具”→“选项”菜单中选择默认图形样板文件。具体方法是：在“文件”选项卡下，单击标记为“样板设置”的节点下的“快速新建的默认样板文件”分节点，如图 2-25 所示。单击“浏览”按钮，打开与图 2-24 类似的“选择文件”对话框，然后选择需要的样板文件。

图 2-24 “选择样板”对话框

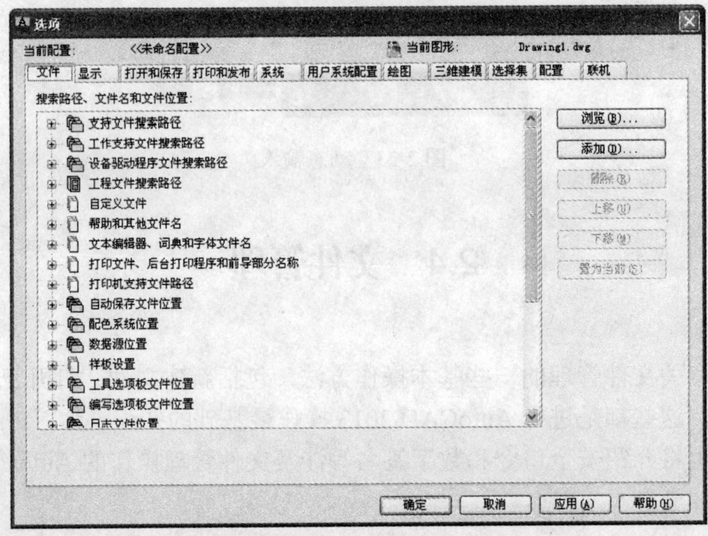

图 2-25 “选项”对话框的“文件”选项卡

2.4.2 打开文件

【执行方式】

（1）命令行：OPEN。

（2）菜单：文件→打开。

（3）工具栏：标准→打开。

【操作格式】

执行上述命令后，打开“选择文件”对话框（如图 2-26 所示），在“文件类型”下拉列表框中用户可选择.dwg 文件、.dwt 文件、.dxf 文件和.dws 文件。.dxf 文件是以文本形式存储的图形文件，能够被其他程序读取，许多第三方应用软件都支持.dxf 格式。

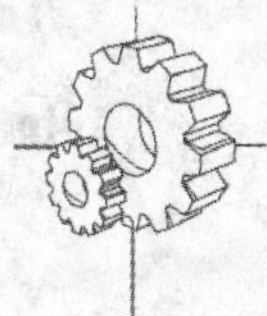

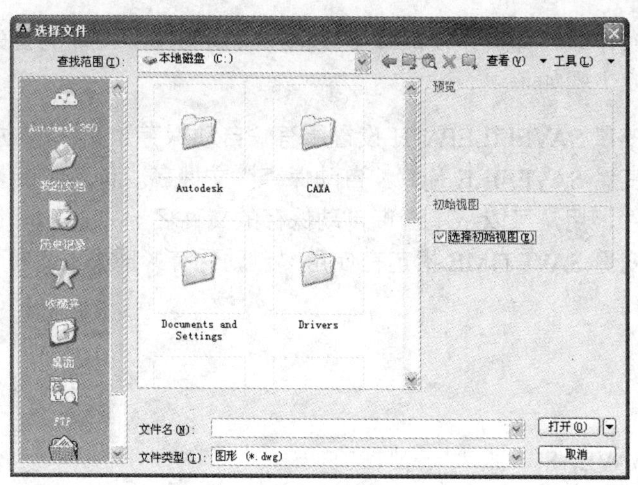

图 2-26　“选择文件”对话框

2.4.3　保存文件

【执行方式】

（1）命令名：QSAVE（或 SAVE）。

（2）菜单：文件→保存。

（3）工具栏：标准→保存。

【操作格式】

执行上述命令后，若文件已命名，则 AutoCAD 自动保存；若文件未命名（即默认名 drawing1.dwg），则系统打开“图形另存为”对话框，如图 2-27 所示，用户可以命名保存。在“保存于”下拉列表框中可以指定保存文件的路径；在“文件类型”下拉列表框中可以指定保存文件的类型。

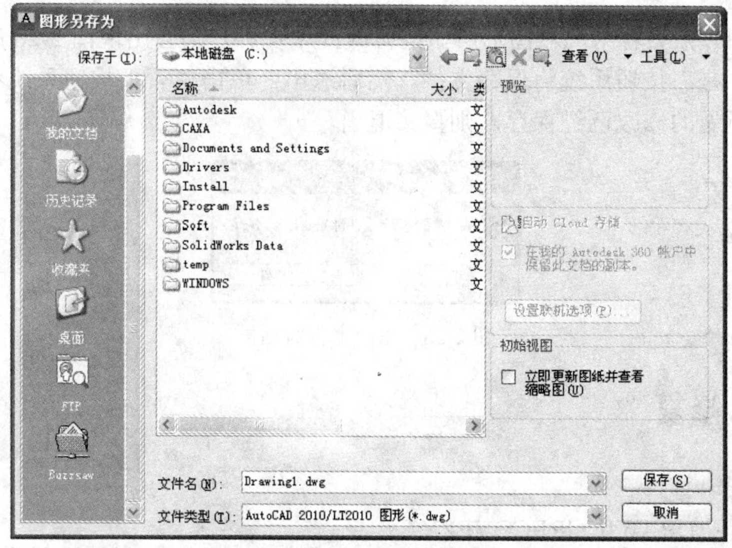

图 2-27　“图形另存为”对话框

为了防止意外操作或计算机系统故障导致正在绘制的图形文件的丢失，可以对当前图形文件设置自动保存，步骤如下。

01 利用系统变量 SAVEFILEPATH 设置所有“自动保存”文件的位置，如 C:\HU\。

02 利用系统变量 SAVEFILE 存储“自动保存”文件名。该系统变量存储的文件名文件是只读文件，用户可以从中查询自动保存的文件名。

03 利用系统变量 SAVETIME 指定在使用“自动保存”时多长时间保存一次图形。

2.4.4 另存为

【执行方式】

（1）命令行：SAVEAS。

（2）菜单：文件→另存为。

【操作格式】

执行上述命令后，打开“图形另存为”对话框（如图 2-27），AutoCAD 用“另存为”方式保存，并把当前图形更名。

2.4.5 退出

【执行方式】

（1）命令行：QUIT 或 EXIT。

（2）菜单：文件→退出。

（3）按钮：AutoCAD 操作界面右上角的“关闭”按钮 ×。

【操作格式】

命令：QUIT↙（或 EXIT↙）

执行上述命令后，若用户对图形所做的修改尚未保存，则会出现图 2-28 所示的系统警告对话框。单击“是”按钮系统将保存文件，然后退出；单击“否”按钮系统将不保存文件。若用户对图形所做的修改已经保存，则直接退出。

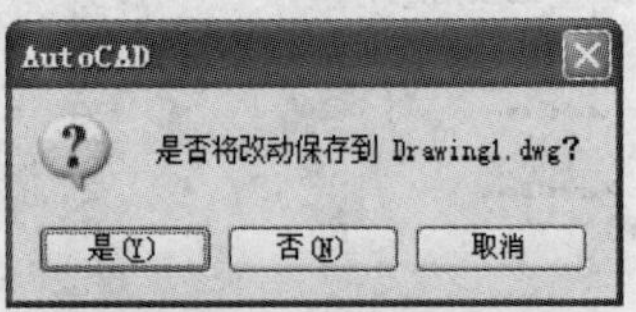

图 2-28　系统警告对话框

2.4.6 图形修复

【执行方式】

（1）命令行：DRAWINGRECOVERY。

（2）菜单：文件→图形实用工具→图形修复管理器。

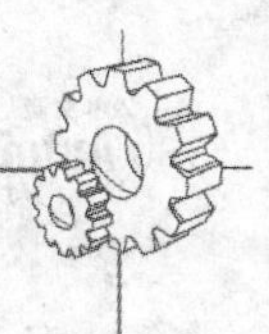

【操作格式】

```
命令：DRAWINGRECOVERY↙
```

执行上述命令后，系统打开“图形修复管理器”面板，如图 2-29 所示，打开“备份文件”列表中的文件，可以重新保存，从而进行修复。

图 2-29　图形修复管理器

2.5　基本输入操作

在 AutoCAD 中，有一些基本的输入操作方法，这些基本方法是进行 AutoCAD 绘图的必备知识基础，也是深入学习 AutoCAD 功能的前提。

2.5.1　命令输入方式

AutoCAD 交互绘图必须输入必要的指令和参数。有多种 AutoCAD 命令输入方式，下面以画直线为例。

（1）在命令窗口输入命令名。

命令字符可不区分大小写。例如，命令：LINE↙。执行命令时，在命令行提示中经常会出现命令选项。例如，输入绘制直线命令“LINE”后，命令行中的提示为：

```
命令：LINE↙
指定第一点：(在屏幕上指定一点或输入一个点的坐标)
指定下一点或 [放弃(U)]:
```

选项中不带括号的提示为默认选项，因此可以直接输入直线段的起点坐标或在屏幕上指定一点，如果要选择其他选项，则应该首先输入该选项的标识字符，如“放弃”选项的标识字符“U”，然后按系统提示输入数据即可。在命令选项的后面有时候还带有尖括号，尖括号内的数值为默认数值。

（2）在命令窗口输入命令缩写字。

如 L（Line）、C（Circle）、A（Arc）、Z（Zoom）、R（Redraw）、M（More）、CO（Copy）、PL（Pline）、E（Erase）等。

（3）选取绘图菜单直线选项。

选取该选项后，在状态栏中可以看到对应的命令说明及命令名。

（4）选取工具栏中的对应图标。

选取该图标后，在状态栏中也可以看到对应的命令说明及命令名。

（5）在命令行打开右键快捷菜单。

如果在前面刚使用过要输入的命令，可以在命令行打开右键快捷菜单，在“最近使用的命令”子菜单中选择需要的命令，如图 2-30 所示。“最近的输入”子菜单中存储最近使用的 6 个命令，如果经常重复使用某个 6 次操作以内的命令，这种方法就比较快速简洁。

（6）在绘图区右击鼠标。

如果用户要重复使用上次使用的命令，可以直接在绘图区右击鼠标，系统立即重复执行上次使用的命令，如图 2-31 所示。这种方法适用于重复执行某个命令。

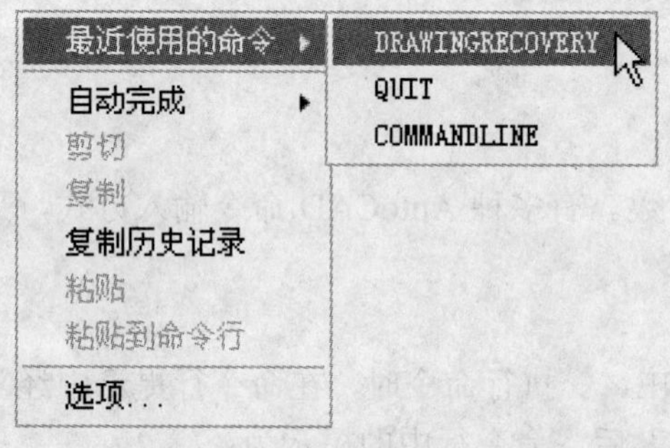

图 2-30　命令行右键快捷菜单

图 2-31　多重放弃或重做

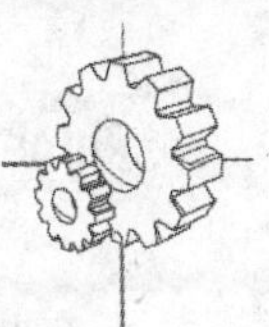

2.5.2 命令的重复、撤销、重做

1. 命令的重复

在命令窗口中输入 ENTER 键可重复调用上一个命令，不管上一个命令是完成了还是被取消了。

2. 命令的撤销

在命令执行的任何时刻都可以取消和终止命令的执行。

【执行方式】

（1）命令行：UNDO。

（2）菜单：编辑→放弃。

（3）快捷键：Esc。

3. 命令的重做

已被撤销的命令还可以恢复重做。要恢复撤销的最后的一个命令。

【执行方式】

（1）命令行：REDO。

（2）菜单：编辑→重做。

该命令可以一次执行多重放弃和重做操作。单击 UNDO 或 REDO 列表箭头，可以选择要放弃或重做的操作，如图 2-31 所示。

2.5.3 透明命令

在 AutoCAD 2013 中有些命令不仅可以直接在命令行中使用，而且还可以在其他命令的执行过程中，插入并执行，待该命令执行完毕后，系统继续执行原命令，这种命令称为透明命令。透明命令一般多为修改图形设置或打开辅助绘图工具的命令。

上述三种命令的执行方式同样适用于如下透明命令的执行。

```
命令：ARC↙
指定圆弧的起点或 [圆心(C)]: 'ZOOM↙(透明使用显示缩放命令 ZOOM)
>>(执行 ZOOM 命令)
正在恢复执行 ARC 命令。
指定圆弧的起点或 [圆心(C)]:(继续执行原命令)
```

2.5.4 按键定义

在 AutoCAD 2013 中，除了可以通过在命令窗口输入命令、单击工具栏图标或选择菜单项来完成外，还可以使用键盘上的一组功能键或快捷键，通过这些功能键或快捷键，可以快速实现指定功能。例如，按 F1 键，系统会调用 AutoCAD 帮助对话框。

系统使用 AutoCAD 传统标准（Windows 之前）或 Microsoft Windows 标准解释快捷键。

有些功能键或快捷键在 AutoCAD 的菜单中已经指出，如“粘贴”的快捷键为“CTRL+V”，这些只要用户在使用的过程中多加留意就会熟练掌握。快捷键的定义见菜单命令后面的说明，如“粘贴(P)/CTRL+V”。

2.5.5 命令执行方式

有的命令有两种执行方式，通过对话框或通过命令行输入命令。例如，指定使用命令窗口方式，可以在命令名前加短画线来表示；“-LAYER”表示用命令行方式执行“图层”命令。而如果在命令行输入“LAYER”，系统则会自动打开“图层特性管理器”面板。

另外，有些命令同时存在命令行、菜单和工具栏三种执行方式，这时如果选择菜单或工具栏方式，命令行会显示该命令，并在前面加一下画线，如通过菜单或工具栏方式执行“直线”命令时，命令行会显示“_line”，命令的执行过程及结果与命令行方式相同。

2.5.6 坐标系统与数据的输入方法

1. 坐标系

AutoCAD 采用两种坐标系：世界坐标系（WCS）与用户坐标系。用户刚进入 AutoCAD 时的坐标系统就是世界坐标系，是固定的坐标系统。世界坐标系也是坐标系统中的基准，绘制图形时多数情况下都是在这个坐标系统下进行的。

【执行方式】

（1）命令行：UCS。

（2）菜单：工具→UCS。

（3）工具栏：“标准”工具栏→坐标系。

AutoCAD 有两种视图显示方式：模型空间和图纸空间。模型空间是指单一视图显示法，我们通常使用的都是这种显示方式；图纸空间是指在绘图区域创建图形的多视图。用户可以对其中每一个视图进行单独操作。在默认情况下，当前 UCS 与 WCS 重合。图 2-32（a）为模型空间下的 UCS 坐标系图标，通常放在绘图区左下角处；如当前 UCS 和 WCS 重合，则出现一个 W 字，如图 2-32（b）；也可以指定它放在当前 UCS 的实际坐标原点位置，此时出现一个十字，如图 2-32（c）。图 2-32（d）为图纸空间下的坐标系图标。

图 2-32 坐标系图标

2. 数据输入方法

在 AutoCAD 2013 中，点的坐标可以用直角坐标、极坐标、球面坐标和柱面坐标表示，每一种坐标又分别具有两种坐标输入方式：绝对坐标和相对坐标。其中直角坐标和极坐标最为常用，下面主要介绍一下它们的输入。

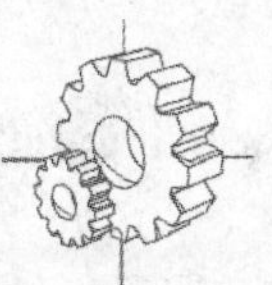

（1）直角坐标法：用点的 X、Y 坐标值表示的坐标。

例如：在命令行中输入点的坐标提示下，输入“15，18”，则表示输入了一个 X、Y 的坐标值分别为 15、18 的点，此为绝对坐标输入方式，表示该点的坐标是相对于当前坐标原点的坐标值，如图 2-33（a）所示。如果输入“@10，20”，则为相对坐标输入方式，表示该点的坐标是相对于前一点的坐标值，如图 2-33（c）所示。

（2）极坐标法：用长度和角度表示的坐标，只能用来表示二维点的坐标。

在绝对坐标输入方式下，表示为“长度<角度”，如“25<50”，其中长度为该点到坐标原点的距离，角度为该点至原点的连线与 X 轴正向的夹角，如图 2-33（b）所示。

在相对坐标输入方式下，表示为“@长度<角度”，如“@25<45”，其中长度为该点到前一点的距离，角度为该点至前一点的连线与 X 轴正向的夹角，如图 2-33（d）所示。

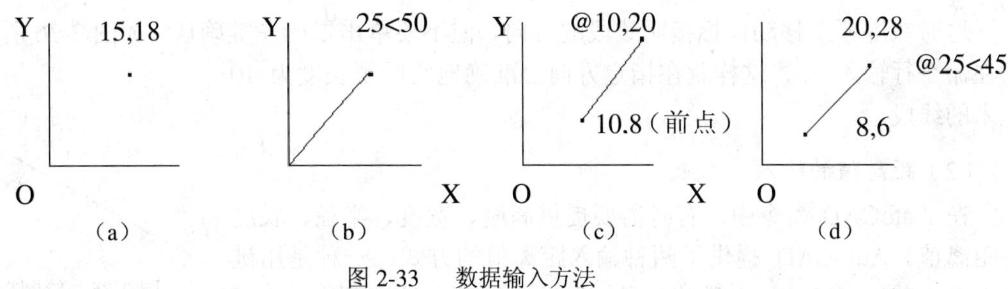

图 2-33　数据输入方法

3．动态数据输入

单击状态栏上的“DYN”按钮，系统打开动态输入功能，可以在屏幕上动态地输入某些参数数据。例如，绘制直线时，在光标附近，会动态地显示“指定第一点”，以及后面的坐标框，当前显示的是光标所在位置，可以输入数据，两个数据之间以逗号隔开，如图 2-34 所示。指定第一点后，系统动态显示直线的角度，同时要求输入线段长度值，如图 2-35 所示，其输入效果与“@长度<角度”方式相同。

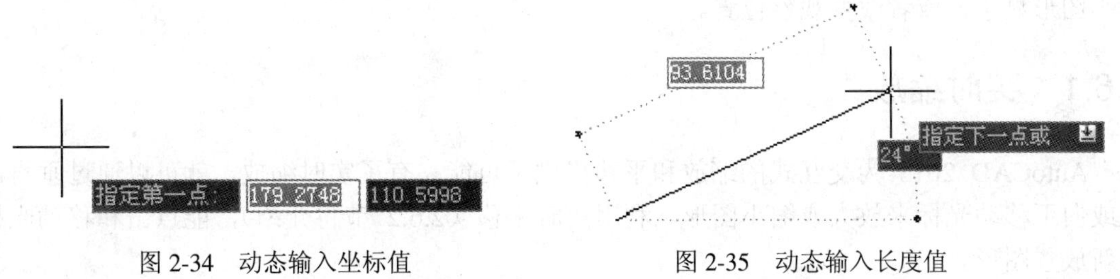

图 2-34　动态输入坐标值　　　　图 2-35　动态输入长度值

下面分别讲述一下点与距离值的输入方法。

（1）点的输入

绘图过程中，常需要输入点的位置，AutoCAD 提供了如下几种输入点的方式。

①用键盘直接在命令窗口中输入点的坐标。直角坐标有两种输入方式：“x，y”（点的绝对坐标值，例如“100，50”）和“@ x，y”（相对于上一点的相对坐标值，例如“@ 50，-30”）。坐标值均相对于当前的用户坐标系。

极坐标的输入方式为：“长度 < 角度”（其中，长度为点到坐标原点的距离，角度为原点

至该点连线与 X 轴的正向夹角，例如“20<45”）或“@长度 <”角度（相对于上一点的相对极坐标，例如“@ 50 < -30”）。

②用鼠标等定点设备移动光标单击左键在屏幕上直接取点。

③用目标捕捉方式捕捉屏幕上已有图形的特殊点（如端点、中点、中心点、插入点、交点、切点、垂足点等，详见第 4 章）。

④直接距离输入：先用光标拖拉出橡筋线确定方向，然后用键盘输入距离。这样有利于准确控制对象的长度等参数。例如，要绘制一条 10 毫米长的线段，方法如下：

```
命令:LINE ↙
指定第一点:（在屏幕上指定一点）
指定下一点或 [放弃(U)]:
```

这时在屏幕上移动鼠标指明线段的方向，但不要单击鼠标左键确认，如图 2-36 所示，然后在命令行输入 10，这样就在指定方向上准确地绘制了长度为 10 毫米的线段。

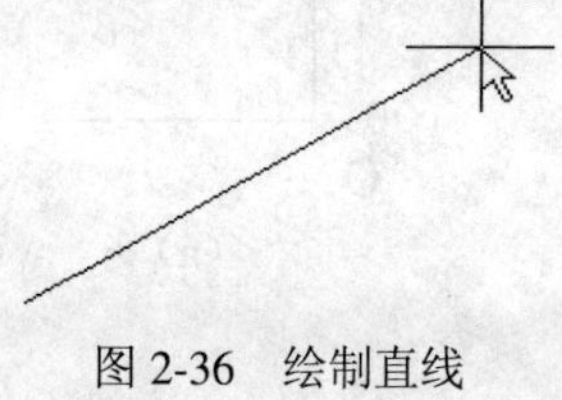

图 2-36　绘制直线

（2）距离值的输入

在 AutoCAD 命令中，有时需要提供高度、宽度、半径、长度等距离值。AutoCAD 提供了两种输入距离值的方式：一种是用键盘在命令窗口中直接输入数值；另一种是在屏幕上拾取两点，以两点的距离值定出所需数值。

2.6　显示图形

恰当地显示图形最一般的方法就是利用缩放和平移命令。用它们可以在绘图区域放大或缩小图形显示，或者改变观察位置。

2.6.1　实时缩放

AutoCAD 2013 为交互式的缩放和平移提供了可能。有了实时缩放，就可以通过垂直向上或向下移动光标来放大或缩小图形。利用实时平移（2.6.2 节将介绍），能点击和移动光标重新放置图形。

【执行方式】

（1）命令行：Zoom。

（2）菜单栏：选择菜单栏中的“视图”→“缩放”→“实时”命令。

（3）工具栏：单击“标准”工具栏中的“实时缩放”按钮。

【操作步骤】

按住选择钮垂直向上或向下移动。从图形的中点向顶端垂直地移动光标就可以放大图形一倍，向底部垂直地移动光标就可以缩小图形 1/2。

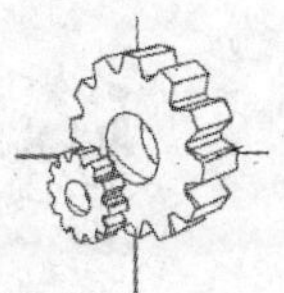

【选项说明】

在“标准”工具栏的“缩放”下拉工具栏（如图 2-37 所示）和“缩放”工具栏（如图 2-38 所示）中还有一些类似的“缩放”命令，读者可以自行操作体会，这里不再一一赘述。

图 2-37　“缩放”下拉工具栏

图 2-38　“缩放”工具栏

2.6.2　实时平移

【执行方式】

（1）命令行：PAN。

（2）菜单栏：选择菜单栏中的“视图”→“平移”→“实时”命令。

（3）工具栏：单击“标准”工具栏中的“实时平移”按钮。

【操作步骤】

执行上述命令后，单击“选择”按钮，然后移动手形光标就可以平移图形了。当移动到图形的边沿时，光标就变成一个三角形显示。

另外，AutoCAD 2013 为显示控制命令设置了一个右键快捷菜单，如图 2-39 所示。在该菜单中，用户可以在显示命令执行的过程中，透明地进行切换。

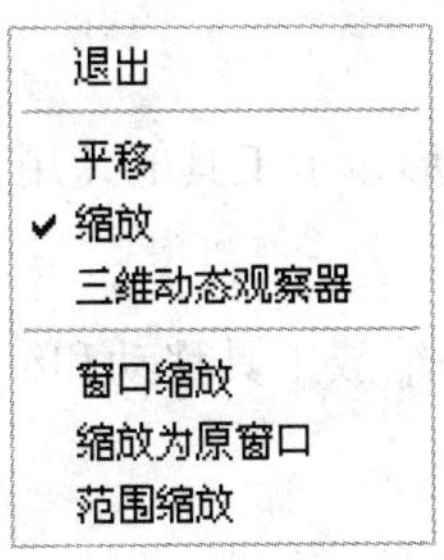

图 2-39　右键快捷菜单

2.7　上机实验

1. 设置绘图环境

（1）目的要求

任何一个图形文件都有一个特定的绘图环境，包括图形边界、绘图单位、角度等。设置绘图环境通常有两种方法：设置向导与单独的命令设置方法。通过学习设置绘图环境，可以促进读者对图形总体环境的认识。

（2）操作提示

①选择菜单栏中的“文件”→“新建”命令，系统打开“选择样板”对话框，单击“打开”按钮，进入绘图界面。

②选择菜单栏中的“格式”→“图形界限”命令，设置界限为“(0,0)，(297,210)”，在命令行中可以重新设置模型空间界限。

③选择菜单栏中的“格式”→“单位”命令，系统打开“图形单位”对话框，设置长度类型为“小数”，精度为“0.00”；角度类型为十进制度数，精度为“0”；用于缩放插入内容的单位为“毫米”，用于指定光源强度的单位为“国际”；角度方向为“顺时针”。

④选择菜单栏中的“工具”→“工作空间”→“AutoCAD 经典”命令，进入工作空间。

2. 熟悉操作界面

（1）目的要求

操作界面是用户绘制图形的平台，操作界面的各个部分都有其独特的功能，熟悉操作界面有助于用户方便快速地进行绘图。本例要求了解操作界面各部分功能，掌握改变绘图区颜色和光标大小的方法，能够熟练地打开、移动、关闭工具栏。

（2）操作提示

①启动 AutoCAD 2013，进入操作界面。

②调整操作界面大小。

③设置绘图区颜色与光标大小。

④打开、移动、关闭工具栏。

⑤尝试同时利用命令行、菜单命令和工具栏绘制一条线段。

3. 观察图形

（1）目的要求

本例要求用户熟练地掌握各种图形显示工具的使用方法。

（2）操作提示

如图 2-40 所示，利用平移工具和缩放工具移动和缩放图形。

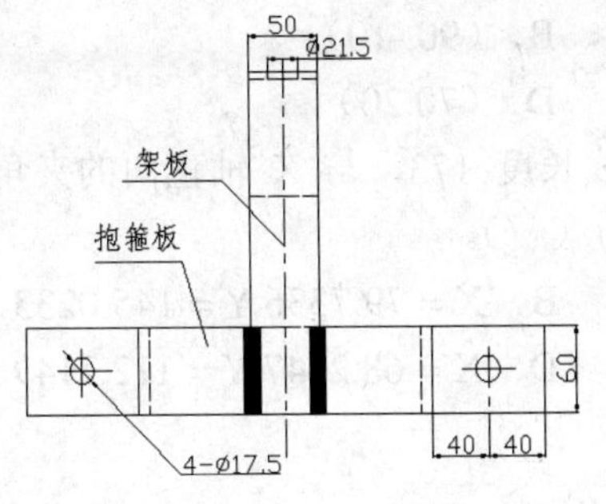

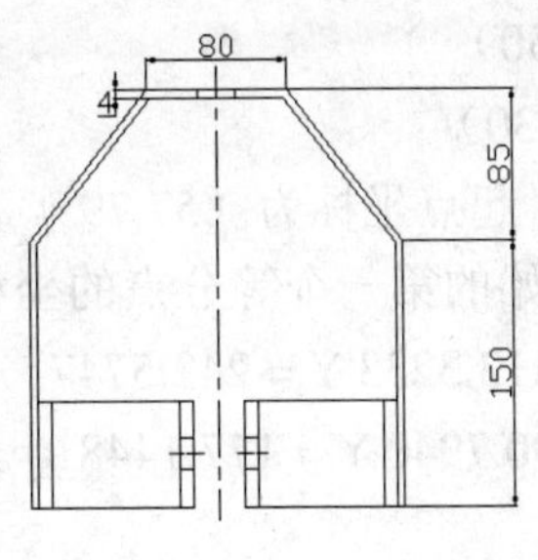

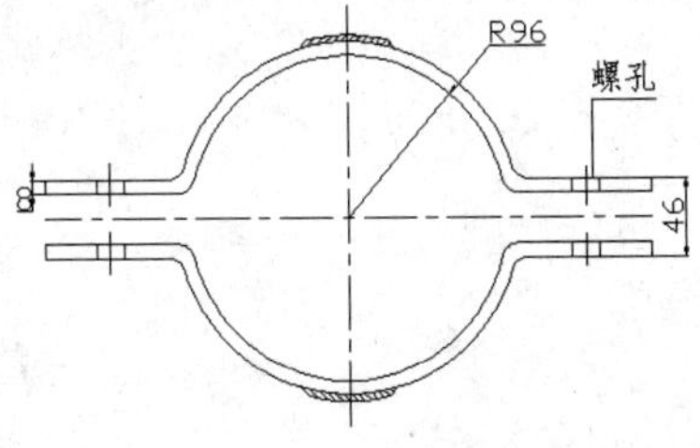

图 2-40　耐张铁帽三视图

2.8　思考与练习

1. AutoCAD 2013 默认打开的工具栏有（　）。

   A. “标准”工具栏　　B. “绘图”工具栏

   C. “修改”工具栏　　D. “特性”工具栏

   E. 以上全部

2. 正常退出 AutoCAD 的方法有（　）。

   A. QUIT 命令　　B. EXIT 命令

   C. 屏幕右上角的“关闭”按钮　　D. 直接关机

3. 在图形修复管理器中，以下哪个文件是由系统自动创建的自动保存文件？（　）

   A. drawing1_1_1_6865.svs$　　B. drawing1_1_68656.svs$

   C. drawing1_recovery.dwg　　D. drawing1_1_1_6865.bak

4. 如果想要改变绘图区域的背景颜色，应该如何做？（　）

   A. 在“选项”对话框的“显示”选项卡的“窗口元素”选项区域，单击“颜色”按钮，在弹出的对话框中进行修改

   B. 在 Windows 的“显示属性”对话框“外观”选项卡中单击“高级”按钮，在弹出的对话框中进行修改

   C. 修改 SETCOLOR 变量的值

   D. 在“特性”面板的“常规”选项区域，修改“颜色”值

5. 取世界坐标系的点（70,20）作为用户坐标系的原点，则用户坐标系的点（-20,30）的世界坐标为（　）。

A．（50,50）　　B．（90,-10）

C．（-20,30）　　D．（70,20）

6．绘直线，起点坐标为（57,79），直线长度 173，与 X 轴正向的夹角为 71°。将线 5 等分，从起点开始的第一个等分点的坐标为（　）。

A．X = 113.3233 Y = 242.5747　　B．X = 79.7336 Y = 145.0233

C．X = 90.7940 Y = 177.1448　　D．X = 68.2647 Y = 112.7149

第3章

二维绘图命令

二维图形是指在二维平面空间绘制的图形，主要由一些图形元素组成，如点、直线、圆弧、圆、椭圆、矩形、多边形、多段线、样条曲线、多线等几何元素。AutoCAD 提供了大量的绘图工具，可以帮助用户完成二维图形的绘制。本章主要内容包括：直线，圆和圆弧，椭圆和椭圆弧，平面图形，点，多段线，样条曲线和多线等。

3.1 直线类

直线类命令包括直线、射线和构造线等命令。这几个命令是 AutoCAD 中最简单的绘图命令。

3.1.1 点

【执行方式】

（1）命令行：POINT（缩写名：PO）。

（2）菜单：绘图→点→单点或多点。

（3）工具栏：绘图→点 ▫ 。

【操作格式】

```
命令：POINT↙
指定点：（指定点所在的位置）
```

【选项说明】

- 通过菜单方法操作时（如图 3-1 所示），“单点”选项表示只输入一个点，“多点”选项表示可输入多个点。
- 可以打开状态栏中的“对象捕捉”开关设置点捕捉模式，帮助用户拾取点。
- 点在图形中的表示样式，共有 20 种。可通过命令 DDPTYPE 或选择菜单“格式”→“点样式”，打开“点样式”对话框来设置，如图 3-2 所示。

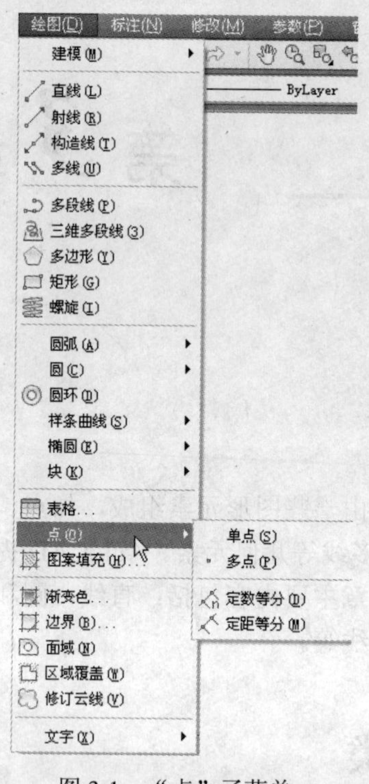

图 3-1 “点”子菜单

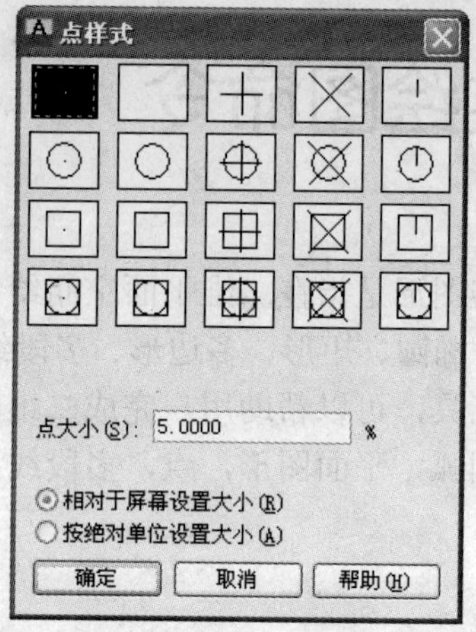

图 3-2 “点样式”对话框

3.1.2 绘制直线段

【执行方式】

（1）命令行：LINE。

（2）菜单：“绘图”→“直线”。

（3）工具栏：“绘图”→“直线” 。

【操作步骤】

命令：LINE↙

指定第一点：(输入直线段的起点，用鼠标指定点或者给定点的坐标)

指定下一点或 [放弃(U)]：(输入直线段的端点，也可以用鼠标指定一定角度后，直接输入直线段的长度)

指定下一点或 [放弃(U)]：(输入下一直线段的端点。输入选项 U 表示放弃前面的输入；右击或按 Enter 键，结束命令)

指定下一点或 [闭合(C)/放弃(U)]：(输入下一直线段的端点，或输入选项 C 使图形闭合，结束命令)

【选项说明】

- 若按 Enter 键响应“指定第一点”的提示，则系统会把上次绘线（或弧）的终点作为本次操作的起始点。特别地，若上次操作为绘制圆弧，按 Enter 键响应后，绘出通过圆弧终点的与该圆弧相切的直线段，该线段的长度由鼠标在屏幕上指定的一点与切点

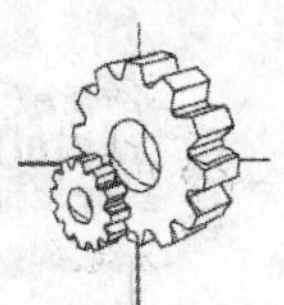

之间线段的长度确定。

- 在"指定下一点"的提示下，用户可以指定多个端点，从而绘出多条直线段。但是，每一条直线段都是一个独立的对象，可以单独地进行编辑操作。
- 绘制两条以上的直线段后，若用选项"C"响应"指定下一点"的提示，系统会自动连接起始点和最后一个端点，从而绘出封闭的图形。
- 若用选项"U"响应提示，则会擦除最近一次绘制的直线段。
- 若设置正交方式（单击状态栏上的"正交"按钮），则只能绘制水平直线段或垂直直线段。
- 若设置动态数据输入方式（单击状态栏上的 DYN 按钮），则可以动态输入坐标或长度值。下面的命令同样可以设置动态数据输入方式，效果与非动态数据输入方式类似。除了特别需要（以后不再强调），否则只按非动态数据输入方式输入相关数据。

3.1.3　实例——绘制电阻符号

绘制图 3-3 所示电阻符号。

01 单击"绘图"工具栏中的"直线"按钮，绘制连续线段，命令行中的提示与操作如下：

```
命令：_line
指定第一点：100,100↙
指定下一点或 [放弃(U)]：@100,0↙
指定下一点或 [放弃(U)]：@0,-40↙
指定下一点或 [闭合(C)/放弃(U)]：@-100,0↙
指定下一点或 [闭合(C)/放弃(U)]：c↙（系统自动封闭连续直线并结束命令，结果如图 3-4 所示）
```

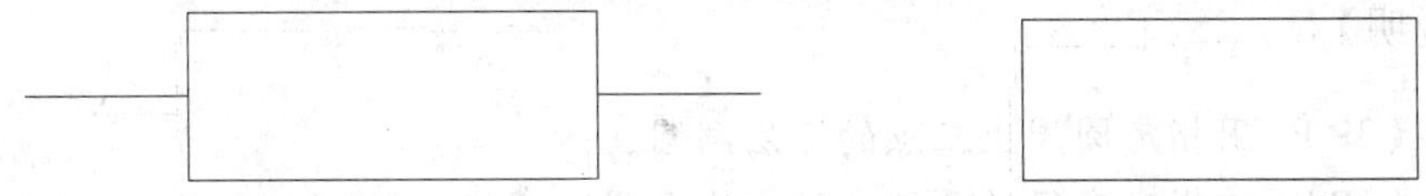

图 3-3　电阻　　　图 3-4　绘制连续线段

02 单击"绘图"工具栏中的"直线"按钮，绘制两条线段，命令行中的提示与操作如下：

```
命令：_line
指定第一点：100,80↙
指定下一点或 [放弃(U)]：60,80↙
指定下一点或 [放弃(U)]：↙
命令：↙
指定第一点：200,80↙
指定下一点或 [放弃(U)]：@40,0↙
指定下一点或 [放弃(U)]：↙
```

最终结果如图 3-3 所示。

注 意

（1）一般每个命令有 3 种执行方式，这里只给出了命令行执行方式，其他两种执行方式的操作方法与命令行执行方式相同。

（2）执行完一个命令后，直接回车表示重复执行上一个命令。

3.2 圆类图形

圆类命令主要包括“圆”、“圆弧”、“椭圆”、“椭圆弧”及“圆环”等命令，这几个命令是 AutoCAD 中最简单的圆类命令。

3.2.1 绘制圆

【执行方式】

（1）命令行：CIRCLE。

（2）菜单：“绘图”→“圆”。

（3）工具栏：“绘图”→“圆”。

【操作步骤】

```
命令：CIRCLE↙
指定圆的圆心或 [三点(3P)/两点(2P)/切点、切点、半径(T)]：(指定圆心)
指定圆的半径或 [直径(D)]：(直接输入半径数值或用鼠标指定半径长度)
指定圆的直径 <默认值>：(输入直径数值或用鼠标指定直径长度)
```

【选项说明】

- 三点（3P）：用指定圆周上三点的方法画圆。
- 两点（2P）：按指定直径的两端点的方法画圆。
- 切点、切点、半径（T）：按先指定两个相切对象后给出半径的方法画圆。

“绘图”→“圆”菜单中多了一种“相切、相切、相切”的方法，当选择此方式时，系统提示：

```
指定圆上的第一个点：_tan 到：(指定相切的第一个圆弧)
指定圆上的第二个点：_tan 到：(指定相切的第二个圆弧)
指定圆上的第三个点：_tan 到：(指定相切的第三个圆弧)
```

3.2.2 实例——绘制传声器符号

绘制图 3-5 所示传声器符号。

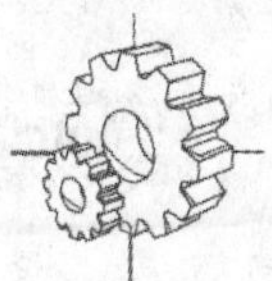

01 单击“绘图”工具栏中的“直线”按钮，命令行中的提示与操作如下。

```
命令：_line
指定第一点：（在屏幕适当位置指定一点）
指定下一点或 [放弃(U)]：（垂直向下在适当位置指定一点）
指定下一点或 [放弃(U)]：↙（回车，完成直线绘制）
```

02 单击“绘图”工具栏中的“圆”按钮，绘制圆，命令行中的提示与操作如下。

```
命令：_circle
指定圆的圆心或 [三点(3P)/两点(2P)/切点、切点、半径(T)]：（在直线左边中间适当位置指定一点）
指定圆的半径或 [直径(D)]：（在直线上大约与圆心垂直的位置指定一点，如图 3-6 所示）
```

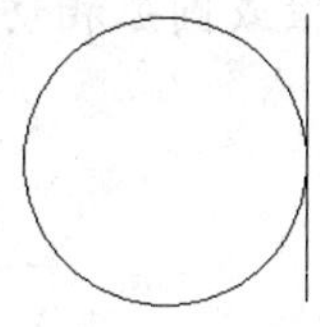

图 3-5 传声器

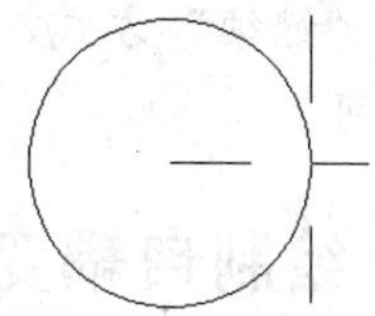

图 3-6 指定半径

注意

对于圆心点的选择，除了直接输入圆心点（150,200）之外，还可以利用圆心点与中心线的对应关系，利用对象捕捉的方法。单击状态栏中的“对象捕捉”按钮。命令行中会提示“命令:<对象捕捉 开>”。

3.2.3 绘制圆弧

【执行方式】

（1）命令行：ARC（缩写名：A）。

（2）菜单：“绘图”→“弧”。

（3）工具栏：“绘图”→“圆弧”。

【操作步骤】

```
命令：ARC↙
指定圆弧的起点或 [圆心(C)]：（指定起点）
指定圆弧的第二点或 [圆心(C)/端点(E)]：（指定第二点）
指定圆弧的端点：（指定端点）
```

【选项说明】

- 用命令行方式绘制圆弧时，可以根据系统提示选择不同的选项，具体功能和选择菜单栏中的“绘图”→“圆弧”中子菜单提供的11种方式相似。这11种方式绘制的圆弧分别如图3-7（a）～（k）所示。

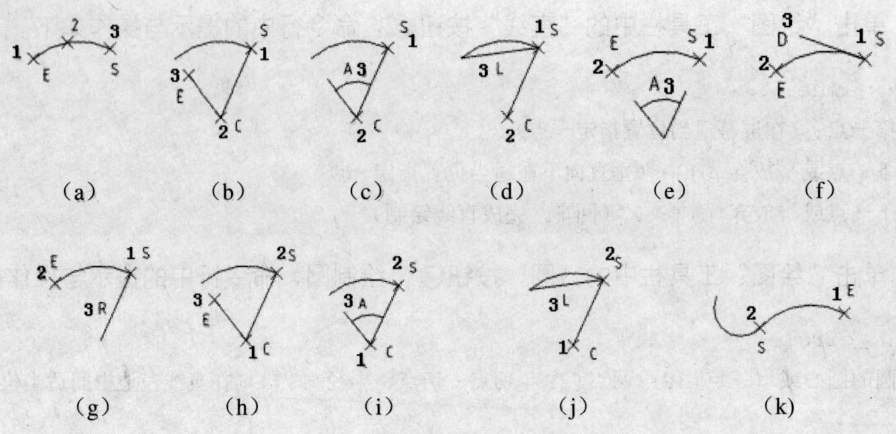

图 3-7　11 种圆弧绘制方法

- 需要强调的是“继续”方式，绘制的圆弧与上一线段或圆弧相切，继续画圆弧段，因此提供端点即可。

3.2.4　实例——绘制自耦变压器符号

绘制如图 3-8 所示的自耦变压器符号。

01 单击“绘图”工具栏“直线”按钮，绘制一条竖直直线，命令行中的提示与操作如下。

```
命令：_line
指定第一点：(在屏幕适当位置指定一点)
指定下一点或 [放弃(U)]：(垂直向下在适当位置指定一点)
指定下一点或 [放弃(U)]：↙ (回车，完成直线绘制)
```

结果如图 3-9 所示。

02 单击“绘图”工具栏“圆”按钮，在竖直直线上端点处绘制一个圆，命令行中的提示与操作如下。

```
命令:_circle
指定圆的圆心或 [三点(3P)/两点(2P)/切点、切点、半径(T)]：(在直线上大约与圆心垂直的位置指定一点)
指定圆的半径或 [直径(D)]：(在直线上端点位置指定一点)
```

结果如图 3-10 所示。

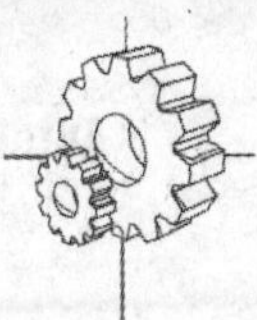

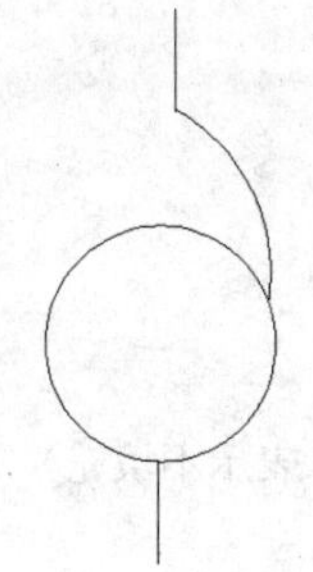

图 3-8　自耦变压器

图 3-9　绘制竖直直线　　图 3-10　绘制圆

03 单击“绘图”工具栏“圆弧”按钮和“直线”按钮，在圆右侧选择一点绘制一段圆弧和一条直线，完成自耦变压器符号的绘制，命令行中的提示与操作如下。

```
命令：ARC↙
指定圆弧的起点或 [圆心(C)]：(在圆上方取一点)
指定圆弧的第二点或 [圆心(C)/端点(E)]：(在圆右侧取任意一点)
指定圆弧的端点：(在圆上取一点)
命令：_line
指定第一点：(点取圆弧下端点)
指定下一点或 [放弃(U)]：(在圆弧上方选取一点)
指定下一点或 [放弃(U)]：↙(回车，完成直线绘制)
```

结果如图 3-8 所示。

注 意

绘制圆弧时，注意圆弧的曲率是遵循逆时针方向的，所以在采用指定圆弧两个端点和半径模式时，需要注意端点的指定顺序，否则有可能导致圆弧的凹凸形状与预期的相反。

3.2.5　绘制圆环

【执行方式】

（1）命令行：DONUT。

（2）菜单：“绘图”→“圆环”。

【操作步骤】

```
命令:DONUT↙
指定圆环的内径 <默认值>：(指定圆环内径)
指定圆环的外径 <默认值>：(指定圆环外径)
指定圆环的中心点或 <退出>：(指定圆环的中心点)
指定圆环的中心点或 <退出>:(继续指定圆环的中心点，则继续绘制具有相同内外径的圆环。按 Enter
键空格键或右击，结束命令)
```

【选项说明】

- 若指定内径为零，则画出实心填充圆。
- 用命令 FILL 可以控制圆环是否填充。

```
命令：FILL↙
输入模式 [开(ON)/关(OFF)] <开>：（选择 ON 表示填充，选择 OFF 表示不填充）
```

3.2.6 绘制椭圆与椭圆弧

【执行方式】

（1）命令行：ELLIPSE。

（2）菜单："绘制"→"椭圆"→"圆弧"。

（3）工具栏："绘制"→"椭圆"或"绘制"→"椭圆弧"。

【操作步骤】

```
命令：ELLIPSE↙
指定椭圆的轴端点或 [圆弧(A)/中心点(C)]：
指定轴的另一个端点：
指定另一条半轴长度或 [旋转(R)]：
```

【选项说明】

- 指定椭圆的轴端点：根据两个端点，定义椭圆的第一条轴。第一条轴的角度确定了整个椭圆的角度。第一条轴既可定义为椭圆的长轴也可定义为椭圆的短轴。
- 旋转（R）：通过绕第一条轴旋转圆来创建椭圆。相当于将一个圆绕椭圆轴翻转一个角度后的投影视图。
- 中心点（C）：通过指定的中心点创建椭圆。
- 椭圆弧（A）：该选项用于创建一段椭圆弧。与使用工具栏"绘制"→"椭圆弧"功能相同。其中第一条轴的角度确定了椭圆弧的角度。第一条轴既可定义为椭圆弧长轴也可定义为椭圆弧短轴。选择该项，命令行提示如下。

```
指定椭圆弧的轴端点或 [中心点(C)]：(指定端点或输入 C)
指定轴的另一个端点：(指定另一端点)
指定另一条半轴长度或 [旋转(R)]：（指定另一条半轴长度或输入 R)
指定起始角度或 [参数(P)]：(指定起始角度或输入 P)
指定终止角度或 [参数(P)/包含角度(I)]：
```

其中各选项含义如下。

- 角度：指定椭圆弧端点的两种方式之一，光标与椭圆中心点连线的夹角为椭圆弧端点位置的角度。
- 参数（P）：指定椭圆弧端点的另一种方式，该方式同样是指定椭圆弧端点的角度，通过以下矢量参数方程式创建椭圆弧。

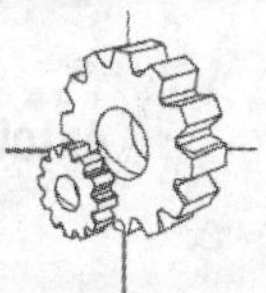

p(u) = c + a* cos(u) + b* sin(u)

其中 c 是椭圆的中心点，a 和 b 分别是椭圆的长轴和短轴，u 为光标与椭圆中心点连线的夹角。

- 包含角度（I）：定义从起始角度开始的包含角度。

3.2.7　实例——绘制感应式仪表符号

绘制如图 3-11 所示的感应式仪表符号。

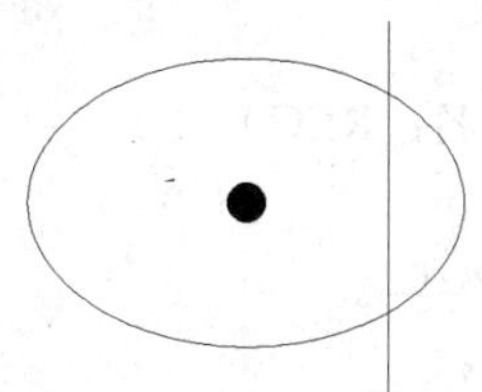

图 3-11　感应式仪表符号

01 单击“绘图”工具栏“椭圆”按钮，绘制椭圆。命令行提示与操作如下。

```
命令：_ellipse
指定椭圆的轴端点或 [圆弧(A)/中心点(C)]：(适当指定一点为椭圆的轴端点)
指定轴的另一个端点：(在水平方向指定椭圆的轴另一个端点)
指定另一条半轴长度或 [旋转(R)]：(适当指定一点，以确定椭圆另一条半轴的长度)
```

结果如图 3-12 所示。

02 选择“绘图”→“圆环”菜单命令，绘制实心圆环，命令行提示与操作如下。

```
命令：_donut
指定圆环的内径 <0. 5000>: 0↙
指定圆环的外径 <1. 0000>:150↙
指定圆环的中心点或 <退出>:(大约指定椭圆的圆心位置)
指定圆环的中心点或 <退出>:↙
```

结果如图 3-13 所示。

03 单击“绘图”工具栏中的“直线”按钮，在椭圆偏右位置绘制一条竖直直线，最终结果如图 3-11 所示。

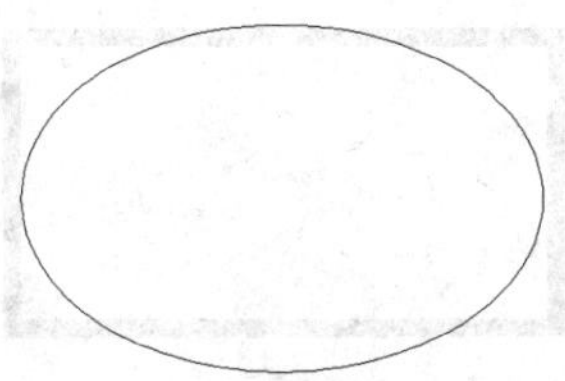

图 3-12　绘制椭圆

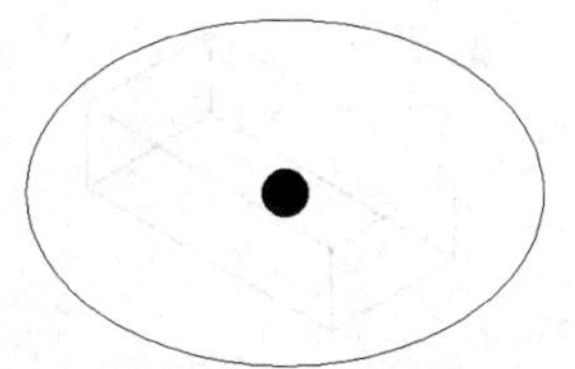

图 3-13　绘制圆环

注意

在绘制圆环时，可能仅仅一次无法准确确定圆环外径大小以确定圆环与椭圆的相对大小，可以通过多次绘制的方法找到一个相对合适的外径值。

3.3 平面图形

3.3.1 绘制矩形

【执行方式】

(1) 命令行：RECTANG（缩写名：REC）。

(2) 菜单："绘图"→"矩形"。

(3) 工具栏："绘图"→"矩形"▭。

【操作步骤】

```
命令：RECTANG↙
指定第一个角点或 [倒角(C)/标高(E)/圆角(F)/厚度(T)/宽度(W)]：
指定另一个角点或 [面积(A)/尺寸(D)/旋转(R)]：
```

【选项说明】

- 第一个角点：通过指定两个角点来确定矩形，如图 3-14（a）所示。
- 倒角（C）：指定倒角距离，绘制带倒角的矩形（如图 3-14（b）所示），每一个角点的逆时针和顺时针方向的倒角可以相同，也可以不同，其中第一个倒角距离是指角点逆时针方向的倒角距离，第二个倒角距离是指角点顺时针方向的倒角距离。
- 标高（E）：指定矩形标高（Z 坐标），即把矩形画在标高为 Z，和 XOY 坐标面平行的平面上，并作为后续矩形的标高值。
- 圆角（F）：指定圆角半径，绘制带圆角的矩形，如图 3-14（c）所示。
- 厚度（T）：指定矩形的厚度，如图 3-14（d）所示。
- 宽度（W）：指定线宽，如图 3-14（e）所示。

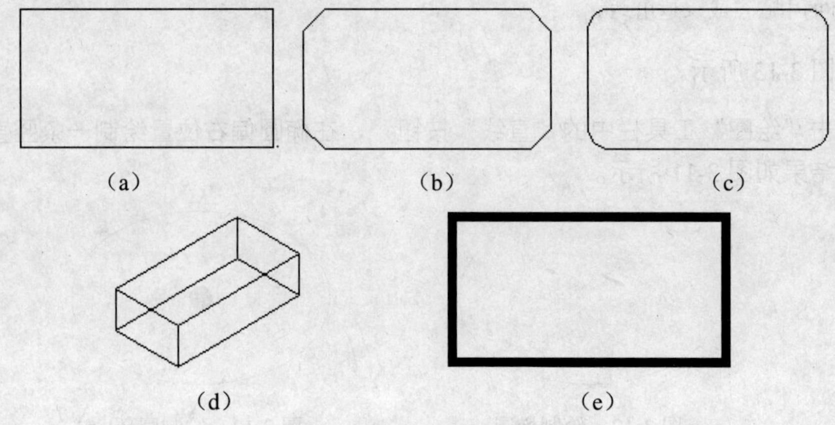

图 3-14　绘制矩形

- 尺寸（D）：使用长和宽创建矩形。第二个指定点将矩形定位在与第一角点相关的 4 个位置之一内。
- 面积（A）：通过指定面积和长或宽来创建矩形。选择该项，系统提示：

```
输入以当前单位计算的矩形面积 <20.0000>: （输入面积值）
计算矩形标注时依据 [长度(L)/宽度(W)] <长度>:（按 Enter 键或输入 W）
输入矩形长度 <4.0000>: （指定长度或宽度）
```

指定长度或宽度后，系统自动计算出另一个维度后绘制出矩形。如果矩形被倒角或圆角，则在长度或宽度计算中，会考虑此设置，如图 3-15 所示。

```
指定旋转角度或 [拾取点(P)] <135>: （指定角度）
指定另一个角点或 [面积(A)/尺寸(D)/旋转(R)]: （指定另一个角点或选择其他选项）
```

- 旋转（R）：旋转所绘制矩形的角度。选择该项，系统提示：

指定旋转角度后，系统按指定旋转角度创建矩形，如图 3-16 所示。

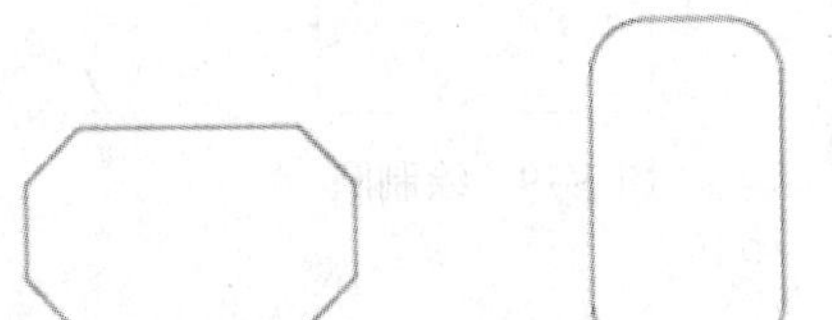

图 3-15　按面积绘制矩形

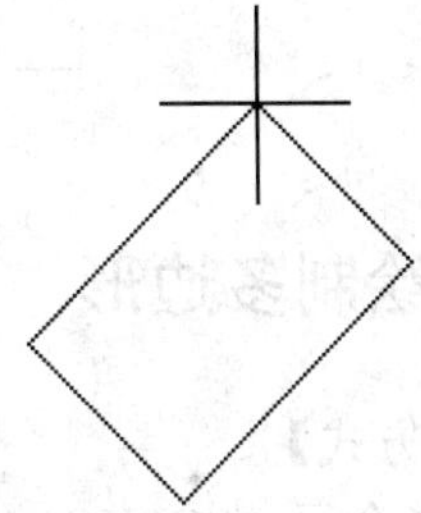

图 3-16　按指定旋转角度创建矩形

3.3.2　实例——绘制非门符号

绘制如图 3-17 所示的非门符号。

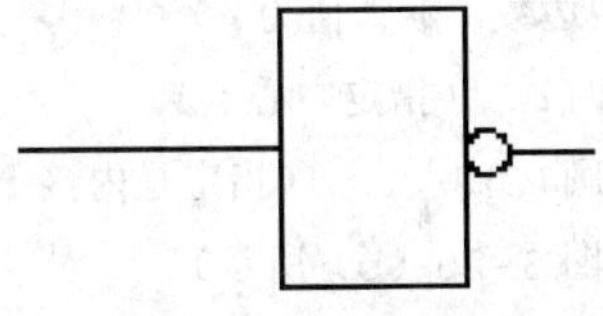

图 3-17　非门符号

01 单击“绘图”工具栏中的“矩形”按钮□，绘制外框，命令行中的提示与操作如下：

```
命令: RECTANG↙
指定第一个角点或 [倒角(C)/标高(E)/圆角(F)/厚度(T)/宽度(W)]:100,100↙
指定另一个角点或 [面积(A)/尺寸(D)/旋转(R)]: 140,160↙
```

结果如图 3-18 所示。

02 单击“绘图”工具栏中的“圆”按钮，绘制圆，命令行中的提示与操作如下：

```
命令：_circle
指定圆的圆心或 [三点(3P)/两点(2P)/切点、切点、半径(T)]：2p↙
指定圆直径的第一个端点：140,130↙
指定圆直径的第二个端点：148,130↙
```

结果如图 3-19 所示。

03 单击“绘图”工具栏中的“直线”按钮，绘制两条直线，端点坐标分别为{(100，130)，(40，130)}和{(148，130)，(168，130)}，结果如图 3-17 所示。

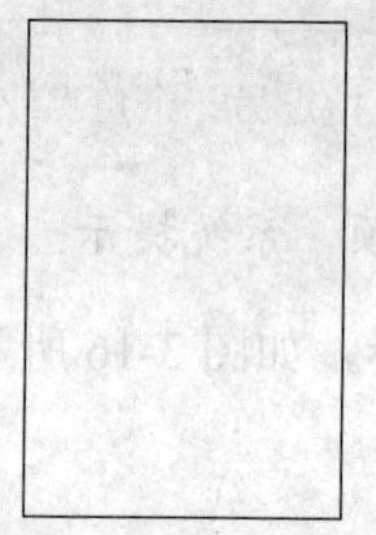

图 3-18 绘制矩形

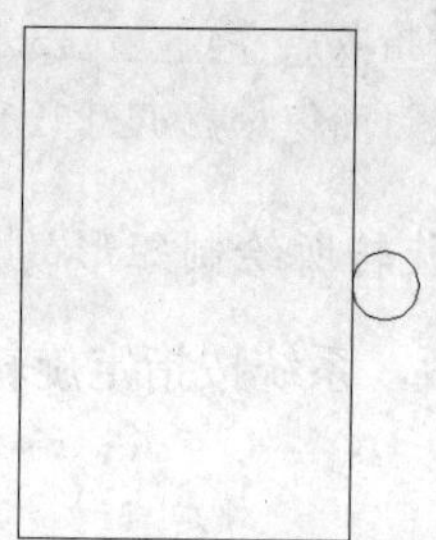

图 3-19 绘制圆

3.3.3 绘制多边形

【执行方式】

(1) 命令行：POLYGON。

(2) 菜单：“绘图”→“多边形”。

(3) 工具栏：“绘图”→“多边形”。

【操作步骤】

```
命令：POLYGON↙
输入侧面数 <4>：(指定多边形的边数，默认值为 4)
指定正多边形的中心点或 [边(E)]： (指定中心点)
输入选项 [内接于圆(I)/外切于圆(C)] <I>：(指定是内接于圆或外切于圆，I 表示内接于圆，如图 3-20 (a) 所示；C 表示外切于圆，如图 3-20 (b) 所示)
指定圆的半径：(指定外接圆或内切圆的半径)
```

【选项说明】

如果选择“边”选项，则只要指定多边形的一条边，系统就会按逆时针方向创建该正多边形，如图 3-20 (c) 所示。

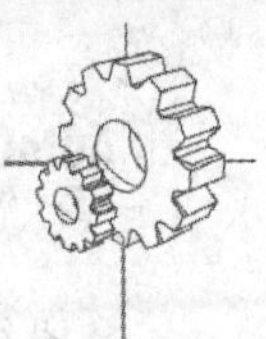

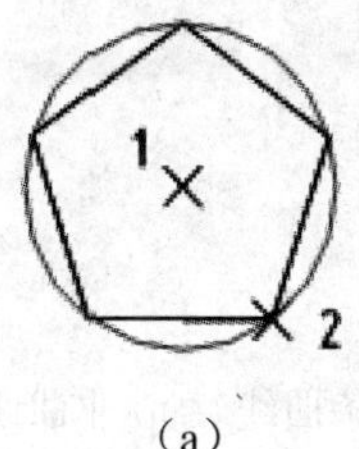

（a）

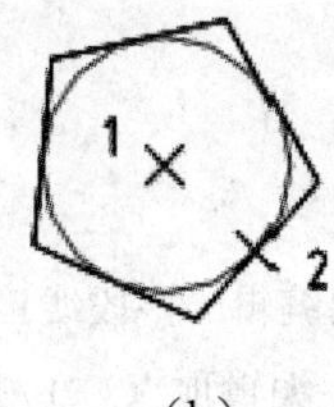

（b）

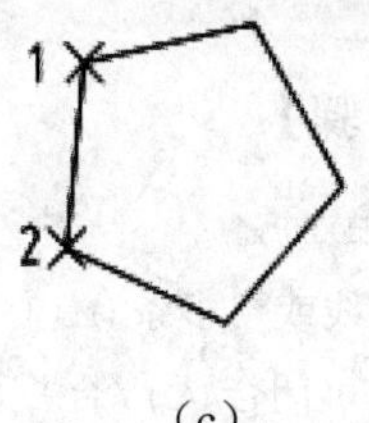

（c）

图 3-20　画正多边形

3.4　多段线

多段线是一种由线段和圆弧组合而成的不同线宽的多线。这种线由于其组合形式的多样和线宽的不同，弥补了直线或圆弧功能的不足，适合绘制各种复杂的图形轮廓，因而得到了广泛的应用。

3.4.1　绘制多段线

【执行方式】

（1）命令行：PLINE（缩写名：PL）。

（2）菜单："绘图"→"多段线"。

（3）工具栏："绘图"→"多段线"。

【操作步骤】

```
命令：PLINE↙
指定起点：(指定多段线的起点)
当前线宽为 0.0000
指定下一个点或 [圆弧(A)/半宽(H)/长度(L)/放弃(U)/宽度(W)]：(指定多段线的下一点)
```

【选项说明】

多段线主要由不同长度的连续的线段或圆弧组成，如果在上述提示中选择"圆弧"命令，则命令行提示如下：

```
[角度(A)/圆心(CE)/方向(D)/半宽(H)/直线(L)/半径(R)/第二个点(S)/放弃(U)/宽度(W)]：
```

3.4.2　编辑多段线

【执行方式】

（1）命令行：PEDIT（缩写名：PE）。

（2）菜单："修改"→"对象"→"多段线"。

（3）工具栏："修改 II"→"编辑多段线"。

（4）快捷菜单：选择要编辑的多线段，在绘图区右击，从打开的右键快捷菜单上选择"多段线编辑”。

【操作步骤】

```
命令：PEDIT↙
选择多段线或 [多条(M)]：(选择一条要编辑的多段线)
输入选项 [闭合(C)/合并(J)/宽度(W)/编辑顶点(E)/拟合(F)/样条曲线(S)/非曲线化(D)/线型生成(L)/反转 (R) /放弃(U)]：
```

【选项说明】

- 合并（J）：以选中的多段线为主体，合并其他直线段、圆弧或多段线，使其成为一条多段线。能合并的条件是各段线的端点首尾相连，如图 3-21 所示。

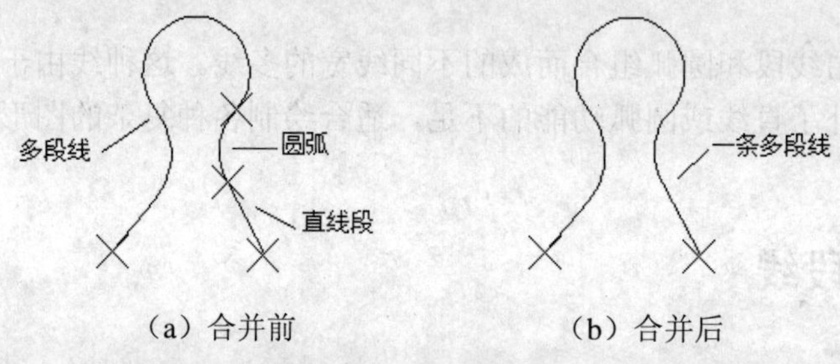

（a）合并前　　（b）合并后

图 3-21　合并多段线

- 宽度（W）：修改整条多段线的线宽，使其具有同一线宽。如图 3-22 所示。

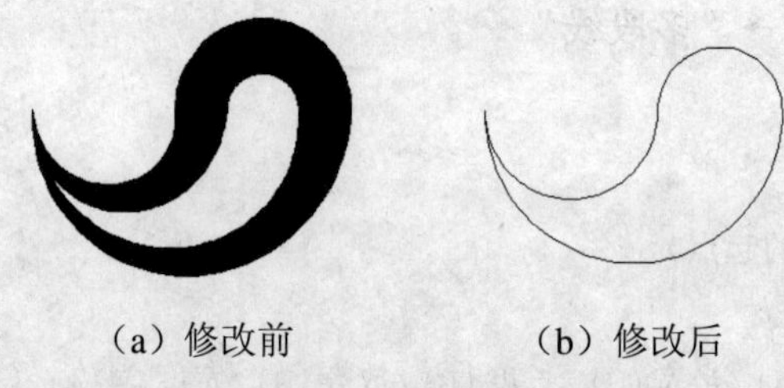

（a）修改前　　（b）修改后

图 3-22　修改整条多段线的线宽

- 编辑顶点（E）：选择该项后，在多段线起点处出现一个斜的十字叉“×”，它为当前顶点的标记，并在命令行出现进行后续操作的提示：

```
[下一个(N)/上一个(P)/打断(B)/插入(I)/移动(M)/重生成(R)/拉直(S)/切向(T)/宽度(W)/退出(X)] <N>：
```

这些选项允许用户进行移动、插入顶点和修改任意两点间的线的线宽等操作。

- 拟合（F）：从指定的多段线生成由光滑圆弧连接而成的圆弧拟合曲线，该曲线经过多段线的各顶点，如图 3-23 所示。

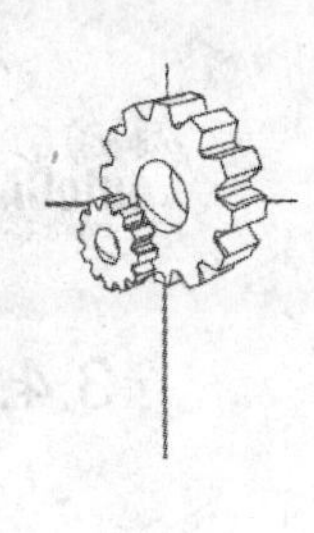

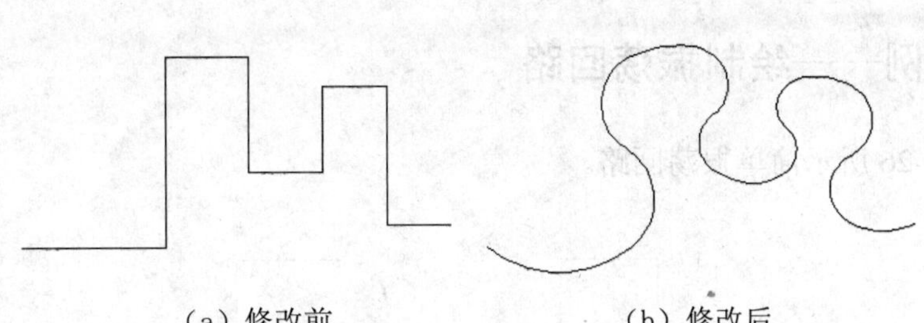

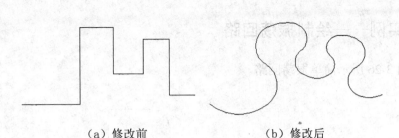

（a）修改前　　（b）修改后

图 3-23　生成圆弧拟合曲线

- 样条曲线（S）：以指定的多段线的各顶点作为控制点生成 B 样条曲线，如图 3-24 所示。

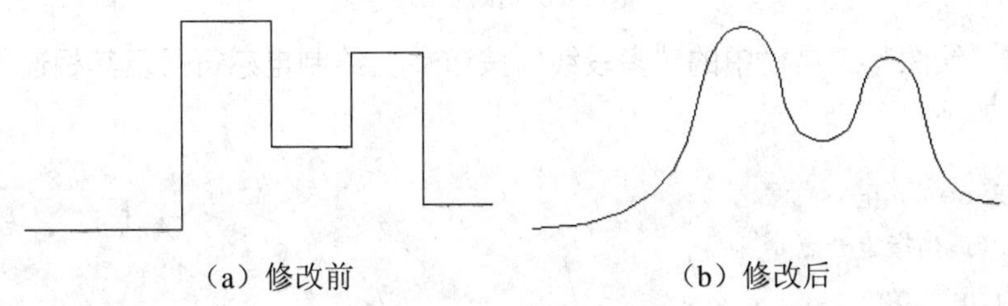

（a）修改前　　（b）修改后

图 3-24　生成 B 样条曲线

- 非曲线化（D）：用直线代替指定的多段线中的圆弧。对于选择“拟合（F）”选项或“样条曲线（S）”选项后生成的圆弧拟合曲线或样条曲线，删去其生成曲线时新插入的顶点，则恢复成由直线段组成的多段线。
- 线型生成（L）：当多段线的线型为点画线时，控制多段线的线型生成方式开关。选择此项，系统提示：

```
输入多段线线型生成选项 [开(ON)/关(OFF)] <关>:
```

选择 ON 时，将在每个顶点处允许以短画线开始或结束生成线型；选择 OFF 时，将在每个顶点处允许以长画线开始或结束生成线型，如图 3-25 所示。“线型生成”不能用于包含带变宽的线段的多段线。

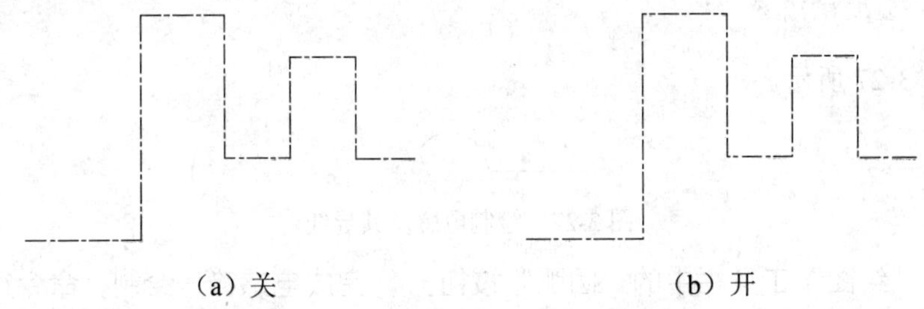

（a）关　　（b）开

图 3-25　控制多段线的线型（线型为点画线时）

- 反转（R）：反转多段线顶点的顺序。使用此选项可反转使用包含文字线型的对象的方向。例如，根据多段线的创建方向，线型中的文字可能会倒置显示。

3.4.3 实例——绘制振荡回路

绘制图 3-26 所示简单振荡回路。

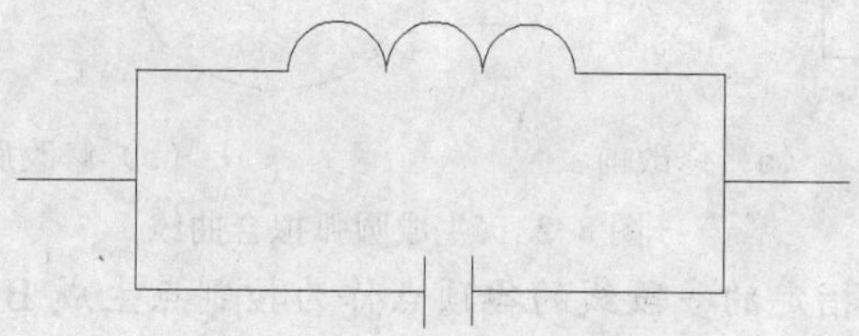

图 3-26 振荡回路

01 单击“绘图”工具栏中的“多段线”按钮，绘制电感符号及其相连导线，命令行提示如下：

```
命令：_pline
指定起点：(适当指定一点)
当前线宽为 0.0000
指定下一个点或 [圆弧(A)/半宽(H)/长度(L)/放弃(U)/宽度(W)]：(水平向右指定一点)
指定下一点或 [圆弧(A)/闭合(C)/半宽(H)/长度(L)/放弃(U)/宽度(W)]：a↙
指定圆弧的端点或 [角度(A)/圆心(CE)/闭合(CL)/方向(D)/半宽(H)/直线(L)/半径(R)/第二个点(S)/放弃(U)/宽度(W)]：a↙
指定包含角：-180↙
指定圆弧的端点或 [圆心(CE)/半径(R)]：(向右与左边直线大约处于水平位置指定一点)
指定圆弧的端点或[角度(A)/圆心(CE)/闭合(CL)/方向(D)/半宽(H)/直线(L)/半径(R)/第二个点(S)/放弃(U)/宽度(W)]：d↙
指定圆弧的起点切向：(竖直向上指定一点)
指定圆弧的端点：(向右与左边直线大约处于水平位置指定一点，使此圆弧与前面圆弧半径大约相等)
指定圆弧的端点或[角度(A)/圆心(CE)/闭合(CL)/方向(D)/半宽(H)/直线(L)/半径(R)/第二个点(S)/放弃(U)/宽度(W)]：↙
```

结果如图 3-27 所示。

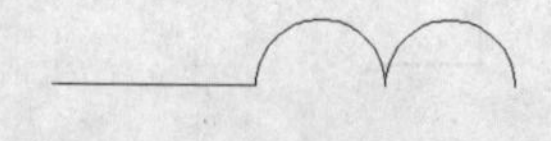

图 3-27 绘制电感及其导线

02 单击“绘图”工具栏中的“圆弧”按钮，完成电感符号绘制，命令行提示如下：

```
命令：_arc
指定圆弧的起点或 [圆心(C)]：(指定多段线终点为起点)
指定圆弧的第二个点或 [圆心(C)/端点(E)]：e↙
指定圆弧的端点：(水平向右指定一点，与第一点距离约与多段线圆弧直径相等)
指定圆弧的圆心或 [角度(A)/方向(D)/半径(R)]：d↙
```

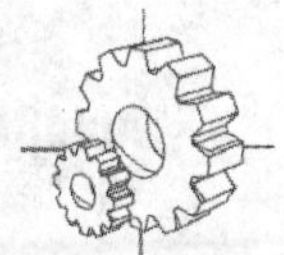

指定圆弧的起点切向：(竖直向上指定一点)

结果如图 3-28 所示。

图 3-28　完成电感符号绘制

03 单击“绘图”工具栏中的“直线”按钮，绘制导线。以圆弧终点为起点绘制绘制连续直线，如图 3-29 所示。

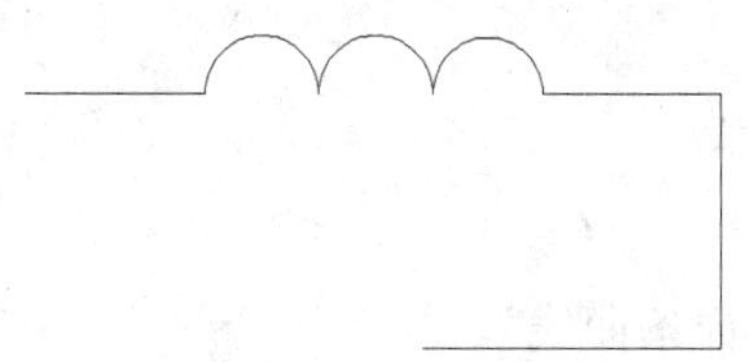

图 3-29　绘制导线

04 单击“绘图”工具栏中的“直线”按钮，绘制电容符号。电容符号为两条平行大约等长竖线，大约使右边竖线的中点为刚绘制导线的端点，如图 3-30 所示。

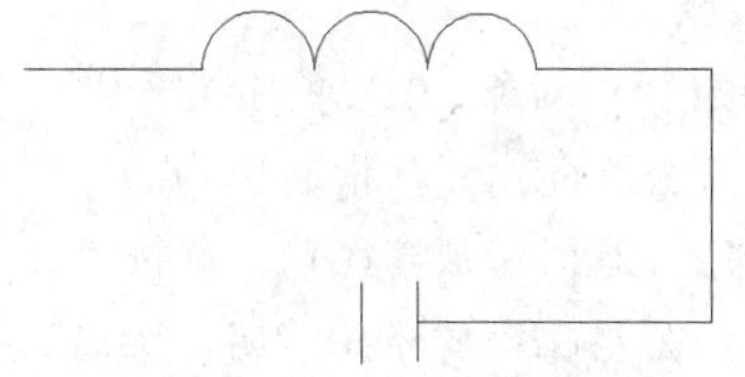

图 3-30　绘制电容

05 单击“绘图”工具栏中的“直线”按钮，绘制连续正交直线，完成其他导线绘制，大致使直线的起点为电容符号左边竖线中点，终点为与电感符号相连导线直线左端点，最终结果如图 3-26 所示。

注意

由于所绘制的直线、多段线和圆弧都是首尾相连或要求水平对齐，所以要求读者在指定相应点时要比较细心。读者操作起来可能比较费劲，在后面章节学习了精确绘图相关知识后就很简便了。

3.5　样条曲线

AutoCAD 2013 使用一种称为非一致有理 B 样条（NURBS）曲线的特殊样条曲线类型。NURBS 曲线在控制点之间产生一条光滑的样条曲线，如图 3-31 所示。样条曲线可用于创建形状不规则的曲线，例如为地理信息系统（GIS）应用或汽车设计绘制轮廓线。

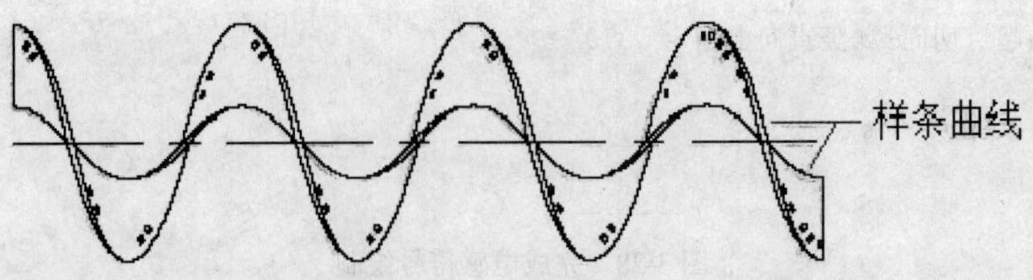

图 3-31　样条曲线

3.5.1　绘制样条曲线

【执行方式】

（1）命令行：SPLINE。

（2）菜单栏："绘图"→"样条曲线"。

（3）工具栏："绘图"→"样条曲线"。

【操作步骤】

```
命令：_spline
当前设置：方式=拟合    节点=弦
指定第一个点或 [方式(M)/节点(K)/对象(O)]：（指定一点）
输入下一个点或 [起点切向(T)/公差(L)]：（指定下一点）
输入下一个点或 [端点相切(T)/公差(L)/放弃(U)]：（按 Enter 键）
输入下一个点或 [端点相切(T)/公差(L)/放弃(U)/闭合(C)]：
```

【选项说明】

- 对象(O)：将二维或三维的二次或三次样条曲线的拟合多段线转换为等价的样条曲线，然后（根据 DelOBJ 系统变量的设置）删除该拟合多段线。
- 闭合（C）：通过定义与第一个点重合的最后一个点，闭合样条曲线。默认情况下，闭合的样条曲线为周期性的，沿整个环保持曲率连续性（C2）。
- 公差（L）：指定样条曲线可以偏离指定拟合点的距离。公差值 0（零）要求生成的样条曲线直接通过拟合点。公差值适用于所有拟合点（拟合点的起点和终点除外），始终具有为 0（零）的公差。
- <起点切向（T）>：定义样条曲线的第一点和最后一点的切向。如果在样条曲线的两端都指定切向，可以通过输入一个点或者使用"切点"和"垂足"对象来捕捉模式使样条曲线与已有的对象相切或垂直。如果按 Enter 键，AutoCAD 2013 将计算默认切向。
- <端点相切（T）>：指定在样条曲线终点的相切条件。

3.5.2　编辑样条曲线

【执行方式】

（1）命令行：SPLINEDIT。

（2）菜单栏："修改"→"对象"→"样条曲线"。

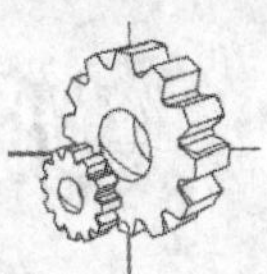

（3）快捷菜单：选择要编辑的样条曲线，在绘图区右键单击，从打开的右键快捷菜单上选择“编辑样条曲线”。

（4）工具栏：“修改 II” →“编辑样条曲线”。

【操作步骤】

命令：SPLINEDIT

选择样条曲线：（选择要编辑的样条曲线。若选择的样条曲线是用 SPLINE 命令创建的，其近似点以夹点的颜色显示出来；若选择的样条曲线是用 PLINE 命令创建的，其控制点以夹点的颜色显示出来。）

输入选项 [闭合(C)/合并(J)/拟合数据(F)/编辑顶点(E)/转换为多段线(P)/反转(R)/放弃(U)/退出(X)] <退出>:

【选项说明】

- 拟合数据（F）：编辑近似数据。选择该项后，创建该样条曲线时指定的各点将以小方格的形式显示出来。
- 编辑顶点（E）：编辑样条曲线上的当前点。
- 转换为多段线（P）：将样条曲线转换为多段线。精度值决定生成的多段线与样条曲线的接近程度。有效值为介于 0 到 99 之间的任意整数。
- 反转（R）：反转样条曲线的方向。该项操作主要用于应用程序。

3.5.3　实例——绘制整流器框形符号

绘制图 3-32 所示整流器框形符号。

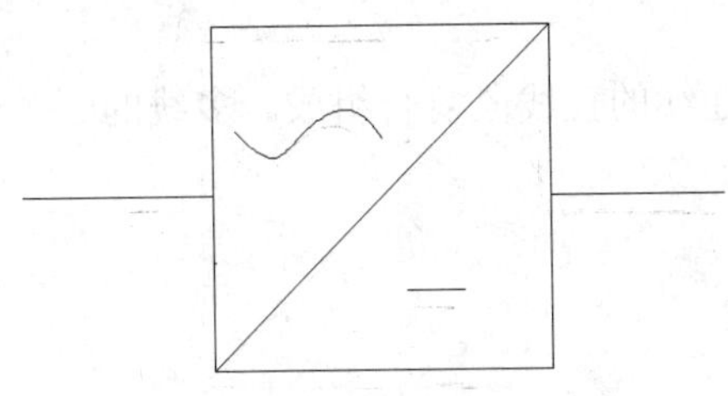

图 3-32　整流器框形符号

01 单击“绘图”工具栏中的“多边形”按钮，绘制正方形，命令行中的提示与操作如下：

命令：_polygon

输入侧面数 <4>:↙

指定正多边形的中心点或 [边(E)]：（在绘图屏幕适当指定一点）

输入选项 [内接于圆(I)/外切于圆(C)] <I>:C↙

指定圆的半径：（适当指定一点作为外接圆半径，使正四边形边大约处于垂直正交位置，如图 3-33 所示）

02 单击“绘图”工具栏中的“直线”按钮，绘制 4 条直线，如图 3-34 所示。

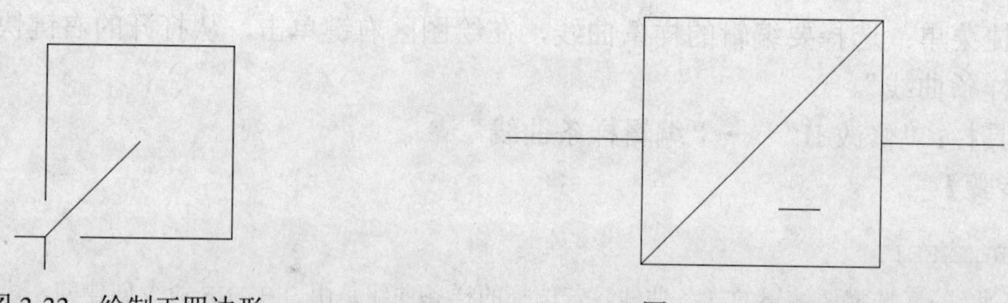

图 3-33　绘制正四边形　　　　图 3-34　绘制直线

03 单击“绘图”工具栏中的“样条曲线”按钮，绘制所需曲线，命令行中的提示与操作如下：

```
命令：_spline
当前设置：方式=拟合　节点=弦
指定第一个点或 [方式(M)/节点(K)/对象(O)]：（指定一点）
输入下一个点或 [起点切向(T)/公差(L)]：（适当指定一点）
输入下一个点或 [端点相切(T)/公差(L)/放弃(U)]：（适当指定一点）
输入下一个点或 [端点相切(T)/公差(L)/放弃(U)/闭合(C)]：（适当指定一点）
输入下一个点或 [端点相切(T)/公差(L)/放弃(U)/闭合(C)]：
```

最终结果如图 3-32 所示。

3.6　多线

多线是一种复合线，由连续的直线段复合组成。多线的一个突出优点是能够提高绘图效率，保证图线之间的统一性。

3.6.1　绘制多线

【执行方式】

（1）命令行：MLINE。

（2）菜单：“绘图”→“多线”。

【操作步骤】

```
命令：MLINE↙
当前设置：对正 = 上，比例 = 20.00，样式 = STANDARD
指定起点或 [对正(J)/比例(S)/样式(ST)]：(指定起点)
指定下一点：(给定下一点)
指定下一点或 [放弃(U)]：(继续给定下一点，绘制线段。输入“U”，则放弃前一段的绘制；右击或按 Enter 键，结束命令)
指定下一点或 [闭合(C)/放弃(U)]：(继续给定下一点，绘制线段。输入“C”，则闭合线段，结束命令)
```

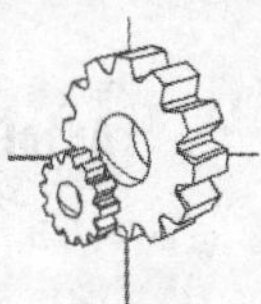

【选项说明】

- 对正（J）：该项用于给定绘制多线的基准。共有3种对正类型："上"、"无"和"下"。其中，"上（T）"表示以多线上侧的线为基准，以此类推。
- 比例（S）：选择该项，要求用户设置平行线的间距。输入值为零时，平行线重合；值为负时，多线的排列倒置。
- 样式（ST）：该项用于设置当前使用的多线样式。

3.6.2 定义多线样式

【执行方式】

命令行：MLSTYLE。

【操作步骤】

```
命令：MLSTYLE↙
```

执行上述命令后，打开如图3-35所示的"多线样式"对话框。在该对话框中，用户可以对多线样式进行定义、保存和加载等操作。

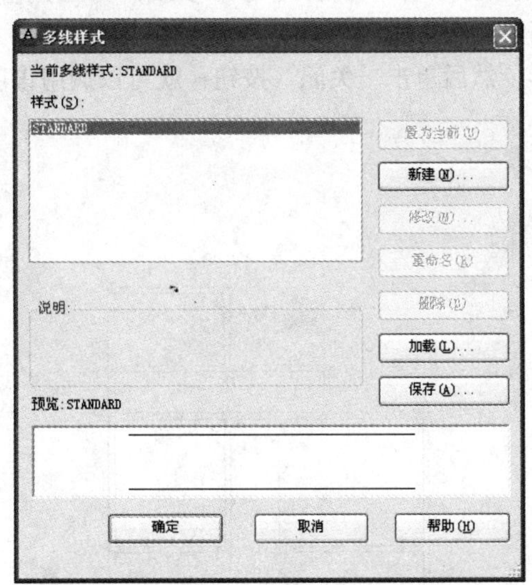

图3-35 "多线样式"对话框

3.6.3 编辑多线

【执行方式】

（1）命令行：MLEDIT。

（2）菜单："修改"→"对象→"多线"。

【操作步骤】

执行上述命令后，打开"多线编辑工具"对话框，如图3-36所示。

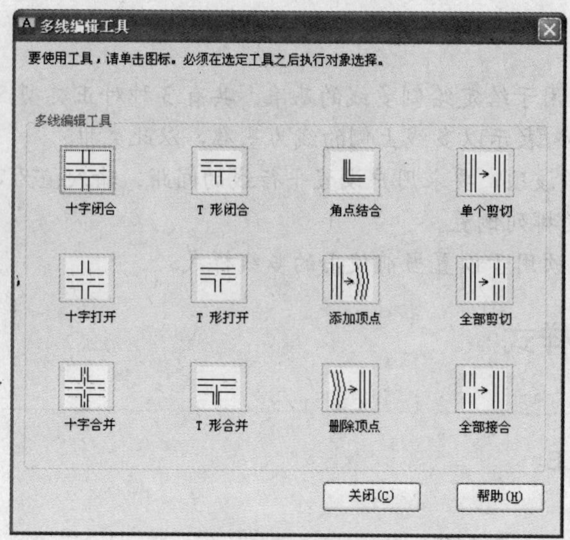

图 3-36 “多线编辑工具”对话框

利用该对话框，可以创建或修改多线的模式。该对话框中分 4 列显示了示例图形。其中，第一列管理十字交叉形式的多线，第二列管理 T 形多线，第三列管理拐角接合点和节点形式的多线，第四列管理多线被剪切或连接的形式。

单击选择某个示例图形，然后单击“关闭”按钮，就可以调用该项编辑功能。

3.6.4 实例——墙体

绘制图 3-37 所示的墙体。

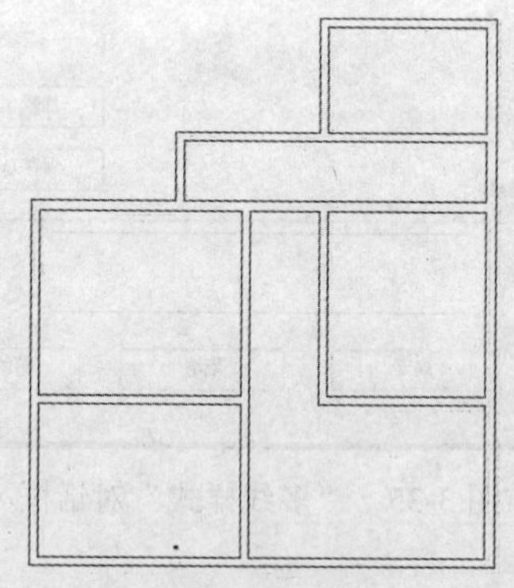

图 3-37 墙体

01 单击“绘图”工具栏中的“构造线”按钮，绘制出一条水平构造线和一条竖直构造线，组成十字形辅助线，如图 3-38 所示，继续绘制辅助线，命令行中的提示与操作如下：

```
命令：XLINE↙
指定点或 [水平(H)/垂直(V)/角度(A)/二等分(B)/偏移(O)]：O↙
指定偏移距离或[通过(T)]：5100
```

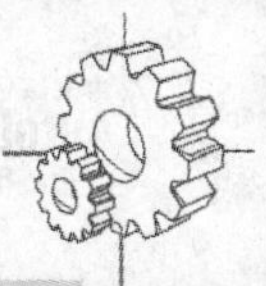

```
选择直线对象：(选择水平构造线)
指定向哪侧偏移：(指定上边一点)
```

用相同的方法，将绘制得到的水平构造线依次向上偏移 6000、1800 和 3000，偏移得到的水平构造线如图 3-39 所示。用同样方法绘制垂直构造线，并依次向右偏移 3900、1800、2100 和 4500，结果如图 3-40 所示。

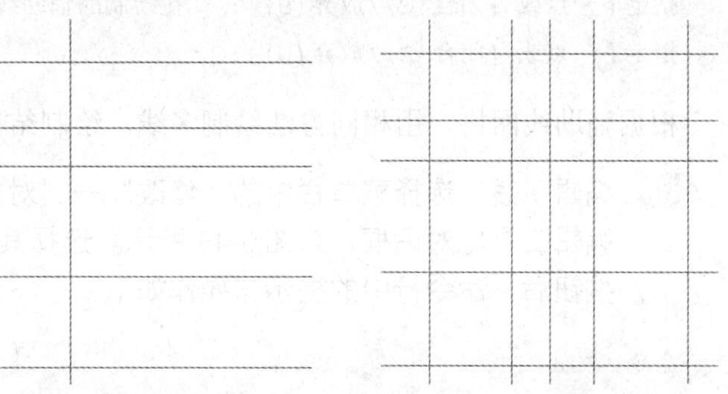

图 3-38　十字形辅助线　　图 3-39　水平构造线　　图 3-40　居室的辅助线网格

02 定义多线样式。选择菜单栏中的“格式”→“多线样式”命令，系统打开“多线样式”对话框，在该对话框中单击“新建”按钮，系统打开“创建新的多线样式”对话框，在该对话框的“新样式名”文本框中输入“墙体线”，单击“继续”按钮。

03 系统打开“新建多线样式”对话框，进行图 3-41 所示的设置。

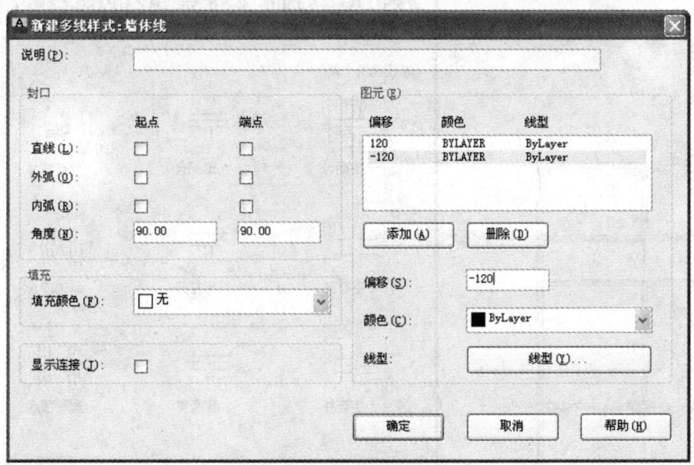

图 3-41　设置多线样式

04 绘制多线墙体，命令行中的提示与操作如下：

```
命令：MLINE↙
当前设置：对正 = 上，比例 = 20.00，样式 = STANDARD
指定起点或 [对正(J)/比例(S)/样式(ST)]： S↙
输入多线比例 <20.00>： 1↙
当前设置：对正 = 上，比例 = 1.00，样式 = STANDARD
指定起点或 [对正(J)/比例(S)/样式(ST)]： J↙
```

```
输入对正类型 [上(T)/无(Z)/下(B)] <上>: Z↙
当前设置: 对正 = 无, 比例 = 1.00, 样式 = STANDARD
指定起点或 [对正(J)/比例(S)/样式(ST)]:(在绘制的辅助线交点上指定一点)
指定下一点: (在绘制的辅助线交点上指定下一点)
指定下一点或 [放弃(U)]: (在绘制的辅助线交点上指定下一点)
指定下一点或 [闭合(C)/放弃(U)]: (在绘制的辅助线交点上指定下一点)
指定下一点或 [闭合(C)/放弃(U)]:C↙
```

根据辅助线网格，用相同方法绘制多线，绘制结果如图 3-42 所示。

05 编辑多线。选择菜单栏中的“修改”→“对象”→“多线”命令，系统打开“多线编辑工具”对话框，如图 3-43 所示。选择其中的“T 形合并”选项，单击“关闭”按钮后，命令行中的提示与操作如下：

```
命令: MLEDIT↙
选择第一条多线:(选择多线)
选择第二条多线:(选择多线)
选择第一条多线或 [放弃(U)]:(选择多线)
选择第一条多线或 [放弃(U)]: ↙
```

图 3-42　全部多线绘制结果

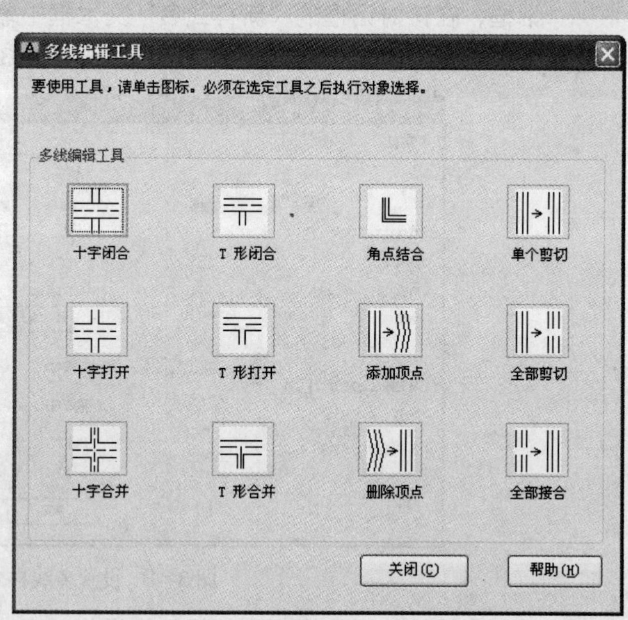

图 3-43　“多线编辑工具”对话框

用同样方法继续进行多线编辑，编辑的最终结果如图 3-37 所示。

3.7 图案填充

当用户需要用一个重复的图案（pattern）填充某个区域时，可以使用 BHATCH 命令建立一个相关联的填充阴影对象，即所谓的图案填充。

3.7.1 基本概念

1. 图案边界

当进行图案填充时，首先要确定图案填充的边界。定义边界的对象只能是直线、双向射线、单向射线、多段线、样条曲线、圆弧、圆、椭圆、椭圆弧、面域等对象或用这些对象定义的块，而且作为边界的对象，在当前屏幕上必须全部可见。

2. 孤岛

在进行图案填充时，我们把位于总填充域内的封闭区域称为孤岛，如图 3-44 所示。在用 BHATCH 命令进行图案填充时，AutoCAD 允许用户以拾取点的方式确定填充边界，即在希望填充的区域内任意拾取一点，AutoCAD 会自动确定填充边界，同时也确定该边界内的孤岛。如果用户是以点取对象的方式确定填充边界的，则必须确切地点取这些孤岛，有关知识将在下一节中介绍。

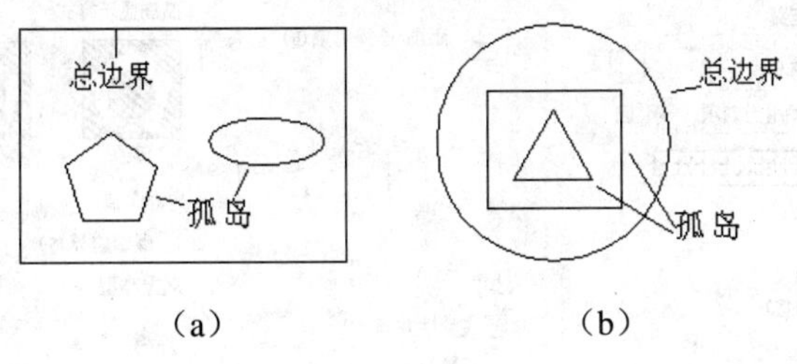

图 3-44 孤岛

3. 填充方式

在进行图案填充时，需要控制填充的范围，AutoCAD 系统为用户设置了以下 3 种填充方式，实现对填充范围的控制。

（1）普通方式：如图 3-45（a）所示，该方式从边界开始，从每条填充线或每个剖面符号的两端向里画，遇到内部对象与之相交时，填充线或剖面符号断开，直到遇到下一次相交时再继续画。采用这种方式时，要避免填充线或剖面符号与内部对象的相交次数为奇数。该方式为系统内部的默认方式。

（2）最外层方式：如图 3-45（b）所示，该方式从边界开始，向里画剖面符号，只要在边界内部与对象相交，则剖面符号由此断开，而不再继续画。

（3）忽略方式：如图 3-45（c）所示，该方式忽略边界内部的对象，所有内部结构都被剖面符号覆盖。

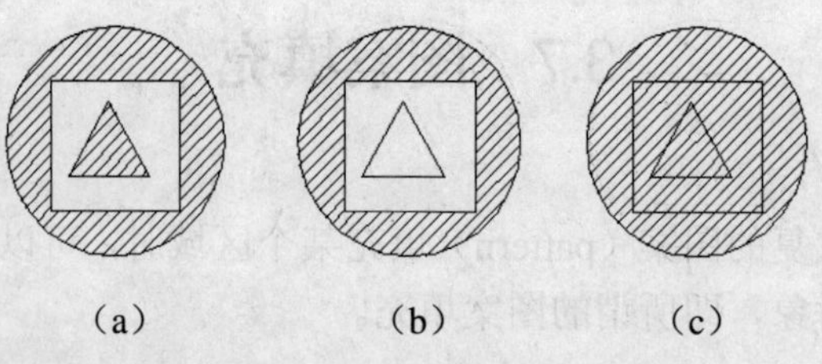

图 3-45　填充方式

3.7.2　图案填充的操作

【执行方式】

（1）命令行：BHATCH。

（2）菜单："绘图"→"图案填充"。

（3）工具栏："绘图"→"图案填充"或"绘图"→"渐变色"。

【操作步骤】

执行上述命令后，系统打开如图 3-46 所示的"图案填充和渐变色"对话框，各选项组和按钮含义如下。

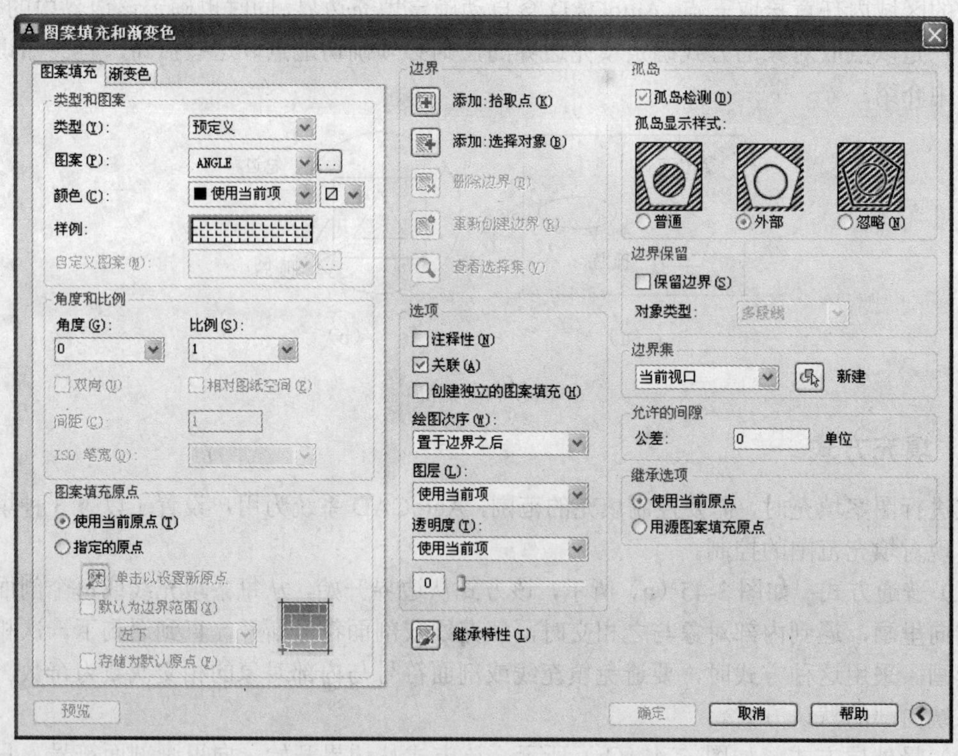

图 3-46　"图案填充和渐变色"对话框

1."图案填充"选项卡

此选项卡中的各选项用来确定填充图案及其参数，如图 3-46 所示。其中各选项含义如下：

（1）"类型"下拉列表框：此选项用于确定填充图案的类型。在"类型"下拉列表框中，

“用户定义”选项表示用户要临时定义填充图案，与命令行方式中的“U”选项作用一样；“自定义”选项表示选用 ACAD.PAT 图案文件或其他图案文件（.PAT 文件）中的填充图案；“预定义”选项表示选用 AutoCAD 标准图案文件（ACAD.PAT 文件）中的填充图案。

（2）“图案”下拉列表框：此选项组用于确定 AutoCAD 标准图案文件中的填充图案。在“图案”下拉列表中，用户可从中选取填充图案。选取所需要的填充图案后，在“样例”中的图像框内会显示出该图案。只有用户在“类型”下拉列表中选择了“预定义”选项后，此项才以正常亮度显示，即允许用户从 AutoCAD 标准图案文件中选取填充图案。

如果选择的图案类型是“预定义”,单击“图案”下拉列表框右边的…按钮，会打开如图 3-47 所示的图案列表，该对话框中显示出所选图案类型所具有的图案，用户可从中确定所需要的图案。

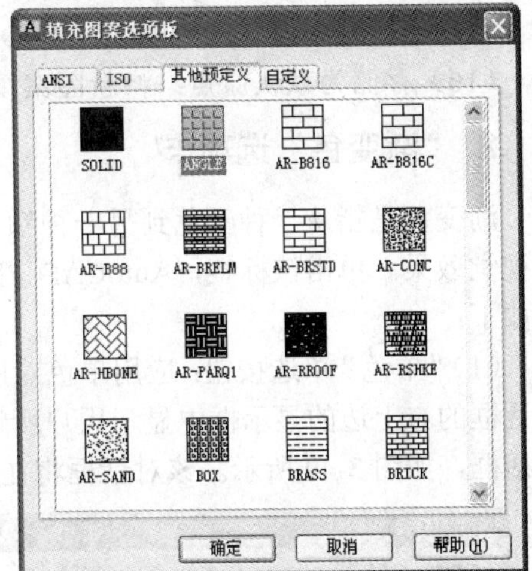

图 3-47　图案列表

（3）“颜色” 下拉列表框：使用填充图案和实体填充的指定颜色替代当前颜色。

（4）“样例”图像框：此选项用来给出样本图案。在其右边有一矩形图像框，显示出当前用户所选用的填充图案。可以单击该图像框迅速查看或选取已有的填充图案。

（5）“自定义图案”下拉列表框：此下拉列表框用于确定 ACAD.PAT 图案文件或其他图案文件（.PAT）中的填充图案。只有在“类型”下拉列表框中选择了“自定义”项后，该项才以正常亮度显示，即允许用户从 ACAD.PAT 图案文件或其他图案件（.PAT）中选取填充图案。

（6）“角度”下拉列表框：此下拉列表框用于确定填充图案时的旋转角度。每种图案在定义时的旋转角度为 0，用户可在“角度”下拉列表框中选择所希望的旋转角度。

（7）“比例”下拉列表框：此下拉列表框用于确定填充图案的比例值。每种图案在定义时的初始比例为 1，用户可以根据需要放大或缩小，方法是在“比例”下拉列表框中选择相应的比例值。

（8）“双向”复选框：该项用于确定用户临时定义的填充线是一组平行线，还是相互垂直的两组平行线。只有在“类型”下拉列表框中选用“用户定义”选项后，该项才可以使用。

（9）“相对图纸空间”复选框：该项用于确定是否相对图纸空间单位来确定填充图案的比例值。选择此选项后，可以按适合于版面布局的比例方便地显示填充图案。该选项仅仅适用于图形版面编排。

（10）“间距”文本框：指定平行线之间的间距，在“间距”文本框内输入值即可。只有在“类型”下拉列表框中选用“用户定义”选项后，该项才可以使用。

（11）“ISO 笔宽”下拉列表框：此下拉列表框告诉用户根据所选择的笔宽确定与 ISO 有关的图案比例。只有在选择了已定义的 ISO 填充图案后，才可确定它的内容。图案填充的原点：控制填充图案生成的起始位置。填充这些图案（例如砖块图案）时需要与图案填充边界上的一点对齐。在默认情况下，所有填充图案原点都对应于当前的 UCS 原点。也可以选择

“指定的原点”，通过其下一级的选项重新指定原点。

（12）使用当前原点：使用存储在 HPORIGIN 系统变量中的图案填充原点。

（13）指定的原点：使用以下选项指定新的图案填充原点。

（14）单击以设置新原点：直接指定新的图案填充原点。

（15）默认为边界范围：根据图案填充对象边界的矩形范围计算新原点。可以选择该范围的 4 个角点及其中心（HPORIGINMODE 系统变量）。

（16）存储为默认原点：将新图案填充原点的值存储在 HPORIGIN 系统变量中。

2.“渐变色”选项卡

渐变色是指从一种颜色到另一种颜色的平滑过渡。渐变色能产生光的效果，可为图形添加视觉效果。单击该标签，AutoCAD 打开如图 3-48 所示的“渐变色”标签，其中各选项含义如下：

（1）“单色”单选按钮：应用单色对所选择的对象进行渐变填充。在“图案填充和渐变色”对话框的右上边的显示框中显示用户所选择的真彩色，单击□按钮，系统打开“选择颜色”对话框，如图 3-49 所示。该对话框将在第 5 章中详细介绍，这里不再赘述。

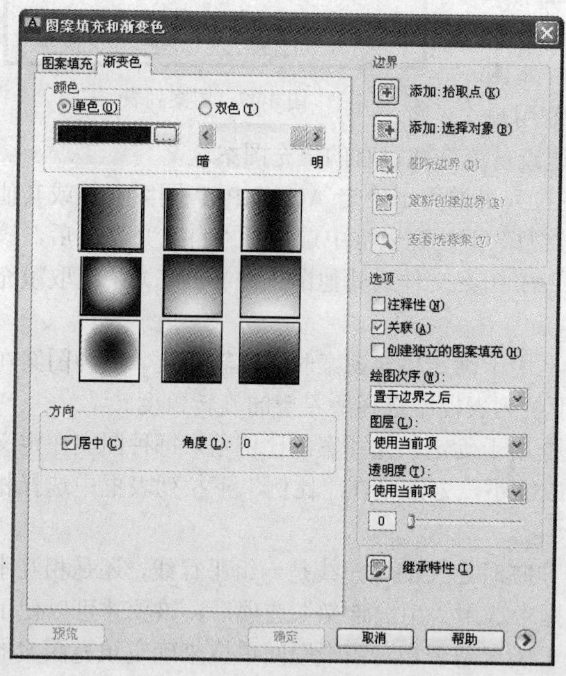

图 3-48　“渐变色”选项卡

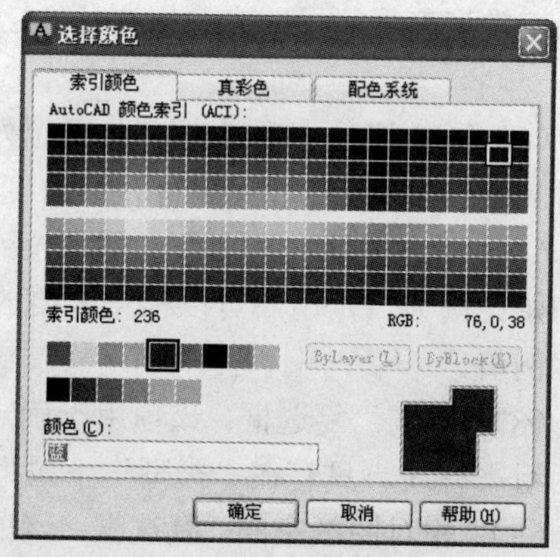

图 3-49　“选择颜色”对话框

（2）“双色”单选按钮：应用双色对所选择的对象进行渐变填充。填充颜色将从颜色 1 渐变到颜色 2。颜色 1 和颜色 2 的选取与单色选取类似。

（3）“渐变方式”样板：在“渐变色”标签的下方有 9 个“渐变方式”样板，分别表示不同的渐变方式，包括线形、球形和抛物线形等方式。

（4）“居中”复选框：该复选框决定渐变填充是否居中。

（5）“角度”下拉列表框：在该下拉列表框中选择角度，此角度为渐变色倾斜的角度。不

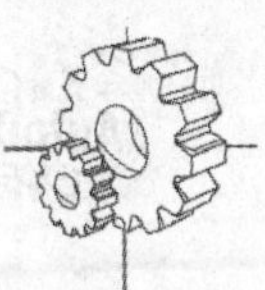

同的渐变色填充如图 3-50 所示。

（a）单色线形居中 0 角度渐变填充

（b）双色抛物线形居中 0 角度渐变填充

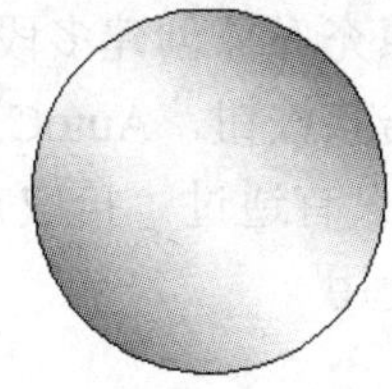

（c）单色线形居中 45° 渐变填充

（d）双色球形不居中 0 角度渐变填充

图 3-50　不同的渐变色填充

3. “边界”选项组

（1）“添加：拾取点”按钮：以拾取点的形式自动确定填充区域的边界。在填充的区域内任意拾取一点，系统会自动确定出包围该点的封闭填充边界，并且以高亮度显示，如图 3-51 所示。

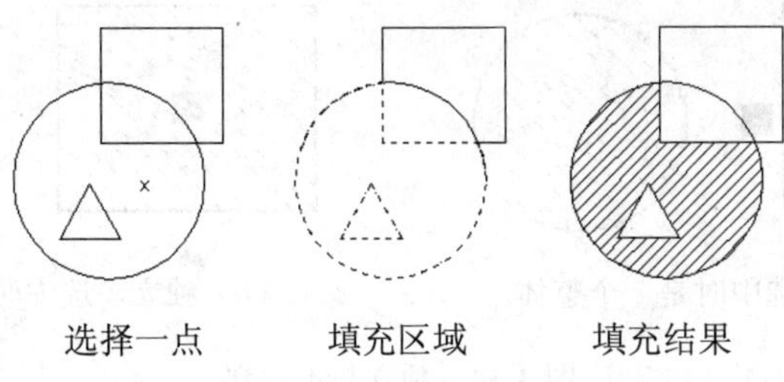

图 3-51　拾取点

（2）“添加：选择对象”按钮：以选择对象的方式确定填充区域的边界。用户可以根据需要选取构成填充区域的边界。同样，被选择的边界也会以高亮度显示，如图 3-52 所示。

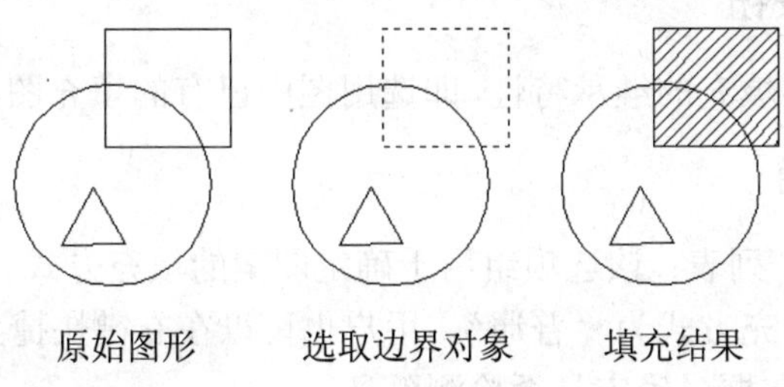

图 3-52　选择对象

（3）“删除边界”按钮：从边界定义中删除以前添加的所有对象，如图 3-53 所示。

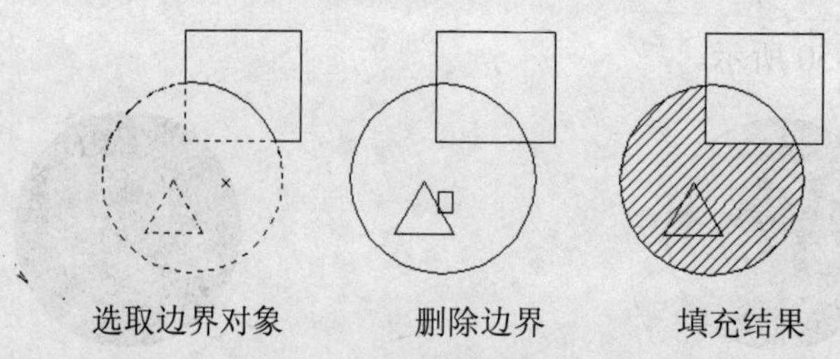

图 3-53　删除边界

（4）“重新创建边界”按钮：围绕选定的填充图案或填充对象创建多段线或面域。

（5）“查看选择集”按钮：查看填充区域的边界。单击该按钮，AutoCAD 临时切换到绘图屏幕，将所选择的作为填充边界的对象以高亮度显示。只有通过“拾取点”按钮或“选择对象”按钮选取了填充边界，“查看选择集”按钮才可以使用。

4．“选项”选项组

（1）“注释性”复选框：指定填充图案为注释性。

（2）“关联”复选框：此复选框用于确定填充图案与边界的关系。若选择此复选框，那么填充图案与填充边界保持着关联关系，即图案填充后，当用钳夹（Grips）功能对边界进行拉伸等编辑操作时，AutoCAD 会根据边界的新位置重新生成填充图案。

（3）“创建独立的图案填充”复选框：当指定了几个独立的闭合边界时，用来控制是创建单个图案填充对象，还是创建多个图案填充对象，如图 3-54 所示。

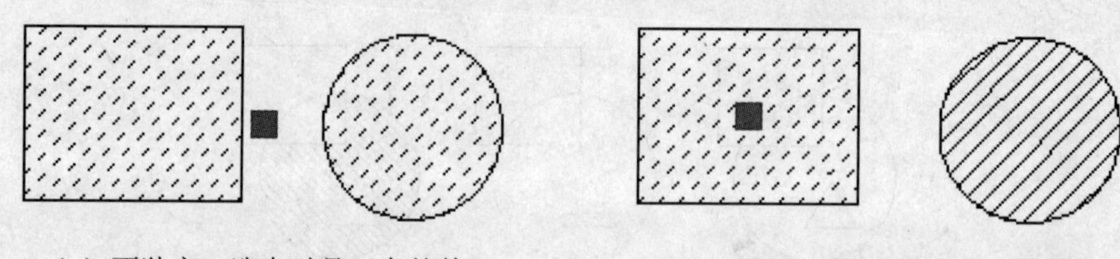

（a）不独立，选中时是一个整体　　（b）独立，选中时不是一个整体

图 3-54　独立与不独立

（4）“绘图次序”下拉列表框：指定图案填充的顺序。图案填充可以放在所有其他对象之后、所有其他对象之前、图案填充边界之后或图案填充边界之前。

5．“继承特性”按钮

此按钮的作用是图案填充的继承特性，即选用图中已有的填充图案作为当前的填充图案。

6．“孤岛”选项组

（1）“孤岛显示样式”列表：该选项组用于确定图案的填充方式。用户可以从中选取所需要的填充方式。默认的填充方式为“普通”。用户也可以在右键快捷菜单中选择填充方式。

（2）“孤岛检测”复选框：确定是否检测孤岛。

7．“边界保留”选项组

指定是否将边界保留为对象，并确定应用于这些对象的对象类型是多段线还是面域。

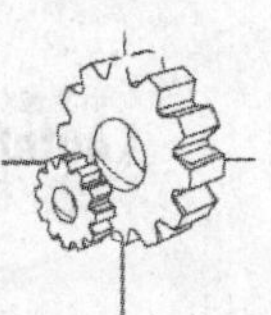

8.“边界集”选项组

此选项组用于定义边界集。当单击“添加：拾取点”按钮以根据拾取点的方式确定填充区域时，有两种定义边界集的方式：一种方式是以包围所指定点的最近的有效对象作为填充边界，即“当前视口”选项，该项是系统的默认方式；另一种方式是用户自己选定一组对象来构造边界，即“现有集合”选项，选定对象通过其上面的“新建”按钮来实现，单击该按钮后，AutoCAD 临时切换到绘图屏幕，并提示用户选取作为构造边界集的对象。此时若选取“现有集合”选项，AutoCAD 会根据用户指定的边界集中的对象来构造一个封闭边界。

9.“允许的间隙”文本框

设置将对象用做填充图案边界时可以忽略的最大间隙。默认值为 0，此值指定对象必须封闭区域而没有间隙。

10.“继承选项”选项组

使用继承特性创建填充图案时，控制图案填充原点的位置。

3.7.3　编辑填充的图案

利用 HATCHEDIT 命令，编辑已经填充的图案。

【执行方式】

（1）命令行：HATCHEDIT。

（2）菜单：“修改”→“对象”→“图案填充”。

（3）工具栏：“修改 II”→“编辑图案填充”。

【操作步骤】

执行上述命令后，AutoCAD 会给出下面提示：

```
选择关联填充对象：
```

选取关联填充物体后，系统打开如图 3-46 所示的“图案填充和渐变色”对话框，可以对已填充的图案进行一系列的编辑修改。

3.7.4　实例——绘制壁龛交接箱符号

本实例利用矩形、直线命令绘制图形，再利用图案填充命令将图形填充，绘制结果如图 3-55 所示。

图 3-55　绘制壁龛交接箱符号

01 单击“绘图”工具栏中的“矩形”按钮和“直线”按钮，绘制初步图形，如图

3-56 所示。

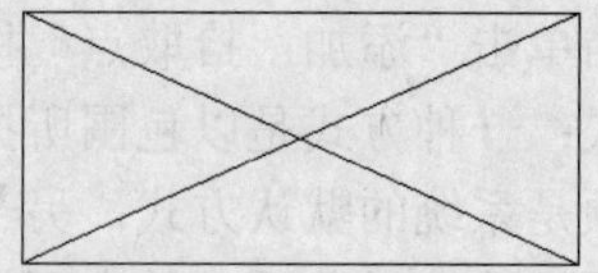

图 3-56　绘制外形

02 单击“绘图”工具栏中的“图案填充”按钮，系统打开“图案填充和渐变色”对话框，如图 3-46 所示。在“图案填充”选项卡中单击“图案”选项后面的按钮，系统打开“填充图案选项板”对话框，选择如图 3-57 所示的图案类型，单击“确定”按钮退出。

03 在“图案填充”选项卡右侧单击按钮，在填充区域拾取点，拾取后，包围该点的区域就被选取为填充区域，如图 3-58 所示。

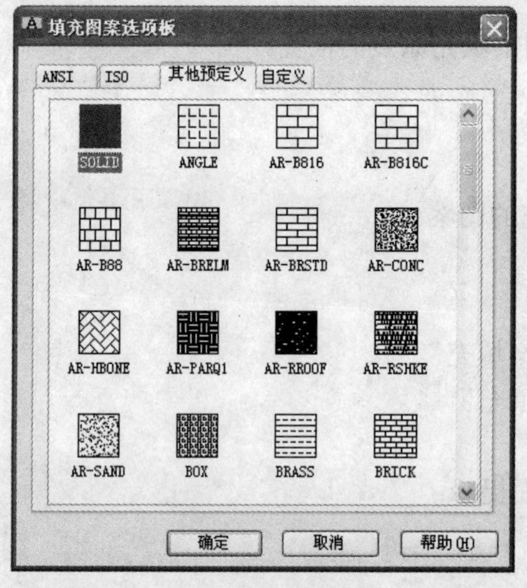

图 3-57　“填充图案选项板”对话框

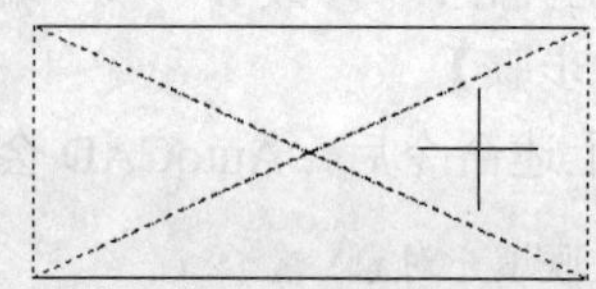

图 3-58　选取区域

04 回车后，系统回到“图案填充”选项卡，单击“确定”按钮完成图案填充，如图 3-55 所示。

3.8　上机实验

1. 绘制如图 3-59 所示的电抗器符号。

（1）目的要求

本例主要利用基本绘图工具，熟练掌握绘图技巧。

（2）操作提示

①利用“直线”命令绘制两条垂直相交直线。

②利用“圆弧”命令绘制连接弧。

③利用“直线”命令绘制竖直直线。

2. 绘制如图 3-60 所示的暗装开关符号。

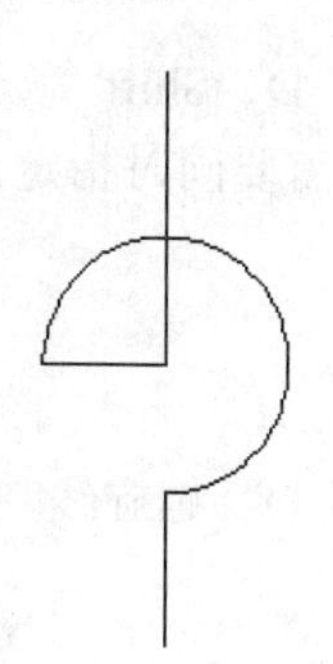

图 3-59　电抗器符号

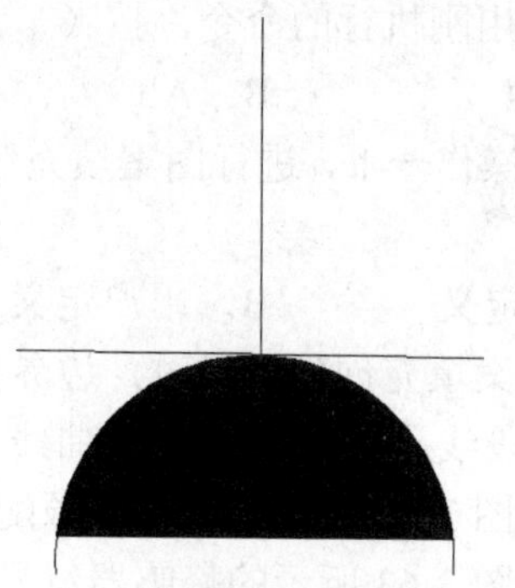

图 3-60　暗装开关符号

（1）目的要求

本例练习的命令主要是“图案填充”命令，复习使用基本绘图工具，并学习使用填充命令，在绘制过程中，注意选择图案样例、填充边界。

（2）操作提示

①利用“圆弧”命令绘制多半个圆弧。

②利用“直线”命令绘制水平和竖直直线，其中一条水平直线的两个端点都在圆弧上。

③利用“图案填充”命令填充圆弧与水平直线之间的区域。

3. 绘制如图 3-61 所示的水下线路符号。

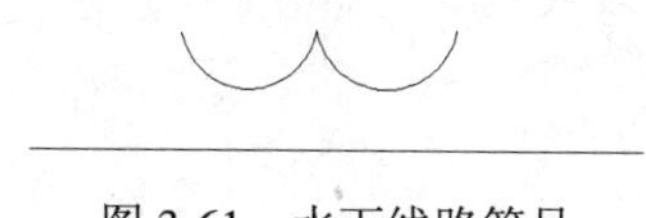

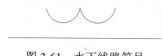

图 3-61　水下线路符号

（1）目的要求

本例练习的命令主要是“多段线”命令，复习使用基本绘图工具，并学习使用“多段线”命令。

（2）操作提示

①利用“直线”命令绘制水平导线。

②利用“多段线”命令绘制水下示意符号。

3.9　思考与练习

1．可以有宽度的线有（　）。

A．圆弧　　B．多段线　　C．直线　　D．样条曲线

2．利用“Arc”命令刚刚结束绘制一段圆弧，现在执行 Line 命令，提示“指定第一点”

时直接按 Enter 键，结果是（　）。

A．继续提示“指定第一点”　　B．提示“指定下一点或[放弃(U)]”

C．Line 命令结束　　D．以圆弧端点为起点绘制圆弧的切线

3．重复使用刚执行的命令，按（　）键。

A．Ctrl　　B．Alt　　C．Enter　　D．Shift

4．动手试操作一下，进行图案填充时，下面图案类型中不需要同时指定角度和比例的有（　）。

A．预定义　　B．用户定义　　C．自定义

5．根据图案填充创建边界时，边界类型不可能是（　）。

A．多段线　　B．样条曲线　　C．三维多段线　　D．螺旋线

6．绘制如图 3-62 所示的多种电源配电箱符号。

7．绘制如图 3-63 所示的蜂鸣器符号。

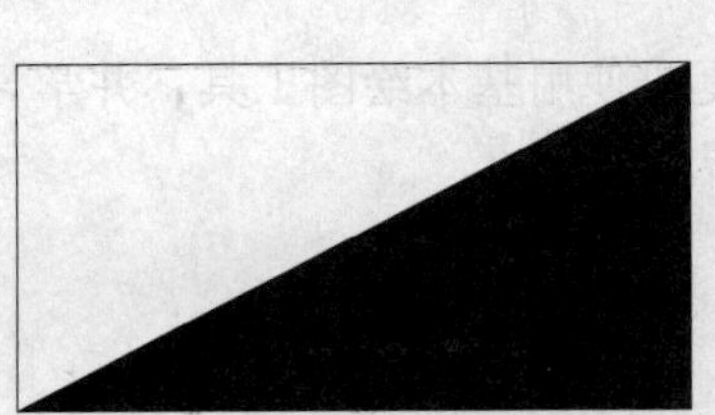

图 3-62　多种电源配电箱符号

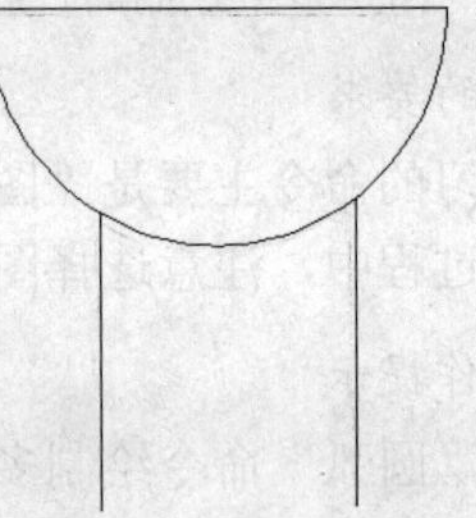

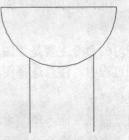

图 3-63　蜂鸣器符号

8．请写出绘制圆弧的十种以上的方法。

9．可以用圆弧与直线取代多段线吗？

第 4 章

基本绘图工具

AutoCAD 提供了图层工具，对每个图层规定其颜色和线型，并把具有相同特征的图形对象放在同一层上绘制，这样绘图时不用分别设置对象的线形和颜色，不仅方便绘图，而且存储图形时只需存储几何数据和所在图层，因而既节省了存储空间，又可以提高工作效率。为了快捷准确地绘制图形，AutoCAD 还提供了多种必要的和辅助的绘图工具，如工具条、对象选择工具、对象捕捉工具、栅格和正交模式等。利用这些工具，可以方便、迅速、准确地实现图形的绘制和编辑，不仅可提高工作效率，而且能更好地保证图形的质量。

4.1 图层设置

AutoCAD 中的图层就如同在手工绘图中使用的重叠透明图纸，如图 4-1 所示，可以使用图层来组织不同类型的信息。在 AutoCAD 中，图形的每个对象都位于一个图层上，所有图形对象都具有图层、颜色、线型和线宽这 4 个基本属性。在绘制的时候，图形对象将创建在当前的图层上。每个 CAD 文档中图层的数量是不受限制的，每个图层都有自己的名称。

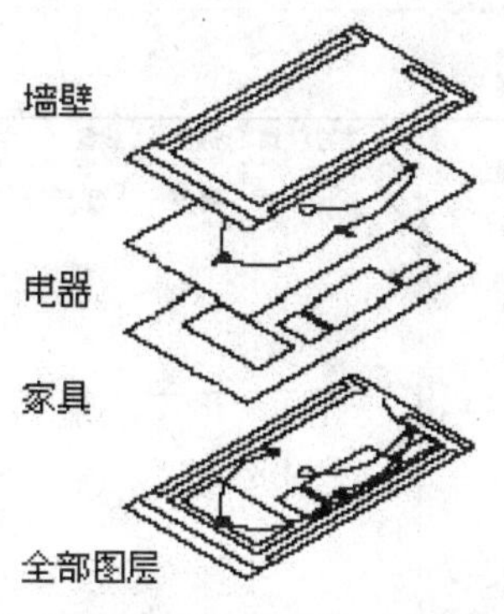

图 4-1　图层示意图

4.1.1 建立新图层

新建的 CAD 文档中只能自动创建一个名为 0 的特殊图层。默认情况下，图层 0 将被指定使用 7 号颜色、CONTINUOUS 线型、“默认”线宽以及 NORMAL 打印样式。不能删除或重命名图层 0 。通过创建新的图层，可以将类型相似的对象指定给同一个图层使其相关联。例如，可以将构造线、文字、标注和标题栏置于不同的图层上，并为这些图层指定通用特性。通过将对象分类放到各自的图层中，可以快速有效地控制对象的显示以及对其进行更改。

【执行方式】

（1）命令行：LAYER。

（2）菜单：格式→图层。

（3）工具栏：图层→图层特性管理器，如图 4-2 所示。

图 4-2 “图层”工具栏

【操作格式】

执行上述命令后，系统打开“图层特性管理器”面板，如图 4-3 所示。

单击“图层特性管理器”面板中“新建”按钮，建立新图层，默认的图层名为“图层1”。可以根据绘图需要，更改图层名，例如改为实体层、中心线层或标准层等。

在一个图形中可以创建的图层数以及在每个图层中可以创建的对象数实际上是无限的。图层最长可使用 255 个字符的字母数字命名。图层特性管理器按名称的字母顺序排列图层。

注 意

如果要建立不止一个图层，无须重复单击“新建”按钮。更有效的方法是：在建立一个新的图层“ 图层 1”后，改变图层名，在其后输入一个逗号，这样就会又自动建立一个新图层“图层 1”，改变图层名，再输入一个逗号，又一个新的图层建立了，依次建立各个图层。也可以按两次按 Enter 键，建立另一个新的图层。图层的名称也可以更改，直接双击图层名称，输入新的名称。

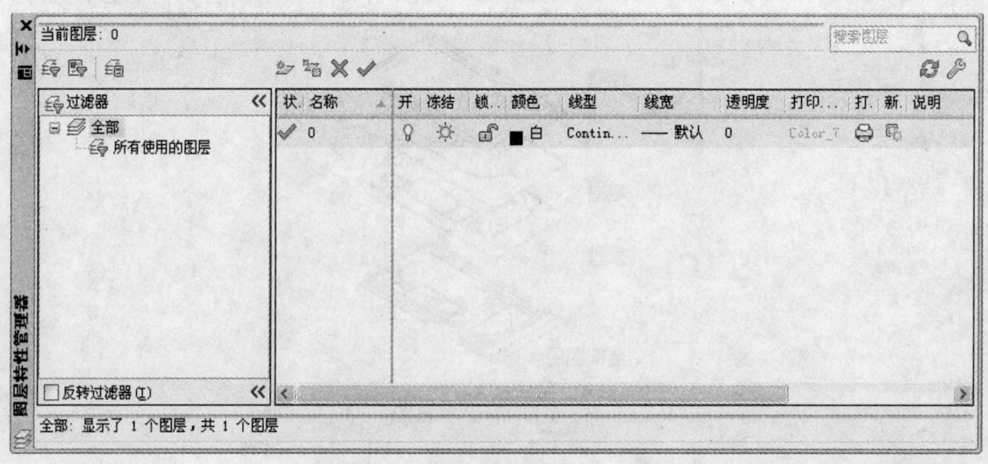

图 4-3 “图层特性管理器”面板

在每个图层属性设置中，包括图层名称、关闭/打开图层、冻结/解冻图层、锁定/解锁图

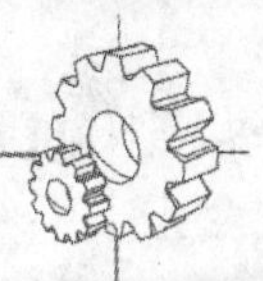

层、图层线条颜色、图层线条线型、图层线条宽度、图层打印样式以及图层是否打印等 9 个参数。下面将分别讲述如何设置这些图层参数。

1．设置图层线条颜色

在工程制图中，整个图形包含多种不同功能的图形对象，例如实体、剖面线与尺寸标注等，为了便于直观区分它们，就有必要针对不同的图形对象使用不同的颜色，例如实体层使用白色，剖面线层使用青色等。

要改变图层的颜色时，单击图层所对应的颜色图标，打开“选择颜色”对话框，如图 4-4 所示。它是一个标准的颜色设置对话框，可以使用索引颜色、真彩色和配色系统 3 个选项卡来选择颜色。系统显示的 RGB 配比，即 Red（红）、Green（绿）和 Blue（蓝）三种颜色。

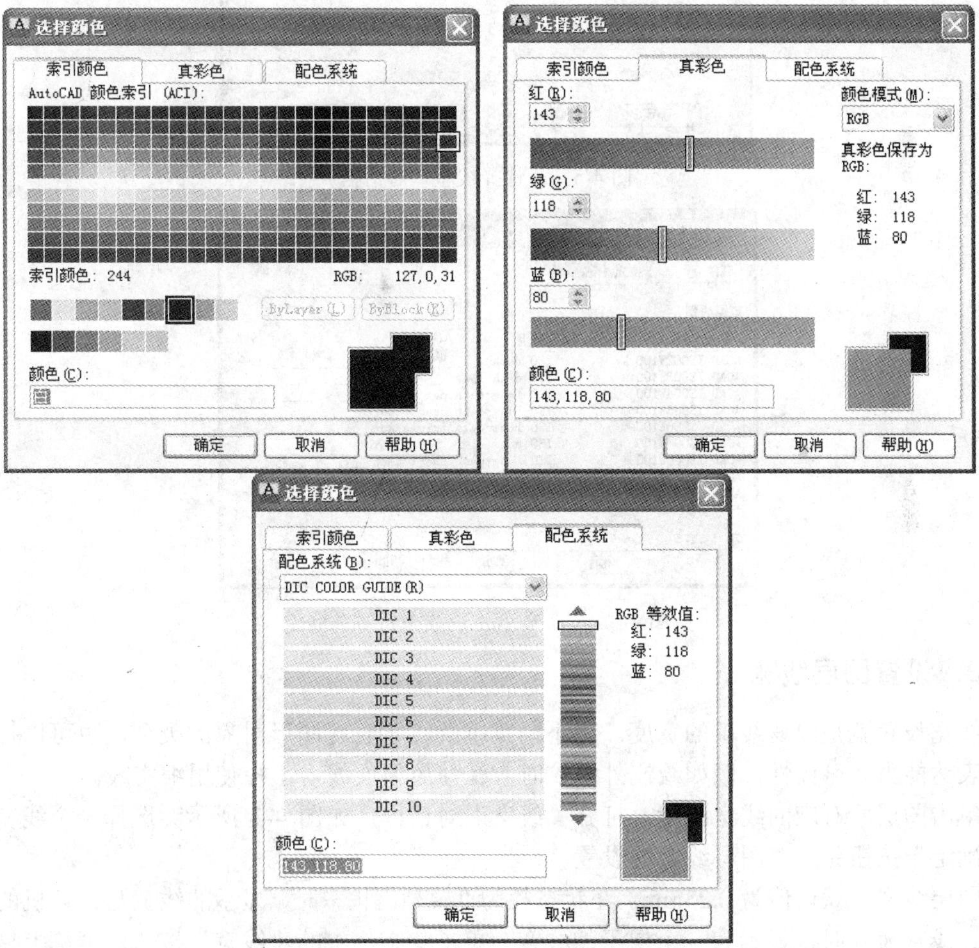

图 4-4　“选择颜色”对话框

2．设置图层线型

线型是指作为图形基本元素的线条的组成和显示方式，如实线、点画线等。在许多的绘图工作中，常常以线型划分图层，为某一个图层设置合适的线型。在绘图时，只需将该图层设为当前工作层，即可绘制出符合线型要求的图形对象，极大地提高了绘图的效率。

单击图层所对应的线型图标，打开“选择线型”对话框，如图 4-5 所示。默认情况下，在“已加载的线型”列表框中，系统中只添加了 Continuous 线型。单击“加载”按钮，打开“加载或重载线型”对话框，如图 4-6 所示，可以看到 AutoCAD 还提供许多其他的线型，用鼠标选择所需线型，单击“确定”按钮，即可把该线型加载到“已加载的线型”列表框中，可以按住 Ctrl 键选择几种线型同时加载。

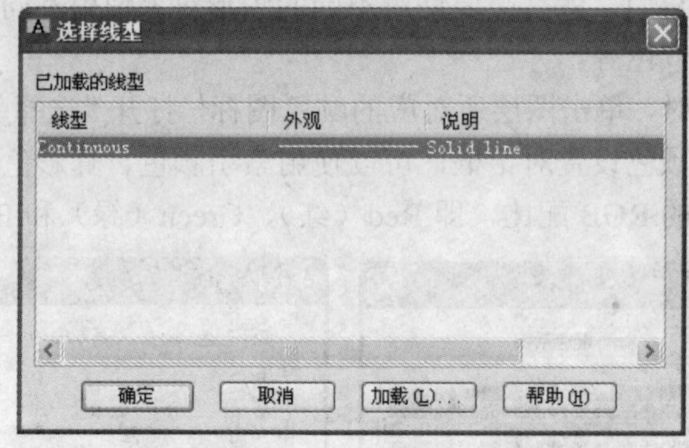

图 4-5　“选择线型”对话框

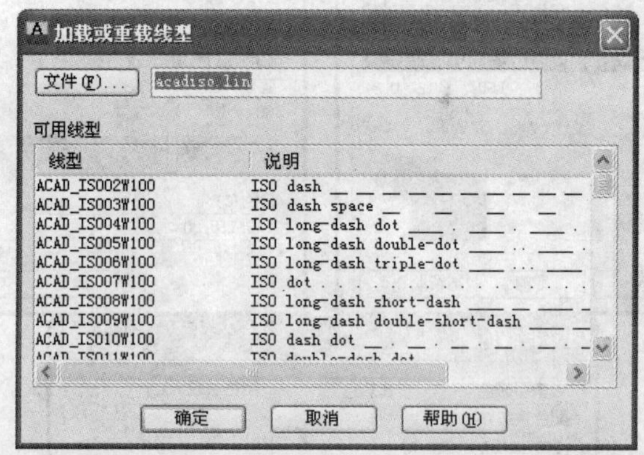

图 4-6　“加载或重载线型”对话框

3. 设置图层线宽

线宽设置就是改变线条的宽度。用不同宽度的线条表现图形对象的类型，也可以提高图形的表达能力和可读性，例如绘制外螺纹时大径使用粗实线，小径使用细实线。

单击图层所对应的线宽图标，打开“线宽”对话框，如图 4-7 所示。选择一个线宽，单击“确定”按钮完成对图层线宽的设置。

图层线宽的默认值为 0.25mm。在状态栏为“模型”状态时，显示的线宽与计算机的像素有关。线宽为 0 时，显示为一个像素的线宽。单击状态栏中的“线宽”按钮，屏幕上显示的图形线宽，显示的线宽与实际线宽成比例，如图 4-8 所示，但线宽不随着图形的放大和缩小而变化。“线宽”功能关闭时，不显示图形的线宽，图形的线宽均以默认的宽度值显示。可以在“线宽”对话框选择需要的线宽。

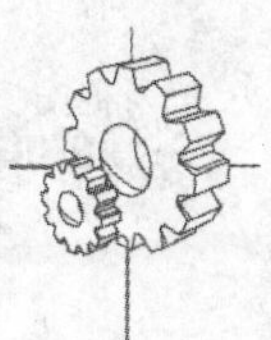

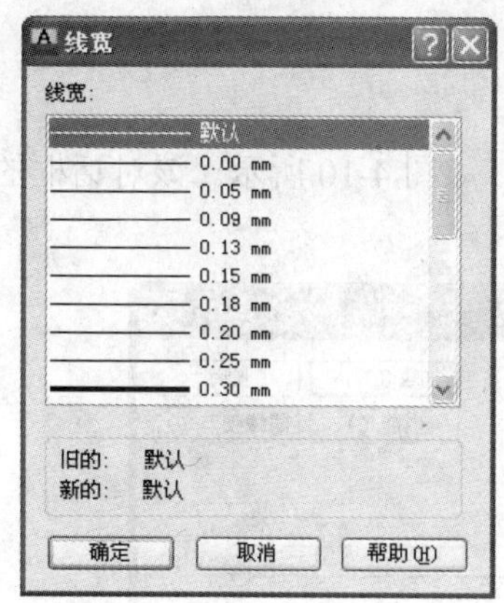

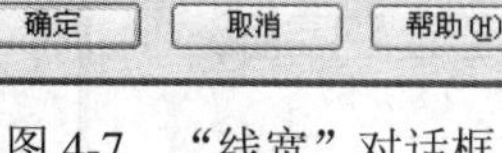

图 4-7　“线宽”对话框

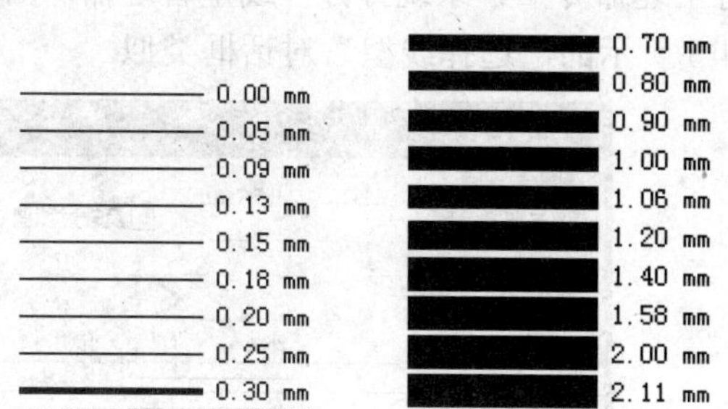

图 4-8　线宽显示效果图

4.1.2　设置图层

除了上面讲述的通过图层管理器设置图层的方法外，还有几种其他的简便方法可以设置图层的颜色、线宽、线型等参数。

1. 直接设置图层

可以直接通过命令行或菜单设置图层的颜色、线宽、线型。

【执行方式】

（1）命令行：COLOR。

（2）菜单：格式→颜色。

【操作格式】

执行上述命令后，系统打开“选择颜色”对话框，如图 4-9 所示。

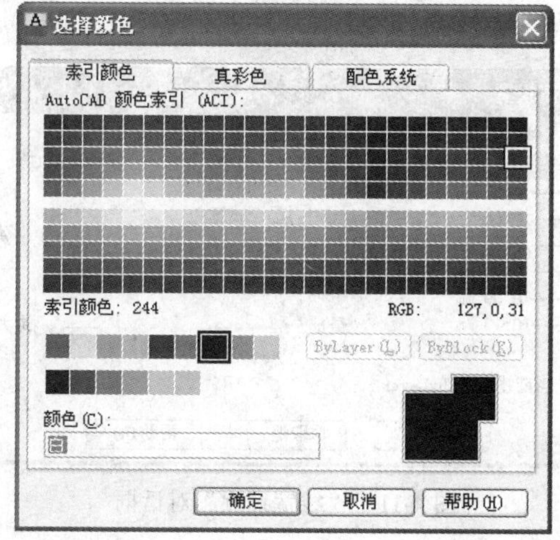

图 4-9　“选择颜色”对话框

【执行方式】

（1）命令行：LINETYPE。

（2）菜单：格式→线型。

【操作格式】

执行上述命令后，系统打开“线型管理器”对话框，如图 4-10 所示。该对话框的使用方法与图 4-5 所示的“选择线型”对话框类似。

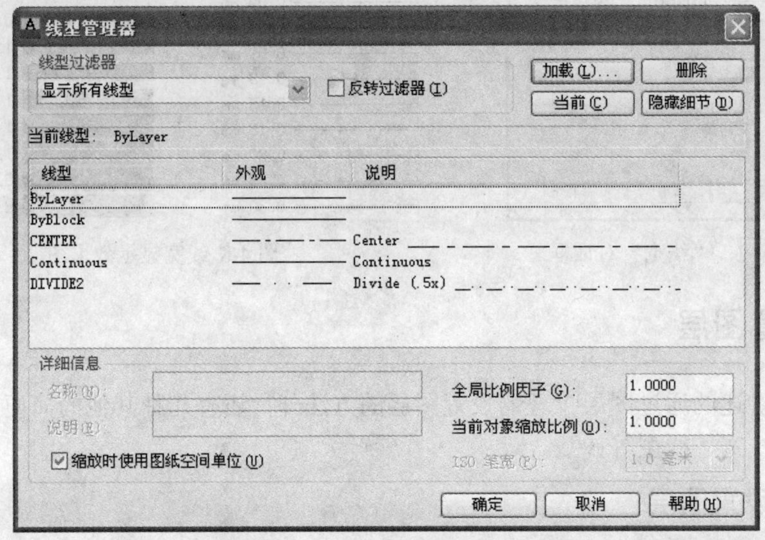

图 4-10 “线型管理器”对话框

【执行方式】

（1）命令行：LINEWEIGHT 或 LWEIGHT。

（2）菜单：格式→线宽。

【操作格式】

执行上述命令后，系统打开“线宽设置”对话框，如图 4-11 所示。该对话框的使用方法与图 4-7 所示的“线宽”对话框类似。

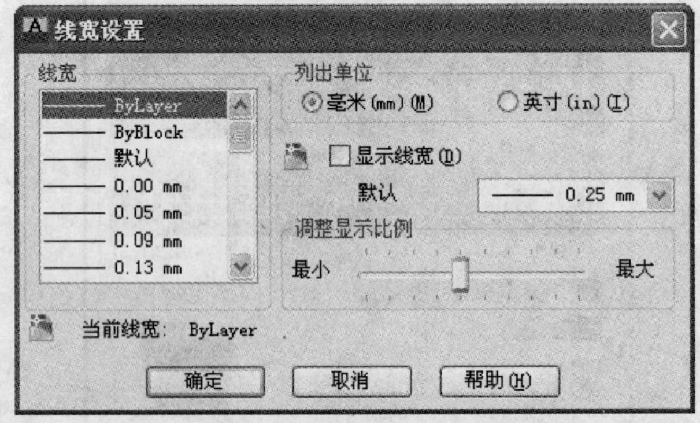

图 4-11 “线宽设置”对话框

2. 利用“对象特性”工具栏设置图层

AutoCAD 2013 提供了一个“对象特性”工具栏，如图 4-12 所示。用户能够控制和使用工具栏上的“对象特性”工具栏快速地查看和改变所选对象的图层、颜色、线型和线宽等特

性。“对象特性”工具栏上的图层颜色、线型、线宽和打印样式的控制增强了查看和编辑对象属性的命令。在绘图屏幕上选择任何对象都将在工具栏上自动显示它所在图层、颜色、线型等属性。

图 4-12　“对象特性”工具栏

也可以在“对象特性”工具栏上的“颜色”、“线型”、“线宽”和“打印样式”下拉列框表中选择需要的参数值。如果在“颜色”下拉列表框中选择“选择颜色”选项，如图 4-13 所示，系统打开“选择颜色”对话框；同样，如果在“线型”下拉列表框中选择“其他”选项，如图 4-14 所示，系统就会打开“线型管理器”对话框。

3. 用“特性”面板设置图层

【执行方式】

（1）命令行：DDMODIFY 或 PROPERTIES。

（2）菜单：修改→特性。

（3）工具栏：标准→特性。

【操作格式】

执行上述命令后，系统打开“特性”面板，如图 4-15 所示。在其中可以方便地设置或修改图层、颜色、线型、线宽等属性。

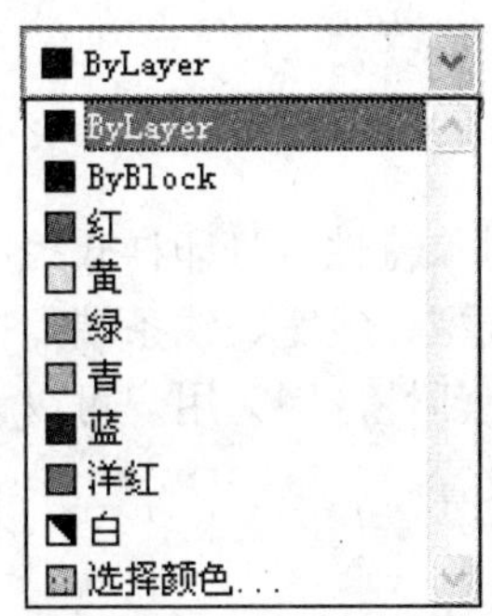

图 4-13　“选择颜色”选项

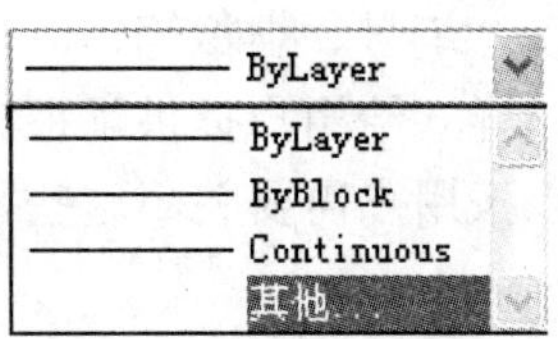

图 4-14　“其他”选项

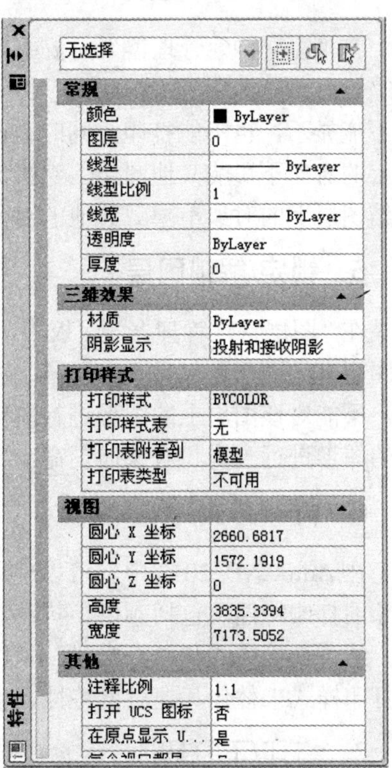

图 4-15　“特性”面板

4.1.3 控制图层

1. 切换当前图层

不同的图形对象需要绘制在不同的图层中，在绘制前，需要将工作图层切换到所需的图层上来。打开“图层特性管理器”面板，选择图层，单击“确认”按钮完成设置。

2. 删除图层

在“图层特性管理器”面板中的图层列表框中选择要删除的图层，单击“删除”按钮即可删除该图层。从图形文件定义中删除选定的图层。只能删除未参照的图层。参照图层包括图层 0 及 DEFPOINTS、包含对象（包括块定义中的对象）的图层、当前图层和依赖外部参照的图层。不包含对象（包括块定义中的对象）的图层、非当前图层和不依赖外部参照的图层都可以删除。

3. 关闭/打开图层

在“图层特性管理器”面板中，单击图标，可以控制图层的可见性。图层打开时，图标小灯泡呈鲜艳的颜色，该图层上的图形可以显示在屏幕上或绘制在绘图仪上。当单击该属性图标后，图标小灯泡呈灰暗色时，该图层上的图形不显示在屏幕上，而且不能被打印输出，但仍然作为图形的一部分保留在文件中。

4. 冻结/解冻图层

在“图层特性管理器”面板中，单击图标，可以冻结图层或将图层解冻。图标呈雪花灰暗色时，该图层是冻结状态；图标呈太阳鲜艳色时，该图层是解冻状态。冻结图层上的对象不能显示，也不能打印，同时也不能编辑修改该图层上图形对象。在冻结了图层后，该图层上的对象不影响其他图层上对象的显示和打印。例如，在使用 HIDE 命令消隐的时候，被冻结图层上的对象不隐藏其他的对象。

5. 锁定/解锁图层

在“图层特性管理器”面板中，单击图标，可以锁定图层或将图层解锁。锁定图层后，该图层上的图形依然显示在屏幕上并可打印输出，还可以在该图层上绘制新的图形对象，但用户不能对该图层上的图形进行编辑修改操作。可以对当前层进行锁定，也可以对锁定图层上的图形进行查询和对象捕捉命令。锁定图层可以防止对图形的意外修改。

6. 打印样式

在 AutoCAD 2013 中，可以使用一个称为“打印样式”的新的对象特性。打印样式控制对象的打印特性，包括颜色、抖动、灰度、笔号、虚拟笔、淡显、线型、线宽、线条端点样式、线条连接样式和填充样式。使用打印样式给用户提供了很大的灵活性，因为用户可以设置打印样式来替代其他对象特性，也可以按用户需要关闭这些替代设置。

7. 打印/不打印

在“图层特性管理器”面板中，单击图标，可以设定打印时该图层是否打印，以在保

证图形显示可见不变的条件下，控制图形的打印特征。打印功能只对可见的图层起作用，对于已经被冻结或被关闭的图层不起作用。

8．新视口冻结

在“图层特性管理器”面板中，单击图标，显示可用的打印样式，包括默认打印样式NORMAL。打印样式是打印中使用的特性设置的集合。

4.1.4　实例——绘制手动开关符号

利用图层命令绘制图 4-16 所示的手动开关符号。

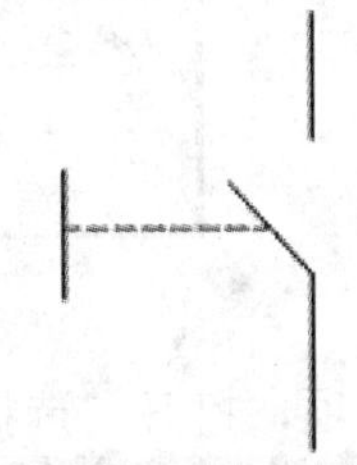

图 4-16　手动开关符号

01 新建两个图层：一是实线层，颜色黑色、线性 Continuous、线宽为 0.25，其他默认；二是虚线层，颜色红色、线性 ACAD_ISO15W100、线宽为 0.25，其他默认。其具体方法如下。

❶ 单击“图层”工具栏中的“图层特性管理器”按钮，打开“图层特性管理器”面板。

❷ 单击 “新建”按钮，创建一个新层，把该层的名字由默认的“图层 1”改为“实线”，如图 4-17 所示。

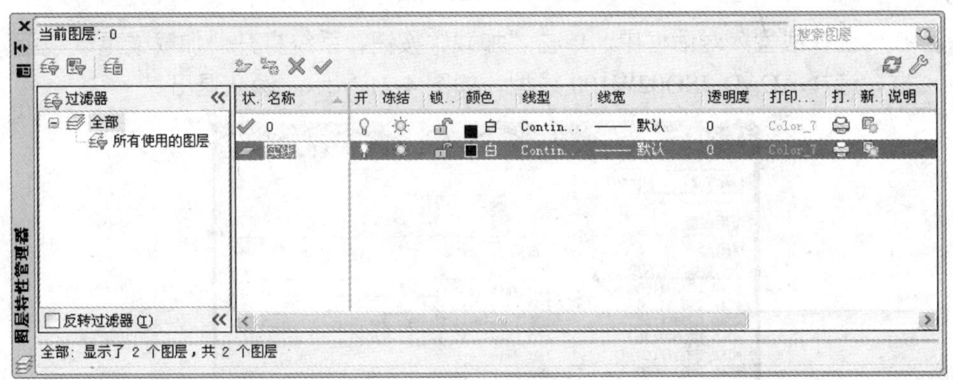

图 4-17　更改图层名

❸ 选择“实线”层对应的“线宽”项，打开“线宽”对话框，选择 0.25 mm 线宽，如图 4-18 所示，确认后退出。

❹ 再次单击“新建”按钮，创建一个新层，把该层的名字命名为“虚线”。

❺ 选择“虚线”层对应的“颜色”项，打开“选择颜色”对话框，选择蓝色为该层颜

色，如图 4-19 所示，确认后返回“图层特性管理器”面板。

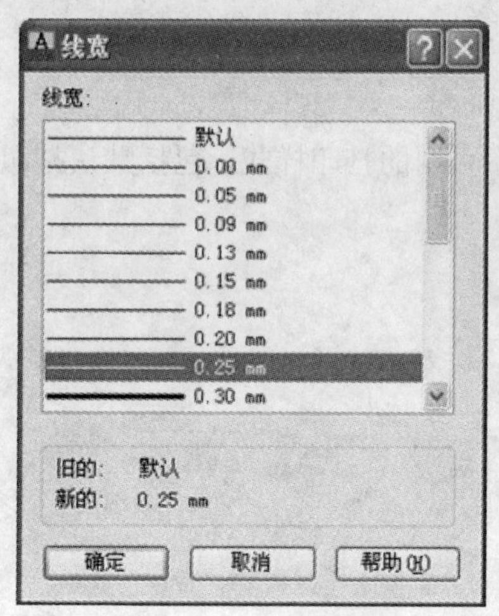

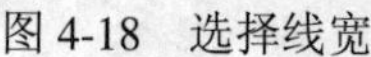

图 4-18　选择线宽

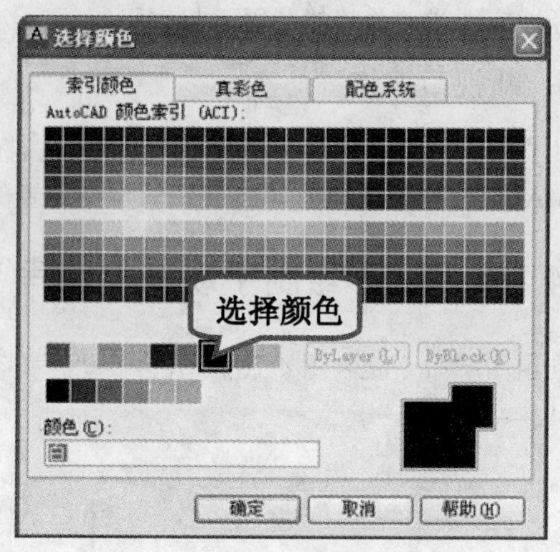

图 4-19　选择颜色

❻ 选择“虚线”层对应“线型”项，打开“选择线型”对话框，如图 4-20 所示。

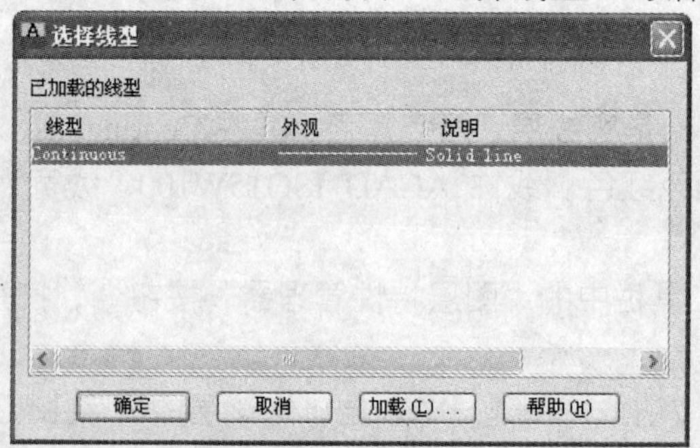

图 4-20　选择线型

❼ 在“选择线型”对话框中，单击“加载”按钮，系统打开“加载或重载线型”对话框，选择 ACAD_ISO02W100 线型，如图 4-21 所示。确认退出。

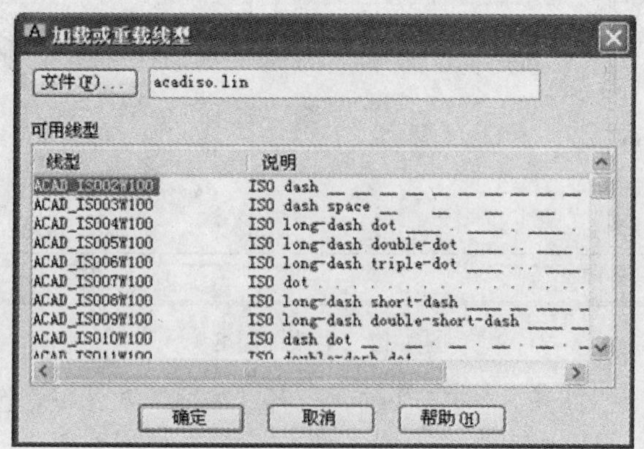

图 4-21　加载新线型

❽ 使用同样的方法将“虚线”层的线宽设置为 0.25 mm。

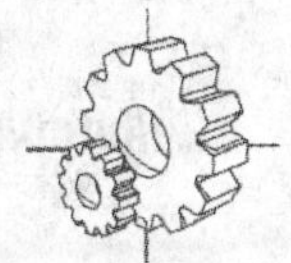

02 将“实线”层设为当前图层，单击“绘图”工具栏中的“直线”按钮，绘制手动开关左侧图形，如图 4-22 所示。

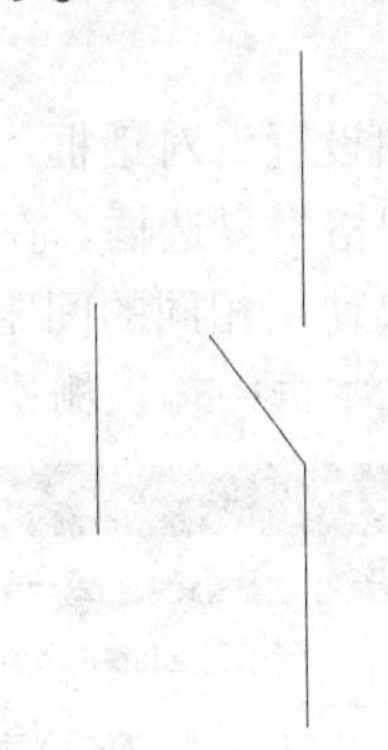

图 4-22　左侧图形

03 将“虚线”层设为当前图层，单击“绘图”工具栏中的“直线”按钮，利用直线命令绘制右侧图形。

4.2　绘图辅助工具

要快速顺利地完成图形绘制工作，有时要借助一些辅助工具，如用于准确确定绘制位置的精确定位工具和调整图形显示范围与方式的显示工具等。下面简略介绍一下这两种非常重要的辅助绘图工具。

4.2.1　精确定位工具

在绘制图形时，可以使用直角坐标和极坐标精确定位点，但是有些点（如端点、中心点等）的坐标我们是不知道的，又想精确地指定这些点，可想而知是很难的，有时甚至是不可能的。幸好 AutoCAD 2013 已经很好地为我们解决了这个问题。AutoCAD 2013 提供了辅助定位工具，使用这类工具，我们可以很容易地在屏幕中捕捉到这些点，进行精确的绘图。

1．栅格

AutoCAD 的栅格由有规则的点的矩阵组成，延伸到指定为图形界限的整个区域。使用栅格与在坐标纸上绘图是十分相似的，利用栅格可以对齐对象并直观显示对象之间的距离。如果放大或缩小图形，可能需要调整栅格间距，使其更适合新的比例。虽然栅格在屏幕上是可见的，但它并不是图形对象，因此它不会被打印成图形中的一部分，也不会影响在何处绘图。

可以单击状态栏上的“栅格”按钮或按 F7 键打开或关闭栅格。启用栅格并设置栅格在 X 轴方向和 Y 轴方向上的间距的方法如下。

【执行方式】

（1）命令行：DSETTINGS（或 DS，SE 或 DDRMODES）。

（2）菜单：工具→草图设置。

（3）快捷菜单：在“栅格”按钮处单击鼠标右击→设置。

【操作格式】

执行上述命令后，系统打开“草图设置”对话框，如图 4-23 所示。

如果需要显示栅格，选择“启用栅格”复选框。在“栅格 X 轴间距”文本框中，输入栅格点之间的水平距离，单位毫米。如果使用相同的间距设置垂直和水平分布的栅格点，则按 Tab 键。否则，在“栅格 Y 轴间距”文本框中输入栅格点之间的垂直距离。

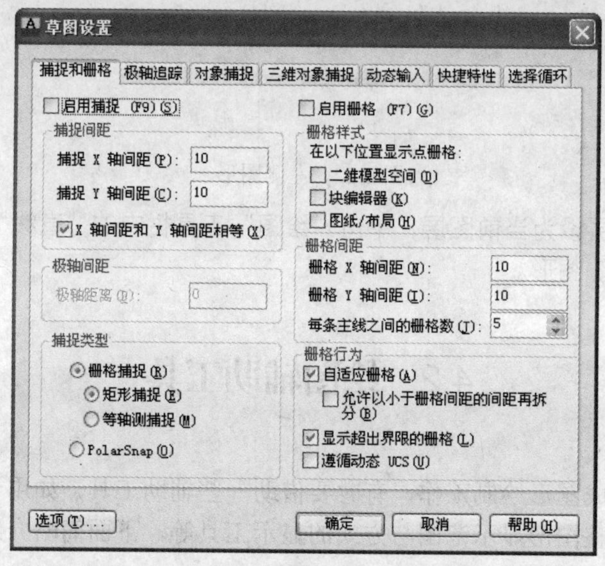

图 4-23　“草图设置”对话框

用户可改变栅格与图形界限的相对位置。默认情况下，栅格以图形界限的左下角为起点，沿着与坐标轴平行的方向填充整个由图形界限所确定的区域。在“捕捉”选项区中的“角度”项可决定栅格与相应坐标轴之间的夹角；“X 基点”和“Y 基点”项可决定栅格与图形界限的相对位移。

捕捉可以使用户直接使用鼠标快捷准确地确定位目标点。捕捉模式有几种不同的形式：栅格捕捉、对象捕捉、极轴捕捉和自动捕捉。在下文中将详细讲解。

另外，可以使用 GRID 命令通过命令行方式设置栅格，功能与“草图设置”对话框类似，不再赘述。

注 意

如果栅格的间距设置得太小，当进行“打开栅格”操作时，AutoCAD 将在文本窗口中显示“栅格太密，无法显示”的信息，而不在屏幕上显示栅格点。或者使用“缩放”命令时，将图形缩放很小，也会出现同样提示，不显示栅格。

2．捕捉

捕捉是指 AutoCAD 2013 可以生成一个隐含分布于屏幕上的栅格，这种栅格能够捕捉光标，使得光标只能落到其中的一个栅格点上。捕捉可分为“矩形捕捉”和“等轴测捕捉”两种类型。默认设置为“矩形捕捉”，即捕捉点的阵列类似于栅格，如图 4-24 所示，用户可以指定捕捉模式在 X 轴方向和 Y 轴方向上的间距，也可改变捕捉模式与图形界限的相对位置。与栅格不同之处在于：捕捉间距的值必须为正实数；另外捕捉模式不受图形界限的约束。“等轴测捕捉”表示捕捉模式为等轴测模式，此模式是绘制正等轴测图时的工作环境，如图 4-25 所示。在“等轴测捕捉”模式下，栅格和光标十字线成绘制等轴测图时的特定角度。

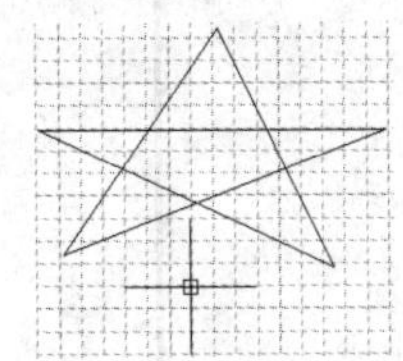

图 4-24　“矩形捕捉”实例

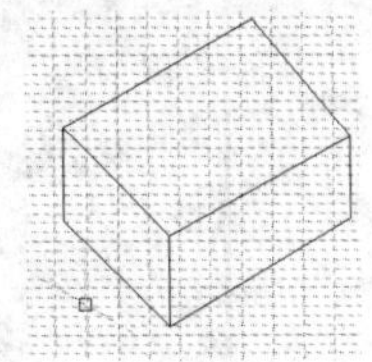

图 4-25　“等轴测捕捉”实例

在绘制以上 4-24 和图 4-25 中的图形时，输入参数点时光标只能落在栅格点上。两种模式切换方法：打开“草图设置”对话框，进入“捕捉和栅格”选项卡，在“捕捉类型和样式”选项区中，通过单选框可以切换“矩阵捕捉”模式与“等轴测捕捉”模式。

3．极轴捕捉

极轴捕捉是在创建或修改对象时，按事先给定的角度增量和距离增量来追踪特征点，即捕捉相对于初始点且满足指定的极轴距离和极轴角的目标点。

极轴追踪设置主要是设置追踪的距离增量和角度增量，以及与之相关联的捕捉模式。这些设置可以通过“草图设置”对话框的“捕捉和栅格”选项卡与“极轴追踪”选项卡来实现，如图 4-26 和图 4-27 所示。

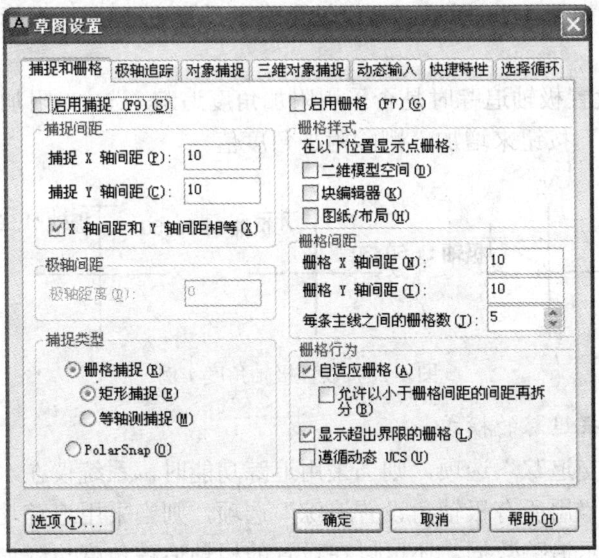

图 4-26　“捕捉和栅格”选项卡

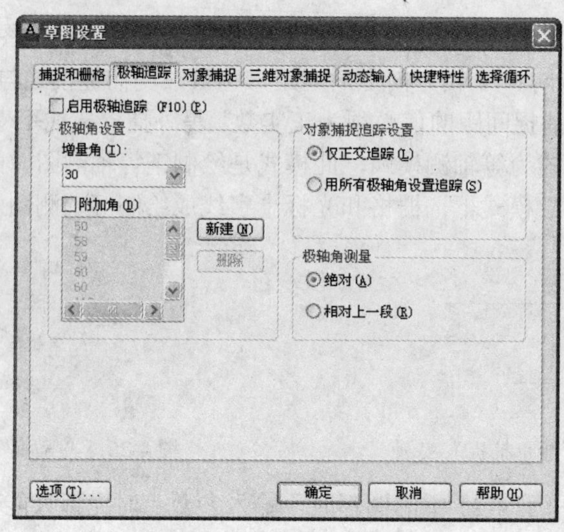

图 4-27 “极轴追踪”选项卡

（1）设置极轴距离

在“草图设置”对话框的“捕捉和栅格”选项卡中，可以设置极轴距离，单位毫米。绘图时，光标将按指定的极轴距离增量进行移动。

（2）设置极轴角度

在“草图设置”对话框的“极轴追踪”选项卡中，可以设置极轴角增量角度。设置时，可以在下拉列表框中选择 90°、45°、30°、22.5°、18°、15°、10° 和 5° 的极轴角增量，也可以直接输入指定其他任意角度。光标移动时，如果接近极轴角，将显示对齐路径和工具栏提示。例如，如图 4-28 所示，当极轴角增量设置为 30°，光标移动 90° 时显示的对齐路径。

“附加角”用于设置极轴追踪时是否采用附加角度追踪。选中“附加角”复选框，通过“增加”按钮或者“删除”按钮来增加、删除附加角度值。

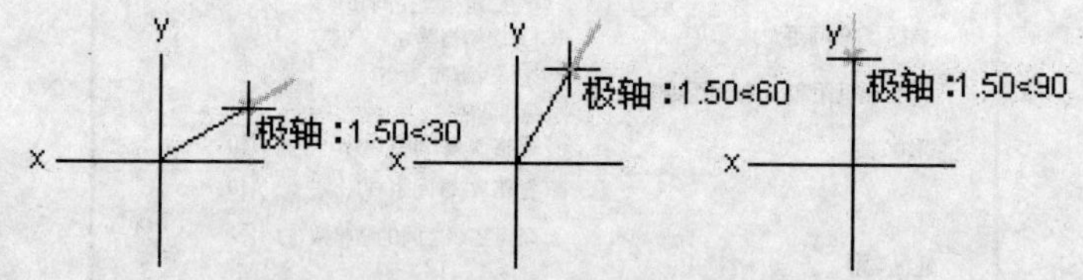

图 4-28 设置极轴角度实例

（3）设置对象捕捉追踪的模式

如果选择“仅正交追踪”选项，则当采用追踪功能时，系统仅在水平和垂直方向上显示追踪数据；如果选择“用所有极轴角设置追踪”选项，则当采用追踪功能时，系统不仅可以在水平和垂直方向显示追踪数据，还可以在设置的极轴追踪角度与附加角度所确定的一系列方向上显示追踪数据。

（4）设置极轴角的角度测量采用的参考基准

若选择“绝对”选项，则是相对水平方向逆时针测量；若选择“相对上一段”选项，则

是以上一段对象为基准进行测量。

4. 对象捕捉

AutoCAD 2013 给所有的图形对象都定义了特征点，对象捕捉则是指在绘图过程中，通过捕捉这些特征点，迅速准确地将新的图形对象定位在现有对象的确切位置上，例如圆的圆心、线段中点或两个对象的交点等。在 AutoCAD 2013 中，可以通过单击状态栏中“对象捕捉”按钮，或是在“草图设置”对话框的“对象捕捉”选项卡中选中“启用对象捕捉”单选按钮，来完成启用对象捕捉功能。在绘图过程中，对象捕捉功能的调用可以通过以下方式完成。

（1）使用“对象捕捉”工具栏

如图 4-29 所示，在绘图过程中，当系统提示需要指定点位置时，可以单击“对象捕捉”工具栏中相应的特征点按钮，再把光标移动到要捕捉的对象上的特征点附近，AutoCAD 会自动提示并捕捉到这些特征点。例如，如果需要用直线连接一系列圆的圆心，可以将“圆心”设置为执行对象捕捉。如果有两个可能的捕捉点落在选择区域，AutoCAD 2013 将捕捉离光标中心最近的符合条件的点。还有可能指定点时需要检查哪一个对象捕捉有效，例如在指定位置有多个对象捕捉符合条件，在指定点之前，按 Tab 键可以遍历所有可能的点。

图 4-29　“对象捕捉”工具栏

（2）使用“对象捕捉”快捷菜单

在需要指定点位置时，还可以按住 Ctrl 键或 Shift 键，单击鼠标右键，打开“对象捕捉”快捷菜单，如图 4-30 所示。从该菜单上一样可以选择某一种特征点执行对象捕捉，把光标移动到要捕捉的对象上的特征点附近，即可捕捉到这些特征点。

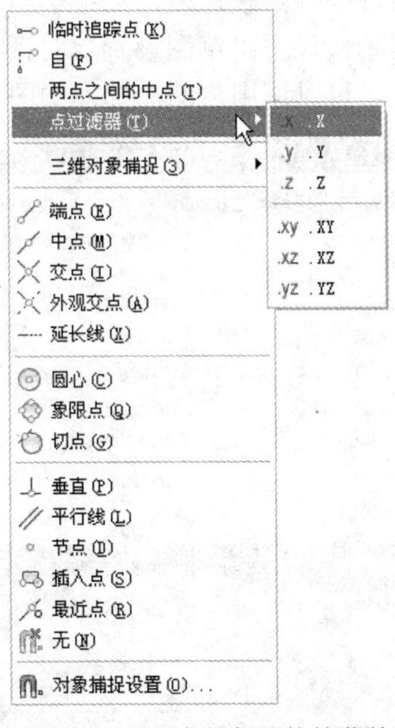

图 4-30　“对象捕捉”快捷菜单

（3）使用命令行

当需要指定点位置时，在命令行中输入相应特征点的关键词把光标移动到要捕捉的对象上的特征点附近，即可捕捉到这些特征点。对象捕捉特征点的关键字如表 4-1 所示。

表4-1 对象捕捉模式

模式	关键字	模式	关键字	模式	关键字
临时追踪点	TT	捕捉自	FROM	端点	END
中点	MID	交点	INT	外观交点	APP
延长线	EXT	圆心	CEN	象限点	QUA
切点	TAN	垂足	PER	平行线	PAR
节点	NOD	最近点	NEA	无捕捉	NON

注 意

（1）对象捕捉不可单独使用，必须配合别的绘图命令一起使用。仅当 AutoCAD 提示输入点时，对象捕捉才生效。如果试图在命令提示下使用对象捕捉，AutoCAD 将显示错误信息。

（2）对象捕捉只影响屏幕上可见的对象，包括锁定图层、布局视口边界和多段线上的对象。不能捕捉不可见的对象，如未显示的对象、关闭或冻结图层上的对象或虚线的空白部分。

5. 自动对象捕捉

在绘制图形的过程中，使用对象捕捉的频率非常高，如果每次在捕捉时都要先选择捕捉模式，将使工作效率大大降低。出于此种考虑，AutoCAD 提供了自动对象捕捉模式。如果启用自动捕捉功能，当光标距指定的捕捉点较近时，系统会自动精确地捕捉这些特征点，并显示出相应的标记以及该捕捉的提示。设置“草图设置”对话框中的“对象捕捉”选项卡，选中“启用对象捕捉追踪”复选框，可以调用自动捕捉，如图 4-31 所示。

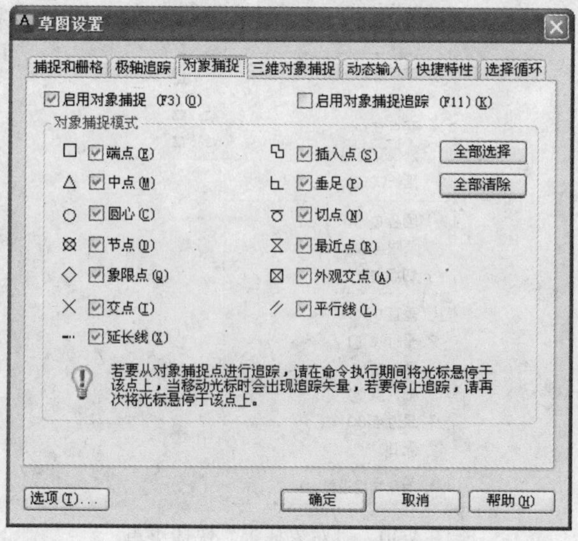

图 4-31 “对象捕捉”选项卡

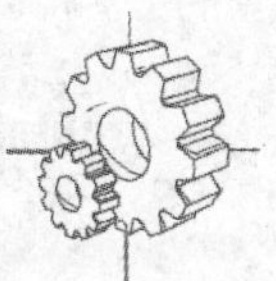

注意

我们可以设置自己经常要用的捕捉方式。一旦设置了运行捕捉方式后，在每次运行时，所设定的目标捕捉方式就会被激活，而不是仅对一次选择有效，当同时使用多种方式时，系统将捕捉距光标最近同时又是满足多种目标捕捉方式之一的点。当光标距要获取的点非常近时，按下 Shift 键将暂时不获取对象点。

6. 正交绘图

正交绘图模式，即在命令的执行过程中，光标只能沿 X 轴或者 Y 轴移动。所有绘制的线段和构造线都将平行于 X 轴或 Y 轴，因此它们相互垂直成 90° 相交，即正交。使用正交绘图，对于绘制水平和垂直线非常有用，特别是当绘制构造线时经常使用。而且当捕捉模式为等轴测模式时，它还迫使直线平行于 3 个等轴测中的一个。

设置正交绘图可以直接单击状态栏中“正交”按钮，或按 F8 键，相应地会在文本窗口中显示开/关提示信息。也可以在命令行中输入 ORTHO 命令，执行开启或关闭正交绘图。

注意

“正交”模式将光标限制在水平或垂直（正交）轴上。因为不能同时打开“正交”模式和极轴追踪，因此“正交”模式打开时，AutoCAD 会关闭极轴追踪。如果再次打开极轴追踪，AutoCAD 将关闭“正交”模式。

4.2.2　图形显示工具

对于一个较为复杂的图形来说，在观察整幅图形时往往无法对其局部细节进行查看和操作，而当在屏幕上显示一个细部时又看不到其他部分，为解决这类问题，AutoCAD 提供了缩放、平移、视图、鸟瞰视图和视口命令等一系列图形显示控制命令，可以用来任意放大、缩小或移动屏幕上的图形显示，或者同时从不同的角度、不同的部位来显示图形。AutoCAD 2013 还提供了重画和重新生成命令来刷新屏幕、重新生成图形。

1. 图形缩放

图形缩放命令类似于照相机的镜头，可以放大或缩小屏幕所显示的范围，只改变视图的比例，但是对象的实际尺寸并不发生变化。当放大图形一部分的显示尺寸时，可以更清楚地查看这个区域的细节；相反，如果缩小图形的显示尺寸，则可以查看更大的区域，如整体浏览。

图形缩放功能在绘制大幅面机械图纸，尤其是装配图时非常有用，是使用频率最高的命令之一。这个命令可以透明地使用，也就是说，该命令可以在其他命令执行时运行。用户完成涉及到透明命令的过程时，AutoCAD 会自动地返回到在用户调用透明命令前正在运行的命令。执行图形缩放的方法如下。

【执行方式】

（1）命令行：ZOOM。

（2）菜单：视图→缩放。

（3）工具栏：标准→缩放或缩放（如图 4-32 所示）。

图 4-32 “缩放”工具栏

【操作格式】

执行上述命令后，系统提示：

```
指定窗口的角点，输入比例因子 (nX 或 nXP)，或者
[全部(A)/中心(C)/动态(D)/范围(E)/上一个(P)/比例(S)/窗口(W)/对象(O)]<实时>:
```

【选项说明】

- “实时”缩放：这是“缩放”命令的默认操作，即在输入 ZOOM 命令后，直接按 Enter 键，将自动调用实时缩放操作。实时缩放就是可以通过上下移动鼠标交替进行放大和缩小。在使用实时缩放时，系统会显示一个“+”号或“–”号。当缩放比例接近极限时，AutoCAD 将不再与光标一起显示“+”号或“–”号。需要从实时缩放操作中退出时，可按 Enter 键、Esc 键或者从菜单中选择 Exit 退出。
- 全部（A）：执行 ZOOM 命令后，在提示文字后输入“A”，即可执行“全部（A）”缩放操作。不论图形有多大，该操作都将显示图形的边界或范围，即使对象不包括在边界以内，它们也将被显示。因此，使用“全部（A）”缩放选项，可查看当前视口中的整个图形。
- 中心（C）：通过确定一个中心点，该选项可以定义一个新的显示窗口。操作过程中需要指定中心点以及输入比例或高度。默认新的中心点就是视图的中心点，默认的输入高度就是当前视图的高度，直接按 Enter 键后，图形将不会被放大。输入比例，则数值越大，图形放大倍数也将越大。也可以在数值后面紧跟一个 X，如 3X，表示在放大时不是按照绝对值变化，而是按相对于当前视图的相对值缩放。
- 动态（D）：通过操作一个表示视口的视图框，可以确定所需显示的区域。选择该选项，在绘图窗口中出现一个小的视图框，按住鼠标左键左右移动可以改变该视图框的大小，定形后放开左键，再按下鼠标左键移动视图框，确定图形中的放大位置，系统将清除当前视口并显示一个特定的视图选择屏幕。这个特定屏幕，由有关当前视图及有效视图的信息所构成。
- 范围（E）：“范围（E）”选项可以使图形缩放至整个显示范围。图形的范围由图形所在的区域构成，剩余的空白区域将被忽略。应用这个选项，图形中所有的对象都尽可能被放大。
- 上一个（P）：在绘制一幅复杂的图形时，有时需要放大图形的一部分以进行细节的编辑。当编辑完成后，有时希望回到前一个视图。这种操作可以使用“上一个（P）”选项来实现。当前视口由“缩放”命令的各种选项或“移动”视图、视图恢复、平行投影或透视命令引起的任何变化，系统都将做保存。每一个视口最多可以保存 10 个视图。连续使用“上一个（P）”选项可以恢复前 10 个视图。
- 比例（S）：“比例（S）”选项提供了三种使用方法。在提示信息下，直接输入比例系数，AutoCAD 将按照此比例因子放大或缩小图形的尺寸。如果在比例系数后面加一

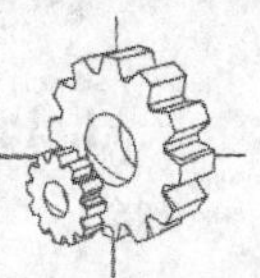

"X"，则表示相对于当前视图计算的比例因子。使用比例因子的第三种方法就是相对于图形空间。例如，可以在图纸空间阵列布排或打印出模型的不同视图。为了使每一张视图都与图纸空间单位成比例，可以使用"比例（S）"选项，每一个视图可以有单独的比例。

- 窗口（W）："窗口（W）"选项是最常使用的选项。通过确定一个矩形窗口的两个对角来指定所需缩放的区域，对角点可以由鼠标指定，也可以输入坐标确定。指定窗口的中心点将成为新的显示屏幕的中心点。窗口中的区域将被放大或者缩小。调用 ZOOM 命令时，可以在没有选择任何选项的情况下，利用鼠标在绘图窗口中直接指定缩放窗口的两个对角点。
- 对象（O）："对象（O）"选项是缩放以便尽可能大地显示一个或多个选定的对象并使其位于视图的中心。可以在启动 ZOOM 命令前后选择对象。
- 实时："实时"选项是交互缩放以更改视图的比例。光标将变为带有加号（+）和减号（–）的放大镜。在窗口的中点按住拾取键并垂直移动到窗口顶部则放大 100%。反之，在窗口的中点按住拾取键并垂直向下移动到窗口底部则缩小 100%。达到放大极限时，光标上的加号将消失，表示将无法继续放大。达到缩小极限时，光标上的减号将消失，表示将无法继续缩小。

松开拾取键时缩放终止。可以在松开拾取键后将光标移动到图形的另一个位置，然后再按住拾取键便可从该位置继续缩放显示。

注 意

这里所提到了诸如放大、缩小或移动的操作，仅仅是对图形在屏幕上的显示进行控制，图形本身并没有任何改变。

2. 图形平移

当图形幅面大于当前视口时，例如使用图形缩放命令将图形放大，如果需要在当前视口之外观察或绘制一个特定区域时，可以使用图形平移命令来实现。平移命令能将在当前视口以外的图形的一部分移动进来查看或编辑，但不会改变图形的缩放比例。执行图形缩放的方法如下。

【执行方式】

（1）命令行：PAN。

（2）菜单：视图→平移。

（3）工具栏：标准→平移。

（4）快捷菜单：绘图窗口中单击右键，选择"平移"选项。

激活平移命令之后，光标将变成一只"小手"，可以在绘图窗口中任意移动，以示当前正处于平移模式。单击并按住鼠标左键将光标锁定在当前位置，即"小手"已经抓住图形，然后，拖动图形使其移动到所需位置上。松开鼠标左键将停止平移图形。可以反复按下鼠标左键，拖动，松开，将图形平移到其他位置上。

平移命令预先定义了一些不同的菜单选项与按钮，它们可用于在特定方向上平移图形，在激活平移命令后，这些选项可以从菜单"视图"→"平移"→"*"中调用。

- 实时：平移命令中最常用的选项，也是默认选项，前面提到的平移操作都是指实时平移，通过鼠标的拖动来实现任意方向上的平移。
- 点：这个选项要求确定位移量，这就需要确定图形移动的方向和距离。可以通过输入点的坐标或用鼠标指定点的坐标来确定位移。
- 左：该选项移动图形使屏幕左部的图形进入显示窗口。
- 右：该选项移动图形使屏幕右部的图形进入显示窗口。
- 上：该选项向底部平移图形后，使屏幕顶部的图形进入显示窗口。
- 下：该选项向顶部平移图形后，使屏幕底部的图形进入显示窗口。

4.2.3 实例——绘制简单电路

绘制如图 4-33 所示的简单电路。

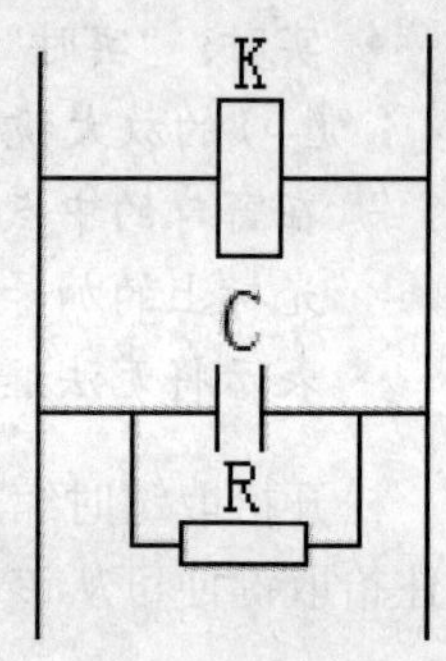

图 4-33 简单电路

01 单击状态栏上的“正交”按钮，单击“绘图”工具栏上的“矩形”按钮，绘制一个适当大小的矩形，表示操作器件符号。

02 单击状态栏上的“对象捕捉”按钮，单击“绘图”工具栏上的“直线”按钮，将鼠标放在刚绘制的矩形的左下角端点附近，然后往下移动鼠标，这时，系统显示一条追踪线，如图 4-34 所示，表示目前鼠标位置处于矩形左边下方的延长线上，适当指定一点为直线起点，再往下适当指定一点为直线终点。

03 单击状态栏上的“对象捕捉追踪”按钮，单击“绘图”工具栏中的“直线”按钮，将鼠标放在刚绘制的竖线的上端点附近，然后往右移动鼠标，这时，系统显示一条追踪线，如图 4-35 所示，表示目前鼠标位置处于竖线的上端点同一水平线上，适当指定一点为直线起点。

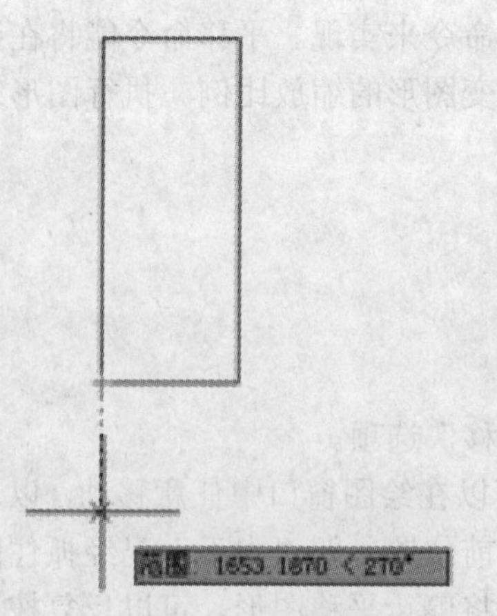

图 4-34 显示追踪线

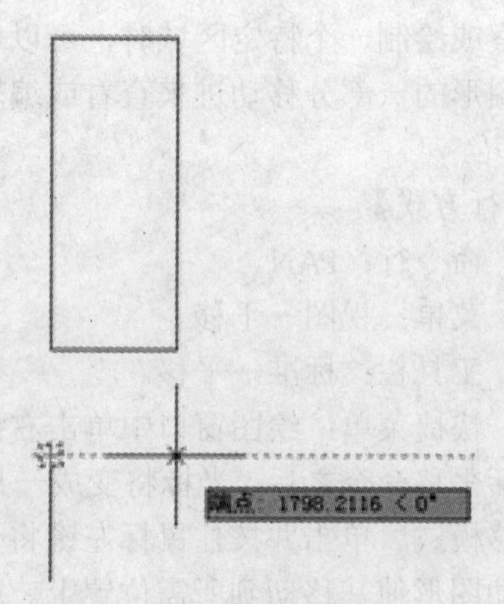

图 4-35 显示起点追踪线

04 将鼠标放在刚绘制的竖线的下端点附近，然后往右移动鼠标，这时，系统也显示一条追踪线，如图 4-36 所示，表示目前鼠标位置处于竖线的下端点同一水平线上，在

刚绘制直线起点大约正下方指定一点为直线起点单击鼠标左键，这样系统就捕捉到直线的终点，使该直线竖直，同时起点和终点与前面绘制的竖线的起点和终点在同一水平线上。这样，就完成电容符号的绘制。

05 单击“绘图”工具栏中的“矩形”按钮，在电容符号下方适当位置绘制一个矩形，表示电阻符号，如图 4-37 所示。

图 4-36　显示终点追踪线　　　图 4-37　绘制电阻

06 单击“绘图”工具栏中的“直线”按钮，在绘制的电气符号两侧绘制两条适当长度的竖直直线，表示导线主线，如图 4-38 所示。

07 单击状态栏“对象捕捉”按钮，并将所有特殊位置点设置为可捕捉点。

08 左边中点为直线起点，如图 4-39 所示。捕捉左边导线主线上一点为直线终点，如图 4-40 所示。

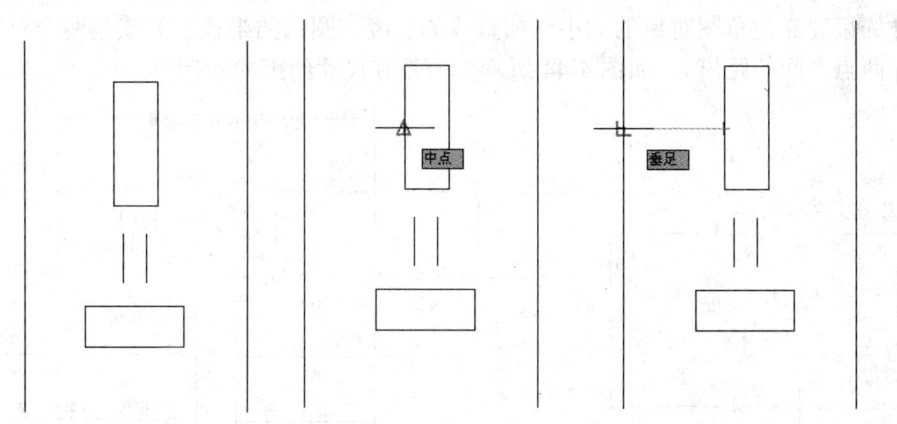

图 4-38　绘制导线主线　　　图 4-39　捕捉直线起点　　　图 4-40　捕捉直线终点

09 同样方法，利用“直线”命令绘制操作器件和电容的连接导线以及电阻的连接导线，注意捕捉电阻导线的起点为电阻符号矩形左边的中点，终点为电容连线上的垂足，如图 4-41 所示。完成的导线绘制如图 4-42 所示。

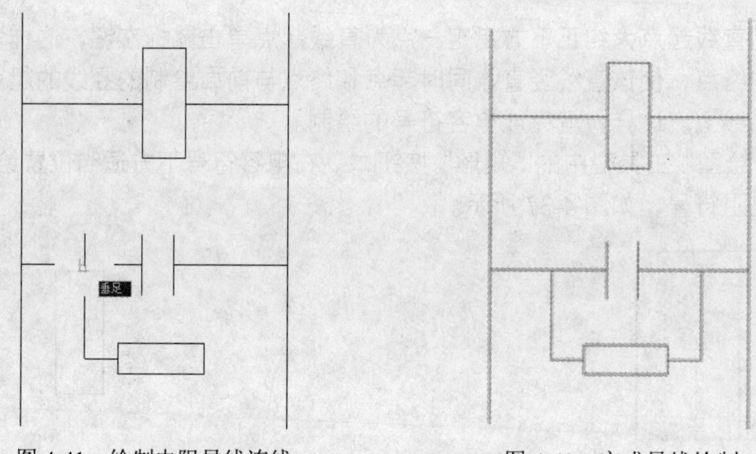

图 4-41　绘制电阻导线连线　　　　图 4-42　完成导线绘制

绘制文字（将在第 6 章介绍）后的最终结果如图 4-33 所示。

4.3　对象约束

约束能够用于精确地控制草图中的对象。草图约束有两种类型：尺寸约束和几何约束。

几何约束建立起草图对象的几何特性（如要求某一直线具有固定长度）或是两个或更多草图对象的关系类型（如要求两条直线垂直或平行，或是几个弧具有相同的半径）。在图形区用户可以使用“参数化”选项卡内的“全部显示”、“全部隐藏”或“显示”来显示有关信息，并显示代表这些约束的直观标记（如图 4-43 所示的水平标记和共线标记）。

尺寸约束建立起草图对象的大小（如直线的长度、圆弧的半径等）或是两个对象之间的关系（如两点之间的距离）。如图 4-44 所示为一带有尺寸约束的示例。

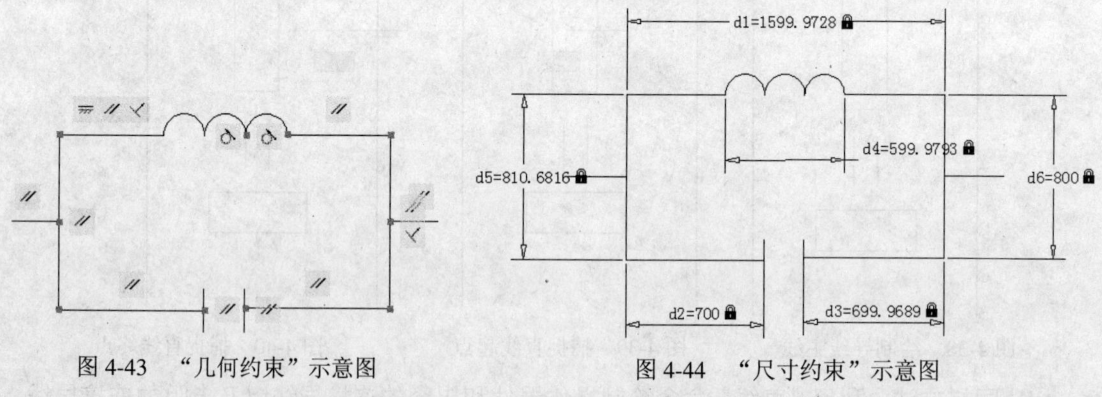

图 4-43　“几何约束”示意图　　　　图 4-44　“尺寸约束”示意图

4.3.1　几何约束

使用几何约束，可以指定草图对象必须遵守的条件，或是草图对象之间必须维持的关系。几何约束面板及工具栏（面板在“参数化”标签内的“几何”面板中）如图 4-45 所示，其主要几何约束选项功能如表 4-2 所示。

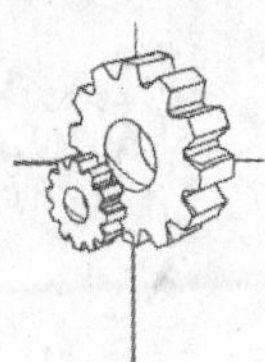

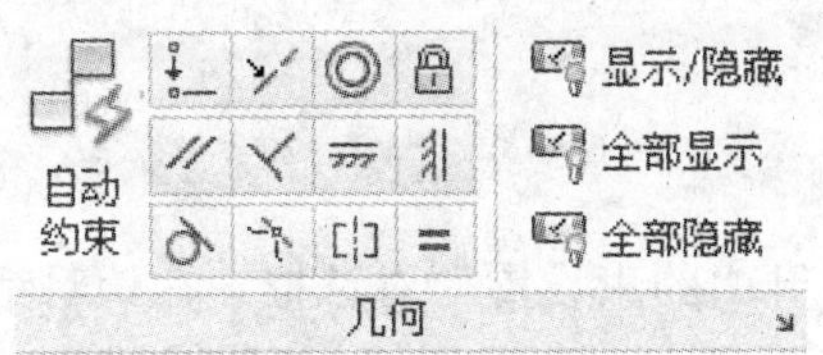

图 4-45　“几何约束”面板及工具栏

表4-2　特殊位置点捕捉

约束模式	功能
重合	约束两个点使其重合，或者约束一个点使其位于曲线（或曲线的延长线）上。可以使对象上的约束点与某个对象重合，也可以使其与另一对象上的约束点重合
共线	使两条或多条直线段沿同一直线方向
同心	将两个圆弧、圆或椭圆约束到同一个中心点。结果与将重合约束应用于曲线的中心点所产生的结果相同
固定	将几何约束应用于一对对象时，选择对象的顺序以及选择每个对象的点可能会影响对象彼此间的放置方式
平行	使选定的直线位于彼此平行的位置。平行约束在两个对象之间应用
垂直	使选定的直线位于彼此垂直的位置。垂直约束在两个对象之间应用
水平	使直线或点对位于与当前坐标系的 X 轴平行的位置。默认选择类型为对象
竖直	使直线或点对位于与当前坐标系的 Y 轴平行的位置
相切	将两条曲线约束为保持彼此相切或其延长线保持彼此相切。相切约束在两个对象之间应用
平滑	将样条曲线约束为连续，并与其他样条曲线、直线、圆弧或多段线保持 G2 连续性
对称	使选定对象受对称约束，相对于选定直线对称
相等	将选定圆弧和圆的尺寸重新调整为半径相同，或将选定直线的尺寸重新调整为长度相同

绘图中可指定二维对象或对象上的点之间的几何约束。之后编辑受约束的几何图形时，将保留约束。因此，通过使用几何约束，可以在图形中包括设计要求。

在用 AutoCAD 绘图时，可以控制约束栏的显示，使用“约束设置”对话框，可控制约束栏上显示或隐藏的几何约束类型。可通过执行以下操作来单独或全局显示/隐藏几何约束和约束栏。

（1）显示（或隐藏）所有的几何约束。

（2）显示（或隐藏）指定类型的几何约束。

（3）显示（或隐藏）所有与选定对象相关的几何约束。

【执行方式】

（1）命令行：CONSTRAINTSETTINGS。

（2）菜单：参数→约束设置。

（3）功能区：参数化→几何→几何约束设置。

（4）工具栏：参数化→约束设置。

（5）快捷键：CSETTINGS。

【操作格式】

```
命令：CONSTRAINTSETTINGS↙
```

执行上述命令后，系统打开“约束设置”对话框，在该对话框中，单击“几何”标签打开“几何”选项卡，如图 4-46 所示。利用此对话框可以控制约束栏上约束类型的显示。

【选项说明】

- “约束栏显示设置”选项组：控制图形编辑器中是否为对象显示约束栏或约束点标记。例如，可以为水平约束和竖直约束隐藏约束栏的显示。
- “全部选择”按钮：选择几何约束类型。
- “全部清除”按钮：清除选定的几何约束类型。
- “仅为处于当前平面中的对象显示约束栏 ”复选框：仅为当前平面上受几何约束的对象显示约束栏。
- “约束栏透明度”选项组：设置图形中约束栏的透明度。
- “将约束应用于选定对象后显示约束栏”复选框：手动应用约束后或使用 AUTOCONSTRAIN 命令时显示相关约束栏。

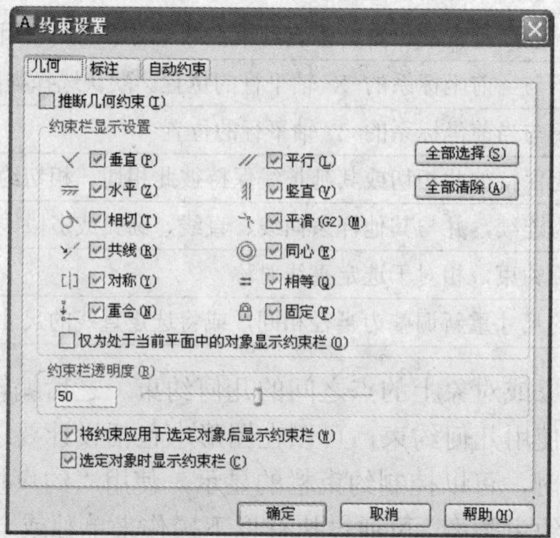

图 4-46 “约束设置”对话框

4.3.2 实例——绘制电感符号

绘制如图 4-47 所示电感符号。

图 4-47 电感符号

01 绘制绕线组。单击“绘图”工具栏中的“圆弧”按钮，绘制半径为 10mm 的半圆弧。命令行中的提示与操作如下。

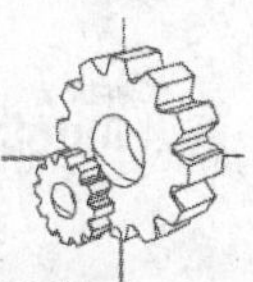

```
命令：_arc
指定圆弧的起点或 [圆心（C）]：（指定一点作为圆弧起点）
指定圆弧的第二个点或 [圆心（C）/端点（E）]：e↙（采用端点方式绘制圆弧）
指定圆弧的端点：@-20,0↙（指定圆弧的第二个端点，采用相对方式输入点的坐标值）
指定圆弧的圆心或 [角度（A）/方向（D）/半径（R）]：r↙
指定圆弧的半径：10↙（指定圆弧半径）
```

相同方法绘制另外三段相同的圆弧，每段圆弧的起点为上一段圆弧的终点。

02 绘制引线。单击“绘图”工具栏中的“直线”按钮，打开“正交模式”，绘制竖直向下的电感两端引线，如图 4-48 所示。

03 相切对象。单击“几何约束”工具栏中的“相切”按钮，选择需要约束的对象，如图 4-49、图 4-50 所示，使直线与圆弧相切，结果如图 4-51 所示。

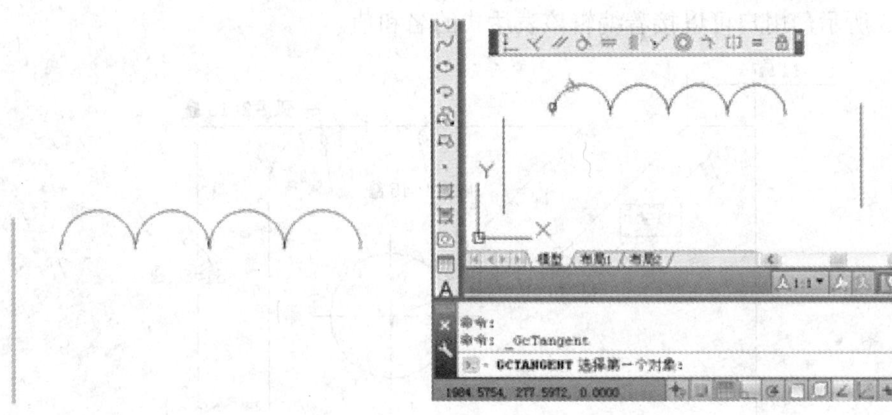

图 4-48　绘制引线　　图 4-49　选择对象 1

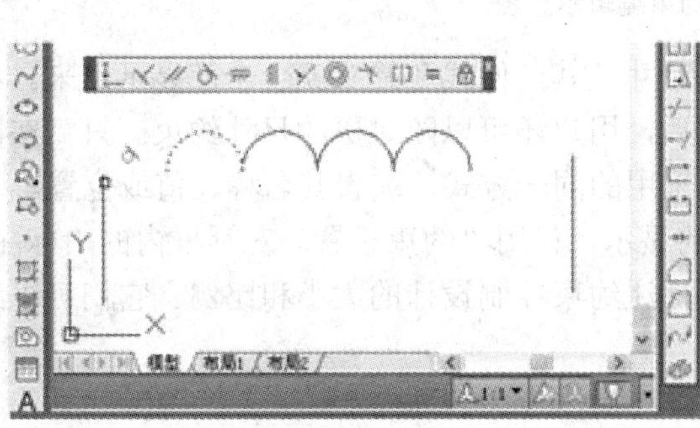

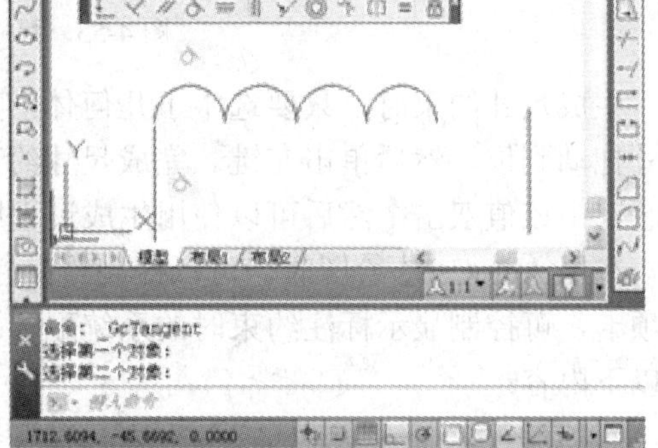

图 4-50　选择对象 2　　图 4-51　几何约束添加结果

采用同样的方式建立右侧直线和圆弧的相切关系，最终结果如图 4-47 所示。

4.3.3　尺寸约束

建立尺寸约束是限制图形几何对象的大小，也就是与在草图上标注尺寸相似，同样设置尺寸标注线，与此同时建立相应的表达式，不同的是可以在后续的编辑工作中实现尺寸的参数化驱动。“标注约束”面板及工具栏（面板在“参数化”标签内的“标注”面板中）如图4-52所示。

图4-52　“标注约束”面板及工具栏

在生成尺寸约束时，用户可以选择草图曲线、边、基准平面或基准轴上的点，以生成水平、竖直、平行、垂直和角度尺寸。

生成尺寸约束时，系统会生成一个表达式，其名称和值显示在一打开的对话框文本区域中，如图4-53所示，用户可以接着编辑该表达式的名和值。

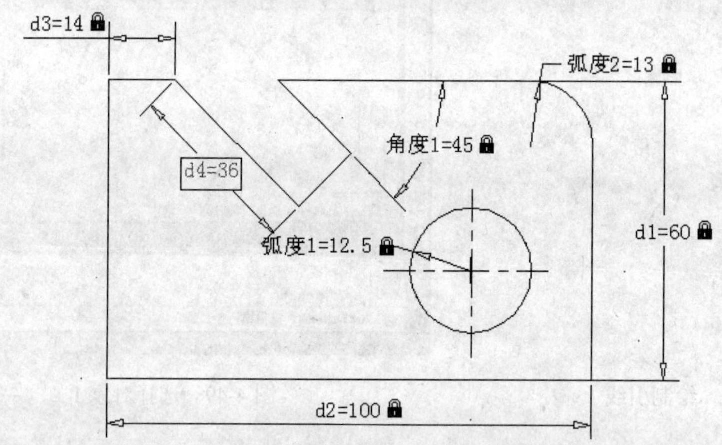

图4-53　尺寸约束编辑示意图

生成尺寸约束时，只要选中了几何体，其尺寸及其延伸线和箭头就会全部显示出来。将尺寸拖动到位，然后单击左键。完成尺寸约束后，用户还可以随时更改尺寸约束。只需在图形区选中该值双击，然后可以使用生成过程所采用的同一方式，编辑其名称、值或位置。

在用AutoCAD绘图时，可以控制约束栏的显示，使用“约束设置”对话框内的“标注”选项卡，可控制显示标注约束时的系统配置。标注约束控制设计的大小和比例。它们可以约束以下内容：

- 对象之间或对象上的点之间的距离。
- 对象之间或对象上的点之间的角度。

【执行方式】

（1）命令行：CONSTRAINTSETTINGS。

（2）菜单：参数→约束设置。

（3）功能区：参数化→标注→标注约束设置 ↘。

（4）工具栏：参数化→约束设置。

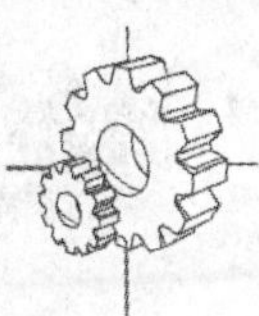

（5）快捷键：CSETTINGS。

【操作格式】

```
命令：CONSTRAINTSETTINGS↙
```

执行上述命令后，系统打开“约束设置”对话框，在该对话框中，单击“标注”标签打开“标注”选项卡，如图 4-54 所示。利用此对话框可以控制约束栏上约束类型的显示。

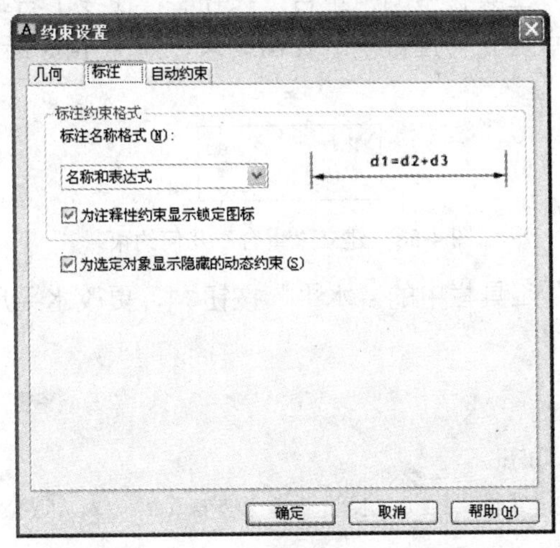

图 4-54 “约束设置”对话框

【选项说明】

- “显示所有动态约束”复选框：默认情况下显示所有动态标注约束。
- “标注约束格式”选项组：该选项组内可以设置标注名称格式和锁定图标的显示。
- “标注名称格式”下拉列表框：为应用标注约束时显示的文字指定格式。将标注名称格式设置为名称、值或名称和表达式。例如：宽度=长度/2。
- “为注释性约束显示锁定图标”复选框：针对已应用注释性约束的对象显示锁定图标。
- “为选定对象显示隐藏的动态约束”复选框：显示选定时已设置为隐藏的动态约束。

4.3.4 实例——利用尺寸驱动更改电阻尺寸

绘制如图 4-55 所示的电阻并修改尺寸。

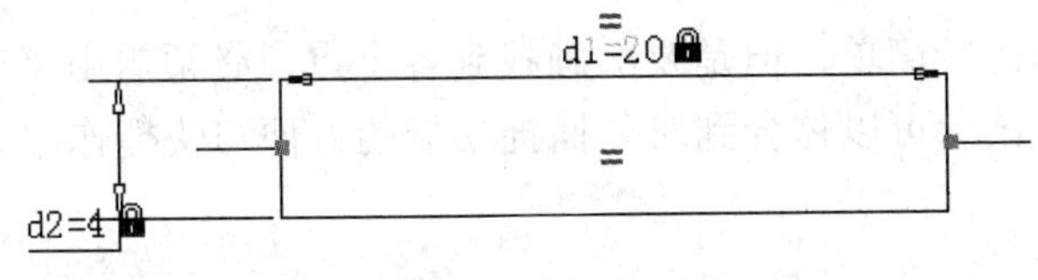

图 4-55 更改电阻尺寸

01 单击“绘图”工具栏中的“直线”按钮和“矩形”按钮，绘制长、宽为 10 和 4，导线长度为 5 的电阻，如图 4-56 所示。

02 单击“几何约束”工具栏中的“相等”按钮，使最上端水平线与下面各条水平线建立相等的几何约束，如图 4-57 所示。

图 4-56　绘制电阻　　　　图 4-57　建立相等的几何约束

03 单击“几何约束”工具栏中的“重合”按钮，使线 1 右端点与线 2 中点和线 4 左端点与线 3 的中点建立“重合”的几何约束，如图 4-58 所示。

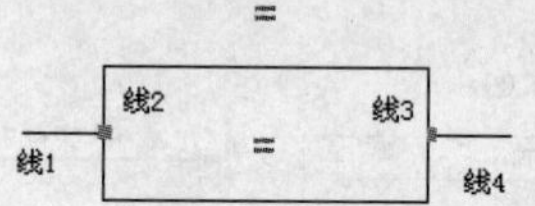

图 4-58　建立“重合”几何约束

04 单击“标注约束”工具栏中的“水平”按钮，更改水平尺寸。命令行提示与操作如下：

```
命令: _DimConstraint
当前设置: 约束形式 = 动态
选择要转换的关联标注或 [线性（LI）/水平（H）/竖直（V）/对齐（A）/角度（AN）/半径（R）/直径（D）/形式（F）] <水平>:_Horizontal
指定第一个约束点或 [对象（O）] <对象>:（单击最上端直线左端）
指定第二个约束点:（单击最上端直线右端）
指定尺寸线位置（在合适位置单击左键）
标注文字 = 10（输入长度 20）
```

05 系统自动将长度 10 调整为 20。最终结果如图 4-55 所示。

4.4　上机实验

1. 如图 4-59 所示，绘制指示灯符号。

（1）目的要求

本例要绘制的图形比较简单，但是要准确找到各个点，必须启用“对象捕捉”功能，捕捉对应点。通过本例，读者可以体会到对象捕捉功能的方便与快捷作用。

（2）操作提示

①在界面上方的工具栏区右击，选择快捷菜单中的“对象捕捉”命令，打开“对象捕捉”工具栏。

②结合“对象捕捉”工具和一些基本绘图命令完成绘制。

2. 利用精确定位工具绘制如图 4-60 所示的密闭插座。

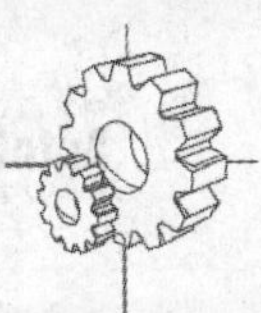

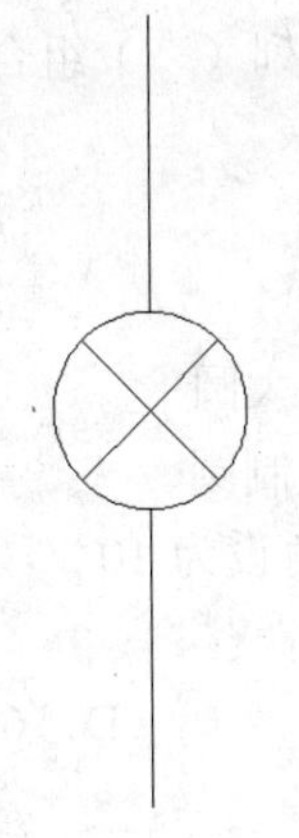

图 4-59　指示灯符号

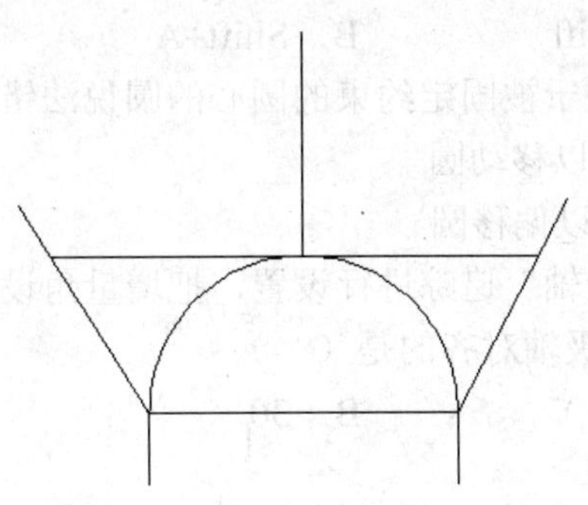

图 4-60 密闭插座

（1）目的要求

本例要绘制的图形比较简单，但是要准确绘制，必须综合利用各种精确定位工具。通过本例，读者可以体会到精确定位工具的方便与快捷作用。

（2）操作提示

利用精确定位工具绘制各图线。

4.5　思考与练习

1．在设置电路图图层线宽时，可能是下面选项中的哪种？（　）

A．0.15　　B．0.01　　C．0.33　　D．0.09

2．当捕捉设定的间距与栅格所设定的间距不同时，（　）。

A．捕捉仍然只按栅格进行　　B．捕捉时按照捕捉间距进行

C．捕捉既按栅格，又按捕捉间距进行　　D．无法设置

3．如果某图层的对象不能被编辑，但能在屏幕上可见，且能捕捉该对象的特殊点和标注尺寸，该图层状态为（　）。

A．冻结　　B．锁定　　C．隐藏　　D．块

4．对某图层进行锁定后，则（　）。

A．图层中的对象不可编辑，但可添加对象

B．图层中的对象不可编辑，也不可添加对象

C．图层中的对象可编辑，也可添加对象

D．图层中的对象可编辑，但不可添加对象

5．不可以通过“图层过滤器特性”面板中过滤的特性是（　）。

A．图层名、颜色、线型、线宽和打印样式

B．打开图层

C．打开还是关闭图层

D．图层是 Bylayer 还是 ByBlock

6. 默认状态下，若对象捕捉关闭，命令执行过程中，按住下列（　）组合键，可以实现对象捕捉。

A. Shift　　B. Shift+A　　C. Shift+S　　D. Alt

7. 下列关于被固定约束的圆心的圆说法错误的是（　）。

A. 可以移动圆　　B. 可以放大圆

C. 可以偏移圆　　D. 可以复制圆

8. 对“极轴”追踪进行设置，把增量角设为 30°，把附加角设为 10°，采用极轴追踪时，不会显示极轴对齐的是（　）。

A. 10　　B. 30　　C. 40　　D. 60

第 5 章

二维编辑命令

二维图形的编辑操作配合绘图命令的使用可以进一步完成复杂图形对象的绘制工作，并可使用户合理安排和组织图形，保证绘图准确，减少重复，因此，对编辑命令的熟练掌握和使用有助于提高设计和绘图的效率。本章主要内容包括：选择对象，复制类命令，改变位置类命令，删除及恢复类命令，改变几何特性命令和对象编辑等。

5.1 选择对象

AutoCAD 2013 提供以下两种编辑图形的途径。

（1）先执行编辑命令，然后选择要编辑的对象。

（2）先选择要编辑的对象，然后执行编辑命令。

这两种途径的执行效果是相同的，但选择对象是进行编辑的前提。AutoCAD 2013 提供了多种对象选择方法，如点取方法、用选择窗口选择对象、用选择线选择对象、用对话框选择对象等。AutoCAD 可以把选择的多个对象组成整体，如选择集和对象组，进行整体编辑与修改。

5.1.1 构造选择集

选择集可以仅由一个图形对象构成，也可以是一个复杂的对象组，如位于某一特定层上的具有某种特定颜色的一组对象。选择集的构造可以在调用编辑命令之前或之后进行。

AutoCAD 提供以下几种方法来构造选择集。

（1）先选择一个编辑命令，然后选择对象，按 Enter 键，结束操作。

（2）使用 SELECT 命令。在命令提示行输入 SELECT，然后根据选择的选项，出现选择对象提示，按 Enter 键，结束操作。

（3）用点取设备选择对象，然后调用编辑命令。

（4）定义对象组。

无论使用哪种方法，AutoCAD 2013 都将提示用户选择对象，并且光标的形状由十字光标变为拾取框。

下面结合 SELECT 命令说明选择对象的方法。

SELECT 命令可以单独使用，也可以在执行其他编辑命令时被自动调用。此时屏幕提示：

```
选择对象:
```

等待用户以某种方式选择对象作为回答。AutoCAD 2013 提供多种选择方式，可以输入“？”查看这些选择方式。选择选项后，出现如下提示：

```
需要点或窗口(W)/上一个(L)/窗交(C)/框(BOX)/全部(ALL)/栏选(F)/圈围(WP)/圈交(CP)/编组(G)/添加(A)/删除(R)/多个(M)/前一个(P)/放弃(U)/自动(AU)/单个(SI)/子对象(SU)/对象(O)
选择对象:
```

上面各选项的含义如下：

（1）点：该选项表示直接通过点取的方式选择对象。用鼠标或键盘移动拾取框，使其框住要选取的对象，然后单击就会选中该对象并以高亮度显示。

（2）窗口（W）：用由两个对角顶点确定的矩形窗口选取位于其范围内部的所有图形，与边界相交的对象不会被选中。在指定对角顶点时，应该按照从左向右的顺序，如图 5-1 所示。

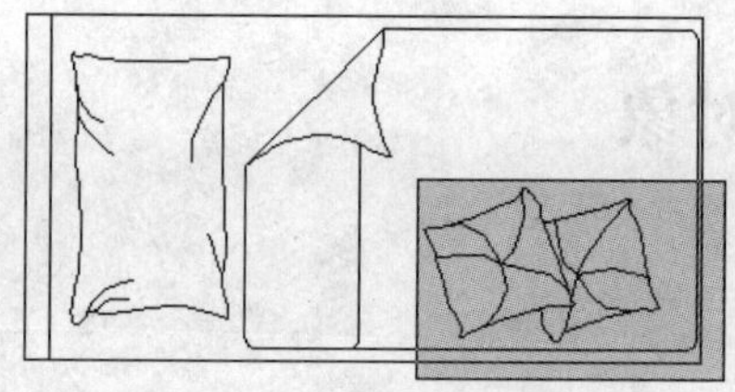

（a）图中深色覆盖部分为选择窗口

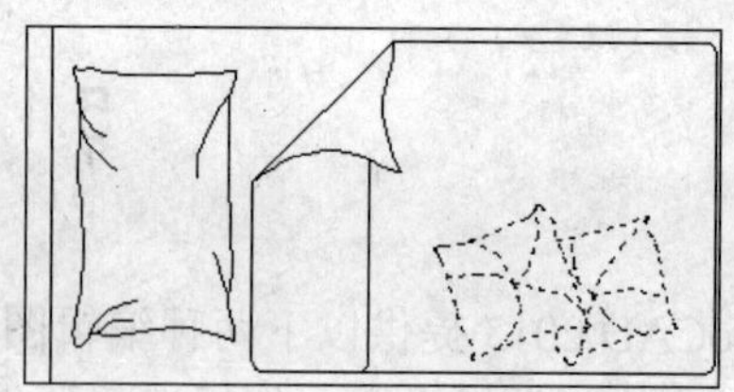

（b）选择后的图形

图 5-1 “窗口”对象选择方式

（3）上一个（L）：在“选择对象：”提示下输入 L 后，按 Enter 键，系统会自动选取最后绘出的一个对象。

（4）窗交（C）：该方式与上述“窗口”方式类似，区别在于：它不但选中矩形窗口内部的对象，也选中与矩形窗口边界相交的对象。选择的对象如图 5-2 所示。

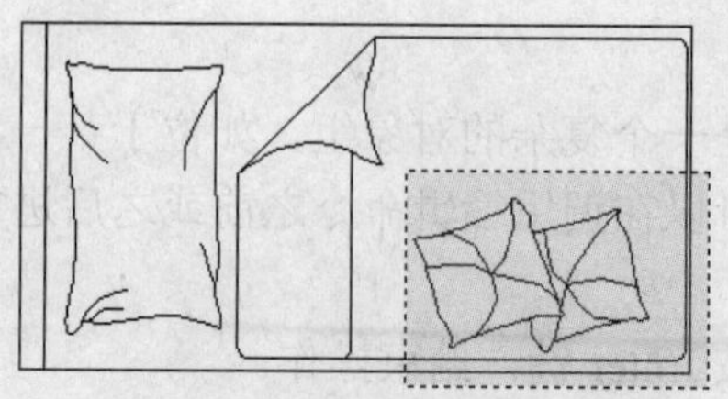

（a）图中深色覆盖部分为选择窗口

（b）选择后的图形

图 5-2 “窗交”对象选择方式

（5）框（BOX）：使用时，系统根据用户在屏幕上给出的两个对角点的位置而自动引用“窗口”或“窗交”方式。若从左向右指定对角点，则为“窗口”方式；反之，则为“窗交”方式。

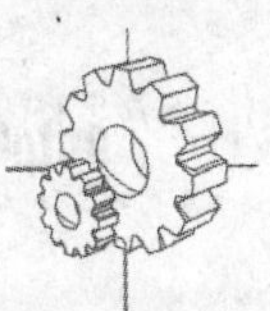

（6）全部（ALL）：选取图面上的所有对象。

（7）栏选（F）：用户临时绘制一些直线，这些直线不必构成封闭图形，凡是与这些直线相交的对象均被选中。执行结果如图 5-3 所示。

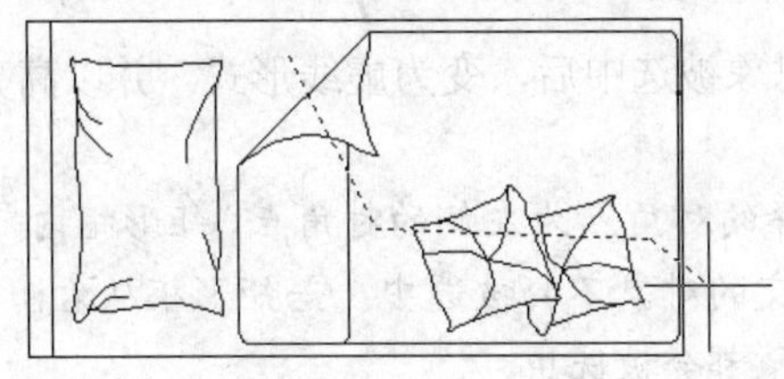

（a）虚线为选择栏

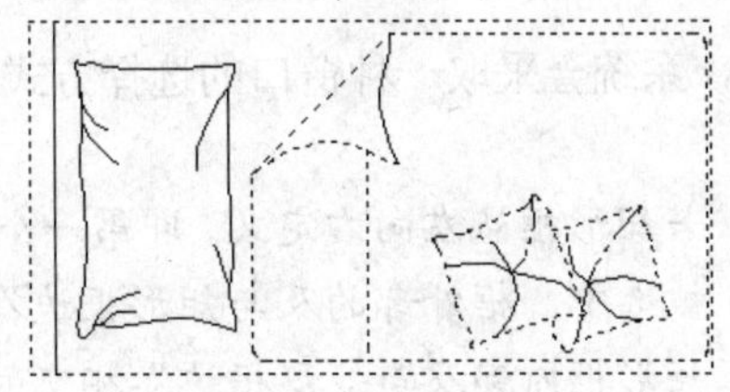

（b）选择后的图形

图 5-3　“栏选”对象选择方式

（8）圈围（WP）：使用一个不规则的多边形来选择对象。根据提示，用户顺次输入构成多边形的所有顶点的坐标，最后，按 Enter 键，结束操作，系统将自动连接第一个顶点到最后一个顶点的各个顶点，形成封闭的多边形。凡是被多边形围住的对象均被选中（不包括边界）。执行结果如图 5-4 所示。

（9）圈交（CP）：类似于“圈围”方式，在“选择对象：”提示后输入 CP，后续操作与“圈围”方式相同。区别在于：与多边形边界相交的对象也被选中。

（10）编组（G）：使用预先定义的对象组作为选择集。事先将若干个对象组成对象组，用组名引用。

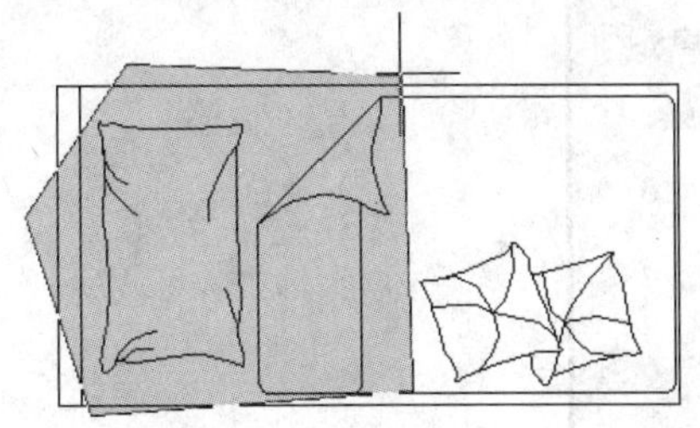

（a）十字线所拉出深色多边形为选择窗口

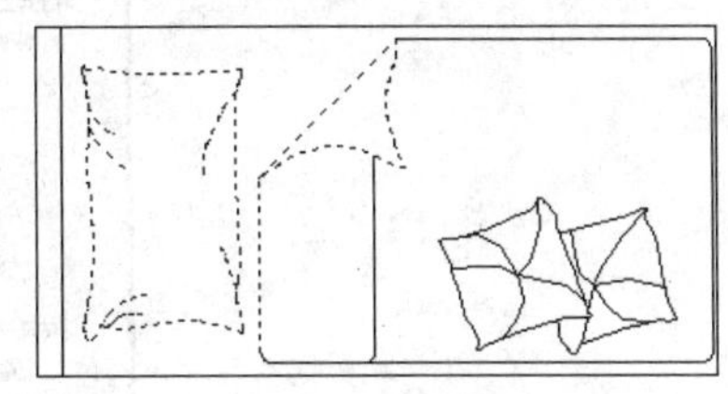

（b）选择后的图形

图 5-4　“圈围”对象选择方式

（11）添加（A）：添加下一个对象到选择集。也可用于从移走模式（Remove）到选择模式的切换。

（12）删除（R）：按住 Shift 键选择对象，可以从当前选择集中移走该对象。对象由高亮度显示状态变为正常显示状态。

（13）多个（M）：指定多个点，不高亮度显示对象。这种方法可以加快在复杂图形上的选择对象过程。若两个对象交叉，两次指定交叉点，则可以选中这两个对象。

（14）上一个（P）：用关键字 P 回应“选择对象：”的提示，则把上次编辑命令中的最后一次构造的选择集或最后一次使用 Select（DDSELECT）命令预置的选择集作为当前选择集。这种方法适用于对同一选择集进行多种编辑操作的情况。

（15）放弃（U）：用于取消加入选择集的对象。

（16）自动（AU）：选择结果视用户在屏幕上的选择操作而定。如果选中单个对象，则该对象为自动选择的结果；如果选择点落在对象内部或外部的空白处，系统会提示：

```
指定对角点：
```

此时，系统会采取一种窗口的选择方式。对象被选中后，变为虚线形式，并以高亮度显示。

若矩形框从左向右定义，即第一个选择的对角点为左侧的对角点，矩形框内部的对象被选中，框外部的及与矩形框边界相交的对象不会被选中。若矩形框从右向左定义，矩形框内部及与矩形框边界相交的对象都会被选中。

（17）单个（SI）：选择指定的第一个对象或对象集，而不继续提示进行下一步的选择。

5.1.2 快速选择

有时用户需要选择具有某些共同属性的对象来构造选择集，如选择具有相同颜色、线型或线宽的对象，用户当然可以使用前面介绍的方法来选择这些对象，但如果要选择的对象数量较多且分布在较复杂的图形中，则会导致很大的工作量。AutoCAD 2013 提供了 QSELECT 命令来解决这个问题。调用 QSELECT 命令后，打开“快速选择”对话框，利用该对话框可以根据用户指定的过滤标准快速创建选择集。“快速选择”对话框如图 5-5 所示。

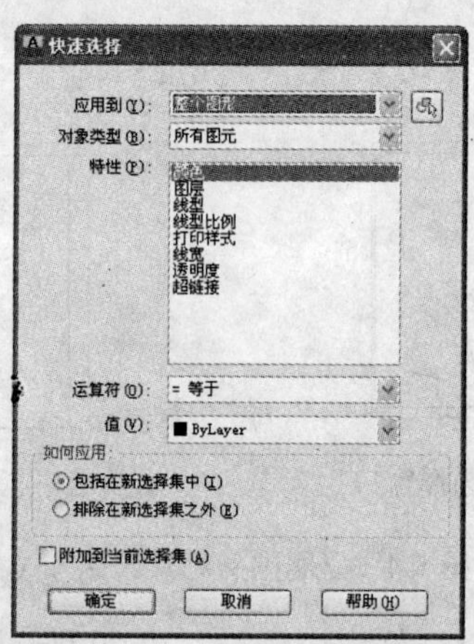

图 5-5 “快速选择”对话框

【执行方式】

（1）命令行：QSELECT。

（2）菜单：“工具”→“快速选择”。

快捷菜单：在绘图区右击，从打开的右键快捷菜单中选择“快速选择”命令（如图 5-6 所示），或“特性”面板→快速选择（如图 5-7 所示）。

【操作步骤】

执行上述命令后，系统打开“快速选择”对话框。在该对话框中，可以选择符合条件的对象或对象组。

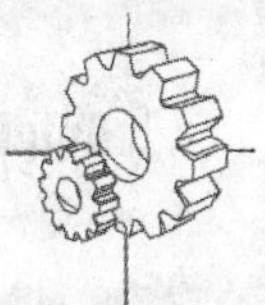

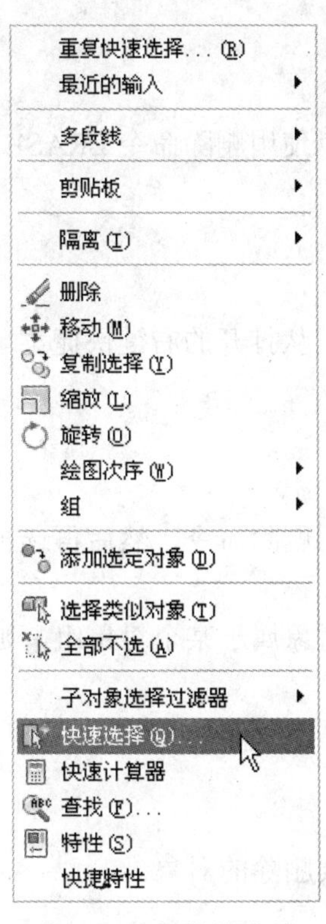

图 5-6　右键快捷菜单

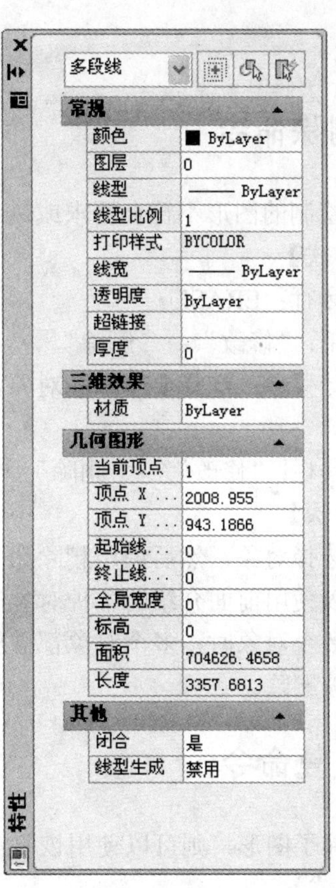

图 5-7　“特性”面板中的“快速选择”

5.1.3　构造对象组

对象组与选择集并没有本质的区别，当我们把若干个对象定义为选择集并想让它们在以后的操作中始终作为一个整体时，为了简捷，可以给这个选择集命名并保存起来，这个命名了的对象选择集就是对象组，它的名字称为组名。

如果对象组可以被选择（位于锁定层上的对象组不能被选择），那么可以通过它的组名引用该对象组，并且一旦组中任何一个对象被选中，那么组中的全部对象成员都被选中。

【执行方式】

命令行：GROUP。

【操作步骤】

执行上述命令后，系统打开“对象编组”对话框。利用该对话框可以查看或修改存在的对象组的属性，也可以创建新的对象组。

5.2　删除及恢复类命令

这一类命令主要用于删除图形的某部分或对已被删除的部分进行恢复，包括删除、恢复、清除等命令。

5.2.1 删除命令

如果所绘制的图形不符合要求或错绘了图形，则可以使用删除命令 ERASE 把它删除。

【执行方式】

（1）命令行：ERASE。

（2）菜单："修改"→"删除"。

（3）快捷菜单：选择要删除的对象，在绘图区右击，从打开的右键快捷菜单上选择"删除"命令。

（4）工具栏："修改"→"删除"。

【操作步骤】

可以先选择对象，然后调用删除命令；也可以先调用删除命令，然后再选择对象。选择对象时，可以使用前面介绍的各种对象选择的方法。

当选择多个对象时，多个对象都被删除；若选择的对象属于某个对象组，则该对象组的所有对象都被删除。

5.2.2 恢复命令

若误删除了图形，则可以使用恢复命令 OOPS 恢复误删除的对象。

【执行方式】

（1）命令行：OOPS 或 U。

（2）工具栏："标准工具栏"→"回退"。

（3）快捷键：Ctrl+Z。

【操作步骤】

在命令行窗口的提示行上输入 OOPS，按 Enter 键。

5.2.3 清除命令

此命令与删除命令的功能完全相同。

【执行方式】

（1）菜单："编辑"→"清除"。

（2）快捷键：Del。

【操作步骤】

用菜单或快捷键执行上述命令后，系统提示：

```
选择对象：(选择要清除的对象，按 Enter 键执行清除命令)
```

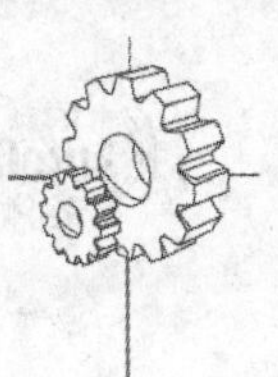

5.3 对象编辑

在对图形进行编辑时，还可以对图形对象本身的某些特性进行编辑，从而方便地进行图形绘制。

5.3.1 钳夹功能

利用钳夹功能可以快速方便地编辑对象。AutoCAD 在图形对象上定义了一些特殊点，称为夹点，利用夹点可以灵活地控制对象，如图 5-8 所示。

要使用钳夹功能编辑对象，必须先打开钳夹功能，打开方法是：单击“工具”→“选项”→“选择集”命令。

在“选项”对话框的“选择集”选项卡中，选中“启用夹点”复选框。在该选项卡中，还可以设置代表夹点的小方格的尺寸和颜色。

也可以通过 GRIPS 系统变量来控制是否打开钳夹功能，1 代表打开，0 代表关闭。

打开了钳夹功能后，应该在编辑对象之前先选择对象。夹点表示了对象的控制位置。

使用夹点编辑对象，要选择一个夹点作为基点，称为基准夹点。然后，选择一种编辑操作（如删除、移动、复制选择、旋转和缩放）。可以用空格键、Enter 键或其他快捷键循环选择这些功能。

下面仅就其中的拉伸对象操作为例进行讲述，其他操作类似。

在图形上拾取一个夹点，该夹点改变颜色，此点为夹点编辑的基准夹点。这时系统提示：

```
** 拉伸 **
指定拉伸点或 [基点(B)/复制(C)/放弃(U)/退出(X)]:
```

在上述拉伸编辑提示下，输入“缩放”命令或右击，选择快捷菜单中的“缩放”命令，系统就会转换为“缩放”操作，其他操作类似。

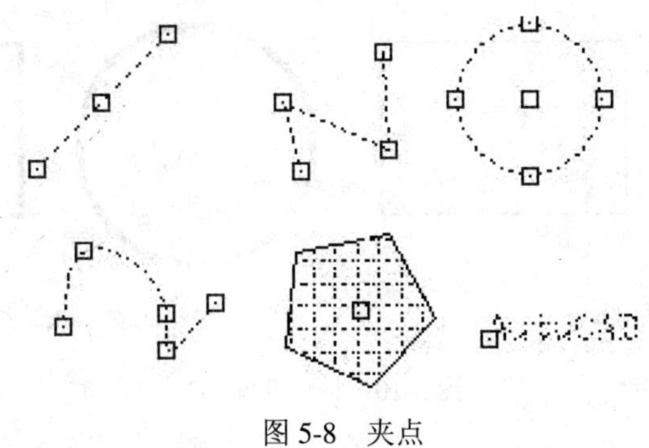

图 5-8 夹点

5.3.2 修改对象属性

【执行方式】

（1）命令行：DDMODIFY 或 PROPERTIES。

（2）菜单："修改"→"特性或工具"→"选项板"→"特性"。

（3）工具栏："标准"→"特性"。

【操作步骤】

```
命令：DDMODIFY↙
```

AutoCAD 打开"特性"面板，如图 5-9 所示。利用它可以方便地设置或修改对象的各种属性。

不同的对象属性种类和值不同，修改属性值，对象改变为新的属性。

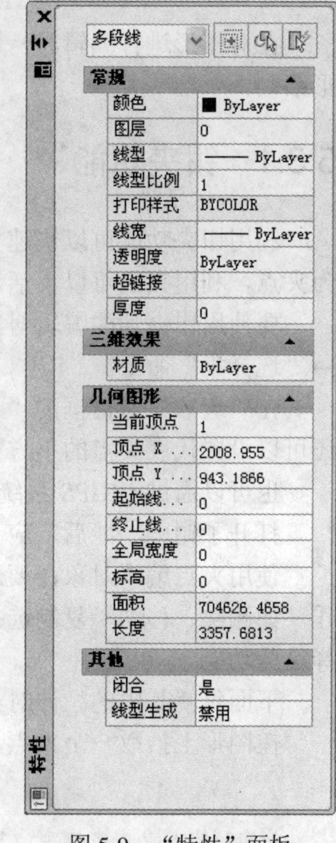

图 5-9 "特性"面板

5.3.3 特性匹配

利用特性匹配功能可以将目标对象的属性与源对象的属性进行匹配，使目标对象的属性与源对象属性相同。利用特性匹配功能可以方便快捷地修改对象属性，并保持不同对象的属性相同。

【执行方式】

（1）命令行：MATCHPROP。

（2）菜单："修改"→"特性匹配"。

【操作步骤】

```
命令：MATCHPROP↙
选择源对象：(选择源对象)
选择目标对象或 [设置(S)]：(选择目标对象)
```

图 5-10（a）所示为两个属性不同的对象，以左边的圆为源对象，对右边的矩形进行特性匹配，结果如图 5-10（b）所示。

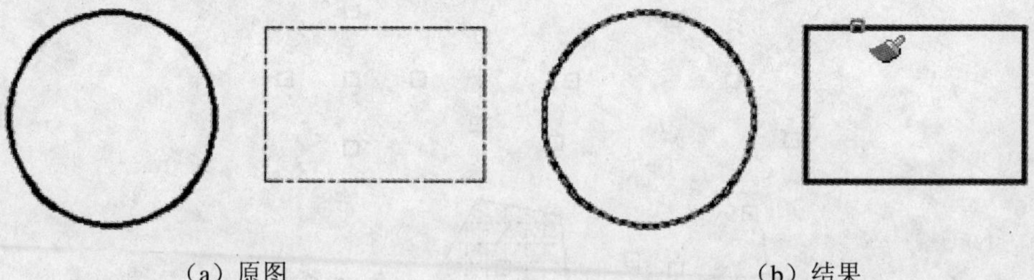

（a）原图　　（b）结果

图 5-10 特性匹配

5.4 复制类命令

本节详细介绍 AutoCAD 2013 的复制类命令。利用这些复制类命令，可以方便地编辑绘

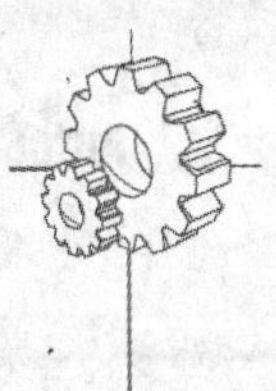

制图形。

5.4.1　镜像命令

镜像对象是指把选择的对象以一条镜像线为对称轴进行镜像后的对象。镜像操作完成后，可以保留原对象也可以将其删除。

【执行方式】

（1）命令行：MIRROR。

（2）菜单："修改"→"镜像"。

（3）工具栏："修改"→"镜像" 。

【操作步骤】

```
命令：MIRROR↙
选择对象：(选择要镜像的对象)
指定镜像线的第一点：(指定镜像线的第一个点)
指定镜像线的第二点：(指定镜像线的第二个点)
要删除源对象？[是(Y)/否(N)] <N>：(确定是否删除原对象)
```

这两点确定一条镜像线，被选择的对象以该线为对称轴进行镜像。包含该线的镜像平面与用户坐标系统的 XY 平面垂直，即镜像操作在与用户坐标系统的 XY 平面平行的平面上进行。

5.4.2　实例——整流桥电路

下面绘制如图 5-11 所示的整流桥电路。

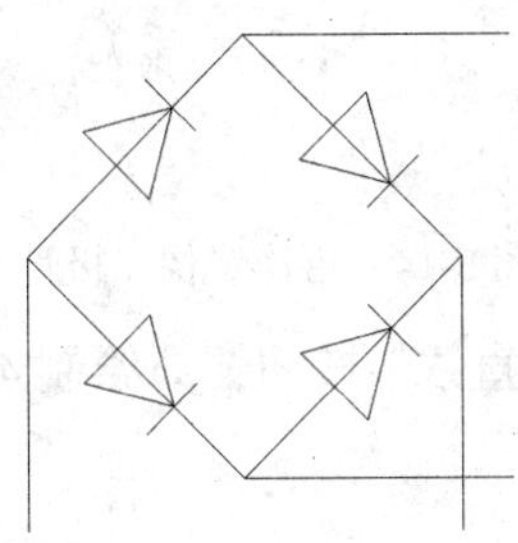

图 5-11　整流桥电路

01 单击"绘图"工具栏中的"直线"按钮，绘制一条 45° 斜线。

02 单击"绘图"工具栏中的"多边形"按钮，绘制一个三角形，捕捉三角形中心为斜直线中点，并指定三角形一个顶点在斜线上，如图 5-12 所示。

03 单击"绘图"工具栏中的"直线"按钮，单击状态栏上的"对象追踪"按钮，捕捉三角形在斜线上的顶点为端点，绘制一条与斜线垂直的短直线，完成二极管符号的绘制，如图 5-12 所示。

04 单击"修改"工具栏中的"镜像"按钮，命令行提示与操作如下：

```
命令：_mirror
```

```
选择对象：（选择上步绘制的对象）
选择对象：↙
指定镜像线的第一点：（捕捉斜线下端点）
指定镜像线的第二点：（指定水平方向任意一点）
要删除源对象吗？[是(Y)/否(N)] <N>:↙
```

结果如图 5-13 所示。

图 5-12　二极管符号

图 5-13　镜像二极管

05 单击“修改”工具栏中的“镜像”按钮，以过右上斜线中点并与本斜线垂直的直线为镜像轴，删除源对象，将左上角二极管符号进行镜像。同样方法，将左下角二极管符号进行镜像，结果如图 5-14 所示。

图 5-14　再次镜像二极管

06 单击“绘图”工具栏中的“直线”按钮，绘制 4 条导线，最终结果如图 5-11 所示。

5.4.3　复制命令

【执行方式】

（1）命令行：COPY。

（2）菜单：“修改”→“复制”。

（3）工具栏：“修改”→“复制”。

（4）快捷菜单：选择要复制的对象，在绘图区右击，从打开的右键快捷菜单上选择“复制选择”命令。

【操作步骤】

```
命令：COPY↙
```

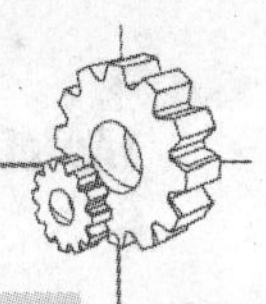

```
选择对象：(选择要复制的对象)
```

用前面介绍的对象选择方法选择一个或多个对象，按 Enter 键，结束选择操作。系统继续提示：

```
当前设置：  复制模式 = 多个
指定基点或 [位移(D)/模式(O)] <位移>:
指定第二个点或 [阵列(A)] <使用第一个点作为位移>:
指定第二个点或 [阵列(A)/退出(E)/放弃(U)] <退出>:
```

【选项说明】

- 指定基点：指定一个坐标点后，AutoCAD 2013 把该点作为复制对象的基点，并提示：

```
指定位移的第二点或 <用第一点作位移>:
```

指定第二个点后，系统将根据这两点确定的位移矢量把选择的对象复制到第二点处。如果此时直接按 Enter 键，即选择默认的“用第一点作位移”，则第一个点被当作相对于 X、Y、Z 的位移。例如，如果指定基点为（2,3）并在下一个提示下按 Enter 键，则该对象从它当前的位置开始，在 X 方向上移动 2 个单位，在 Y 方向上移动 3 个单位。复制完成后，系统会继续提示：

```
指定位移的第二点:
```

这时，可以不断指定新的第二点，从而实现多重复制。

- 位移：直接输入位移值，表示以选择对象时的拾取点为基准，以拾取点坐标为移动方向，纵横比移动指定位移后所确定的点为基点。例如，选择对象时的拾取点坐标为（2,3），输入位移为 5，则表示以（2,3）点为基准，沿纵横比为 3:2 的方向移动 5 个单位所确定的点为基点。
- 模式：控制是否自动重复该命令。确定复制模式是单个还是多个。

5.4.4　实例——电桥

绘制如图 5-15 所示的电桥符号。

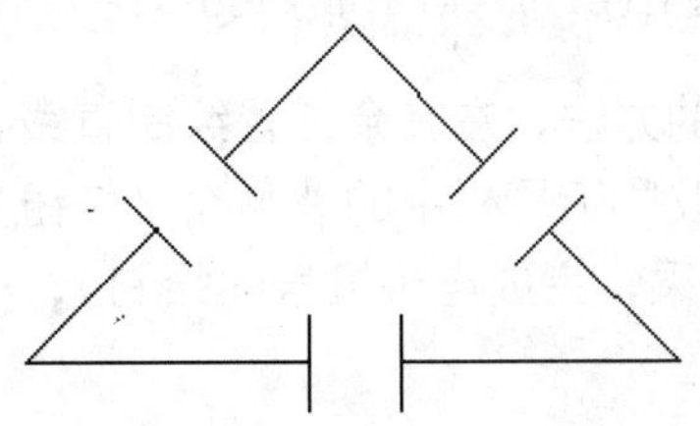

图 5-15　电桥符号

01 绘制直线。单击“绘图”工具栏中的“直线”按钮，开启“极轴追踪”模式，以点（100，100）为起点，绘制一条长度为 20mm，与水平方向成 45° 角的直线 AB。

02 单击“绘图”工具栏中的“直线”按钮，以点 B 为起点，沿 AB 方向绘制长度为 10mm 的直线 BC。采用同样的方法，以点 C 为起点，绘制长度为 20mm 的直线 CD，如图 5-16 所示。

03 采用同样的方法，以 D 为起点绘制 3 条与水平方向成 135° 角，长度分别为 20mm、10mm 和 20mm 的直线 DE、EF 和 FG，如图 5-17 所示。

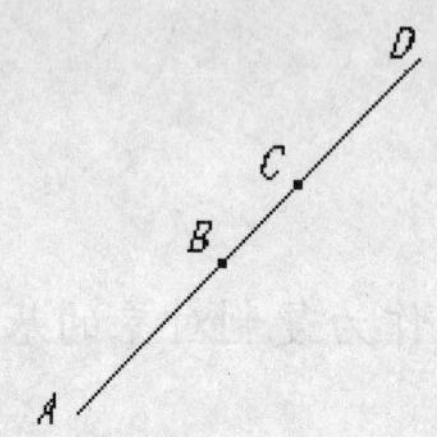

图 5-16　绘制倾斜直线 1

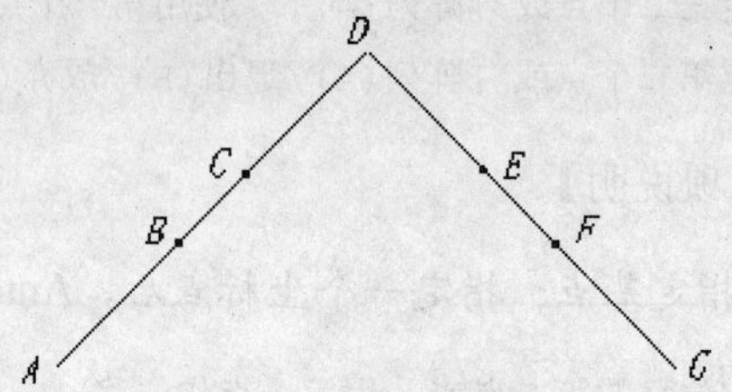

图 5-17　绘制倾斜直线 2

04 绘制水平直线。单击“绘图”工具栏中的“直线”按钮，开启“对象捕捉”模式，捕捉点 A 作为起点，向右绘制一条长度为 30.4mm 的水平直线 AM；捕捉 G 点作为起点，向左绘制一条长度为 30.4mm 的水平直线。

05 绘制倾斜直线。单击“绘图”工具栏中的“直线”按钮，开启“对象捕捉”和“极轴追踪”模式，捕捉 B 点作为起点，绘制一条与水平方向成 135° 角，长度为 5mm 的直线 L1。

06 镜像直线。单击“修改”工具栏中的“镜像”按钮，选择直线 L1 为镜像对象，以直线 BC 为镜像线进行镜像操作，得到直线 L2。

07 平移直线。单击“修改”工具栏中的“复制”按钮，复制直线 L1 和直线 L2，得到直线 L3 和直线 L4，命令行提示与操作如下：

```
命令：_copy
选择对象：（选择直线 L1）
选择对象：（选择直线 L2）
当前设置：复制模式 = 多个
指定基点或 [位移(D)/模式(O)] <位移>：（指定 B 点为基点）
指定第二个点或 [阵列(A)] <使用第一个点作为位移>：（指定 C 点为复制放置点）
指定第二个点或 [阵列(A)/退出(E)/放弃(U)] <退出>：↙
```

08 绘制直线。采用同样的方法，在其余位置绘制直线，如图 5-18 所示。

09 删除直线。单击“修改”工具栏中的“删除”按钮，将图中多余的直线删除，得到如图 5-15 所示的结果，完成电桥符号的绘制。

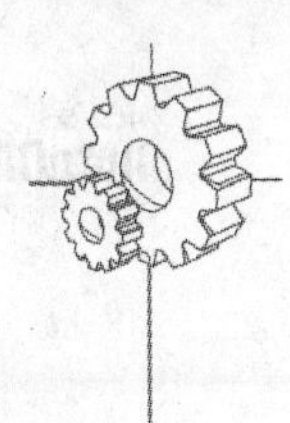

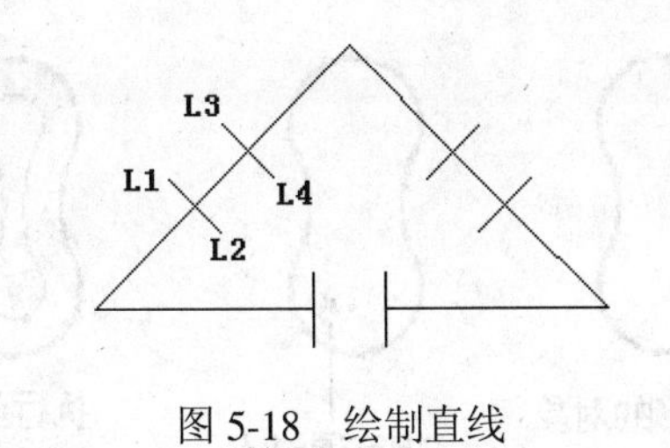

图 5-18　绘制直线

5.4.5　偏移命令

偏移对象是指保持选择的对象的形状、在不同的位置以不同的尺寸大小新建一个对象。

【执行方式】

（1）命令行：OFFSET。

（2）菜单："修改"→"偏移"。

（3）工具栏："修改"→"偏移" 。

【操作步骤】

```
命令： OFFSET↙
当前设置：删除源=否　图层=源　OFFSETGAPTYPE=0
指定偏移距离或 [通过(T)/删除(E)/图层(L)] <通过>:（指定距离植）
选择要偏移的对象，或 [退出(E)/放弃(U)] <退出>:（选择要偏移的对象。按 Enter 键，会结束操作）
指定要偏移的那一侧上的点，或 [退出(E)/多个(M)/放弃(U)] <退出>:（指定偏移方向）
```

【选项说明】

- 指定偏移距离：输入一个距离值，或按 Enter 键使用当前的距离值，系统把该距离值作为偏移距离，如图 5-19 所示。

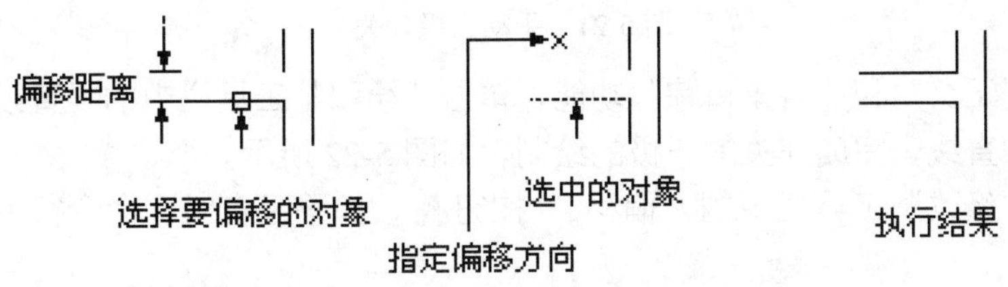

图 5-19　指定偏移对象的距离

- 通过（T）：指定偏移对象的通过点。选择该选项后出现如下提示：

```
选择要偏移的对象或 <退出>:（选择要偏移的对象，按 Enter 键，结束操作）
指定通过点：（指定偏移对象的一个通过点）
```

操作完毕后，系统根据指定的通过点绘出偏移对象，如图 5-20 所示。

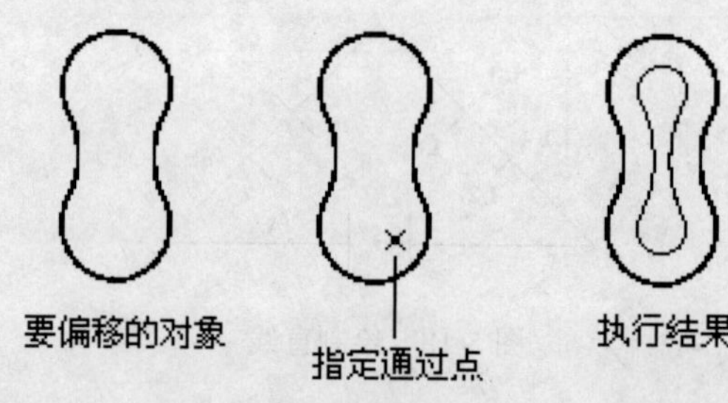

图 5-20　指定偏移对象的通过点

- 删除（E）：偏移后，将源对象删除。选择该选项后出现如下提示：

```
要在偏移后删除源对象吗？[是(Y)/否(N)]<当前>:
```

- 图层（L）：确定将偏移对象创建在当前图层上还是源对象所在的图层上。选择该选项后出现如下提示：

```
输入偏移对象的图层选项 [当前(C)/源(S)] <当前>:
```

5.4.6　实例——手动三极开关

绘制如图 5-21 所示手动三极开关。

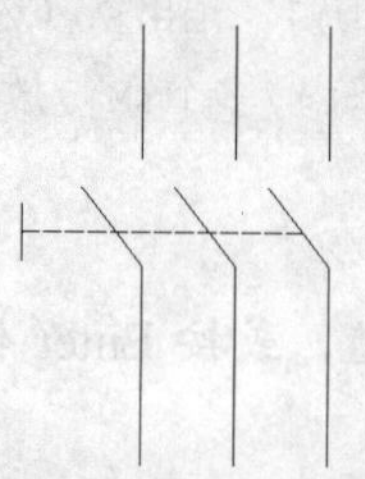

图 5-21　手动三极开关

01 结合“正交”和“对象追踪”功能，单击“绘图”工具栏中的“直线”按钮，绘制三条直线，完成开关的一极的绘制，如图 5-22 所示。

02 单击“修改”工具栏中的“偏移 ”按钮，偏移竖直线，命令行中的提示与操作如下：

```
命令：_offset
当前设置：删除源=否　图层=源　OFFSETGAPTYPE=0
指定偏移距离或 [通过(T)/删除(E)/图层(L)] <通过>:
指定第二点： <正交 开>（向右在竖直方向选取适当的两点）
选择要偏移的对象，或 [退出(E)/放弃(U)] <退出>:（选择一条竖直直线）
指定要偏移的那一侧上的点，或 [退出(E)/多个(M)/放弃(U)] <退出>:（向右指定一点）
选择要偏移的对象，或 [退出(E)/放弃(U)] <退出>:（选取另一条竖线）
指定要偏移的那一侧上的点，或 [退出(E)/多个(M)/放弃(U)] <退出>:（向右指定一点）
选择要偏移的对象，或 [退出(E)/放弃(U)] <退出>:
```

结果如图 5-23 所示。

图 5-22　绘制直线　　　　图 5-23　偏移结果

注意

偏移是将对象按指定的距离沿对象的垂直或法向方向进行复制。在本例中，如果采用上面设置相同的距离将斜线进行偏移，就会得到如图 5-24 所示的结果，与我们设想的结果不一样，这是初学者应该注意的地方。

03 单击“修改”工具栏中的“偏移”按钮，绘制第三极开关的竖线，具体操作方法与上面相同，只是在系统提示：

```
指定偏移距离或 [通过(T)/删除(E)/图层(L)] <190.4771>:
```

直接回车，接受上一次偏移指定的偏移距离为本次偏移的默认距离。结果如图 5-25 所示。

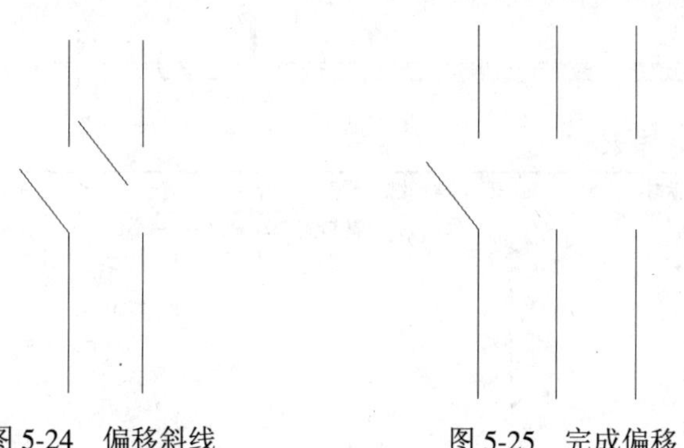

图 5-24　偏移斜线　　　　图 5-25　完成偏移

04 单击“修改”工具栏中的“复制”按钮，复制斜线，捕捉基点和目标点分别为对应的竖线端点，命令行中的提示与操作如下：

```
命令: COPY
选择对象: 找到 1 个
选择对象:(选择斜线)
当前设置: 复制模式 = 多个
指定基点或 [位移(D)/模式(O)] <位移>:
```

```
指定第二个点或 [阵列(A)] <使用第一个点作为位移>:
指定第二个点或 [阵列(A)/退出(E)/放弃(U)] <退出>:  *取消*
```

结果如图 5-26 所示。

05 单击“绘图”工具栏中的“直线”按钮，结合“对象捕捉”功能绘制一条竖直线和一条水平线，结果如图 5-27 所示。

图 5-26　复制斜线　　图 5-27　绘制直线

下面将水平直线的图线由实线改为虚线。

06 单击“图层”工具栏中的“图层特性管理器”图标，打开“图层特性管理器”面板，如图 5-28 所示，双击 0 层下的 continuous 线型，打开“选择线型”对话框，如图 5-29 所示，单击“加载”按钮，打开“加载或重载线型”对话框，选择其中的 ACAD_ISO02W100 线型，如图 5-30 所示，单击“确定”按钮，回到“选择线型”对话框，再次单击“确定”按钮，回到“图层特性管理器”面板，最后单击“确定”按钮退出。

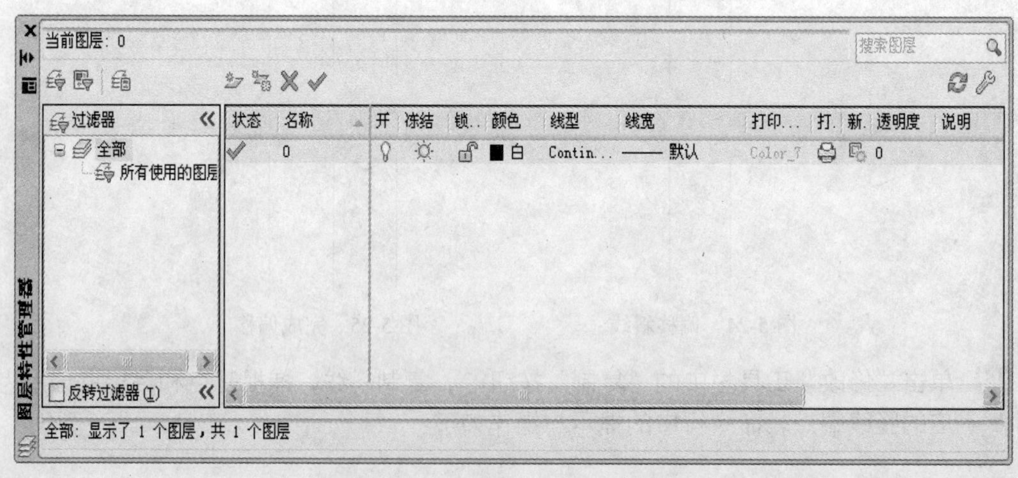

图 5-28　“图层特性管理器”面板

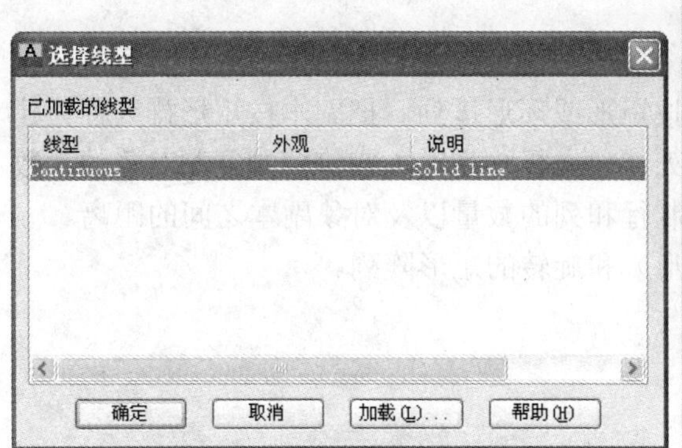

图 5-29　“选择线型”对话框

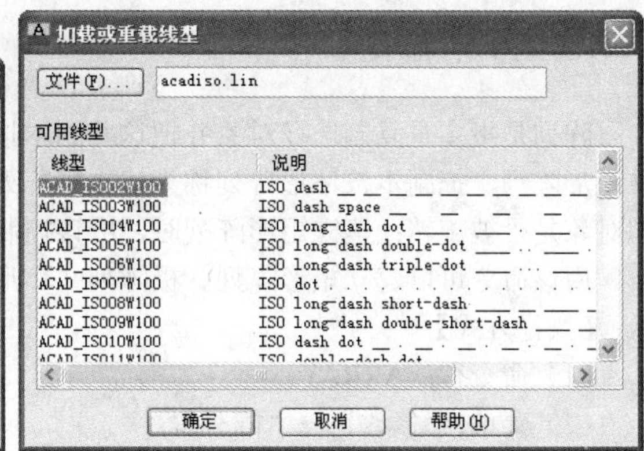

图 5-30　“加载或重载线型”对话框

07 选择上面绘制的水平直线，单击鼠标右键，在打开的快捷菜单中选择“特性”选项，系统打开“特性”面板，在“线型”下拉列表框中选择刚加载的 ACAD_ISO02W100 线型，在“线型比例”文本框中将线型比例改为 3，如图 5-31 所示，关闭“特性”面板，可以看到，水平直线的线型已经改为虚线，最终结果如图 5-21 所示。

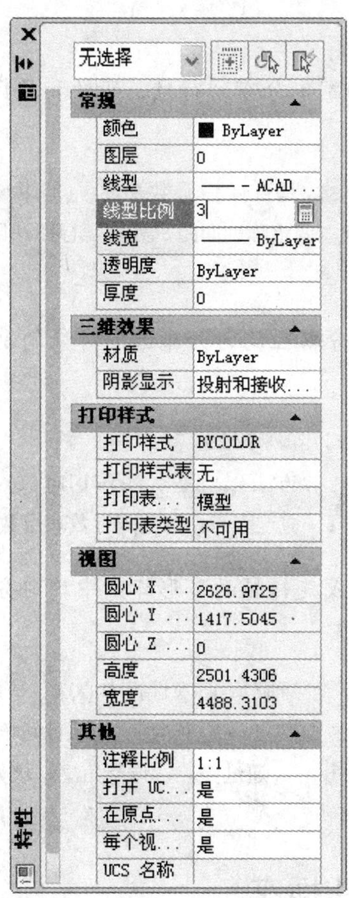

图 5-31　“特性”面板

5.4.7 阵列命令

阵列是指多重复制选择对象并把这些副本按矩形或环形排列。把副本按矩形排列称为建立矩形阵列，把副本按环形排列称为建立极阵列。建立极阵列时，应该控制复制对象的次数和对象是否被旋转；建立矩形阵列时，应该控制行和列的数量以及对象副本之间的距离。

用该命令可以建立矩形阵列、极阵列（环形）和旋转的矩形阵列。

【执行方式】

（1）命令行：ARRAY。

（2）菜单："修改"→"阵列"。

（3）工具栏："修改"→"矩形阵列" ，"路径阵列" 和"环形阵列" 。

【操作步骤】

```
命令：ARRAY↙
选择对象：（使用对象选择方法）
输入阵列类型[矩形（R）/路径（PA）/极轴（PO）]<矩形>：
```

【选项说明】

- 矩形（R）：将选定对象的副本分布到行数、列数和层数的任意组合。选择该选项后出现如下提示：

```
选择夹点以编辑阵列或 [关联(AS)/基点(B)/计数(COU)/间距(S)/列数(COL)/行数(R)/层数(L)/退出(X)] <退出>：（通过夹点，调整阵列间距，列数，行数和层数；也可以分别选择各选项输入数值）
```

- 路径（PA）：沿路径或部分路径均匀分布选定对象的副本。选择该选项后出现如下提示：

```
选择路径曲线：（选择一条曲线作为阵列路径）
选择夹点以编辑阵列或 [关联(AS)/方法(M)/基点(B)/切向(T)/项目(I)/行(R)/层(L)/对齐项目(A)/Z 方向(Z)/退出(X)] <退出>：（通过夹点，调整阵行数和层数；也可以分别选择各选项输入数值）
```

- 极轴（PO）：在绕中心点或旋转轴的环形阵列中均匀分布对象副本。选择该选项后出现如下提示：

```
指定阵列的中心点或 [基点(B)/旋转轴(A)]：（选择中心点、基点或旋转轴）
选择夹点以编辑阵列或 [关联(AS)/基点(B)/项目(I)/项目间角度(A)/填充角度(F)/行(ROW)/层(L)/旋转项目(ROT)/退出(X)] <退出>：（通过夹点，调整角度，填充角度；也可以分别选择各选项输入数值）
```

5.4.8 实例——多级插头插座

下面绘制如图 5-32 所示的多级插头插座。

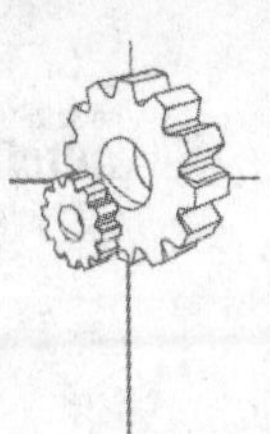

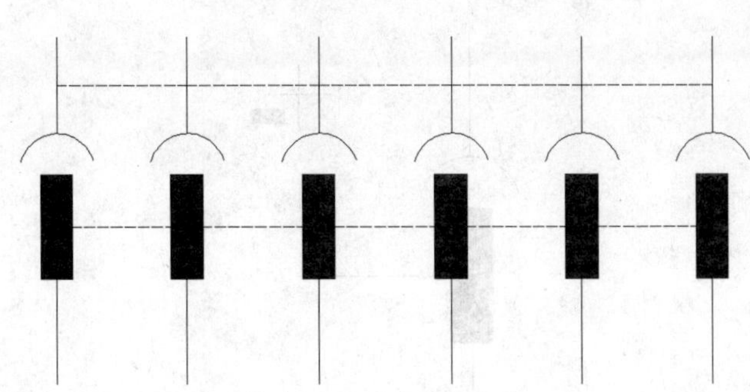

图 5-32　多级插头插座

01 单击“绘图”工具栏中的“圆弧”按钮、“直线”按钮、“矩形”按钮等绘制如图 5-33 所示的图形。

注 意

利用“正交模式”、“对象捕捉”和“对象追踪”等工具准确绘制图线，应保持相应端点对齐。

02 单击“绘图”工具栏中的“图案填充”按钮，对矩形进行填充，如图 5-34 所示。

03 参照前面的方法将两条水平直线的线型改为虚线，如图 5-35 所示。

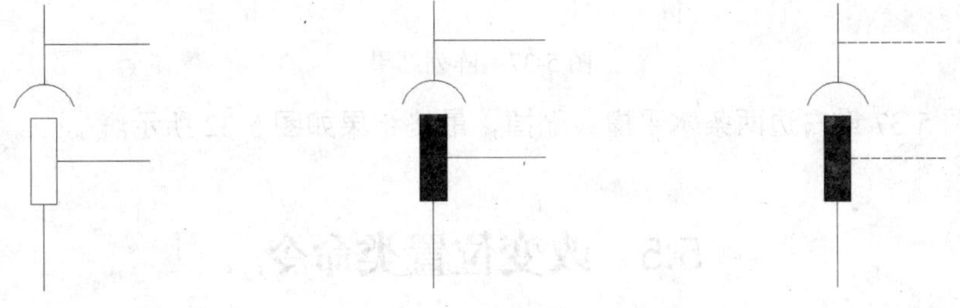

图 5-33　初步绘制图线　　图 5-34　图案填充　　图 5-35　修改线型

04 单击“修改”工具栏中的“矩形阵列”按钮，设置“行数”为 1，“列数”为 6，命令行中的提示与操作如下：

```
命令：_arrayrect
选择对象：找到 4 个
选择对象：
类型 = 矩形  关联 = 是
为项目数指定对角点或 [基点(B)/角度(A)/计数(C)] <计数>:
输入行数或 [表达式(E)] <4>: 1
输入列数或 [表达式(E)] <4>: 6
指定对角点以间隔项目或 [间距(S)] <间距>:（指定上面水平虚线的左端点到指定上面水平虚线的右端点为阵列间距，如图 5-36 所示）
按 Enter 键接受或 [关联(AS)/基点(B)/行(R)/列(C)/层(L)/退出(X)] <退出>:
```

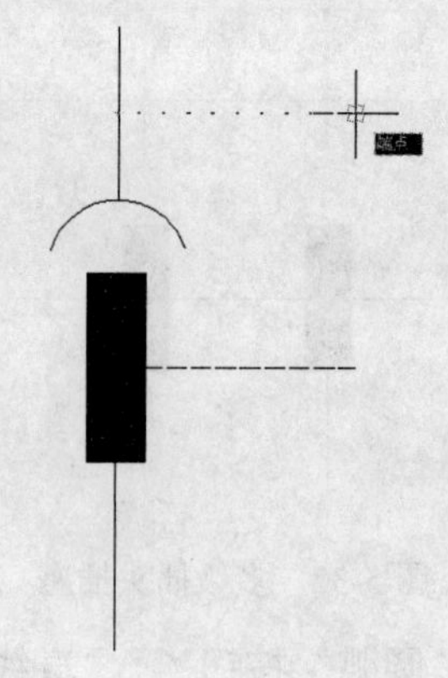

图 5-36　指定偏移距离

矩形阵列结果如图 5-37 所示。

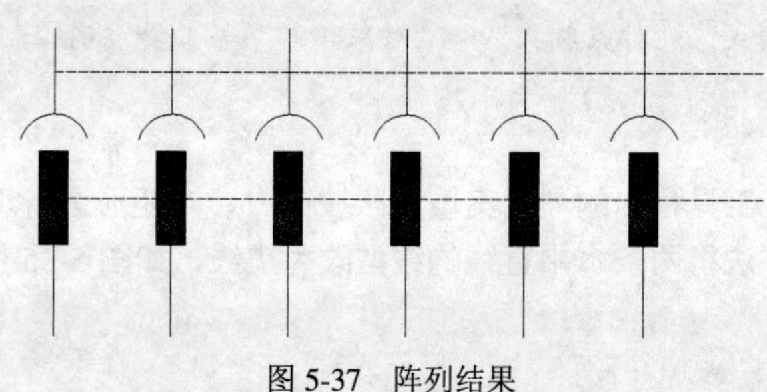

图 5-37　阵列结果

05 将图 5-37 最右边两条水平虚线删掉，最终结果如图 5-32 所示。

5.5　改变位置类命令

这一类编辑命令的功能是按照指定要求改变当前图形或图形的某部分的位置，主要包括移动、旋转和缩放等命令。

5.5.1　移动命令

【执行方式】

（1）命令行：MOVE。

（2）菜单："修改"→"移动"。

（3）快捷菜单：选择要复制的对象，在绘图区右击，从打开的右键快捷菜单上选择"移动"命令。

（4）工具栏："修改"→"移动" 。

【操作步骤】

```
命令：MOVE↙
选择对象：（选择对象）
```

用前面介绍的对象选择方法选择要移动的对象，按 Enter 键，结束选择。系统继续提示：

```
指定基点或位移：(指定基点或移至点)
指定基点或 [位移(D)] <位移>：(指定基点或位移)
指定第二个点或 <使用第一个点作为位移>：
```

命令的选项功能与“复制”命令类似。

5.5.2　旋转命令

【执行方式】

（1）命令行：ROTATE。

（2）菜单：“修改”→“旋转”。

（3）快捷菜单：选择要旋转的对象，在绘图区右击，从打开的右键快捷菜单上选择“旋转”命令。

（4）工具栏：“修改”→“旋转”。

【操作步骤】

```
命令：ROTATE↙
UCS 当前的正角方向： ANGDIR=逆时针　ANGBASE=0
选择对象：(选择要旋转的对象)
指定基点：(指定旋转的基点。在对象内部指定一个坐标点)
指定旋转角度，或 [复制(C)/参照(R)] <0>：(指定旋转角度或其他选项)
```

【选项说明】

- 复制（C）：选择该项，旋转对象的同时，保留原对象，如图 5-38 所示。

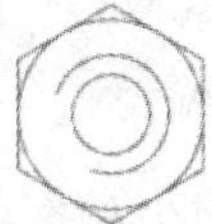

旋转前

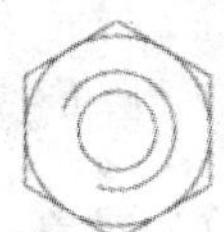

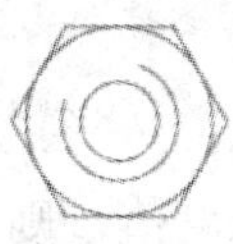

旋转后

图 5-38　复制旋转

- 参照（R）：采用参照方式旋转对象时，系统提示：

```
指定参照角 <0>：(指定要参考的角度，默认值为 0)
指定新角度：(输入旋转后的角度值)
```

操作完毕后，对象被旋转至指定的角度位置。

注意

可以用拖动鼠标的方法旋转对象。选择对象并指定基点后，从基点到当前光标位置会出现一条连线，鼠标选择的对象会动态地随着该连线与水平方向的夹角的变化而旋转，按 Enter 键，确认旋转操作。如图 5-39 所示。

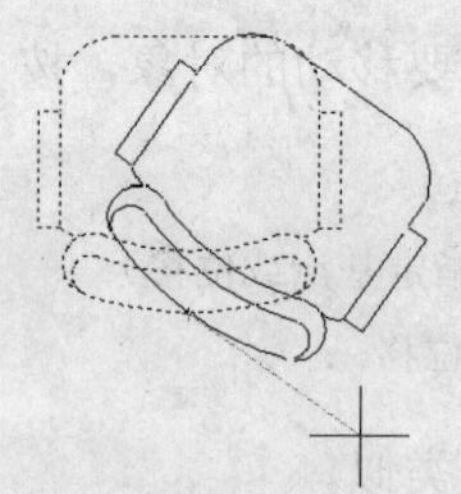

图 5-39　拖动鼠标旋转对象

5.5.3　缩放命令

【执行方式】

（1）命令行：SCALE。

（2）菜单："修改"→"缩放"。

（3）快捷菜单：选择要缩放的对象，在绘图区右击，从打开的右键快捷菜单上选择"缩放"命令。

（4）工具栏："修改"→"缩放"。

【操作步骤】

```
命令：SCALE↙
选择对象：（选择要缩放的对象）
指定基点：（指定缩放操作的基点）
指定比例因子或 [复制(C)/参照(R)] <1.0000>:
```

【选项说明】

- 参照（R）：采用参考方向缩放对象时，系统提示：

```
指定参照长度 <1>：（指定参考长度值）
指定新的长度或 [点(P)] <1.0000>：（指定新长度值）
```

若新长度值大于参考长度值，则放大对象；否则，缩小对象。操作完毕后，系统以指定的基点按指定的比例因子缩放对象。如果选择"点(P)"选项，则指定两点来定义新的长度。

- 指定比例因子：选择对象并指定基点后，从基点到当前光标位置会出现一条线段，线段的长度即为比例大小。鼠标选择的对象会动态地随着该连线长度的变化而缩放，按Enter键，确认缩放操作。
- 复制（C）：选择"复制(C)"选项时，可以复制缩放对象，即缩放对象时，保留原对象，如图 5-40 所示。

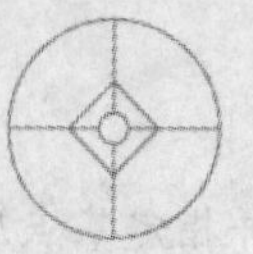

缩放前

缩放后

图 5-40　复制缩放

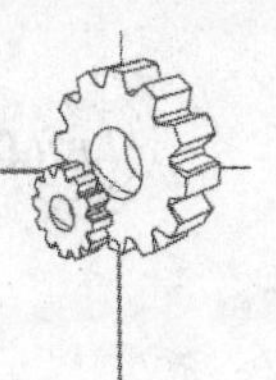

5.5.4　实例——电极探头符号

本例图形的绘制主要是利用直线和移动等命令绘制探头的一部分，然后进行旋转复制绘制另一半，最后添加填充，如图 5-41 所示。

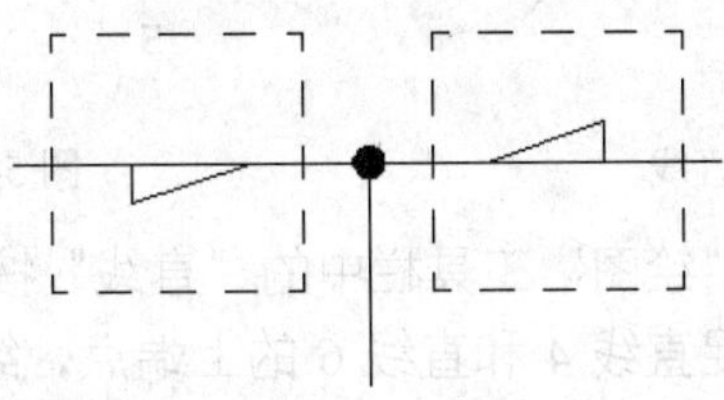

图 5-41　绘制电极探头符号

01 绘制三角形。单击“绘图”工具栏中的“直线”按钮，分别绘制直线 1{（0，0），（33，0）}、直线 2{（10，0），（10，-4）}、直线 3{（10，-4），（21，0）}，这三条直线构成一个直角三角形，如图 5-42 所示。

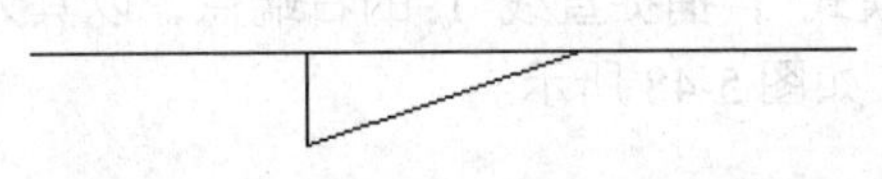

图 5-42　绘制直线

02 绘制竖直直线。单击“绘图”工具栏中的“直线”按钮，开启“对象捕捉”和“正交模式”，捕捉直线 1 的左端点，以其为起点，向上绘制长度为 12mm 的直线 4，如图 5-43 所示。

03 移动直线。单击“修改”工具栏中的“移动”按钮，将直线 4 向右平移 3.5mm。

04 修改直线线型。新建一个名为“虚线层”的图层，线型为虚线。选中直线 4，单击“图层”工具栏中的下拉按钮，在打开的下拉菜单中选择“虚线层”选项，将其图层属性设置为“虚线层”，更改后的效果如图 5-44 所示。

图 5-43　绘制直线　　图 5-44　修改直线线型

05 镜像直线。单击“修改”工具栏中的“镜像”按钮，选择直线 4 为镜像对象，以直线 1 为镜像线进行镜像操作，得到直线 5，如图 5-45 所示。

06 偏移直线。单击“修改”工具栏中的“偏移”按钮，将直线 4 和 5 向右偏移 24mm，如图 5-46 所示。

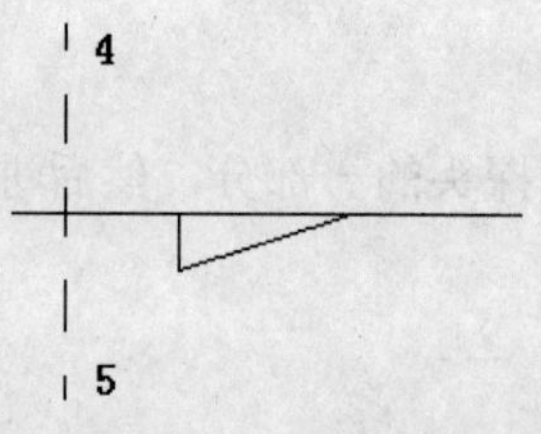

图 5-45　镜像直线

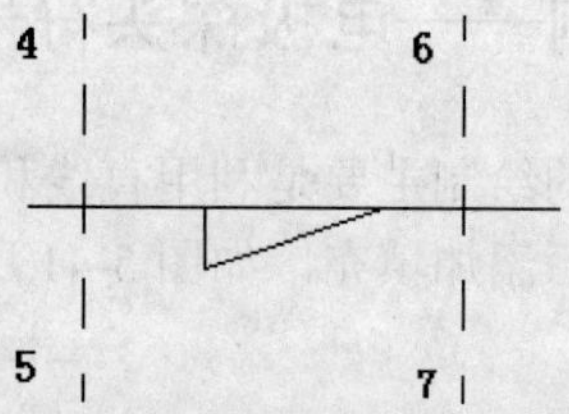

图 5-46　偏移直线

07 绘制水平直线。单击“绘图”工具栏中的“直线”按钮，在“对象捕捉”绘图方式下，用鼠标分别捕捉直线 4 和直线 6 的上端点，绘制直线 8。采用相同的方法绘制直线 9，得到两条水平直线。

08 更改图层属性。选中直线 8 和直线 9，单击“图层”工具栏中的下拉按钮，在打开的下拉菜单中选择“虚线层”选项，将其图层属性设置为“虚线层”，如图 5-47 所示。

09 绘制竖直直线。返回实线层，单击“绘图”工具栏中的“直线”按钮，开启“对象捕捉”和“正交模式”，捕捉直线 1 的右端点，以其为起点向下绘制一条长度为 20mm 的竖直直线，如图 5-48 所示。

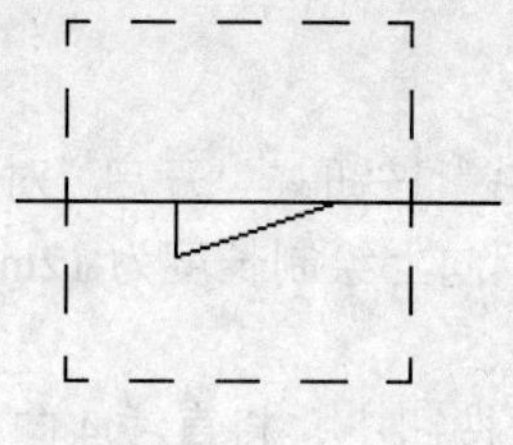

图 5-47　更改图层属性

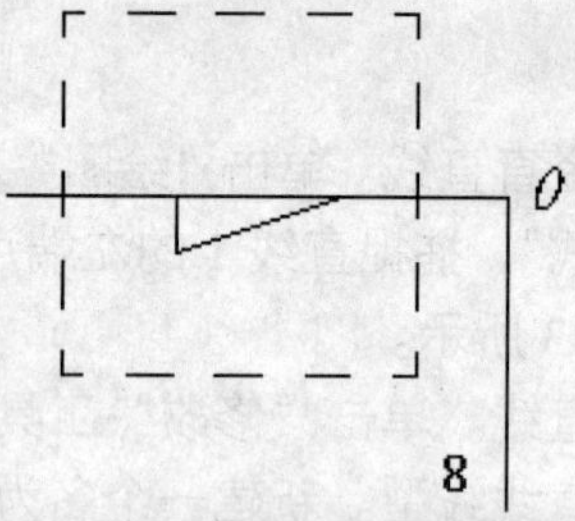

图 5-48　绘制竖直直线

10 旋转图形。单击“修改”工具栏中的“旋转”按钮，选择直线 8 以左的图形作为旋转对象，选择 O 点作为旋转基点，进行旋转操作，命令行中的提示与操作如下：

```
命令: _rotate
UCS 当前的正角方向:  ANGDIR=逆时针  ANGBASE=0
选择对象: 指定对角点: 找到 9 个 (用矩形框选择旋转对象)↙
指定基点: (选择 O 点)↙
指定旋转角度, 或 [复制(C)/参照(R)] <180>: c↙
```

旋转一组选定对象。

```
指定旋转角度, 或 [复制(C)/参照(R)] <180>: 180↙
```

旋转结果如图 5-49 所示。

11 绘制圆。单击“绘图”工具栏中的“圆”按钮，捕捉 O 点作为圆心，绘制一个半径为 1.5mm 的圆。

12 填充圆。单击“绘图”工具栏中的“图案填充”按钮，打开“图案填充和渐变色”对话框，选择 SOLID 图案，其他选项保持系统默认设置。选择上步中绘制的圆作为填充边界，填充结果如图 5-41 所示。至此，电极探头符号绘制完成。

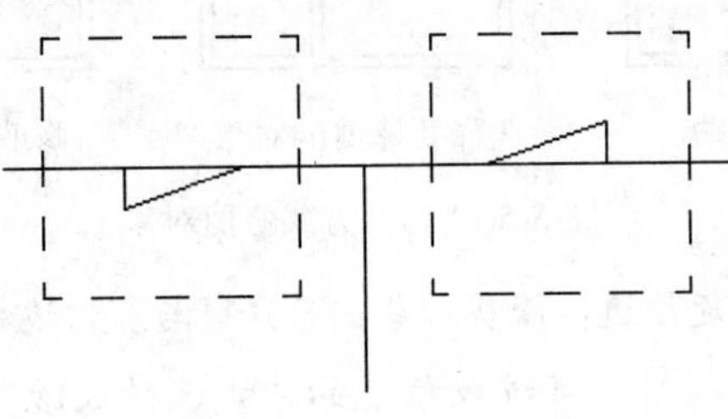

图 5-49　旋转图形

5.6　改变几何特性类命令

这一类编辑命令在对指定对象进行编辑后，使编辑对象的几何特性发生改变，包括倒角、圆角、打断、剪切、延伸、拉长、拉伸等命令。

5.6.1　修剪命令

【执行方式】

（1）命令行：TRIM。

（2）菜单：“修改”→“修剪”。

（3）工具栏：“修改”→“修剪”。

【操作步骤】

```
命令：TRIM↙
当前设置：投影=UCS，边=无
选择剪切边...
选择对象或 <全部选择>：(选择用作修剪边界的对象)
按 Enter 键，结束对象选择，系统提示：
选择要修剪的对象，或按住 Shift 键选择要延伸的对象，或[栏选(F)/窗交(C)/投影(P)/边(E)/删除(R)/放弃(U)]：
```

【选项说明】

- 按 Shift 键：在选择对象时，如果按住 Shift 键，系统就自动将“修剪”命令转换成“延伸”命令，“延伸”命令将在下节介绍。
- 边（E）：选择此选项时，可以选择对象的修剪方式：延伸和不延伸。
  - ➢ 延伸（E）：延伸边界进行修剪。在此方式下，如果剪切边没有与要修剪的对象相交，系统会延伸剪切边直至与要修剪的对象相交，然后再修剪，如图 5-50 所示。

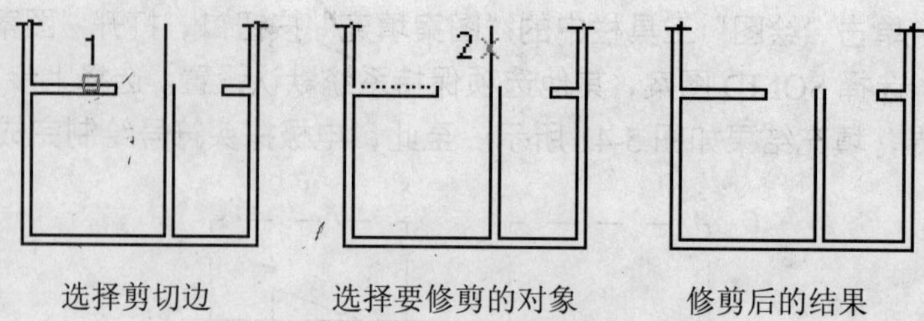

图 5-50　延伸方式修剪对象

➢ 不延伸（N）：不延伸边界修剪对象。只修剪与剪切边相交的对象。

- 栏选（F）：选择此选项时，系统以栏选的方式选择被修剪对象，如图 5-51 所示。

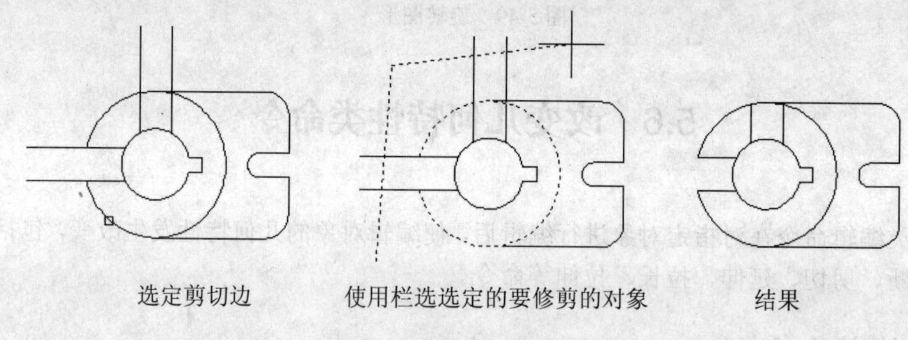

图 5-51　栏选选择修剪对象

- 窗交（C）：选择此选项时，系统以窗交的方式选择被修剪对象，如图 5-52 所示。

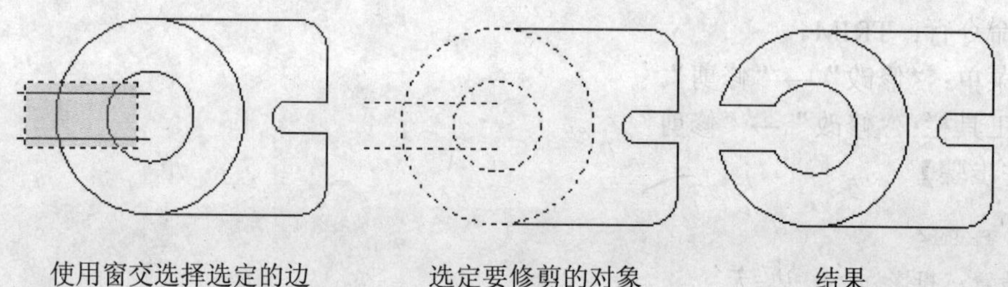

图 5-52　窗交选择修剪对象

被选择的对象可以互为边界和被修剪对象，此时系统会在选择的对象中自动判断边界，如图 5-52 所示。

5.6.2　实例——桥式电路

下面绘制如图 5-53 所示的桥式电路。

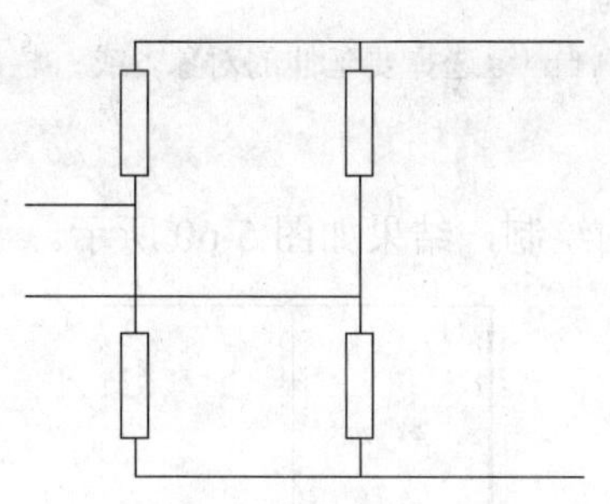

图 5-53　桥式电路

01 单击“绘图”工具栏中的“直线”按钮，绘制两条适当长度的正交垂直线段，如图 5-54 所示。

02 单击“修改”工具栏中的“复制”按钮，将下面水平线段进行复制，复制基点为竖直线段下端点，第 2 点为竖直线段上端点；用同样方法，将竖直直线向右复制，复制基点为水平线段左端点，第 2 点为水平线段中点，结果如图 5-55 所示。

03 单击“绘图”工具栏中的“矩形”按钮，在左侧竖直线段靠上适当位置绘制一个矩形，使矩形穿过线段，如图 5-56 所示。

04 单击“修改”工具栏中的“复制”按钮，将矩形向正下方适当位置进行复制；重复“复制”命令，将复制后的两个矩形向右复制，复制基点为水平线段左端点，第 2 点为水平线段中点，结果如图 5-57 所示。

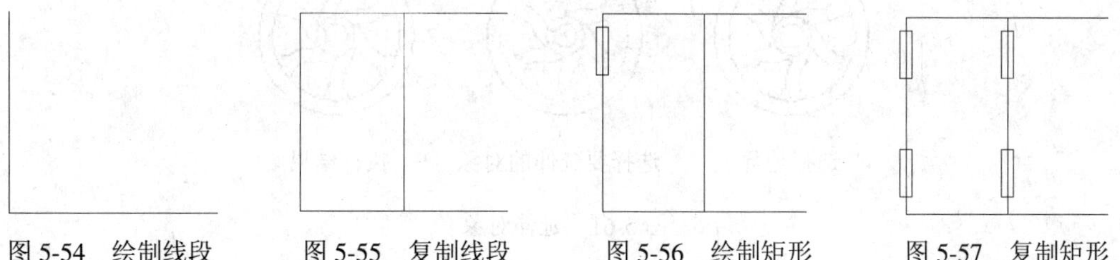

图 5-54　绘制线段　　图 5-55　复制线段　　图 5-56　绘制矩形　　图 5-57　复制矩形

05 单击“修改”工具栏中的“修剪”按钮，命令行中的提示与操作如下：

命令：_trim

当前设置:投影=UCS，边=无

选择剪切边...

选择对象或 <全部选择>：（框选四个矩形，图 5-58 阴影部分为拉出的选择框）

选择对象：↙

选择要修剪的对象，或按住 Shift 键选择要延伸的对象，或[栏选(F)/窗交(C)/投影(P)/边(E)/删除(R)/放弃(U)]：（选择竖直直线穿过矩形的部分，如图 5-59 所示）

选择要修剪的对象，或按住 Shift 键选择要延伸的对象，或[栏选(F)/窗交(C)/投影(P)/边(E)/删除(R)/放弃(U)]：（继续选择竖直直线穿过矩形的部分）

选择要修剪的对象，或按住 Shift 键选择要延伸的对象，或[栏选(F)/窗交(C)/投影(P)/边(E)/删除(R)/放弃(U)]：（继续选择竖直直线穿过矩形的部分）

选择要修剪的对象，或按住 Shift 键选择要延伸的对象，或 [栏选(F)/窗交(C)/投影(P)/边(E)/删除(R)/放弃(U)]：（继续选择竖直直线穿过矩形的部分）

```
选择要修剪的对象，或按住 Shift 键选择要延伸的对象，或 [栏选(F)/窗交(C)/投影(P)/边(E)/删除(R)/放弃(U)]：↙
```

这样，就完成了电阻符号的绘制，结果如图 5-60 所示。

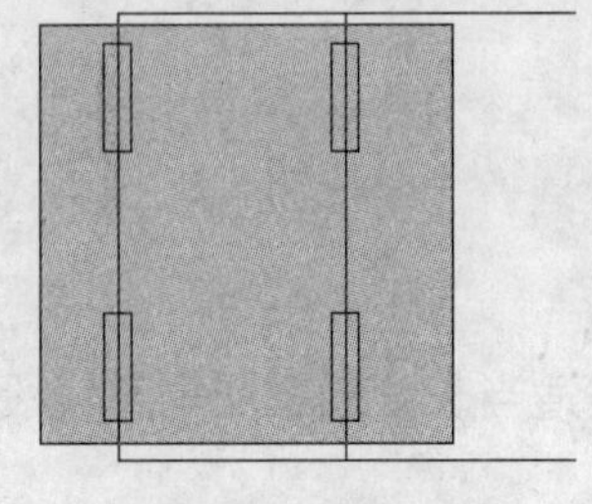
图 5-58　框选对象

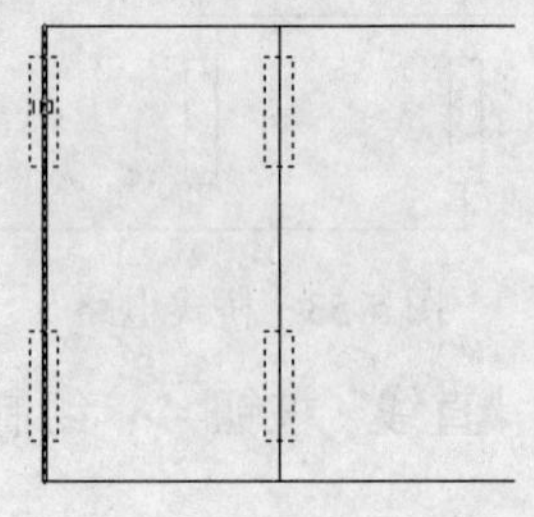
图 5-59　修剪对象

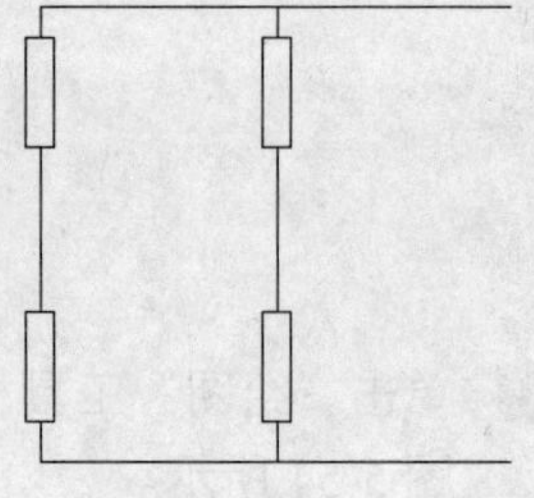
图 5-60　修剪结果

06 单击“绘图”工具栏中的“直线”按钮，分别捕捉两条竖直线段上的适当位置点为端点，向左绘制两条水平线段，最终结果如图 5-53 所示。

5.6.3　延伸命令

延伸对象是指延伸要延伸的对象直至另一个对象的边界线，如图 5-61 所示。

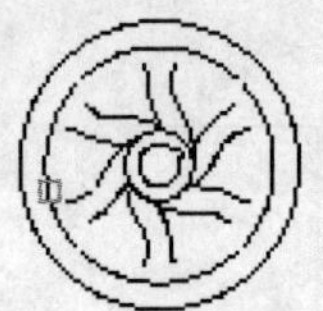
选择边界

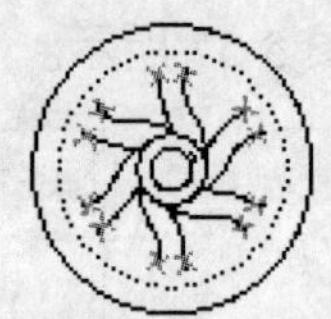
选择要延伸的对象

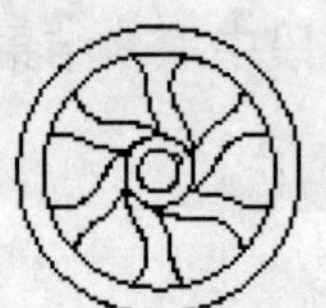
执行结果

图 5-61　延伸对象

【执行方式】

（1）命令行：EXTEND。

（2）菜单：“修改”→“延伸”。

（3）工具栏：“修改”→“延伸”。

【操作步骤】

```
命令：EXTEND↙
当前设置:投影=UCS，边=无
选择边界的边...
选择对象或 <全部选择>:（选择边界对象）
```

此时可以通过选择对象来定义边界。若直接按 Enter 键，则选择所有对象作为可能的边界对象。

系统规定可以用作边界对象的对象有：直线段，射线，双向无限长线，圆弧，圆，椭圆，二维和三维多段线，样条曲线，文本，浮动的视口，区域。如果选择二维多段线作为边界对象，系统会忽略其宽度而把对象延伸至多段线的中心线上。

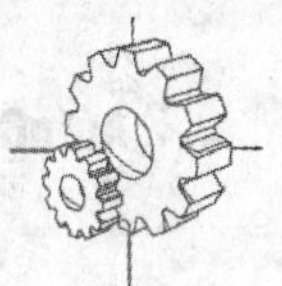

选择边界对象后，命令行提示如下：

```
选择要延伸的对象，或按住 Shift 键选择要修剪的对象，或[栏选(F)/窗交(C)/投影(P)/边(E)/放弃(U)]:
```

【选项说明】

- 如果要延伸的对象是适配样条多段线，则延伸后会在多段线的控制框上增加新节点。如果要延伸的对象是锥形的多段线，系统会修正延伸端的宽度，使多段线从起始端平滑地延伸至新的终止端。如果延伸操作导致新终止端的宽度为负值，则取宽度值为 0，如图 5-62 所示。

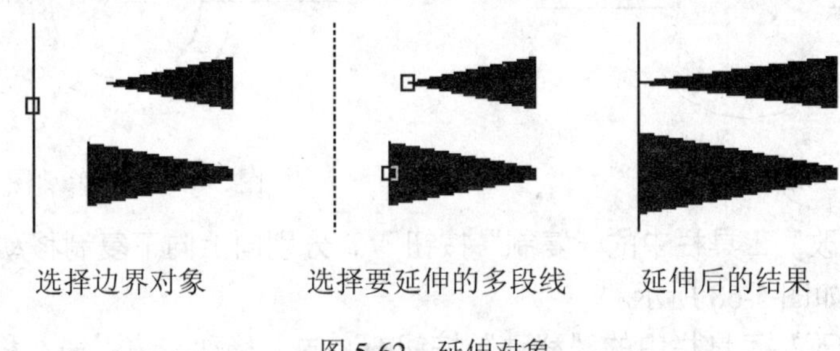

图 5-62　延伸对象

- 选择对象时，如果按住 Shift 键，系统就自动将“延伸”命令转换成“修剪”命令。

5.6.4　实例——力矩式自整角发送机

绘制如图 5-63 所示的力矩式自整角发送机。

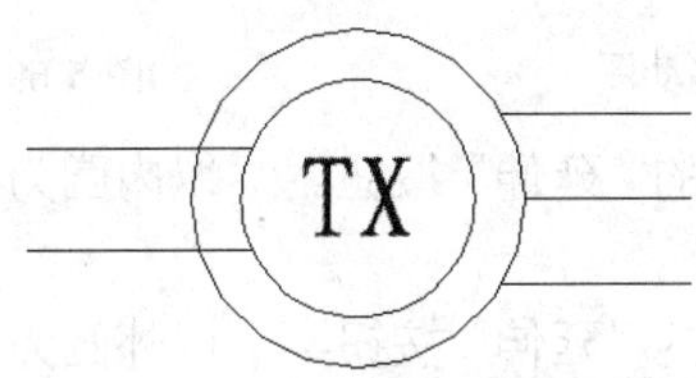

图 5-63　力矩式自整角发送机

01 单击“绘图”工具栏中的“圆”按钮，在（100，100）处绘制半径 10 的外圆。

02 单击“修改”工具栏中的“偏移”按钮，将圆向内偏移 3，偏移后的效果如图 5-64 所示。

03 绘制两端引线，左边 2 条，右边 3 条。

❶ 单击“绘图”工具栏中的“直线”按钮，从（80，100）到（120，100）绘制直线，如图 5-65 所示。

❷ 单击“修改”工具栏中的“修剪”按钮，以内圆为修剪参考，修剪直线，效果如图 5-66 所示。

❸ 以外圆为修剪参考，修剪直线，效果如图 5-67 所示。

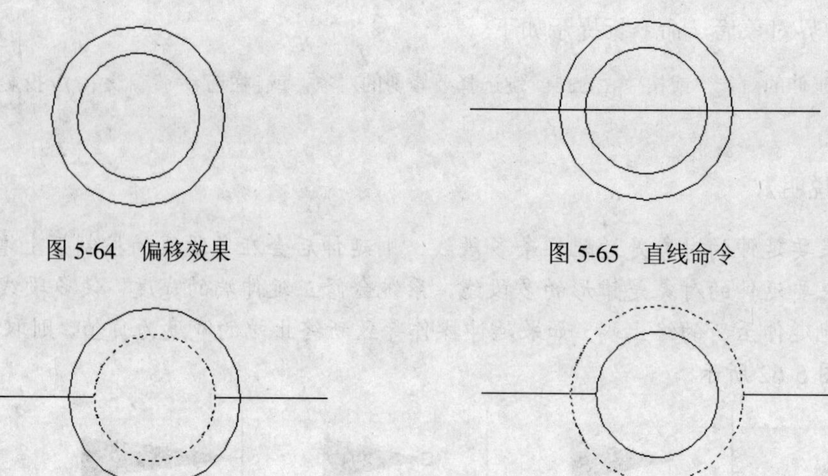

图 5-64　偏移效果　　图 5-65　直线命令

图 5-66　内圆修剪　　图 5-67　外圆修剪图

❹ 单击“修改”工具栏中的“复制”按钮，分别向上向下复制移动右边引线，移动距离 5，如图 5-68 所示。

❺ 单击“修改”工具栏中的“移动”按钮，向上移动左边引线，移动距离 3；利用“复制”，向下复制移动左引线，移动距离 6，如图 5-69 所示。

图 5-68　右引线复制移动图　　图 5-69　左引线移动和复制

❻ 单击“修改”工具栏中的“延伸”按钮，以内圆为延伸边界，延伸左边两条引线。效果如图 5-70 所示。

❼ 单击“修改”工具栏中的“延伸”按钮，以外圆为延伸参考，延伸右边三条引线。效果如图 5-71 所示。

图 5-70　左引线延伸　　图 5-71　右引线延伸

04 单击“绘图”工具栏中的“多行文字”按钮，在内圆中心输入“TX”。

05 单击“绘图”工具栏中的“创建块”按钮，把绘制的“力矩式自整角发送机”符号生成块，并保存。结果如图 5-63 所示。

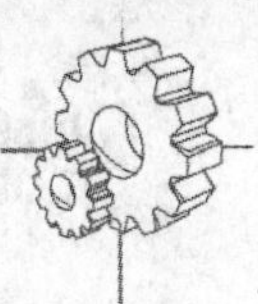

5.6.5　拉伸命令

拉伸对象是指拖拉选择的对象且形状发生改变后的对象。拉伸对象时，应指定拉伸的基点和移置点。利用一些辅助工具（如捕捉、钳夹功能及相对坐标等）可以提高拉伸的精度，如图 5-72 所示。

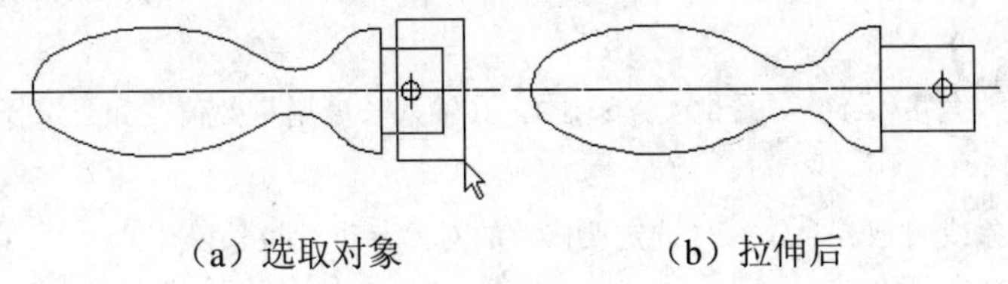

（a）选取对象　　（b）拉伸后

图 5-72　拉伸

【执行方式】

（1）命令行：STRETCH。

（2）菜单："修改" → "拉伸"。

（3）工具栏："修改" → "拉伸"。

【操作步骤】

```
命令：STRETCH↙
```

以交叉窗口或交叉多边形选择要拉伸的对象...

```
选择对象：C↙
指定第一个角点：指定对角点：找到 2 个（采用交叉窗口的方式选择要拉伸的对象）
指定基点或 [位移(D)] <位移>：(指定拉伸的基点)
指定第二个点或 <使用第一个点作为位移>：(指定拉伸的移至点)
```

此时，若指定第二个点，系统将根据这两点决定的矢量拉伸对象。若直接按 Enter 键，系统会把第一个点作为 X 轴和 Y 轴的分量值。

STRETCH 仅移动位于交叉选择内的顶点和端点，不更改那些位于交叉选择外的顶点和端点。部分包含在交叉选择窗口内的对象将被拉伸。

注 意

执行 STRETCH 命令时，必须采用交叉窗口（C）或交叉多边形（CP）方式选择对象。用交叉窗口选择拉伸对象时，落在交叉窗口内的端点被拉伸，落在外部的端点保持不动。

5.6.6　拉长命令

【执行方式】

（1）命令行：LENGTHEN。

（2）菜单："修改" → "拉长"。

【操作步骤】

```
命令:LENGTHEN↙
选择对象或 [增量(DE)/百分数(P)/全部(T)/动态(DY)]:(选定对象)
当前长度: 30.5001(给出选定对象的长度，如果选择圆弧则还将给出圆弧的包含角)
选择对象或 [增量(DE)/百分数(P)/全部(T)/动态(DY)]: DE↙(选择拉长或缩短的方式。如选择"增量(DE)"方式)
输入长度增量或 [角度(A)] <0.0000>: 10↙(输入长度增量数值。如果选择圆弧段，则可输入选项"A"给定角度增量)
选择要修改的对象或 [放弃(U)]:(选定要修改的对象，进行拉长操作)
选择要修改的对象或 [放弃(U)]:(继续选择，按 Enter 键，结束命令)
```

【选项说明】

(1) 增量(DE): 用指定增加量的方法来改变对象的长度或角度。

(2) 百分数(P): 用指定要修改对象的长度占总长度的百分比的方法来改变圆弧或直线段的长度。

(3) 全部(T): 用指定新的总长度或总角度值的方法来改变对象的长度或角度。

(4) 动态(DY): 在这种模式下，可以使用拖拉鼠标的方法来动态地改变对象的长度或角度。

5.6.7 圆角命令

圆角是指用指定的半径决定的一段平滑的圆弧连接两个对象。系统规定可以圆角连接一对直线段、非圆弧的多段线段、样条曲线、双向无限长线、射线、圆、圆弧和椭圆。可以在任何时刻圆角连接非圆弧多段线的每个节点。

【执行方式】

(1) 命令行: FILLET。

(2) 菜单: "修改"→"圆角"。

(3) 工具栏: "修改"→"圆角"。

【操作步骤】

```
命令: FILLET↙
当前设置: 模式 = 修剪，半径 = 0.0000
选择第一个对象或 [放弃(U)/多段线(P)/半径(R)/修剪(T)/多个(M)]:(选择第一个对象或别的选项)
选择第二个对象，或按住 Shift 键选择要应用角点的对象:(选择第二个对象)
```

【选项说明】

- 多段线(P): 在一条二维多段线的两段直线段的节点处插入圆滑的弧。选择多段线后，系统会根据指定的圆弧的半径把多段线各顶点用圆滑的弧连接起来。
- 修剪(T): 决定在圆角连接两条边时，是否修剪这两条边，如图 5-73 所示。
- 多个(M): 可以同时对多个对象进行圆角编辑，而不必重新启用命令。

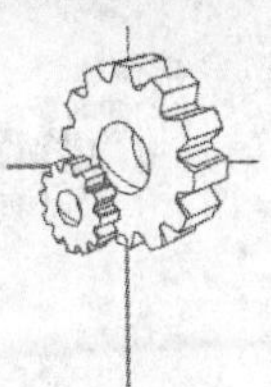

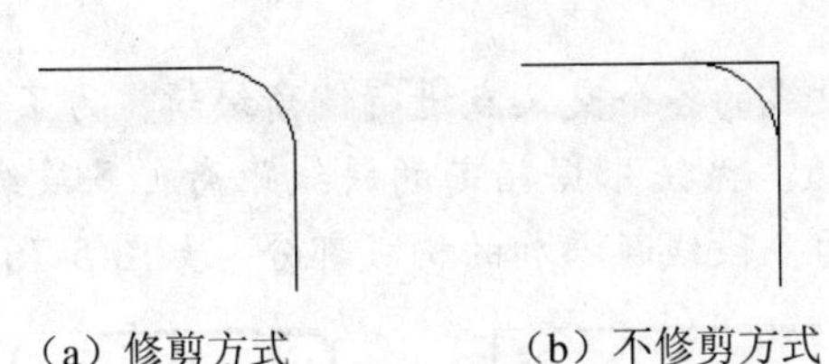

图 5-73　圆角连接

- 按住 Shift 键并选择两条直线，可以快速创建零距离倒角或零半径圆角。

5.6.8　倒角命令

倒角是指用斜线连接两个不平行的线型对象。可以用斜线连接直线段、双向无限长线、射线和多段线。

【执行方式】

(1) 命令行：CHAMFER。

(2) 菜单："修改"→"倒角"。

(3) 工具栏："修改"→"倒角" 。

【操作步骤】

```
命令：CHAMFER↙
("不修剪"模式) 当前倒角距离 1 = 0.0000，距离 2 = 0.0000
选择第一条直线或 [放弃(U)/多段线(P)/距离(D)/角度(A)/修剪(T)/方式(E)/多个(M)]：(选择第一条直线或别的选项)
选择第二条直线，或按住 Shift 键选择要应用角点的直线：(选择第二条直线)
```

【选项说明】

- 距离（D）：选择倒角的两个斜线距离。斜线距离是指从被连接的对象与斜线的交点到被连接的两对象的可能的交点之间的距离，如图 5-74 所示。这两个斜线距离可以相同也可以不相同，若二者均为 0，则系统不绘制连接的斜线，而是把两个对象延伸至相交，并修剪超出的部分。
- 角度（A）：选择第一条直线的斜线距离和角度。采用这种方法斜线连接对象时，需要输入两个参数：斜线与一个对象的斜线距离和斜线与该对象的夹角，如图 5-75 所示。

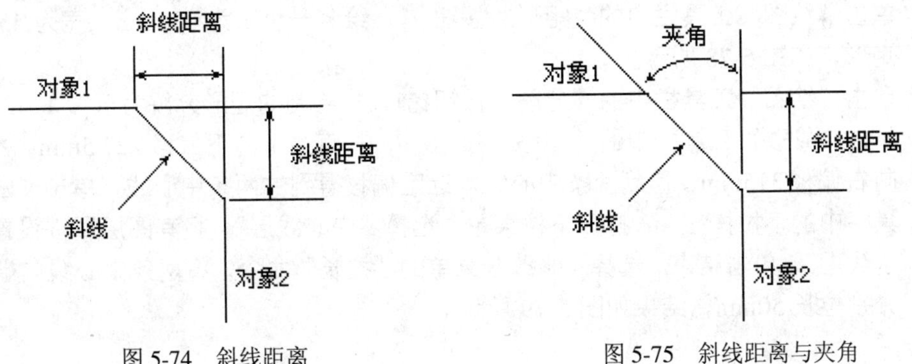

图 5-74　斜线距离　　　　图 5-75　斜线距离与夹角

- 多段线（P）：对多段线的各个交叉点进行倒角编辑。为了得到最好的连接效果，一般设置斜线是相等的值。系统根据指定的斜线距离把多段线的每个交叉点都作斜线连接，连接的斜线成为多段线新添加的构成部分，如图 5-76 所示。

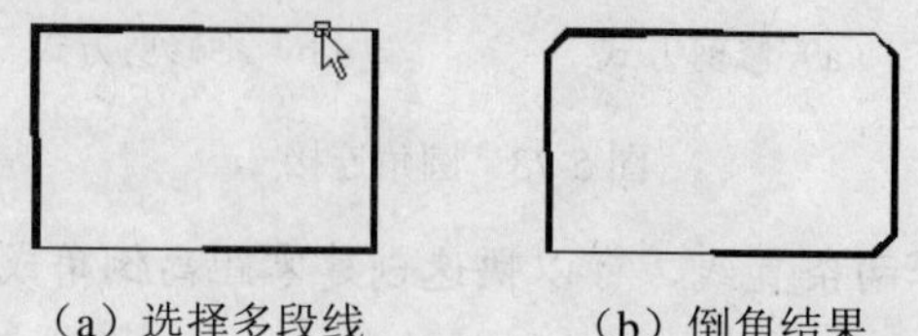

（a）选择多段线　　（b）倒角结果

图 5-76　斜线连接多段线

- 修剪（T）：与圆角连接命令 FILLET 相同，该选项决定连接对象后，是否剪切原对象。
- 方式（M）：决定采用“距离”方式还是“角度”方式来倒角。
- 多个（U）：同时对多个对象进行倒角编辑。

注意

有时用户在执行圆角和倒角命令时，发现命令不执行或执行后没什么变化，那是因为系统默认圆角半径和斜线距离均为 0，如果不事先设定圆角半径或斜线距离，系统就以默认值执行命令，所以看起来好像没有执行命令。

5.6.9　实例——变压器

绘制如图 5-77 所示的变压器。

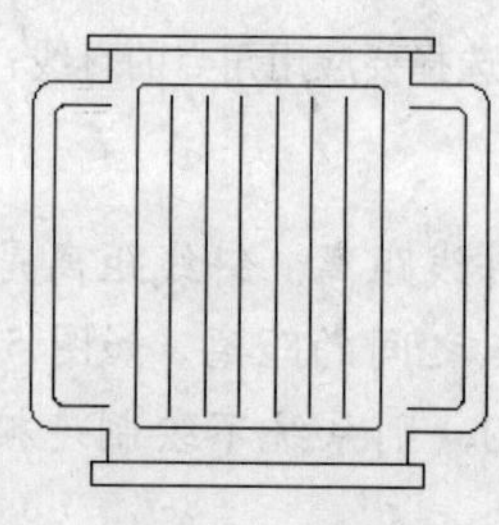

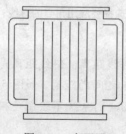

图 5-77　变压器

1. 绘制矩形及中心线

01 单击“绘图”工具栏中的“矩形”按钮，绘制一个长为 630mm、宽为 455mm 的矩形，如图 5-78 所示。

02 单击“绘图”工具栏中的“分解”按钮，将绘制的矩形分解为直线 1、2、3、4。

03 单击“修改”工具栏中的“偏移”按钮，将直线 1 向下偏移 227.5mm，将直线 3 向右偏移 315mm，得到两条中心线。选定偏移得到的两条中心线，单击“图层”工具栏中的下拉按钮，打开下拉菜单，选择“中心线层”，将其图层属性设置为“中心线层”，单击结束。选择“修改”菜单的“拉长”命令，将两条中心线向端点方向分别拉长 50mm，结果如图 5-79 所示。

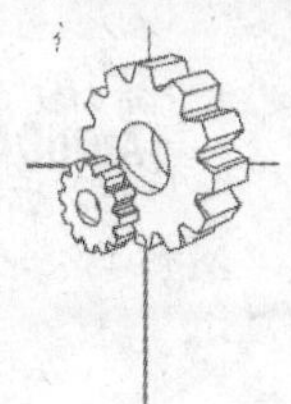

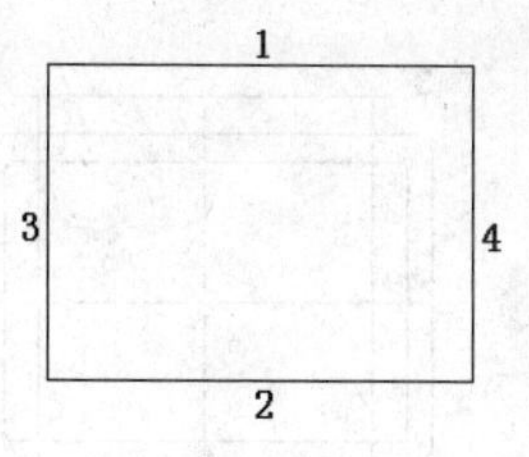

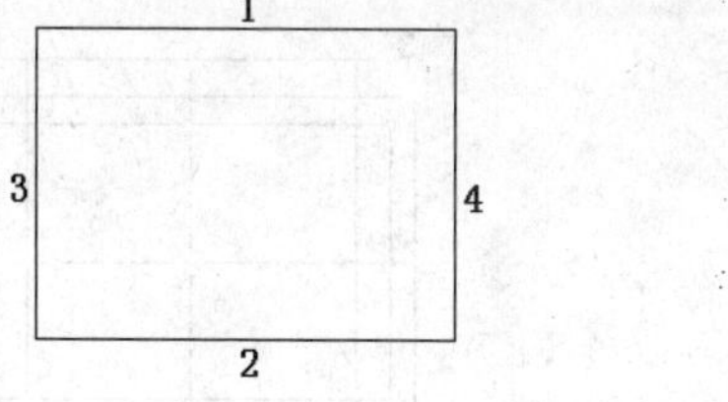

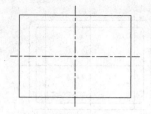

图 5-78　绘制矩形　　　　图 5-79　绘制中心线

2. 修剪直线

01 单击“修改”工具栏中的“偏移”按钮，将直线 1 向下偏移 35mm，将直线 2 向上偏移 35mm，将直线 3 向右偏移 35mm，将直线 4 向左偏移 35mm。然后利用“修剪”按钮，修剪掉多余的直线，得到的结果如图 5-80 所示。

02 单击“修改”工具栏中的“倒角”按钮，采用修剪、角度、距离模式，命令行中的提示与操作如下：

```
命令：CHAMFER ↙
（“修剪”模式）当前倒角距离 1 = 0.0000，距离 2 = 0.0000
选择第一条直线或 [放弃(U)/多段线(P)/距离(D)/角度(A)/修剪(T)/方式(E)/多个(M)]: A ↙
指定第一条直线的倒角长度 <0.0000>: 35 ↙
指定第一条直线的倒角角度 <0>:45 ↙
选择第一条直线或 [放弃(U)/多段线(P)/距离(D)/角度(A)/修剪(T)/方式(E)/多个(M)]:（选择直线 1）
选择第二条直线：（选择直线 3）
```

按顺序完成较大矩形的倒角后，继续完成较小矩形的倒角，较小矩形倒角长度为 17.5，结果如图 5-81 所示。

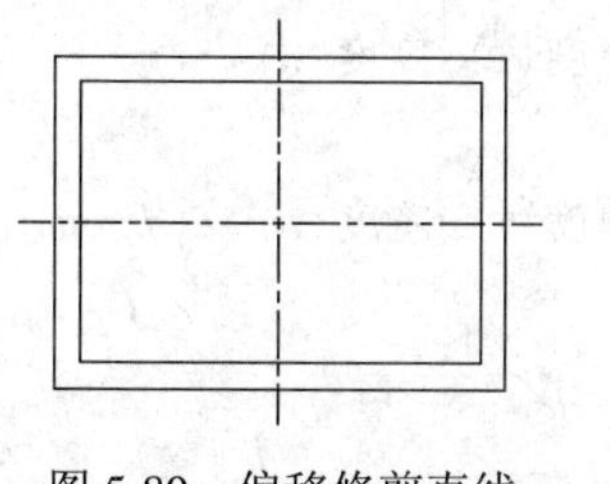

图 5-80　偏移修剪直线

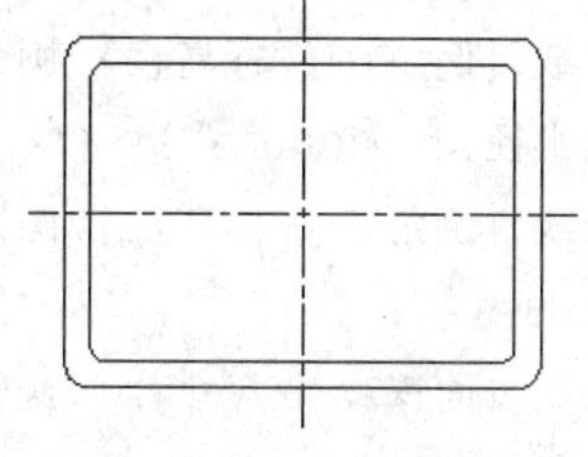

图 5-81　倒角

03 单击“修改”工具栏中的“偏移”按钮，将竖直中心线分别向左和向右偏移 230mm、230mm。用前述的方法将偏移得到的两竖直线的图层属性设置为“实体符号层”，结果如图 5-82 所示。

04 单击“绘图”工具栏中的“直线”按钮，在“对象追踪”绘图方式下，以直线 1、2 的上端点为两端点绘制水平直线 3，并调用“拉长”命令，将水平直线向两端分别拉长 35mm，结果如图 5-83 所示。将图中的水平直线 3 向上偏移 20mm，得到直线 4，分别连接直线 3 和 4 的左右端点，如图 5-84 所示。

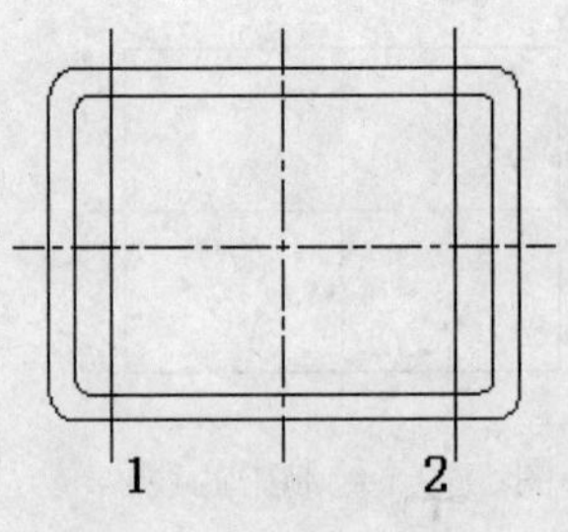

图 5-82　偏移中心线

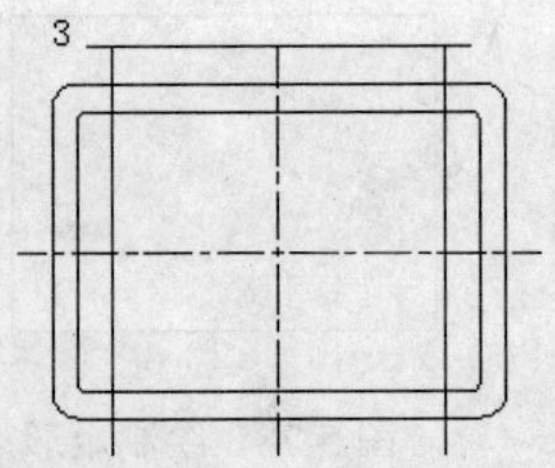

图 5-83　绘制水平线

05 用和前面相同的方法绘制下半部分，下半部分两水平直线的距离是 35，其他操作与绘制上半部分完全相同，完成后单击“修改”工具栏中的“修剪”按钮，修剪掉多余的直线，得到的结果如图 5-85 所示。

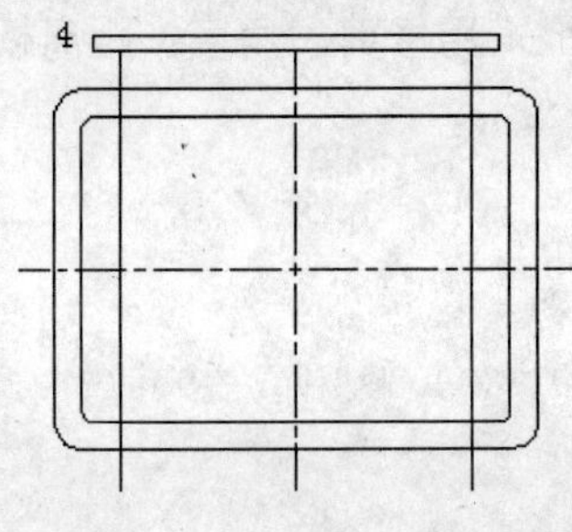

图 5-84　偏移水平线

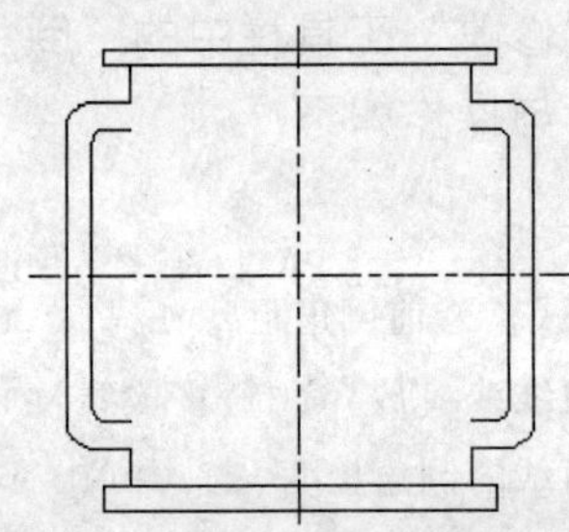

图 5-85　绘制下半部分

06 单击“绘图”工具栏中的“矩形”按钮，以两中心线交点为中心绘制一个带圆角的矩形，矩形的长为 380、宽为 460，圆角的半径为 35，命令行中的提示与操作如下：

```
命令：_rectang
当前矩形模式： 圆角=0.0000
指定第一个角点或 [倒角(C)/标高(E)/圆角(F)/厚度(T)/宽度(W)]: f↙
指定矩形的圆角半径 <0.0000>: 35↙
指定第一个角点或 [倒角(C)/标高(E)/圆角(F)/厚度(T)/宽度(W)]: from↙
基点：<偏移>: @-190,-230↙
指定另一个角点或 [面积(A)/尺寸(D)/旋转(R)]: d↙
指定矩形的长度 <0.0000>: 380↙
指定矩形的宽度 <0.0000>: 460↙
```

指定另一个角点或 [面积(A)/尺寸(D)/旋转(R)]:（移动鼠标到中心线的右上角，单击鼠标左键确定另一个角点的位置）

注 意

采取上面这种按已知一个角点位置以及长度和宽度方式绘制矩形时，另一个矩形的角点的位置有 4 种可能，通过移动鼠标指向大体位置方向可以确定具体的另一个角点位置。

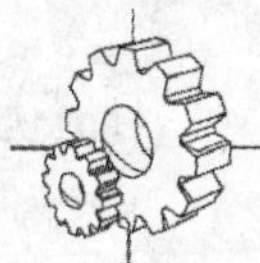

07 单击“绘图”工具栏中的“移动”按钮，将绘制好的带圆角的矩形移动至图形中点处。结果如图 5-86 所示。

08 单击“绘图”工具栏中的“直线”按钮，以竖直中心线为对称轴，绘制 6 条竖直直线，长度均为 420，直线间的距离为 55，结果如图 5-77 所示。至此，所用变压器图形绘制完毕。

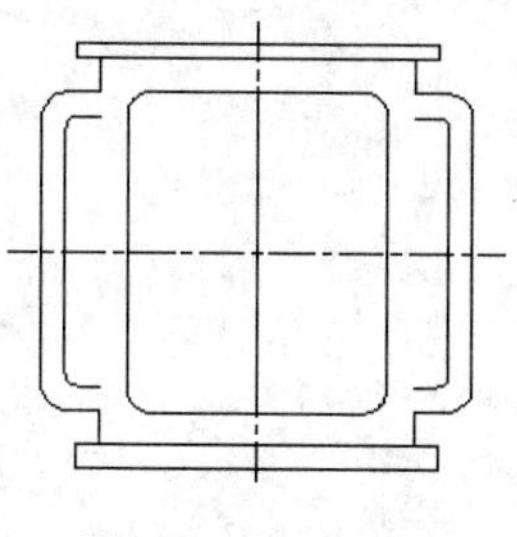

图 5-86　插入矩形

5.6.10　打断命令

【执行方式】

（1）命令行：BREAK。

（2）菜单：“修改”→“打断”。

（3）工具栏：“修改”→“打断”。

【操作步骤】

```
命令：BREAK↙
选择对象：(选择要打断的对象)
指定第二个打断点或 [第一点(F)]：(指定第二个断开点或输入 F)
```

【选项说明】

如果选择“第一点(F)”选项，系统将丢弃前面的第一个选择点，重新提示用户指定两个打断点。

5.6.11　打断于点

打断于点是指在对象上指定一点，从而把对象在此点拆分成两部分。此命令与打断命令类似。

【执行方式】

工具栏：“修改”→“打断于点”。

【操作步骤】

输入此命令后，命令行提示：

```
选择对象：(选择要打断的对象)
指定第二个打断点或 [第一点(F)]：_f (系统自动执行“第一点(F)”选项)
```

```
指定第一个打断点：(选择打断点)
指定第二个打断点：@（系统自动忽略此提示）
```

5.6.12 分解命令

【执行方式】

（1）命令行：EXPLODE。

（2）菜单："修改"→"分解"。

（3）工具栏："修改"→"分解"。

【操作步骤】

```
命令：EXPLODE↙
选择对象：(选择要分解的对象)
选择一个对象后，该对象会被分解。系统继续提示该行信息，允许分解多个对象。
```

5.6.13 合并命令

可以将直线、圆弧、椭圆弧和样条曲线等独立的对象合并为一个对象，如图 5-87 所示。

图 5-87 合并对象

【执行方式】

（1）命令行：JOIN。

（2）菜单："修改"→"合并"。

（3）工具栏："修改"→"合并"。

【操作步骤】

```
命令：JOIN↙
选择源对象：(选择一个对象)
选择要合并到源的直线：(选择另一个对象)
找到 1 个
选择要合并到源的直线：↙
已将 1 条直线合并到源
```

5.6.14 实例——热继电器驱动器件

绘制如图 5-88 所示的热继电器驱动器件。

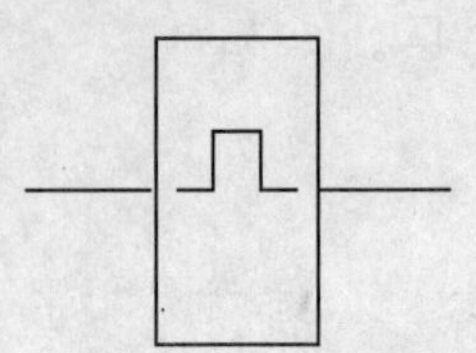

图 5-88 热继电器驱动器件

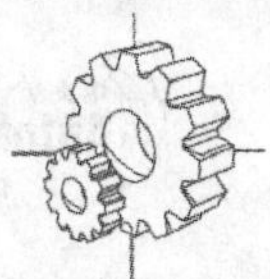

01 绘制矩形。单击“绘图”工具栏中的“矩形”按钮，绘制一个长为 10mm、宽为 5mm 的矩形，效果如图 5-89 所示。

02 分解矩形。单击“修改”工具栏中的“分解”按钮，命令行提示与操作如下：

```
命令：_explode
选择对象：（选择矩形）
选择对象：↙
```

系统将绘制的矩形分解为直线 1、2、3、4。

03 偏移直线。单击“修改”工具栏中的“偏移”按钮，以直线 1 为起始，绘制两条水平直线，偏移量分别为 3mm、2mm，以直线 2 为起始绘制两条竖直直线，偏移量分别为 1.5mm 和 2mm，如图 5-90 所示。

04 修剪和打断图形。单击“修改”工具栏中的“修剪”按钮，对图线进行修剪，结果如图 5-91 所示。

05 单击“打断”按钮，打断掉多余的直线，命令行提示与操作如下：

```
命令：_break
选择对象：（选择中间左边水平线段上一点）
指定第二个打断点 或 [第一点(F)]：（往左超过左边界指定一点）
```

使用同样方法打断另一线段，得到如图 5-92 所示的结果。

06 绘制水平直线。单击“绘图”工具栏中的“直线”按钮，在“对象捕捉”和“正交”绘图方式下，用鼠标捕捉如图 5-92 所示直线 2 的中点，以其为起点，向左绘制长度为 5mm 的水平直线，用相同的方法捕捉直线 4 的中点，以其为起点，向右绘制长度为 5mm 的水平直线，结果如图 5-88 所示。

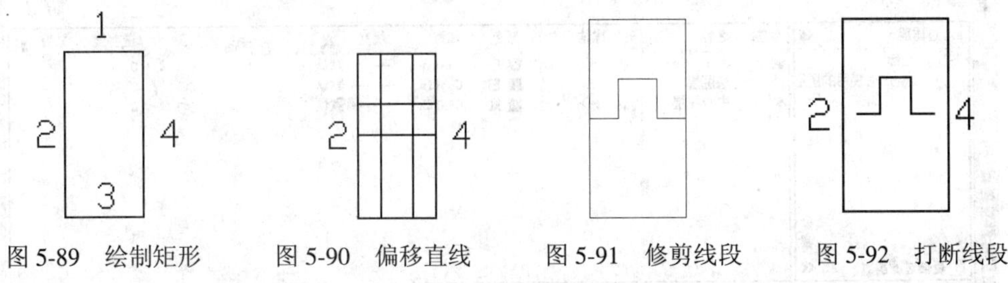

图 5-89　绘制矩形　　图 5-90　偏移直线　　图 5-91　修剪线段　　图 5-92　打断线段

5.7　综合实例——变电站避雷针布置及其保护范围图

图 5-93 是某厂用 35kV 变电站避雷针布置及其保护范围图，由图可知，这个变电站装有三支 17m 的避雷针和一支利用进线终端杆的 12m 的避雷针，是按照被保护高度为 7m 而确定的保护范围图。此图表明，凡是 7m 高度以下的设备和构筑物均在此保护范围图之内。但是，高于 7m 的设备，如果离某支避雷针很近，也能被保护；低于 7m 的设备，超过图示范围也可

能在保护范围之内。

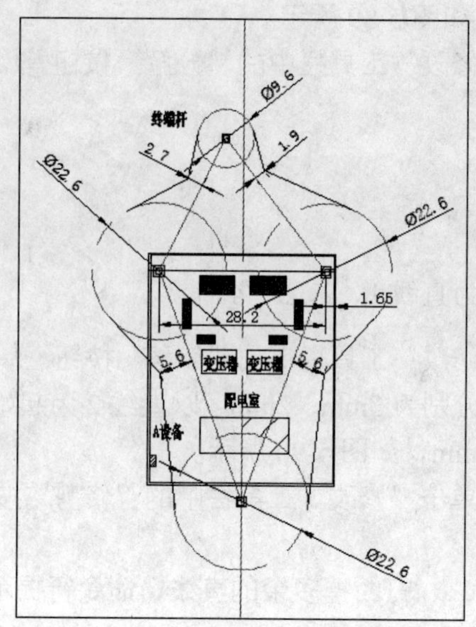

图 5-93　某厂用 35kV 变电站避雷针布置及其保护范围图

1. 设置绘图环境

01 设置绘图工具栏。在任意工具栏处单击鼠标右键，在打开的快捷菜单中选择“标准”、“图层”、“特性”、“绘图”、“修改”和“标注”这 6 个选项，调出这些工具栏，并将它们移动到绘图窗口中的适当位置。

02 设置图层。单击“图层”工具栏中的“图层特性管理器”按钮，设置“中心线层”和“绘图层”一共两个图层，设置好的各图层的属性如图 5-94 所示。

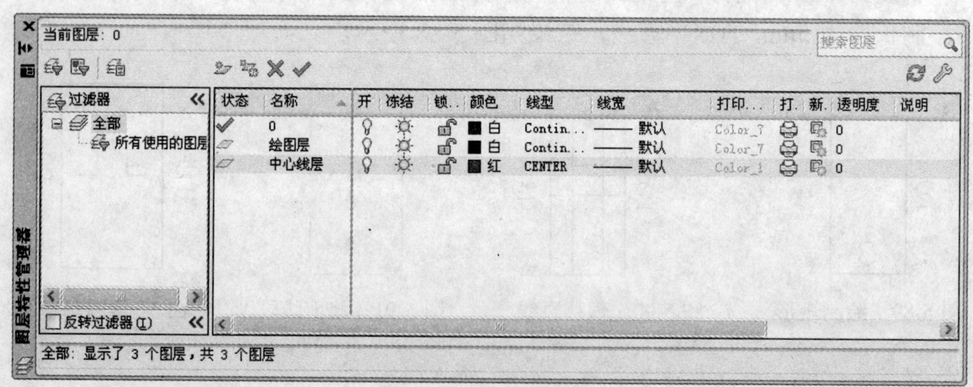

图 5-94　图层设置

2. 绘制矩形边框

01 将“中心线层”设置为当前图层，单击“绘图”工具栏中的“直线”按钮，绘制一条竖直直线。

02 将“绘图层”设置为当前图层，选择菜单栏中的“绘图”→“多线”命令，绘制边框，命令行中的提示与操作如下：

```
命令：_mline
当前设置：  对正 = 无，比例 = 0.30，样式 = STANDARD
指定起点或[对正(J)/比例(S)/样式(ST)]：(输入 S↓)
输入多线比例<20.00>：(输入 0.3↓)
当前设置：  对正 = 无，比例 = 0.30，样式 = STANDARD
指定起点或[对正(J)/比例(S)/样式(ST)]：(输入 J↓)
输入对正类型[上(T)/无(Z)/下(B)]<无>：(输入 Z↓)
当前设置：对正 = 无，比例 = 0.30，样式 = STANDARD
指定起点或[对正(J)/比例(S)/样式(ST)]：
```

打开“对象捕捉”功能捕捉最近点获得多线在中心线的起点，移动鼠标使直线保持水平，在屏幕上出现如图 5-95 所示的情形，跟随鼠标的提示在“指定下一点”右面的文本框中输入下一点到起点的距离 15.6mm，接着移动鼠标使直线保持竖直，竖直向上绘制，绘制长度为 38mm，继续移动鼠标使直线保持水平，利用同样的方法水平向右绘制，绘制长度为 15.6mm，如图 5-96（a）所示。

03 单击“修改”工具栏中的“镜像”按钮，选择镜像对象为绘制的左边框，镜像线为中心线，镜像后的效果如图 5-96（b）所示。

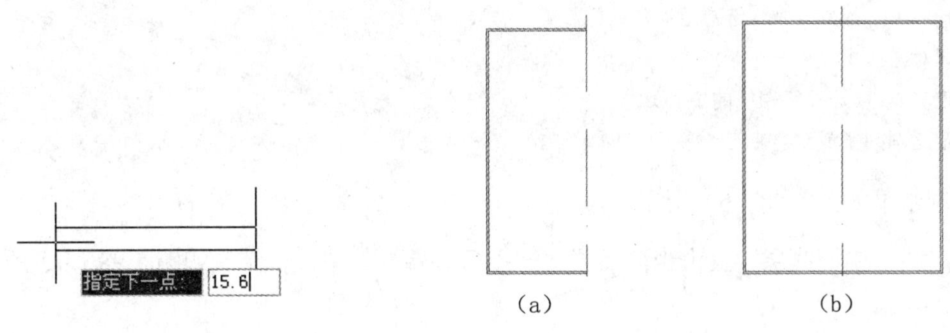

图 5-95　多段线的绘制　　　　图 5-96　矩形边框图

3. 绘制终端杆，同时进行连接

01 单击“修改”工具栏中的“分解”按钮，将图 5-96 所示的矩形边框进行分解，并单击“修改”工具栏中的“合并”按钮，将上下边框分别结合并为一条直线。

02 单击“修改”工具栏中的“偏移 ”按钮，将矩形上边框直线 1 向下偏移，偏移距离分别为 3mm 和 41mm，同时将中心线分别向左右偏移，偏移距离均为 14.1mm，如图 5-97（a）所示。

03 单击“绘图”工具栏中的“矩形”按钮，绘制一个长为 1.1mm、宽为 1.1mm 的正方形，使矩形的中心与 B 点重合。

04 单击“修改”工具栏中的“偏移 ”按钮，偏移距离为 0.3mm，偏移对象选择上面绘制的正方形，点取矩形外面的一点，偏移后的效果如图 5-97（b）所示。

05 单击“修改”工具栏中的“复制”按钮，将绘制的矩形在 A、C 两点各复制一份，如图 5-97（b）所示。

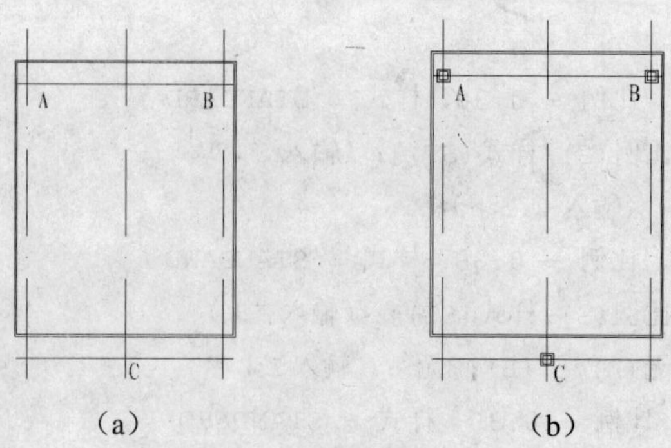

（a）　　　　　　　　（b）

图 5-97　绘制终端杆

06 单击“修改”工具栏中的“偏移 ”按钮，将直线 AB 向上偏移 22mm，同时将中心线向左偏移 3mm，偏移后的效果如图 5-98（a）所示。

07 单击“修改”工具栏中的“复制”按钮，将绘制的终端杆在 D 点复制一份，如图 5-98（b）所示。

08 单击“修改”工具栏中的“缩放”按钮，缩小位于 D 点的终端杆，命令行中的提示与操作如下：

```
命令：_scale
选择对象：找到一个（选择绘制的终端杆）
选择对象：↓
指定基点：(选择终端杆的中心)
指定比例因子或[复制(c)/参照(R)]<1.0000>: 0.8↓
```

绘制结果如图 5-98（b）所示。

09 将“中心线层”置为当前图层，连接各终端杆的中心，结果如图 5-98（b）所示。

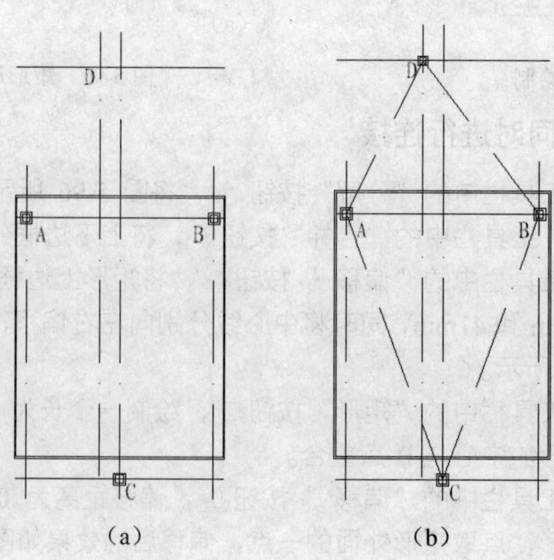

（a）　　　　　　　　（b）

图 5-98　终端杆绘制连接图

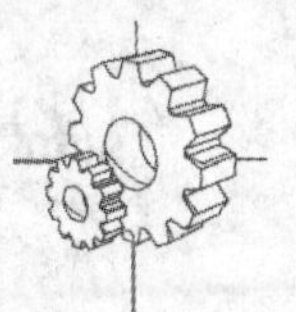

4. 绘制以各终端杆中心为圆心的圆

01 单击“绘图”工具栏中的“圆”按钮，分别以点 A、B、C 为圆心，绘制半径是 11.3mm 的圆，效果如图 5-99 所示。

02 单击“绘图”工具栏中的“圆”按钮，以点 D 为圆心，绘制半径是 4.8mm 的圆，效果如图 5-99 所示。

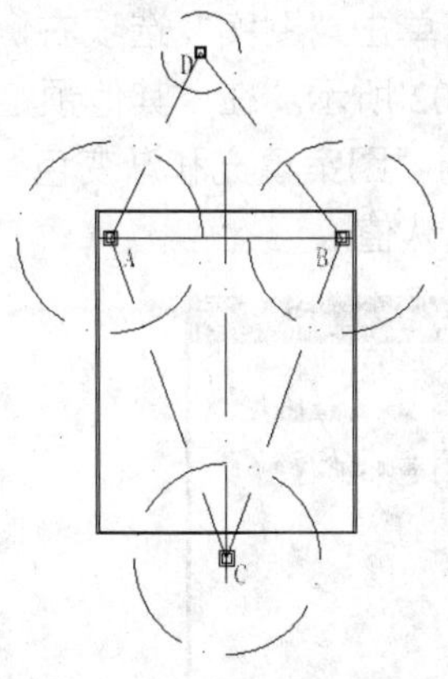

图 5-99　绘制以终端杆为圆心的圆

5. 连接各圆的切线

01 单击“修改”工具栏中的“偏移 ”按钮，将图 5-99 中直线 AC、BC、AD 和 BD 分别向外偏移 5.6mm、5.6mm、2.7mm 和 1.9mm，如图 5-100（a）所示。

02 单击“绘图”工具栏中的“直线”按钮，以顶圆 D 与 AD 的交点为起点向圆 A 做切线，与上面偏移的直线相交于点 E，再以点 E 为起点做圆 D 的切线，单击“修改”工具栏中的“修剪”按钮，修剪多余的线段，按照这种方法分别得到交点 F、G、H，结果如图 5-100（b）所示。

03 单击“修改”工具栏中的“删除”按钮，删除掉多余的直线，结果如图 5-100（c）所示。

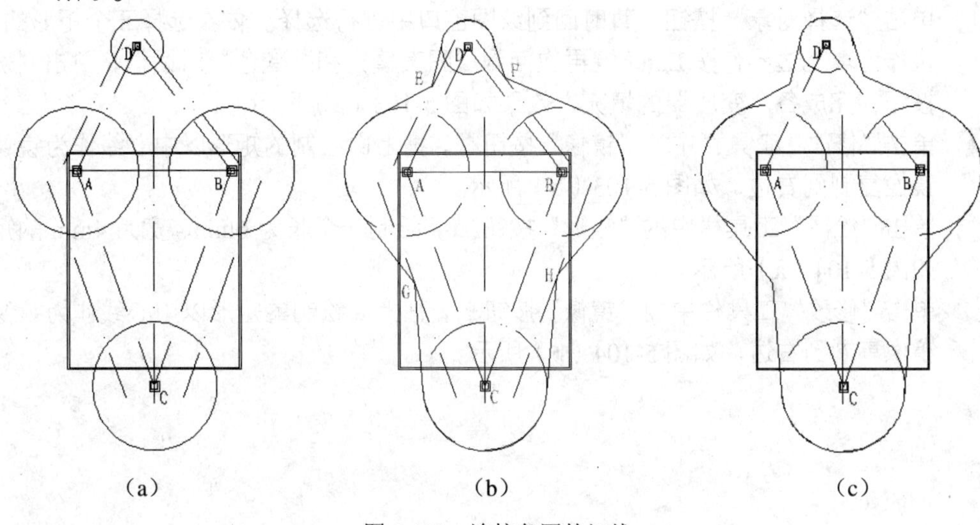

图 5-100　连接各圆的切线

6. 绘制各个变压器

01 单击“绘图”工具栏中的“矩形”按钮，分别绘制长为 6mm、宽为 3mm 的矩形，长为 3mm、宽为 1.5mm 的矩形，以及长为 5mm、宽为 1.4mm 的三个矩形，并将这几个矩形放到合适的位置。

02 单击“绘图”工具栏中的“图案填充”按钮，系统打开“图案填充和渐变色”对话框，如图 5-101 所示。单击“图案”选项右侧的按钮，系统打开“填充图案选项板”对话框，如图 5-102 所示。在“其他预定义”选项卡中选择“SOLID”图案，单击“确定”按钮，回到“图案填充和渐变色”对话框，将“角度”设置为 0，“比例”设置为 1，其他为默认值。

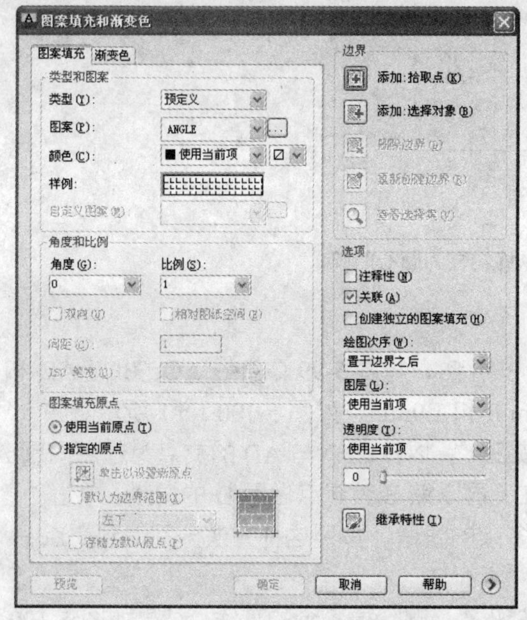

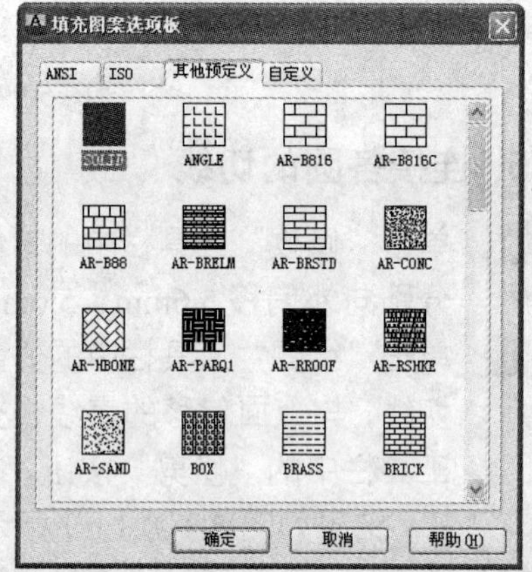

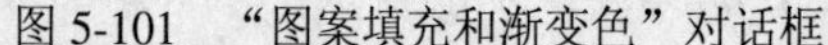

图 5-101 “图案填充和渐变色”对话框　　图 5-102 “填充图案选项板”对话框

03 单击“选择对象”按钮，暂时回到绘图窗口中进行选择。依次选择三个矩形的各个边作为填充边界，按 Enter 键再次回到“图案填充和渐变色”对话框，单击“确定”按钮，完成各个变压器的填充，效果如图 5-103（a）所示。

04 单击“修改”工具栏中的“镜像”按钮，把上面绘制的矩形以中心线作为镜像线，镜像复制到右边，如图 5-103（b）所示。

05 单击“绘图”工具栏中的“矩形”按钮，绘制一个长为 6mm、宽为 4mm 的矩形，如图 5-104（a）所示。

06 单击“修改”工具栏中的“镜像”按钮，把上面绘制的矩形以中心线作为镜像线，镜像复制到右边，如图 5-104（b）所示。

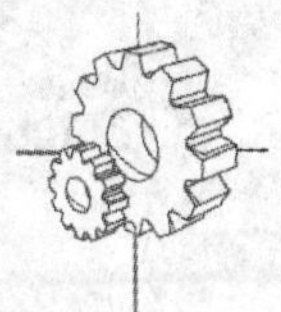

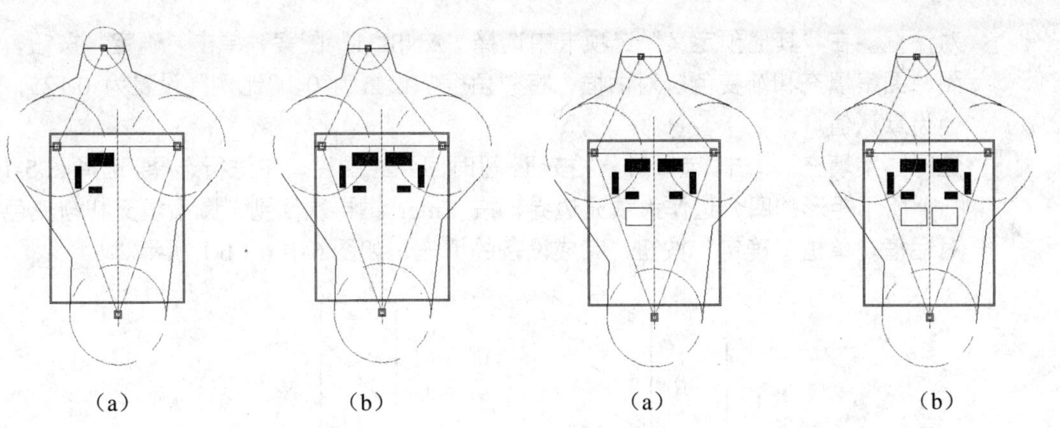

（a）　　（b）　　（a）　　（b）

图 5-103　绘制变压器　　图 5-104　绘制设备

7. 绘制并填充配电室

01 单击“绘图”工具栏中的“矩形”按钮，绘制一个长为 15mm、宽为 6mm 的矩形，将其放到合适的位置。

02 选择填充图案。单击“绘图”工具栏中的“图案填充”按钮，系统打开“图案填充和渐变色”对话框。单击“图案”选项右侧的，系统打开“填充图案选项板”对话框。在“其他预定义”选项卡中选择“ANSI31”图案，单击“确定”按钮，回到“图案填充和渐变色”对话框，将“角度”设置为 0，“比例”设置为 1，其他为默认值。

03 进行图案填充。单击“选择对象”按钮，暂时回到绘图窗口中进行选择。选择配电室符号的四个边作为填充边界，按 Enter 键再次回到“图案填充和渐变色”对话框，单击“确定”按钮，完成配电室的绘制，如图 5-105 所示。

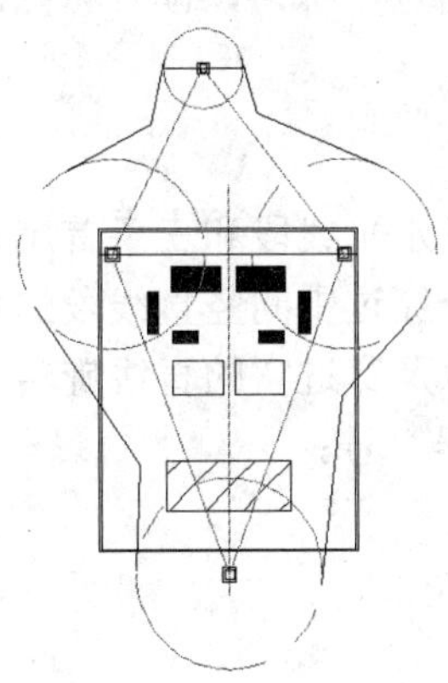

图 5-105　绘制配电室

8. 绘制并填充设备

01 单击“绘图”工具栏中的“矩形”按钮，绘制一个长为 1mm、宽为 2mm 的矩形，如图 5-106（a）所示。

02 选择填充图案。单击“绘图”工具栏中的“图案填充”按钮，系统打开“图案填充和渐变色”对话框。单击“图案”选项右侧的，系统打开“填充图案选项板”

对话框。在“其他预定义”选项卡中选择“ANSI31”图案，单击“确定”按钮，回到“图案填充和渐变色”对话框，将“角度”设置为 0，“比例”设置为 0.125，其他为默认值。

03 进行图案填充。单击“选择对象”按钮，暂时回到绘图窗口中进行选择。选择图 5-106（a）所示矩形的四个边作为填充边界，按 Enter 键再次回到“图案填充和渐变色”对话框，单击“确定”按钮，完成设备的填充，如图 5-106（b）所示。

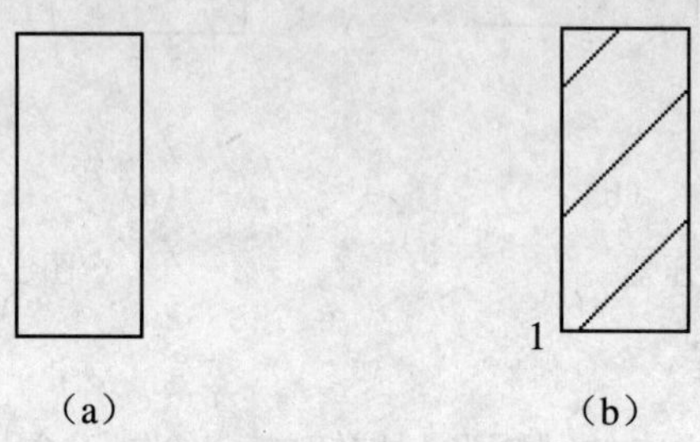

图 5-106 绘制设备

绘制完成的完成的变电站避雷针布置图如图 5-93 所示。

5.8 上机实验

1. 绘制如图 5-107 所示的熔断式隔离开关。

（1）目的要求

本实验绘制的图形相对简单，通过本练习，读者将熟悉“直线”、“矩形”、“旋转”等绘图、编辑命令的操作。

（2）操作提示

①利用“直线”命令，绘制一条水平线段和三条首尾相连的竖直线段。

②利用“矩形”命令，绘制一个穿过中间竖直线段的矩形。

③利用“旋转”命令，将矩形以及穿过它的直线旋转一定角度。

2. 绘制如图 5-108 所示的加热器符号。

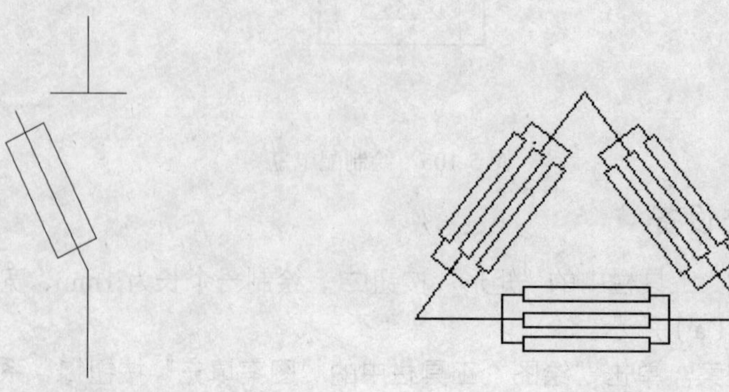

图 5-107 熔断式隔离开关　　图 5-108 加热器符号

（1）目的要求

本实验绘制的图形步骤烦琐，但涉及的命令较少，需要细心捕捉放置点。通过本练习，读者将熟悉“多边形”、“矩形”、“复制”、“修剪”、“旋转”等绘图、编辑命令的操作。

（2）操作提示

①利用“多边形”命令，绘制一个正三角形。

②利用“矩形”、“复制”及“修剪”命令，绘制一个加热单元。

③利用“旋转”命令，将加热单元分别旋转 60°和-60°。

5.9　思考与练习

1．使用“复制”命令时，正确的情况是（　）。

A．复制一个就退出命令　　B．最多可复制三个

C．复制时，选择放弃，则退出命令　　D．可复制多个，直到选择退出，才结束复制

2．已有一个画好的圆，绘制一组同心圆可以用（　）命令来实现?

A．STRETCH 伸展　　B．OFFSET 偏移

C．EXTEND 延伸　　D．MOVE 移动

3．下面图形不能偏移的是（　）。

A．构造线　　B．多线　　C．多段线　　D．样条曲线

4．如果对图 5-109 中的正方形沿两个点打断，打断之后的长度为（　）。

A．150　　B．100　　C．150 或 50　　D．随机

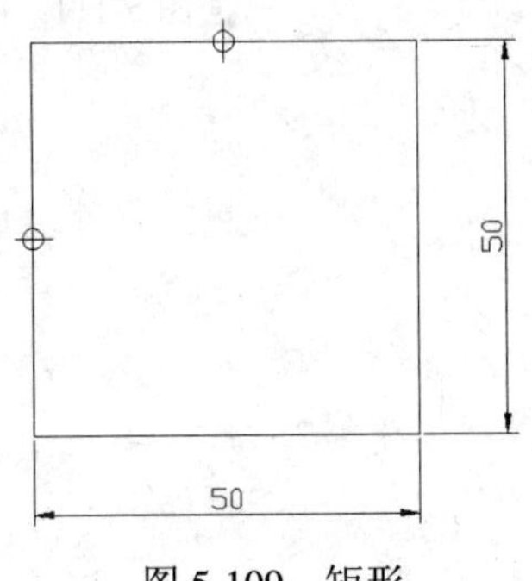

图 5-109　矩形

5．关于分解命令（Explode）的描述正确的是（　）。

A．对象分解后颜色、线型和线宽不会改变

B．图案分解后图案与边界的关联性仍然存在

C．多行文字分解后将变为单行文字

D．构造线分解后可得到两条射线

6．对两条平行的直线倒圆角（Fillet），圆角半径设置为 20，其结果是（　）。

A．不能倒圆角　　B．按半径 20 倒圆角

C．系统提示错误　　D．倒出半圆，其直径等于直线间的距离

7．使用偏移命令时，下列说法正确的是（ ）。

A．偏移值可以小于 0，这是反向偏移

B．可以框选对象进行一次偏移多个对象

C．一次只能偏移一个对象

D．“偏移”命令执行时不能删除原对象

8．使用 COPY 复制一个圆，指基点为（0,0)，在提示指定第二个点时回车以第一个点作为位移，则下面说法正确的是（ ）。

A．没有复制图形　　B．复制的图形圆心与 0,0 重合

C．复制的图形与原图形重合　　D．复制的图形与原图形不重合

9．绘制如图 5-110 所示三相变压器。

10．绘制如图 5-111 所示固态继电器。

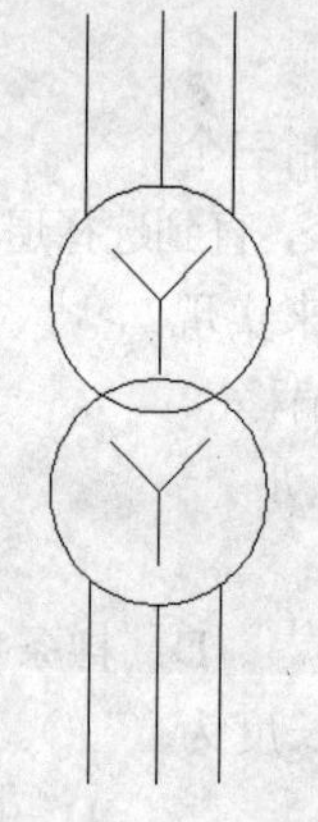

图 5-110　三相变压器

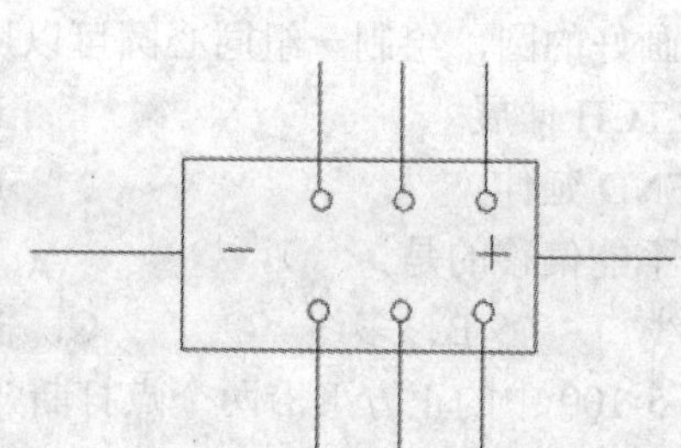

图 5-111　固态继电器

第 6 章

辅助绘图工具

文字注释是图形中很重要的一部分内容，进行各种设计时，通常不仅要绘出图形，还要在图形中标注一些文字，如技术要求、注释说明等，对图形对象加以解释。AutoCAD 提供了多种输入文字的方法，本章将介绍文本的注释和编辑功能。图表在 AutoCAD 图形中也有大量的应用，如明细表、参数表和标题栏等。AutoCAD 新增的图表功能使绘制图表变得方便快捷。尺寸标注是绘图设计过程中相当重要的一个环节。AutoCAD 2013 提供了方便、准确的标注尺寸功能。图块、设计中心和工具选项板等则为快速绘图带来了方便，本章将简要介绍这些知识。

6.1 文本标注

文本是建筑图形的基本组成部分，在图签、说明、图纸目录等地方都要用到文本。本节讲述文本标注的基本方法。

6.1.1 设置文本样式

【执行方式】

（1）命令行：STYLE 或 DDSTYLE。

（2）菜单：格式→文字样式。

（3）工具栏：文字→文字样式。

【操作格式】

执行上述命令后，系统打开“文字样式”对话框，如图 6-1 所示。

利用该对话框可以新建文字样式或修改当前文字样式。图 6-2~图 6-3 为各种文字样式。

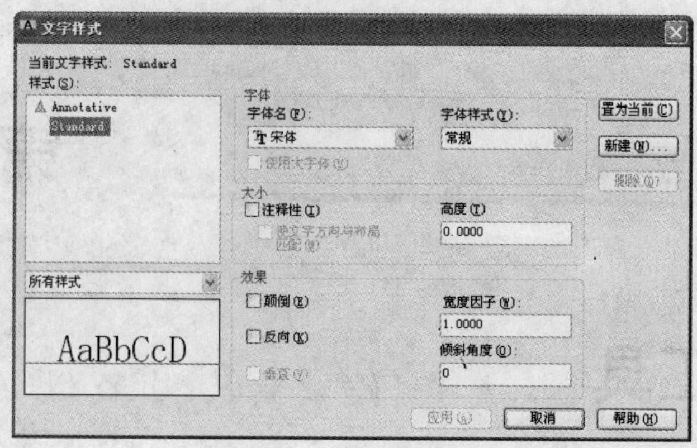

图 6-1 “文字样式”对话框

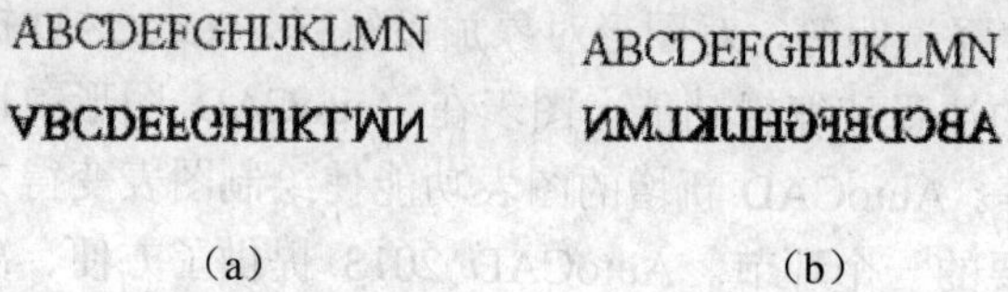

ABCDEFGHIJKLMN

ABCDEFGHIJKLMN

(a)　　(b)

图 6-2 文字倒置标注与反向标注

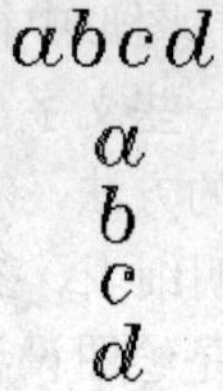

abcd

a
b
c
d

图 6-3 文字水平标注和垂直标注

6.1.2 单行文本标注

【执行方式】

(1) 命令行：TEXT 或 DTEXT。

(2) 菜单：绘图→文字→单行文字。

(3) 工具栏：文字→单行文字 AI 。

【操作格式】

```
命令:TEXT↙
当前文字样式:Standard  当前文字高度:0.2000
指定文字的起点或 [对正(J)/样式(S)]:
```

【选项说明】

- 指定文字的起点：在此提示下直接在作图屏幕上点取一点作为文本的起始点，AutoCAD 提示：

```
指定高度<0.2000>:(确定字符的高度)
指定文字的旋转角度<0>:(确定文本行的倾斜角度)
输入文字:(输入文本)
输入文字:(输入文本或回车)
```

- 对正（J）：在上面的提示下输入 J，用来确定文本的对齐方式，对齐方式决定文本的哪一部分与所选的插入点对齐。执行此选项，AutoCAD 提示：

输入选项[对齐（A）/调整（F）/中心（C）/中间（M）/右®/左上（TL）/中上（TC）/右上（TR）/左中（ML）/正中（MC）/右中（MR）/左下（BL）/中下（BC）/右下（BR）]:

在此提示下选择一个选项作为文本的对齐方式。当文本串水平排列时，AutoCAD 为标注文本串定义了图 6-4 所示的顶线、中线、基线和底线，各种对齐方式如图 6-5 所示，图中大写字母对应上述提示中各命令。下面以“对齐”为例进行简要说明。

图 6-4　文本行的底线、基线、中线和顶线

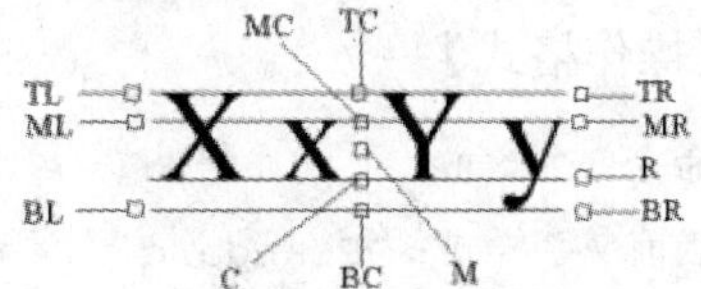

图 6-5　文本的对齐方式

实际绘图时，有时需要标注一些特殊字符，例如直径符号、上划线或下划线、温度符号等，由于这些符号不能直接从键盘上输入，AutoCAD 提供了一些控制码，用来满足这些要求。控制码用两个百分号（%%）加一个字符构成，常用的控制码如表 6-1 所示。

表6-1　AutoCAD常用控制码

符号	功能
%%O	上划线
%%U	下划线
%%D	“度”符号
%%P	正负符号
%%C	直径符号
%%%	百分号%
\u+2248	几乎相等
\u+2220	角度
\u+E100	边界线
\u+2104	中心线
\u+0394	差值
\u+0278	电相位
\u+E101	流线
\u+2261	标识
\u+E102	界碑线
\u+2260	不相等
\u+2126	欧姆
\u+03A9	欧米加
\u+214A	低界线
\u+2082	下标 2
\u+00B2	上标 2

6.1.3 多行文本标注

【执行方式】

(1) 命令行：MTEXT。

(2) 菜单：绘图→文字→多行文字。

(3) 工具栏：绘图→多行文字A或文字→多行文字A。

【操作格式】

```
命令:MTEXT↙
当前文字样式:"Standard"  当前文字高度:1.9122
指定第一角点: (指定矩形框的第一个角点)
指定对角点或[高度(H)/对正(J)/行距(L)/旋转(R)/样式(S)/宽度(W)/栏(C)]:
```

【选项说明】

- 指定对角点：指定对角点后，系统打开图6-6所示的"文字格式"对话框和多行文字编辑器，可利用此对话框与编辑器输入多行文本并对其格式进行设置。该对话框与Word软件界面类似，不再赘述。

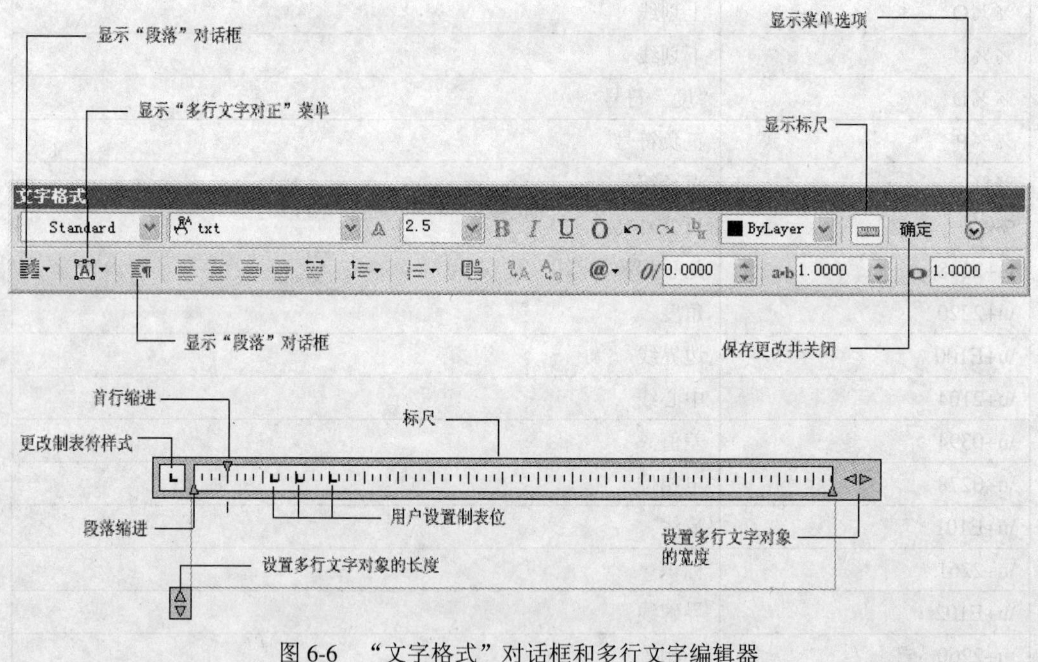

图6-6 "文字格式"对话框和多行文字编辑器

- 其他选项
  - ➢ 对正(J)：确定所标注文本的对齐方式。
  - ➢ 行距(L)：确定多行文本的行间距，这里所说的行间距是指相邻两文本行的基线之间的垂直距离。
  - ➢ 旋转(R)：确定文本行的倾斜角度。
  - ➢ 样式(S)：确定当前的文本样式。

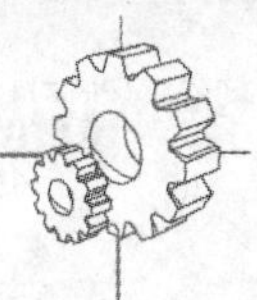

➢ 宽度（W）：指定多行文本的宽度。

在多行文字绘制区域，单击鼠标右键，系统打开右键快捷菜单，如图 6-7 所示。该快捷菜单提供标准编辑选项和多行文字特有的选项。在多行文字编辑器中单击右键以显示快捷菜单。菜单顶层的选项是基本编辑选项：放弃、重做、剪切、复制和粘贴。后面的选项是多行文字编辑器特有的选项。

- 插入字段：显示“字段”对话框如图 6-8 所示，从中可以选择要插入到文字中的字段。关闭该对话框后，字段的当前值将显示在文字中。

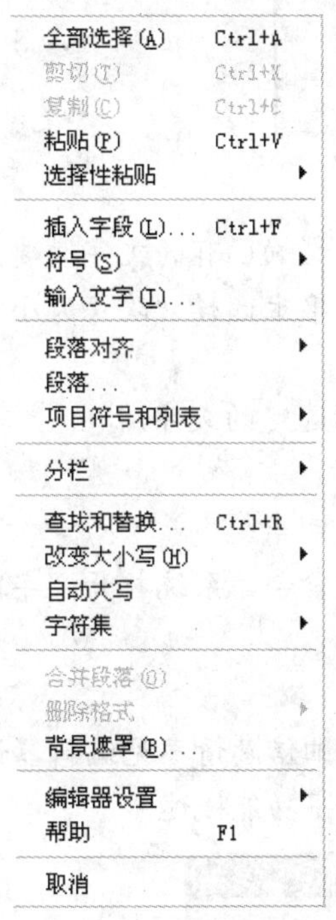

图 6-7　右键快捷菜单

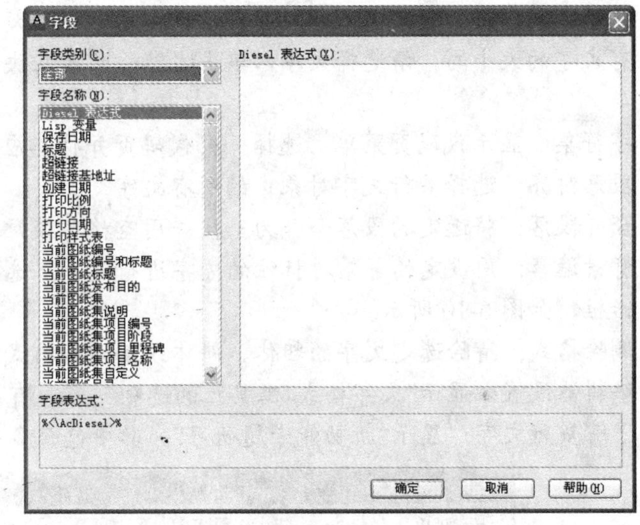

图 6-8　“字段”对话框

- 符号：在光标位置插入符号或不间断空格。也可以手动插入符号。
- 输入文字：显示“选择文件”对话框（标准文件选择对话框）。选择任意 ASCII 或 RTF 格式的文件。
- 段落对齐：设置多行文字对象的对正和对齐方式。“左上”选项是默认设置。在一行的末尾输入的空格也是文字的一部分，并会影响该行文字的对正。文字根据其左右边界进行置中对正、左对正或右对正。文字根据其上下边界进行中央对齐、顶对齐或底对齐。各种对齐方式与前面所述类似，不再赘述。
- 段落：为段落和段落的第一行设置缩进。指定制表位和缩进，控制段落对齐方式、段落间距和段落行距，如图 6-9 所示。
- 项目符号和列表：显示用于编号列表的选项。
- 分栏：为当前多行文字对象指定“不分栏”。
- 改变大小写：改变选定文字的大小写。可以选择“大写”或“小写”。

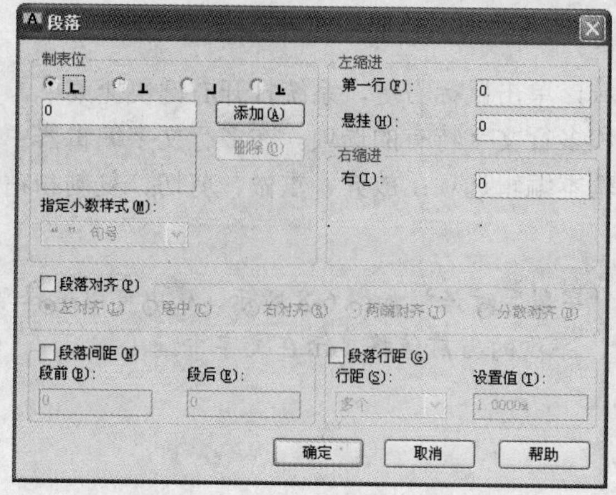

图 6-9 “段落”对话框

- 自动大写：将所有新输入的文字转换成大写。自动大写不影响已有的文字。要改变已有文字的大小写，请选择文字，单击右键，然后在快捷菜单上选择“改变大小写”命令。
- 字符集：显示代码页菜单。选择一个代码页并将其应用到选定的文字。
- 段落对齐：选择多行文字对象中的所有文字。
- 合并段落：将选定的段落合并为一段并用空格替换每段的回车。
- 背景遮罩：用设定的背景对标注的文字进行遮罩。选择该命令，系统打开“字段”对话框，如图 6-10 所示。
- 删除格式：清除选定文字的粗体、斜体或下划线格式。
- 编辑器设置：显示“文字格式”工具栏的选项列表。有关详细信息请参见编辑器设置。
- 了解多行文字：显示“新功能专题研习”，其中包含多行文字功能概述。

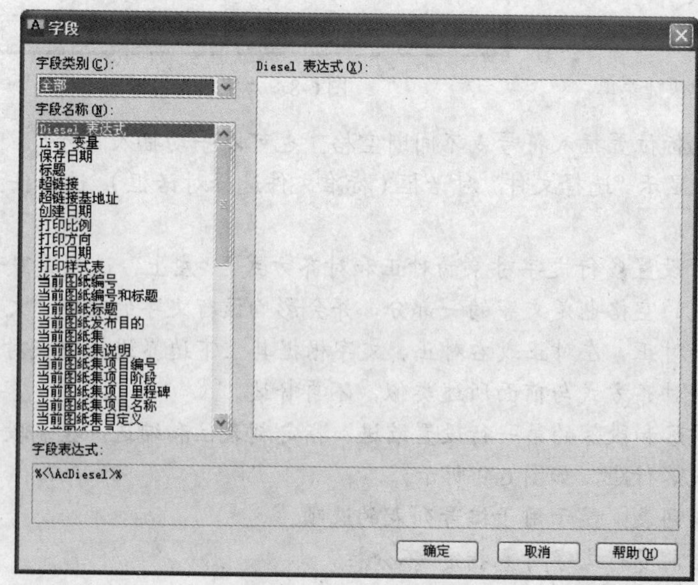

图 6-10 “字段”对话框

6.1.4　多行文本编辑

【执行方式】

（1）命令行：DDEDIT。

（2）菜单：修改→对象→文字→编辑。

（3）工具栏：文字→编辑。

【操作格式】

```
命令：DDEDIT↙
选择注释对象或 [放弃（U）]：
```

要求选择想要修改的文本，同时光标变为拾取框。用拾取框点击对象，如果选取的文本是用 TEXT 命令创建的单行文本，可对其直接进行修改。如果选取的文本是用 MTEXT 命令创建的多行文本，选取后则打开多行文字编辑器，可根据前面的介绍对各项设置或内容进行修改。

6.1.5　实例——可变电阻器

下面绘制如图 6-11 所示的可变电阻器 R1。

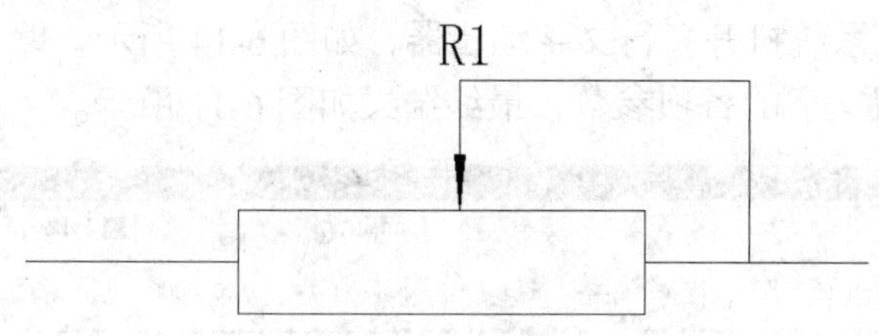

图 6-11　可变电阻器 R1

01 单击“绘图”工具栏中的“矩形”按钮，绘制一个矩形，指定矩形两个角点的坐标分别为（100，100）和（500，200）。单击“绘图”工具栏中的“直线”按钮，分别捕捉矩形左右边的中点为端点，向左和向右绘制两条适当长度的水平线段，如图 6-12 所示。

注 意

在命令行输入坐标值时，坐标数值之间的间隔逗号必须在西文状态下输入，否则系统无法识别。

02 单击“绘图”工具栏中的“多段线”按钮，命令行中的提示与操作如下：

```
命令：_pline
指定起点：（捕捉右边线段中点 1，如图 6-13 所示）
当前线宽为 0.0000
指定下一点或 [圆弧（A）/半宽（H）/长度（L）/放弃（U）/宽度（W）]：（竖直向上大约指定一点 2，如图 6-13 所示）
```

指定下一点或 [圆弧(A)/闭合(C)/半宽(H)/长度(L)/放弃(U)/宽度(W)]：(水平向左大约指定一点 3，如图 6-13 所示)

指定下一点或 [圆弧(A)/闭合(C)/半宽(H)/长度(L)/放弃(U)/宽度(W)]：(竖直向下大约指定一点 4，如图 6-13 所示)

指定下一点或 [圆弧(A)/闭合(C)/半宽(H)/长度(L)/放弃(U)/宽度(W)]：w↙

指定起点宽度 <0.0000>：10↙

指定端点宽度 <10.0000>：0↙

指定下一点或 [圆弧(A)/闭合(C)/半宽(H)/长度(L)/放弃(U)/宽度(W)]：(竖直向下捕捉矩形上的垂足点)

指定下一点或 [圆弧(A)/闭合(C)/半宽(H)/长度(L)/放弃(U)/宽度(W)]：↙

效果如图 6-13 所示。

图 6-12　绘制矩形和直线　　　　图 6-13　绘制多段线

03 单击"绘图"工具栏中的"多行文字"按钮 A，在图 6-13 中点 3 位置正上方指定文本范围框，系统打开多行文字编辑器，如图 6-14 所示，输入文字"R1"，并按图 6-14 所示设置文字的各项参数，最终结果如图 6-11 所示。

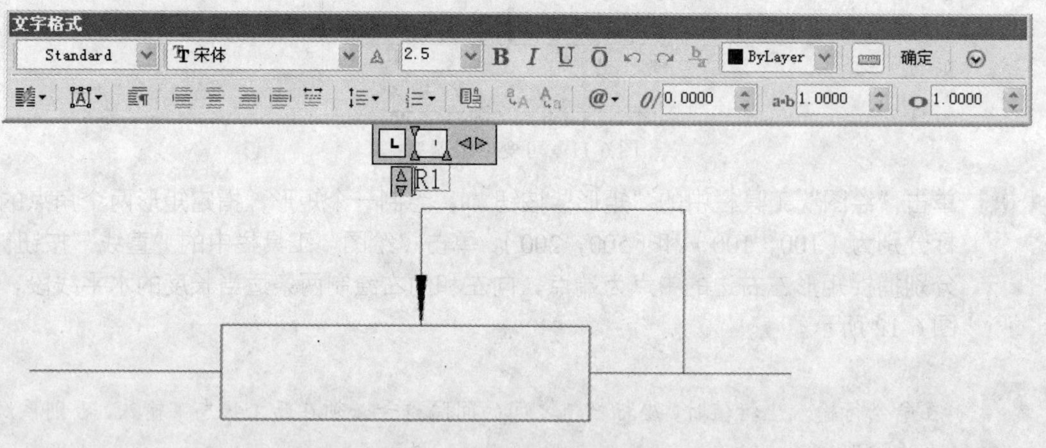

图 6-14　多行文字编辑器

6.2　表格

在以前的版本中，要绘制表格必须采用绘制图线或者图线结合偏移或复制等编辑命令来完成，这样的操作过程烦琐而复杂，不利于提高绘图效率。从 AutoCAD 2005 开始，新增加了一个"表格"绘图功能，有了该功能，创建表格就变得非常容易，用户可以直接插入设置

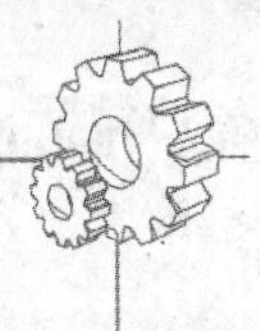

好样式的表格，而不用绘制由单独的图线组成的栅格。

6.2.1　设置表格样式

【执行方式】

（1）命令行：TABLESTYLE。

（2）菜单：格式→表格样式。

（3）工具栏：样式→表格样式管理器。

【操作格式】

执行上述命令，系统打开“表格样式”对话框，如图 6-15 所示。

【选项说明】

- 新建：单击“新建”按钮，系统打开“创建新的表格样式”对话框，如图 6-16 所示。输入新的表格样式名后，单击“继续”按钮，系统打开“新建表格样式”对话框，如图 6-17 所示。从中可以定义新的表格样式，分别控制表格中数据、列标题和总标题的有关参数，如图 6-18 所示。

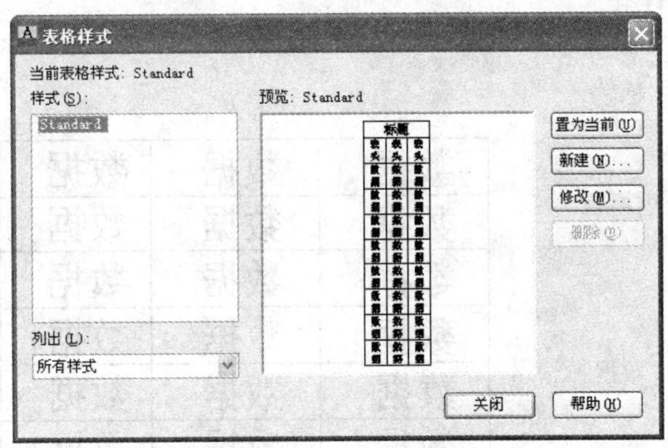

图 6-15　“表格样式”对话框

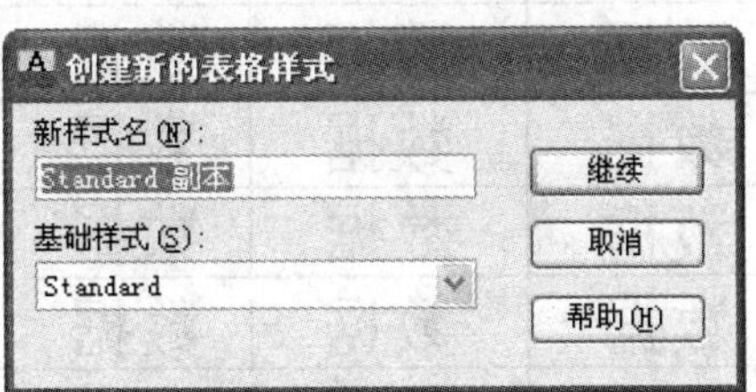

图 6-16　“创建新的表格样式”对话框

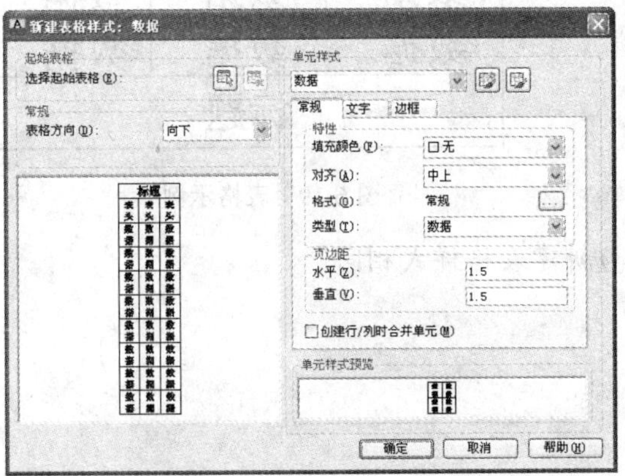

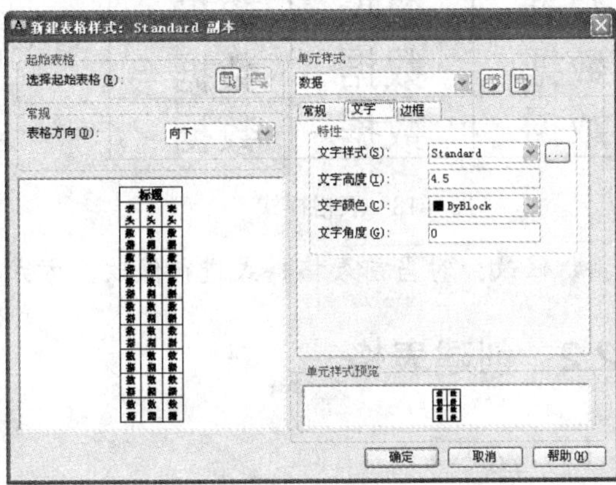

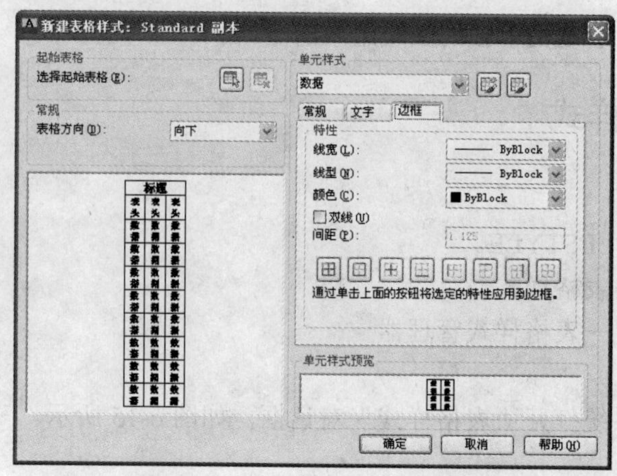

图 6-17 “新建表格样式”对话框

图 6-19 为数据文字样式为“Standard”，文字高度为 4.5，文字颜色为“红色”，填充颜色为“黄色”，对齐方式为“右下”；没有列标题行，标题文字样式为“Standard”，文字高度为 6，文字颜色为“蓝色”，填充颜色为“无”，对齐方式为“正中”；表格方向为“上”，水平单元边距和垂直单元边距都为“1.5”的表格样式。

标题		
页眉	页眉	页眉
数据	数据	数据
数据	数据	数据
数据	数据	数据
数据	数据	数据
数据	数据	数据
数据	数据	数据
数据	数据	数据
数据	数据	数据

标题
列标题
数据

图 6-18 表格样式

数据	数据	数据
数据	数据	数据
数据	数据	数据
数据	数据	数据
数据	数据	数据
数据	数据	数据
数据	数据	数据
数据	数据	数据
标题		

图 6-19 表格示例

- 修改：对当前表格样式进行修改，方式与新建表格样式相同。

6.2.2 创建表格

【执行方式】

（1）命令行：TABLE。

（2）菜单：绘图→表格。

（3）工具栏：绘图→表格。

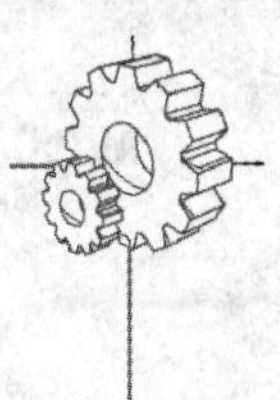

【操作格式】

执行上述命令后，系统打开“插入表格”对话框，如图 6-20 所示。

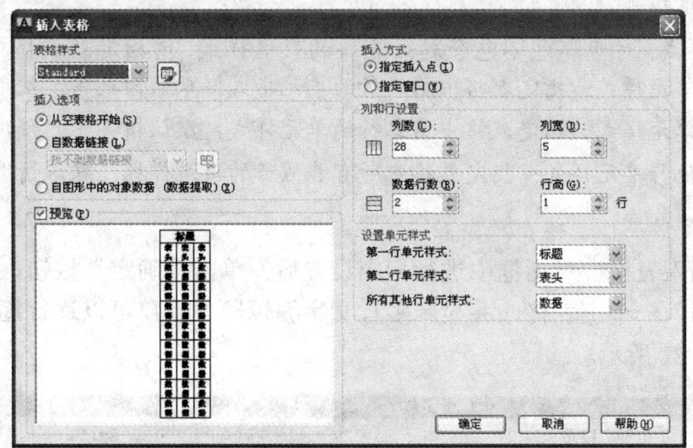

图 6-20　“插入表格”对话框

【选项说明】

- 表格样式：在要从中创建表格的当前图形中选择表格样式。通过单击下拉列表旁边的按钮，用户可以创建新的表格样式。
  - 插入选项：指定插入表格的方式。
  - 从空表格开始：创建可以手动填充数据的空表格。
  - 自数据链接：从外部电子表格中的数据创建表格。
  - 自图形中的对象数据（数据提取）：启动“数据提取”向导。
- 预览：显示当前表格样式的样例。
  - 插入方式：指定表格位置。
  - 指定插入点：指定表格左上角的位置。可以使用定点设备，也可以在命令提示下输入坐标值。如果表格样式将表格的方向设置为由下而上读取，则插入点位于表格的左下角。
  - 指定窗口：指定表格的大小和位置。可以使用定点设备，也可以在命令提示下输入坐标值。选定此选项时，行数、列数、列宽和行高取决于窗口的大小以及列和行设置。
- 列和行设置：设置列和行的数目和大小。
  - 列数：选定“指定窗口”选项并指定列宽时，“自动”选项将被选定，且列数由表格的宽度控制。如果已指定包含起始表格的表格样式，则可以选择要添加到此起始表格的其他列的数量。
  - 列宽：指定列的宽度。选定“指定窗口”选项并指定列数时，则选定了“自动”选项，且列宽由表格的宽度控制。最小列宽为一个字符。
  - 数据行数：指定行数。选定“指定窗口”选项并指定行高时，则选定了“自动”选项，且行数由表格的高度控制。带有标题行和表格头行的表格样式最少应有三行。最小行高为一个文字行。如果已指定包含起始表格的表格样式，则可以选择要添加到此起始表格的其他数据行的数量。

> ➢ 行高：按照行数指定行高。文字行高基于文字高度和单元边距，这两项均在表格样式中设置。选定“指定窗口”选项并指定行数时，则选定了“自动”选项，且行高由表格的高度控制。

- 设置单元样式：对于那些不包含起始表格的表格样式，请指定新表格中行的单元格式。
  - ➢ 第一行单元样式：指定表格中第一行的单元样式。默认情况下，使用标题单元样式。
  - ➢ 第二行单元样式：指定表格中第二行的单元样式。默认情况下，使用表头单元样式。
  - ➢ 所有其他行单元样式：指定表格中所有其他行的单元样式。默认情况下，使用数据单元样式。

在上面的“插入表格”对话框中进行相应设置后，单击“确定”按钮，系统在指定的插入点或窗口自动插入一个空表格，并显示多行文字编辑器，用户可以逐行逐列输入相应的文字或数据，如图 6-21 所示。

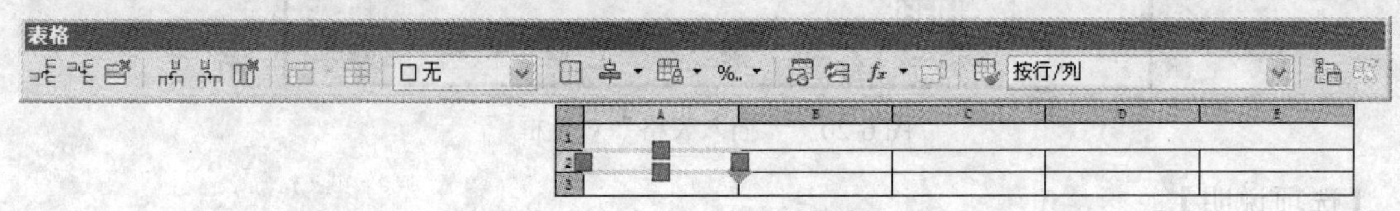

图 6-21　多行文字编辑器

6.2.3　编辑表格文字

【执行方式】

（1）命令行：TABLEDIT。

（2）定点设备：表格内双击。

（3）快捷菜单：编辑单元文字。

【操作格式】

执行上述命令后，系统打开图 6-22 所示的多行文字编辑器，用户可以对指定表格单元的文字进行编辑。

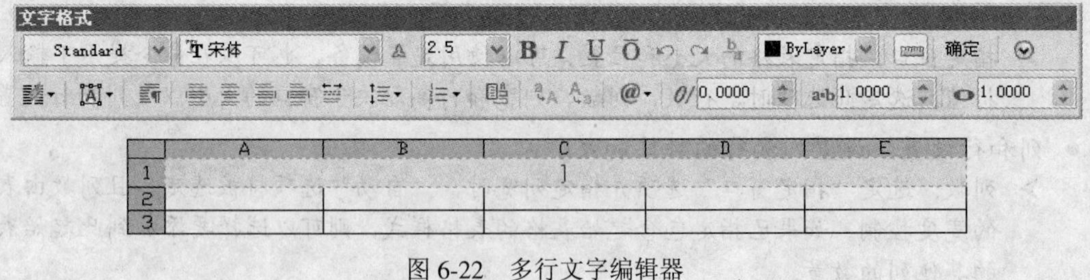

图 6-22　多行文字编辑器

6.3　尺寸标注

尺寸标注相关命令的菜单方式集中在“标注”菜单中，工具栏方式集中在“标注”工具栏中，如图 6-23 和图 6-24 所示。

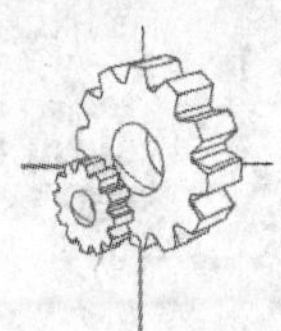

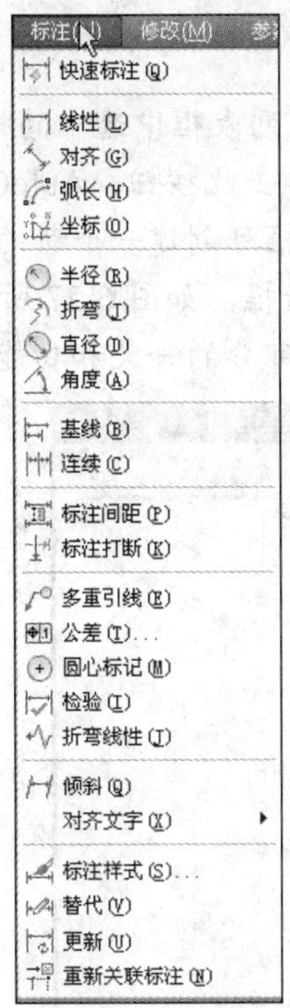

图 6-23　“标注”菜单

图 6-24　“标注”工具栏

6.3.1　设置尺寸样式

【执行方式】

（1）命令行：DIMSTYLE。

（2）菜单：格式→标注样式或标注→标注样式。

（3）工具栏：标注→标注样式。

【操作格式】

执行上述命令后，系统打开“标注样式管理器”对话框，如图 6-25 所示。利用此对话框可方便直观地定制和浏览尺寸标注样式，包括产生新的标注样式、修改已存在的样式、设置当前尺寸标注样式、样式重命名以及删除一个已有样式等。

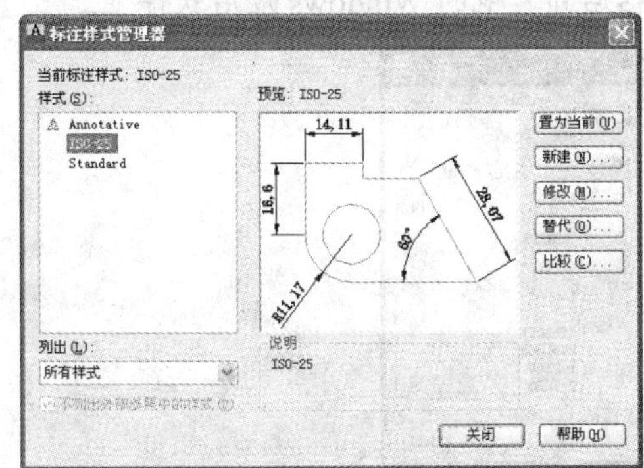

图 6-25　“标注样式管理器”对话框

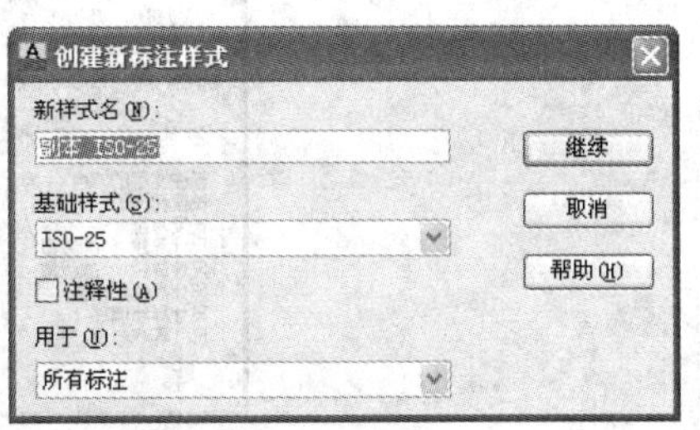

图 6-26　“创建新标注样式”对话框

【选项说明】

- “置为当前”按钮：单击此按钮，把在“样式”列表框中选中的样式设置为当前样式。
- “新建”按钮：定义一个新的尺寸标注样式。单击此按钮，AutoCAD 打开“创建新标注样式”对话框，如图 6-26 所示。利用此对话框可创建一个新的尺寸标注样式。单击“继续”按钮，系统打开“新建标注样式”对话框，如图 6-27 所示。利用此对话框可对新样式的各项特性进行设置。该对话框中各部分的含义和功能将在后面介绍。

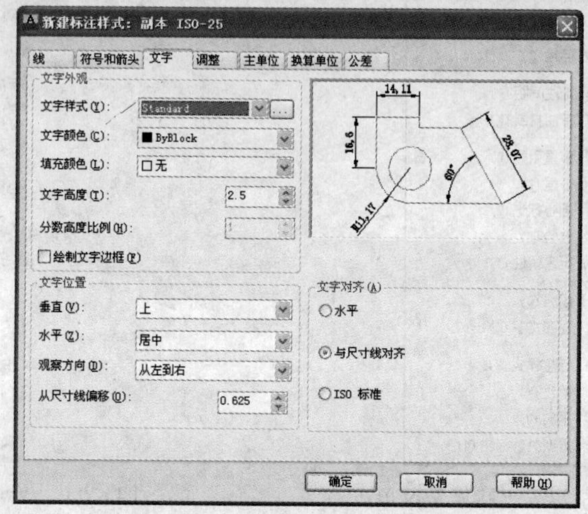

图 6-27 “新建标注样式”对话框

- “修改”按钮：修改一个已存在的尺寸标注样式。单击此按钮，AutoCAD 打开“修改标注样式”对话框，该对话框中的各选项与“新建标注样式”对话框中完全相同，可以对已有标注样式进行修改。
- “替代”按钮：设置临时覆盖尺寸标注样式。单击此按钮，AutoCAD 打开“替代当前样式”对话框，该对话框中各选项与“新建标注样式”对话框完全相同，用户可改变选项的设置覆盖原来的设置，但这种修改只对指定的尺寸标注起作用，而不影响当前尺寸变量的设置。
- “比较”按钮：比较两个尺寸标注样式在参数上的区别或浏览一个尺寸标注样式的参数设置。单击此按钮，AutoCAD 打开“比较标注样式”对话框，如图 6-28 所示。可以把比较结果复制到剪切板上，然后再粘贴到其他的 Windows 应用软件上。

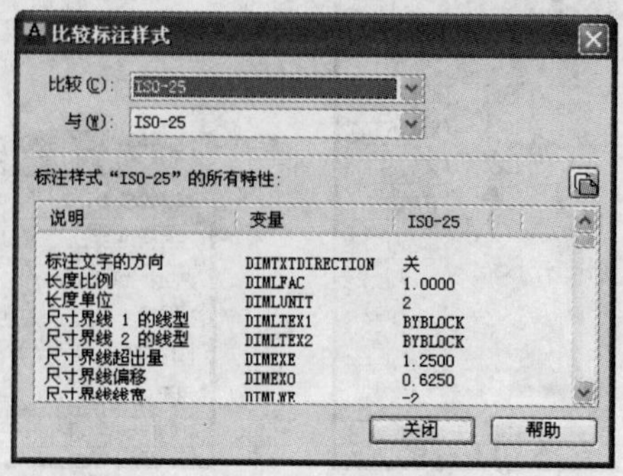

图 6-28 “比较标注样式”对话框

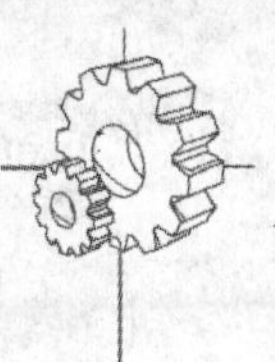

在图 6-29 所示的"新建标注样式"对话框中，各选项卡分别说明如下。

1．符号和箭头

该选项卡对箭头、圆心标记、弧长符号和半径标注折弯的各个参数进行设置，如图 6-29 所示，包括箭头的大小、引线、形状等参数，圆心标记的类型、大小等参数，弧长符号位置，半径折弯标注的折弯角度，线性折弯标注的折弯高度因子以及折断标注的折断大小等参数。

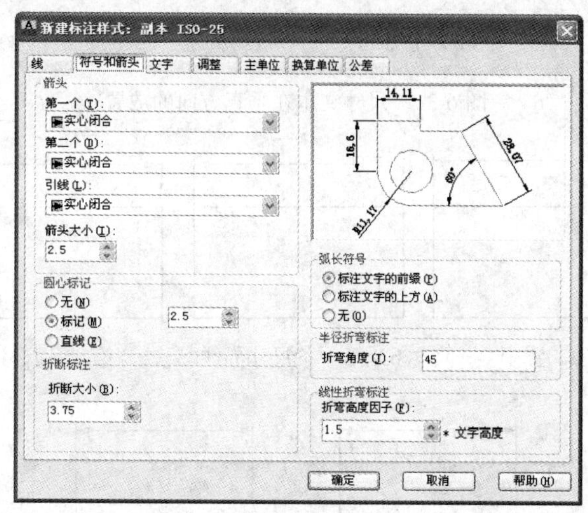

图 6-29　"新建标注样式"对话框的"符号和箭头"选项卡

2．文字

该选项卡对文字的外观、位置、对齐方式等各个参数进行设置，如图 6-30 所示，包括文字外观的文字样式、颜色、填充颜色、文字高度、分数高度比例、是否绘制文字边框等参数，文字位置的垂直、水平和从尺寸线偏移量等参数，对齐方式有水平、与尺寸线对齐、ISO 标准等三种方式。图 6-31 所示为尺寸在垂直方向放置的 4 种不同情形，图 6-32 所示为尺寸在水平方向放置的 5 种不同情形。

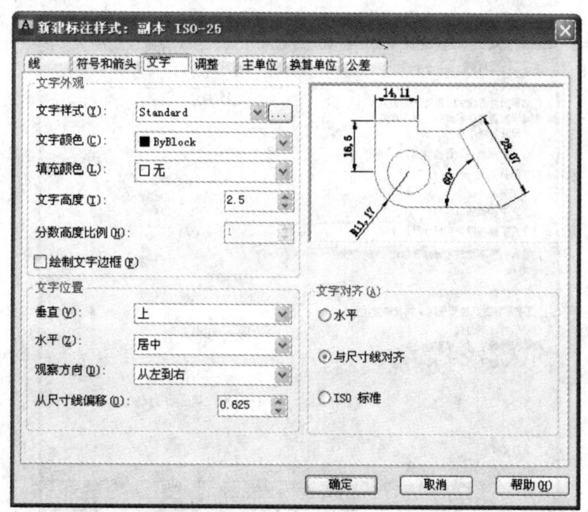

图 6-30　"新建标注样式"对话框的"文字"选项卡

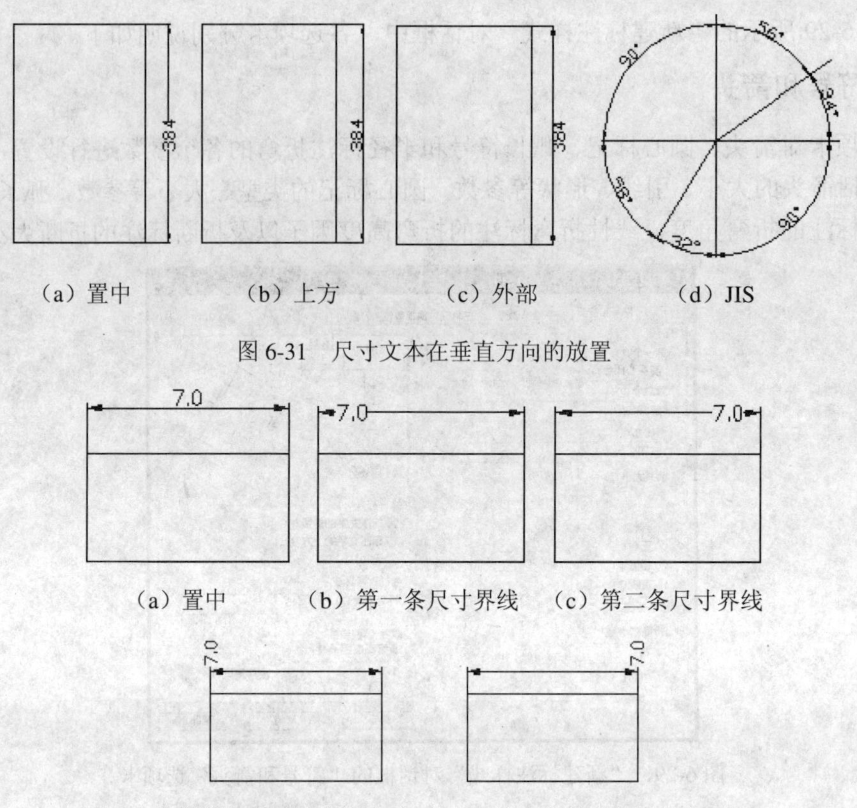

（a）置中　（b）上方　（c）外部　（d）JIS

图 6-31　尺寸文本在垂直方向的放置

（a）置中　（b）第一条尺寸界线　（c）第二条尺寸界线

（d）第一条尺寸界线上方　（e）第二条尺寸界线上方

图 6-32　尺寸文本在水平方向的放置

3. 调整

该选项卡对调整选项、文字位置、标注特征比例、优化等各个参数进行设置，如图 6-33 所示，包括调整选项选择，文字不在默认位置上时的放置位置，标注特征比例选择以及调整尺寸要素位置等参数。图 6-34 所示为文字不在默认位置时的放置位置的三种不同情形。

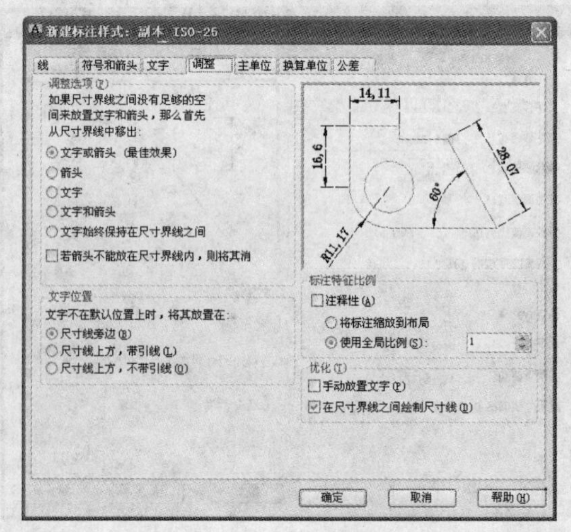

图 6-33　“新建标注样式”对话框的“调整”选项卡

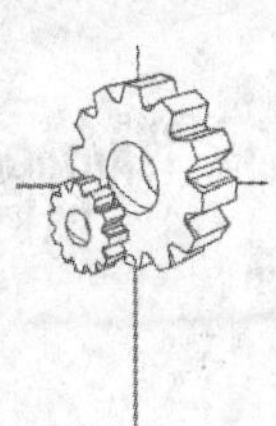

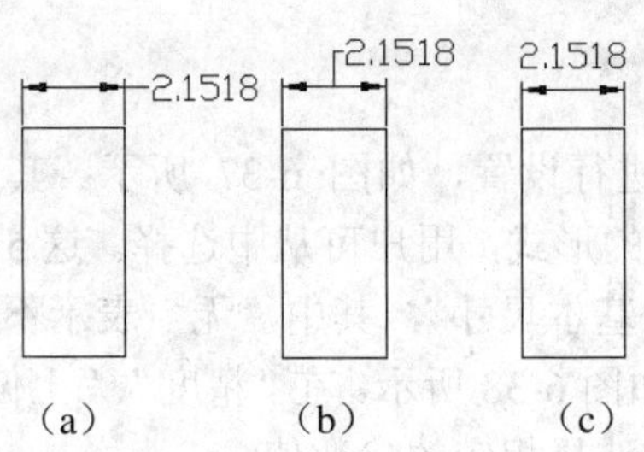

图 6-34　尺寸文本的位置

4．主单位

该选项卡用来设置尺寸标注的主单位和精度，以及给尺寸文本添加固定的前缀或后缀。本选项卡包括两个选项组，分别对长度型标注和角度型标注进行设置，如图 6-35 所示。

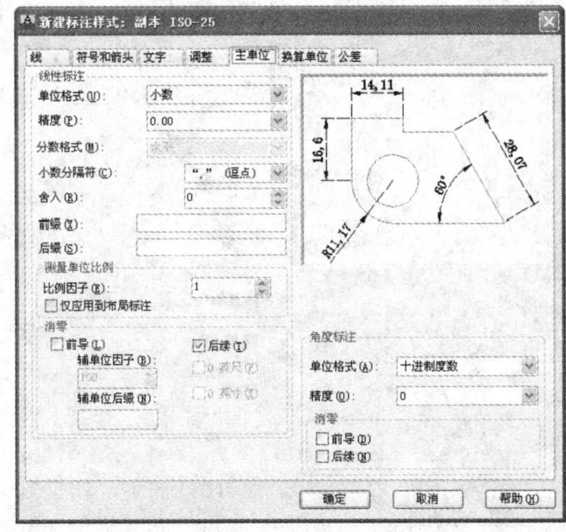

图 6-35　“新建标注样式”对话框的“主单位”选项卡

5．换算单位

该选项卡用于对替换单位进行设置，如图 6-36 所示。

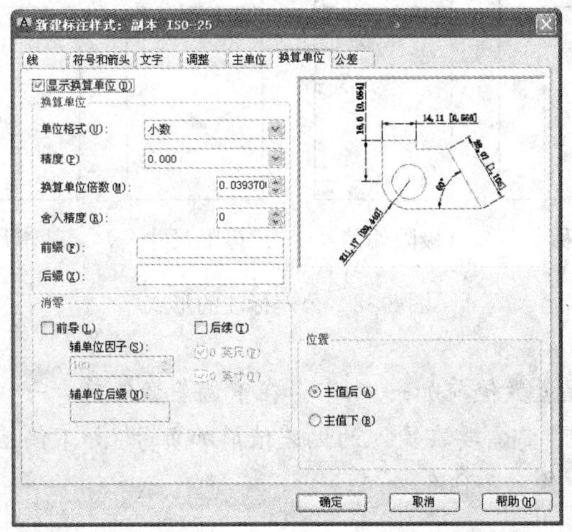

图 6-36　“新建标注样式”对话框的“换算单位”选项卡

6．公差

该选项卡用于对尺寸公差进行设置，如图 6-37 所示。其中“方式”下拉列表框列出了 AutoCAD 提供的 5 种标注公差的形式，用户可从中选择。这 5 种形式分别是“无”、“对称”、“极限偏差”、“极限尺寸”和“基本尺寸”，其中“无”表示不标注公差，即我们上面的通常标注情形。其余 4 种标注情况如图 6-38 所示。在“精度”、“上偏差”、“下偏差”、“高度比例”、“垂直位置”等文本框中输入或选择相应的参数值。

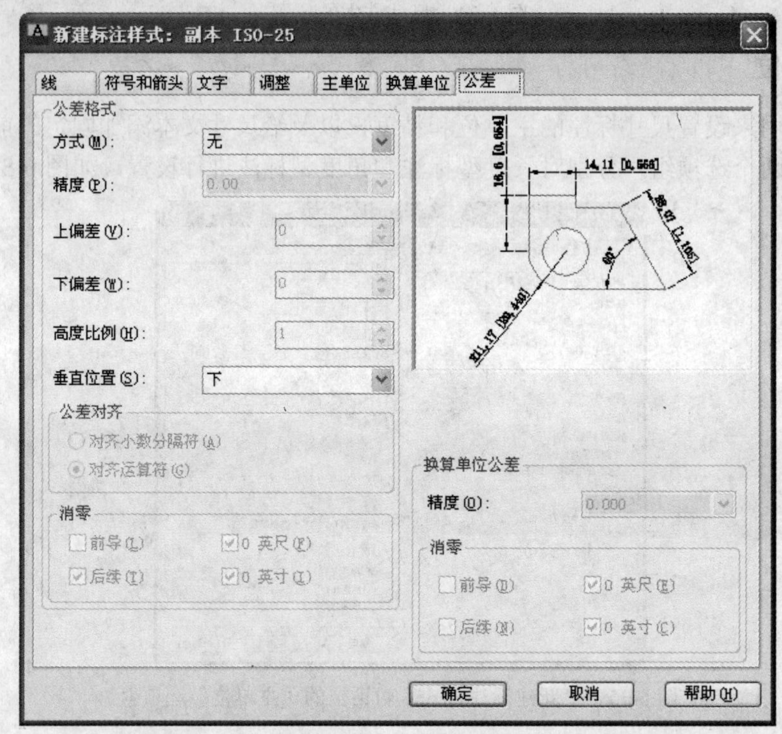

图 6-37 “新建标注样式”对话框的“公差”选项卡

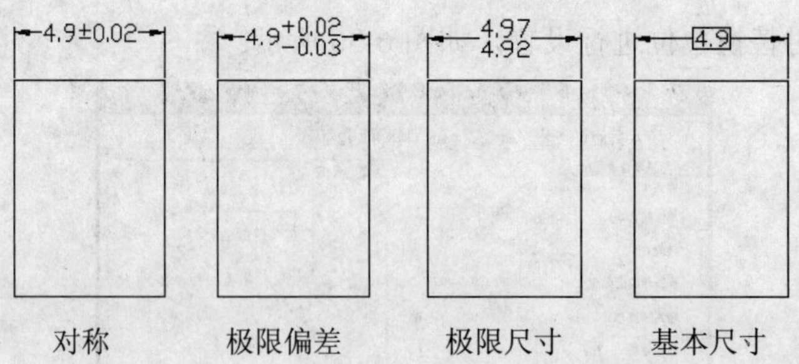

图 6-38 公差标注的形式

注 意

系统自动在上偏差数值前加一“+”，在下偏差数值前加一“-”。如果上偏差是负值或下偏差是正值，都需要在输入的偏差值前加负号。如下偏差是+0.005，则需要在“下偏差”微调框中输入-0.005。

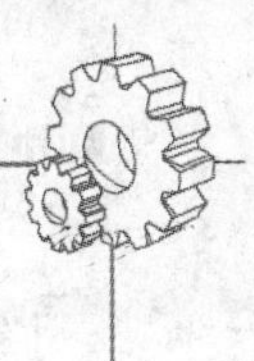

6.3.2　尺寸标注

1．线性标注

【执行方式】

（1）命令行：DIMLINEAR。

（2）菜单：标注→线性。

（3）工具栏：标注→线性⊢⊣。

【操作格式】

```
命令：DIMLINEAR↙
指定第一条尺寸界线原点或 <选择对象>:
```

在此提示下有两种选择，直接回车选择要标注的对象或确定尺寸界线的起始点，系统继续提示：

```
指定尺寸线位置或[多行文字（M）/文字（T）/角度（A）/水平（H）/垂直（V）/旋转（R）]:
```

【选项说明】

- 指定尺寸线位置：确定尺寸线的位置。用户可移动鼠标选择合适的尺寸线位置，然后回车或单击鼠标左键，AutoCAD 则自动测量所标注线段的长度并标注出相应的尺寸。
- 多行文字（M）：用多行文本编辑器确定尺寸文本。
- 文字（T）：在命令行提示下输入或编辑尺寸文本。选择此选项后，AutoCAD 提示：

```
输入标注文字 <默认值>:
```

其中的默认值是 AutoCAD 自动测量得到的被标注线段的长度，直接回车即可采用此长度值，也可输入其他数值代替默认值。当尺寸文本中包含默认值时，可使用尖括号“<>”表示默认值。

- 角度（A）：确定尺寸文本的倾斜角度。
- 水平（H）：水平标注尺寸，不论标注什么方向的线段，尺寸线均水平放置。
- 垂直（V）：垂直标注尺寸，不论被标注线段沿什么方向，尺寸线总保持垂直。
- 旋转（R）：输入尺寸线旋转的角度值，旋转标注尺寸。

对齐标注的尺寸线与所标注的轮廓线平行；坐标尺寸标注点的纵坐标或横坐标；角度标注标注两个对象之间的角度；直径或半径标注标注圆或圆弧的直径或半径；圆心标记则标注圆或圆弧的中心或中心线，具体由“新建（修改）标注样式”对话框中“符号和箭头”选项卡中的“圆心标记”选项组决定。上面所述这几种尺寸标注与线性标注类似，不再赘述。

2．基线标注

基线标注用于产生一系列基于同一条尺寸界线的尺寸标注，适用于长度尺寸标注、角度标注和坐标标注等。在使用基线标注方式之前，应该先标注出一个相关的尺寸，如图 6-39 所示。基线标注两平行尺寸线间距由“新建（修改）标注样式”对话框中“线”选项卡中的“尺寸线”选项组中“基线间距”文本框中的值决定。

【执行方式】

（1）命令行：DIMBASELINE。

（2）菜单：标注→基线。

（3）工具栏：标注→基线标注 。

【操作格式】

```
命令：DIMBASELINE↙
指定第二条尺寸界线原点或 [放弃（U）/选择（S）] <选择>：
```

直接确定另一个尺寸的第二条尺寸界线的起点，AutoCAD 以上次标注的尺寸为基准标注，标注出相应尺寸。

直接回车，系统提示：

```
选择基准标注：（选取作为基准的尺寸标注）
```

连续标注又叫尺寸链标注，用于产生一系列连续的尺寸标注，后一个尺寸标注均把前一个标注的第二条尺寸界线作为它的第一条尺寸界线。与基线标注一样，在使用连续标注方式之前，应该先标注出一个相关的尺寸。其标注过程与基线标注类似，如图 6-40 所示。

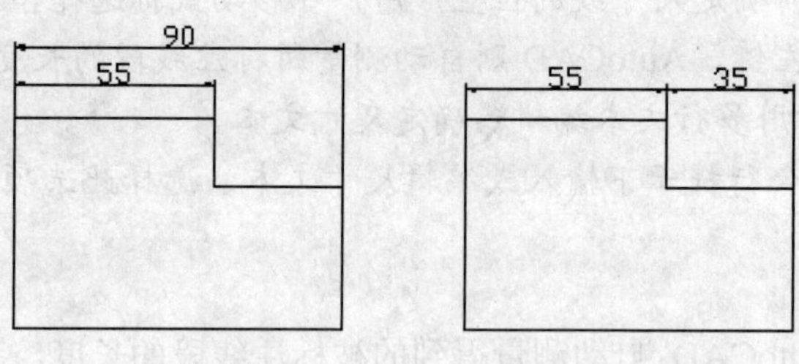

图 6-39　基线标注　　　　图 6-40　连续标注

3．快速标注

快速尺寸标注命令 QDIM 使用户可以交互地、动态地、自动化地进行尺寸标注。在 QDIM 命令中可以同时选择多个圆或圆弧标注直径或半径，也可同时选择多个对象进行基线标注和连续标注，选择一次即可完成多个标注，因此可节省时间，提高工作效率。

【执行方式】

（1）命令行：QDIM。

（2）菜单：标注→快速标注。

（3）工具栏：标注→快速标注 。

【操作格式】

```
命令：QDIM↙
关联标注优先级 = 端点
选择要标注的几何图形：（选择要标注尺寸的多个对象后回车）
指定尺寸线位置或 [连续（C）/并列（S）/基线（B）/坐标（O）/半径（R）/直径（D）/基准点（P）/编辑（E）/设置（T）] <连续>：
```

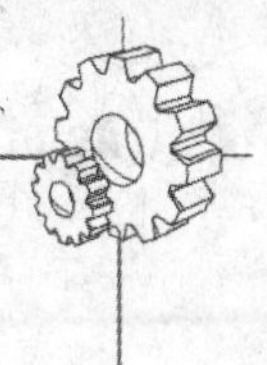

【选项说明】

- 指定尺寸线位置：直接确定尺寸线的位置，按默认尺寸标注类型标注出相应尺寸。
- 连续（C）：产生一系列连续标注的尺寸。
- 并列（S）：产生一系列交错的尺寸标注，如图 6-41 所示。
- 基线（B）：产生一系列基线标注的尺寸。后面的“坐标（O）”、“半径（R）”、“直径（D）”含义与此类同。
- 基准点（P）：为基线标注和连续标注指定一个新的基准点。
- 编辑（E）：对多个尺寸标注进行编辑。系统允许对已存在的尺寸标注添加或移去尺寸点。选择此选项，AutoCAD 提示：

```
指定要删除的标注点或 [添加(A)/退出(X)] <退出>:
```

在此提示下确定要移去的点之后回车，AutoCAD 对尺寸标注进行更新。如图 6-42 所示为图 6-41 删除中间 4 个标注点后的尺寸标注。

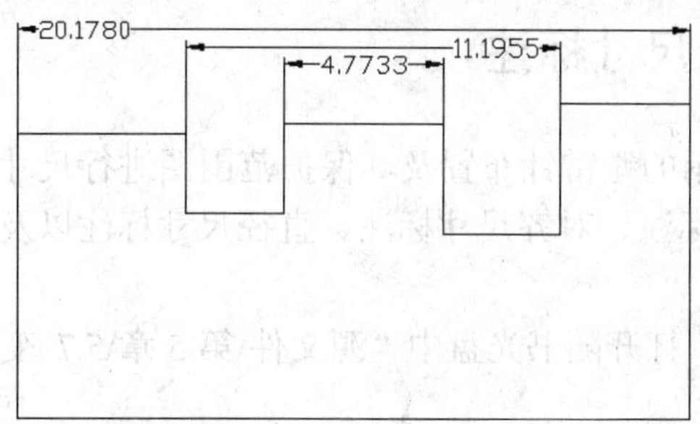

图 6-41　交错尺寸标注

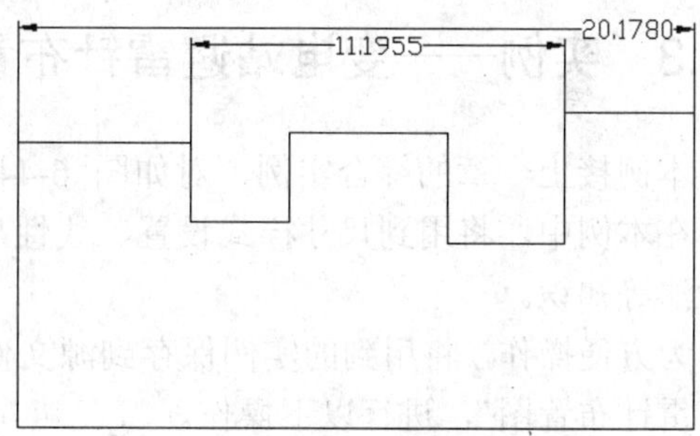

图 6-42　删除标注点

4. 引线标注

【执行方式】

命令行：QLEADER。

【操作格式】

```
命令：QLEADER↙
指定第一个引线点或 [设置(S)]<设置>:
指定下一点：(输入指引线的第二点)
指定下一点：(输入指引线的第三点)
指定文字宽度 <0.0000>:(输入多行文本的宽度)
输入注释文字的第一行 <多行文字(M)>:(输入单行文本或回车打开多行文字编辑器输入多行文本)
输入注释文字的下一行：(输入另一行文本)
输入注释文字的下一行：(输入另一行文本或回车)
```

也可以在上面操作过程中选择“设置（S）”项打开“引线设置”对话框进行相关参数设置，如图 6-43 所示。

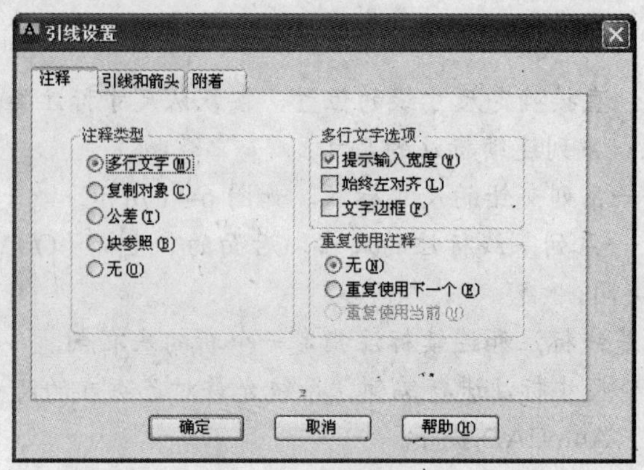

图 6-43 “引线设置”对话框

另外还有一个名为 LEADER 的命令行命令也可以进行引线标注，与 QLEADER 命令类似，不再赘述。

6.3.3 实例——变电站避雷针布置图尺寸标注

本例接上一章的综合实例，对如图 6-44 所示的避雷针布置及其保护范围图进行尺寸标注。在本例中，将用到尺寸样式设置、线性尺寸标注、对齐尺寸标注、直径尺寸标注以及文字标注等知识。

为方便操作，将用到的实例保存到源文件中，打开随书光盘中“源文件\第 5 章\5.7 变电站避雷针布置图”，进行以下操作。

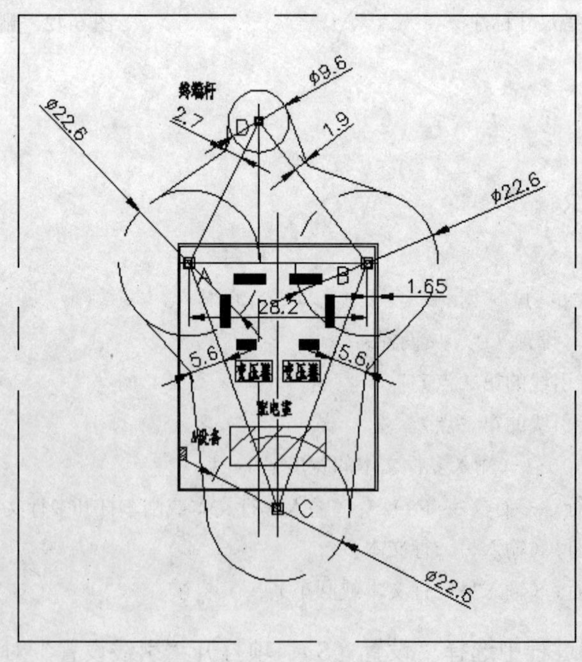

图 6-44 某厂用 35kV 变电站避雷针布置及其保护范围图

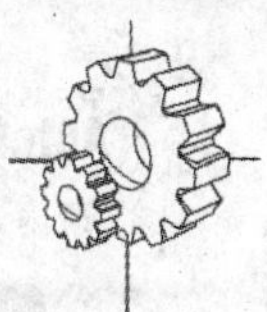

1. 标注样式设置

01 选择菜单栏中的“格式”→“标注样式”命令，打开“标注样式管理器”对话框，单击“新建”按钮，打开“创建新标注样式”对话框，如图 6-45 所示。在“用于”下拉列表框中选择“直径标注”。

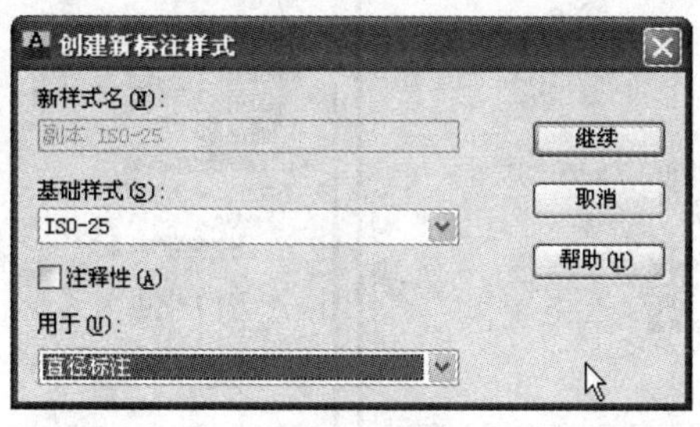

图 6-45　“创建新标注样式”对话框

02 单击“继续”按钮，打开“新建标注样式”对话框。其中有 7 个选项卡，可对新建的“直径标注样式”的风格进行设置。“线”选项卡设置如图 6-46 所示，“基线间距”设置为 3.75，“超出尺寸线”设置为 1.25。

03 “符号和箭头”选项卡设置如图 6-47 所示，“箭头大小”设置为 2，“折弯角度”设置为 90°。

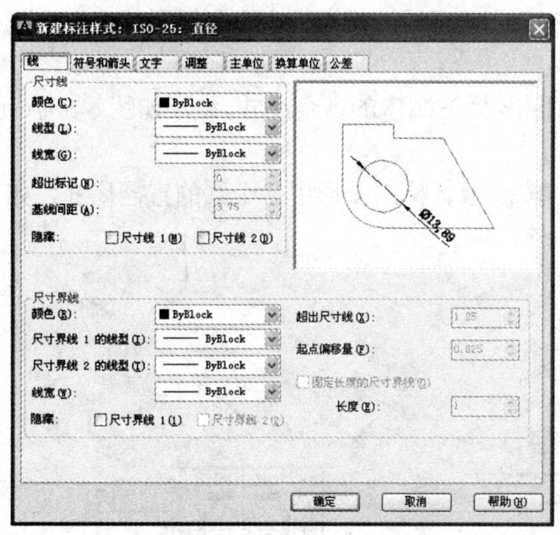

图 6-46　“线”选项卡设置

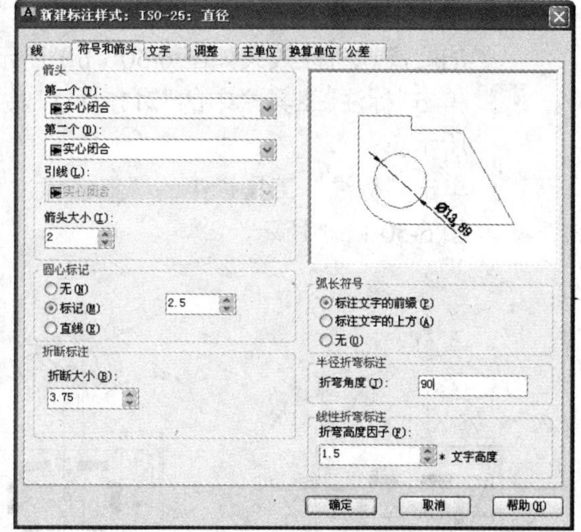

图 6-47　“符号和箭头”选项卡设置

04 “文字”选项卡设置如图 6-48 所示，“文字高度”设置为 2，“从尺寸线偏移”设置为 0.625，“文字对齐”采用“与尺寸线对齐”。

05 “主单位”选项卡设置如图 6-49 所示，“舍入”设置为 0，小数分隔符为“.”。

06 “调整”和“换算单位”选项卡不进行设置，后面用到的时候再进行设置。设置完毕后，回到“标注样式管理器”对话框，单击“置为当前”按钮，将新建的避雷针布置图标注样式设置为当前使用的标注样式。

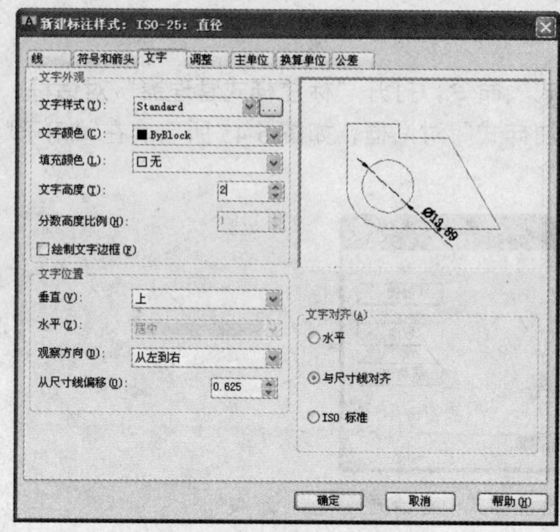

图 6-48 “文字”选项卡设置

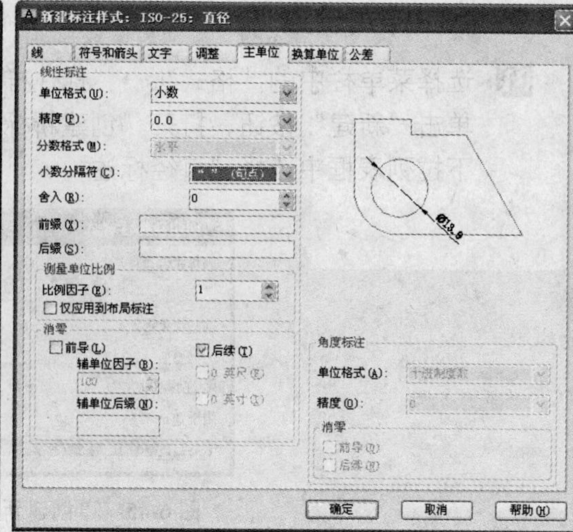

图 6-49 “主单位”选项卡

2. 标注尺寸

01 单击“标注”工具栏中的“线性标注”按钮，标注点 A 与点 B 之间的距离，阶段效果如图 6-50（a）所示。

02 单击“标注”工具栏中的“线性标注”按钮，标注终端杆中心到矩形外边框之间的距离，阶段效果如图 6-50（b）所示。

03 单击“标注”工具栏中的“对齐标注”按钮，标注图中的各个尺寸，结果如图 6-50（c）所示。

04 单击“标注”工具栏中的“直径标注”按钮，标注图形中各个圆的直径尺寸，如图 6-50（c）所示。

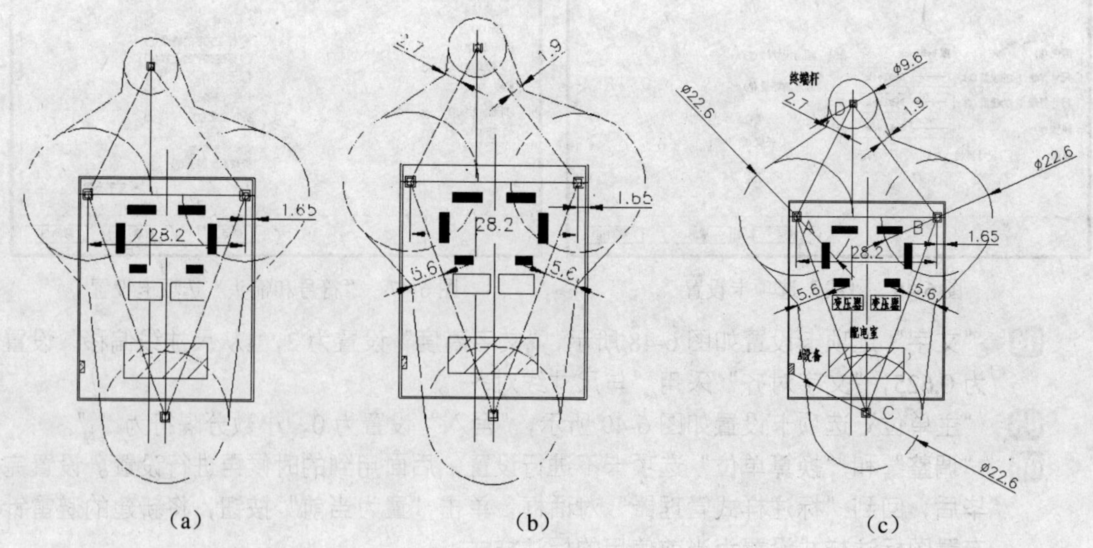

图 6-50 尺寸标注

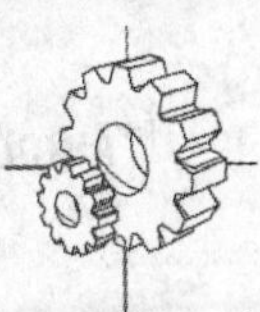

3．添加文字

01 创建文字样式。选择菜单栏中的“格式”→“文字样式”命令，打开“文字样式”对话框，创建一个样式名为“防雷平面图”的文字样式。“字体名”为“仿宋_GB2312”，“字体样式”为“常规”，“高度”为 1.5，宽度因子为 0.7，如图 6-51 所示。

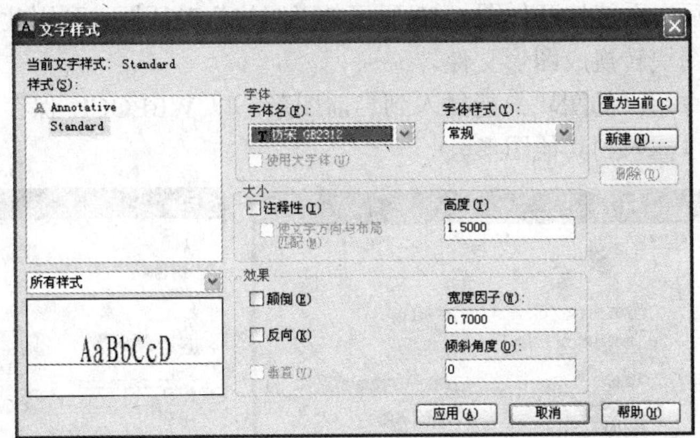

图 6-51　“文字样式”对话框

02 添加注释文字。单击“绘图”工具栏中的“多行文字”按钮A，一次输入几行文字，然后调整其位置，以对齐文字。调整位置的时候，结合使用正交命令。

03 使用文字编辑命令修改文字来得到需要的文字。

添加注释文字后，即完成了整张图纸的绘制，如图 6-44 所示。

6.4　图块及其属性

把一组图形对象组合成图块加以保存，需要的时候可以把图块作为一个整体以任意比例和旋转角度插入到图中任意位置，这样不仅避免了大量的重复工作，提高绘图速度和工作效率，而且大大节省了磁盘空间。

6.4.1　图块操作

1．图块定义

【执行方式】

（1）命令行：BLOCK。

（2）菜单：绘图→块→创建。

（3）工具栏：绘图→创建块。

【操作格式】

执行上述命令后，系统打开图 6-52 所示的“块定义”对话框，利用该对话框指定定义对象和基点以及其他参数，可定义图块并命名。

2. 图块保存

【执行方式】

命令行：WBLOCK。

【操作格式】

执行上述命令后，系统打开如图 6-53 所示的“写块”对话框。利用此对话框可把图形对象保存为图块或把图块转换成图形文件。

以 BLOCK 命令定义的图块只能插入到当前图形。以 WBLOCK 保存的图块既可以插入到当前图形，也可以插入到其他图形。

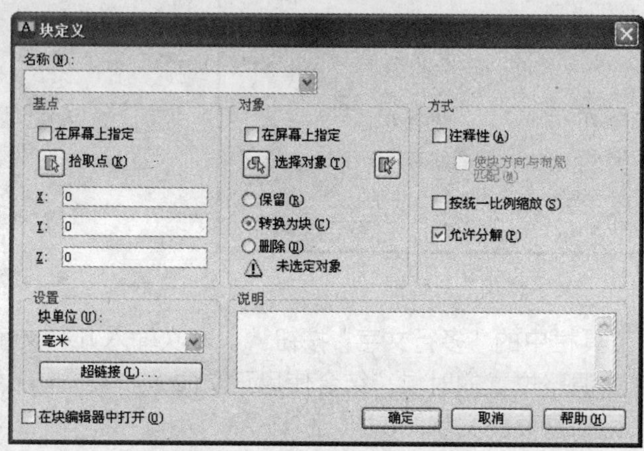

图 6-52 “块定义”对话框

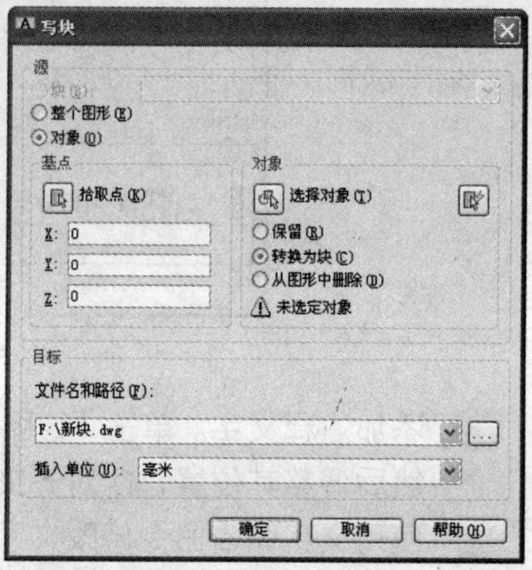

图 6-53 “写块”对话框

3. 图块插入

【执行方式】

（1）命令行：INSERT。

（2）菜单：插入→块。

（3）工具栏：插入→插入块 或 绘图→插入块。

【操作格式】

执行上述命令后，系统打开“插入”对话框，如图 6-54 所示。利用此对话框设置插入点位置、插入比例以及旋转角度，可以指定要插入的图块及插入位置。

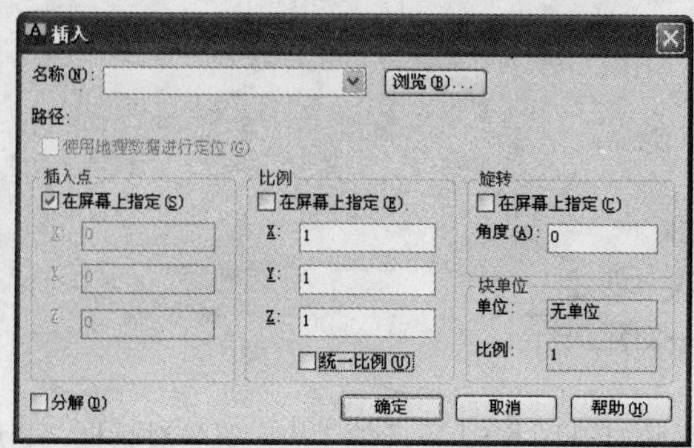

图 6-54 “插入”对话框

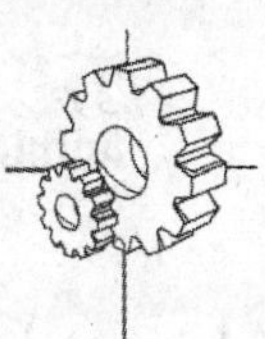

4. 动态块

动态块具有灵活性和智能性。用户在操作时可以轻松地更改图形中的动态块参照。可以通过自定义夹点或自定义特性来操作动态块参照中的几何图形。这使得用户可以根据需要在位调整块，而不用搜索另一个块以插入或重定义现有的块。

可以使用块编辑器创建动态块。块编辑器是一个专门的编写区域，用于添加能够使块成为动态块的元素。用户可以从头创建块，向现有的块定义中添加动态行为，也可以像在绘图区域中一样创建几何图形。

【执行方式】

（1）命令行：BEDIT。

（2）菜单：工具→块编辑器。

（3）工具栏：标准→块编辑器。

（4）快捷菜单：选择一个块参照，单击鼠标右键，选择“块编辑器”命令。

【操作格式】

执行上述命令后，打开“编辑块定义”对话框，如图 6-55 所示。在“要创建或编辑的块”文本框中输入块名或在列表框中选择已定义的块或当前图形。确认后系统打开块编写选项板和“块编辑器”工具栏，如图 6-56 所示。

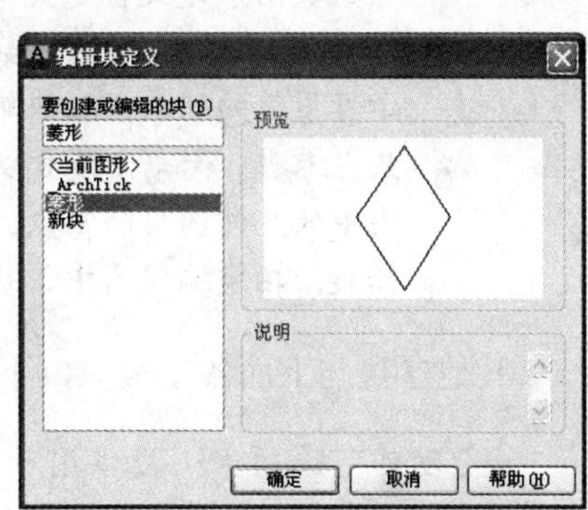

图 6-55 “编辑块定义”对话框

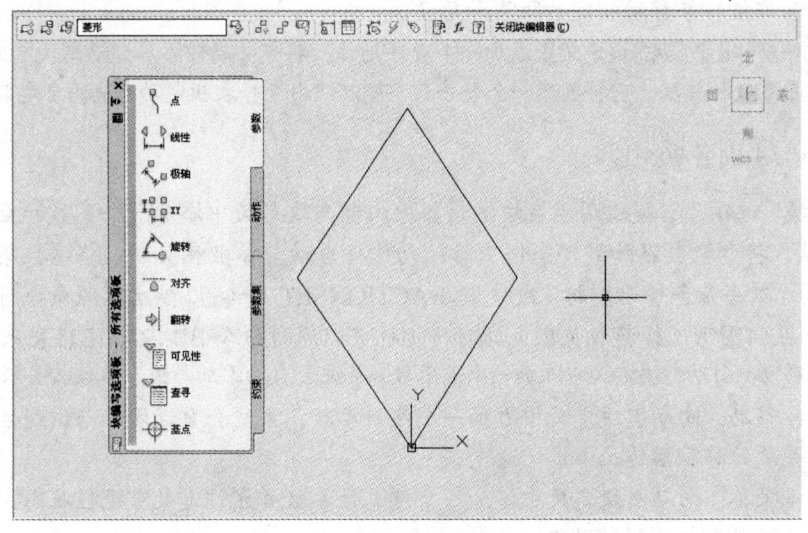

图 6-56 块编辑状态绘图平面

【选项说明】

块编写选项板有 4 个选项卡。

- “参数”对话框：提供用于向块编辑器中的动态块定义中添加参数的工具。参数用于指定几何图形在块参照中的位置、距离和角度。将参数添加到动态块定义中时，该参数将定义块的一个或多个自定义特性。此对话框也可以通过命令 BPARAMETER 来打开。
  - 点参数：将向动态块定义中添加一个点参数，并定义块参照的自定义 X 和 Y 特性。

点参数定义图形中的 X 和 Y 位置。在块编辑器中，点参数类似于一个坐标标注。

- 可见性参数：向动态块定义中添加一个可见性参数，并定义块参照的自定义可见性特性。可见性参数允许用户创建可见性状态并控制对象在块中的可见性。可见性参数总是应用于整个块，并且无须与任何动作相关联。在图形中单击夹点可以显示块参照中所有可见性状态的列表。在块编辑器中，可见性参数显示为带有关联夹点的文字。
- 查寻参数：向动态块定义中添加一个查寻参数，并定义块参照的自定义查寻特性。查寻参数用于定义自定义特性，用户可以指定或设置该特性，以便从定义的列表或表格中计算出某个值。该参数可以与单个查寻夹点相关联。在块参照中单击该夹点可以显示可用值的列表。在块编辑器中，查寻参数显示为文字。
- 基点参数：向动态块定义中添加一个基点参数。基点参数用于定义动态块参照相对于块中的几何图形的基点。基点参数无法与任何动作相关联，但可以属于某个动作的选择集。在块编辑器中，基点参数显示为带有十字光标的圆。

其他参数与上面各项类似，不再赘述。

- “动作”选项卡：提供用于向块编辑器中的动态块定义中添加动作的工具。动作定义了在图形中操作块参照的自定义特性时，动态块参照的几何图形将如何移动或变化。应将动作与参数相关联。此选项卡也可以通过命令 BACTIONTOOL 来打开。
  - 移动动作：在用户将移动动作与点参数、线性参数、极轴参数或 XY 参数关联时，将该动作添加到动态块定义中。移动动作类似于 MOVE 命令。在动态块参照中，移动动作使对象移动指定的距离和角度。
  - 查寻动作：向动态块定义中添加一个查寻动作。将查寻动作添加到动态块定义中并将其与查寻参数相关联。它将创建一个查寻表，可以使用查寻表指定动态块的自定义特性和值。

其他动作与上面各项类似。

- “参数集”选项卡：提供用于在块编辑器中向动态块定义中添加一个参数和至少一个动作的工具。将参数集添加到动态块中时，动作将自动与参数相关联。将参数集添加到动态块中后，双击黄色警示图标（或使用 BACTIONSET 命令），然后按照命令行上的提示将动作与几何图形选择集相关联。此对话框也可以通过命令 BPARAMETER 来打开。
  - 点移动：向动态块定义中添加一个点参数。系统会自动添加与该点参数相关联的移动动作。
  - 线性移动：向动态块定义中添加一个线性参数。系统会自动添加与该线性参数的端点相关联的移动动作。
  - 可见性集：向动态块定义中添加一个可见性参数并允许定义可见性状态。无须添加与可见性参数相关联的动作。
  - 查寻集：向动态块定义中添加一个查寻参数。系统会自动添加与该查寻参数相关联的查寻动作。

其他参数集与上面各项类似。

- “约束”选项卡：几何约束可将几何对象关联在一起，或者指定固定的位置或角度。

例如，用户可以指定某条直线应始终与另一条垂直，某个圆弧应始终与某个圆保持同心，

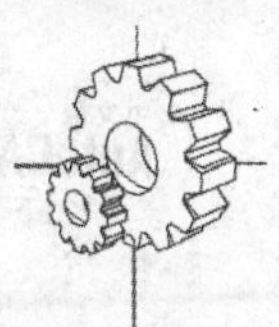

或者某条直线应始终与某个圆弧相切。

- 水平：使直线或点对位于与当前坐标系的 X 轴平行的位置。默认选择类型为对象。
- 垂直：使直线或点对位于与当前坐标系的 Y 轴平行的位置。
- 两点：选择两个约束点而非一个对象。
- 垂足：使选定的直线位于彼此垂直的位置。垂直约束在两个对象之间应用。
- 平行：使选定的直线位于彼此平行的位置。平行约束在两个对象之间应用。
- 切向：将两条曲线约束为保持彼此相切或其延长线保持彼此相切。相切约束在两个对象之间应用。圆可以与直线相切，即使该圆与该直线不相交。
- 平滑：将样条曲线约束为连续，并与其他样条曲线、直线、圆弧或多段线保持 G2 连续性。
- 重合：约束两个点使其重合，或者约束一个点使其位于曲线（或曲线的延长线）上。可以使对象上的约束点与某个对象重合，也可以使其与另一对象上的约束点重合。
- 同心：将两个圆弧、圆或椭圆约束到同一个中心点。结果与将重合约束应用于曲线的中心点所产生的结果相同。
- 共线：使两条或多条直线段沿同一直线方向。
- 对称：使选定对象受对称约束，相对于选定直线对称。
- 等于：将选定圆弧和圆的尺寸重新调整为半径相同，或将选定直线的尺寸重新调整为长度相同。
- 修复：将点和曲线锁定在位。

6.4.2　图块的属性

1．属性定义

【执行方式】

（1）命令行：ATTDEF。

（2）菜单：绘图→块→定义属性。

【操作格式】

执行上述命令后，系统打开“属性定义”对话框，如图 6-57 所示。

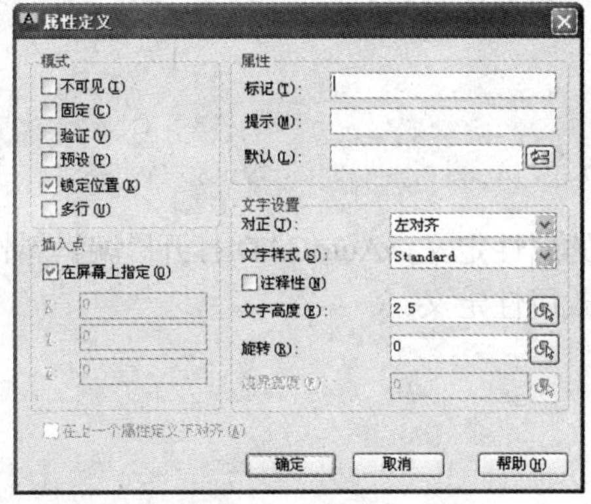

图 6-57　“属性定义”对话框

【选项说明】

- "模式"选项组
  - ➢ "不可见"复选框：选中此复选框，属性为不可见显示方式，即插入图块并输入属性值后，属性值在图中并不显示出来。
  - ➢ "固定"复选框：选中此复选框，属性值为常量，即属性值在属性定义时给定，在插入图块时 AutoCAD 不再提示输入属性值。
  - ➢ "验证"复选框：选中此复选框，当插入图块时 AutoCAD 重新显示属性值让用户验证该值是否正确。
  - ➢ "预设"复选框：选中此复选框，当插入图块时 AutoCAD 自动把事先设置好的默认值赋予属性，而不再提示输入属性值。
  - ➢ "锁定位置"复选框：选中此复选框，当插入图块时 AutoCAD 锁定块参照中属性的位置。解锁后，属性可以相对于使用夹点编辑的块的其他部分移动，并且可以调整多行属性的大小。
  - ➢ "多行"复选框：指定属性值可以包含多行文字。选中此复选框后，可以指定属性的边界宽度。
- "属性"选项组
  - ➢ "标记"文本框：输入属性标签。属性标签可由除空格和感叹号以外的所有字符组成。AutoCAD 自动把小写字母改为大写字母。
  - ➢ "提示"文本框：输入属性提示。属性提示是插入图块时 AutoCAD 要求输入属性值的提示。如果不在此文本框内输入文本，则以属性标签作为提示。如果在"模式"选项组选中"固定"复选框，即设置属性为常量，则不需设置属性提示。
  - ➢ "默认"文本框：设置默认的属性值。可把使用次数较多的属性值作为默认值，也可不设默认值。

其他各选项组比较简单，不再赘述。

2．修改属性定义

【执行方式】

（1）命令行：DDEDIT。

（2）菜单：修改→对象→文字→编辑。

【操作格式】

```
命令：DDEDIT↙
选择注释对象或［放弃（U）］：
```

在此提示下选择要修改的属性定义，AutoCAD 打开"编辑属性定义"对话框，如图 6-58 所示。可以在该对话框中修改属性定义。

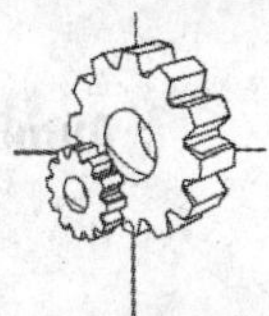

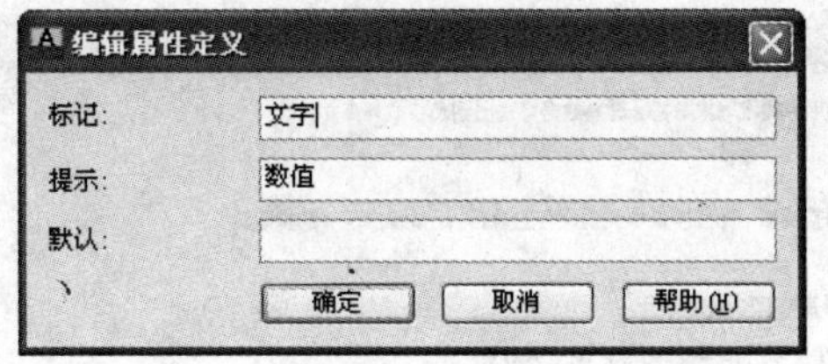

图 6-58　“编辑属性定义”对话框

3．图块属性编辑

【执行方式】

（1）命令行：EATTEDIT。

（2）菜单：修改→对象→属性→单个。

（3）工具栏：修改 II→编辑属性。

【操作格式】

```
命令：EATTEDIT↙
选择块：
```

选择块后，系统打开“增强属性编辑器”对话框，如图 6-59 所示。该对话框不仅可以编辑属性值，还可以编辑属性的文字选项和图层、线型、颜色等特性值。

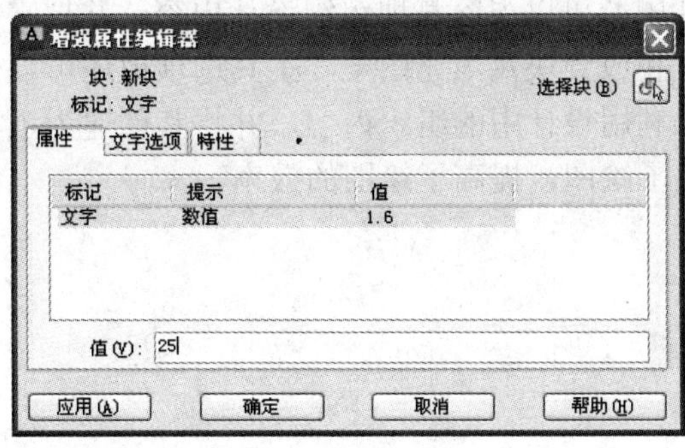

图 6-59　“增强属性编辑器”对话框

4．提取属性信息

提取属性信息可以方便地直接从图形数据中生成日程表或 BOM 表。新的向导使得此过程更加简单。

【执行方式】

（1）命令行：EATTEXT。

（2）菜单：工具→属性提取。

【操作格式】

执行上述命令后，系统打开“数据提取-开始”对话框，如图 6-60 所示。单击“下一步”按钮，依次打开各个对话框，依次在各对话框中对提取属性的各选项进行设置。设置完成后，系统生成包含提取数据的 BOM 表。

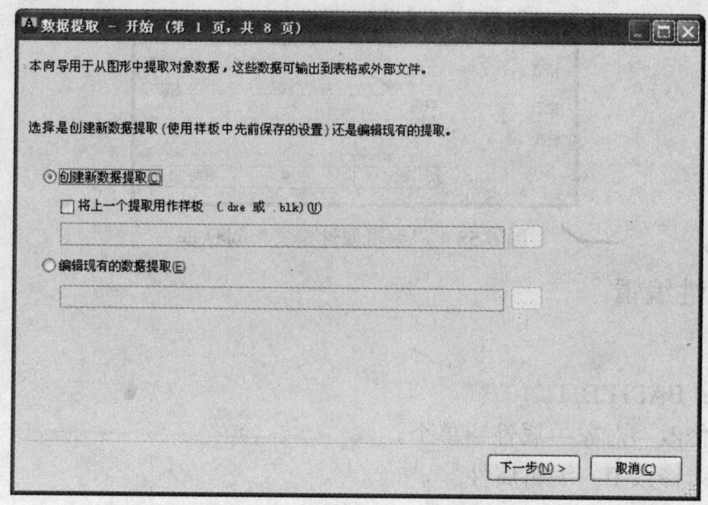

图 6-60 “数据提取—开始”对话框

6.5 设计中心与工具选项板

使用 AutoCAD 设计中心可以很容易地组织设计内容，并把它们拖动到当前图形中。工具选项板用于组织、共享和放置块及填充图案。工具选项板还可以包含由第三方开发人员提供的自定义工具，也可以利用设计中的组织内容，并将其创建为工具选项板。设计中心与工具选项板的使用大大方便了绘图，提高了绘图的效率。

6.5.1 设计中心

1. 启动设计中心

【执行方式】

（1）命令行：ADCENTER。

（2）菜单：工具→选项板→设计中心。

（3）工具栏：标准→设计中心 。

（4）快捷键：CTRL+2。

【操作步骤】

执行上述命令后，系统打开设计中心。第一次启动设计中心时，它默认打开的对话框为“文件夹”。内容显示区采用大图标显示，左边的资源管理器采用 tree view 显示方式显示系统的树形结构，浏览资源的同时，在内容显示区显示所浏览资源的有关细目或内容，如图 6-61 所示。也可以搜索资源，方法与 Windows 资源管理器类似。

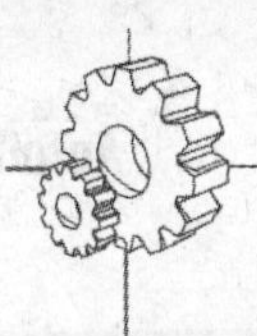

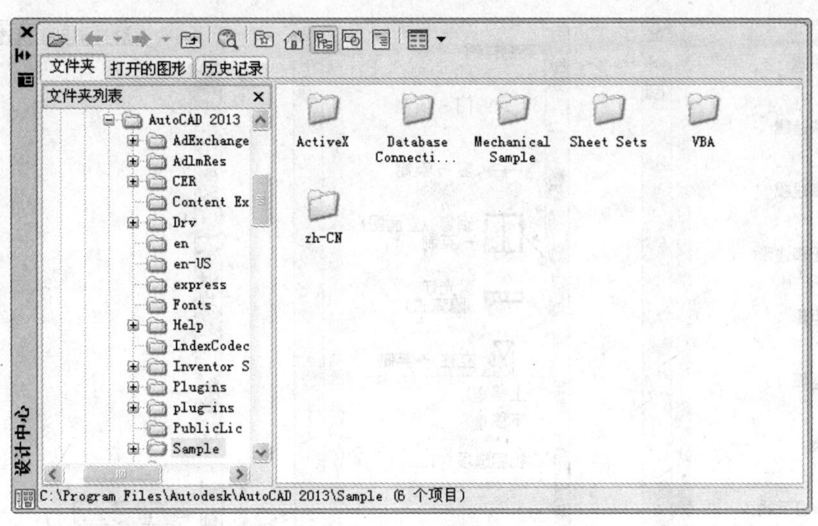

图 6-61　AutoCAD 2013 设计中心的资源管理器和内容显示区

2．利用设计中心插入图形

设计中心一个最大的优点是它可以将系统文件夹中的 DWG 图形当成图块插入到当前图形中去。具体方法如下：

（1）从文件夹列表或查找结果列表框选择要插入的对象，拖动对象到打开的图形。

（2）在相应的命令行提示下输入比例和旋转角度等数值。

被选择的对象根据指定的参数插入到图形中。

6.5.2　工具选项板

1．打开工具选项板

【操作格式】

（1）命令行：TOOLPALETTES。

（2）菜单：工具→选项板→工具选项板窗口。

（3）工具栏：标准→工具选项板窗口。

（4）快捷键：Ctrl+3。

【操作步骤】

执行上述命令后，系统自动打开工具选项板窗口，如图 6-62 所示。该工具选项板窗口上有系统预设置的三个选项板。可以右击鼠标，在系统打开的快捷菜单中选择“新建选项板”命令，如图 6-63 所示。系统新建一个空白选项板，可以命名该选项板，如图 6-64 所示。

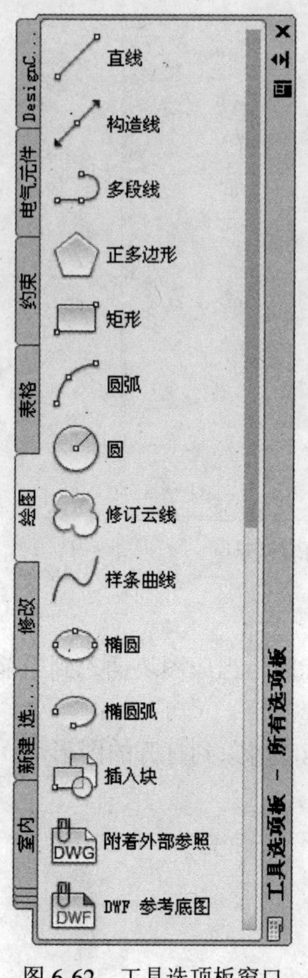

图 6-62　工具选项板窗口

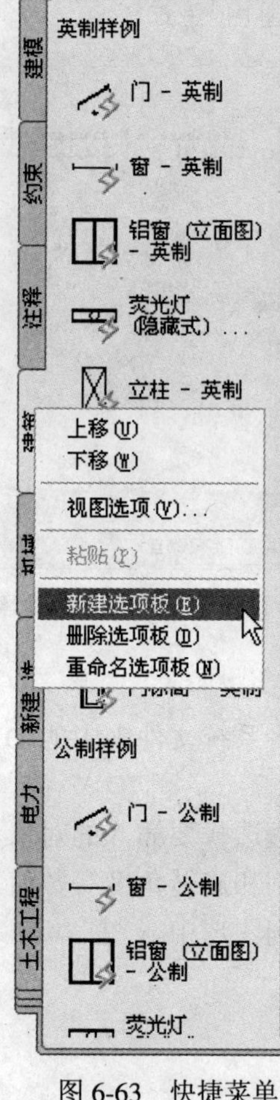

图 6-63　快捷菜单

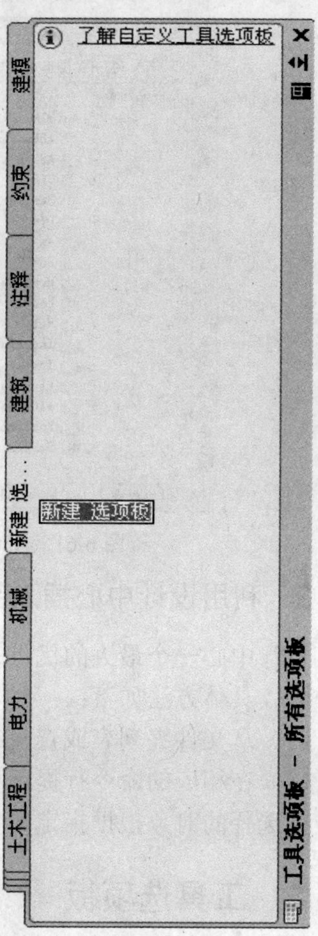

图 6-64　新建选项卡

2. 将设计中心内容添加到工具选项板

在 DesignCenter 文件夹上右击鼠标，系统打开右键快捷菜单，从中选择“创建块的工具选项板”命令，如图 6-65 所示。设计中心中存储的图元就出现在工具选项板中新建的 DesignCenter 选项组上，如图 6-66 所示。这样就可以将设计中心与工具选项板结合起来，建立一个快捷方便的工具选项板。

3. 利用工具选项板绘图

只需要将工具选项板中的图形单元拖动到当前图形，该图形单元就以图块的形式插入到当前图形中。如图 6-67 所示就是将工具选项板中“办公室样例”选项板中的图形单元拖动到当前图形绘制的办公室布置图。

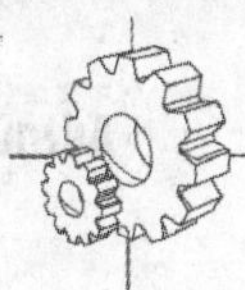

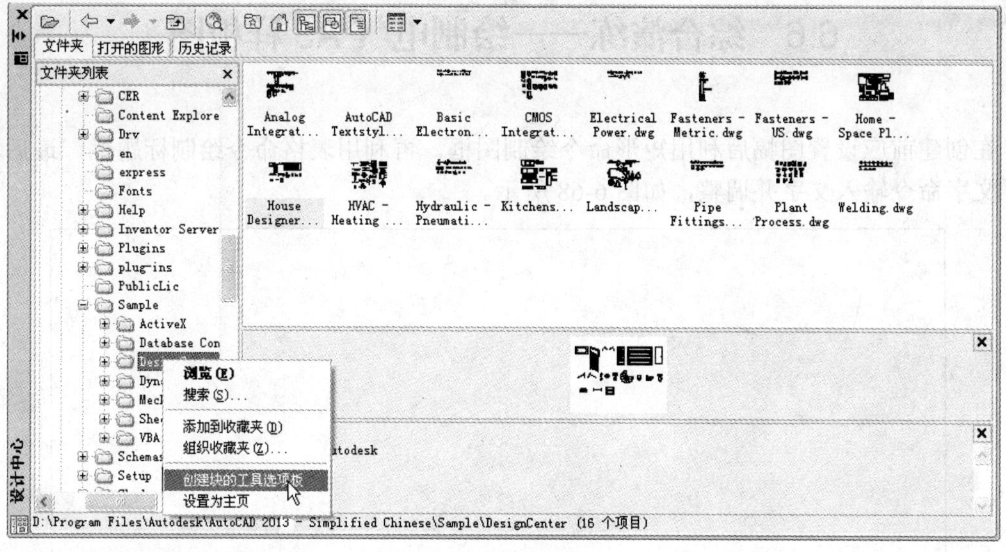

图 6-65　快捷菜单

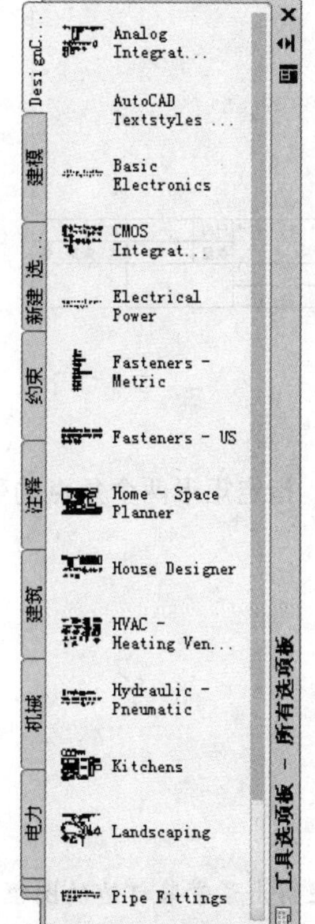

图 6-66　创建工具选项板

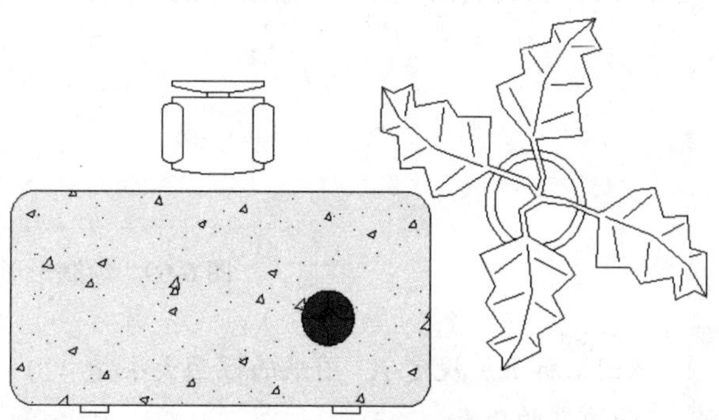

图 6-67　办公室布置图

6.6 综合演练——绘制电气 A3 样板图

在创建前应设置图幅后利用矩形命令绘制图框，再利用表格命令绘制标题栏，最后利用多行文字命令输入文字并调整，如图 6-68 所示。

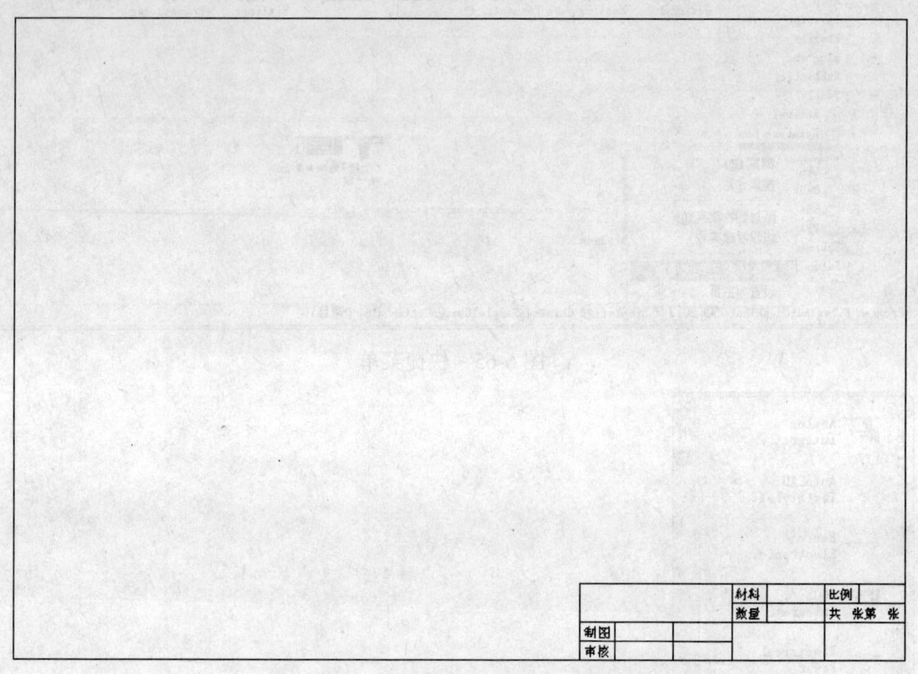

图 6-68　绘制电气 A3 样板图

1．绘制图框

单击“绘图”工具栏中的“矩形”按钮，绘制一个矩形，指定矩形两个角点的坐标分别为（25，10）和（410，287），如图 6-69 所示。

图 6-69　绘制矩形

注 意

《国家标准》规定 A3 图纸的幅面大小是 420 × 297，这里留出了带装订边的图框到纸面边界的距离。

2．绘制标题栏

标题栏结构如图 6-70 所示，由于分隔线并不整齐，所以可以先绘制一个 28×4（每个单元格的尺寸是 5×8）的标准表格，然后在此基础上编辑合并单元格。

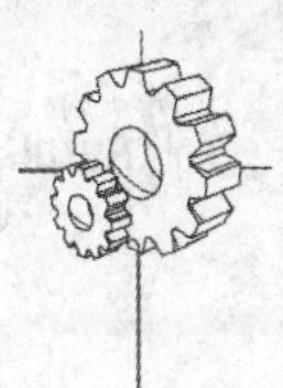

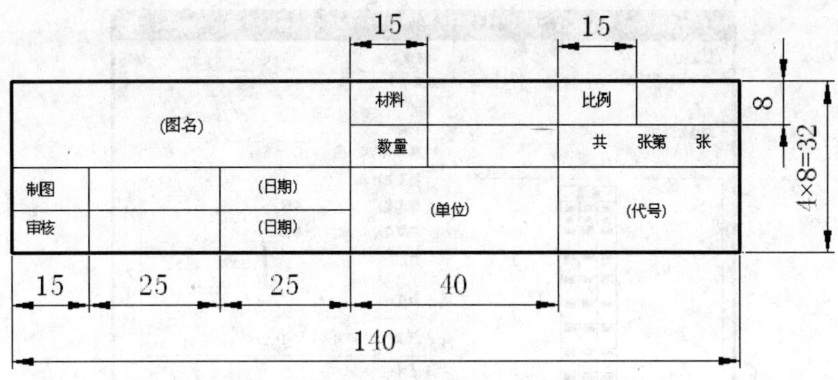

图 6-70　标题栏示意图

01 选择菜单栏中的“格式”→“表格样式”命令，打开“表格样式”对话框，如图 6-71 所示。

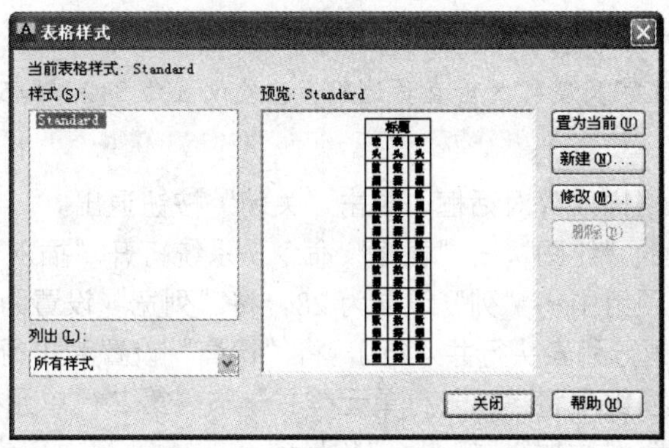

图 6-71　“表格样式”对话框

02 单击“修改”按钮，系统打开“修改表格样式”对话框，在“单元样式”下拉列表框中选择“数据”选项，在下面的“文字”选项卡中将“文字高度”设置为 3，如图 6-72 所示。再打开“常规”选项卡，将“页边距”选项组中的“水平”和“垂直”都设置成 1，如图 6-73 所示。

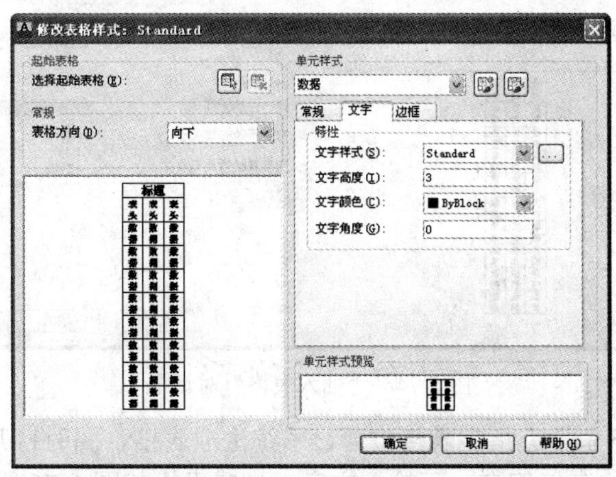

图 6-72　“修改表格样式”对话框

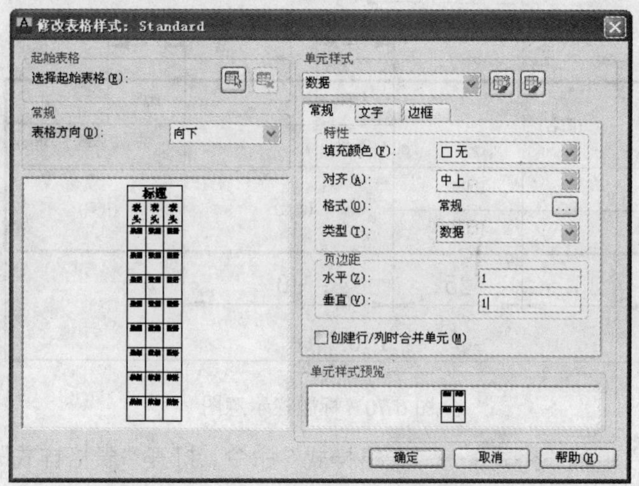

图 6-73　设置“常规”对话框

表格的行高=文字高度+2×垂直页边距，此处设置为 3+2×1=5。

03 系统回到“表格样式”对话框，单击“关闭”按钮退出。

04 选择菜单栏中的“绘图”→“表格”命令，系统打开“插入表格”对话框，在“列和行设置”选项组中将“列”设置为 28，将“列宽”设置为 5，将“数据行”设置为 2（加上标题行和表头行共 4 行），将“行高”设置为 1 行（即为 10）；在“设置单元样式”选项组中将“第一行单元样式”与“第二行单元样式”和“第三行单元样式”都设置为“数据”，如图 6-74 所示。

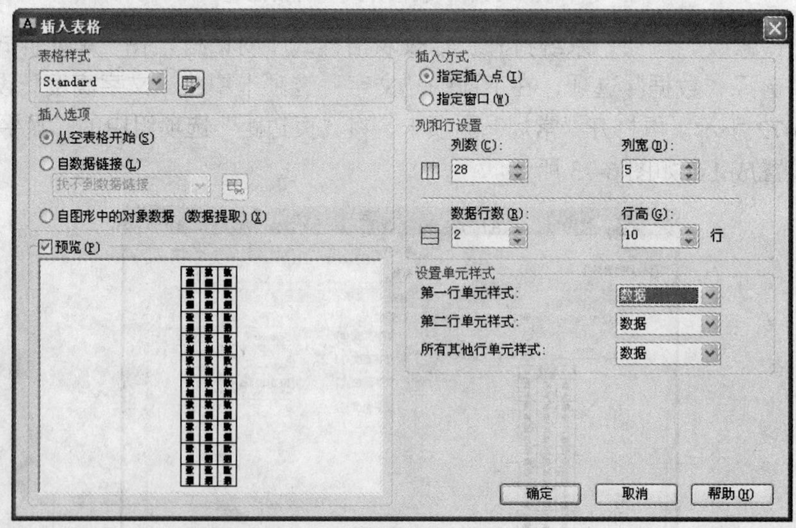

图 6-74　“插入表格”对话框

05 在图框线右下角附近指定表格位置，系统生成表格，同时打开多行文字编辑器，如图 6-75 所示，直接回车，不输入文字，生成表格如图 6-76 所示。

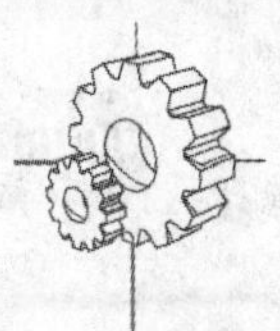

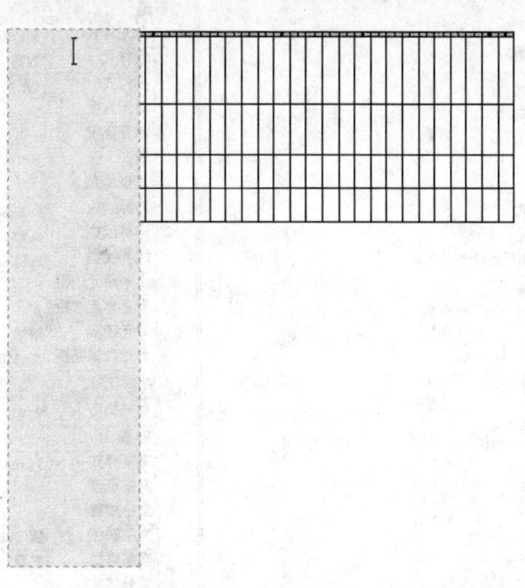

图 6-75　表格和文字编辑器

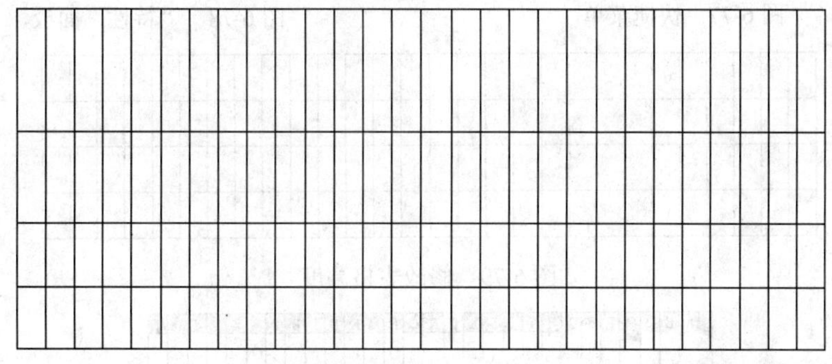

图 6-76　生成表格

06 单击表格一个单元格，系统显示其编辑夹点，单击鼠标右键，在打开的快捷菜单中选择“特性”命令，如图 6-77 所示，系统打开“特性”对话框，将单元高度参数改为 8，如图 6-78 所示，这样该单元格所在行的高度就统一改为 8。同样方法将其他行的高度改为 8，如图 6-79 所示。

07 选择 A1 单元格，按住 Shift 键，同时选择右边的 12 个单元格以及下面的 13 个单元格，单击鼠标右键，打开快捷菜单，选择其中的“合并”→“全部”命令，如图 6-80 所示，这些单元格完成合并，如图 6-81 所示。

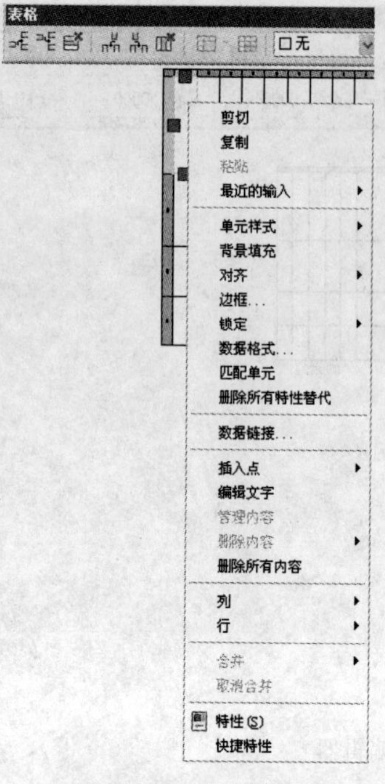

图 6-77　快捷菜单

表格	
常规	
透明度	ByLayer
单元	
单元样式	按行/列
行样式	数据
列样式	(无)
单元宽度	5
单元高度	8
对齐	正中
背景填充	无
边界颜色	ByBlock
边界线宽	ByBlock
边界线型	ByBlock
水平单元边距	1
垂直单元边距	1
单元锁定	解锁
单元数据链接	未链接
内容	
单元类型	文字
内容	
文字样式	Standard
文字高度	3
文字旋转	0
文字颜色	■ ByBlock
数据类型	常规
其他格式	

图 6-78　“特性”面板

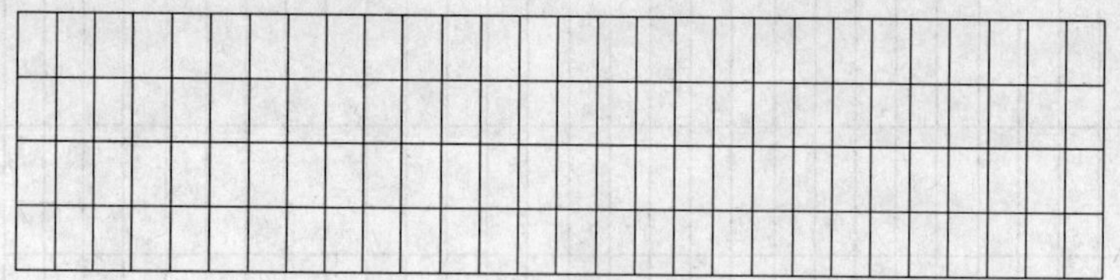

图 6-79　修改表格高度

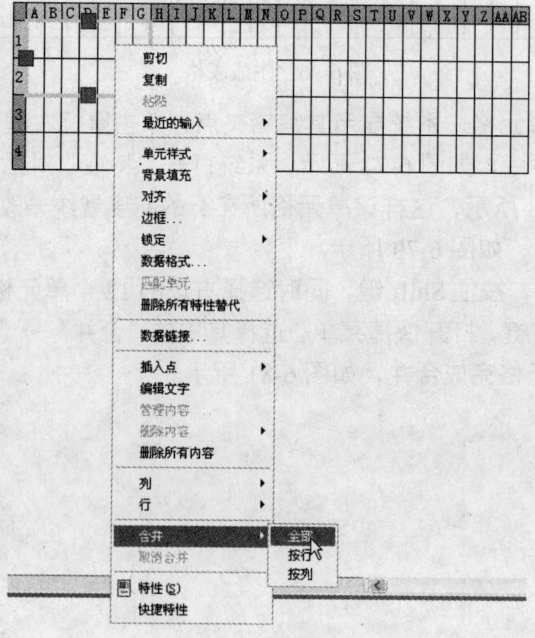

图 6-80　快捷菜单

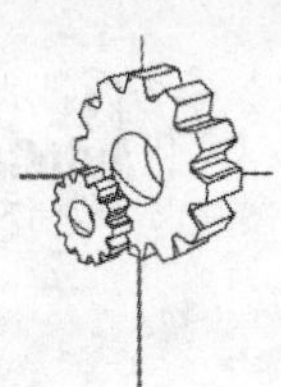

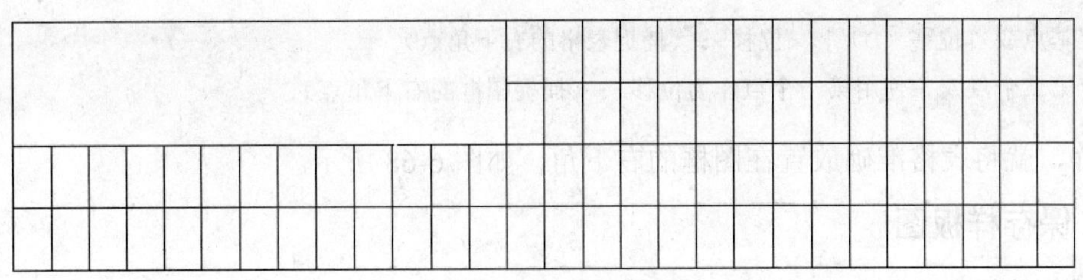

图 6-81　合并单元格

使用同样的方法，合并其他单元格，结果如图 6-82 所示。

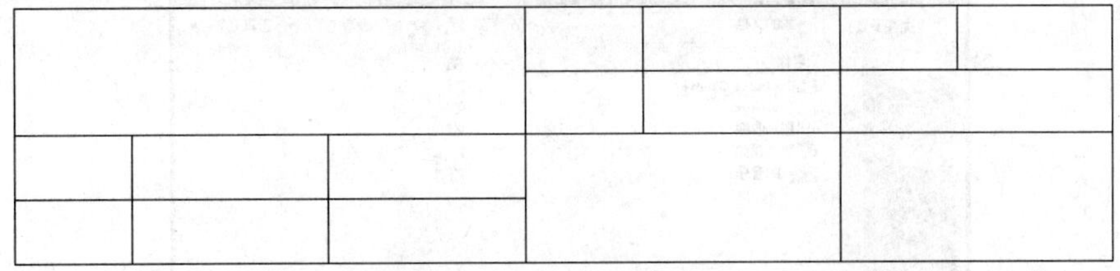

图 6-82　完成表格绘制

08 在单元格双击，打开文字编辑器，在单元格中输入文字，将文字大小改为 4，如图 6-83 所示。

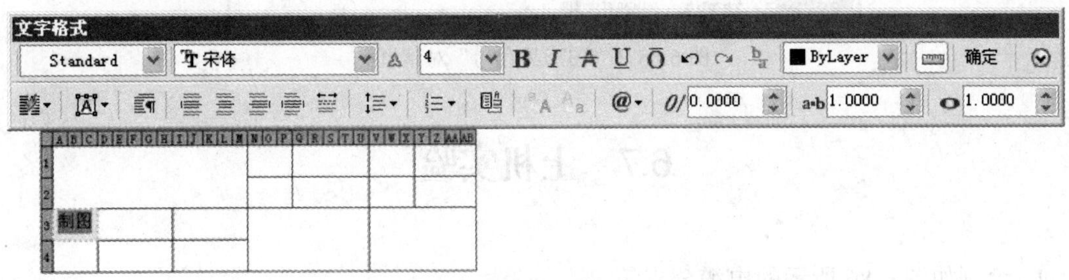

图 6-83　输入文字

使用同样的方法，输入其他单元格文字，结果如图 6-84 所示。

			材料		比例	
			数量		共　张第　张	
制图						
审核						

图 6-84　完成标题栏文字输入

3. 移动标题栏

刚生成的标题栏无法准确确定与图框的相对位置，需要移动。这里，先调用一个目前还没有讲述的命令“移动”（第 7 章详细讲述），命令行中的提示与操作如下：

```
命令：move↙
选择对象：(选择刚绘制的表格)
选择对象：↙
```

指定基点或［位移（D）］<位移>:（捕捉表格的右下角点）
指定第二个点或 <使用第一个点作为位移>:（捕捉图框的右下角点）

这样，就将表格准确放置在图框的右下角，如图 6-68 所示。

4．保存样板图

选择菜单栏中的“文件”→“另存为”命令，打开“图形另存为”对话框，将图形保存为 DWG 格式文件即可，如图 6-85 所示。

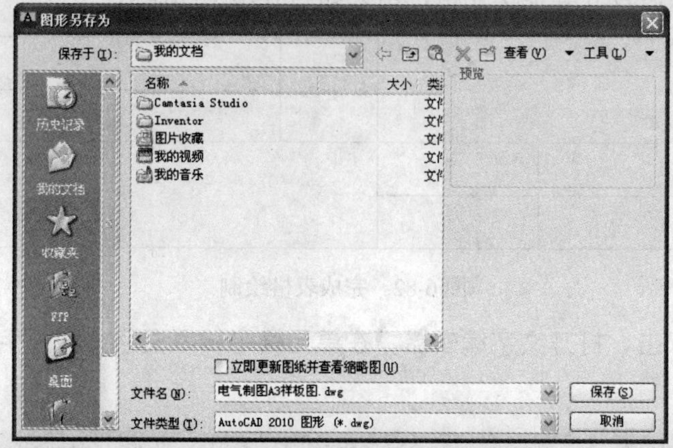

图 6-85 “图形另存为”对话框

6.7 上机实验

1．绘制如图 6-86 所示的电缆分支箱。

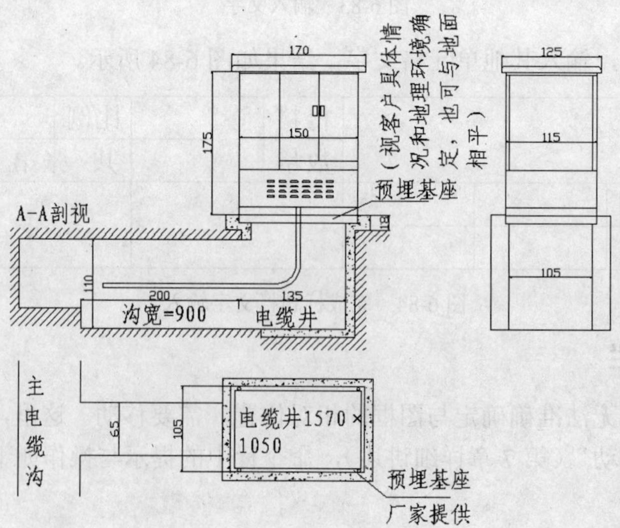

图 6-86 电缆分支箱

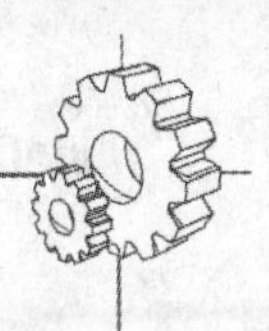

（1）目的要求

文字标注与尺寸标注是对所有图形进行完善的重要部分。本例通过绘制电路图复习绘图与编辑命令添加技术要求文字，让读者掌握文字，尤其是特殊符号的编辑方法和技巧。

（2）操作提示

①利用“图层”命令设置图层。

②利用绘图命令和编辑命令绘制各部分。

③利用“多行文字”命令和“尺寸标注”标注文字和尺寸。

2. 利用图块插入的方法绘制如图 6-87 所示的变电工程原理图。

（1）目的要求

在实际绘图过程中，会经常遇到重复性的图形单元。解决这类问题最简单快捷的办法是将重复性的图形单元制作成图块，然后将图块插入图形。本例通过各电气元件的插入，使读者掌握图块相关的操作。

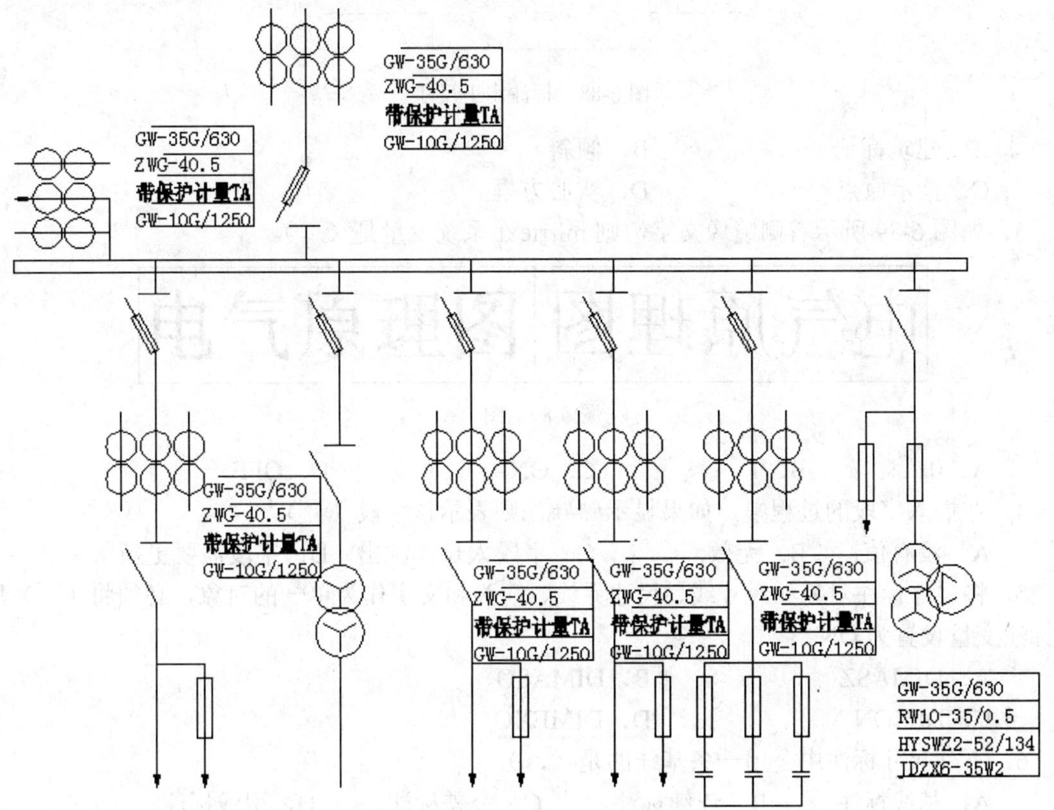

图 6-87 三相电机启动控制电路图

（2）操作提示

①绘制各种电气元件，并保存成图块。

②插入各个图块，并连接。

③标注文字。

6.8 思考与练习

1．在设置文字样式的时候，设置了文字的高度，其效果是（　）。

A．在输入单行文字时，可以改变文字高度

B．在输入单行文字时，不可以改变文字高度

C．在输入多行文字时候，不能改变文字高度

D．都能改变文字高度

2．如图 6-88 所示，标注在“符号和箭头”选项卡中“箭头”选项组下，应该如何设置？（　）

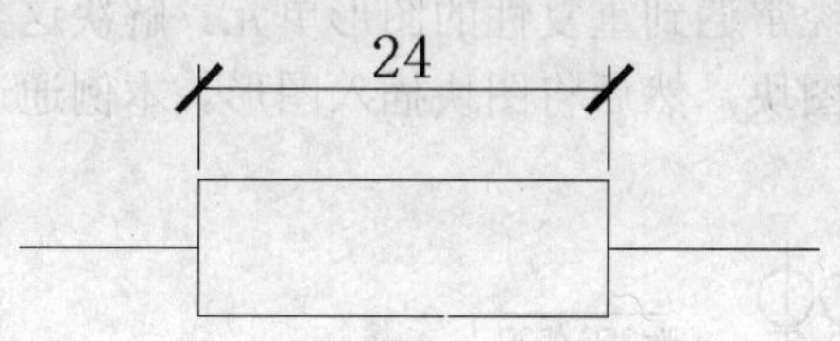

图 6-88　标注水平尺寸

A．建筑标记　　B．倾斜

C．指示原点　　D．实心方框

3．如图 6-89 所示右侧镜像文字，则 mirrtext 系统变量是（　）。

电气原理图

图 6-89　图 1

A．0　　B．1　　C．ON　　D．OFF

4．在插入字段的过程中，如果显示####，则表示该字段（　）。

A．没有值　　B．无效　　C．字段太长，溢出　　D．字段需要更新

5．将尺寸标注对象如尺寸线、尺寸界线、箭头和文字作为单一的对象，必须将（　）尺寸标注变量设置为 ON。

A．DIMASZ　　B．DIMASO

C．DIMON　　D．DIMEXO

6．下列尺寸标注中公用一条基线的是（　）。

A．基线标注　　B．连续标注　　C．公差标注　　D．引线标注

7．将图和已标注的尺寸同时放大 2 倍，其结果是（　）。

A．尺寸值是原尺寸的 2 倍　　B．尺寸值不变，字高是原尺寸的 2 倍

C．尺寸箭头是原尺寸的 2 倍　　D．原尺寸不变

8．尺寸公差中的上下偏差可以在线性标注的哪个选项中堆叠起来？（　）

A．多行文字　　B．文字　　C．角度　　D．水平

9．绘制如图 6-90 所示的电气元件表。

		1P1	1P2	1P3	1P4	1P5
配电柜编号		1P1	1P2	1P3	1P4	1P5
配电柜型号		GCK	GCK	GCJ	GCJ	GCK
配电柜柜宽		1000	1800	1000	1000	1000
配电柜用途		计量进线	干式稳压器	电容补偿柜	电容补偿柜	馈电柜
主要元件	隔离开关			QSA-630/3	QSA-630/3	
	断路器	AE-3200A/4P	AE-3200A/3P	CJ20-63/3	CJ20-63/3	AE-1600AX2
	电流互感器	3×LMZ2-0.66-2500/5 4×LMZ2-0.66-3000/5	3×LMZ2-0.66-3000/5	3×LMZ2-0.66-500/5	3×LMZ2-0.66-500/5	6×LMZ2-0.66-1500/5
	仪表规格	DTF-224 1级 6L2-A×3 DXF-226 2级 6L2-V×1	6L2-A×3	6L2-A×3 6L2-COSΦ	6L2-A×3	6L2-A
负荷名称/容量		SC9-1600KVA	1600KVA	12X30=360KVAR	12X30=360KVAR	
母线及进出线电缆		母线槽FCM-A-3150A		配十二步自动投切	与主柜联动	

图 6-90 文本

10．用 BLOCK 命令定义的内部图块，下列说法中（ ）是正确的。

A．只能在定义它的图形文件内自由调用

B．只能在另一个图形文件内自由调用

C．既能在定义它的图形文件内自由调用，又能在另一个图形文件内自由调用

D．两者都不能用

11．在 AutoCAD 的“设计中心”窗口的（ ）选项卡中，可以查看当前图形中的图形信息。

A．文件夹 B．打开的图形 C．历史记录 D．联机设计中心

12．利用设计中心不可能完成的操作是（ ）。

A．根据特定的条件快速查找图形文件

B．打开所选的图形文件

C．将某一图形中的块通过鼠标拖放添加到当前图形中

D．删除图形文件中未使用的命名对象，例如块定义、标注样式、图层、线型和文字样式等

13．下列方法中（ ）能插入创建好的块。

A．从 Windows 资源管理器中将图形文件图标拖放到 AutoCAD 绘图区域插入块

B．从设计中心插入块

C．用粘贴命令“pasteclip”插入块

D．用插入命令“insert”插入块

14．下列关于块的说法中正确的是（ ）。

A．块只能在当前文档中使用

B．只有用 Wblock 命令写到盘上的块才可以插入另一图形文件中

C．任何一个图形文件都可以作为块插入另一幅图中

D．用 Block 命令定义的块可以直接通过 Insert 命令插入到任何图形文件中

15．设计中心以及工具选项板中的图形与普通图形有什么区别？与图块又有什么区别？

第 7 章

机械电气设计

机械电气设计是电气工程的重要组成部分。随着相关技术的发展，机械电气的使用日益广泛。本章主要着眼于机械电气设计，通过几个具体的实例由浅入深地讲述了在 AutoCAD 2013 环境下进行机械电气设计的过程。

7.1 机械电气简介

机械电气是一类比较特殊的电气，主要指应用在机床上的电气系统，故也称为机床电气，包括应用在车床、磨床、钻床、铣床，以及镗床上的电气，也包括机床的电气控制系统、伺服驱动系统和计算机控制系统等。随着数控系统的发展，机床电气也成为了电气工程的一个重要组成部分。

机床电气系统的组成如下。

1. 电力拖动系统

电力拖动系统是以电动机为动力驱动控制对象（工作机构）做机械运动。

（1）直流拖动与交流拖动

直流电动机：具有良好的启动、制动性能和调速性能，可以方便地在很宽的范围内平滑调速，尺寸大，价格高，运行可靠性差。

交流电动机：具有单机容量大，转速高，体积小，价钱便宜，工作可靠和维修方便等优点，但调速困难。

（2）单电机拖动和多电机拖动

单电机拖动：每台机床上安装一台电动机，再通过机械传动机构装置将机械能传递到机床的各运动部件。

多电机拖动：一台机床上安装多台电动机，分别拖动各运动部件。

2. 电气控制系统

电气控制系统是对各拖动电动机进行控制，使它们按规定的状态、程序运动，并使机床

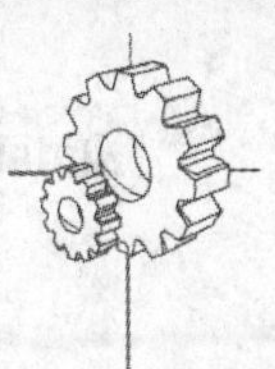

各运动部件的运动得到合乎要求的静、动态特性。

（1）继电器—接触器控制系统

这种控制系统由按钮开关、行程开关、继电器、接触器等电气元件组成，控制方法简单直接，价格低。

（2）计算机控制系统

这种系统由数字计算机控制，高柔性，高精度，高效率，高成本。

（3）可编程控制器控制系统

这种系统克服了继电器—接触器控制系统的缺点，又具有计算机的优点，并且编程方便，可靠性高，价格便宜。

7.2　绘制 KE-Jetronic 汽油喷射装置电路图

如图 7-1 所示为 KE-Jetronic 汽油喷射装置的电路图。其绘制思路为：首先设置绘图环境，然后利用绘图命令绘制主要连接导线和主要电气元件，并将它们组合在一起，最后对图形添加文字注释。

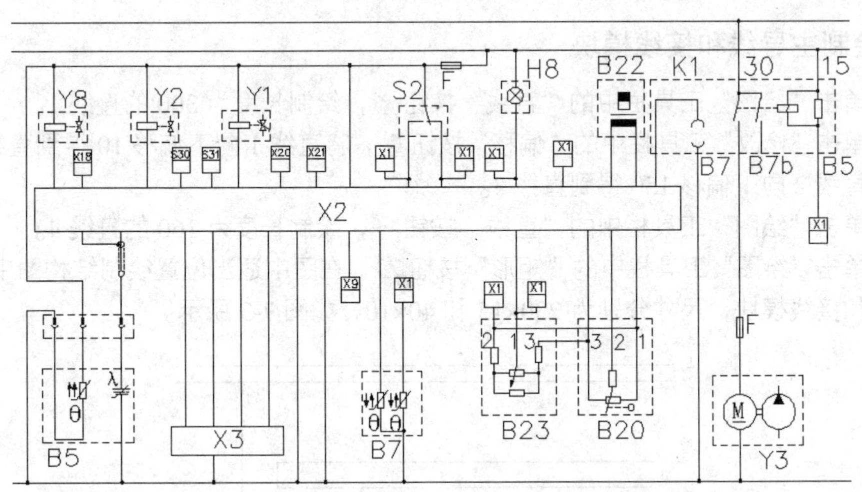

图 7-1　KE-Jetronic 汽油喷射装置的电路图

7.2.1　设置绘图环境

01 建立新文件。打开 AutoCAD 2013 应用程序，选择随书光盘中的“源文件\第 7 章\A3title.dwt”样板文件为模板，建立新文件，并将新文件命名为“KE-Jetronic.dwg”保存。

02 设置绘图工具栏。在工具栏上任意地方右击，在弹出的右键快捷菜单中选择“标准”、“图层”、“对象特性”、“绘图”、“修改”和“标注”6 个选项，调出这些工具栏，并将它们移动到绘图区的适当位置。

03 设置图层。单击“图层”工具栏中的“图层特性管理器”按钮，在弹出的“图层特性管理器”面板中单击“新建图层”按钮，新建“连接线层”、“实体符号层”和“虚线层”3 个图层，各图层的参数设置如图 7-2 所示；设置完毕后，选择“连接线层”，然后单击“置为当前”按钮，将其设置为当前图层。

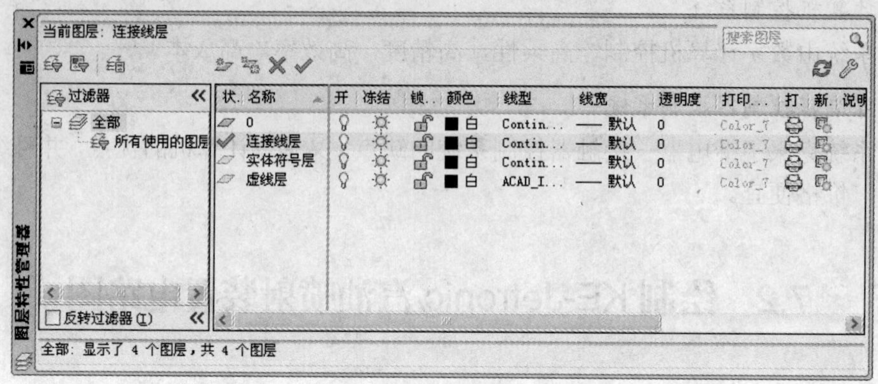

图 7-2　设置图层

7.2.2　绘制图纸结构图

1. 绘制主导线和接线模块

01 单击“绘图”工具栏中的“直线”按钮，绘制长度为 300 的直线 1。

02 单击“修改”工具栏中的“偏移”按钮，将直线 1 向下偏移 10 得到直线 2，再将直线 2 向下偏移 150 得到直线 3。

03 单击“绘图”工具栏中的“直线”按钮，绘制长度为 160 的直线 4。

04 单击“绘图”工具栏中的“矩形”按钮，在图中适当位置绘制结构图中的主导线和接线模块，尺寸分别为 230×15 和 40×10，如图 7-3 所示。

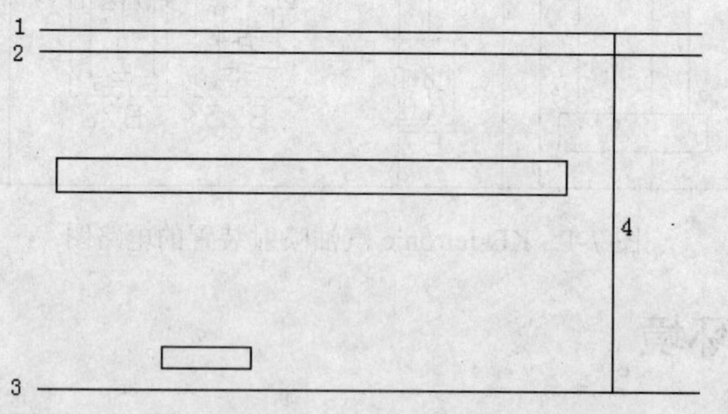

图 7-3　绘制主导线和接线模块

2. 添加主要连接导线

通过单击“绘图”工具栏中的“直线”按钮、“修改”工具栏中的“偏移”按钮和“修剪”按钮，在上步绘制好的结构图中添加连接导线，如图 7-4 所示。本图对各导线之

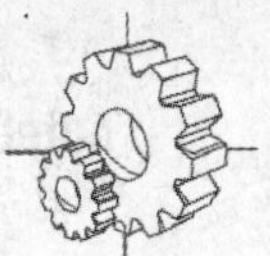

间的尺寸关系要求并不十分严格，只要能大体表达各电气元件之间的位置关系即可，可以根据具体情况进行调整。

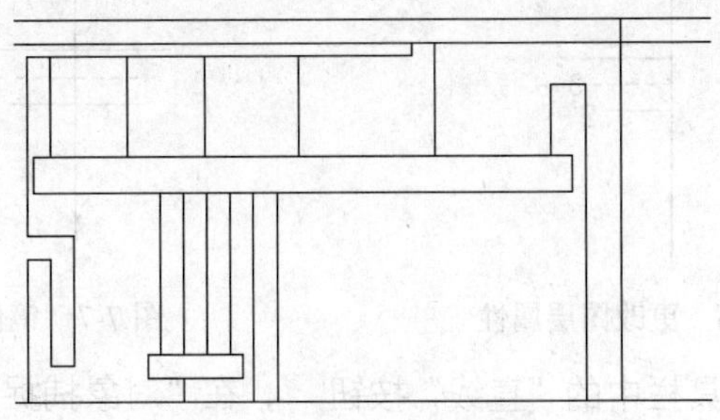

图 7-4　添加主要连接导线

7.2.3　绘制各主要电气元件

1. 绘制 λ 探测器

01 单击“绘图”工具栏中的“直线”按钮，以坐标点{(100,30),(100,57)}绘制竖直直线，如图 7-5（a）所示；重复“直线”命令，以坐标点{(100,42),(105,42)}绘制水平直线，如图 7-5（b）所示。

02 单击“修改”工具栏中的“偏移”按钮，将图 7-5（b）中的直线 2 向上偏移 2 得到直线 3，将直线 3 向上偏移 2 得到直线 4，如图 7-5（c）所示。

03 选择菜单栏中的“修改”→“拉长”命令，将直线 3 和直线 4 分别向右拉长 1 和 2，如图 7-5（d）所示。

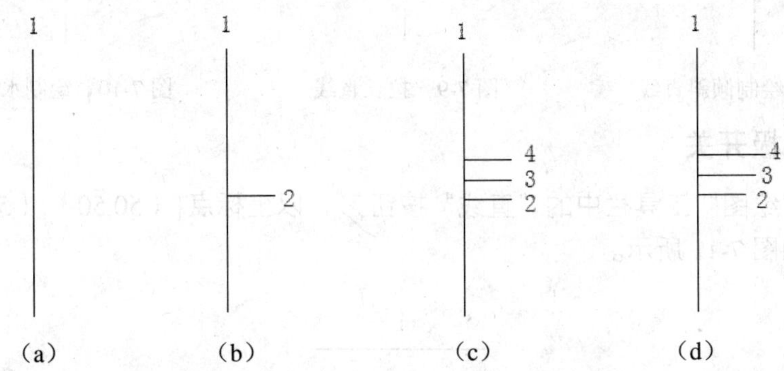

图 7-5　绘制直线组

04 选中直线 3，在“图层”工具栏的“图层控制”下拉列表中选择“虚线层”选项，将直线 3 移至“虚线层”，更改后的效果如图 7-6 所示。

05 单击“修改”工具栏中的“镜像”按钮，选择直线 2、3 和 4 作为镜像对象，以直线 1 为镜像线进行镜像操作，结果如图 7-7 所示。

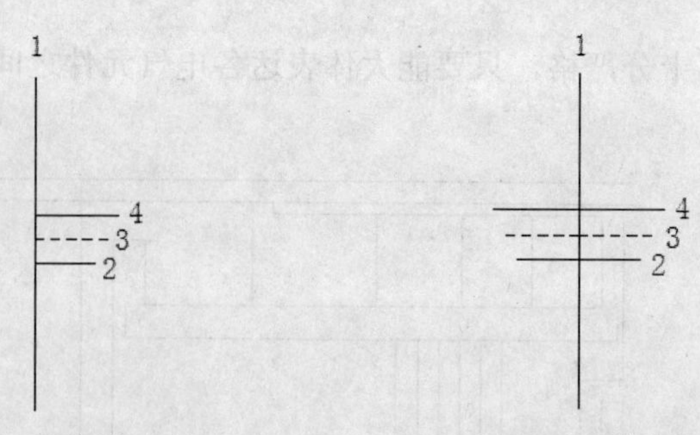

图 7-6　更改图层属性　　　　图 7-7　镜像直线

06 单击“绘图”工具栏中的“直线”按钮，在“对象捕捉”与“极轴”绘图方式下，用鼠标捕捉 O 点，以其为起点，绘制一条与水平方向夹角为 60°、长度为 6 的倾斜直线 5，如图 7-8 所示。

07 选择菜单栏中的“修改”→“拉长”命令，将直线 5 向下拉长 6，如图 7-9 所示。

08 关闭“极轴”功能，在“正交”绘图方式下，单击“绘图”工具栏中的“直线”按钮，用鼠标捕捉直线 5 的下端点，以其为起点，向左绘制长度为 2 的水平直线，如图 7-10 所示。

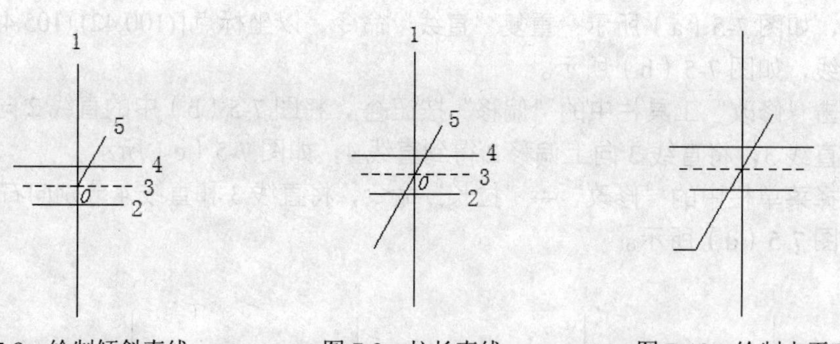

图 7-8　绘制倾斜直线　　　图 7-9　拉长直线　　　图 7-10　绘制水平直线

2. 绘制双极开关

01 单击“绘图”工具栏中的“直线”按钮，以坐标点{（50,50），（58,50）}绘制直线，如图 7-11 所示。

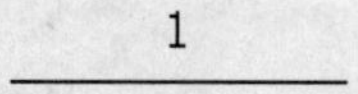

1

图 7-11　绘制水平直线

02 单击“绘图”工具栏中的“直线”按钮，在“对象追踪”和“正交”绘图方式下，用鼠标左键捕捉直线 1 的左端点为起点，向下依次绘制直线 2、3 和 4，长度分别为 2、8 和 6。

03 单击“修改”工具栏中的“偏移”按钮，分别将直线 2、3 和 4 向右偏移，偏移距离为 8，得到直线 5、6 和 7。

04 单击“修改”工具栏中的“旋转”按钮，选择直线 3，在“对象捕捉”绘图方式下，捕捉 A 点为基点，将直线 3 绕 A 点顺时针旋转 20º；采用相同的方法，将直线

6 绕 B 点顺时针旋转 20º，如图 7-12 所示。

05 单击“绘图”工具栏中的“直线”按钮，在“对象追踪”和“正交”绘图方式下，捕捉 A 点为起点，绘制一条长为 10.5 的水平直线 8，如图 7-13 所示。

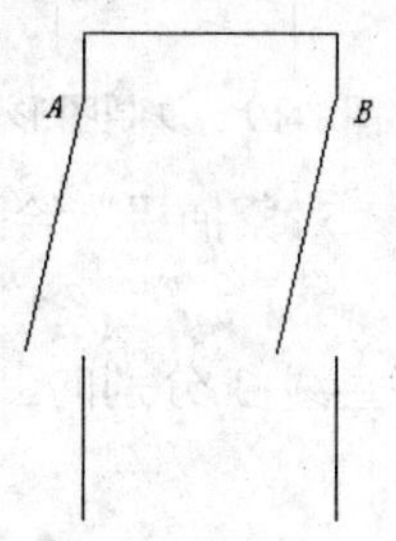

图 7-12　旋转直线

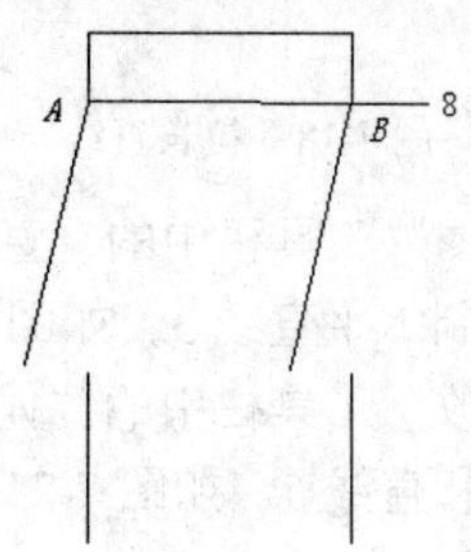

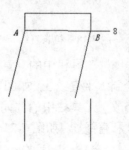

图 7-13　绘制水平直线

06 单击“修改”工具栏中的“移动”按钮，在“正交”绘图方式下，将直线 8 先向下平移 3，再向左平移 1，如图 7-14 所示。

07 选择直线 8，在“图层”工具栏的“图层控制”下拉列表中选择“虚线层”选项，将直线 8 移至“虚线层”，更改后的效果如图 7-15 所示，完成双极开关的绘制。

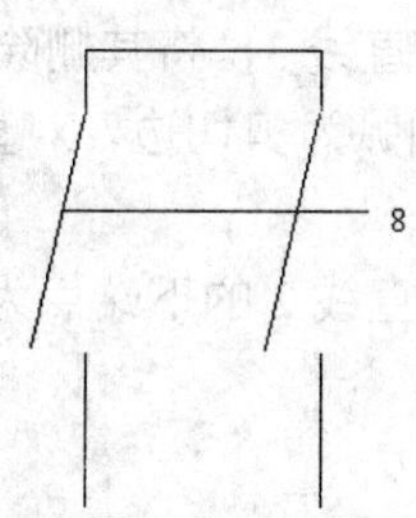

图 7-14　平移直线

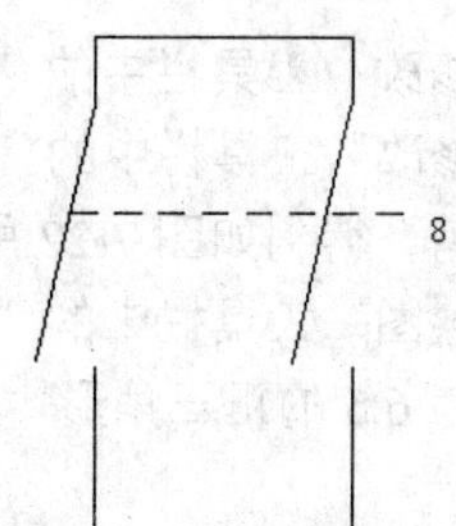

图 7-15　更改图层属性

3. 绘制电动机（带燃油泵）

01 单击“绘图”工具栏中的“圆”按钮，以（200，50）为圆心，绘制一个半径为 10 的圆，如图 7-16 所示。

02 单击“绘图”工具栏中的“直线”按钮，在“对象捕捉”和“正交”绘图方式下，以圆心 O 为起点，向上绘制一条长度为 15 的竖直直线 1，如图 7-17 所示。

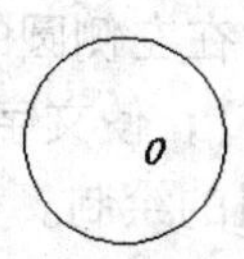

图 7-16　绘制圆

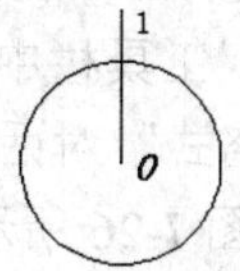

图 7-17　绘制竖直直线

03 选择菜单栏中的“修改”→“拉长”命令，将直线 1 向下拉长 15，结果如图 7-18 所示。

04 单击“修改”工具栏中的“复制”按钮，将前面绘制的圆与直线向右平移 24 复制一份，如图 7-19 所示。

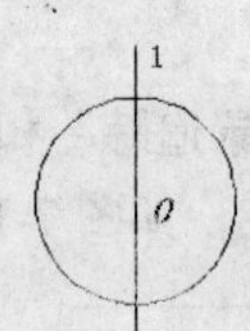

图 7-18 拉长直线

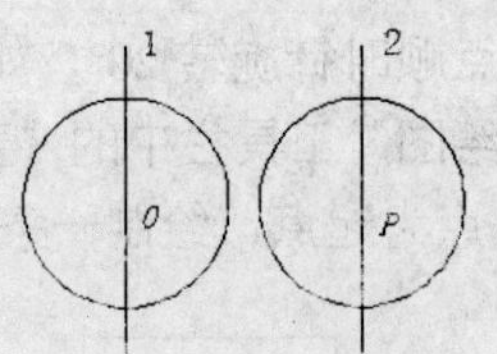

图 7-19 复制图形

05 单击“绘图”工具栏中的“直线”按钮，在“对象捕捉”绘图方式下，捕捉圆心 O 和 P 绘制水平直线 3，如图 7-20 所示。

06 单击“修改”工具栏中的“偏移”按钮，将直线 3 分别向上和向下偏移 1.5，得到直线 4 和直线 5，如图 7-21 所示。

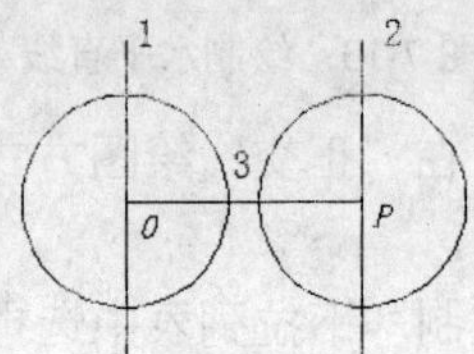

图 7-20 绘制水平直线

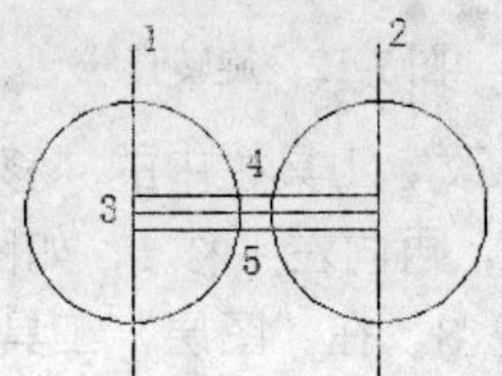

图 7-21 偏移直线

07 单击“修改”工具栏中的“删除”按钮，选择直线 3，将其删除。

08 单击“修改”工具栏中的“修剪”按钮，以圆弧为剪切边，对直线 1、2、4 和 5 进行修剪，得到如图 7-22 所示的结果。

09 单击“绘图”工具栏中的“多边形”按钮，以直线 2 的下端点为上顶点，绘制一个边长为 6.5 的正三角形，如图 7-23 所示。

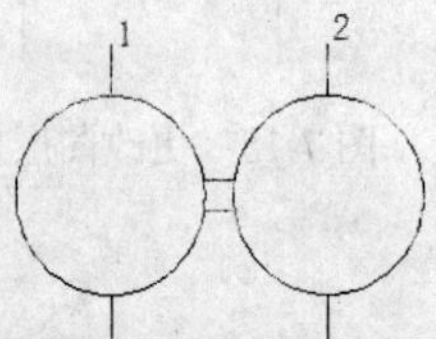

图 7-22 修剪图形

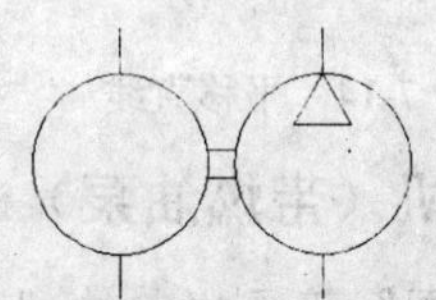

图 7-23 绘制三角形

10 单击“绘图”工具栏中的“图案填充”按钮，弹出“图案填充和渐变色”对话框；如图 7-24 所示，选择“SOLID”图案，将三角形的 3 条边作为填充边界，单击“确定”按钮，完成三角形的填充，效果如图 7-25 所示。

11 单击“绘图”工具栏中的“多行文字”按钮 A，在左侧圆的中心输入文字“M”，并在“文字格式”对话框中单击“下划线”按钮 U，使文字带下划线，设置文字高度为 12，如图 7-26 所示，完成带燃油泵的电动机的绘制。

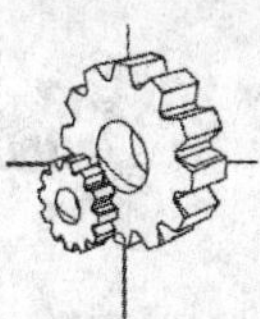

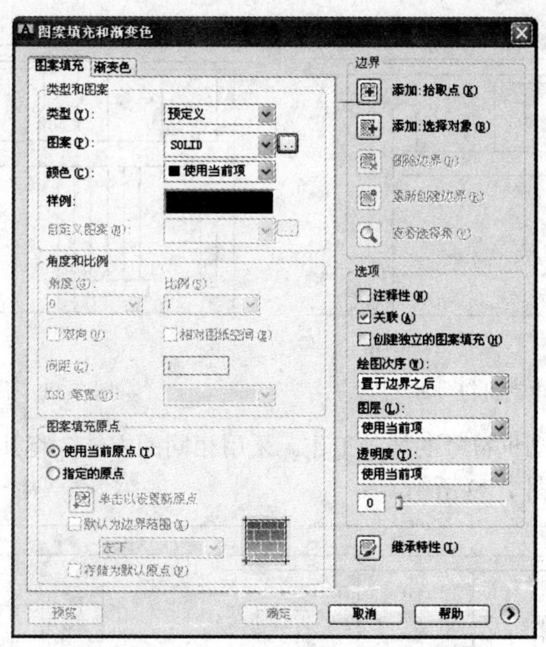

图 7-24　“图案填充和渐变色”对话框

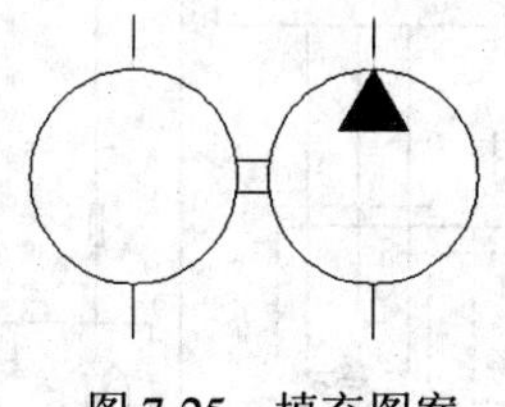

图 7-25　填充图案

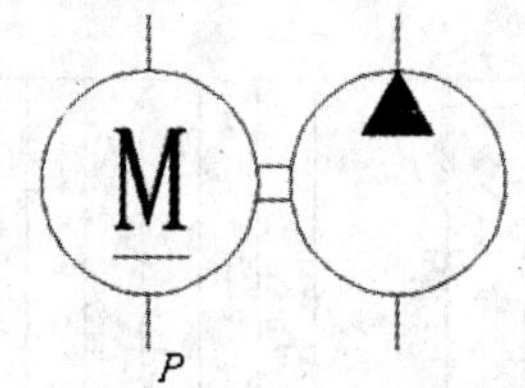

图 7-26　添加文字

7.2.4　组合图形

本图涉及的电气元件比较多，种类各不相同。各主要电气元件的绘制方法前面已经介绍过，本小节将介绍如何将如此繁多的电气元件插入到已经绘制完成的线路连接图中。

实际上各电气元件插入到线路图中的方法大同小异，下面以电动机为例介绍插入元件的方法。

01 插入电动机符号。单击“修改”工具栏中的“移动”按钮，选择如图 7-26 所示电动机符号作为平移对象，捕捉图 7-26 中的点 P 为平移基点，捕捉如图 7-27 所示图形中的点 Q 为目标点，将电动机符号移到连接线图中。

02 平移电动机符号。单击“修改”工具栏中的“移动”按钮，将电动机符号沿竖直方向向上平移 15。

03 修剪图形。单击“修改”工具栏中的“修剪”按钮，以电动机符号左边的圆为剪切边，对竖直导线进行修剪操作，得到的结果如图 7-28 所示。

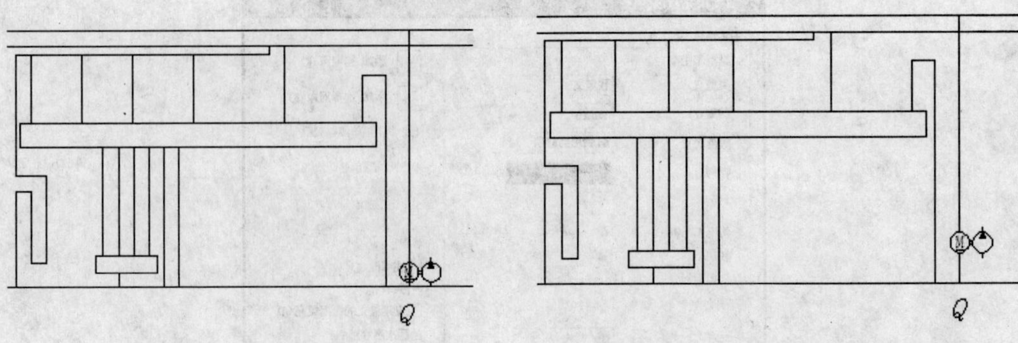

图 7-27　插入电动机符号　　　　图 7-28　平移电动机符号

至此，就完成了电动机符号的插入工作。采用相同的方法，将其他的各电气元件插入到连接线路图中，结果如图 7-29 所示。

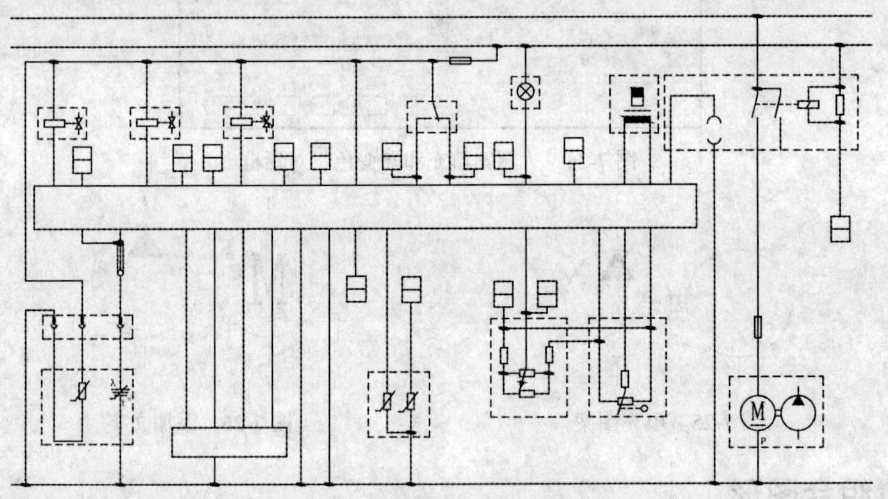

图 7-29　插入其他电气元件

7.2.5　添加注释

01 创建文字样式。单击“标注”工具栏中的“文字样式”按钮，弹出“文字样式”对话框；如图 7-30 所示，设置“字体名”为“仿宋_GB2312”、“字体样式”为“常规”、“高度”为“50”、“宽度因子”为“0.7”，然后单击“确定”按钮。

02 添加注释文字。选择菜单栏中的“绘图”→“文字”→“单行文字”命令，一次输入几行文字，然后再调整其位置，以对齐文字。调整文字位置的时候，需结合“正交”功能。添加注释文字后，即可完成整张图的绘制，如图 7-1 所示。

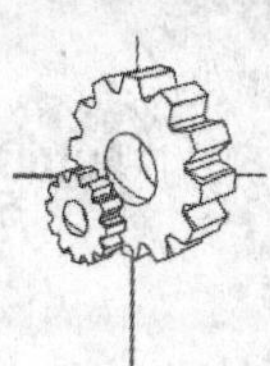

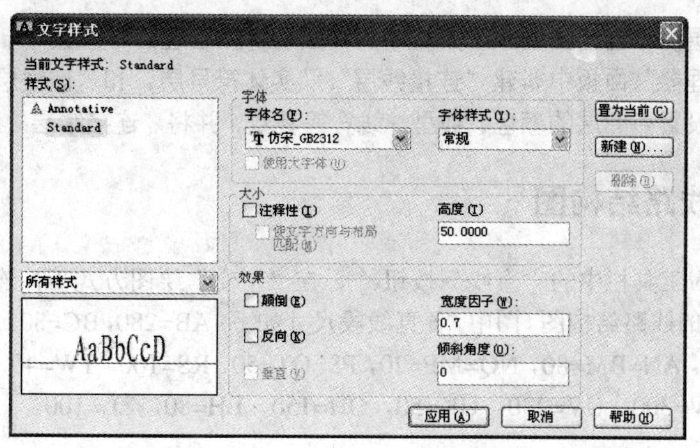

图 7-30　“文字样式”对话框

7.3　绘制某发动机点火装置电路图

如图 7-31 所示为发动机点火装置电路图。其绘制思路为：首先设置绘图环境，然后绘制线路结构图和主要电气元件，最后将各部分组合在一起。

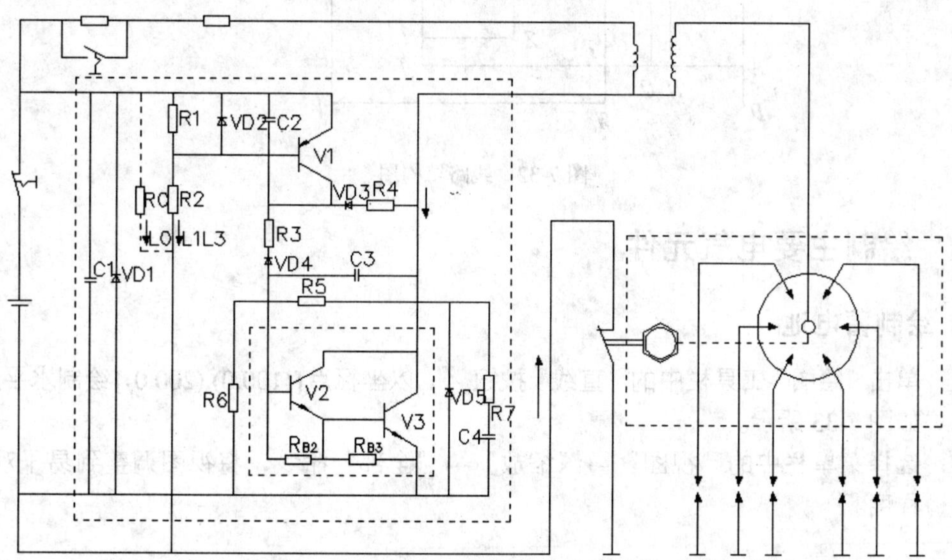

图 7-31　发动机点火装置电路图

7.3.1　设置绘图环境

01 建立新文件。打开 AutoCAD 2013 应用程序，选择随书光盘中的“源文件\第 7 章\A3title.dwt”样板文件为模板，建立新文件，将新文件命名为“发动机点火装置电气原理图.dwg”。

02 设置图层。单击“图层”工具栏中的“图层特性管理器”按钮，在弹出的“图层特性管理器”面板中新建“连接线层”、“实体符号层”和“虚线层”三个图层，根据需要设置各图层的颜色、线型、线宽等参数，并将“连接线层”设置为当前图层。

7.3.2 绘制线路结构图

单击“绘图”工具栏中的“直线”按钮，在“正交”绘图方式下，连续绘制直线，得到如图 7-32 所示的线路结构图。图中，各直线段尺寸如下：AB=280，BC=80，AD=40，CE=500，EF=100，FG=225，AN=BM=80，NQ=MP=20，PS=QT=50，RS=100，TW=40，TJ=200，LJ=30，RZ=OL=250，WV=300，UV=230，UK=50，OH=150，EH=80，ZL=100。

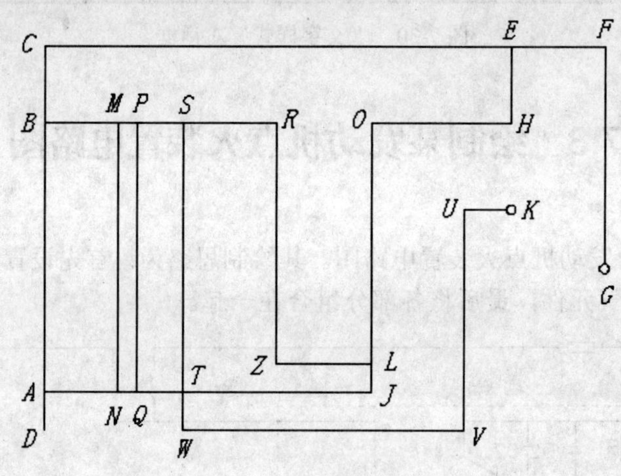

图 7-32　线路结构图

7.3.3 绘制主要电气元件

1. 绘制蓄电池

01 单击“绘图”工具栏中的“直线”按钮，以坐标点{(100,0),(200,0)}绘制水平直线，如图 7-33 所示。

02 选择菜单栏中的“视图”→“缩放”→“全部”命令，将视图调整到易于观察的程度。

图 7-33　绘制水平直线

03 单击“绘图”工具栏中的“直线”按钮，绘制竖直直线{（125,0），（125,10）}，如图 7-34 所示中的直线 1。

04 单击“修改”工具栏中的“偏移”按钮，将直线 1 依次向右偏移 5、45 和 5 得到直线 2、直线 3 和直线 4，如图 7-34 所示。

图 7-34　偏移竖直直线

05 选择菜单栏中的“修改”→“拉长”命令，将直线 2 和直线 4 分别向上拉长 5，如图 7-35 所示。

06 单击“修改”工具栏中的“修剪”按钮 ，以 4 条竖直直线作为剪切边，对水平直线进行修剪，结果如图 7-36 所示。

图 7-35　拉长竖直直线

图 7-36　修剪水平直线

07 选择水平直线的中间部分，在“图层”工具栏的“图层控制”下拉列表中选择“虚线层”选项，将该直线移至“虚线层”，如图 7-37 所示。

08 单击“修改”工具栏中的“镜像”按钮 ，选择直线 1、2、3 和 4 作为镜像对象，以水平直线为镜像线进行镜像操作，结果如图 7-38 所示，完成蓄电池的绘制。

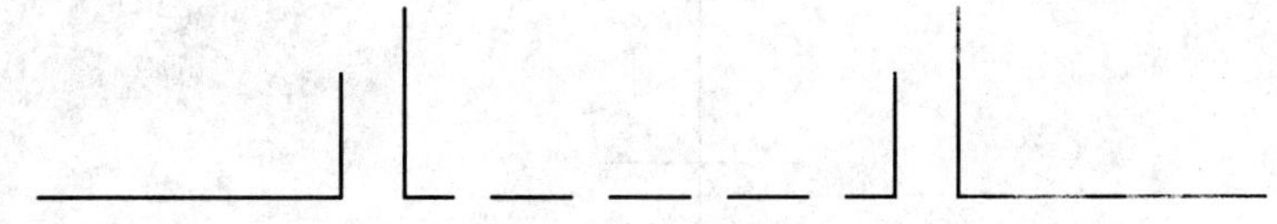

图 7-37　更改图形对象的图层属性

图 7-38　镜像图形

2. 绘制二极管

01 单击“绘图”工具栏中的“直线”按钮，以坐标点{（100,50）,（115,50）}绘制水平直线，如图 7-39 所示。

图 7-39 绘制水平直线

02 单击“修改”工具栏中的“旋转”按钮，选择“复制”模式，将上步绘制的水平直线绕直线的左端点逆时针旋转 60°；重复“旋转”命令，将水平直线绕右端点顺时针旋转 60°，得到一个边长为 15 的等边三角形，如图 7-40 所示。

03 单击“绘图”工具栏中的“直线”按钮，在“正交”和“对象捕捉”绘图方式下，捕捉等边三角形最上面的顶点 A，以此为起点，向上绘制一条长度为 15 的竖直直线，如图 7-41 所示。

04 选择菜单栏中的“修改”→“拉长”命令，将上步绘制的直线向下拉长 27，如图 7-42 所示。

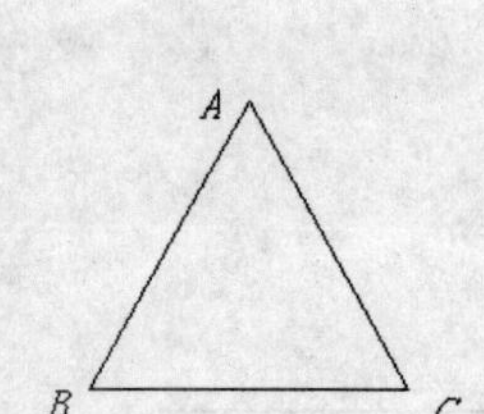

图 7-40 绘制等边三角形

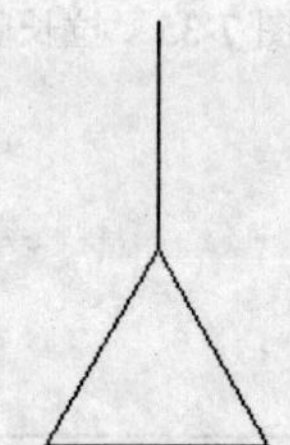

图 7-41 绘制竖直直线

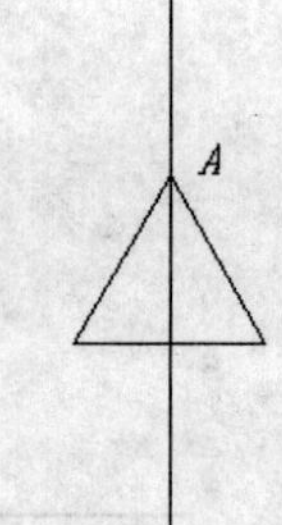

图 7-42 拉长直线

05 单击“绘图”工具栏中的“直线”按钮，在“正交”和“对象捕捉”绘图方式下，捕捉点 A 为起点，向左绘制一条长度为 8 的水平直线。

06 单击“修改”工具栏中的“镜像”按钮，选择上步绘制的水平直线为镜像对象，以竖直直线为镜像线进行镜像操作，结果如图 7-43 所示，完成二极管的绘制。

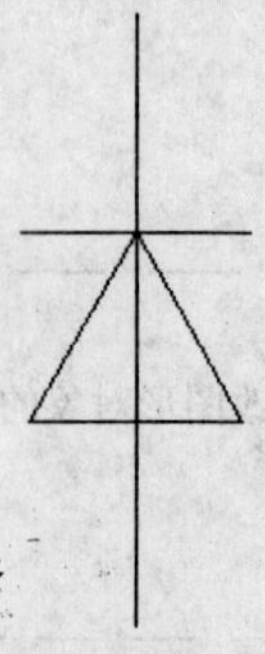

图 7-43 绘制并镜像水平直线

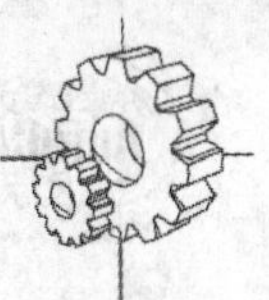

3. 绘制晶体管

01 单击“绘图”工具栏中的“直线”按钮，绘制坐标为{（50,50），（50,51）}的竖直直线 1，如图 7-44 所示。

02 单击“绘图”工具栏中的“直线”按钮，在“对象捕捉”和“正交”绘图方式下，捕捉直线 1 的下端点为起点，向右绘制长度为 5 的水平直线 2，如图 7-45 所示。

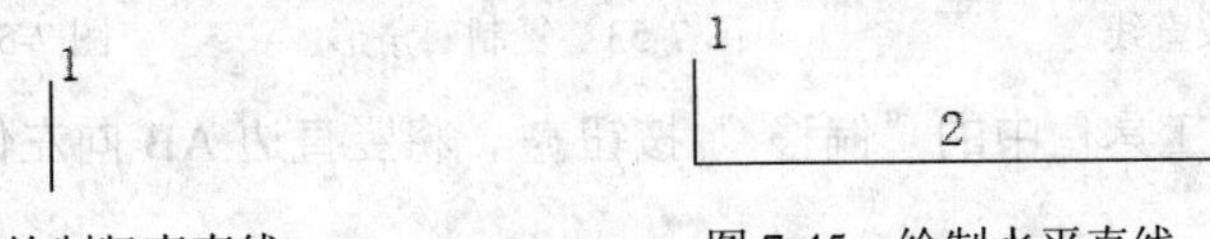

图 7-44　绘制竖直直线　　图 7-45　绘制水平直线

03 选择菜单栏中的“修改”→“拉长”命令，将直线 1 向下拉长 1，如图 7-46 所示。

04 关闭“正交”绘图方式，单击“绘图”工具栏中的“直线”按钮，分别捕捉直线 1 的上端点和直线 2 的右端点，绘制直线 3；然后捕捉直线 1 的下端点和直线 2 的右端点，绘制直线 4，如图 7-47 所示。

05 单击“修改”工具栏中的“删除”按钮，选择直线 2 将其删除，结果如图 7-48 所示。

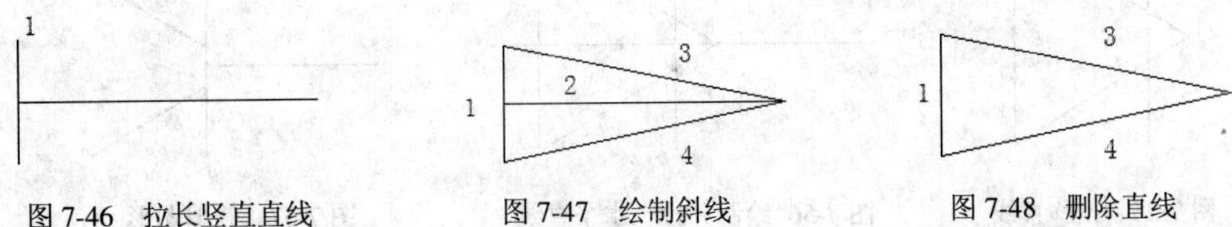

图 7-46　拉长竖直直线　　图 7-47　绘制斜线　　图 7-48　删除直线

06 单击“绘图”工具栏中的“图案填充”按钮，在弹出的“图案填充和渐变色”对话框中，选择“SOLID”图案，选择三角形的三条边作为填充边界，如图 7-49 所示，填充结果如图 7-50 所示。

07 单击“绘图”工具栏中的“直线”按钮，在“对象捕捉”和“正交”绘图方式下，捕捉直线 3 的右端点为起点，向右绘制一条长度为 5 的水平直线，如图 7-51 所示。

图 7-49　拾取填充区域　　图 7-50　图案填充　　图 7-51 添加连接线

08 选择菜单栏中的“修改”→“拉长”命令，选择水平直线作为拉长对象，将其向左拉长 10，如图 7-52 所示。

09 单击“修改”工具栏中的“复制”按钮，将前面绘制的二极管中的三角形复制过来，如图 7-53 所示。

10 单击“修改”工具栏中的“旋转”按钮，将三角形绕其端点 C 逆时针旋转 90°，如图 7-54 所示。

图 7-52　拉长直线

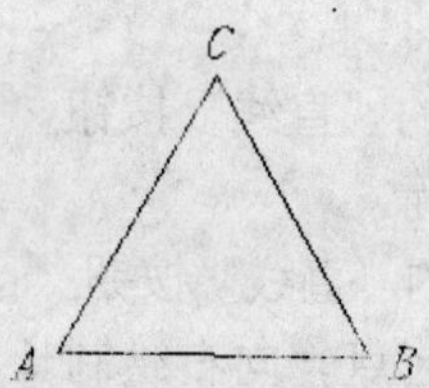

图 7-53　复制三角形

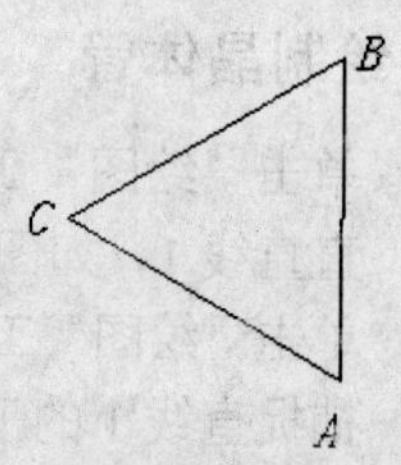

图 7-54　旋转三角形

11 单击“修改”工具栏中的“偏移 ”按钮，将竖直边 AB 向左偏移 10，如图 7-55 所示。

12 单击“绘图”工具栏中的“直线”按钮，在“对象捕捉”和“正交”绘图方式下，捕捉 C 点为起点，向左绘制长度为 12 的水平直线。

13 选择菜单栏中的“修改”→“拉长”命令，将上步绘制的水平直线向右拉长 15，如图 7-56 所示。

14 单击“修改”工具栏中的“修剪”按钮，对图形进行剪切，结果如图 7-57 所示。

图 7-55　偏移直线

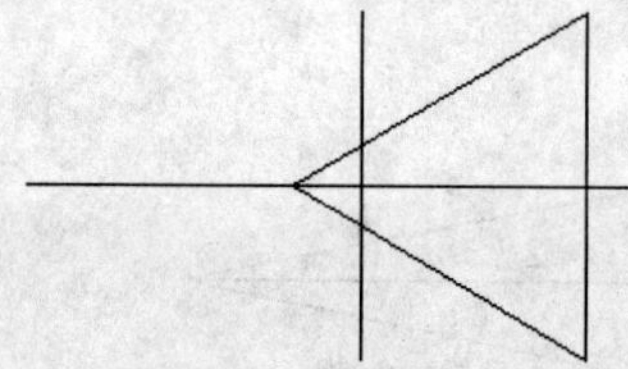

图 7-56 绘制并拉长水平直线

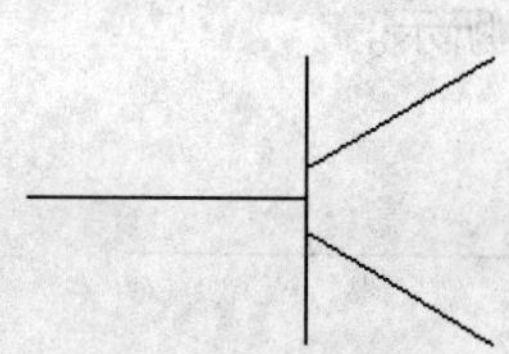

图 7-57　修剪图形

15 单击“修改”工具栏中的“移动”按钮，将前面绘制的箭头以水平直线的左端点为基点移动到图形中来，如图 7-58 所示。

16 单击“修改”工具栏中的“删除”按钮，删除直线 5，如图 7-59 所示。

17 单击“修改”工具栏中的“旋转”按钮，将箭头绕其左端点顺时针旋转 30°，如图 7-60 所示，完成晶体管的绘制。

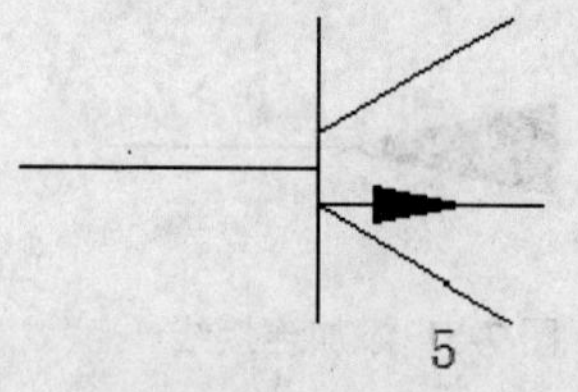

图 7-58　移动箭头

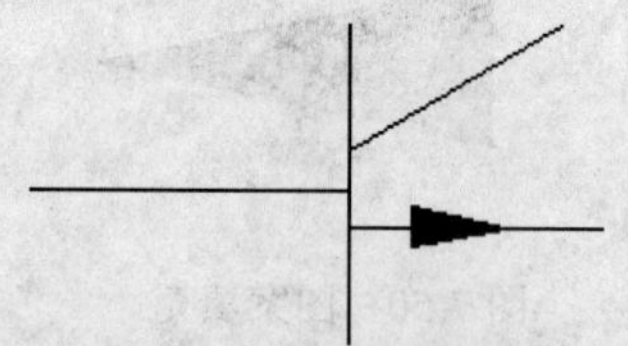

图 7-59　删除直线

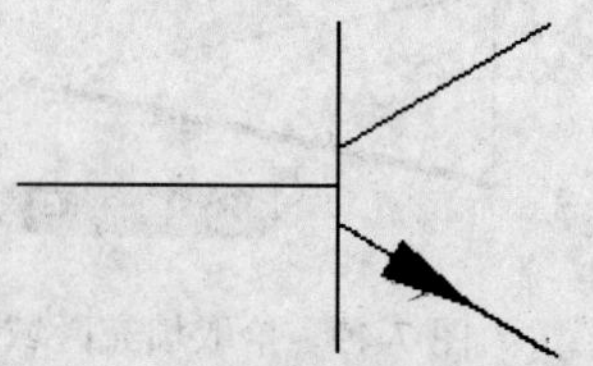

图 7-60　旋转箭头

4. 绘制点火分离器

01 按照晶体管中箭头的绘制方法绘制箭头，其尺寸如图 7-61 所示。

02 单击“绘图”工具栏中的“圆”按钮，以（50，50）为圆心，绘制半径为 1.5 的圆 1 和半径为 20 的圆 2，如图 7-62 所示。

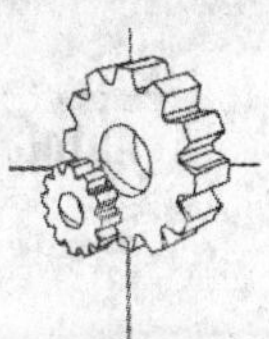

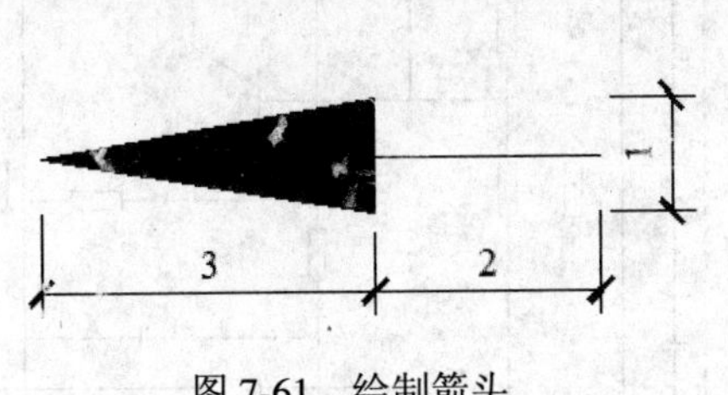

图 7-61　绘制箭头

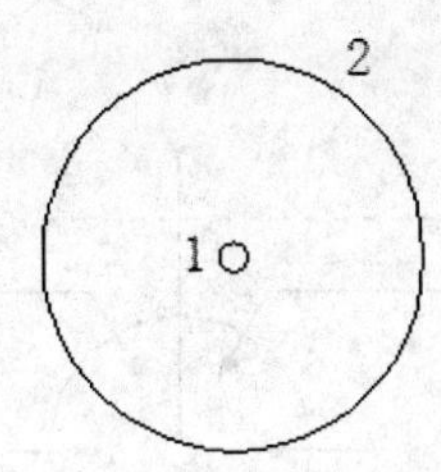

图 7-62　绘制圆

03 单击“绘图”工具栏中的“直线”按钮，在“对象捕捉”和“正交”绘图方式下，捕捉圆心为起点，向右绘制一条长为 20 的水平直线，直线的终点 A 刚好落在圆 2 上，如图 7-63 所示。

04 单击“修改”工具栏中的“移动”按钮，捕捉箭头直线的右端点，以此为基点将箭头平移到圆 2 以内，目标点为点 A。

05 选择菜单栏中的“修改”→“拉长”命令，将箭头直线向右拉长 7，如图 7-64 所示。

06 单击“修改”工具栏中的“删除”按钮，删除步骤 3 中绘制的水平直线。

07 单击“修改”工具栏中的“环形阵列”按钮，选择箭头及其连接线为对象，绕圆心进行环形阵列，设置“项目总数”为 6、“填充角度”为 360，如图 7-64 所示，单击“确定”按钮，效果如图 7-65 所示。

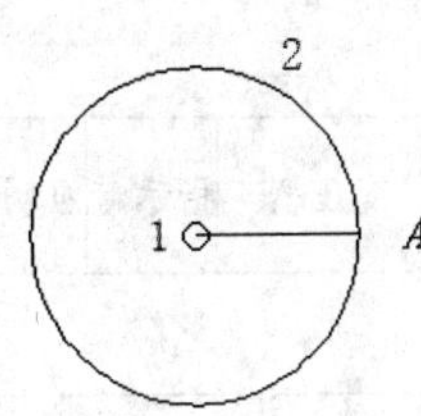

图 7-63　绘制水平直线

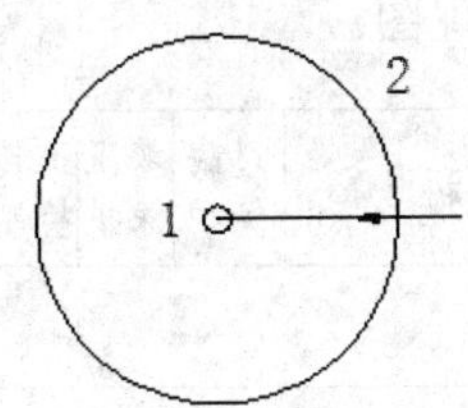

图 7-64　拉长直线

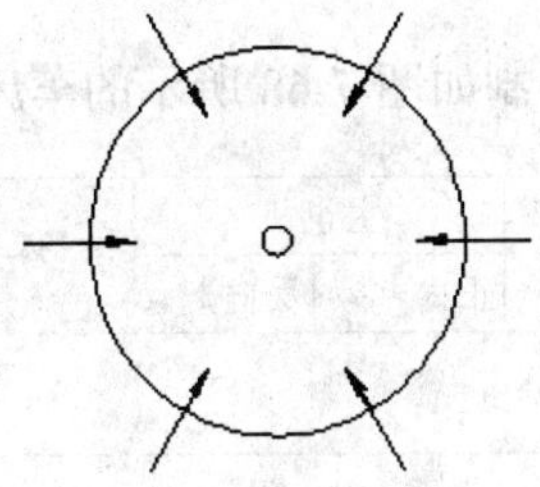

图 7-65　阵列箭头

其他所须电气元件用户可根据实际情况进行绘制。

7.3.4　图形各装置的组合

单击“修改”工具栏中的“移动”按钮，在“对象追踪”和“正交”绘图方式下，将断路器、火花塞、点火分电器、启动自举开关等电气元器件组合在一起，形成启动装置，如图 7-66 所示。同理，将其他元件进行组合，形成开关装置，如图 7-67 所示。最后将这两个装置组合在一起并添加注释，即可形成如图 7-31 所示的结果。

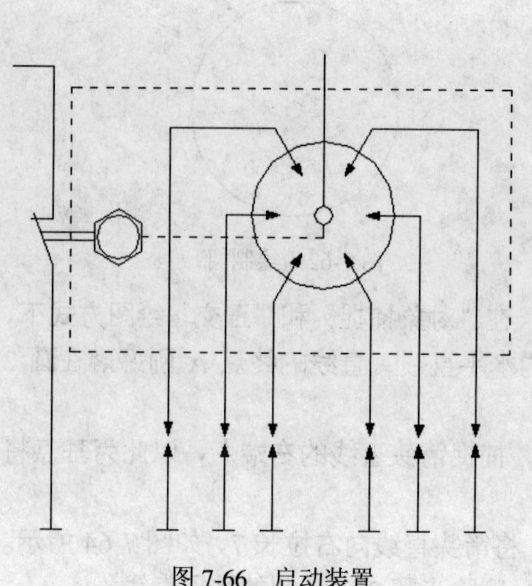

图 7-66 启动装置

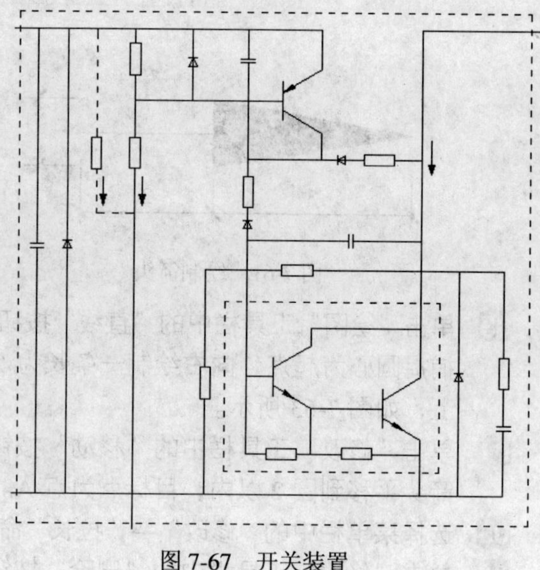

图 7-67 开关装置

7.4 上机实验

绘制如图 7-68 所示的车床电气原理图。

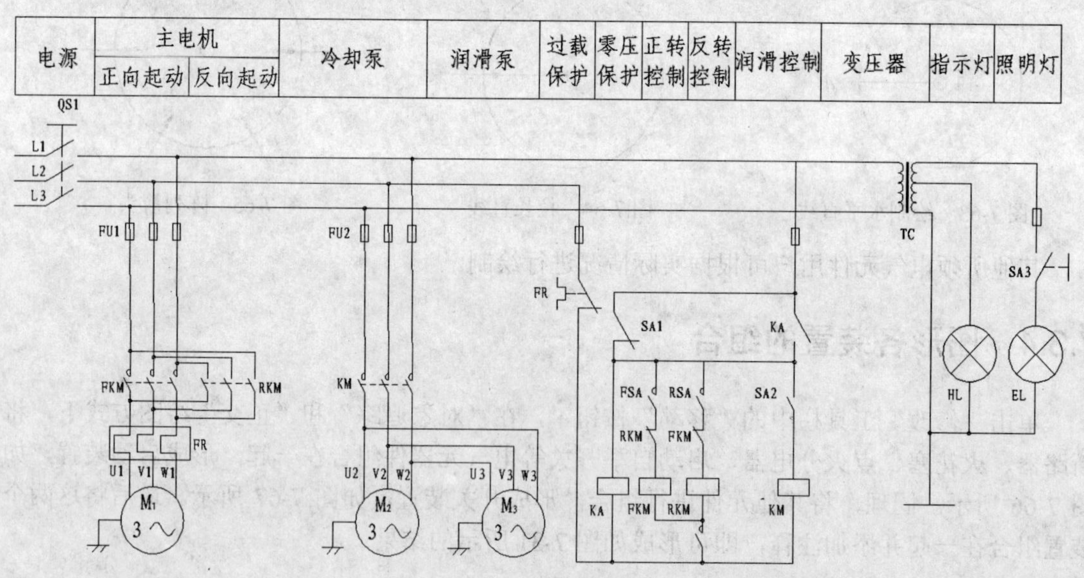

图 7-68 车床电气原理图

（1）目的要求

本例通过绘制车床电气原理图帮助读者掌握机械电气图的方法和技巧。

（2）操作提示

①绘制主动回路。

②绘制控制回路。

③绘制照明回路。

④添加文字说明。

7.5　思考与练习

绘制如图 7-69 所示的汽车电气电路图。

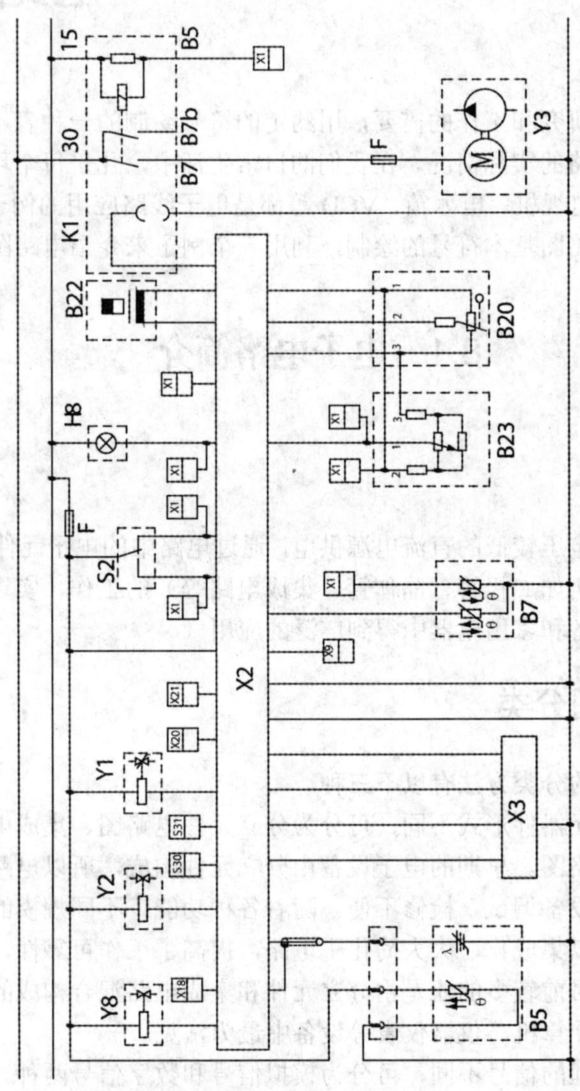

图 7-69　汽车电气电路图

第 8 章

电路图的设计

电路图是人们为了研究和工作的需要，用约定的符号绘制的一种表示电路结构的图形，通过电路图可以知道电路的实际情况。在我们的日常生活中，几乎每个环节都和电子线路有着或多或少的联系，如电视机、电冰箱、VCD 等都是电子线路应用的例子。本章简单地介绍了电路图概念，以及电路图基本符号的绘制，利用三个例子来介绍电路图的绘制方法。

8.1 电子电路简介

8.1.1 基本概念

电子电路一般是由电压较低的直流电源供电，通过电路中的电子元件（例如电阻、电容、电感等）和电子器件（例如二极管、晶体管、集成电路等）的工作，实现一定功能的电路。电子电路在各种电气设备和家用电器中得到广泛的应用。

8.1.2 电子电路图分类

电子电路图按不同的分类方法有以下三种。

电子电路根据使用元器件形式不同，可分为分立元件电路图、集成电路图和分立元件与集成电路混合构成的电路图。早期的电子设备由分立元件构成，所以电路图也按分立元件绘制，这使得电路复杂，设备调试、检修不便。随着各种功能，不同规模的集成电路的产生、发展，各种单元电路得以集成化，大大简化了电路，提高了工作可靠性，减少了设备体积，成为电子电路的主流。目前较多的还是由分立元件和集成电路混合构成的电子电路，这种电子电路图在家用电器、计算机、仪器仪表等设备中最为常见。

电子电路按电路处理的信号不同，可分为模拟信号和数字信号两种。处理模拟信号的电路称为模拟电路，处理数字信号的电路称为数字电路，由它们构成的电路图也可称为模拟电路图和数字电路图。当然这不是绝对的，有些较复杂的电路中既有模拟电路又有数字电路，它们是一种混合电路。

电子电路功能很多，但按其基本功能可分为基本放大电路、信号产生电路、功率放大电

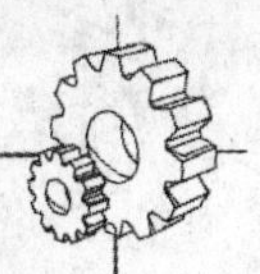

路、组合逻辑电路、时序逻辑电路和整流电路等。因此，对应不同功能的电路会有不同的电路图，如固定偏置电路图、LC 振荡电路图、桥式整流电路图等。

8.2　调频器电路图

调频器是一类应用十分广泛的电子设备。如图 8-1 所示为某调频器的电路原理图。绘制本图的基本思路是：先根据元器件的相对位置关系绘制线路结构图，然后分别绘制各个元器件的图形符号，将各个图形符号“安装”到线路结构图的相应位置上，最后添加注释文字，完成绘图。

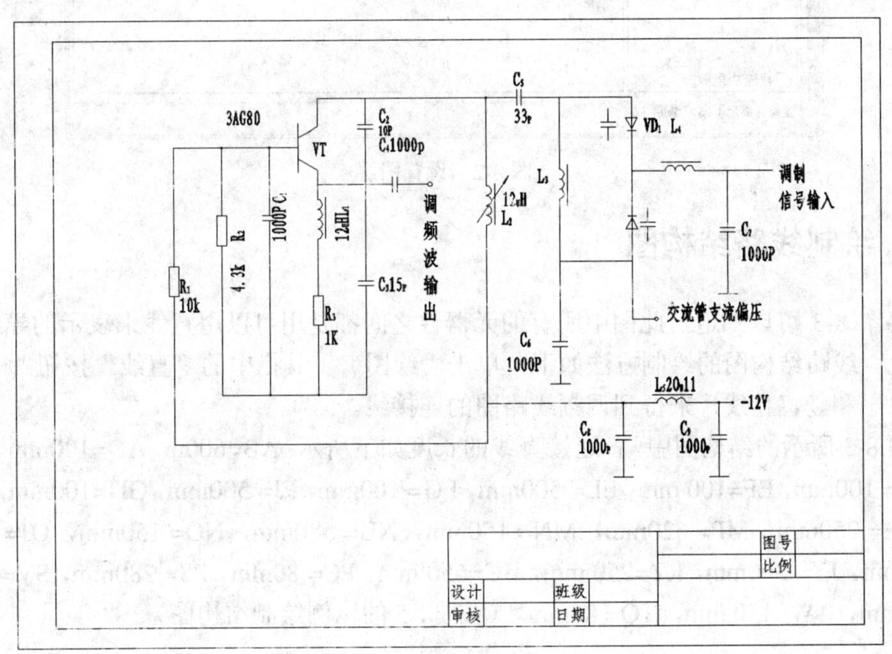

图 8-1　调频器电路图

8.2.1　设置绘图环境

1. 建立新文件

打开 AutoCAD 2013 应用程序，单击“标准”工具栏中的“新建”按钮，AutoCAD 打开“选择样板”对话框，用户在该对话框中选择已经绘制好的样板文件“A3.dwt”，单击“打开”按钮，则选择的样板图就会出现在绘图区域内。

2. 设置绘图工具栏

在任意工具栏处单击鼠标右键，在打开的快捷菜单中选择“标准”、“图层”、“特性”、“绘图”、“修改”和“标注”这 6 个选项，调出这些工具栏，并将它们移动到绘图窗口中的适当位置。

3. 设置图层

选择菜单栏中的“格式”→“图层”命令，新建“连接线层”和“实体符号层”一共两个图层，各图层的颜色、线型、线宽及其他属性状态设置分别如图 8-2 所示。将“连接线层”设置为当前图层。

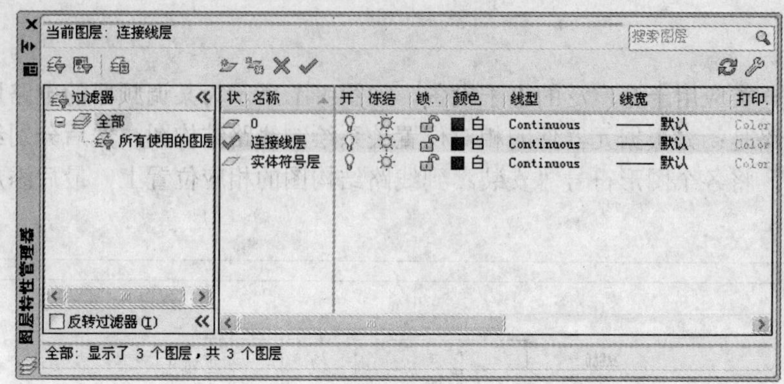

图 8-2　设置图层

8.2.2　绘制线路结构图

观察图 8-3 可以知道，此图中所有的元器件之间都是用可以用直线来表示的导线连接而成。因此，线路结构图的绘制方法如下：单击“绘图”工具栏中的“直线”按钮，绘制一系列的水平和竖直直线，来得到调频线路图的连接线。

如图 8-3 所示的结构图中，各连接直线的长度如下所示：AB=600m，AD=100mm，DK=500 mm，DE= 100mm，EF=100 mm，EL= 500mm，FG= 100mm，FJ= 500mm，GH=100mm，HR=600 mm，HM= 250mm，MP= 620mm，MN= 150mm，NU= 580mm，NO= 150mm，OJ= 150mm，JR= 200mm，JY= 300mm，RZ=250 mm，BC=650 mm，PC= 80mm，PS= 280mm，SV= 150mm，ST=200 mm，TW=150 mm，TQ= 80mm。（按 1∶5 的比例绘制结构图）

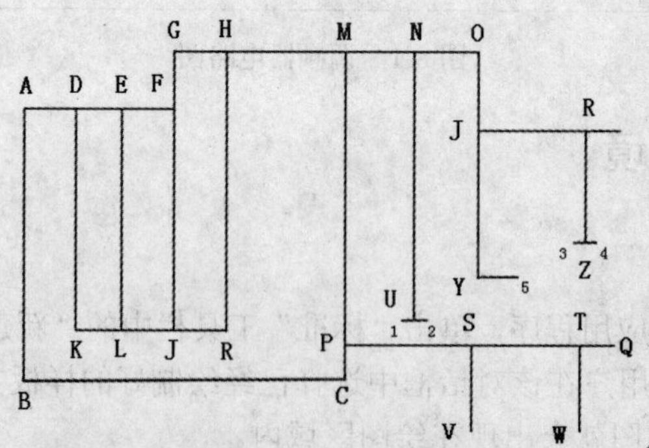

图 8-3　线路结构图

绘制完上述连接线后，还需加上几段接地线，步骤如下：

01 单击“绘图”工具栏中的“直线”按钮，在“对象捕捉”和“正交”绘图方式下，用鼠标捕捉 U 点，以其为起点，向左绘制长度为 20mm 的水平直线 1。

02 单击“修改”工具栏中的“镜像”按钮，选择直线 1 为镜像对象，以直线 NU 为镜像线，绘制水平直线 2。直线 1 和直线 2 和 NU 共同构成连接线。

03 重复步骤 1 和步骤 2 的操作，绘制直线 3 和直线 4，它们和直线 RZ 构成另一条接地线。

04 用和前述类似的方法绘制长度为 50mm 的水平直线 5，构成导线 JY 的接地线。

8.2.3　插入图形符号到结构图

将绘制好的各图形符号插入线路结构图，注意各图形符号的大小可能有不协调的情况，可以根据实际需要利用“缩放”功能来即时调整。插入过程当中，结合使用“对象追踪”、“对象捕捉”等功能。本图中电气符号比较多，下面以将如图 8-4（a）所示的电感符号插入到如图 8-4（b）所示的导线 ST 之间这一操作为例来说明操作方法。

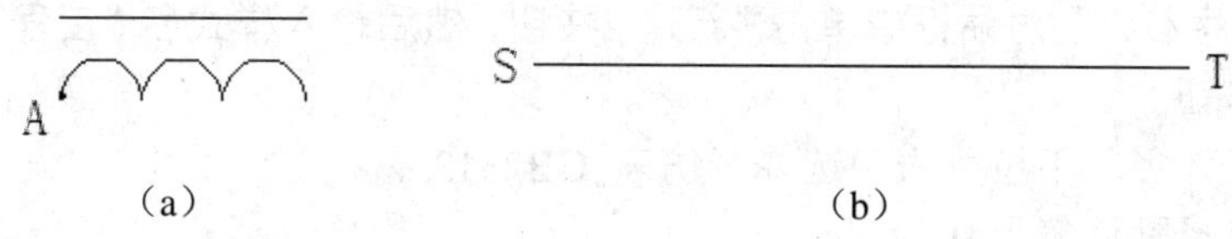

图 8-4　符号说明

1. 平移图形

单击“修改”工具栏中的“移动”按钮，选择 8-5（a）中的电感符号为平移对象，用鼠标捕捉电感符号中的 A 点为平移基点，S 点为目标点，平移结果如图 8-5（a）所示。

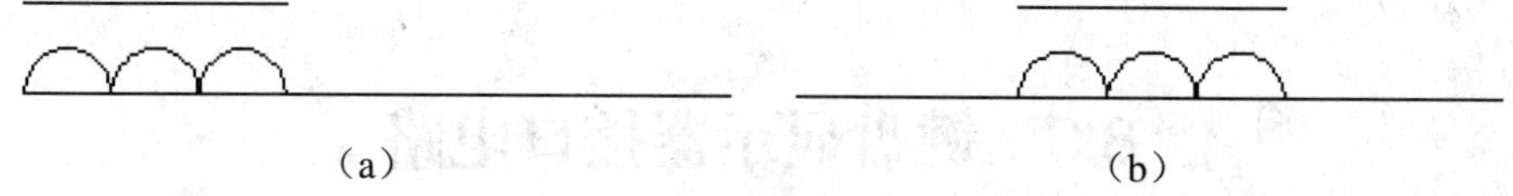

图 8-5　平移图形

2. 继续平移图形

单击“修改”工具栏中的“移动”按钮，选择图 8-5（a）中的电感符号为平移对象，将其向右平移 25mm，结果如图 8-5（b）所示。

3. 修剪图形

01 单击“修改”工具栏中的“修剪”按钮，以三段半圆弧为剪切边，对水平直线 ST 进行修剪，修剪结果如图 8-6 所示，即插入结果。

02 用同样的方法将其他前面已经绘制好的电气符号插入到线路结构图中，结果如图 8-7 所示。

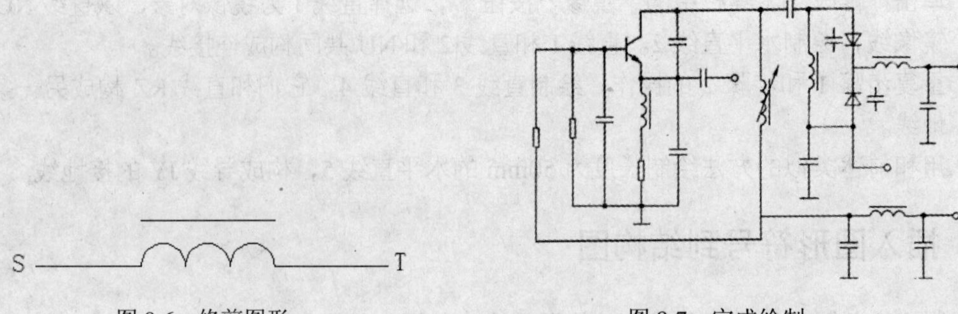

图 8-6　修剪图形　　　　图 8-7　完成绘制

8.2.4　添加文字和注释

01 选择菜单栏中的“格式”→“文字样式”命令，打开“文字样式”对话框。

02 在“文字样式”对话框中单击“新建“按钮，然后输入样式名“工程字”，并单击“确定”按钮。

03 在“字体名”下拉列表中选择“仿宋_GB2313”。

04 高度选择默认值为 0。

05 宽度比例输入值为 0.7，倾斜角度默认值为 0。

06 检查预览区文字外观，如果合适，单击“应用”按钮和“关闭”按钮。

07 选择菜单栏中的“绘图”→“文字”→“多行文字”命令或者在命令行输入 MTEXT 命令，在图中相应位置添加文字。

最后可以得到如图 8-1 所示的图形，即完成本图的绘制。

8.3　键盘显示器接口电路

键盘和显示器是数控系统人机对话的外围设备，键盘完成数据的输入，显示器显示计算机运行时的状态、数据。键盘和显示器接口电路使用 8155，接口电路如图 8-8 所示。

由于 8155 片内有地址锁存器，因此 8031 的 P0 口输出的低 8 位数据不需要另加锁存器，直接与 8155 的 AD7~AD0 相连，既作低 8 位地址总线又作数据总线，地址直接用 ALE 信号在 8155 中锁存，8031 用 ALE 信号实现对 8155 分时传送地址、数据信号。高 8 位地址由 8155 片选信号和IO/$\overline{M}$ 决定。由于 8155 只作为并行接口使用，不使用内部 RAM，因此 8155 的IO/$\overline{M}$ 引脚直接经电阻 R 接高电平。片选信号端接 74LS138 译码器输出线 $\bar{Y}_4$ 端，当 $\bar{Y}_4$ 为低电平时，选中该 8155 芯片。8155 的 $\overline{RD}$ 、$\overline{WR}$ 、ALE、RESET 引脚直接与 8031 的同名引脚相连。

绘制此电路图的大致思路如下：首先绘制连接线图，然后绘制主要元器件，最后将各个元器件插入到连接线图中，完成键盘显示器接口电路的绘制。

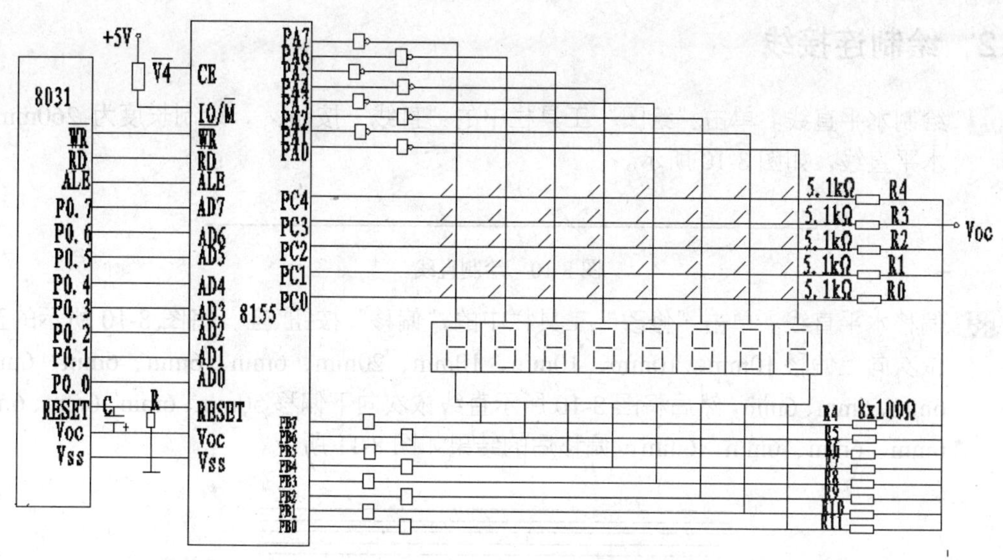

图 8-8　键盘显示器接口电路

8.3.1　设置绘图环境

1. 建立新文件

打开 AutoCAD 2013 应用程序，以“A3.dwt”样板文件为模板，建立新文件，将新文件命名为“键盘显示器接口电路.dwg”并保存。

2. 设置绘图工具栏

在任意工具栏处单击鼠标右键，从打开的快捷菜单中选择“标准”、“图层”、“对象特性”、“绘图”、“修改”和“标注”这 6 个选项，调出这些工具栏，并将它们移动到绘图窗口中的适当位置。

3. 设置图层

单击“图层”工具栏中的“图层特性管理器”按钮，设置“连接线层”和“实体符号层”一共两个图层，各图层的颜色、线型、线宽及其他属性状态设置分别如图 8-9 所示。将“连接线层”设置为当前层。

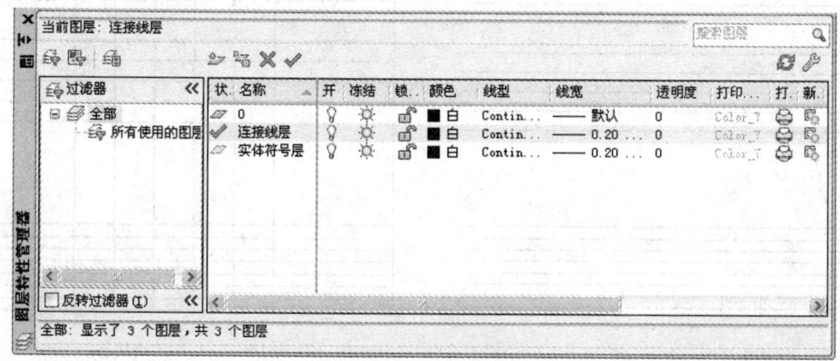

图 8-9　图层设置

8.3.2 绘制连接线

01 绘制水平直线。单击“绘图”工具栏中的“直线”按钮，绘制长度为 260mm 的水平直线，如图 8-10 所示。

图 8-10 绘制直线

02 偏移水平直线。单击“修改”工具栏中的“偏移”按钮，将图 8-10 所示的直线依次向上偏移 10mm、10mm、10mm、10mm、20mm、6mm、6mm、6mm、6mm、6mm、6mm、6mm，然后将图 8-10 所示直线依次向下偏移 50mm、6mm、6mm、6mm、6mm、6mm、6mm、6mm，偏移后的结果如图 8-11 所示。

图 8-11 偏移水平直线

03 绘制竖直直线。单击“绘图”工具栏中的“直线”按钮，以图 8-11 中 a 点为起点，b 点为终点绘制竖直直线，如图 8-12（a）所示。

04 偏移竖直直线。单击“修改”工具栏中的“偏移”按钮，将图 8-12（a）所示的竖直直线依次向右偏移 60mm、20mm、20mm、20mm、20mm、20mm、20mm、20mm、60mm，偏移后的结果如图 8-12（b）所示。

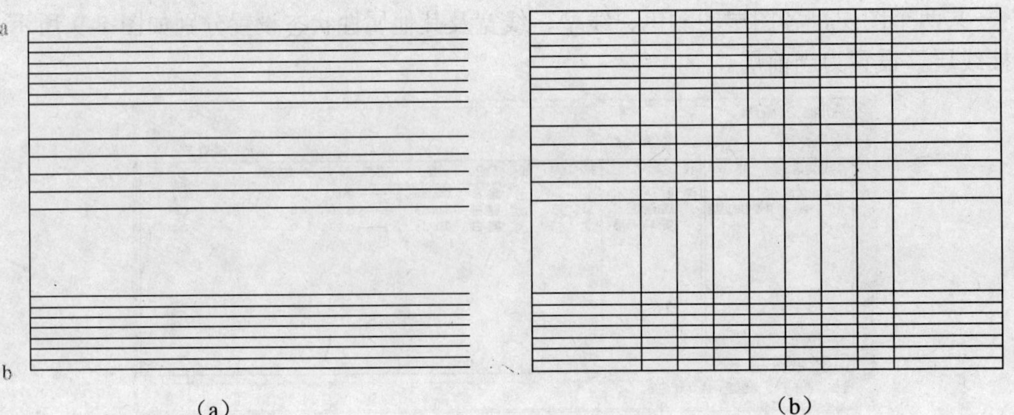

图 8-12 偏移竖直直线

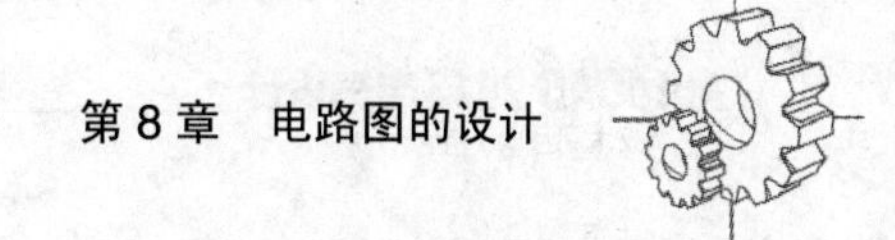

05 修剪图形。单击“修改”工具栏中的“修剪”按钮，对图 8-12（b）进行修剪，得到结果如图 8-13 所示。

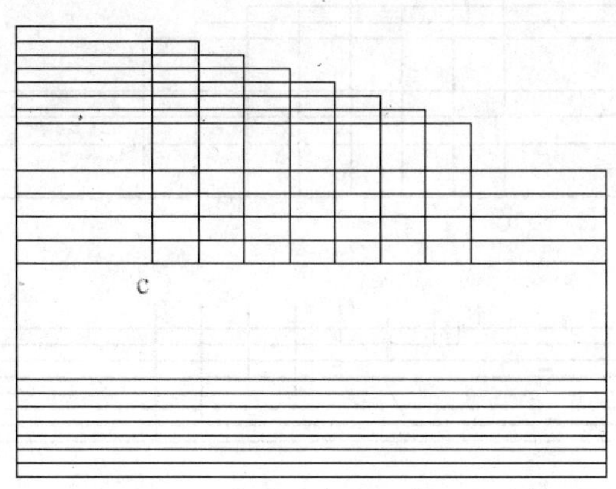

图 8-13　修剪结果

06 绘制竖直直线。单击“绘图”工具栏中的“直线”按钮，以图 8-13 中 c 点为起点绘制竖直直线 cd，如图 8-14（a）所示。

07 偏移竖直直线。单击“修改”工具栏中的“偏移”按钮，将图 8-14（a）所示的竖直直线依次向右偏移 10mm、18mm、18mm、18mm、18mm、18mm、18mm、18mm，偏移后的结果如图 8-14（b）所示。

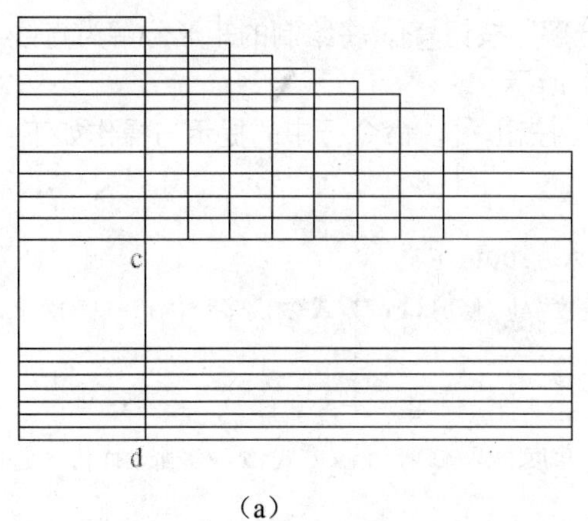

（a）

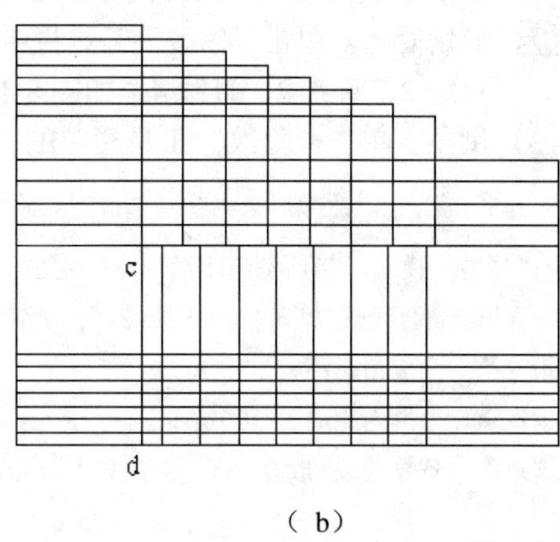

（b）

图 8-14　偏移直线

08 修剪图形。单击“修改”工具栏中的“修剪”按钮和“删除”按钮，对图 8-14（b）进行修剪，同时单击“绘图”工具栏中的“直线”按钮，补充绘制直线，得到结果如图 8-15 所示。

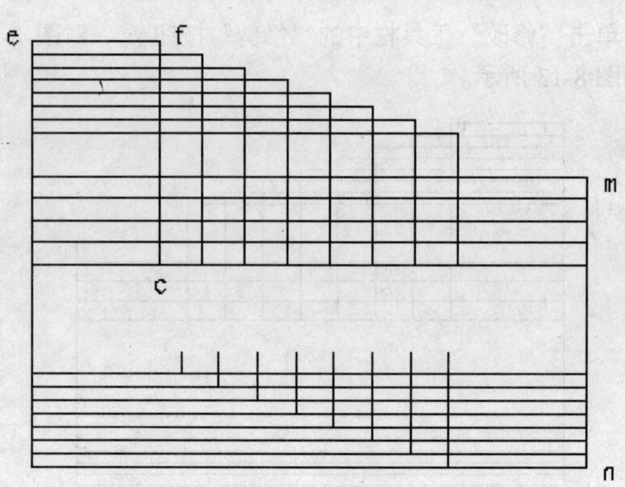

图 8-15　连接线图

8.3.3　绘制各个元器件

1. 绘制 LED 数码显示器

01 绘制矩形。单击“绘图”工具栏中的“矩形”按钮，绘制一个长为 8mm，宽为 8mm 的矩形，结果如图 8-16（a）所示。

02 分解矩形。单击“修改”工具栏中的“分解”按钮，将绘制的矩形分解为直线 1、直线 2、直线 3、直线 4，如图 8-16（a）所示。

03 倒角。单击“修改”工具栏中的“倒角”按钮，命令行中的提示与操作如下：

```
命令：_chamfer↙
（“修剪”模式）当前倒角距离 1=0.0000，距离 2=0.0000
选择第一条直线或[放弃(U)/多段线(P)/距离(D)/角度(A)/修剪(T)/方式(E)/多个(M)]：(输入 d↙)
指定第一个倒角距离<1.0000>：↙
指定第一个倒角距离<1.0000>：↙
选择第一条直线或[放弃(U)/多段线(P)/距离(D)/角度(A)/修剪(T)/方式(E)/多个(M)]：(选择直线 1)
选择第二条直线，或按住 Shift 键选择要应用角点的直线：(选择直线 2)
```

重复上述操作，分别对直线 1 和直线 4，直线 3 和直线 4，直线 2 和直线 3 进行倒角，倒角后的结果如图 8-16（b）所示。

04 复制倒角矩形。在“正交”绘图方式下，单击“修改”工具栏中的“复制”按钮，将图 8-15 所示的倒角矩形向 Y 轴负方向复制移动 8mm，如图 8-17（a）所示。

05 删除倒角边。单击“修改”工具栏中的“删除”按钮，删除 4 个倒角，如图 8-17（b）所示。

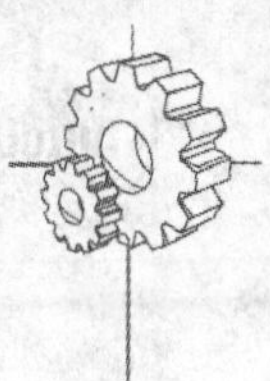

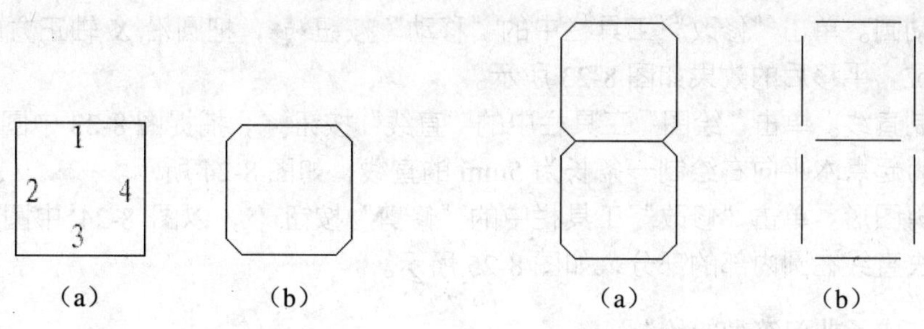

（a）　（b）

图 8-16　绘制矩形

（a）　（b）

图 8-17　数码显示器

06 绘制矩形。单击“绘图”工具栏中的“矩形”按钮，绘制一个长为 20mm、宽为 20mm 的矩形，如图 8-18（a）所示。单击“修改”工具栏中的“平移”按钮，将图 8-18（b）所示的图形平移到矩形中，结果如图 8-18（b）所示。

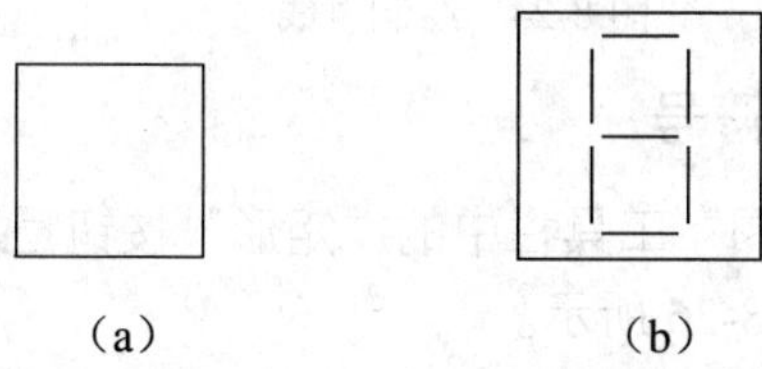

（a）　（b）

图 8-18　平移图形图

07 阵列图形。单击“修改”工具栏中的“矩形阵列”按钮，选择图 8-18（b）所示的图形为阵列对象，设置“行数”为 1，“列数”为 8，“列间距”为 20，阵列结果如图 8-19 所示。

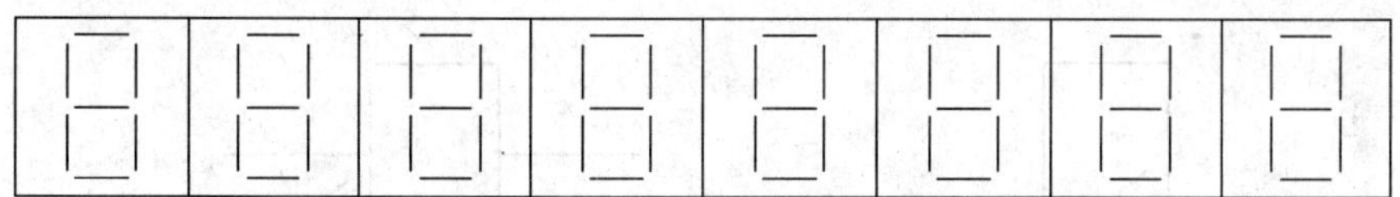

图 8-19　阵列结果

2. 绘制 74LS06 非门符号

01 绘制矩形。单击“绘图”工具栏中的“矩形”按钮，绘制一个长为 6mm、宽为 4.5mm 的矩形，如图 8-20 所示。

02 绘制直线。单击“绘图”工具栏中的“直线”按钮，在“对象捕捉”中的“中点”绘图方式下，捕捉图 8-20 中矩形左边的中点，以其为起点水平向左绘制一条直线，长度为 5mm，如图 8-21 所示。

03 绘制圆。单击“绘图”工具栏中的“圆”按钮，在“对象捕捉”中的“中点”绘图方式下，捕捉图 8-21 中矩形的右边中点，以其为圆心，绘制半径为 1mm 的圆，如图 8-22 所示。

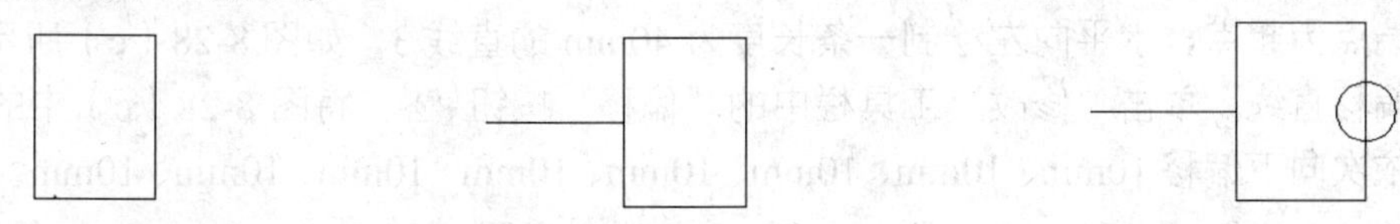

图 8-20　绘制矩形　　图 8-21　绘制直线　　图 8-22　绘制圆

04 移动圆。单击“修改”工具栏中的“移动”按钮，把圆沿 X 轴正方向平移 1 个单位，平移后的效果如图 8-23 所示。

05 绘制直线。单击“绘图”工具栏中的“直线”按钮，捕捉图 8-23 中圆的圆心，以其为起点水平向右绘制一条长为 5mm 的直线，如图 8-24 所示。

06 修剪图形。单击“修改”工具栏中的“修剪”按钮，以图 8-24 中圆为剪切边，剪去直线在圆内部的部分，如图 8-25 所示。

至此，完成了非门符号的绘制。

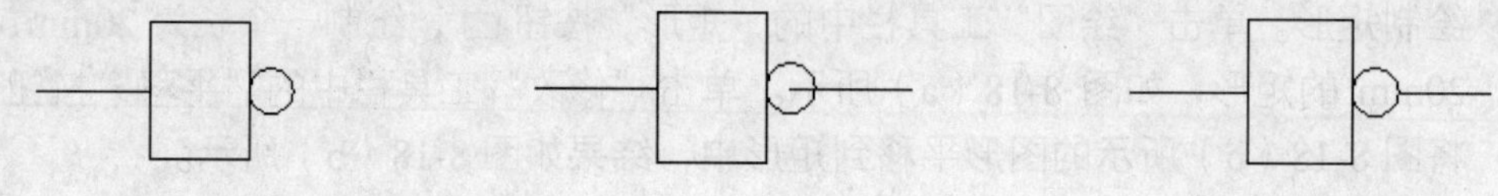

图 8-23　平移圆　　图 8-24　绘制直线　　图 8-25　修剪效果

3. 绘制芯片 74LS244 符号

01 绘制矩形。单击“绘图”工具栏中的“矩形”按钮，绘制一个长为 6mm、宽为 4.5mm 的矩形，如图 8-26 所示。

02 绘制直线。单击“绘图”工具栏中的“直线”按钮，在“对象捕捉”中的“中点”绘图方式下，捕捉图 8-26 中矩形左边的中点，以其为起点水平向左绘制一条直线，长度为 5mm，单击“绘图”工具栏中的“直线”按钮，捕捉图 8-26 中矩形右边的中点，以其为起点水平向右绘制一条直线，长度为 5mm，如图 8-27 所示，这就是芯片 74LS244 的符号。

图 8-26　绘制矩形　　图 8-27　74LS244 符号

4. 绘制芯片 8155

01 绘制矩形。单击“绘图”工具栏中的“矩形”按钮，绘制一个长为 210mm、宽为 50mm 的矩形，如图 8-28（a）所示。

02 分解矩形。单击“修改”工具栏中的“分解”按钮，将图 8-28（a）所示的矩形边框进行分解。

03 偏移直线。单击“修改”工具栏中的“偏移”按钮，将图 8-28（a）中的直线 1 向下偏移 35mm，如图 8-28（b）所示。

04 绘制直线。单击“绘图”工具栏中的“直线”按钮，以图 8-28（b）中直线 2 左端点为起点，水平向左绘制一条长度为 40mm 的直线 3，如图 8-28（c）所示。

05 偏移直线。单击“修改”工具栏中的“偏移”按钮，将图 8-28（c）中的直线 3 依次向下偏移 10mm、10mm、10mm、10mm、10mm、10mm、10mm、10mm、10mm、10mm、10mm、10mm、10mm、10mm，如图 8-28（d）所示。

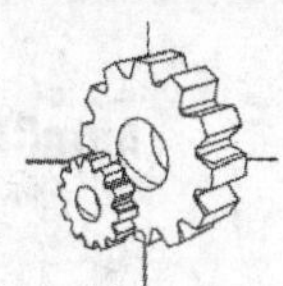

06 修剪图形。单击“修改”工具栏中的“删除”按钮，删除掉图 8-28（d）中的直线 2，如图 8-28（e）所示。

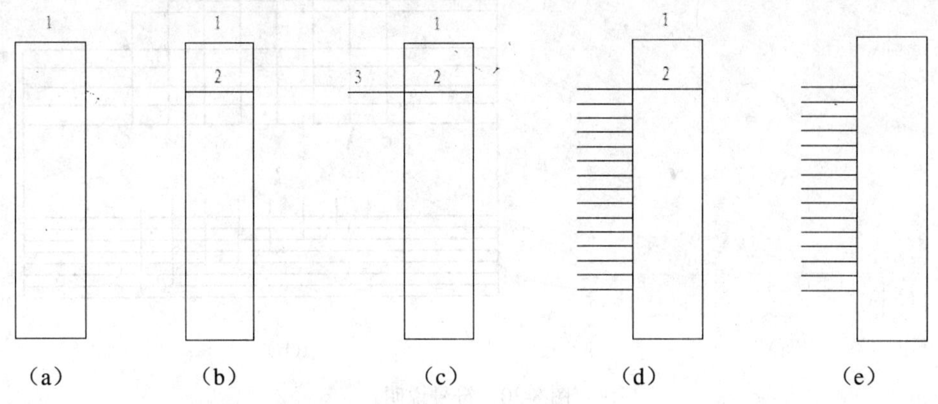

图 8-28　芯片 8155

5. 绘制芯片 8031

单击“绘图”工具栏中的“矩形”按钮，绘制一个长为 180mm、宽为 30mm 的矩形，如图 8-29（a）所示。

6. 绘制其他元器件符号

电阻、电容符号在上节中绘制过，在此不再赘述，单击“修改”工具栏中的“复制”按钮，把电阻、电容符号复制到当前绘图窗口，如图 8-29（b）和图 8-30（c）所示。

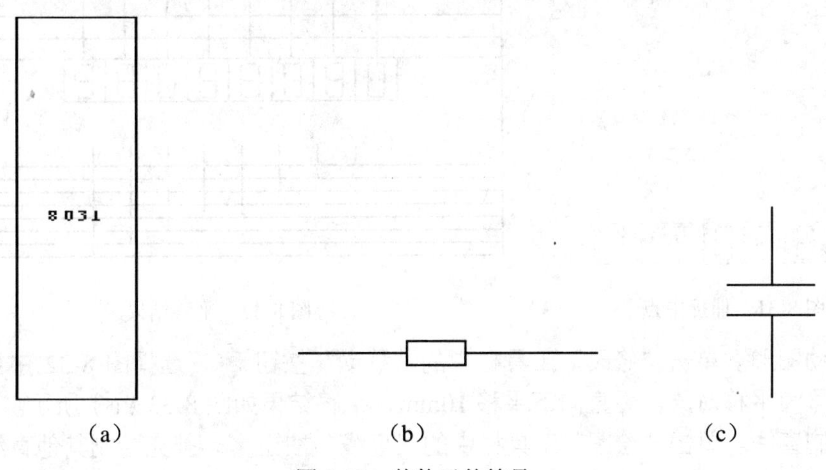

图 8-29　其他元件符号

8.3.4　连接各个元器件

将绘制好的各个元器件符号连接到一起，注意各图形符号的大小可能有不协调的情况，可以根据实际需要利用“缩放”功能来及时调整。本图中元器件符号比较多，下面将以图 8-30（a）所示的数码显示器符号连接到图 8-30（b）为例来说明操作方法。

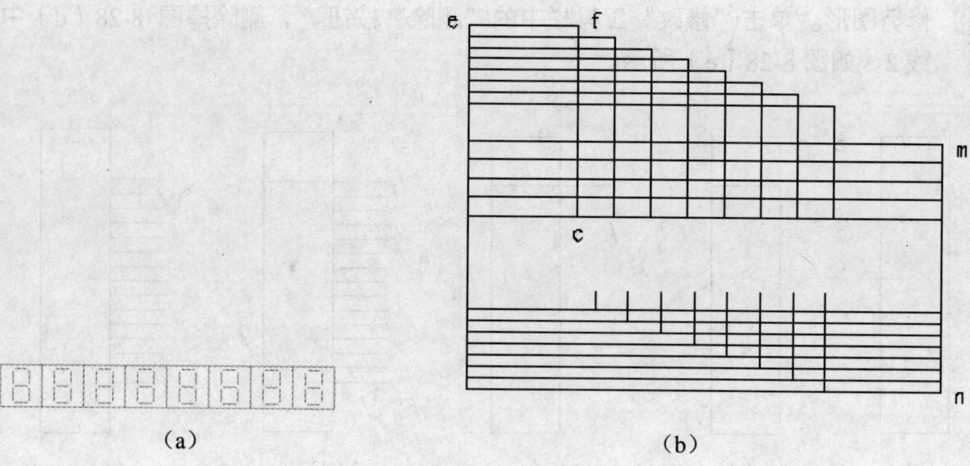

图 8-30 符号说明

01 平移图形。单击“修改”工具栏中的“移动”按钮，选择图 8-30（a）所示的图形符号为平移对象，用鼠标捕捉如图 8-31 所示的中点为平移基点，以图 8-30 中点 c 为目标点，平移结果如图 8-32 所示。

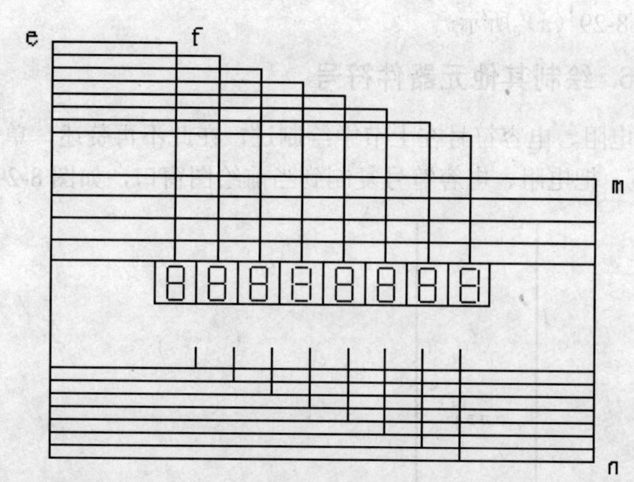

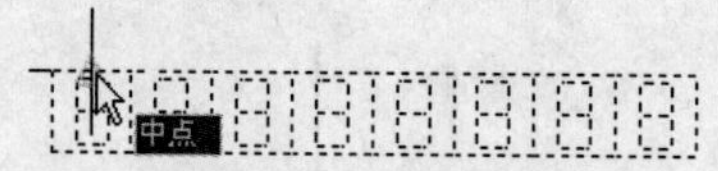

图 8-31 捕捉中点

图 8-32 平移结果

02 移动图形。单击“修改”工具栏中的“移动”按钮，选择图 8-32 中显示器图形符号为平移对象，竖直向下平移 10mm，平移结果如图 8-33（a）所示。

03 绘制直线。单击“绘图”工具栏中的“直线”按钮，补充绘制其他直线，效果如图 8-33（b）所示。

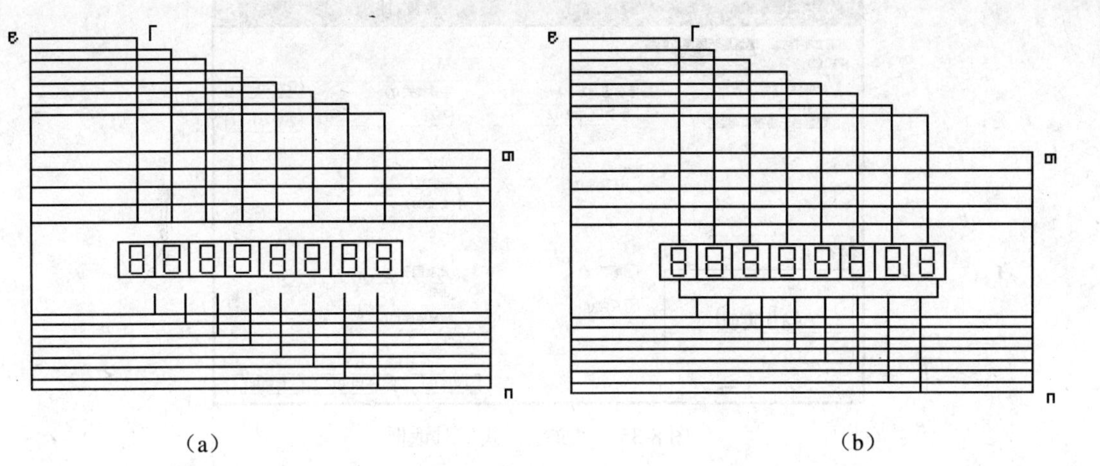

图 8-33　完成绘制

用同样的方法，将前面绘制好的其他元器件相连接，并且补充绘制其他直线，具体操作过程不再赘述，结果如图 8-34 所示。

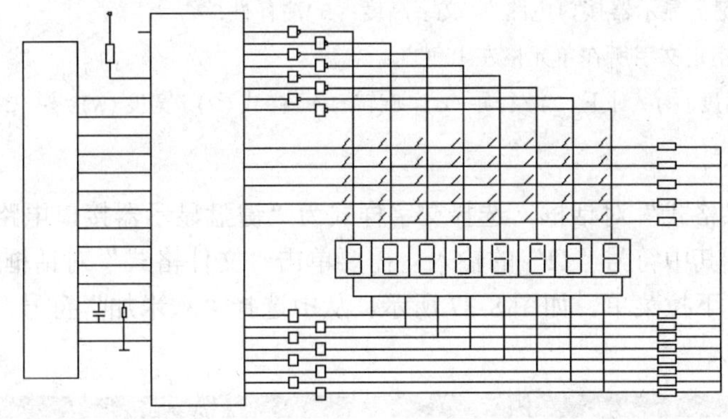

图 8-34　完成绘制

8.3.5　添加注释文字

（1）创建文字样式。单击“样式”工具栏中的“文字样式”按钮，系统打开“文字样式”对话框，如图 8-35 所示。

- 新建文字样式：在“文字样式”对话框中单击“新建”按钮，打开“新建文字样式”对话框，输入样式名“键盘显示器接口电路”，并单击“确定”按钮回到“文字样式”对话框。
- 设置字体：在“字体名”下拉列表选择“仿宋_GB2312”。
- 设置高度：高度设置为 5。
- 设置宽度因子：宽度因子输入值为 0.7，倾斜角度默认值为 0。
- 检查预览区文字外观，如果合适，单击“应用”按钮和“关闭”按钮。

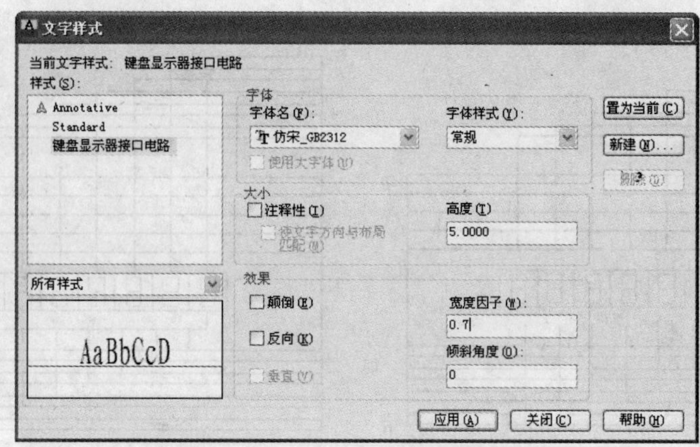

图 8-35 “文字样式”对话框

（2）添加注释文字。单击“绘图”工具栏中的“多行文字”按钮A，命令行中的提示与操作如下：

```
命令：_mtext
当前文字样式：“键盘显示器接口电路” 文字高度：5 注释性：否
指定第一角点：（指定文字所在单元格左上角点）
指定对角点或 [高度(H)/对正(J)/行距(L)/旋转(R)/样式(S)/宽度(W)/栏(C)] （指定文字所在单元格右下角点）
```

系统打开“文字格式”对话框，选择文字样式为“键盘显示器接口电路”，如图 8-36 所示。输入“5.1kΩ”，其中符号“Ω”的输入，需要单击“文件格式”对话框中的@按钮，系统弹出“特殊符号”下拉菜单，如图 8-37 所示。从中选择“欧米加”符号，单击“确定”按钮，完成文字的输入。

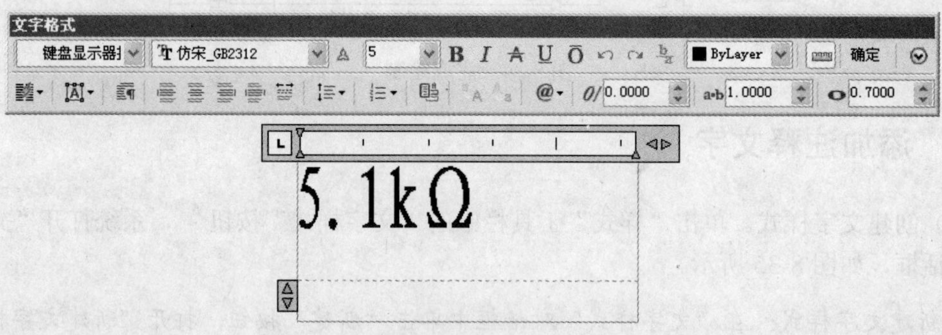

图 8-36 “文字格式”对话框

（3）使用文字编辑命令修改文字得到需要的文字。

添加其他注释文字操作的具体过程不再赘述，至此键盘显示器接口电路绘制完毕，效果如图 8-8 所示。

度数(D)	%%d
正/负(P)	%%p
直径(I)	%%c
几乎相等	\U+2248
角度	\U+2220
边界线	\U+E100
中心线	\U+2104
差值	\U+0394
电相角	\U+0278
流线	\U+E101
恒等于	\U+2261
初始长度	\U+E200
界碑线	\U+E102
不相等	\U+2260
欧姆	\U+2126
欧米加	\U+03A9
地界线	\U+214A
下标 2	\U+2082
平方	\U+00B2
立方	\U+00B3
不间断空格(S)	Ctrl+Shift+Space
其他(O)...	

图 8-37　“特殊符号”下拉菜单

8.4　绘制停电来电自动告知线路图

如图 8-38 所示的是一种由集成电路构成的停电来电自动告知线路图，适用于需要提示停电、来电的场合。VT1、VD5、R3 组成了停电告知控制电路；IC1、VD1～VD4 等构成了来电告知控制电路；IC2、VT2、BL 为报警声驱动电路。

绘制此图的大致思路如下：首先绘制线路结构图，然后绘制各个元器件的图形符号，将元器件图形符号插入到线路结构图中，最后添加注释文字完成绘制。

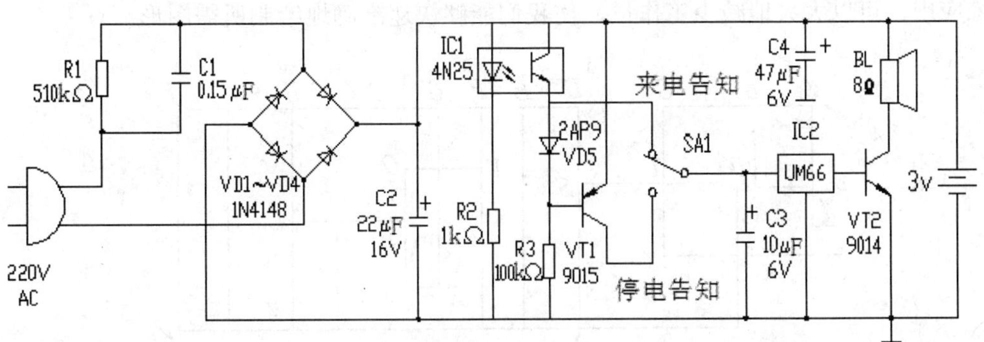

图 8-38　停电来电自动告知线路图

8.4.1 设置绘图环境

01 建立新文件。打开 AutoCAD 2013 应用程序，选择随书光盘中的“源文件\第 8 章\A4title.dwt”样板文件为模板，建立新文件，将新文件命名为“停电来电自动告知线路图.dwg”并保存。

02 图层设置。单击“图层”工具栏中的“图层特性管理器”按钮，弹出“图层特性管理器”面板，新建“连接线层”和“实体符号层”两个图层，各图层的属性设置如图 8-39 所示，并将“连接线层”设置为当前层。

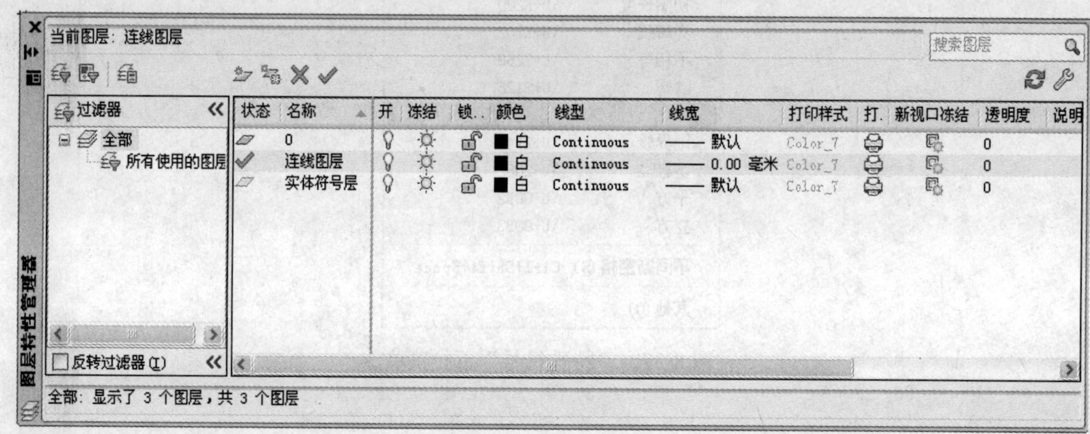

图 8-39 图层设置

8.4.2 绘制线路结构图

在如图 8-40 所示的结构图中，各个连接直线的长度如下所示：AB=42，BC=65，CD=60，DE=40，EF=30，FG=30，GH＝105，HI=45，IJ=35，JK=155，LM=75，LN=32，NP=50，OP=35，PQ=45，RQ=25，FV=45，UT=52，TZ=50，AW=55。实际上，在这里绘制各连接线的时候，用了各种不同的命令，如“偏移”命令、“拉长”命令、“多线段”命令等。类似的技巧如果能熟练应用，可以大大地减少工作量，使我们能够快速准确地绘制所需图形。

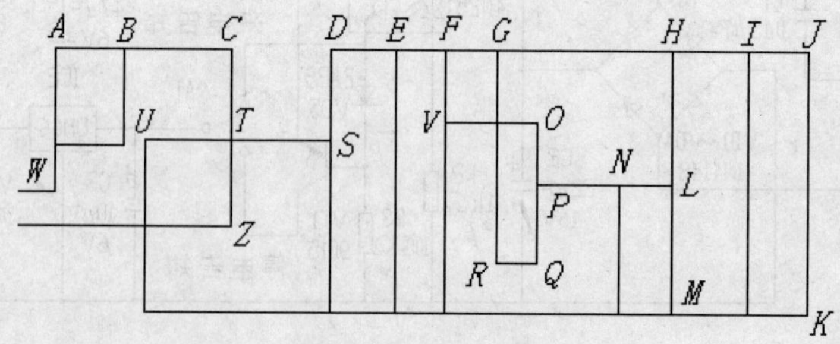

图 8-40 线路结构图

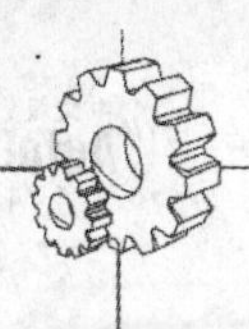

8.4.3　绘制各图形符号

1. 绘制插座

01 单击“绘图”工具栏中的“圆弧”按钮，绘制一条起点为(100,100)、端点为(60,100)、半径为 20 的圆弧，如图 8-41 所示。

02 单击“绘图”工具栏中的“直线”按钮，在“对象捕捉”绘图方式下，捕捉圆弧的起点和终点，绘制一条水平直线，如图 8-42 所示。

图 8-41　绘制圆弧

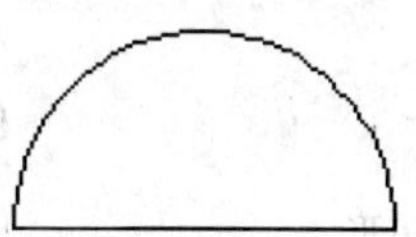

图 8-42　绘制直线

03 单击“绘图”工具栏中的“直线”按钮，在“对象捕捉”和“正交”绘图方式下，捕捉圆弧的起点为起点，向下绘制长度为 10 的竖直直线 1；捕捉圆弧的终点为起点，向下绘制长度为 10 的竖直直线 2，如图 8-43 所示。

04 单击“修改”工具栏中的“移动”按钮，将直线 1 向右平移 10，将直线 2 向左平移 10，结果如图 8-44 所示。

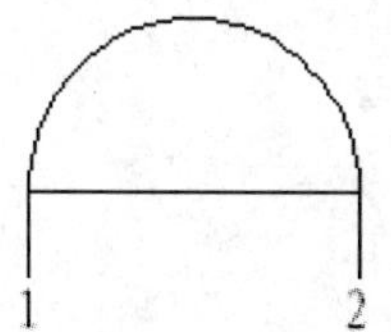

图 8-43　绘制竖直线

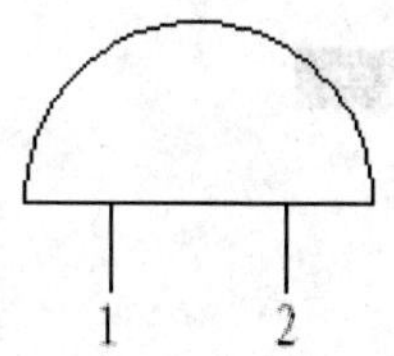

图 8-44　平移直线

05 选择菜单栏中的“修改”→“拉长”命令，将直线 1 和直线 2 均向上各拉长 40，如图 8-45 所示。

06 单击“修改”工具栏中的“修剪”按钮，以水平直线和圆弧为剪切边，对竖直直线进行修剪，结果如图 8-46 所示。

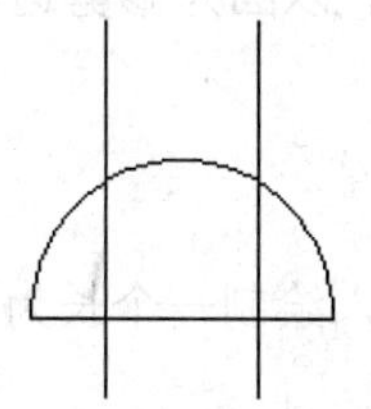

图 8-45　拉长直线

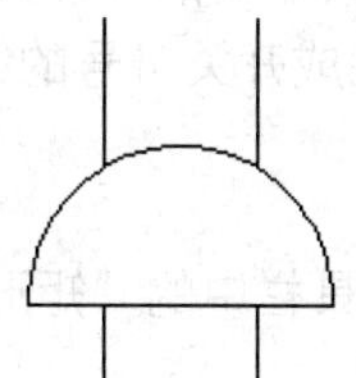

图 8-46　修剪图形

2. 绘制开关

01 单击“绘图”工具栏中的“直线”按钮，绘制一条长为 20 的竖直直线。

02 单击“修改”工具栏中的“旋转”按钮，选择“复制”模式，将上步绘制的竖直直线绕下端点顺时针旋转 60°；重复“旋转”命令，选择“复制”模式，将上步绘制的竖直直线绕直线上端点逆时针旋转 60º，结果如图 8-47 所示。

03 单击“绘图”工具栏中的“圆”按钮，以如图 8-47 所示的三角形的顶点为圆心，绘制半径为 2 的圆，如图 8-48 所示。

04 单击“修改”工具栏中的“删除”按钮，删除三角形的三条边，如图 8-49 所示。

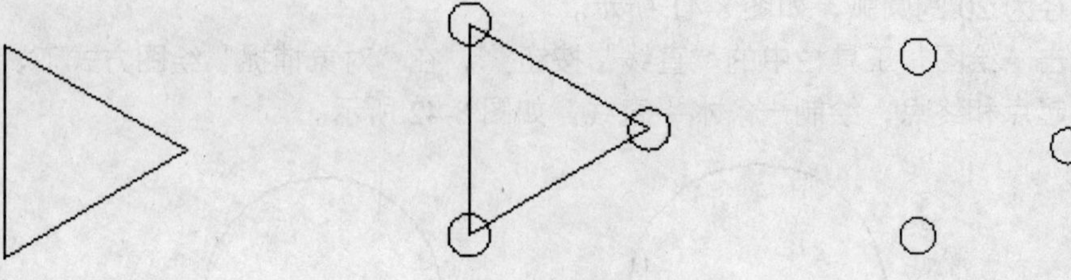

图 8-47　绘制等边三角形　　图 8-48　绘制圆　　图 8-49　删除直线

05 绘单击“绘图”工具栏中的“直线”按钮，以如图 8-50（a）所示的象限点为起点，以如图 8-50（b）所示的切点为终点，绘制直线，结果如图 8-50（c）所示。

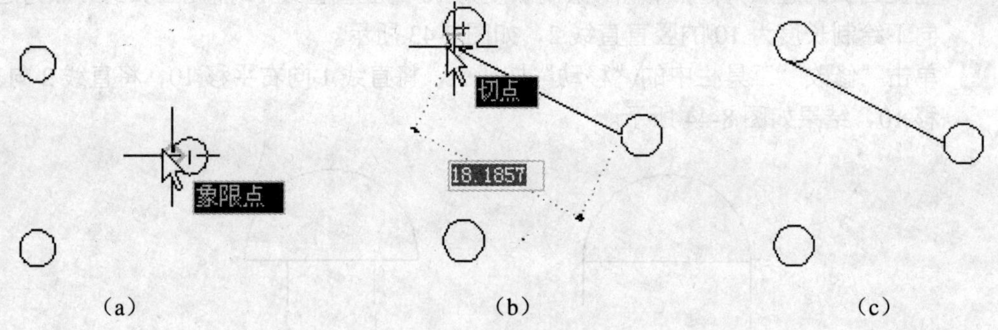

图 8-50　绘制直线 1

06 选择菜单栏中的“修改”→“拉长”命令，将图 8-50（c）中所绘制的直线拉长 4，如图 8-51 所示。

07 单击“绘图”工具栏中的“直线”按钮，分别以 3 个圆的圆心为起点，绘制长度为 5 的直线，如图 8-52 所示。

08 单击“修改”工具栏中的“修剪”按钮，以圆为修剪边，修剪掉圆内的线头，如图 8-53 所示，完成开关符号的绘制。

3. 绘制扬声器

01 单击“绘图”工具栏中的“矩形”按钮，绘制一个长为 18、宽为 45 的矩形，结果如图 8-54 所示。

02 单击“绘图”工具栏中的“直线”按钮，关闭“正交”功能；选择菜单栏中的“工具”→“绘图设置”命令，在弹出的“草图设置”对话框的“极轴追踪”选项卡中设置极轴增量角为 45°，如图 8-55 所示。绘制一定长度的倾斜直线，如图 8-56 所示。

03 单击“修改”工具栏中的“镜像”按钮，将如图 8-57 所示的斜线以矩形左、右两侧边的中点为镜像线，对称镜像到下边，如图 8-57 所示。

04 单击“绘图”工具栏中的“直线”按钮，连接两斜线的端点，如图 8-58 所示，完成扬声器的绘制。

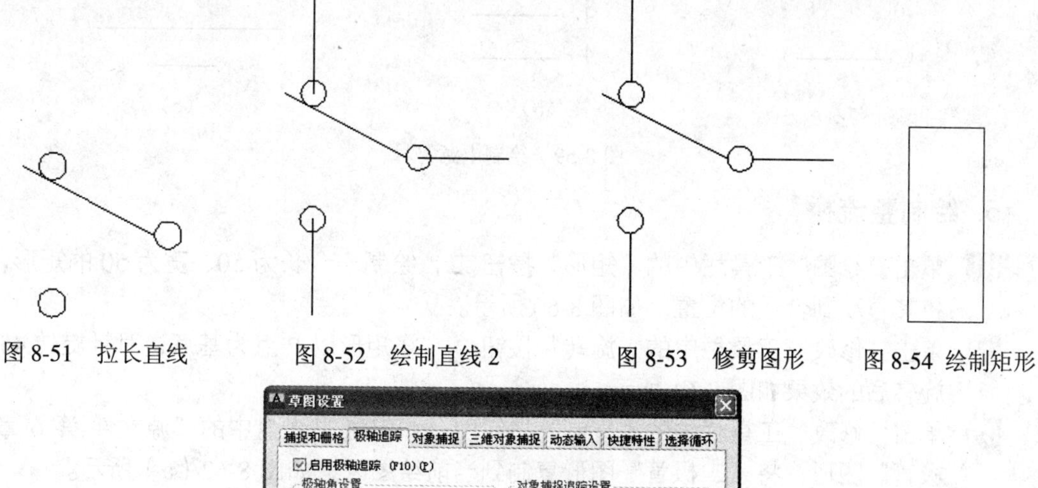

图 8-51　拉长直线　　图 8-52　绘制直线 2　　图 8-53　修剪图形　　图 8-54 绘制矩形

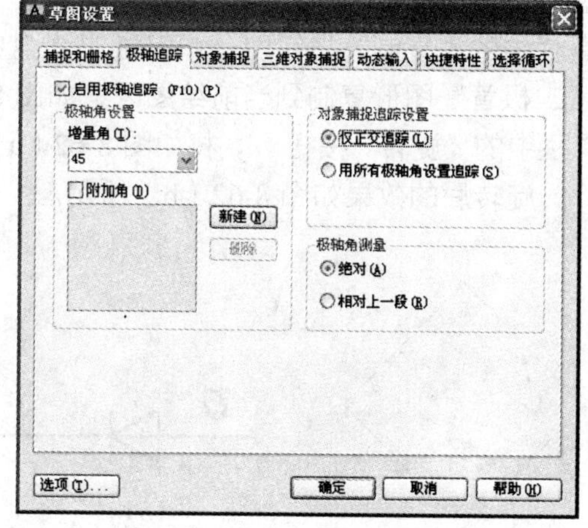

图 8-55　“草图设置”对话框

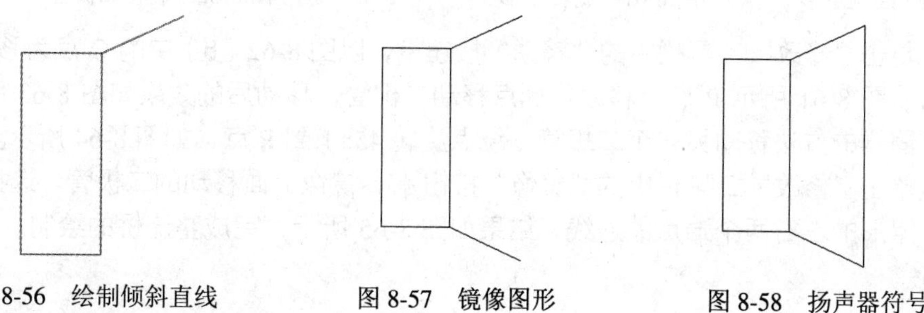

图 8-56　绘制倾斜直线　　图 8-57　镜像图形　　图 8-58　扬声器符号

4. 绘制电源符号

01 单击“绘图”工具栏中的“直线”按钮，绘制长度为 20 的直线 1，如图 8-59（a）所示。

02 单击“修改”工具栏中的“偏移”按钮，将直线 1 依次向下偏移，偏移后相邻直线间的距离均为 10，得到直线 2、直线 3 和直线 4，如图 8-59（b）所示。

03 选择菜单栏中的“修改”→“拉长”命令，分别向左、右两侧拉长直线 1 和直线 3，拉长长度均为 15，如图 8-59（c）所示，完成电源符号的绘制。

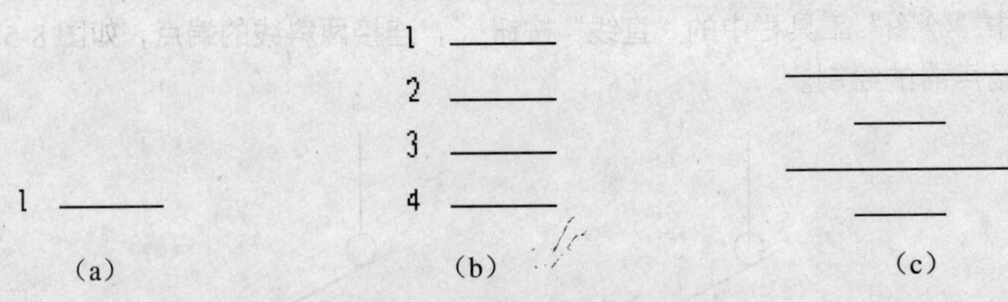

(a)　　(b)　　(c)

图 8-59　绘制电源符号

5. 绘制整流桥

01 单击“绘图”工具栏中的“矩形”按钮，绘制一个长为 50、宽为 50 的矩形，并将其移动到合适的位置，如图 8-60 所示。

02 单击“修改”工具栏中的“旋转”按钮，将矩形以 P 点为基点逆时针旋转 45º，旋转后的效果如图 8-61 所示。

03 单击“修改”工具栏中的“复制”按钮，打开随书光盘中的“源文件\第 6 章\二极管”图形，将“二极管”图形复制到当前绘图区，如图 8-62（a）所示。

04 单击“修改”工具栏中的“旋转”按钮，将如图 8-62（a）所示的二极管符号以 O 点为基点旋转-45º，旋转后的效果如图 8-62（b）所示。

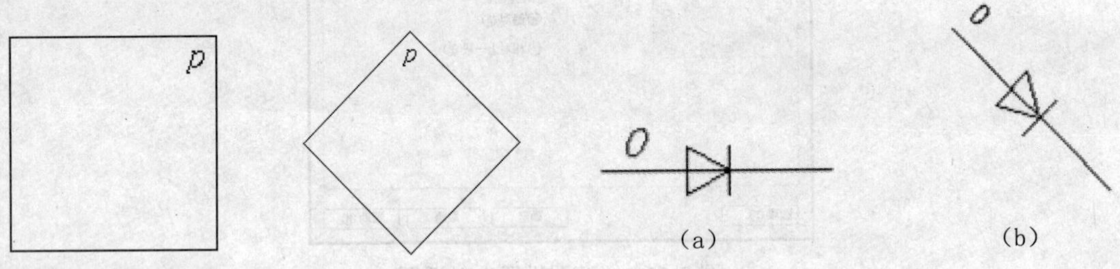

(a)　　(b)

图 8-60　绘制矩形　　图 8-61　旋转矩形　　图 8-62　旋转二极管

05 单击“修改”工具栏中的“移动”按钮，以图 8-62（b）中的 O 点为移动基准点，以图 8-61 所示 P 点为移动目标点移动二极管，移动后的效果如图 8-63 所示；采用同样的方法移动另一个二极管（绕点旋转 45°）到 P 点，如图 8-64 所示。

06 单击“修改”工具栏中的“镜像”按钮，镜像上面移动的二极管，选择镜像线为矩形的左右两个端点的连线，结果如图 8-65 所示，完成整流桥的绘制。

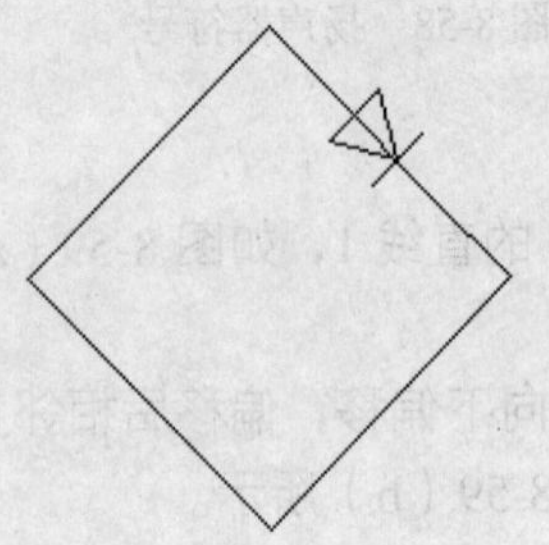

图 8-63　插入第一个二极管

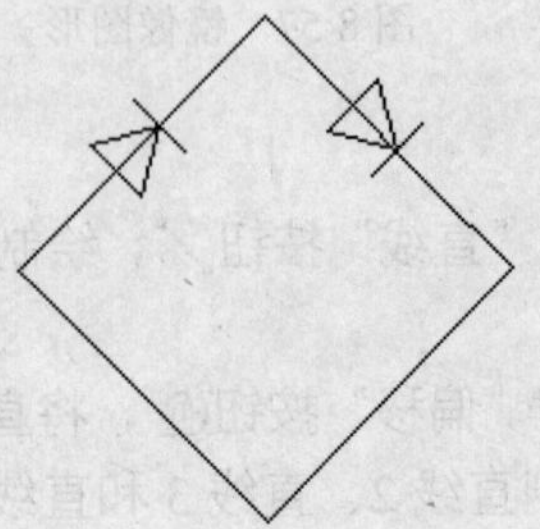

图 8-64　插入第二个二极管

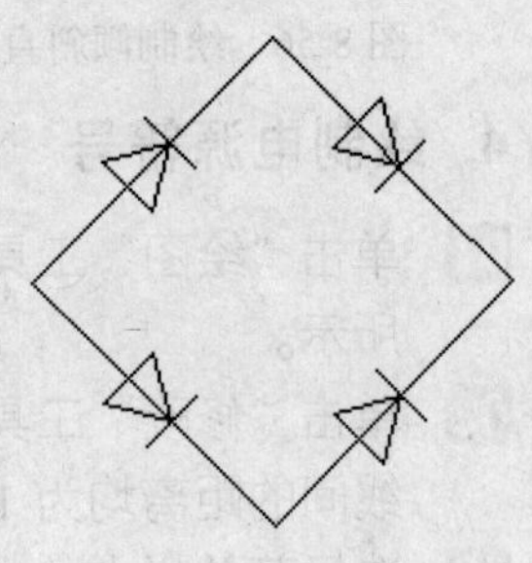

图 8-65　镜像图形

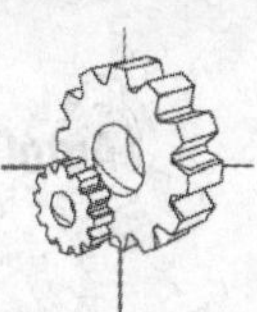

6. 绘制光电耦合器

01 单击“绘图”工具栏中的“插入块”按钮，弹出“插入”对话框，如图 8-66 所示；单击“浏览”按钮，弹出“选择图形文件”对话框，选择随书光盘中的“源文件\第 8 章\箭头”图块作为插入对象，输入比例为“0.15”，单击“确定”按钮，插入结果如图 8-67 所示。

02 单击“绘图”工具栏中的“直线”按钮，在“对象捕捉”绘图方式下，捕捉图 8-67 中箭头竖直线的中点，以其为起点，水平向左绘制长为 4 的直线，如图 8-68 所示。

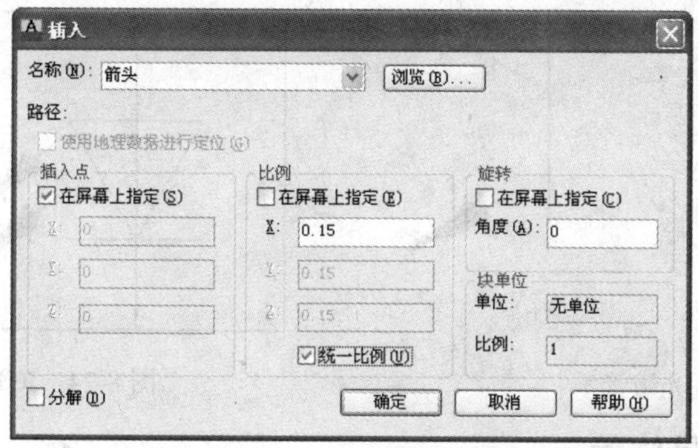

图 8-66　“插入”对话框

图 8-67　插入箭头符号

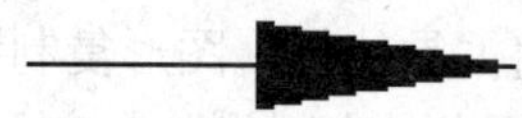

图 8-68　绘制直线

03 单击“修改”工具栏中的“旋转”按钮，将图 8-68 中绘制的箭头绕顶点旋转 -40°，结果如图 8-69 所示。

04 单击“修改”工具栏中的“复制”按钮，将图 8-69 中绘制的箭头向下复制，复制距离为 3，如图 8-70 所示。

05 重复“复制”命令，复制图 8-62（a）所示的二极管符号，并将其旋转到如图 8-71 所示的方向。

06 单击“修改”工具栏中的“移动”按钮，移动如图 8-71 所示的箭头到合适的位置，得到发光二极管符号，如图 8-72 所示。

图 8-69　旋转图形

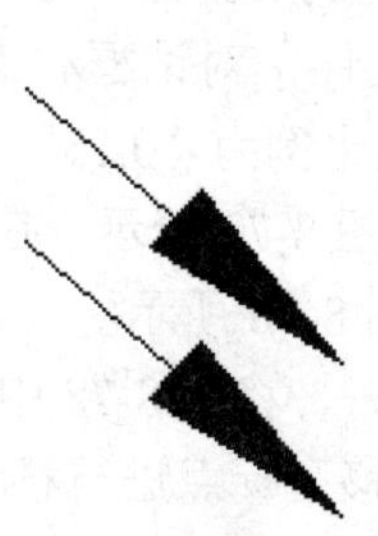

图 8-70　复制图形

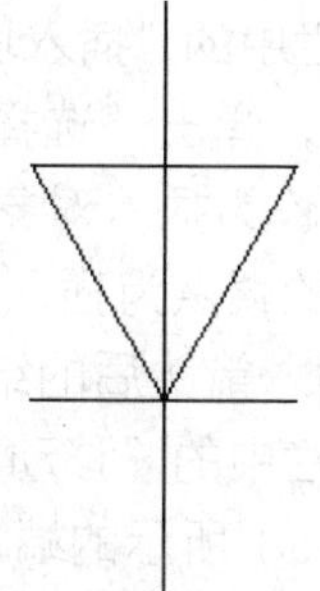

图 8-71　复制二极管

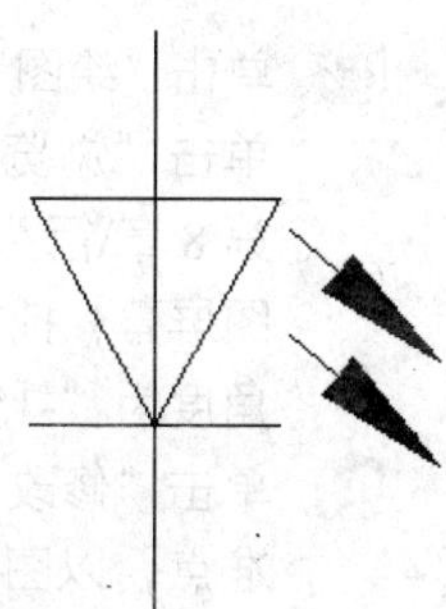

图 8-72　移动图形

07 单击“修改”工具栏中的“复制”按钮，打开随书光盘中的“源文件\第 6 章\二极管”图形，将“晶体管”图形复制到当前绘图区，如图 8-73（a）所示。

08 单击“修改”工具栏中的“删除”按钮，将图 8-73（a）中的水平线删除，删除后的效果如图 8-73（b）所示，得到光敏符号。

09 单击“修改”工具栏中的“移动”按钮，将图 8-72 所示的发光二极管符号和图 8-73（b）所示的光敏管符号平移到长为 45、宽为 23 的矩形中，如图 8-74 所示，完成 IC1 光电耦合器的绘制。

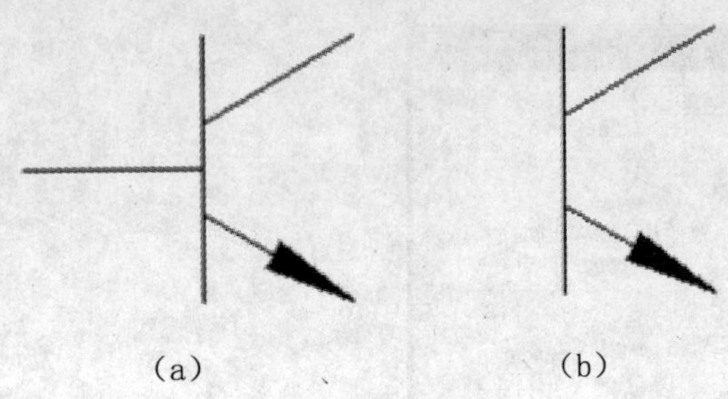

图 8-73　绘制光敏管

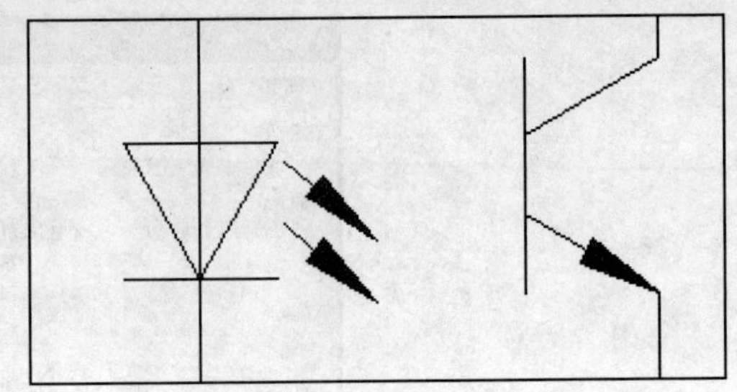

图 8-74　IC1 光电耦合器

7. 绘制 PNP 型晶体管

01 单击“修改”工具栏中的“复制”按钮，打开随书光盘中的“源文件\第 8 章\二极管”图形，将“晶体管”图形复制到当前绘图区。

02 单击“修改”工具栏中的“删除”按钮，将图中箭头删除，删除后的效果如图 8-75 所示。

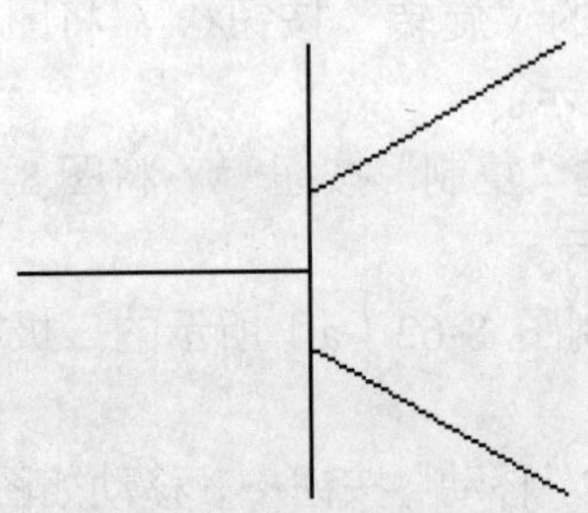

图 8-75　删除箭头

03 单击“绘图”工具栏中的“插入块”按钮，弹出“插入”对话框，如图 8-76 所示；单击“浏览”按钮，弹出“选择图形文件”对话框，选择随书光盘中的“源文件\第 8 章\箭头”图块作为插入对象，输入比例为“0.15”，单击“确定”按钮，回到绘图屏幕；捕捉直线的端点为插入点，如图 8-77 所示；在“角度”文本框中输入旋转角度为“-150”，插入箭头后的结果如图 8-78 所示。

04 单击“修改”工具栏中的“移动”按钮，将图 8-78 中的图形以箭头顶点为平移基准点，以图 8-79（a）所示的端点为平移目标点进行移动，平移后的效果如图 8-79（b）所示，完成 PNP 二极管的绘制。

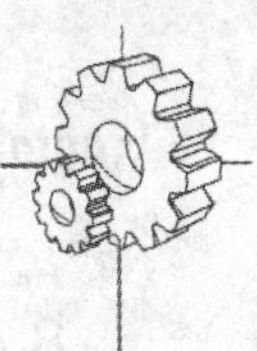

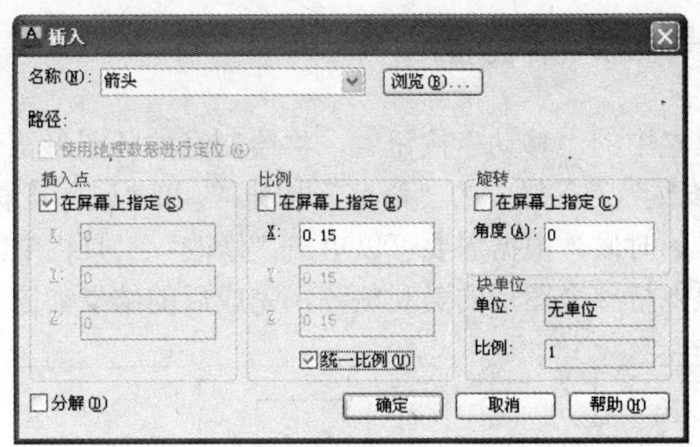

图 8-76　“插入”对话框

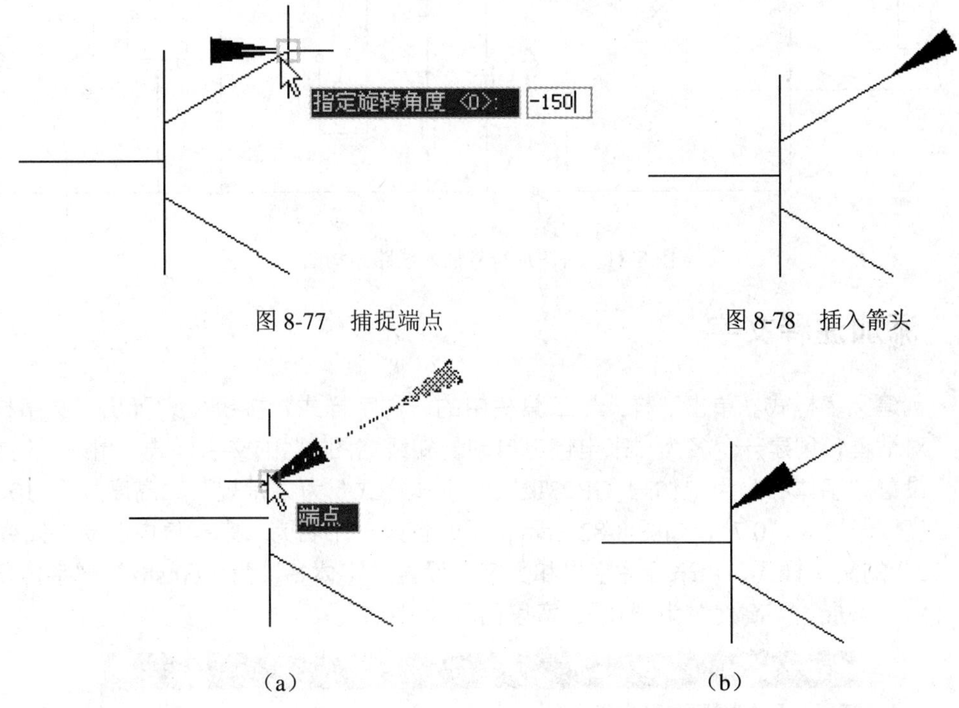

图 8-77　捕捉端点

图 8-78　插入箭头

图 8-79　移动箭头

8. 绘制其他图形符号

二极管、电阻、电容符号在以前绘制过，在此不再赘述，单击“修改”工具栏中的“复制”按钮，把二极管、电阻、电容符号复制到当前绘图窗口，如图 8-80 所示。

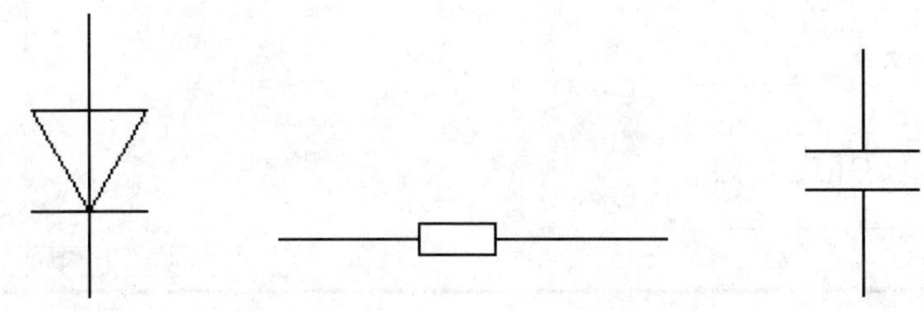

图 8-80　复制二极管、电阻、电容符号

8.4.4 将图形符号插入结构图

单击“修改”工具栏中的“移动”按钮，将绘制好的各图形符号插入到线路结构图中对应的位置；单击“修改”工具栏中的“修剪”按钮和“删除”按钮，删除掉多余的图形。在插入图形符号的时候，根据需要可以单击“修改”工具栏中的“缩放”按钮，调整图形符号的大小，以保持整个图形的美观整齐，完成后的结果如图 8-81 所示。

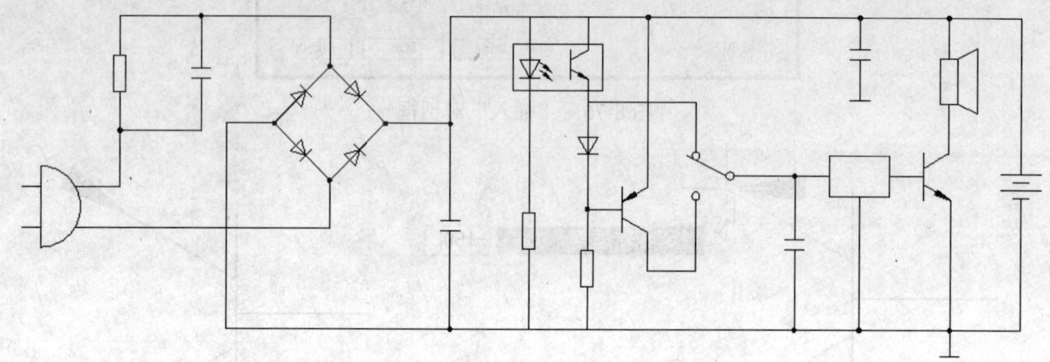

图 8-81 将图形符号插入线路结构图

8.4.5 添加注释文字

01 创建文字样式。单击“样式”工具栏中的“文字样式”按钮，弹出“文字样式”对话框，创建一个名为“来电停电自动告知线路图 1”的文字样式，用来标注文字；设置“字体名”为“仿宋_GB2312”、“字体样式”为“常规”、“高度”为 10、“宽度因子”为“0.7”，如图 8-82 所示；同时创建一个名为“来电停电自动告知线路图 2”的文字样式，用来标注字母和数字，设置“字体名”为“txt.shx”、“字体样式”为“常规”、“高度”为“10”、宽度因子为“0.7”。

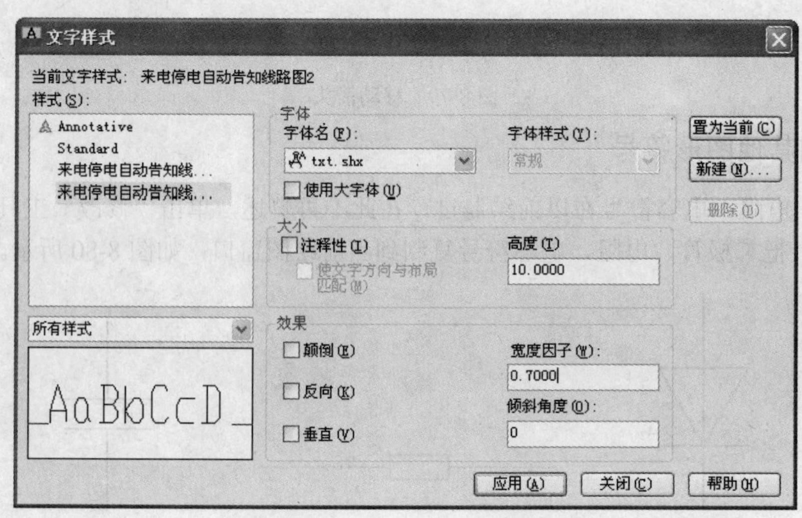

图 8-82 “文字样式”对话框

02 添加注释文字。选择菜单栏中的"绘图"→"文字"→"多行文字"命令，一次输入几行文字，然后调整其位置，以对齐文字；在调整位置的时候，可以结合"正交"命令。至此，停电来电自动告知线路图绘制完毕，效果如图 8-38 所示。

8.5　上机实验

绘制图 8-83 所示的日光灯的调节器电路图。

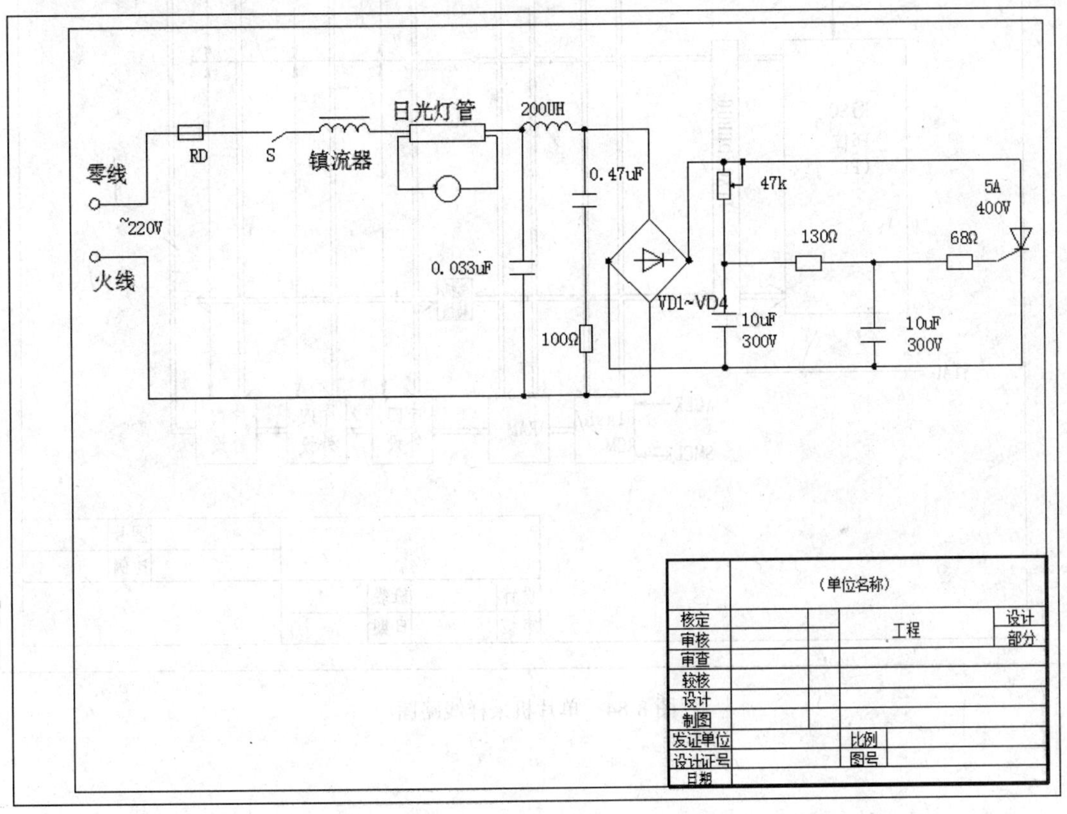

图 8-83　日光灯的调节器电路图

(1) 目的要求

本例通过绘制日光灯的调节器电路图帮助读者掌握电路图的方法和技巧。

(2) 操作提示

①绘制各电气元件。

②绘制连接图。

8.6 思考与练习

绘制如图 8-84 所示单片机采样线路图。

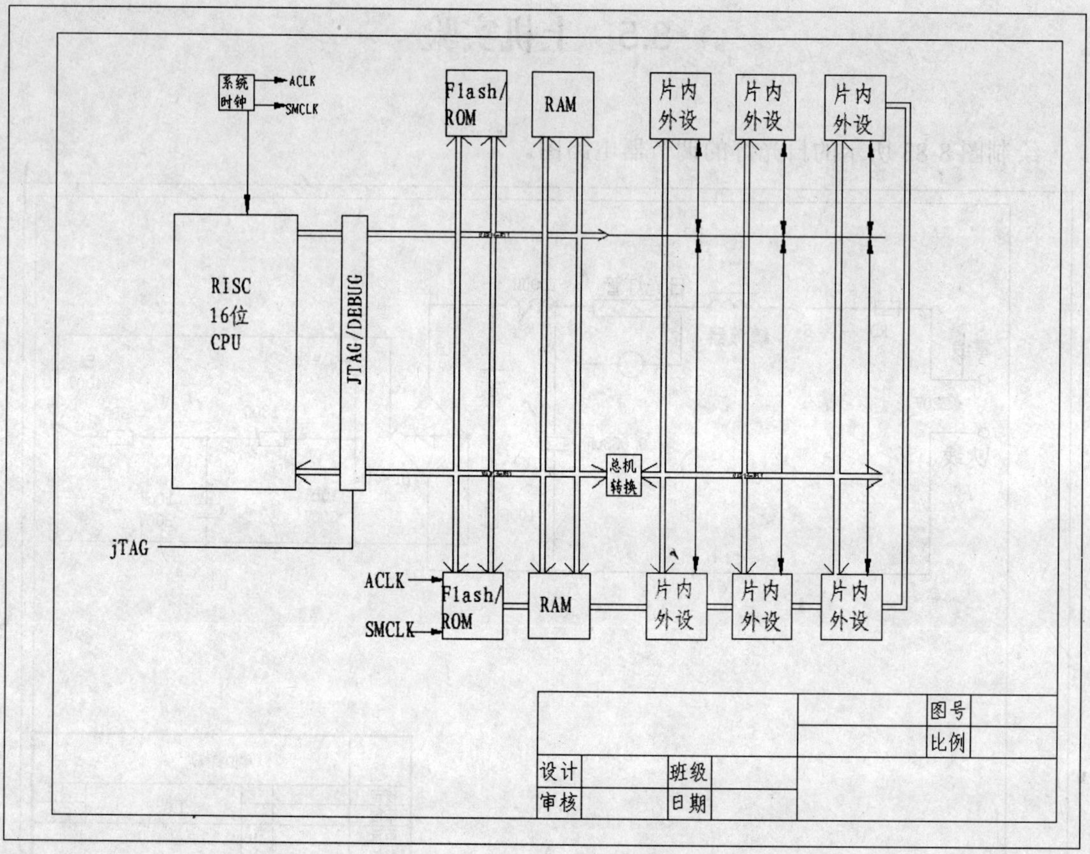

图 8-84　单片机采样线路图

第 9 章

控制电气工程图的设计

随着电厂生产管理的要求及电气设备智能水平的不断提高，电气控制系统（ECS）功能得到了进一步扩展，理念和水平都有了更深意义的延伸。将ECS及电气各类专用智能设备（如同期、微机保护、自动励磁等）采用通信方式与分散控制系统接口，作为一个分散控制系统中相对独立的子系统，实现同一平台，便于监控、管理、维护，即厂级电气综合保护监控的概念。

9.1 控制电气简介

9.1.1 控制电路简介

从研究电路的角度来看，一个实验电路一般可分为电源、控制电路和测量电路三部分。测量电路是事先根据实验方法确定好的，可以把它抽象地用一个电阻R来代替，称为负载。根据负载所要求的电压值U和电流值I，就可选定电源，一般电学实验对电源并不苛求，只要选择电源的电动势E略大于U，电源的额定电流大于工作电流I即可。负载和电源都确定后，就可以安排控制电路，使负载能获得所需要的各个不同的电压和电流值。一般来说，控制电路中电压或电流的变化，都可用滑线式可变电阻来实现。控制电路有制流和分压两种最基本接法，两种接法的性能和特点可由调节范围、特性曲线、细调程度来表征。

一般在安排控制电路时，并不一定要求设计出一个最佳方案。只要根据现有的设备设计出既安全又省电且能满足实验要求的电路就可以了。设计方法一般也不必进行复杂的计算，可以边实验边改进。先根据负载的阻值R要求调节的范围，确定电源电压E，然后综合比较一下采用分压还是制流，确定了R0后，估计一下细调程度是否足够，然后做一些初步试验，看看在整个范围内细调是否满足要求，如果不能满足，则可以加接变阻器，分段逐级细调。

控制电路只要分为开环（自动）控制系统和闭环（自动）控制系统（也称为反馈控制系统）。其中开环（自动）控制系统包括前向控制，程控（数控），智能化控制等，如录音机的开/关机、自动录放、程序工作等。闭环（自动）控制系统则是反馈控制，将受控物理量自动调整到预定值。

其中反馈控制是最常用的一种控制电路。下面介绍三种常用的反馈控制方式。

- 自动增益控制 AGC（AVC）：反馈控制量为增益（或电平），以控制放大器系统中某级（或几级）的增益大小。
- 自动频率控制 AFC：反馈控制量为频率，以稳定频率。
- 自动相位控制 APC（PLL）：反馈控制量为相位。

PLL 可实现调频、鉴频、混频、解调、频率合成等。

如图 9-1 所示是一种常见的反馈自动控制系统的模式。

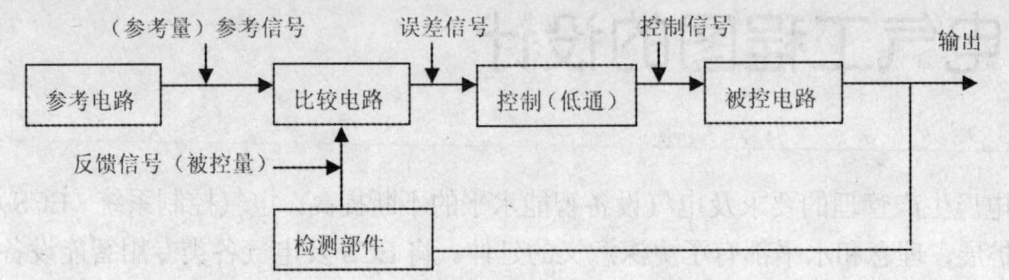

图 9-1　反馈自动控制系统的组成

9.1.2　控制电路图简介

控制电路大致可以包括下面几种类型的电路：自动控制电路、报警控制电路、开关电路、灯光控制电路、定时控制电路、温控电路、保护电路、继电器控制、晶闸管控制电路、电机控制电路、电梯控制电路等。下面对其中几种控制电路的典型电路图进行举例。

如图 9-2 所示的电路图表示报警控制电路中的一种典型电路，即汽车多功能报警器电路图。

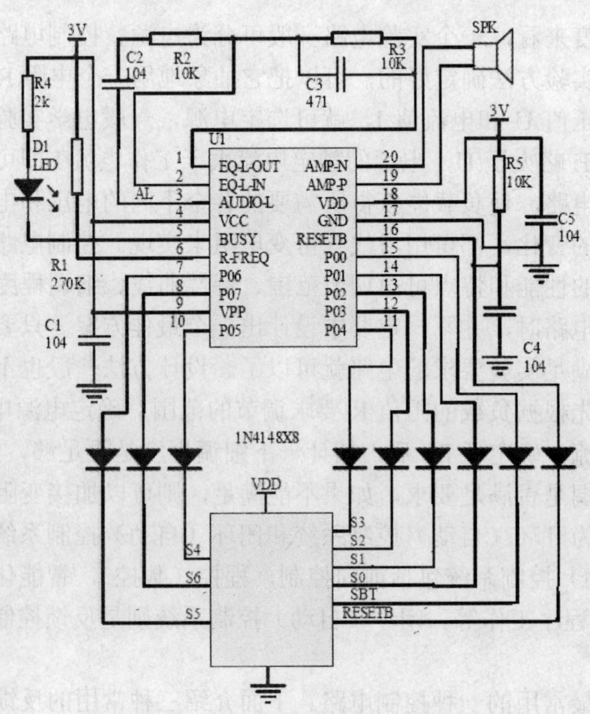

图 9-2　汽车多功能报警器电路图

它的功能要求为：当系统检测到汽车出现各种故障时进行语音提示报警。语音：左前轮、右前轮、左后轮、右后轮、胎压过低、胎压过高、请换电池、叮咚。控制方式：并口模式。语音对应地址（在每个语音组合中加入 200ms 的静音）：00H“叮咚”＋左前轮＋胎压过高；01H“叮咚”＋右前轮＋胎压过高；02H“叮咚”＋左后轮＋胎压过高；03H“叮咚”＋右后轮＋胎压过高；04H“叮咚”＋左前轮＋胎压过低；05H“叮咚”＋右前轮＋胎压过低；06H“叮咚”＋左后轮＋胎压过低；07H“叮咚”＋右后轮＋胎压过低；08H“叮咚”＋左前轮＋请换电池；09H“叮咚”＋右前轮＋请换电池；0AH“叮咚”＋左后轮＋请换电池；0BH“叮咚”＋右后轮＋请换电池。

如图 9-3 所示的电路就是温控电路中的一种典型电路。该电路是由双 D 触发器 CD4013 中的一个 D 触发器组成，电路结构简单，具有上、下限温度控制功能。控制温度可通过电位器预置，当超过预置温度后，自动断电。它可用于电热加工的工业设备，电路组成如图 9-3 所示。电路中将 D 触发器连接成一个 RS 触发器，以工业控制用的热敏电阻 MF51 作温度传感器。

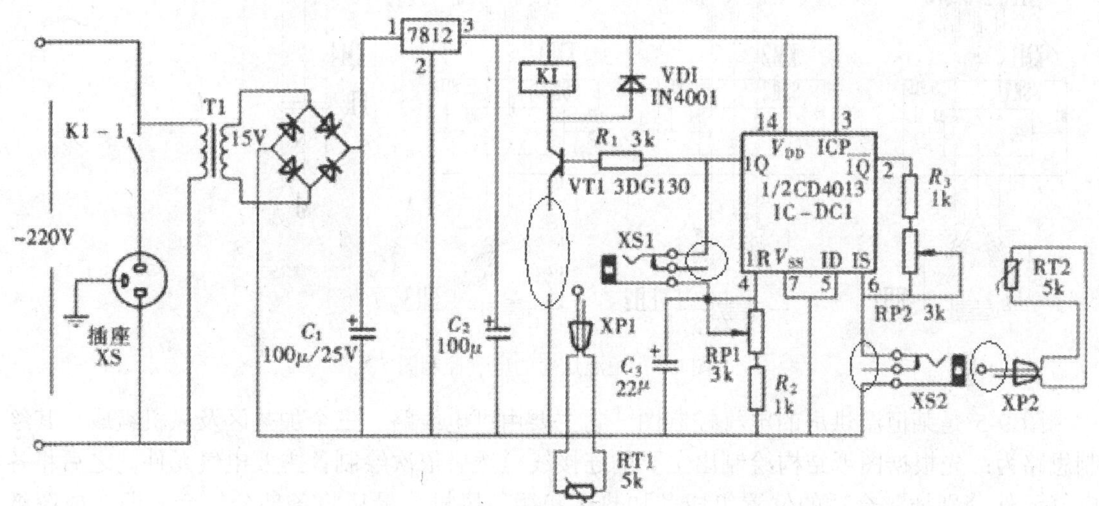

图 9-3　高低温双限控制器(CD4013)电路图

如图 9-4 所示的电路图就是继电器电路中的一种典型电路。图 9-4（a）中，集电极为负，发射极为正，对于 PNP 型管而言，这种极性的电源是正常的工作电压；图 9-4（b）中，集电极为正，发射极为负，对于 NPN 型管而言，这种极性的电源是正常的工作电压。

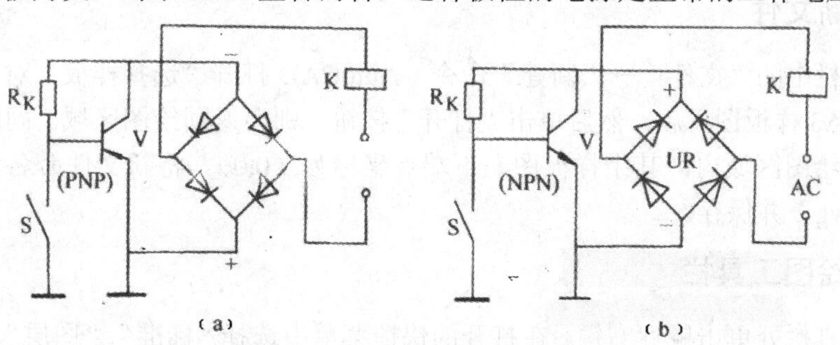

图 9-4　交流电子继电器电路图

9.2 恒温烘房电气控制图

本例绘制恒温烘房电气控制图，如图 9-5 所示。

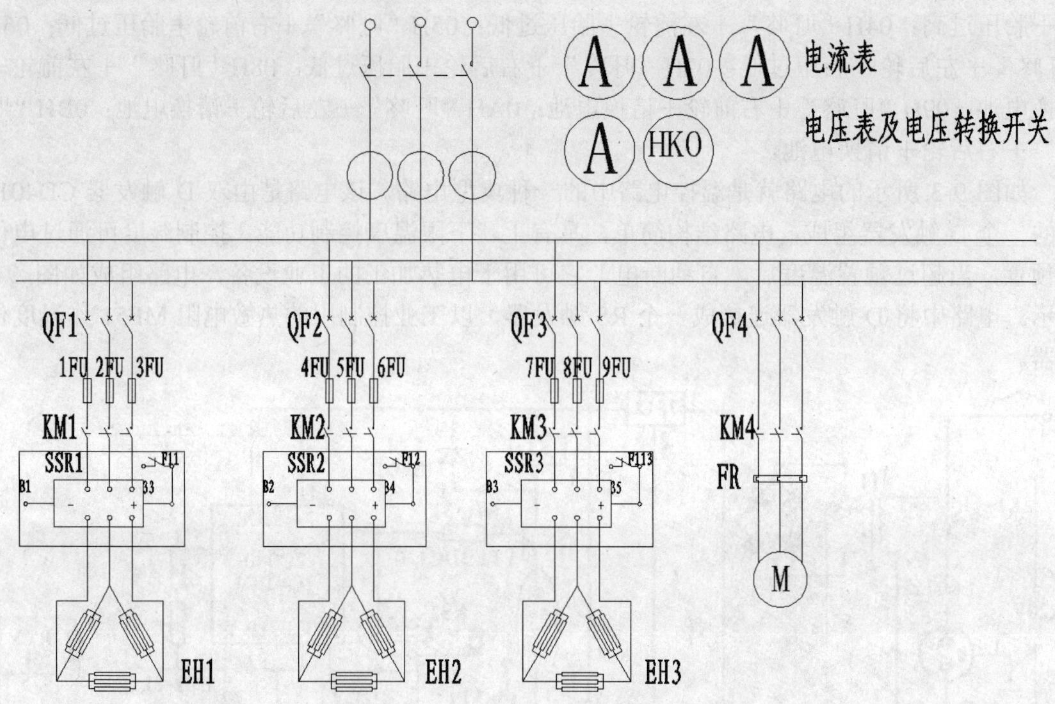

图 9-5　恒温烘房的电气控制图

图 9-5 是某恒温烘房的电气控制图，它主要由供电线路、三个加热区及风机组成。其绘制思路为：先根据图纸结构绘制出主要的连接线，然后依次绘制各主要电气元件，之后将各电气元件分别插入合适的位置组成各加热区和循环风机，最后将各部分组合，即完成图纸绘制。

9.2.1 设置绘图环境

1. 建立新文件

选择菜单栏中的“文件”→“新建”命令，AutoCAD 打开“选择样板”对话框，选择已经绘制好的“A3 样板图”后，然后单击“打开”按钮，则会返回绘图区域。同时选择的样板图也会出现在绘图区域内，其中样板图左下端点坐标为（0,0）。将新文件命名为“恒温烘房电气控制图.dwg”并保存。

2. 设置绘图工具栏

在任意工具栏处单击鼠标右键，在打开的快捷菜单中选择“标准”、“图层”、“特性”、“绘图”、“修改”和“标注”这 6 个选项，调出这些工具栏，并将它们移动到绘图窗口中的适当

位置。

3. 设置图层

选择菜单栏中的“格式”→“图层”命令，设置“连接线层”、“实体符号层”和“虚线层”三个图层，各图层的颜色，线型及线宽设置分别如图 9-6 所示。将“连接线层”设置为当前图层。

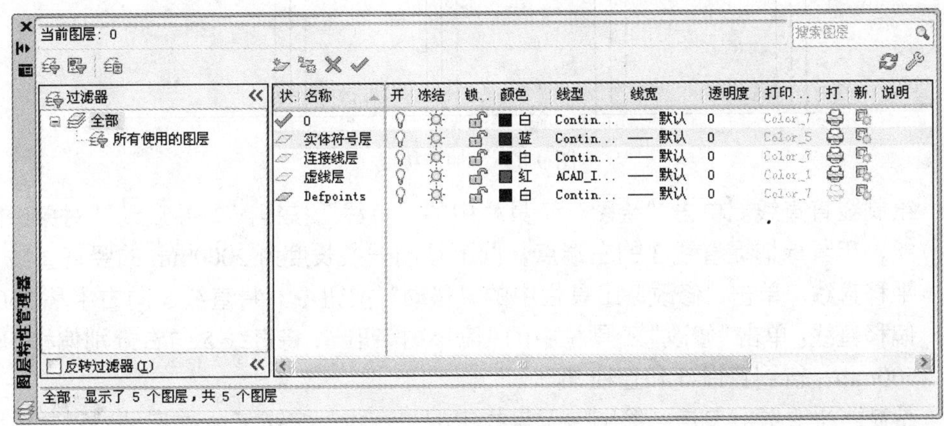

图 9-6　新建图层

9.2.2　图纸布局

01 绘制水平线。单击“绘图”工具栏中的“直线”按钮，绘制直线 1{（1000,10 000），（11 000,10 000）}，如图 9-7 所示。

图 9-7　水平直线

02 偏移水平线。单击“修改”工具栏中的“偏移”按钮，以直线 1 为起始，依次向下偏移 200mm、200mm 和 4000mm 得到一组水平直线。

03 绘制竖直直线。单击“绘图”工具栏中的“直线”按钮，并启动“对象追踪”功能，用鼠标分别捕捉直线 1 和最下面一条水平直线的左端点，连接起来，得到一条竖直直线。

04 偏移竖直直线。单击“修改”工具栏中的“偏移”按钮，以竖直直线为起始，依次向右偏移 700mm、200mm、200mm、2000mm、200mm、200mm、1800mm、200mm、200mm、1600mm、200mm 和 200mm，得到一组竖直直线。然后单击“修改”工具栏中的“删除”按钮，删除掉初始竖直直线。前述绘制的水平直线和竖直直线构成了如图 9-8 所示的图形。

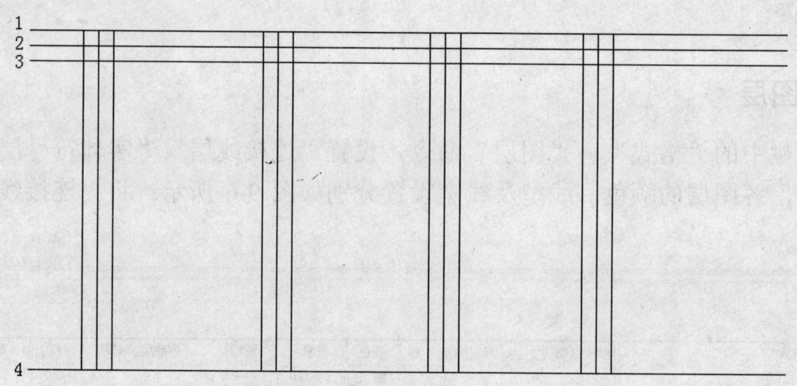

图 9-8　添加连接线

05 绘制竖直直线。单击“绘图”工具栏中的“直线”按钮，并启动“对象追踪”功能，用鼠标捕捉直线 3 的左端点，向上绘制一条长度为 2000mm 的竖直直线 5。

06 平移直线。单击“修改”工具栏中的“移动”按钮，将直线 5 向右平移 3500mm。

07 偏移直线。单击“修改”工具栏中的“偏移”按钮，将直线 5 向右分别偏移 500mm、500mm，得到直线 6 和直线 7。

08 绘制水平直线。单击“绘图”工具栏中的“直线”按钮，并启动“对象追踪”功能，用鼠标分别捕捉直线 5 和直线 7 的上端点，绘制水平直线。

09 偏移直线 4。单击“修改”工具栏中的“偏移”按钮，将直线 4 向上偏移 1000mm。

10 修剪图形。单击“修改”工具栏中的“修剪”按钮和“删除”按钮，修剪水平和竖直直线，并删除多余的直线，得到如图 9-9 所示的图形，就是绘制完成的图纸布局。

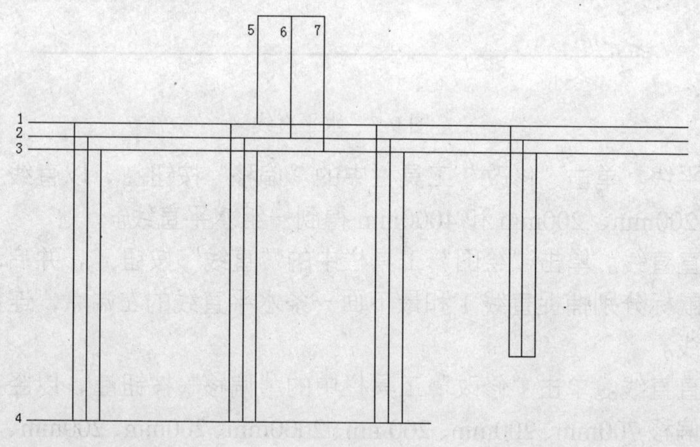

图 9-9　图纸布局

9.2.3　绘制各电气元件

1. 绘制固态继电器

01 绘制矩形。单击“绘图”工具栏中的“矩形”按钮，绘制一个长为 100mm、宽为

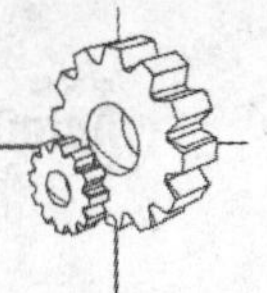

50mm 的矩形，如图 9-10（a）所示。

02 绘制圆。单击“绘图”工具栏中的“圆”按钮，在“对象追踪”方式下，用鼠标捕捉矩形的右上角点作为圆心，绘制一个半径为 2.5mm 的圆。

03 平移圆。单击“修改”工具栏中的“移动”按钮，将上步绘制的圆向左平移 13mm，然后向下平移 10mm，结果如图 9-10（b）所示。

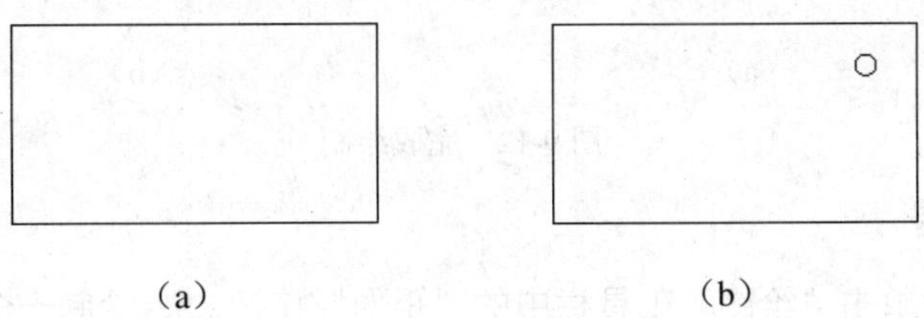

（a）　（b）

图 9-10　绘制矩形

04 阵列圆。单击“修改”工具栏中的“矩形阵列”按钮，选择圆为阵列对象，用鼠标捕捉圆心为基点，“行”设置为 2，“列”设置为 3。“行偏移”设置为 30mm，“列偏移”设置为 25mm，“阵列角度”为 0。效果如图 9-11（a）所示。

05 绘制竖直直线。单击“绘图”工具栏中的“直线”按钮，并启动“对象追踪”功能，用鼠标捕捉在竖直方向的两个圆的圆心，绘制竖直直线。用同样的方法绘制另外两条竖直直线。

06 拉长直线。选择菜单栏中的“修改”→“拉长”命令，将三条竖直直线向上和向下分别拉长 40mm，结果如图 9-11（b）所示。

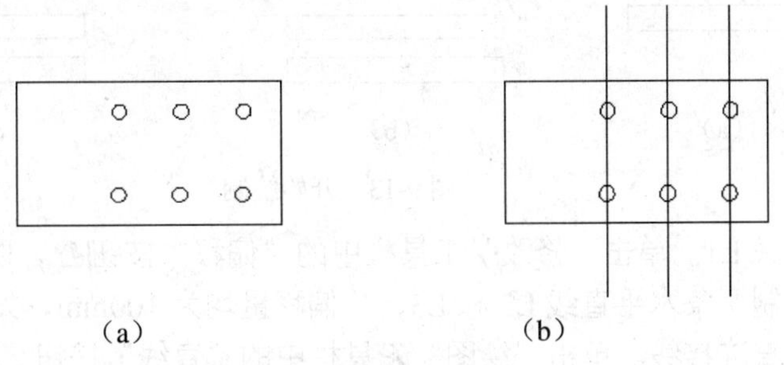

（a）　（b）

图 9-11　添加直线

07 分解矩形。单击“修改”工具栏中的“分解”按钮，将绘制的矩形分解为直线 1、直线 2、直线 3、直线 4。

08 偏移直线。单击“修改”工具栏中的“偏移”按钮，将直线 1 向下偏移 25mm，得到水平直线 5。

09 拉长直线。选择菜单栏中的“修改”→“拉长”命令，将直线 5 向两端分别拉长 30mm，如图 9-12（a）所示。

10 修剪直线。单击“修改”工具栏中的“修剪”按钮，选择直线 3 和直线 4 作为修剪边，对直线 5 进行修剪，保留直线 5 在矩形以外的部分，如图 9-12（b）所示。

11 完成绘制。在矩形内的相应位置加上“＋”和“－”符号，如图 9-12（b）所示，就是绘制完成的固态继电器图形符号。

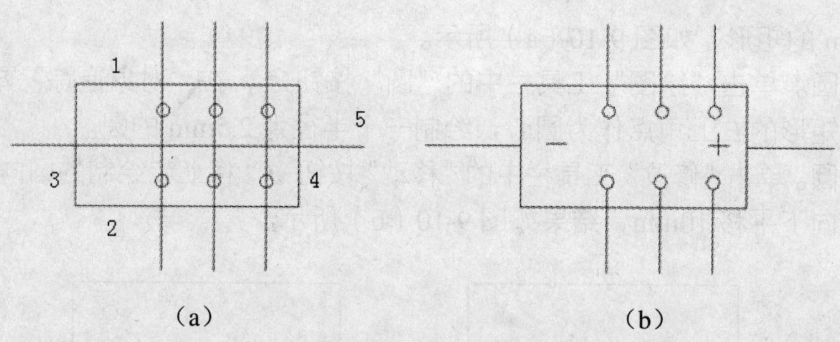

（a）　　　　　　　　（b）

图 9-12　完成绘制

2. 绘制加热器

01 绘制矩形。单击“绘图”工具栏中的“矩形”按钮，绘制一个长为 500mm、宽为 55mm 的矩形 1，如图 9-13（a）所示。

02 复制矩形。单击“修改”工具栏中的“复制”按钮，将上步绘制的矩形拷贝两份，并分别向下平移 100mm 和 200mm，得到矩形 2 和矩形 3，结果如图 9-13（b）所示。

03 分解矩形。单击“修改”工具栏中的“分解”按钮，将矩形 1 分解为四条直线。

04 偏移直线。单击“修改”工具栏中的“偏移”按钮，以矩形 1 的上边为起始向下偏移一条水平直线 L1，偏移量为 27.5mm。

05 拉长直线。选择菜单栏中的“修改”→“拉长”命令，将直线 L1 向两端分别拉长 75mm，如图 9-13（c）所示。

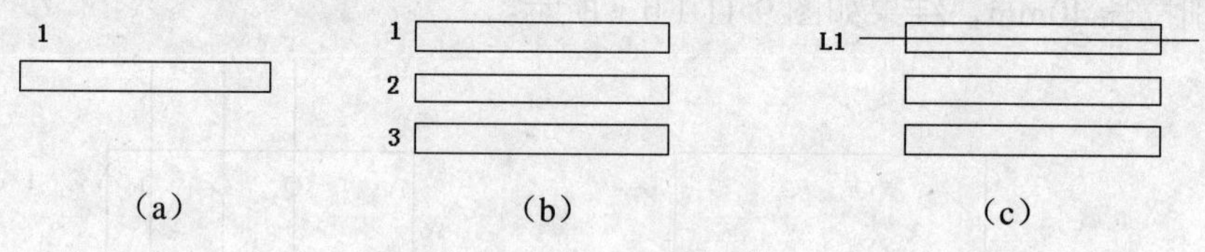

（a）　　　　　（b）　　　　　（c）

图 9-13　开始绘制

06 偏移直线 L1。单击“修改”工具栏中的“偏移”按钮，以直线 L1 为起始，向下分别绘制两条水平直线 L2 和 L3，其偏移量均为 100mm，如图 9-14（a）所示。

07 绘制竖直连接线。单击“绘图”工具栏中的“直线”按钮，在“对象捕捉”绘图方式下，用鼠标分别捕捉直线 L1、L2 和 L3 的左右端点，依次连接为直线，如图 9-14（b）所示。

08 修剪图形。单击“修改”工具栏中的“修剪”按钮，以矩形的各边为剪切边，对直线 L1、L2 和 L3 进行剪切，结果如图 9-14（c）所示。

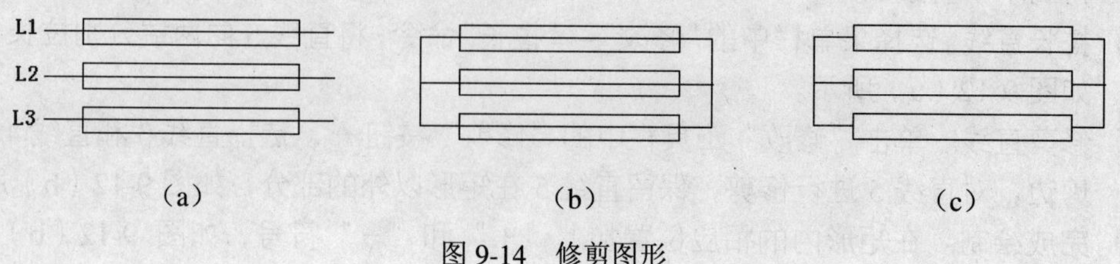

（a）　　　　　（b）　　　　　（c）

图 9-14　修剪图形

09 存储为图块。在命令行输入“WBLOCK”命令，打开“写块”对话框。在“源”下面选择“对象”。单击“拾取点”按钮，暂时回到绘图屏幕进行选择，用鼠标捕捉直线 L2 的左端点作为基点。单击“选择对象”按钮，暂时回到绘图屏幕进行选择，用鼠标选择图中的图形作为对象。在“目标”下面选择或者输入路径，文件名为“加热模块”。“插入单位”选择毫米，单击“确定”按钮，上面绘制的图形被存储为图块。

10 绘制水平直线。单击“绘图”工具栏中的“直线”按钮，绘制直线{（1000,500），（1150,500）}，如图 9-15（a）所示。

11 复制直线。单击“修改”工具栏中的“旋转”按钮，选择“复制”模式，将上步绘制的水平直线绕直线的左端点旋转 60°。用同样的方法将水平直线绕直线右端点旋转－60°，得到一个边长为 150mm 的等边三角形，如图 9-15（b）所示结果。

12 完成图形。选择菜单“插入”→“块”命令，将“加热模块”图块插入到上图的等边三角形中。插入点分别为等边三角形三条边的中点；缩放比例全部为 0.1。左右两个“加热模块”在插入时分别需要旋转 60° 和－60°。

13 修剪图形。单击“修改”工具栏中的“修剪”按钮和“删除”按钮，修剪掉图中多余的图形，得到如图 9-15（c）所示的结果，就是绘制完成的加热器的图形符号。

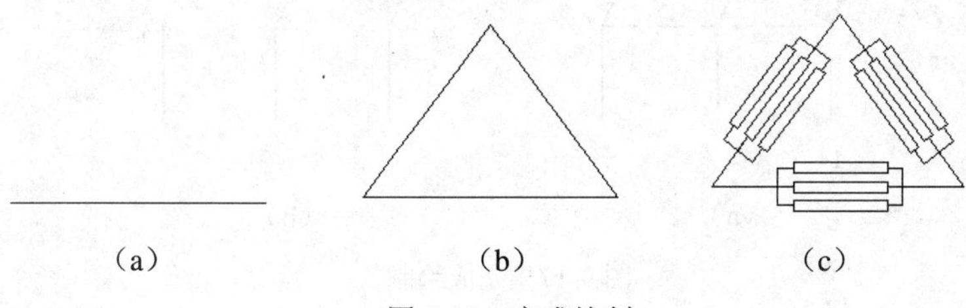

图 9-15　完成绘制

3. 绘制交流接触器

01 绘制竖直直线。单击“绘图”工具栏中的“直线”按钮，分别绘制直线 1{（400,100），（400,300）}、直线 2{（400,420），（400,680）}，如图 9-16（a）所示。

02 绘制倾斜直线。单击“绘图”工具栏中的“直线”按钮，在“对象捕捉”和“极轴”绘图方式下，用鼠标捕捉直线 1 的上端点，以其为起点，绘制一条与水平方向成 120° 角，长度为 150mm 的直线。如图 9-16（b）所示。

03 绘制圆。单击“绘图”工具栏中的“圆”按钮，用鼠标捕捉直线 1 的下端点，以其为圆心，绘制一个半径为 15mm 的圆。

04 平移圆。单击“修改”工具栏中的“移动”按钮，将上步绘制的圆向上平移 15mm，如图 9-16（c）所示。

05 修剪圆。单击“修改”工具栏中的“修剪”按钮，以直线 2 为剪切边，对圆进行剪切，如图 9-16（d）所示。

06 复制图形。单击“修改”工具栏中的“复制”按钮，将上步得到的图形拷贝两份，分别向右平移 250mm 和 500mm，如图 9-16（e）所示。

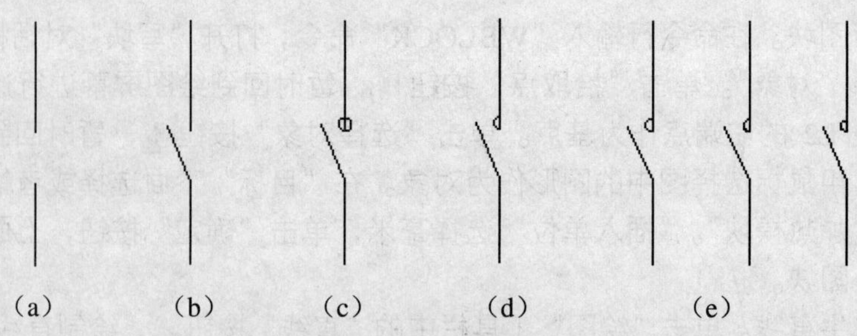

图 9-16　绘制交流接触器

07 绘制水平直线。单击“绘图”工具栏中的“直线”按钮，用鼠标分别捕捉直线和直线的上端点，绘制水平直线，并转换为虚线，如图 9-17（a）所示。

08 平移直线。单击“修改”工具栏中的“移动”按钮，将上步绘制的水平直线分别向上和向左平移 60mm 和 30mm，得到如图 9-17（b）所示的图形，就是绘制完成的交流接触器的图形符号。

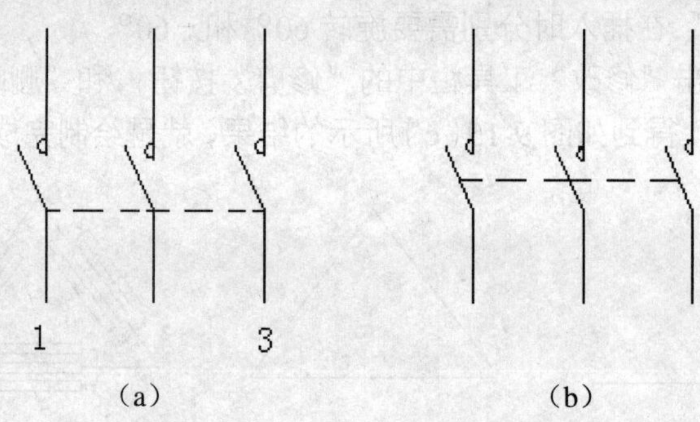

图 9-17　完成绘制

4. 绘制热继电器

01 绘制矩形。单击“绘图”工具栏中的“矩形”按钮，绘制一个长为 600mm、宽为 70mm 的矩形，如图 9-18（a）所示。

02 分别矩形。单击“修改”工具栏中的“分解”按钮，将绘制的矩形分解为直线 1、直线 2、直线 3、直线 4。

03 偏移直线。单击“修改”工具栏中的“偏移”按钮，以直线 1 为起始，绘制两条水平直线，偏移量分别为 18mm 和 34mm；以直线 3 为起始，绘制两条竖直直线，偏移量分别为 270mm 和 300mm，如图 9-18（b）所示。

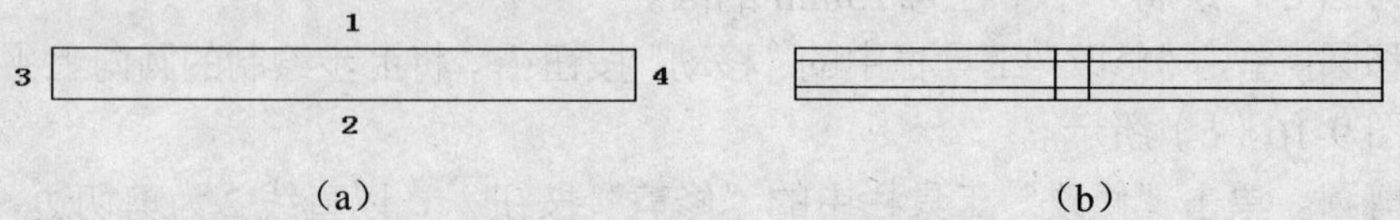

图 9-18　绘制、分解矩形

04 修剪图形。单击“修改”工具栏中的“修剪”按钮和“删除”按钮，修剪图形，并删除多余的直线，得到如图 9-19（a）所示的结果。

05 拉长直线。选择菜单栏中的“修改”→“拉长”命令，将直线 5 分别向上和向下拉

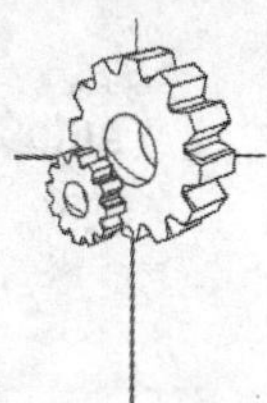

长 250mm，如图 9-19（b）所示。

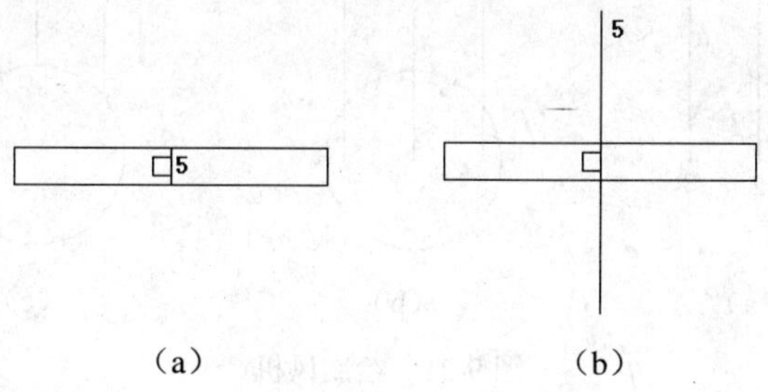

图 9-19　拉长直线

06 偏移直线。单击“修改”工具栏中的“偏移”按钮，以直线 5 为起始，分别向左和向右绘制两条竖直直线 6 和直线 7，偏移量均为 240mm，如图 9-20（a）所示。

07 复制修剪图形。单击“修改”工具栏中的“复制”按钮和“修剪”按钮，对图 9-20（a）进行修改，得到如图 9-20（b）所示结果，就是绘制完成的热继电器的图形符号。

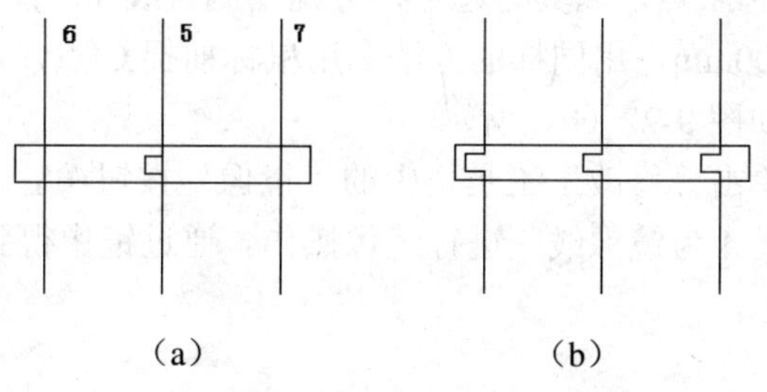

图 9-20　完成绘制

5. 绘制风机

01 绘制竖直直线。单击“绘图”工具栏中的“直线”按钮，绘制竖直直线 1{(1000,100),(1000,900)}。

02 偏移直线。单击“修改”工具栏中的“偏移”按钮，以直线 1 为起始，向右分别绘制直线 2 和直线 3，偏移量分别为 240mm 和 240mm，结果如图 9-21（a）所示。

03 绘制圆。单击“绘图”工具栏中的“圆”按钮，用鼠标捕捉直线 2 的下端点，以其作为圆心，绘制一个半径为 300mm 的圆，如图 9-21（b）所示。

04 修剪图形。单击“修改”工具栏中的“修剪”按钮，以圆为剪切边，对直线 1、直线 2 和直线 3 进行修剪操作，得到如图 9-21（c）所示结果，就是绘制完成的风机的图形符号。

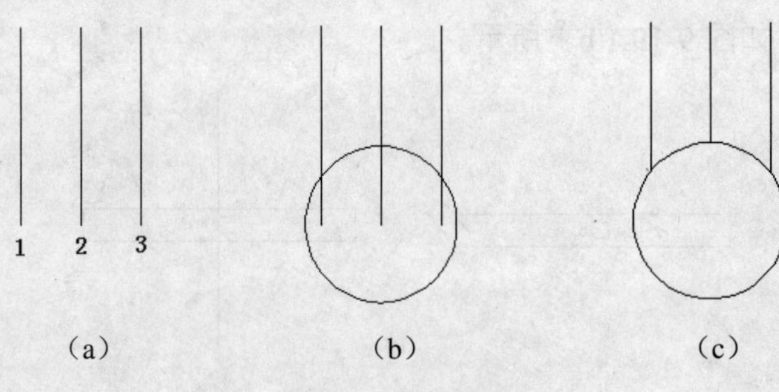

图 9-21　绘制风机

9.2.4　完成加热区

本图共有 3 个加热区，下面以一个加热区为例来介绍加热区的绘制方法。

（1）复制加热器。单击“修改”工具栏中的“复制”按钮，将前面绘制的加热器拷贝一份过来，缩放比例为 6，如图 9-22（a）所示。

（2）添加连接线。单击“绘图”工具栏中的“直线”按钮，在“对象捕捉”和“正交”绘图方式下，用鼠标捕捉 A 点，以其为起点，分别绘制直线 1、直线 2 和直线 3，长度分别为 850mm、300mm 和 600mm。用同样的方法，用鼠标捕捉 C 点，以其为起点，绘制竖直直线 4，长度为 300mm，如图 9-22（b）所示。

（3）镜像连接线。单击“修改”工具栏中的“镜像”按钮，选择直线 1、直线 2 和直线 3 为镜像对象，以直线 4 为镜像线，进行镜像操作。通过镜像得到连接线 5、6 和 7，如图 9-22（c）所示。

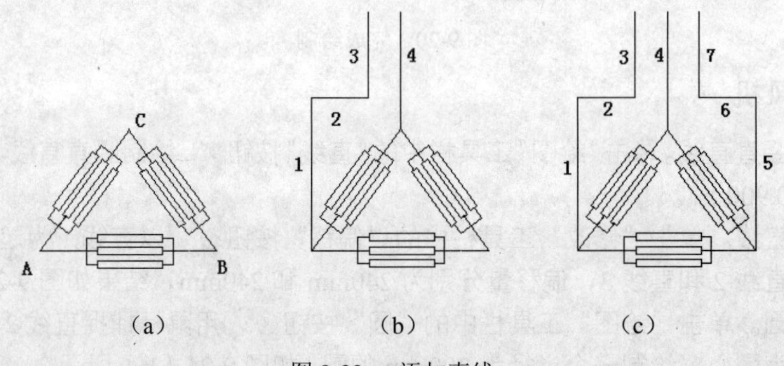

图 9-22　添加直线

（4）插入固态继电器。单击“修改”工具栏中的“移动”按钮，选择整个固态继电器的图形符号为平移对象。用鼠标捕捉其向下接线头中最左边的接线头为基点。平移的目标点选择图示中直线 3 的上端点，结果如图 9-23 所示。

（5）完成加热区。用与步骤 4 中同样的方法分别插入交流接触器、保险丝和电源开关，结果如图 9-24 所示。

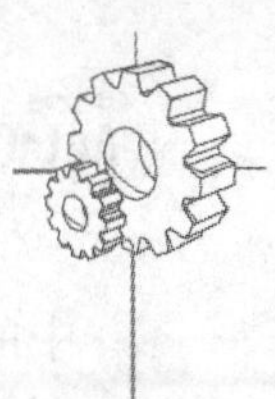

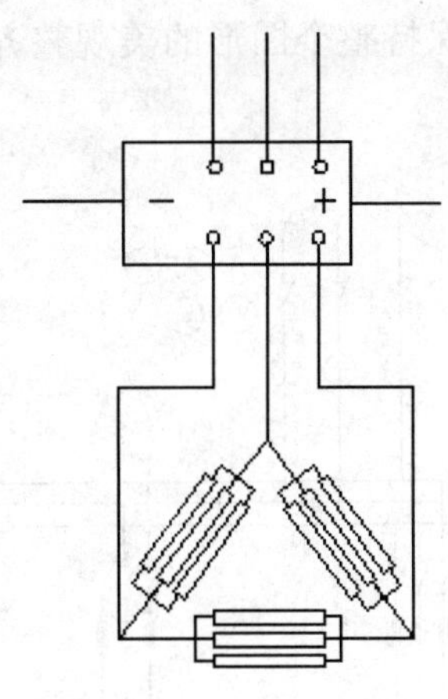

图 9-23 插入固态继电器

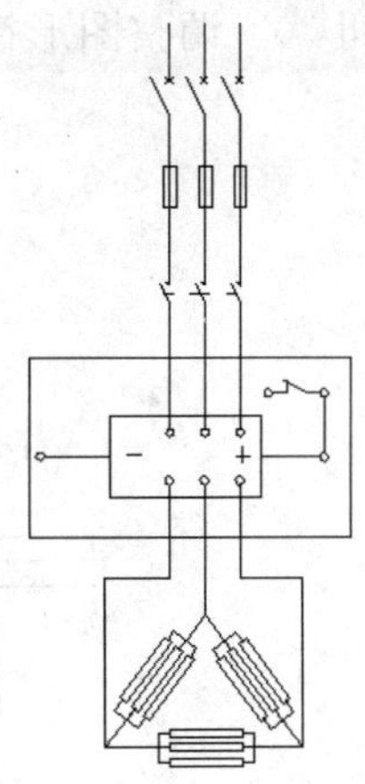

图 9-24 完成绘制

9.2.5 完成循环风机

（1）连接风机和热继电器。将热继电器和风机的对应线头连接起来，方法如下：单击“修改”工具栏中的“移动”按钮，选择热继电器符号为对象，用鼠标捕捉其下面最左边的接线头，即图中的点 O 为基点，选择风机连接线最左边的接线头，即图中的 P 点为目标点，将热继电器平移过去，结果如图 9-25（c）所示。

（2）用与步骤 1 中相同的方法依次在上面的接线头插入交流接触器和电源开关，结果如图 9-26 所示，就是完成的循环风机模块。

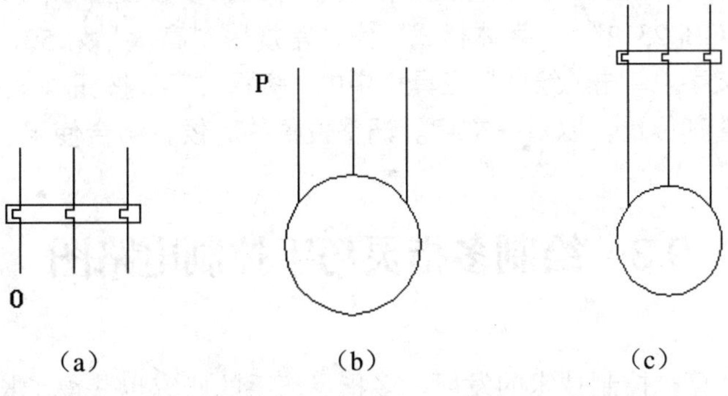

（a） （b） （c）

图 9-25 添加电气元件

9.2.6 添加到结构图

前面已经分别完成了图纸布局，各个加热模块以及循环风机的绘制，按照规定的尺寸将上述各个图形组合起来就是完整的烘房的电气控制图。

在组合过程中，可以单击“修改”工具栏中的“移动”按钮，将绘制的各部件的图形符号插入到结构图中的对应位置，然后单击“修改”工具栏中的“修剪”按钮和“删除”按钮，删除掉多余的图形。在插入图形符号的时候，根据需要，可以单击“修改”工具栏中的“缩放”按钮，调整图形符号的大小，以保持整个图形的美观整齐。结果如图 9-27 所示。

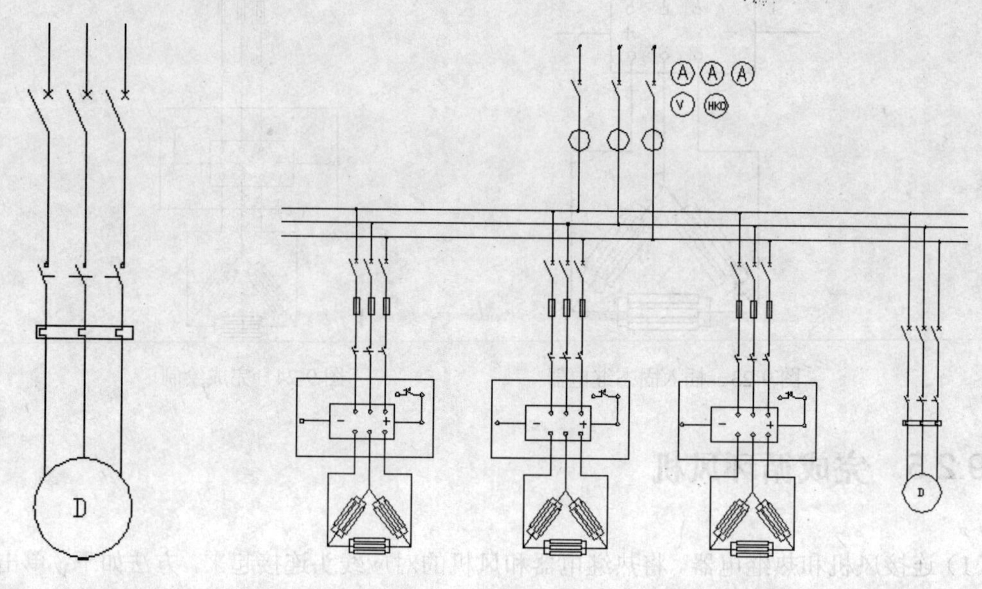

图 9-26　循环风机　　图 9-27　完成绘制

9.2.7　添加注释

01 创建文字样式。选择菜单命令“格式”→“文字样式”命令，弹出“文字样式”对话框，创建一个样式名为“标注”的文字样式，参数设置如图 9-5 所示。“字体名”为“仿宋 GB_2312”，“字体样式”为“常规”，“高度”为 50，宽度比例为 0.7。

02 添加注释文字。单击“绘图”工具栏中的“多行文字”按钮 A，一次输入几行文字，然后再调整其位置，以对齐文字。调整位置的时候，结合使用正交命令。

9.3　绘制多指灵巧手控制电路图

随着机构学和计算机控制技术的发展，多指灵巧手的研究也获得了长足的进步。由早期的二指钢丝绳传动发展到了仿人手型、多指锥齿轮传动的阶段。本节将详细讲述如何在 AutoCAD 2013 绘图环境下，设计多指灵巧手的控制电路系统图，如图 9-28 所示。

本灵巧手共有 5 个手指，11 个自由度，由 11 个微小型直流伺服电动机驱动，采用半闭环控制。

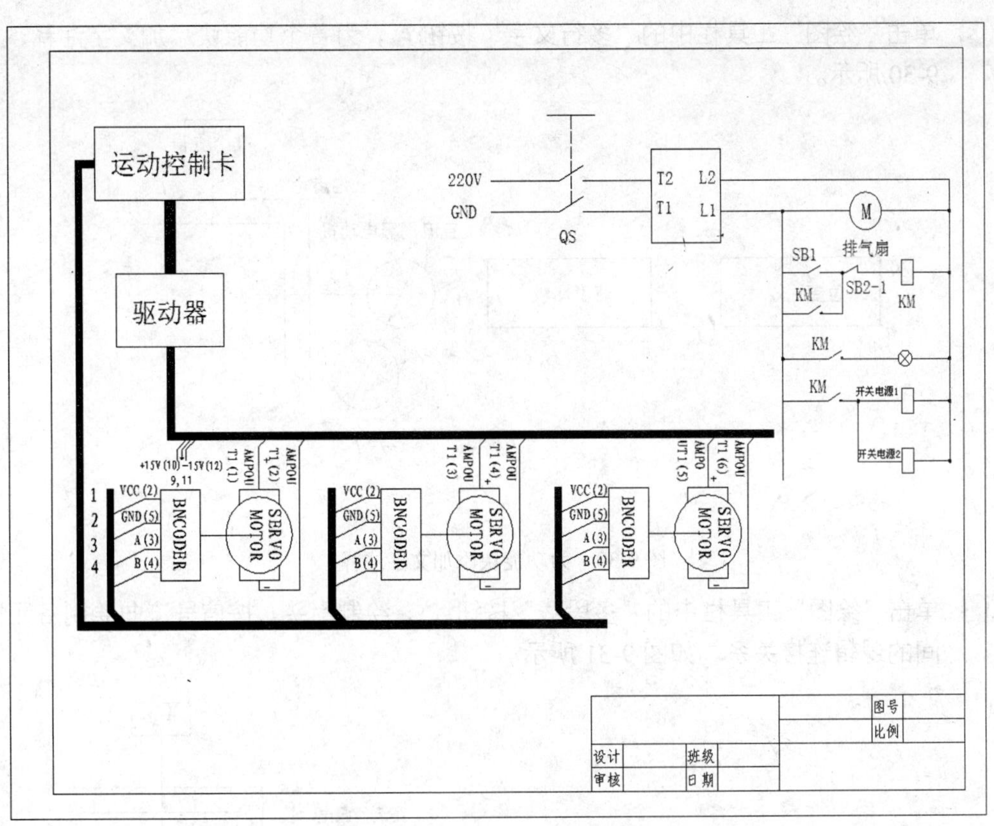

图 9-28　多指灵巧手控制电路图

9.3.1　半闭环框图的绘制

1. 绘制半闭环框图

01 进入 AutoCAD 2013 绘图环境，设置好绘图环境配置，新建文件“半闭环框图.dwg”，设置路径并保存。

02 单击“绘图”工具栏中的“矩形”按钮、“圆”按钮和“直线”按钮，并单击“修改”工具栏中的“修剪”按钮，按图 9-29 所示绘制并摆放各个功能部件。

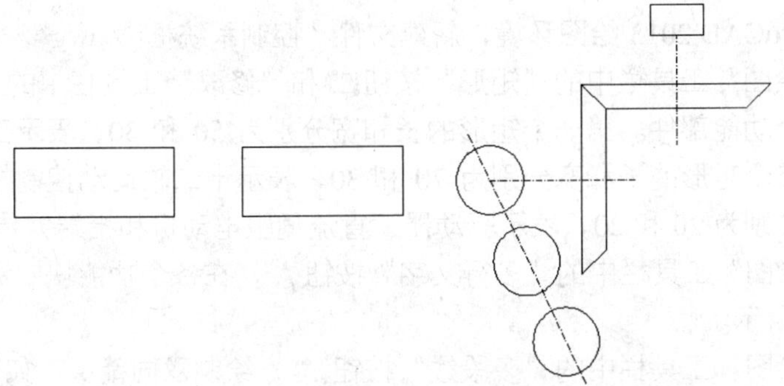

图 9-29　摆放各个功能部件

03 单击“绘图”工具栏中的“多行文字”按钮A，为各个功能块添加文字注释，如图9-30所示。

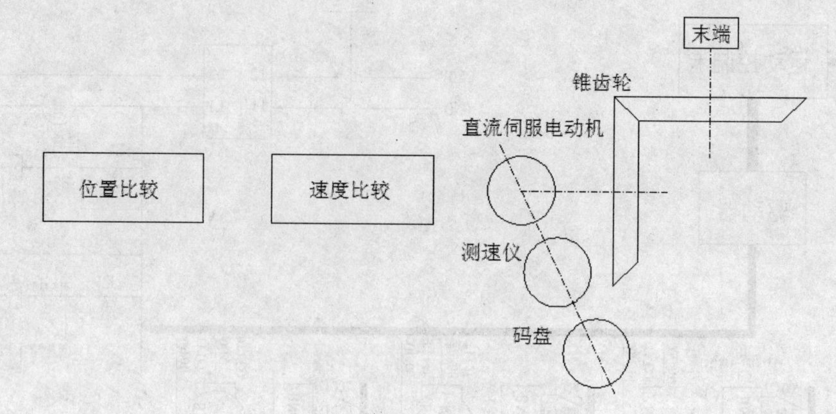

图 9-30　为功能块添加文字注释

04 单击“绘图”工具栏中的“多段线”按钮，绘制箭头，按信号流向绘制各元件之间的逻辑连接关系，如图9-31所示。

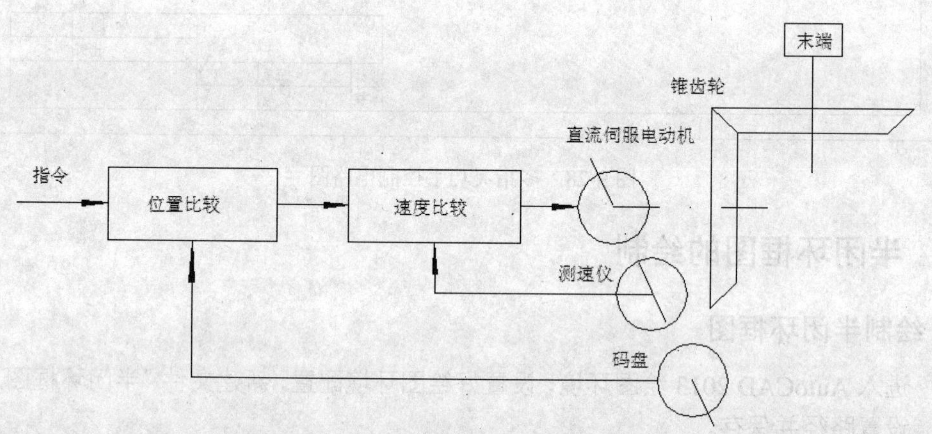

图 9-31　半闭环框图

2.绘制控制系统框图

01 进入AutoCAD 2013绘图环境，新建文件“控制系统框图.dwg”，设置路径并保存。

02 单击“绘图”工具栏中的“矩形”按钮和“修改”工具栏中的“复制”按钮，绘制各个功能部件。第一个矩形的长和宽分别为50和30，表示工业控制计算机模块；第二个矩形的长和宽分别为70和30，表示十二轴运动控制模块；其余矩形的长和宽分别为20和20，表示驱动器、直流伺服电动机和指端力传感器模块。

03 单击“绘图”工具栏中的“多行文字”按钮A，在各个功能块中添加文字注释，如图9-32所示。

04 单击“绘图”工具栏中的“多段线”按钮，绘制双向箭头，如图9-32所示，命令行中的提示与操作如下。

```
命令：_pline
指定起点：_mid 于 （在“对象捕捉”绘图方式下，捕捉中点）
当前线宽为 0.0000
指定下一个点或 [圆弧(A)/半宽(H)/长度(L)/放弃(U)/宽度(W)]：W↙
指定起点宽度 <0.0000>：↙
指定端点宽度 <0.0000>：2.0↙
指定下一个点或 [圆弧(A)/半宽(H)/长度(L)/放弃(U)/宽度(W)]：@0,-10↙
指定下一点或 [圆弧(A)/闭合(C)/半宽(H)/长度(L)/放弃(U)/宽度(W)]：W↙
指定起点宽度 <2.0000>：0↙
指定端点宽度 <0.0000>：↙
指定下一点或 [圆弧(A)/闭合(C)/半宽(H)/长度(L)/放弃(U)/宽度(W)]：@0,-10↙
指定下一点或 [圆弧(A)/闭合(C)/半宽(H)/长度(L)/放弃(U)/宽度(W)]：W↙
指定起点宽度 <0.0000>：2.0↙
指定端点宽度 <2.0000>：0↙
指定下一点或 [圆弧(A)/闭合(C)/半宽(H)/长度(L)/放弃(U)/宽度(W)]：_mid 于（在“对象捕捉”绘图方式下，捕捉中点）
指定下一点或 [圆弧(A)/闭合(C)/半宽(H)/长度(L)/放弃(U)/宽度(W)]：↙
```

05 单击“修改”工具栏中的“复制”按钮，生成另外 3 条连接线，完成控制系统框图的绘制，如图 9-33 所示，完成控制系统框图的绘制。

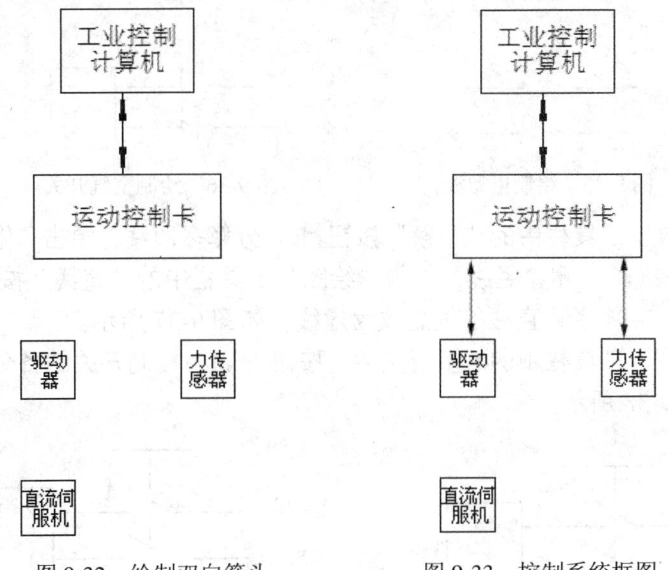

图 9-32　绘制双向箭头　　　图 9-33　控制系统框图

9.3.2　低压电气设计

低压电气部分是整个控制系统的重要组成部分，为控制系统提供开关控制、散热、指示和供电等，是设计整个控制系统的基础。具体设计过程如下。

01 建立新文件。进入 AutoCAD 2013 绘图环境，新建文件“灵巧手控制.dwg”，设置路径并保存。

02 设置图层。单击“图层”工具栏中的“图层特性管理器”按钮，弹出“图层特性管理器”面板，新建图层“低压电气”，属性设置如图 9-34 所示。

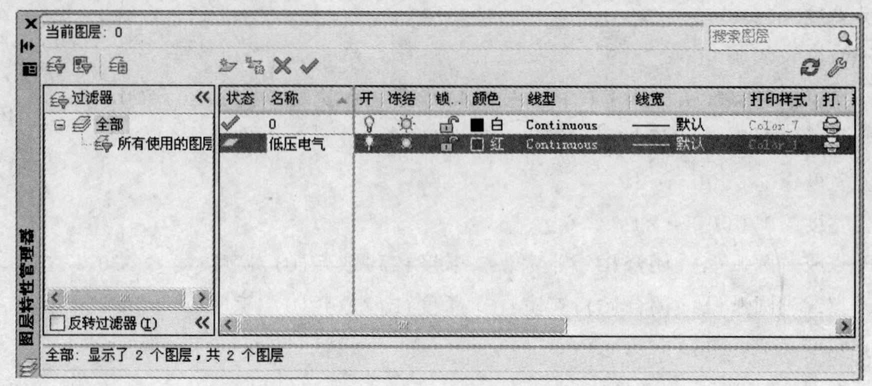

图 9-34　新建图层

03 设计电源部分，为低压电气部分引入电源。单击“绘图”工具栏中的“多段线”按钮和“修改”工具栏中的“复制”按钮，绘制电源线，如图 9-35 所示。两条线分别表示火线和零线，低压电气部分为 220V 交流供电。

04 单击“绘图”工具栏中的“矩形”按钮，绘制长为 50、宽为 60 的矩形作为空气开关；单击“修改”工具栏中的“移动”按钮，将空气开关移动到如图 9-36 所示的位置。

图 9-35　绘制电源线　　　　图 9-36　绘制空气开关

05 单击“修改”工具栏中的“分解”按钮，分解多段线；单击“修改”工具栏中的“删除”按钮，删除竖线；单击“绘图”工具栏中的“直线”按钮，绘制手动开关按钮，并将竖直直线的线型改为虚线，如图 9-37 所示。

06 单击“绘图”工具栏中的“多行文字”按钮，为控制开关的各个端子添加文字注释，如图 9-38 所示。

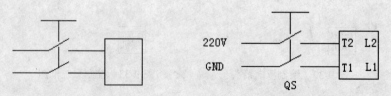

图 9-37　绘制手动开关　　　　图 9-38　添加文字注释

07 绘制排气扇。单击“绘图”工具栏中的“直线”按钮，绘制连通火线和零线的导线；按住 Shift 键并右击，在弹出的快捷菜单中选择“中点”命令，捕捉连通导线的中点为圆心绘制半径为 12 的圆，并添加文字说明“排气扇”，如图 9-39 所示。

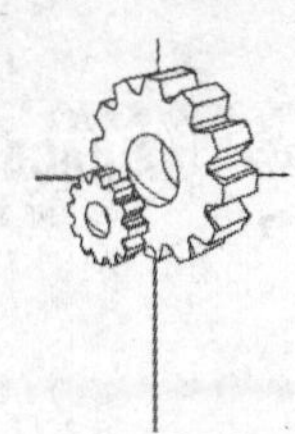

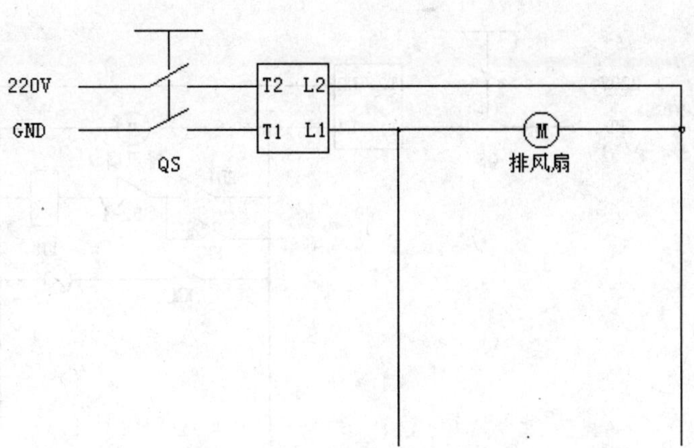

图 9-39　排气扇

08 绘制接触器支路，控制指示灯亮灭，如图 9-40 所示。当开机按扭 SB1 接通时，接触器 KM 得电，触点闭合，维持 KM 得电，达到自锁的目的；当关机按钮常闭触点 SB2-1 断开时，KM 失电。

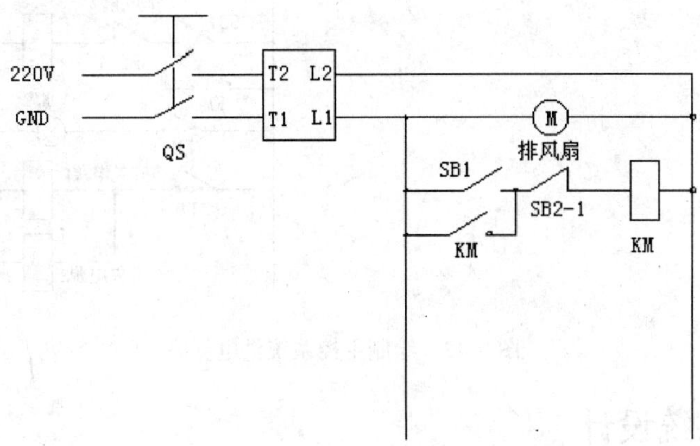

图 9-40　绘制接触器支路

09 绘制开机指示灯支路。单击“绘图”工具栏中的“插入块”按钮，选择随书光盘中的“源文件\第 9 章\指示灯”图块插入；单击“绘图”工具栏中的“多段线”按钮，绘制连通导线和触点 KM，如图 9-41 所示。当触点 KM 闭合时，开机指示灯亮。

10 绘制主控系统供电支路。单击“修改”工具栏中的“复制”按钮，复制导线和电气元件，并对复制后的图形进行修改，设计开关电源为主控系统供电，如图 9-42 所示。当 KM 接通时，开关电源 1 和开关电源 2 得电。

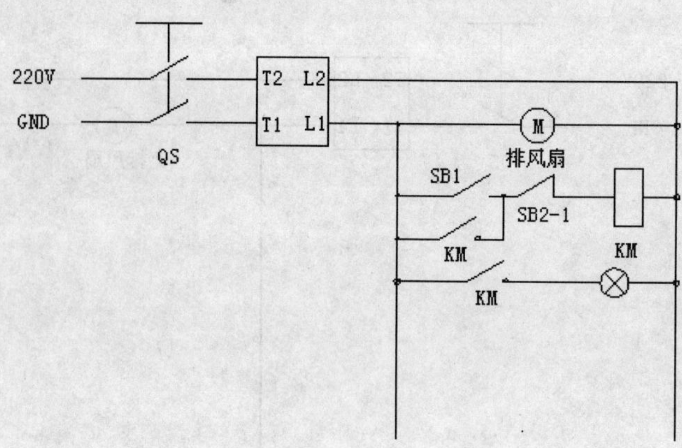

图 9-41　开机指示灯

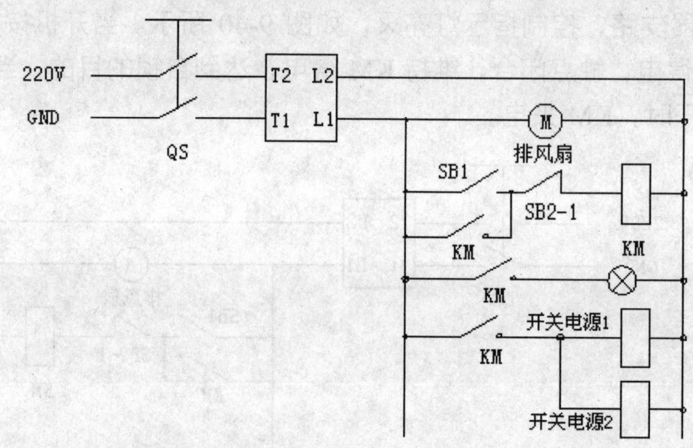

图 9-42　绘制主控系统供电支路

9.3.3　主控系统设计

主控系统分为三个部分，每个部分的基本结构和原理相似，选择其中的一个部分作为讨论对象。每部分的控制对象为 3 个直流微型伺服电动机，运动控制卡采集码盘返回角度位置信号，给电动机驱动器发出控制脉冲，实现如图 9-31 所示的半闭环控制。

01 建立新文件。打开“灵巧手控制.dwg”文件，将文件另存为“主控系统设计”。新建“主控电气”图层，图形属性设置如图 9-43 所示。

02 连接运动控制卡和驱动器单元。在“主控电气”图层中放置运动控制卡和驱动器单元，单击“绘图”工具栏中的“多段线”按钮，设置线宽为 5，绘制它们之间的连接关系，如图 9-44 所示。

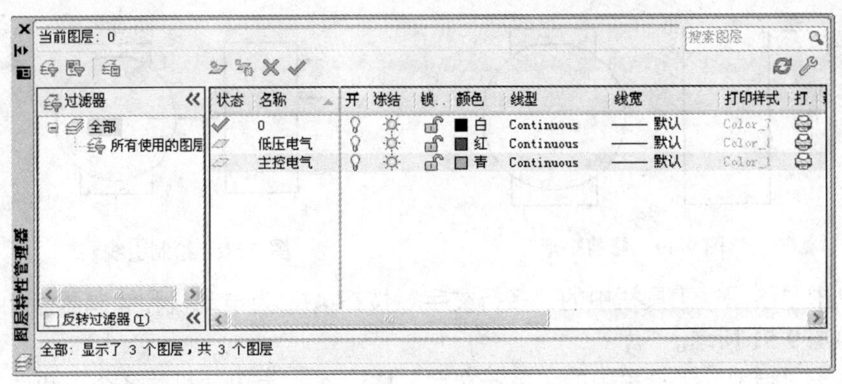

图 9-43　新建图层

03 绘制直流伺服电动机符号。单击“绘图”工具栏中的“矩形”按钮，绘制一个长为 30、宽为 60 的矩形，如图 9-45 所示。

04 单击“修改”工具栏中的“复制”按钮，将上步绘制的矩形向右复制 60，作为编码器符号，如图 9-46 所示。

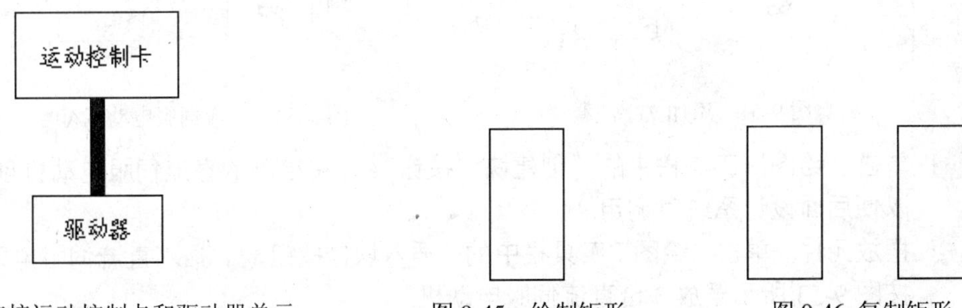

图 9-44　连接运动控制卡和驱动器单元　　图 9-45　绘制矩形　　图 9-46 复制矩形

05 单击“绘图”工具栏中的“圆”按钮，过复制矩形的上侧边中点绘制半径为 25 的圆，如图 9-47 所示。

06 单击“修改”工具栏中的“移动”按钮，将上步绘制的圆向下移动 30，如图 9-48 所示。

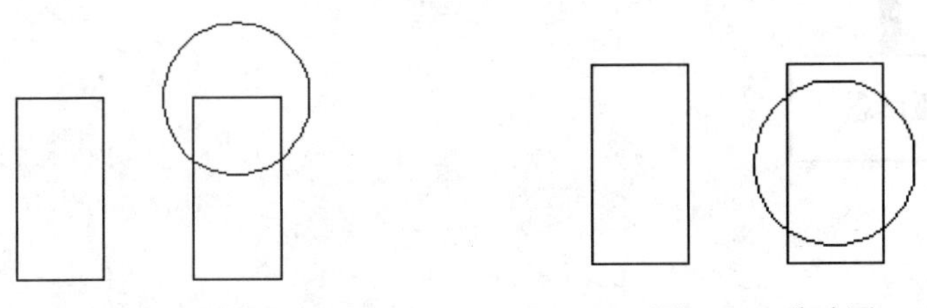

图 9-47　绘制圆　　图 9-48　移动圆

07 单击“修改”工具栏中的“修剪”按钮，把复制得到的矩形以平移后的圆为边界进行修剪，效果如图 9-49 所示。

08 单击“绘图”工具栏中的“直线”按钮，用虚线连接编码器和电动机中心；用实线绘制 2 条电动机正负端引线和 4 条编码器引线，如图 9-50 所示。

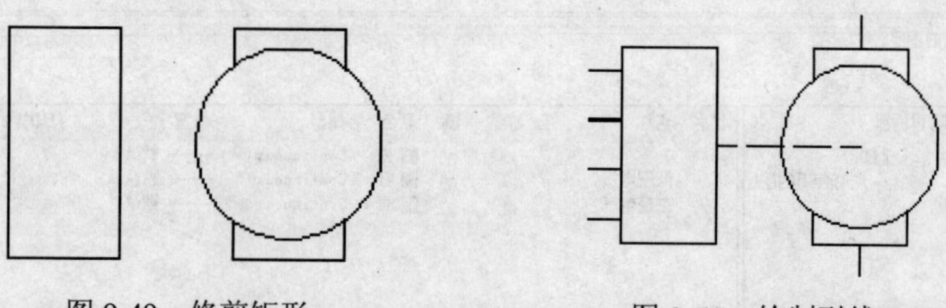

图 9-49　修剪矩形　　　　图 9-50　绘制引线

09 单击“绘图”工具栏中的“多行文字”按钮A，为电动机和编码器添加文字注释，如图 9-51 所示。

10 单击“绘图”工具栏中的“多行文字”按钮A，为电动机的各个引线端子编号，并添加文字说明，如图 9-52 所示，完成直流伺服电动机符号的绘制。

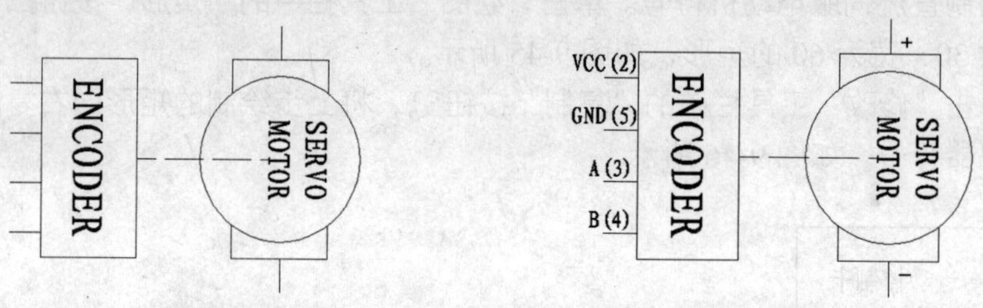

图 9-51　添加文字注释　　　　图 9-52　直流伺服电动机符号

11 单击“绘图”工具栏中的“创建块”按钮，将绘制的直流伺服电动机创建为块，以便后面设计系统时调用。

12 摆放元件。单击“绘图”工具栏中的“插入块”按钮，插入直流伺服电动机图块，按图 9-53 所示摆放 3 台直流伺服电动机。

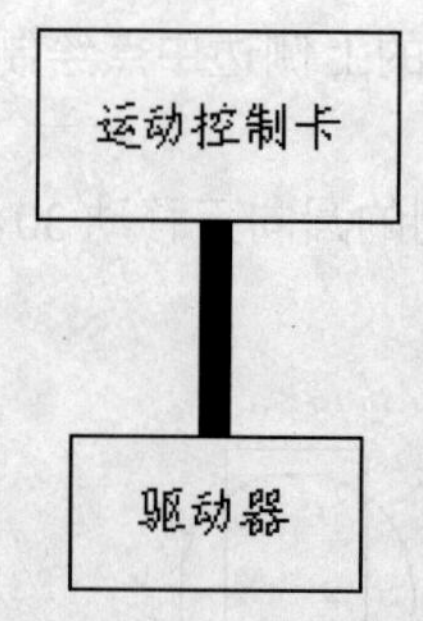

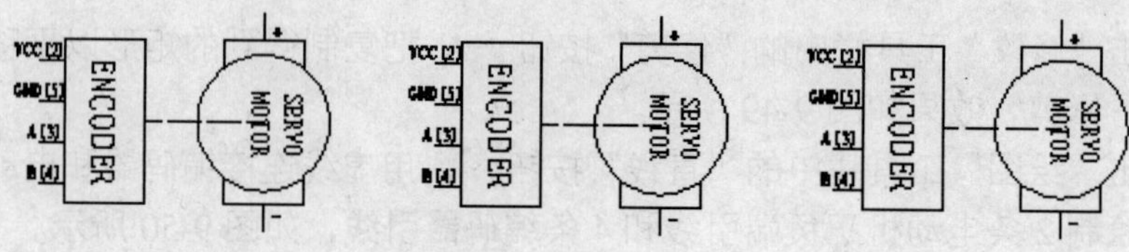

图 9-53　摆放元件

13 绘制排线。单击“绘图”工具栏中的“多段线”按钮，放置排线，如图 9-54 所示。

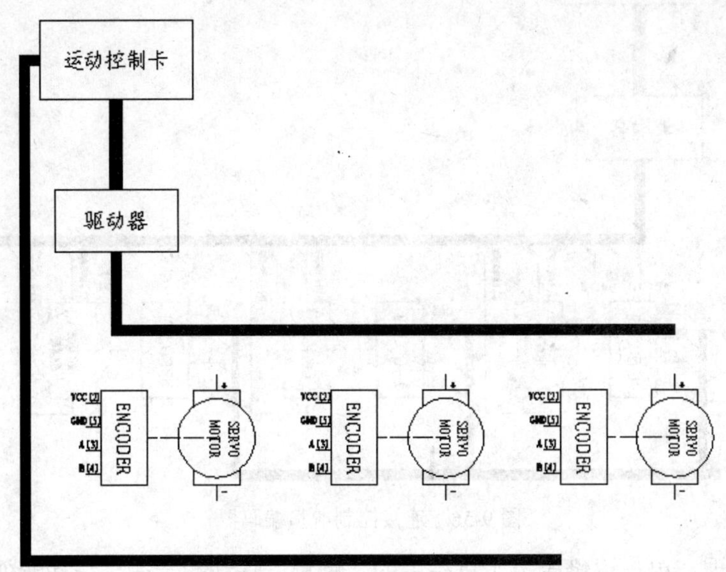

图 9-54　绘制排线

14 连接驱动器和电动机。单击“绘图”工具栏中的“直线”按钮，用直线连接驱动器与伺服电动机的两端，绘制接地引脚并添加文字注释，如图 9-55 所示。

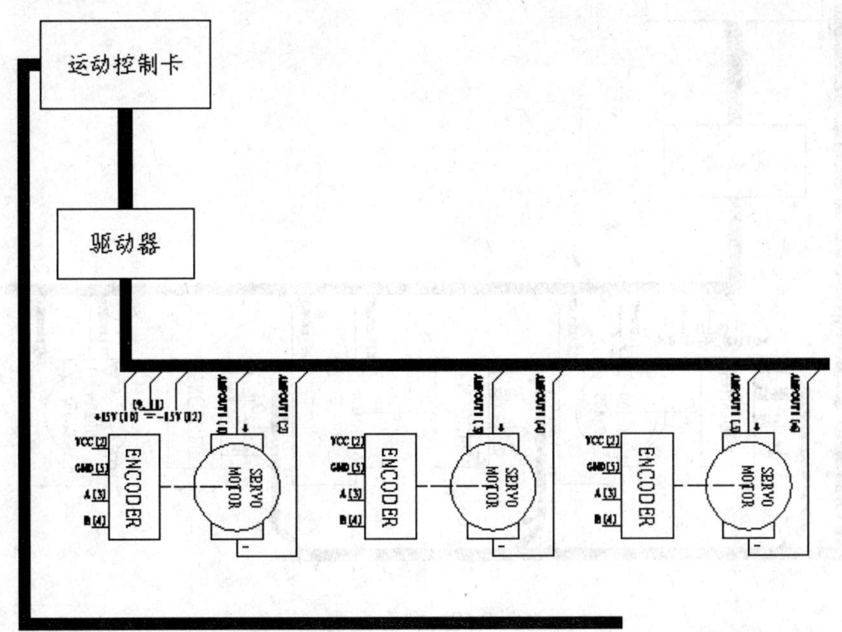

图 9-55　连接驱动器和电动机

15 连接运动控制卡与编码器。单击“绘图”工具栏中的“直线”按钮，用直线连接运动控制卡与编码器，并添加引脚文字标注，如图 9-56 所示。

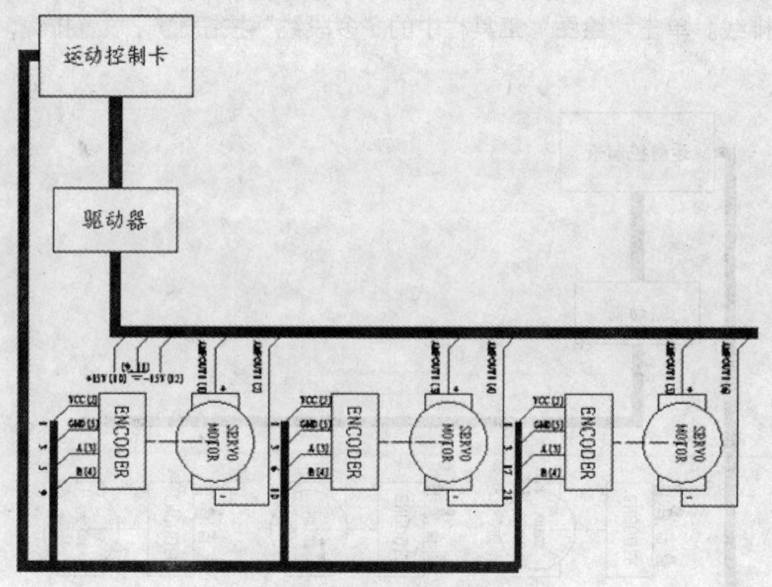

图 9-56　连接控制卡和编码器

16 倒角处理。单击“修改”工具栏中的“倒角”按钮，在导线拐弯处进行 45° 倒角处理，如图 9-57 所示。

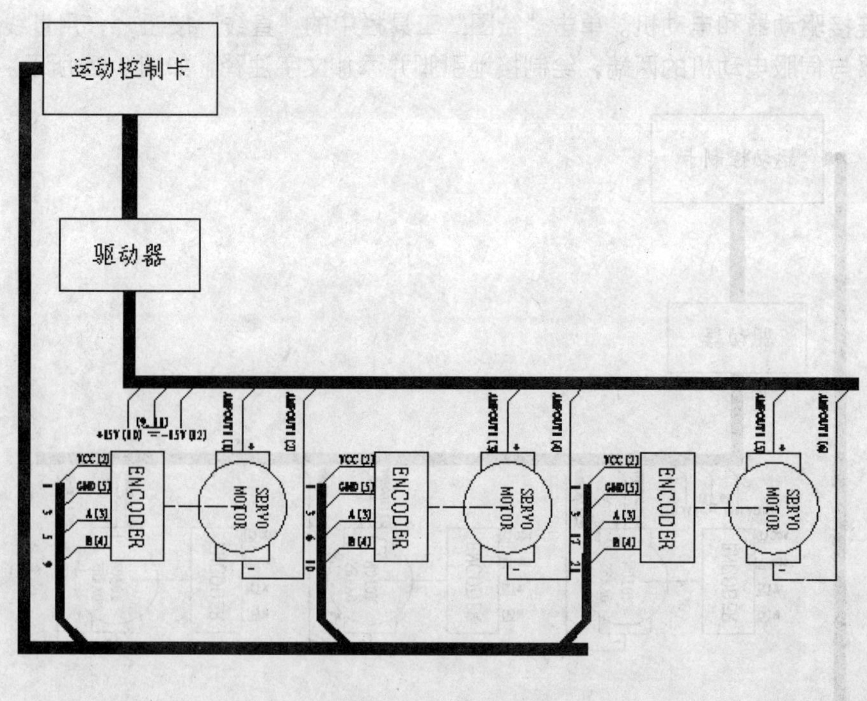

图 9-57　倒角处理

17 插入图框。选择随书光盘中的“源文件\第 9 章\A3title.dwt”样板文件插入，结果如图 9-28 所示。

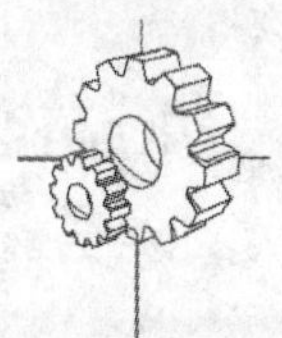

9.4　上机实验

绘制图 9-58 所示的数控机床控制系统图设计。

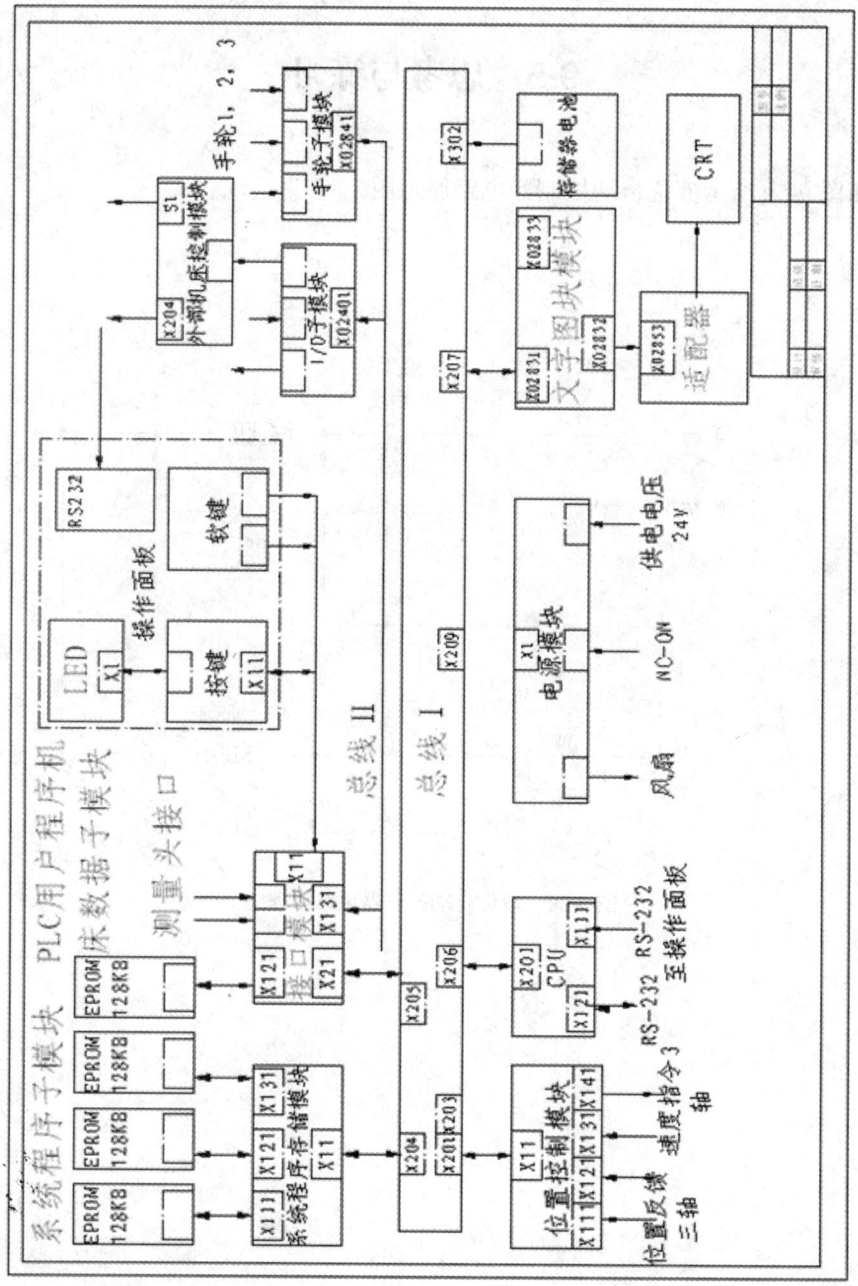

图 9-58　SINUMERIK820 控制系统的硬件结构图

(1) 目的要求

本例通过绘制数控机床控制系统图帮助读者掌握控制电气图的方法和技巧。

（2）操作提示

①绘制多指灵巧手控制系统图。

②绘制低压电气图。

③绘制主控系统图。

9.5 思考与练习

绘制如图 9-59 所示液位自动控制器电路原理图。

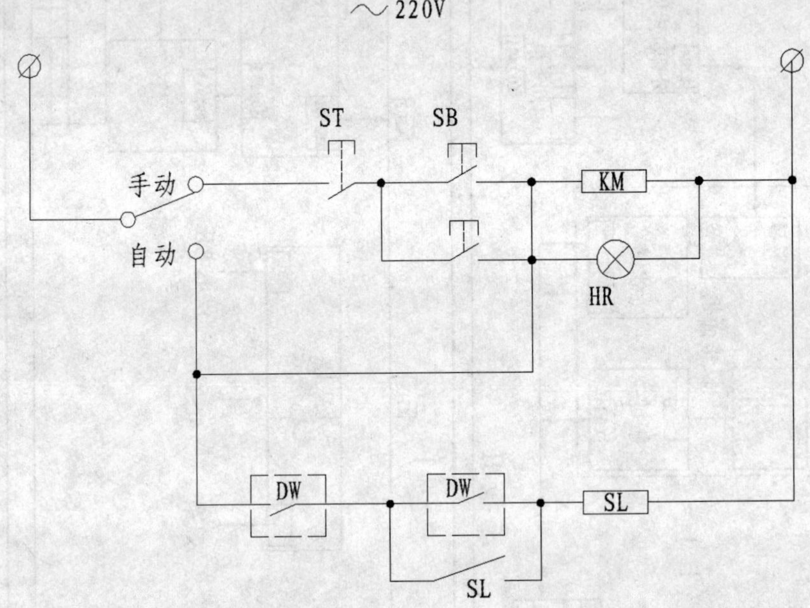

图 9-59 液位自动控制器电路原理图

第 10 章

电力电气工程图设计

电能的生产、传输和使用是同时进行的。从发电厂得电，需要经过升压后才能够输送给远方的用户。输电电压一般很高，用户一般不能直接使用，高压电要经过变电所变压才能分配给电能用户使用。

10.1 电力电气工程图简介

电能的生产、传输和使用是同时进行的。发电厂生产的电能，有一小部分供给本厂和附近用户使用，其余绝大部分要经过升压变电站将电压升高，由高压输电线路送至距离很远的负荷中心，再经过降压变电站将电压降低到用户所需要的电压等级，分配给电能用户使用。由此可知，电能从生产到应用，一般需要五个环节来完成，即发电→输电→变电→配电→用电，其中配电又根据电压等级不同分为高压配电和低压配电。

由各种电压等级的电力线路，将各种类型的发电厂、变电站和电力用户联系起来的一个发电、输电、变电、配电和用电的整体，称为电力系统。电力系统由发电厂、变电所、线路和用户组成。变电所和输电线路是联系发电厂和用户的中间环节，起着变换和分配电能的作用。

10.1.1 变电工程

为了更好地了解变电工程图，下面先对变电工程的重要组成部分——变电所作简要介绍。

系统中的变电所，通常按其在系统中的地位和供电范围，分成以下几类。

1．枢纽变电所

枢纽变电所是电力系统的枢纽点，连接电力系统高压和中压的几个部分，汇集多个电源，电压为 330~500kV 的变电所称为枢纽变电所。全所停电后，将引起系统解列，甚至出现瘫痪。

2．中间变电所

高压则以交换潮流为主，起系统交换功率的作用，或使长距离输电线路分段，一般汇集

2~3 个电源，电压为 220~330kV，同时又降压供给当地用电。这样的变电所主要起中间环节的作用，所以叫做中间变电所。全所停电后，将引起区域网络解列。

3．地区变电所

高压侧电压一般为 110~220kV，是对地区用户供电为主的变电所。全所停电后，仅使该地区中断供电。

4．终端变电所

在输电线路的终端，接近负荷点，高压侧电压多为 110kV。经降压后直接向用户供电的变电所即终端变电所。全所停电后，只是用户受到损失。

10.1.2 变电工程图

为了能够准确清晰地表达电力变电工程各种设计意图，就必须采用变电工程图。简单来说变电工程图也就是对变电站输电线路各种接线形式和各种具体情况的描述。它的意义就在于用统一直观的标准来表达变电工程的各方面。

变电工程图的种类很多，包括主接线图、二次接线图、变电所平面布置图、变电所断面图、高压开关柜原理图及布置图等很多种，每种情况各不相同。

10.1.3 输电工程及输电工程图

1．输电线路任务

发电厂、输电线路、升降压变电站以及配电设备和用电设备构成电力系统。为了减少系统备用容量，错开高峰负荷，实现跨区域跨流域调节，增强系统的稳定性，提高抗冲击负荷的能力，在电力系统之间采用高压输电线路进行联网。电力系统联网，既提高了系统的安全性、可靠性和稳定性，又可实现经济调度，使各种能源得到充分利用。起系统联络作用的输电线路，可进行电能的双向输送，实现系统间的电能交换和调节。

因此，输电线路的任务就是输送电能，并联络各发电厂，变电所使之并列运行，实现电力系统联网。高压输电线路是电力系统的重要组成部分。

2．输电线路的分类

输送电能的线路通称为电力线路。电力线路有输电线路和配电线路之分。由发电厂向电力负荷中心输送电能的线路以及电力系统之间的联络线路称为输电线路。由电力负荷中心向各个电力用户分配电能的线路称为配电线路。

电力线路按电压等级分为低压、高压、超高压和特高压线路。一般地，输送电能容量越大，线路采用的电压等级就越高。

输电线路按结构特点分为架空线路和电缆线路。架空线路由于结构简单、施工简便、建设费用低、施工周期短、检修维护方便、技术要求较低等优点，得到广泛的应用。电缆线路受外界环境因素的影响小，但需用特殊加工的电力电缆，费用高，施工及运行检修的技术要

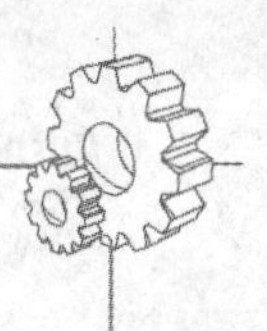

求高。

目前我国电力系统广泛采用的是架空输电线路。架空输电线路一般由导线、避雷线、绝缘子、金具、杆塔、杆塔基础，接地装置和拉线这几部分组成。

（1）导线

导线是固定在杆塔上输送电流用的金属线，目前在输电线路设计中，一般采用钢芯铝绞线，局部地区采用铝合金线。

（2）避雷线

避雷线的作用是防止雷电直接击于导线上，并把雷电流引入大地。避雷线常用镀锌钢绞线，也有采用铝包钢绞线。目前国内外采用了绝缘避雷线。

（3）绝缘子

输电线路用的绝缘子主要有针式绝缘子、悬式绝缘子、瓷横担等。

（4）金具

通常把输电线路使用的金属部件总称为金具，它的类型繁多，主要有连接金具、连续金具、固定金具、防震锤、间隔棒、均压屏蔽环等几种类型。

（5）杆塔

线路杆塔是支撑导线和避雷线的。按照杆塔材料的不同，分为木杆、铁杆、钢筋混凝杆，国外还采用了铝合金塔。杆塔可分为直线型和耐张型两类。

（6）杆塔基础

杆塔基础是用来支撑杆塔的，分为钢筋混凝土杆塔基础和铁塔基础两类。

（7）接地装置

埋没在基础土壤中的圆钢、扁钢、角钢、钢管或其组合式结构均称接地装置。其与避雷线或杆塔直接相连，当雷击杆塔或避雷线时，能将雷电引入大地，可防止雷电击穿绝缘子串的事故发生。

（8）拉线

为了节省杆塔钢材，国内外广泛使用了带拉线杆塔。拉线材料一般用镀锌钢绞线。

10.2　变电站断面图

本例绘制变电站断面图，如图 10-1 所示。

变电站断面图结构比较简单，但是各部分之间的位置关系必须严格按规定尺寸来布置。绘图思路如下：首先设计图纸布局，确定各主要部件在图中的位置；然后分别绘制各杆塔。通过杆塔的位置大致定出整个图纸的结构。之后分别绘制各主要电气设备，再把绘制好的电气设备符号安装到对应的杆塔上。最后添加注释和尺寸标注，完成整张图的绘制。

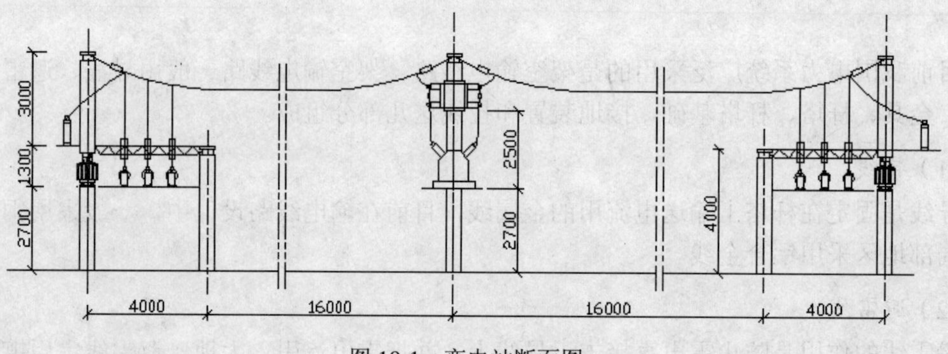

图 10-1　变电站断面图

10.2.1　设置绘图环境

01 打开 AutoCAD 2013 应用程序，以“A3.dwt”样板文件为模板，建立新文件；将新文件命名为“变电站断面图.dwg”并保存。

02 单击“绘图”工具栏中的“缩放”按钮，将 A3 样板文件的尺寸放大 80 倍，以适应本图的绘制范围，在命令行出现如下提示（括号内为作者加的注释）：

```
命令：_scale
选择对象：找到 1 个 （用鼠标选择样板文件的所有内容）
选择对象：↙
指定基点:0，0
指定比例因子或 [复制(C)/参照(R)] <1.0000>:  80↙
```

执行完毕后，视图内所有图形尺寸被放大 80 倍。

03 选择菜单栏中“格式”→“比例缩放列表”命令，弹出“编辑图形比例”对话框，如图 10-2 所示。单击“添加”按钮，弹出“添加比例”对话框。在“比例名称”下拉列表框中输入“变电站断面图”；在“比例特性”选项组中，“图纸单位”设置为 1，“图形单位”设置为 80，即 1 图纸单位 ＝ 80 图形单位，如图 10-3 所示。这样可以保证在 A3 的图纸上可以打印出如图 10-1 所示的图形。

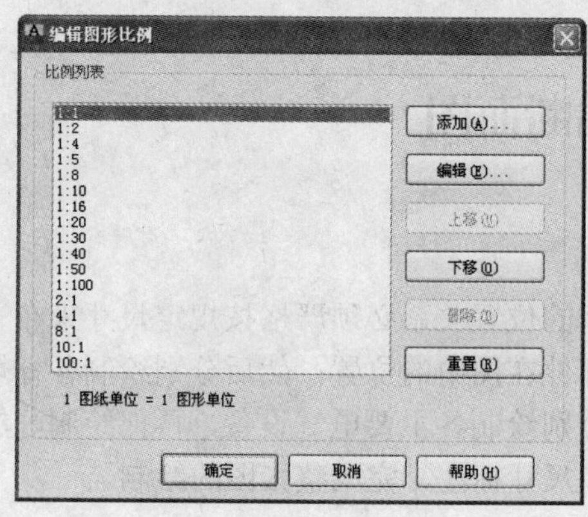

图 10-2　“编辑图形比例”对话框

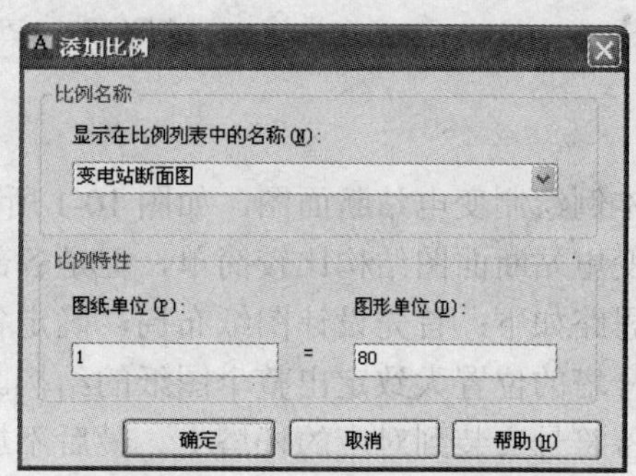

图 10-3　“添加比例”对话框

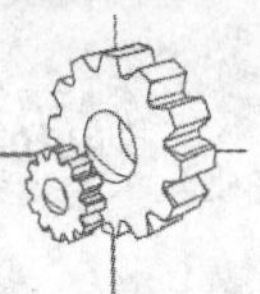

04 单击菜单栏中"格式"→"图形界限"命令，分别设置图形界限的两个角点坐标：左下角点为（0，0），右上角点为（50 000，9000），命令行提示与操作如下：

```
命令：limits↙
重新设置模型空间界限：
指定左下角点或 [开(ON)/关(OFF)] <0.0000,0.0000>:↙
指定右上角点 <210.0000,297.0000>:50000，9000↙
```

05 选择菜单栏中"格式"→"图层"命令，打开"图层特性管理器"面板，设置"轮廓线层"、"实体符号层""连接导线层"和"中心线层"一共4个图层，各图层的颜色、线型及线宽分别如图10-4所示。将"轮廓线层"设置为当前图层。

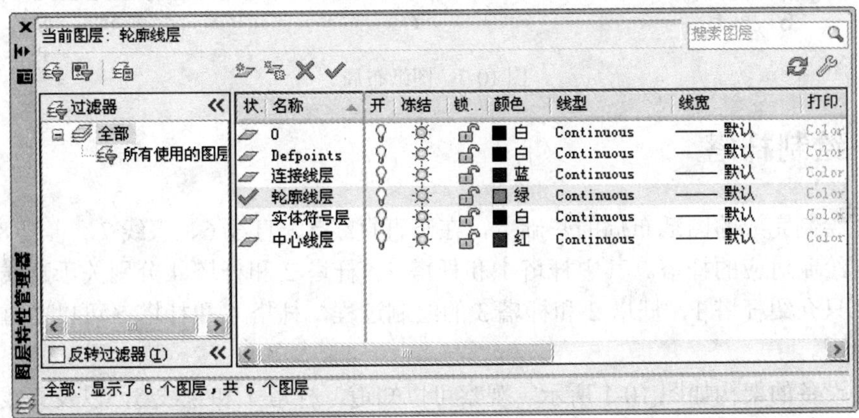

图10-4　图层设置

10.2.2　图纸布局

01 单击"绘图"工具栏中的"直线"按钮，绘制直线{（5000,1000），（45000,1000）}，如图10-5所示。

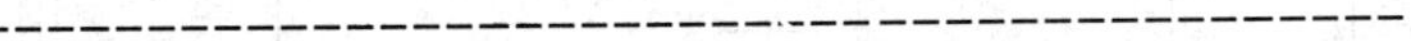

图10-5　水平边界线

02 单击"修改"工具栏中的"缩放"按钮和"平移"按钮将视图调整到易于观察的程度。

03 单击"修改"工具栏中的"偏移 "按钮，以直线1为起始，依次向下绘制直线2、直线3和直线4，偏移量分别为3000mm、1300mm和2700mm，如图10-6所示。

1

2

3

4

图10-6　水平轮廓线

04 将“中心线层”设置为当前图层。

05 单击“绘图”工具栏中的“直线”按钮，并启动“对象捕捉”功能，用鼠标分别捕捉直线 1 和直线 4 的左端点，绘制得到直线 5。

06 单击“修改”工具栏中的“偏移 ”按钮，以直线 5 为起始，依次向右绘制直线 6、直线 7、直线 8 和直线 9，偏移量分别为 4000mm、16000mm、16000mm 和 4000mm，结果如图 10-7 所示。

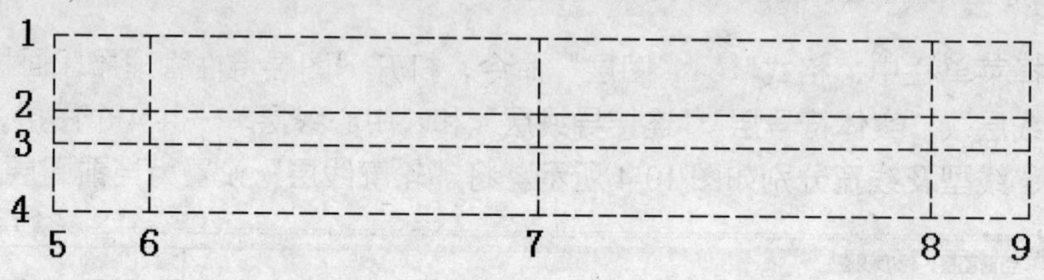

图 10-7　图纸布局

10.2.3　绘制杆塔

在前面绘制完成的图纸布局的基础上，在竖直直线 5、直线 6、直线 7、直线 8 和直线 9 的位置分别绘制对应的杆塔。其中杆塔 1 和杆塔 5、杆塔 2 和杆塔 4 分别关于直线 7 对称。因此，下面只介绍杆塔 1、杆塔 2 和杆塔 3 的绘制过程，杆塔 4 和杆塔 5 可以由直线 1 和直线 2 镜像得到。

各电气设备的架构如图 10-1 所示。观察可以知道，杆塔 1 和直线 5，以及直线 2 和直线 4 分别关于杆塔 3 对称，所以只需要绘制直线 1、直线 2 和直线 3 的一部分，然后通过镜像就可以得到整个图纸框架如图 10-8 所示。

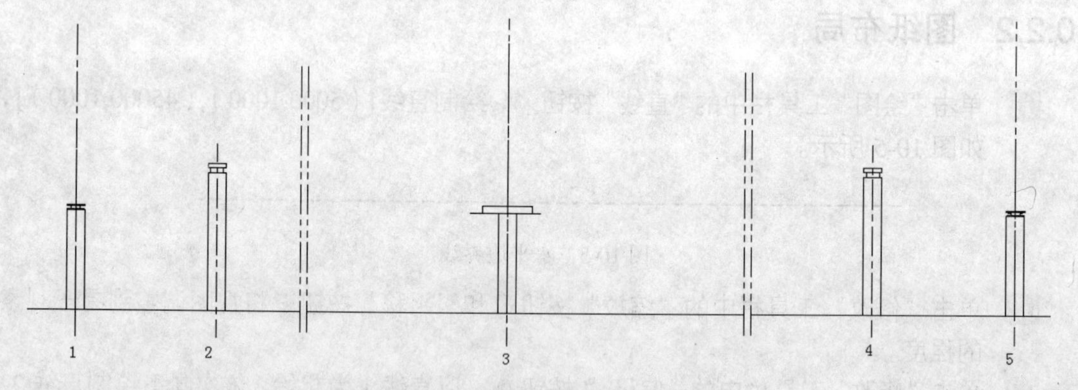

图 10-8　图纸架构

1. 使用多线命令绘制杆塔 1

01 将“实体符号层”设置为当前图层。

02 选择菜单栏中“绘图”→“多线”命令，绘制两条竖直线，命令行提示与操作如下：

```
命令：_mline
当前设置：对正 = 上，比例 = 20.00，样式 = STANDARD
```

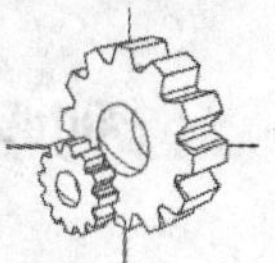

```
指定起点或 [对正(J)/比例(S)/样式(ST)]: S↙
输入多线比例 <20.00>: 500↙
当前设置：对正 = 上，比例 = 500.00，样式 = STANDARD
指定起点或 [对正(J)/比例(S)/样式(ST)]: J
输入对正类型 [上(T)/无(Z)/下(B)] <上>: Z
当前设置：对正 = 无，比例 = 500.00，样式 = STANDARD
指定起点或 [对正(J)/比例(S)/样式(ST)]:
```

然后，调用“对象捕捉”功能获得多线的起点，移动鼠标使直线保持竖直，在屏幕上出现如图 10-9 所示的情形，跟随鼠标的提示在“指定下一点”右面的文本框中输入下一点距离起点的距离 2700，然后按回车键，绘制结果如图 10-10 所示。

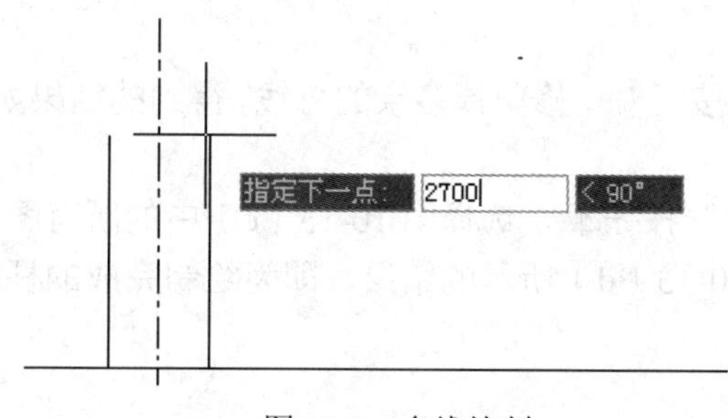

图 10-9　多线绘制

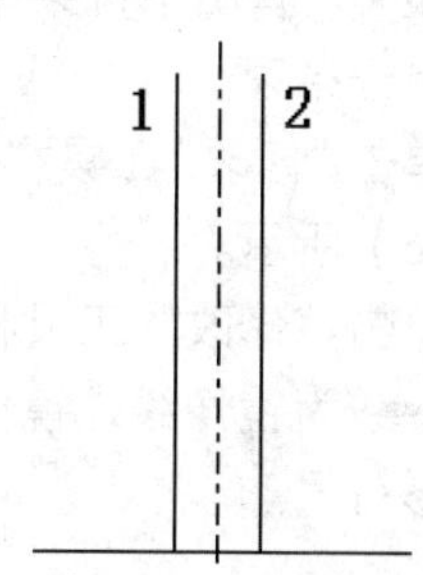

图 10-10　多线绘制结果

03 在“对象追踪”绘图方式下，单击“绘图”工具栏中的“直线”按钮，用鼠标分别捕捉直线 1 和直线 2 的上端点绘制一条水平线，单击“修改”工具栏中的“偏移”按钮，以此水平线为起始并向上偏移 3 次，偏移量分别为 40、70 和 35，得到 3 条水平直线，如图 10-11 所示。

04 单击“修改”工具栏中的“偏移 ”按钮，将中心线分别向左右偏移，偏移量为 120，得到两条竖直直线。

05 单击“修改”工具栏中的“修剪”按钮，修剪掉多余线段，并将对应直线的端点连接起来，结果如图 10-12 所示，即为绘制完成的杆塔 1。

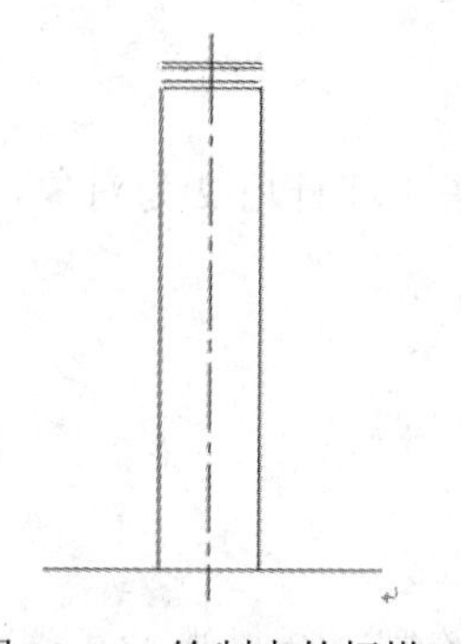

图 10-11　绘制中的杆塔 1

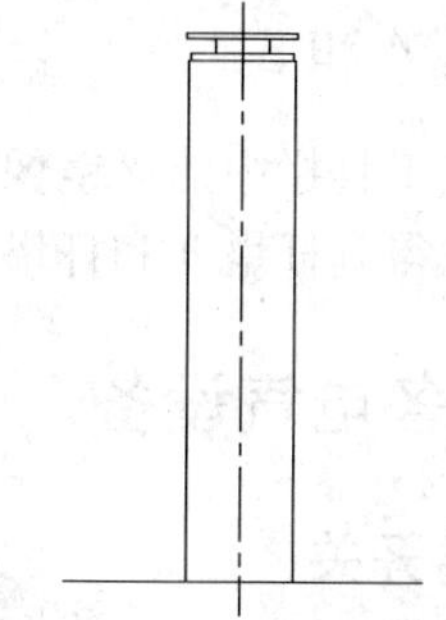

图 10-12　绘制完成的杆塔 1

2. 绘制杆塔 2

方法与绘制杆塔 1 类似，只是步骤 2 中多线的中点距离起点的距离是 3700mm，其他步骤同绘制杆塔 1 完全相同，在此不再赘述。

3. 绘制杆塔 3

01 利用“对象捕捉”功能，用鼠标捕捉到基点，单击“绘图”工具栏中的“直线”按钮，以基点为起点，向左绘制一条长度为 1000mm 的水平直线 1。

02 单击“修改”工具栏中的“偏移”按钮，以直线 1 为起始，绘制直线 2 和直线 3，偏移量分别为 2700 和 2900，如图 10-13（a）所示。

03 单击“修改”工具栏中的“偏移 ”按钮，以中心线为起始，绘制直线 4 和直线 5，偏移量分别为 250 和 450, 如图 10-13（b）所示。

04 更改图形对象的图层属性：选中直线 4 和直线 5，单击“图层”工具栏中的下拉按钮，弹出下拉菜单，选择“实体符号层”，将其图层属性设置为“实体符号层”，单击结束。

05 单击“修改”工具栏中的“修剪”按钮，修剪掉多余的直线，得到的结果如图 10-13（c）所示。

06 单击“修改”工具栏中的“镜像”按钮，选择图 10-13（c）中的所有图形，以中心线为镜像线，镜像得到如图 10-13（d）所示的结果，即为绘制完成的杆塔 3 的图形符号。

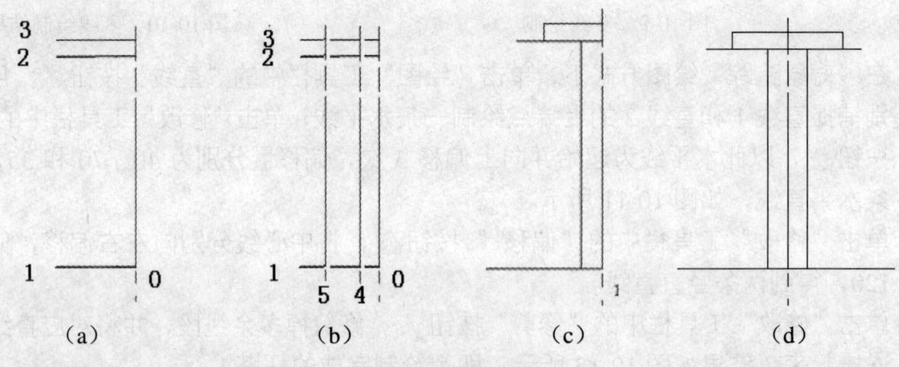

图 10-13　绘制杆塔 3

4. 绘制杆塔 4 和 5

单击“修改”工具栏中的“镜像”按钮，以杆塔 1 和杆塔 2 为对象，以杆塔 3 的中心线为镜像线，镜像得到杆塔 4 和杆塔 5。

10.2.4 绘制各电气设备

1. 绘制隔离开关

01 单击“绘图”工具栏中的“矩形”按钮，绘制一个长为 160mm、宽为 340mm 的矩形，如图 10-14（a）所示。

02 单击“绘图”工具栏中的“分解”按钮，将绘制的矩形分解为直线 1、直线 2、直线 3、直线 4。

03 单击“修改”工具栏中的“偏移”按钮，将直线 2 向右偏移 80mm，得到直线 L。

04 单击“修改”菜单栏中“拉长”命令，将直线 L 向上拉长 60mm，拉长后直线的上端点为 O，结果如图 10-14（b）所示。

05 单击“绘图”工具栏中的“圆”按钮，在“对象捕捉”绘图方式下，用鼠标捕捉 O 点，绘制一个半径为 60 的圆，结果如图 10-14（c）所示，此圆和前面绘制的矩形的一边刚好相切。然后删除掉直线 L，隔离开关结果如图 10-14（d）所示。

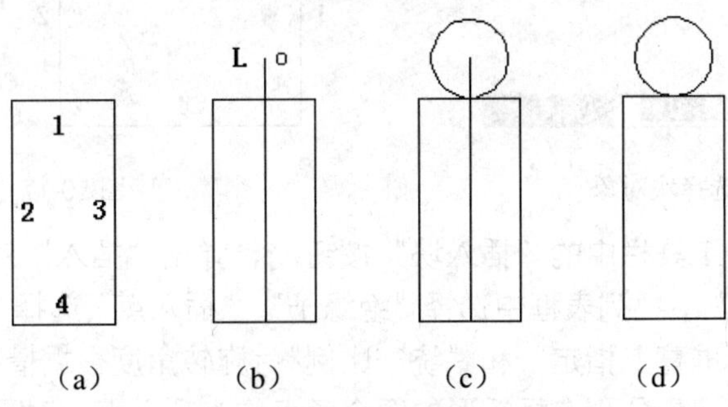

图 10-14　绘制隔离开关

06 单击“绘图”工具栏中的“创建块”按钮，弹出“块定义”对话框，如图 10-15 所示。在“名称”下拉列表框中输入“绝缘子”，在屏幕上用鼠标捕捉矩形的左下角作为基点，如图 10-16 所示。对象选择整个绝缘子，“块单位”设置为“毫米”，选中“按统一比例缩放”复选框，然后单击“确定”按钮。

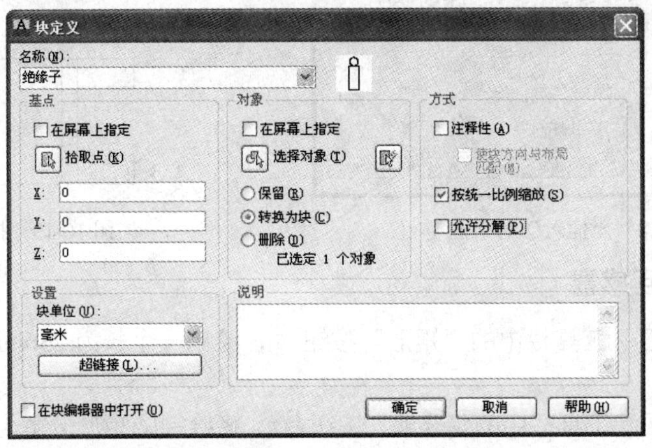

图 10-15　“块定义”对话框

07 单击“绘图”工具栏中的“矩形”按钮，绘制一个长 900mm、宽 730mm 的矩形，单击“绘图”工具栏中的“分解”按钮，将绘制的矩形分解为直线 1、直线 2、直线 3、直线 4。

08 单击“修改”工具栏中的“偏移”按钮，将直线 1 向右偏移 95mm，得到直线 5；将直线 2 向左偏移 95mm，得到直线 6，如图 10-17 所示。

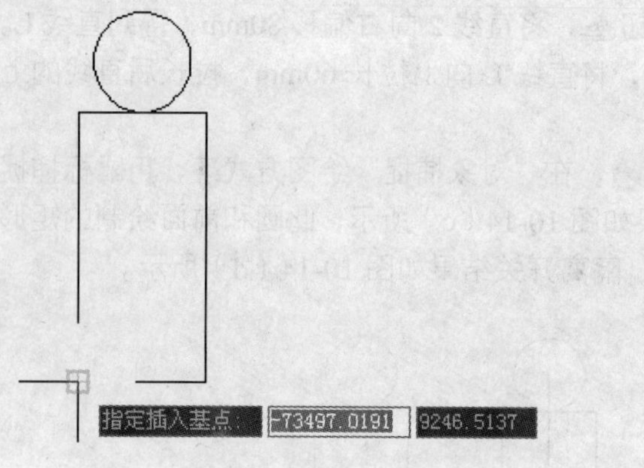

图 10-16 选择块对象

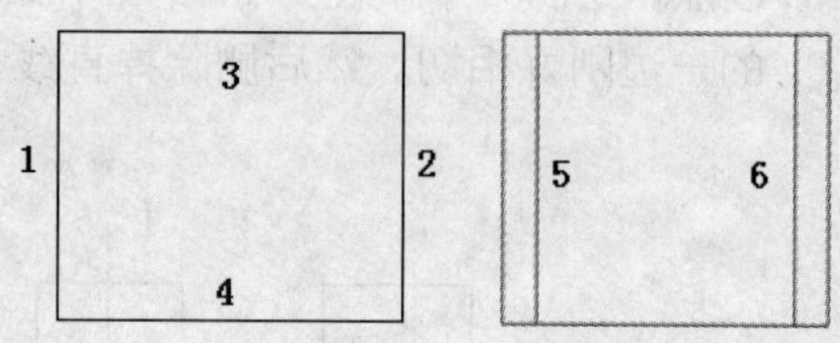

图 10-17 偏移直线

09 单击“绘图”工具栏中的“插入块”按钮，弹出“插入”对话框，如图 10-18 所示，在“名称”下拉列表框中选择“绝缘子”，“插入点”选择“在屏幕上指定”，“比例”选择“在屏幕上指定”和“统一比例”；旋转角度根据情况不同输入不同的值，一共要插入四次，分别选择矩形的四个角点作为插入点，对于绝缘子 1 和 3，旋转角度为 270°，对于绝缘子 2，旋转角度为 90°，结果如图 10-19 所示。

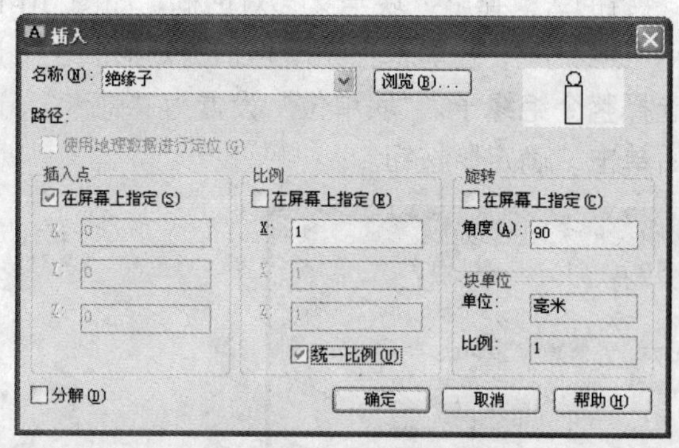

图 10-18 “插入”对话框

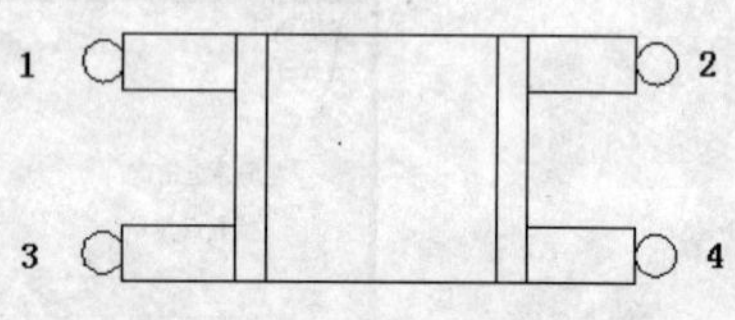

图 10-19 插入结果

2. 绘制高压互感器

01 单击“绘图”工具栏中的“矩形”按钮，绘制一个长为 236mm、宽为 410mm 的矩形。

02 单击“绘图”工具栏中的“分解”按钮，将绘制的矩形分解为四条直线。然后单击“修改”工具栏中的“偏移 ”按钮，将其中一条竖直直线向中心方向偏移 118mm，得到竖直方向的中心线。单击“绘图”工具栏中的“拉长”按钮，将此中心线向上拉长 200mm，向下拉长 100mm。最后选定中心线，单击“图层”工具栏中的下拉按钮，弹出下拉菜单，选择“中心线层”，将其图层属性设置为“中心线层”，单击结束，即得到绘制完成的矩形及其中心线，结果如图 10-20（a）所示。

03 单击“绘图”工具栏中的“圆角”按钮，采用修剪、角度、距离模式，对矩形上边两个角倒圆角，上面两个圆角的半径为 18 mm，命令行提示与操作如下：

```
命令: _fillet
```

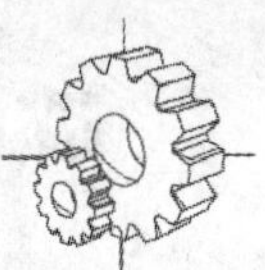

```
当前设置：模式 = 修剪，半径 = 0.0000
选择第一个对象或 [放弃(U)/多段线(P)/半径(R)/修剪(T)/多个(M)]: R
指定圆角半径 <0.0000>: 18
选择第一个对象或 [放弃(U)/多段线(P)/半径(R)/修剪(T)/多个(M)]:
选择第二个对象，或按住 Shift 键选择对象以应用角点或 [半径(R)]:（选择矩形的上边和左边直线）
```

同上，采用修剪、角度、距离模式，对矩形的下边两个角倒圆角，两个圆角的半径为 60 mm，结果如图 10-20（b）所示。

04 单击“修改”工具栏中的“偏移”按钮，将直线 AC 向下偏移 40 mm，并调用“拉长”命令，将偏移得到的直线向两端分别拉长 75 mm。结果如图 10-20（c）所示。

05 单击“绘图”工具栏中的“圆弧”按钮，绘制圆弧。命令行提示与操作如下：

```
命令：_arc ↙
指定圆弧的起点或 [圆心(C)]:（捕捉 A 点）
指定圆弧的第二个点或 [圆心(C)/端点(E)]: e↙
指定圆弧的端点：（捕捉 B 点）
指定圆弧的圆心或 [角度(A)/方向(D)/半径(R)]: r↙
指定圆弧的半径：80↙
```

同上，绘制第二段圆弧，起点和端点分别为 C 和 D，半径也为 80，如图 10-20（d）所示。

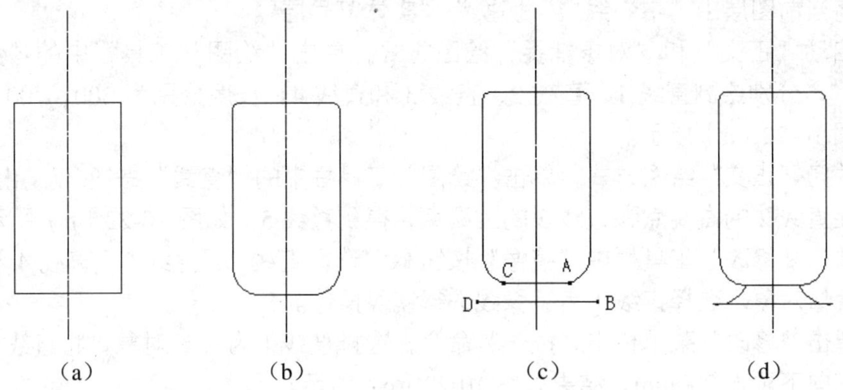

图 10-20　绘制高压互感器

06 单击“绘图”工具栏中的“直线”按钮，绘制一条长为 200 的竖直直线。以此直线为中心线，单击“绘图”工具栏中的“矩形”按钮，分别绘制三个矩形，三个矩形的长和宽分别：矩形 A，长 22 mm，宽 20 mm；矩形 B，长 90 mm，宽 100 mm；矩形 C，长 64 mm，宽 64mm，如图 10-21（a）所示。

07 中心线与矩形 C 下边的交点为 M，中心线与圆角矩形的上边的交点为 N，单击“修改”工具栏中的“移动”按钮，以点 M 和点 N 重合的原则平移矩形 A、B 和 C，平移结果如图 10-21（b）所示。

08 单击“修改”工具栏中的“偏移 ”按钮，将直线 BD 向上偏移 210 mm，与圆角矩形的交点分别为点 M 和点 N。

09 单击“绘图”工具栏“圆弧”按钮，采用“起点、端点、半径”模式，绘制圆弧，圆弧的起点和端点分别为 M 点和 N 点，角度为-270，结果如图 10-21（c）所示，即为绘制完成的高压互感器的图形符号。

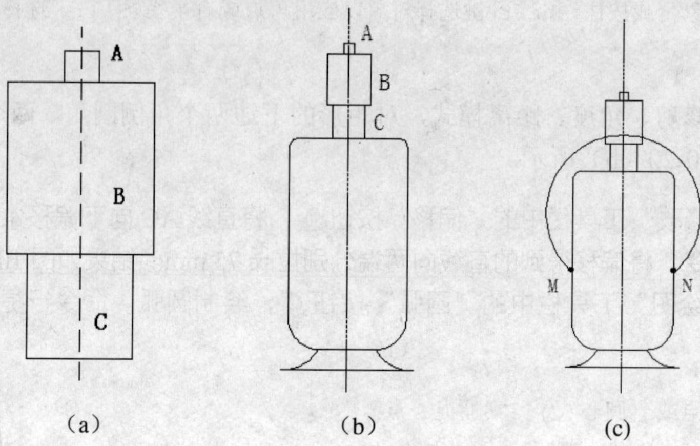

图 10-21　完成绘制

3. 绘制真空断路器

01 将“中心线层”设置为当前图层。单击“绘图”工具栏中的“直线”按钮，绘直线 1，长度为 1000。

02 将当前图层由“中心线层”切换为“实体符号层”。

03 启动“正交”和“对象捕捉”绘图方式，单击“绘图”工具栏中的“直线”按钮，分别绘制直线 1、直线 2、直线 3 和直线 4，长度分别为 200、700 和 500，如图 10-22（a）所示。

04 关闭“正交”绘图方式，单击“绘图”工具栏中的“直线”按钮，用鼠标分别捕捉直线 2 的右端点和直线 3 的上端点，得到直线 5，如图 10-22（b）所示。

05 单击“修改”工具栏中“镜像”按钮，选择直线 2、直线 3、直线 4 和直线 5 为镜像对象，选择直线 1 为镜像线进行镜像操作。

06 单击“修改”菜单栏中“拉长”命令，选择直线 1 为拉长对象，将直线 1 分别向上和向下拉长 200mm，结果如图 10-22（c）所示。

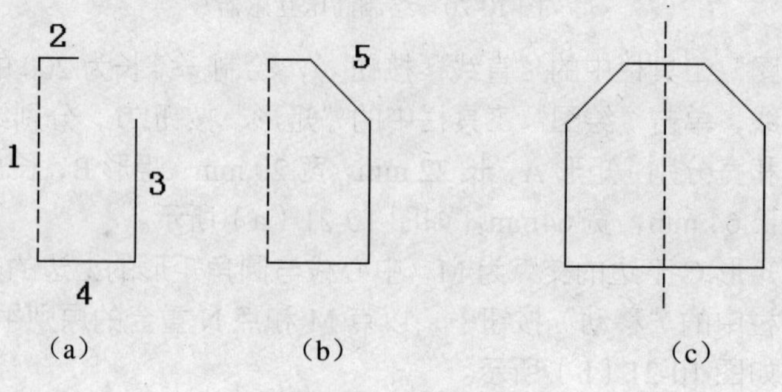

图 10-22　绘制草图

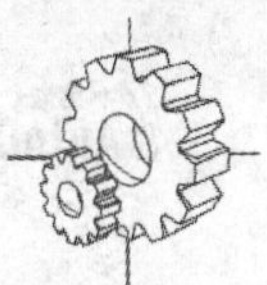

07 单击“修改”工具栏中的“偏移”按钮，将中心线向右偏移，偏移量为350mm，与五边形的倾斜边的交点为N，如图10-23（a）所示。

08 单击“绘图”工具栏中的“直线”按钮，绘制一竖直直线，长度为800mm，并将此直线图层属性设置为“中心线层”。单击“绘图”工具栏中的“矩形”按钮，绘制两个关于中心线对称的矩形A和B，A的长和宽分别为90、95，B的长和宽分别为160、450，中心线和矩形B的底边的交点为M，如图10-23（b）所示。

09 单击“修改”工具栏中的“移动”按钮，以点M和点N重合的原则，用鼠标捕捉点M作为平移的基点，用鼠标捕捉点N作为移动的终点。然后，单击“修改”工具栏中的“旋转”按钮，将矩形以点N为基点旋转−45°。

10 单击“修改”工具栏中的“镜像”按钮，以矩形为镜像对象，以图形的中心镜像线为镜像线，进行镜像操作，得到的结果如图10-23（c）所示。

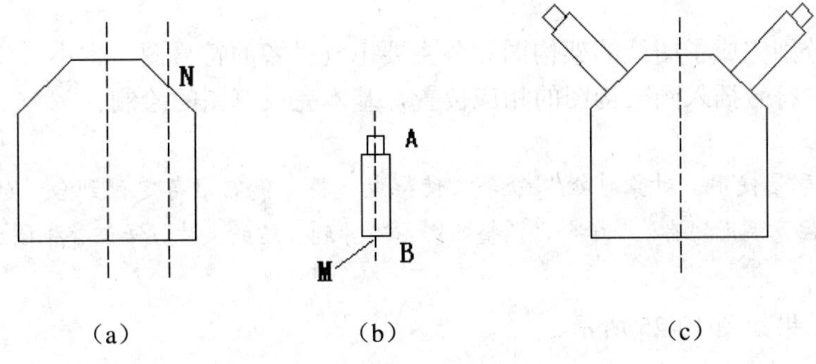

图10-23　完成绘制

4. 绘制避雷器

01 单击“绘图”工具栏中的“矩形”按钮，绘制一长220mm、宽800mm的矩形，如图10-24（a）所示。

02 单击“绘图”工具栏中的“分解”按钮，将绘制的矩形分解为四条直线。

03 单击“修改”工具栏中的“偏移”按钮，将矩形的上、下两边分别向下和向上偏移90mm，结果如图10-24（b）所示。

04 单击“修改”工具栏中的“偏移”按钮，将矩形的左边向右偏移110mm，得到矩形的中心线。

05 单击“修改”菜单栏中的“拉长”命令，选择中心线为拉长对象，将中心线向上拉长85mm，如图10-24（c）所示。

06 击“绘图”工具栏中的“圆”按钮，在“对象捕捉”绘图方式下，用鼠标捕捉点O为圆心，绘制一个半径为85mm的圆，如图10-24（d）所示。

07 用鼠标选择中心线，单击“修改”工具栏中的“删除”按钮，或者直接单击Del键，删除中心线，如图10-24（d）所示，即为绘制完成的避雷器的图形符号。

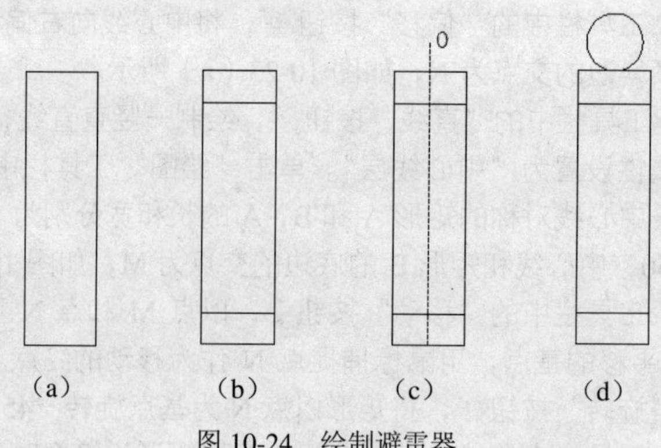

图 10-24　绘制避雷器

10.2.5　插入电气设备

前面已经分别完成了图纸的架构图和各主要电气设备的符号图，本小节将绘制完成的各主要电气设备的符号插入到架构图的相应位置，基本完成草图的绘制。

注 意

(1) 尽量使用"对象捕捉"命令，使得电气符号能够准备定位到合适的位置。
(2) 注意调用"缩放"命令，调整各图形符号到合适的尺寸，保证整张图的整齐和美观。

完成后的结果如图 10-25 所示。

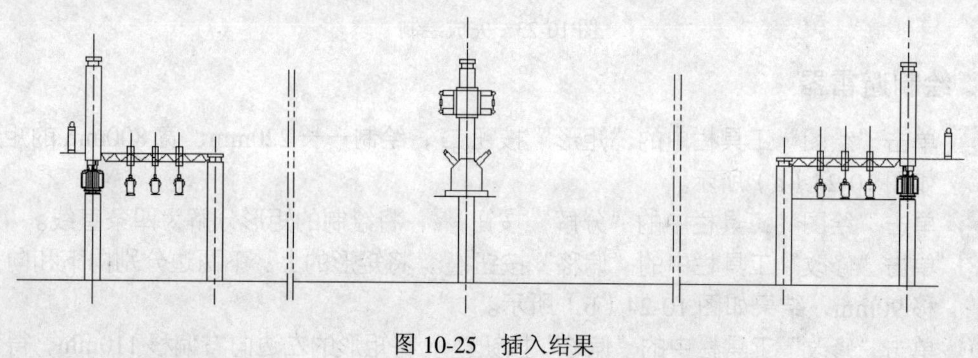

图 10-25　插入结果

10.2.6　绘制连接导线

01 将当前图层从"实体符号层"切换为"连接导线层"。
02 单击"绘图"工具栏中的"直线"按钮和"圆弧"按钮。

绘制连接导线。在绘制过程中，可使用"对象捕捉"命令捕捉导线的连接点。

注 意

在绘制连接导线的过程中，直到可以使用夹点编辑命令调整圆弧的方向和半径，直到导线的方向和角度达到最佳的程度。

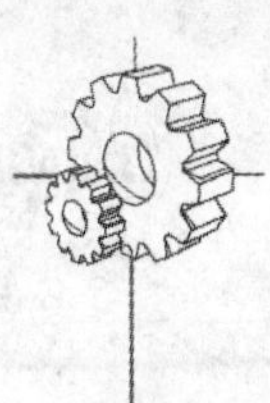

打开夹点的步骤如下：

01 在“工具”菜单中选择“选项”。

02 在“选项”对话框的“选择”选项卡中选择“启用夹点”。

03 单击“确定”按钮。以图 10-26（a）中的圆弧为例介绍夹点编辑的方法。

04 用鼠标拾取圆弧，圆弧上和圆弧周围会出现■和◀这样的标志，如图 10-26（b）所示。

05 用鼠标拾取■和◀标志，按住鼠标左键不放，在屏幕上移动鼠标，就会发现，被选取的图形的形状会不断变化，利用这样的方法，可以调整导线中圆弧的方向、角度和半径。图 10-26（c）所示即为调整过程中所示圆弧情况。

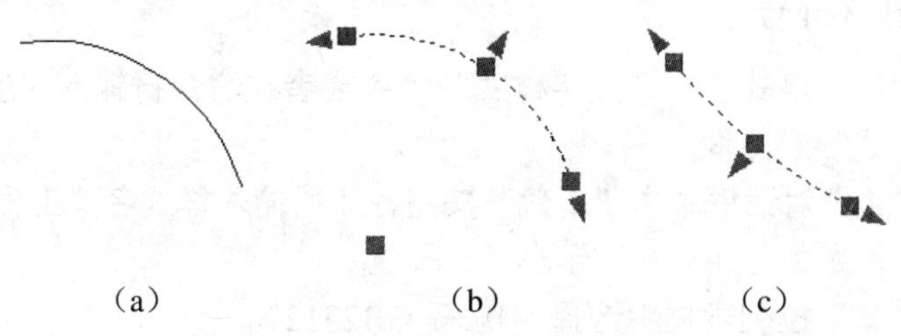

图 10-26　夹点编辑命令

如图 10-27 所示即为绘制完导线的变电站断面图。

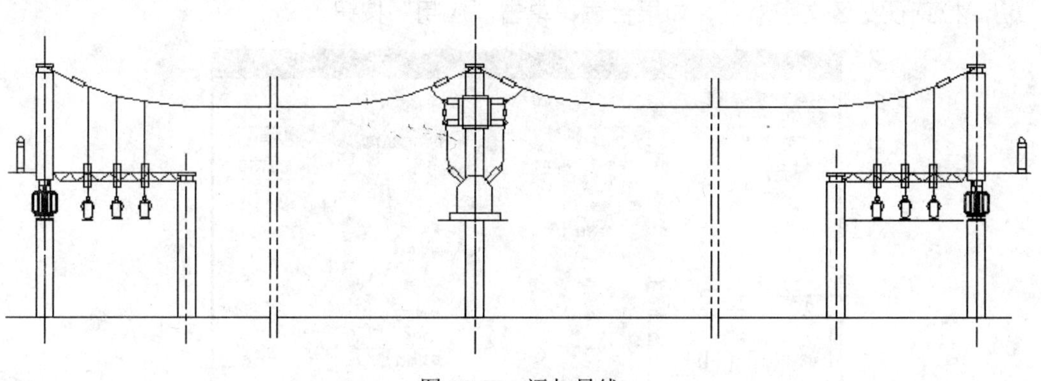

图 10-27　添加导线

10.2.7　标注尺寸和图例

1. 标注尺寸

01 选择菜单栏中“格式”→“标注样式”命令，弹出“标注样式管理器”对话框，单击“新建”按钮，弹出“创建新标注样式”对话框。样式名称为“变电站断面图标注样式”，基础样式为“ISO-25”，用于“所有标注”。

02 选择菜单栏中“标注”→“快速标注”命令，或者单击“标注”面板中的按钮，或在命令行中输入 QDIM 命令后按 Enter 键，光标由“十字”变为“小方块”，依次从左往右选择 5 根杆塔的中心线，标注水平尺寸；用相同的方法标注竖直尺寸，标注结果如图 10-28 所示。

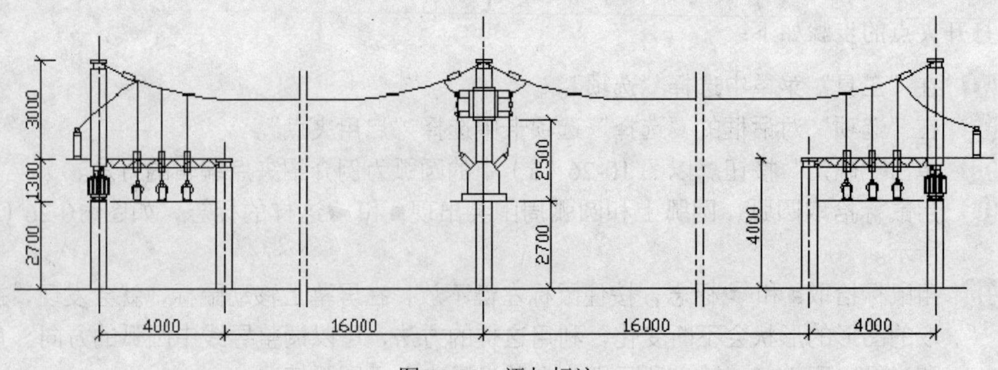

图 10-28　添加标注

2. 标注电气图形符号

01 选择菜单栏中“格式”→“文字样式”命令或者在命令行输入“STYLE”命令，弹出“文字样式”对话框。

02 在“文字样式”对话框单击“新建”按钮，然后输入样式名“工程字”，并单击“确定”按钮。设置如图 10-29 所示。

03 在“字体名”下拉列表框中选择“仿宋_GB2312”。

04 “高度”选择默认值为 400。

05 “宽度因子”输入值为 0.7，倾斜角度默认值为 0。

06 检查预览区文字外观，如果合适，单击“应用”按钮。

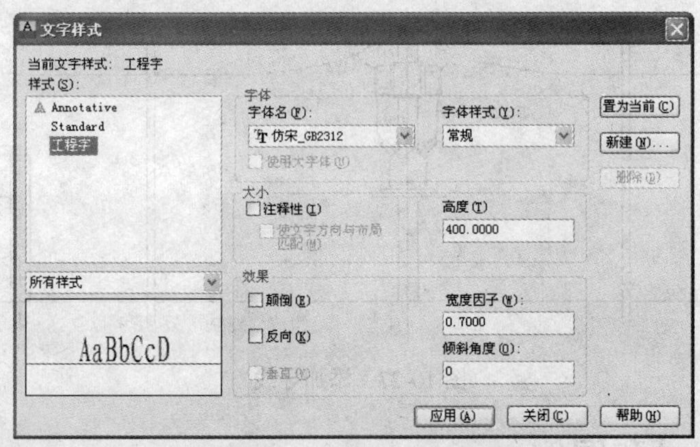

图 10-29　“文字样式”对话框

07 选择菜单栏中“绘图”→“文字”→“多行文字”命令或者在命令行输入“MTEXT”命令。

08 调用对象捕捉功能捕捉“核定”两字所在单元格的左上角点为第一角点，右下角点为对角点，在弹出的“文字格式”对话框中，选择文字样式为“工程字”，对齐方式选择居中。

09 输入需要输入的文字，单击“确定”。

10 用同样的方法，输入其他文字。

图 10-1 所示是绘制完成的变电站断面图。

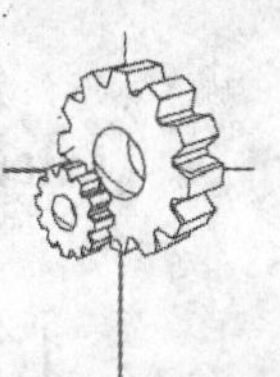

10.3　绘制变电所二次主接线图

以下介绍变电所主接线图的绘制，首先设计图纸布局，确定各主要部件在图中的位置，绘制各电气符号，最后把绘制好的电气符号插入到布局图的相应位置，如图 10-30 所示。

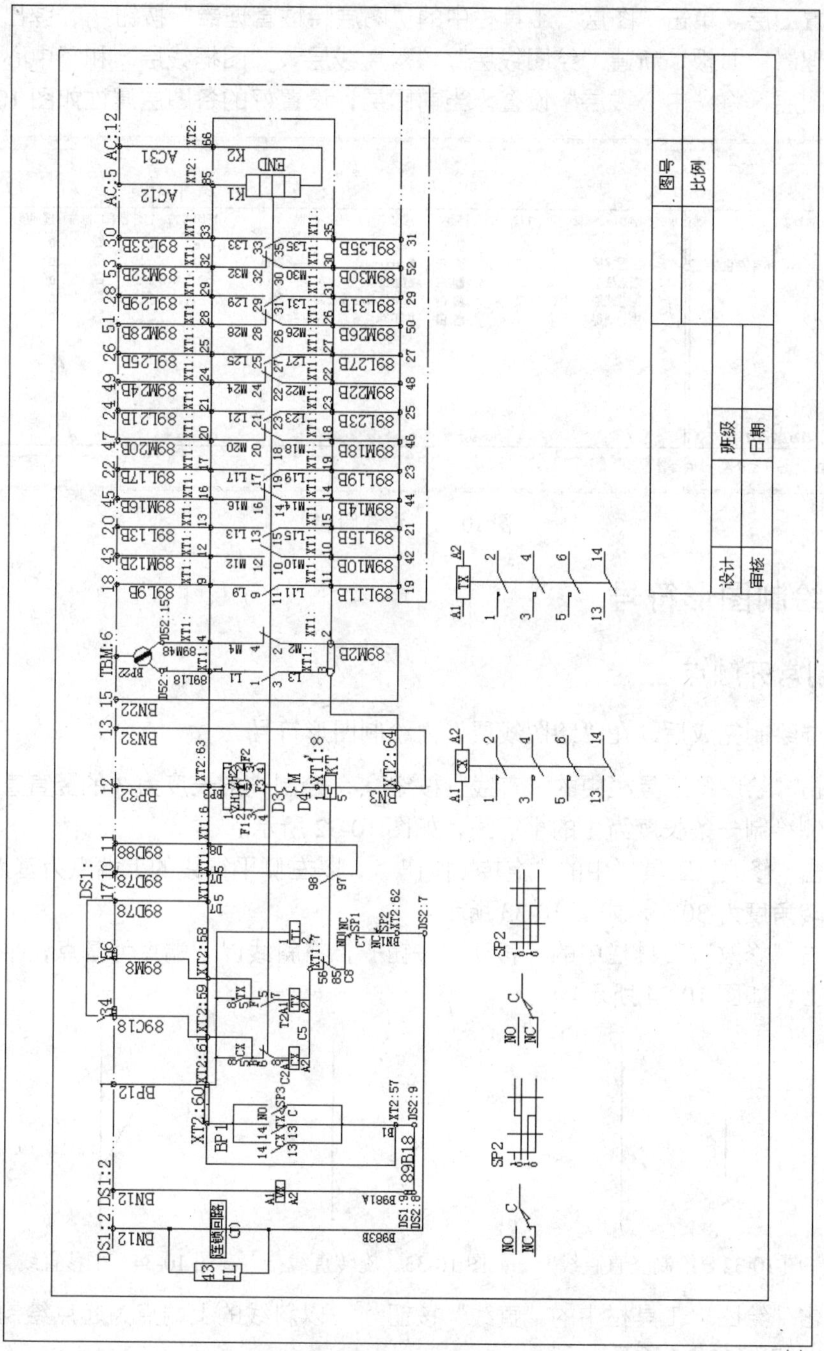

图 10-30　110kV 变电所主接线图

10.3.1 设置绘图环境

01 建立新文件。打开 AutoCAD 2013 应用程序，选择随书光盘中的“源文件\第 10 章\A4 样板图.dwt”样板文件为模板，建立新文件，将新文件命名为“110kV 变电所二次接线图.dwg”并保存。

02 设置图层。单击“图层”工具栏中的“图层特性管理器”按钮，弹出“图层特性管理器”面板，新建“绘图线层”、“双点线层”、“图框线层”和“中心线层”共 4 个图层，将“中心线层”设置为当前图层，设置好的各图层属性如图 10-31 所示。

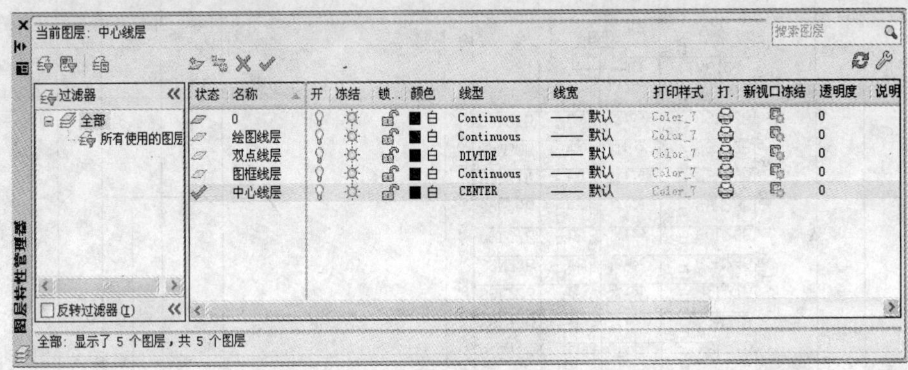

图 10-31 设置图层

10.3.2 绘制图形符号

1. 绘制常开触点

在母线层绘制完成后，在“绘图线层”内绘制图形符号。

01 单击“绘图”工具栏中的“直线”按钮，绘制一条长度为 3 的竖直直线，并在它左侧绘制一条长度为 1 的平行线，如图 10-32 所示。

02 单击“修改”工具栏中的“旋转”按钮，以左侧平行线的上端点为基点进行旋转，旋转角度为 30°，如图 10-33 所示。

03 单击“修改”工具栏中的“移动”按钮，将斜线以下端点为基点，平移到右侧直线上，如图 10-34 所示。

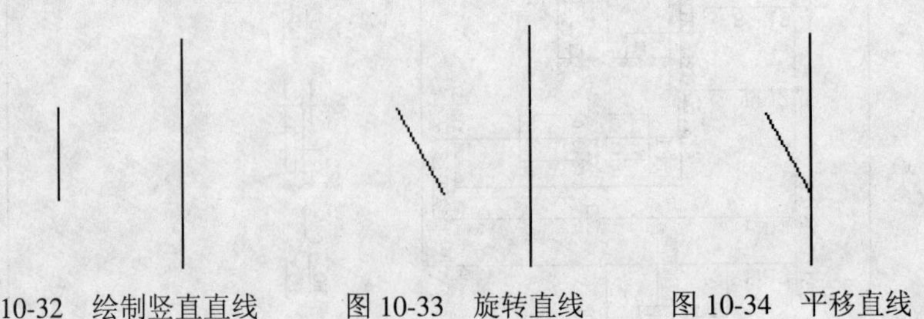

图 10-32 绘制竖直直线　　图 10-33 旋转直线　　图 10-34 平移直线

04 单击“绘图”工具栏中的“直线”按钮，以斜线的上端点为起点绘制一条水平直线，如图 10-35 所示。

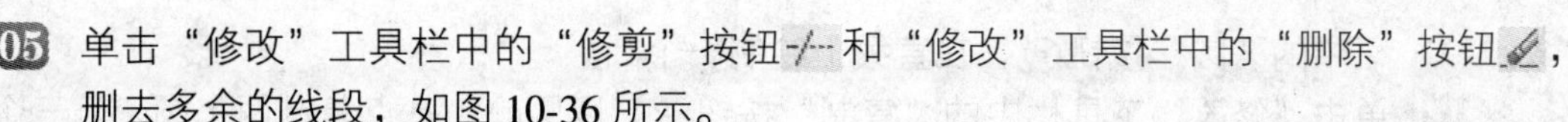

05 单击“修改”工具栏中的“修剪”按钮和“修改”工具栏中的“删除”按钮，删去多余的线段，如图 10-36 所示。

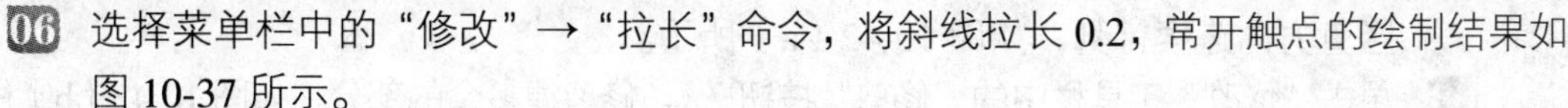

06 选择菜单栏中的“修改”→“拉长”命令，将斜线拉长 0.2，常开触点的绘制结果如图 10-37 所示。

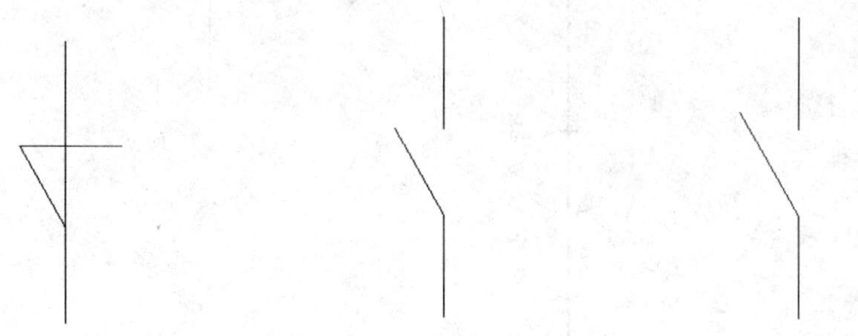

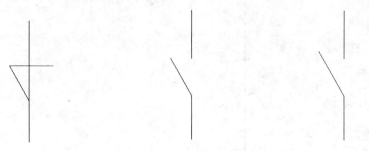

图 10-35　绘制水平直线　　图 10-36　修剪图形　　图 10-37　拉长斜线

2. 绘制动合触点

单击“绘图”工具栏中的“直线”按钮，在常开触点的斜线上绘制一个三角形，即可得到动合触点，如图 10-38 所示。

3. 绘制动断触点

01 在图 10-38 的基础上，单击“修改”工具栏中的“旋转”按钮，将开关部分顺时针旋转 60°，结果如图 10-39 所示。

02 绘制垂线。单击“绘图”工具栏中的“直线”按钮，在上端绘制一条垂线，得到的动断触点如图 10-40 所示。

4. 绘制常闭触点

单击“绘图”工具栏中的“直线”按钮，在常开触点的基础上绘制一条垂线，即可得到常闭触点，如图 10-41 所示。

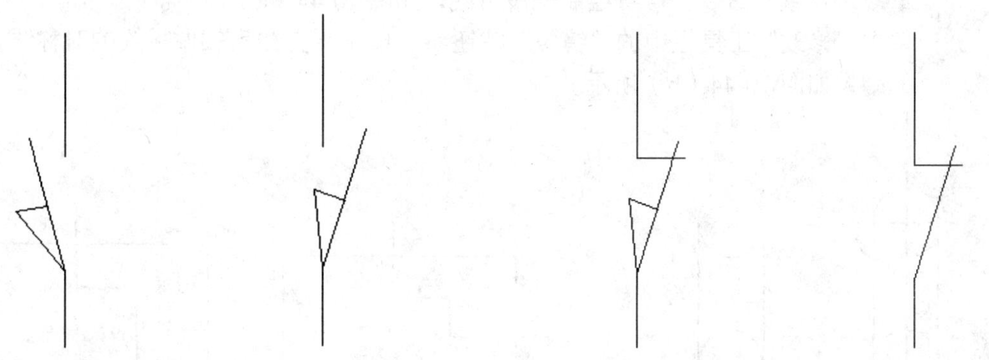

图 10-38　绘制动合触点　　图 10-39　旋转图形　　图 10-40 动断触点　　图 10-41　常闭触点

5. 绘制电感器

01 单击“绘图”工具栏中的“直线”按钮，绘制一条竖直直线；单击“绘图”工具栏中的“圆”按钮⊙，在直线上绘制一个圆。

02 单击“修改”工具栏中的“复制”按钮，以圆心为基点复制两个圆，且三个圆在竖直方向连续排列，如图 10-42（a）所示。

03 单击“修改”工具栏中的“修剪”按钮，修剪掉多余的部分，如图 10-42（b）所示。

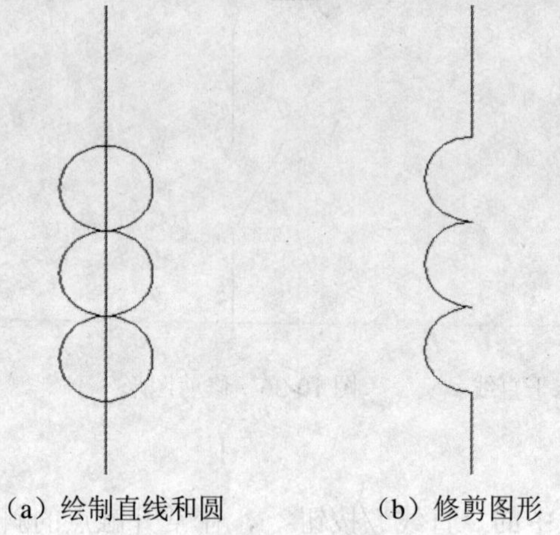

（a）绘制直线和圆　　（b）修剪图形

图 10-42　绘制电感器

6. 绘制连接片

01 单击“绘图”工具栏中的“直线”按钮和“圆”按钮⊙，需要绘制多条辅助线，如图 10-43（a）所示。

02 单击“修改”工具栏中的“修剪”按钮和“删除”按钮，删去多余线段，如图 10-43（b）所示，完成连接片的绘制。

7. 绘制热元器件

01 单击“绘图”工具栏中的“矩形”按钮，绘制一个矩形。

02 单击“绘图”工具栏中的“直线”按钮，绘制一条过矩形左侧边中点的水平直线；重复“直线”命令，接着绘制一段折线，如图 10-44（a）所示。

03 单击“修改”工具栏中的“镜像”按钮，以水平直线为轴做折线的对称线，绘制的结果如图 10-44（b）所示。

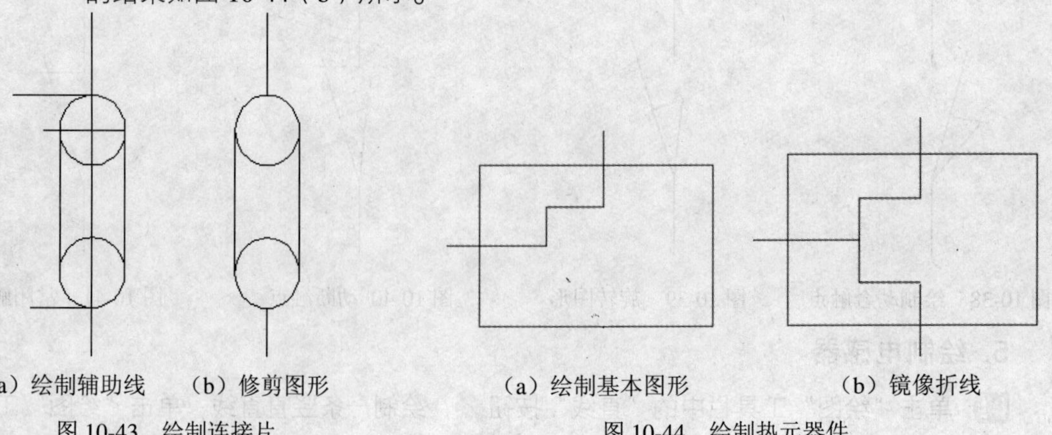

（a）绘制辅助线　（b）修剪图形

图 10-43　绘制连接片

（a）绘制基本图形　　（b）镜像折线

图 10-44　绘制热元器件

8. 绘制交流电动机

01 单击“绘图”工具栏中的“圆”按钮，绘制一个圆。

02 选择菜单栏中的“绘图”→“文字”→“单行文字”命令，在圆内输入文字“M”。

03 单击“绘图”工具栏中的“直线”按钮，在字母“M”下方绘制一条横线。

04 单击“绘图”工具栏中的“样条曲线”按钮，在字母“M”下方绘制一条样条曲线，结果如图 10-45 所示。

9. 绘制位置开关

01 单击“绘图”工具栏中的“圆”按钮，绘制一个圆。

02 单击“绘图”工具栏中的“直线”按钮，绘制一条斜线，然后绘制一条过圆心的竖直直线和一条水平直线作为辅助线，如图 10-46 所示。

03 单击“修改”工具栏中的“镜像”按钮，以竖直中心辅助线为中心镜像斜线，如图 10-47 所示。

图 10-45　绘制交流电动机

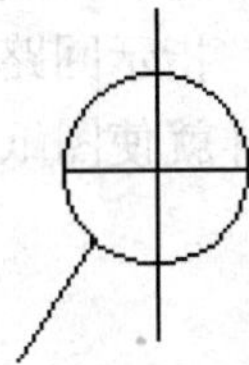

图 10-46　绘制辅助线

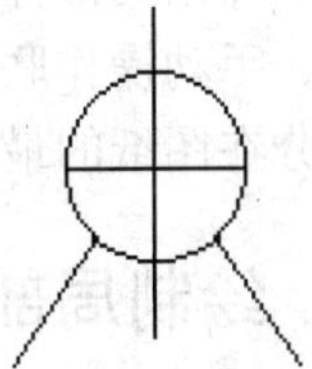

图 10-47　镜像斜线

04 单击“修改”工具栏中的“旋转”按钮，将水平中心线顺时针旋转 30°，如图 10-48 所示。

05 单击“修改”工具栏中的“偏移”按钮，将旋转后的中心线分别向两侧偏移 0.2，如图 10-49 所示。

06 单击“修改”工具栏中的“删除”按钮，将竖直中心线和水平中心线删除，并对图形进行修剪，结果如图 10-50 所示。

07 单击“绘图”工具栏中的“图案填充”按钮，选择“SOLID”图案将两条平行线之间的部分填充，完成位置开关的绘制，如图 10-51 所示。

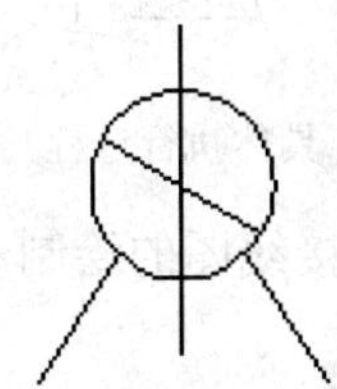

图 10-48　旋转直线

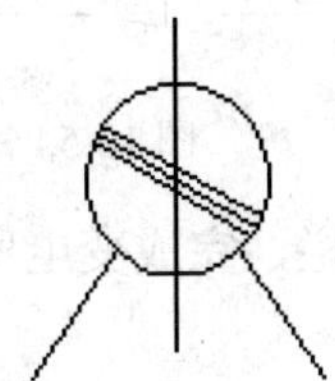

图 10-49　偏移直线

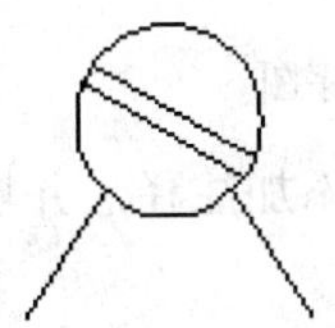

图 10-50　删除直线

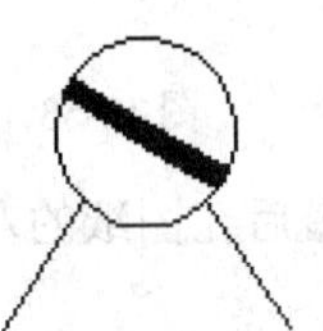

图 10-51　填充图形

10.3.3　图纸布局

将“中心线层”设置为当前图层，单击“绘图”工具栏中的“直线”按钮，绘制一条水平中心线，确定图纸中心线的位置。将“双点画线层”设置为当前层，单击“绘图”工具栏中的"直线"按钮，确定双点画线的位置。双点画线为部件的边缘轮廓图，如图 10-52 所示。

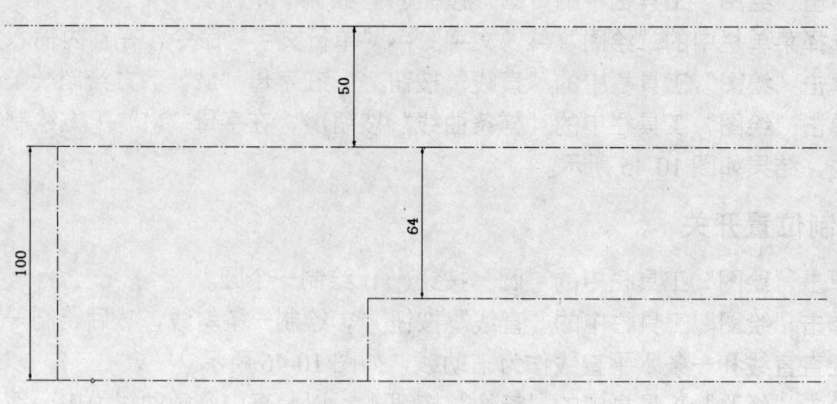

图 10-52　定位线位置图

将以上介绍的部件添加到位置图中适当位置。整个图纸分为联锁、分合操作过程信号、合闸回路、手动操作联锁、电机回路、指示回路、辅助开关备用触点、加热器回路等部分。将这几部分在图纸的最顶端标出，这样就使图纸的表示更加清晰。

10.3.4　绘制局部视图

在主图完成后，还有几个器件用主图并不能把它们之间的关系表示清楚，因此需要绘制局部视图。例如，SP2 时序图如图 10-53 所示。

SP1 和 SP3 的图形类似于 SP2，只需要在 SP2 时序图上进行修改就可得到。然后绘制 CX 和 TX 具体执行过程，如图 10-54 所示。

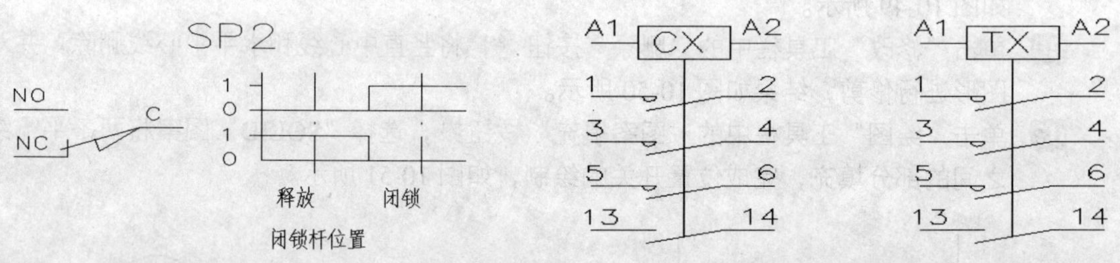

图 10-53　SP2 时序图

图 10-54　CX 和 TX 具体执行过程

最后在图纸的左下角添加注释，并填写标题栏，完成变电所二次主接线图的绘制。

10.4　上机实验

绘制图 10-55 所示的电杆安装图。

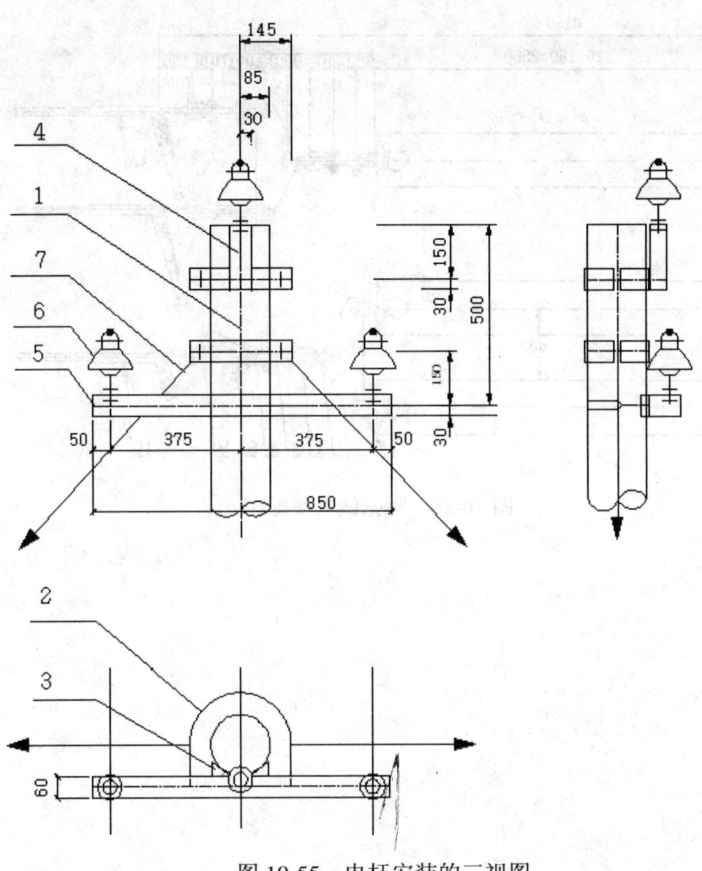

图 10-55　电杆安装的三视图

（1）目的要求

本例通过绘制电杆安装图帮助读者掌握绘制电气图的方法和技巧。

（2）操作提示

①绘制杆塔。

②绘制各电气元件。

③插入电气元件。

④标注尺寸。

10.5　思考与练习

绘制图 10-56 所示的耐张线夹装配图。

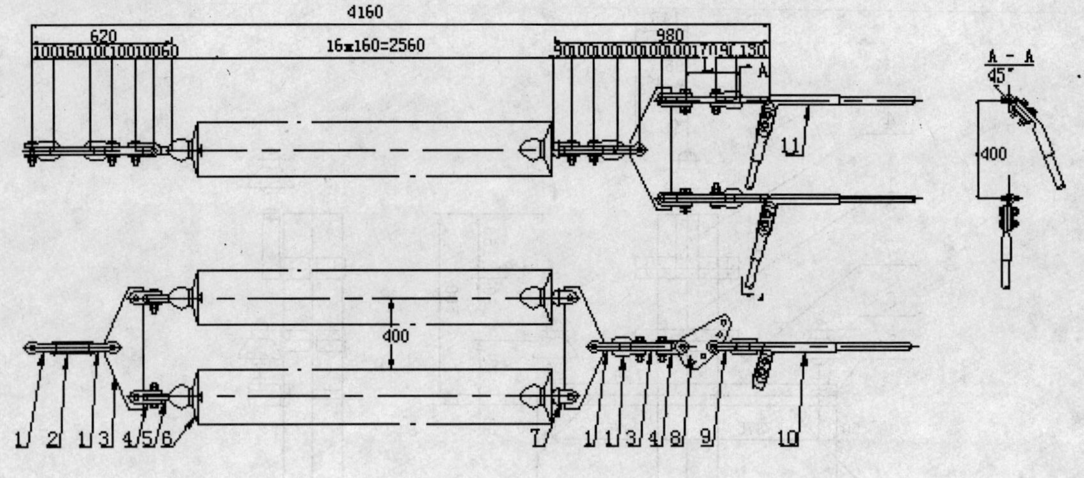

图 10-56　耐张线夹装配图

第 11 章

通信工程图电气设计

通信工程图是一类比较特殊的电气图，和传统的电气图不同，它是最近发展起来的一类电气图，主要应用于通信领域。本章将介绍通信系统的相关基础知识，并通过几个通信工程的实例来学习绘制通信工程图的一般方法。

11.1 通信工程图简介

通信就是信息的传递与交流。

通信系统是传递信息所需要的一切技术设备和传输媒介，其过程如图 11-1 所示。

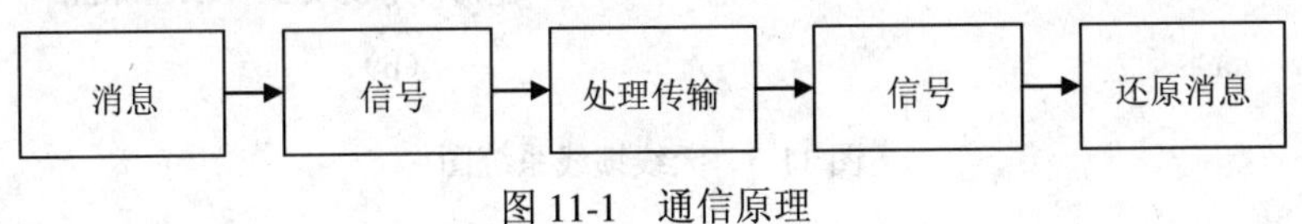

图 11-1 通信原理

工作过程如图 11-2 所示。

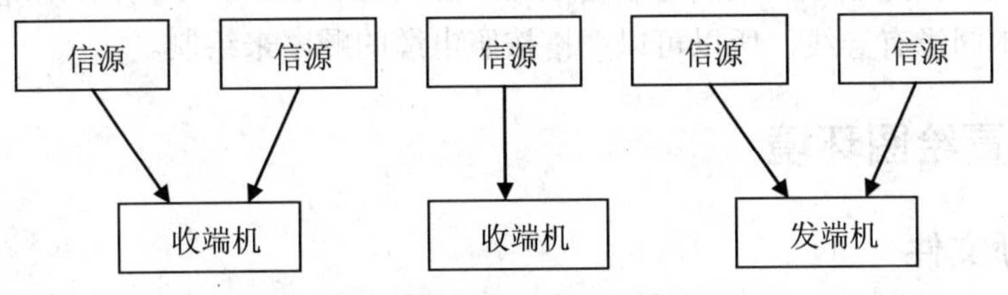

图 11-2 通信系统工作流程

通信工程主要分为移动通信和固定通信，但无论是移动通信还是固定通信，它们在通信原理上都是相同的。通信的核心是交换机，在通信过程中，数据通过传输设备传输到交换机上，在交换机上进行交换，选择目的地，这就是通信的基本过程。关于通信工程图，主要介绍以下两部分：一部分介绍天线馈线系统图的绘制，另一部分介绍学校网络拓扑图的绘制。

11.2 天线馈线系统图

本例绘制天线馈线系统图，如图 11-3 所示。

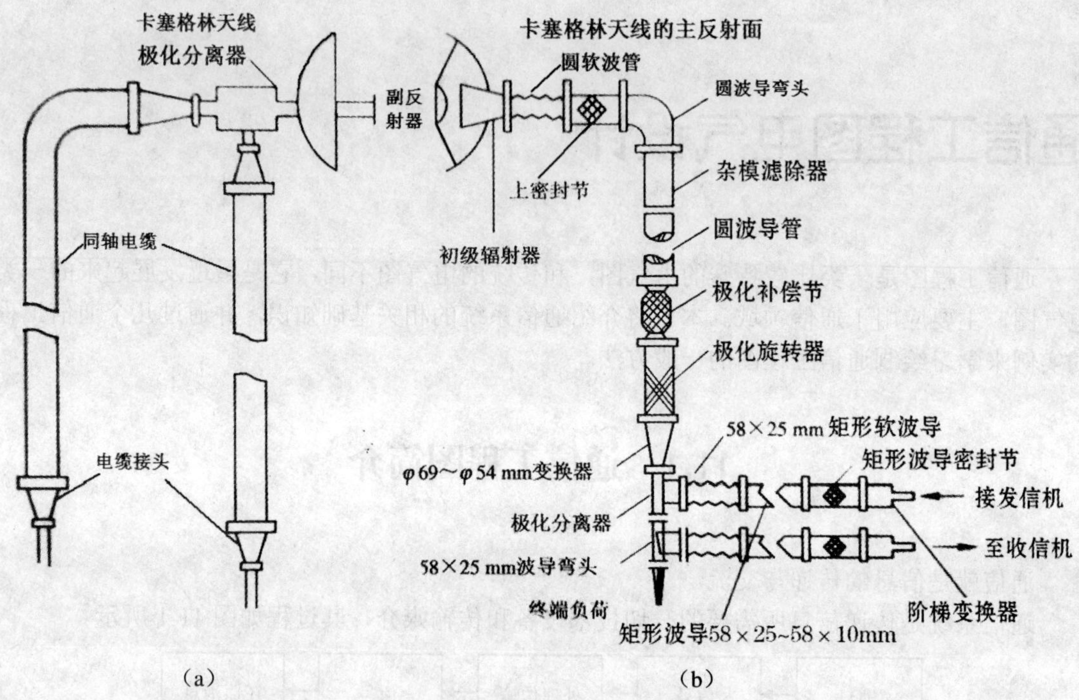

图 11-3　天线馈线系统图

图 11-3 为天线馈线系统图，图 11-3（a）为同轴电缆天线馈线系统，图 11-3（b）为圆波导天线馈线系统。按照顺序，依次绘制图 11-3（a）和图 11-3（b）两图，和前面的一些电气工程图不同，本图没有导线，所以可以严格按照电缆的顺序来绘制。

11.2.1 设置绘图环境

1. 建立新文件

01 打开 AutoCAD 2013 应用程序，在命令行输入“NEW”命令或选择菜单栏中“文件”→“新建”命令，AutoCAD 弹出“选择样板”对话框，用户在该对话框中选择需要的样板图。

02 在“创建新图形”对话框中选择已经绘制好的样板图后，然后单击“打开”按钮，则会返回绘图区域。同时选择的样板图也会出现在绘图区域内，其中样板图左下端点坐标为（0,0）。本例选用 A3 样板图。

2. 设置图层

单击“图层”工具栏中的“图层特性管理器”按钮，设置“实体符号层”和“中心线层”一共两个图层，各图层的颜色、线型及线宽，分别如图 11-4 所示。将“中心线层”设置为当前图层，如图 11-4 所示。

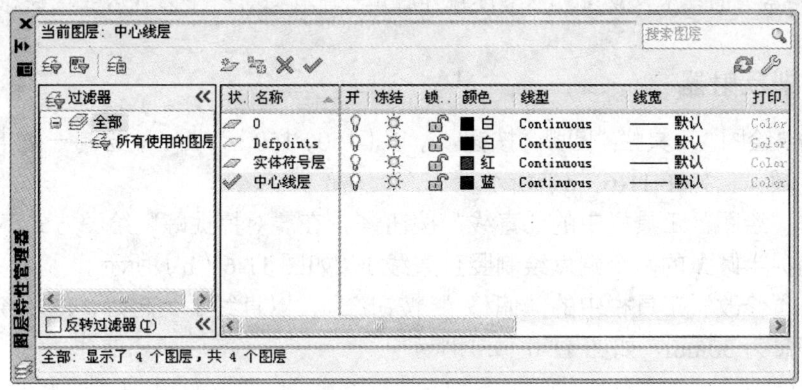

图 11-4　设置图层

11.2.2　同轴电缆天线馈线系统图的绘制

1. 绘制同轴电缆弯曲部分

01 单击“绘图”工具栏中的“直线”按钮，在“正交”绘图方式下，分别绘制水平直线 1 和竖直直线 2，长度分别为 40mm 和 50mm，如图 11-5（a）所示。

02 单击“修改”工具栏中的“倒角”按钮，对两直线相交的角点倒圆角，圆角的半径为 11-mm，命令行提示与操作如下：

```
命令：_fillet
当前设置：模式 = 修剪，半径 = 11-.0000↙
选择第一个对象或 [放弃(U)/多段线(P)/半径(R)/修剪(T)/多个(M)]: R↙
指定圆角半径 <11-.0000>: 11-↙
选择第一个对象或 [放弃(U)/多段线(P)/半径(R)/修剪(T)/多个(M)]:（用鼠标拾取直线 1）
选择第二个对象，或按住 Shift 键选择对象以应用角点或 [半径(R)]:（用鼠标拾取直线 2）
```

结果如图 11-5（b）所示。

03 单击“修改”工具栏中的“偏移 ”按钮，将圆弧向外偏移 11-mm。然后，将直线 1 和直线 2 分别向左和向上偏移 11-mm，偏移结果如图 11-5（c）所示。

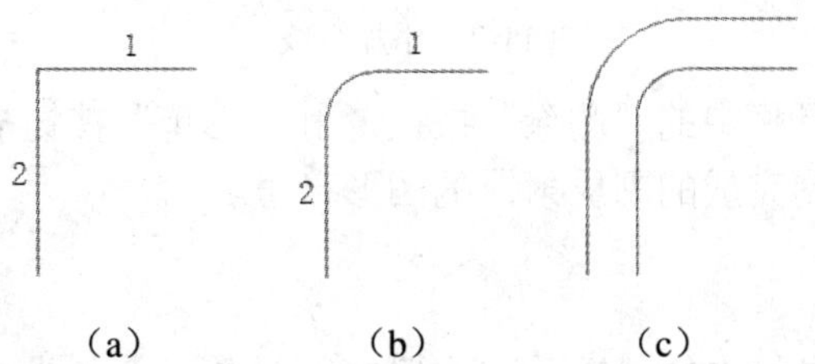

图 11-5　绘制同轴电缆弯曲部分

注意

在进行步骤 3 的时候，偏移方向只能是向外，如果偏移方向是向圆弧圆心方向，将得不到需要的结果，读者可以实际操作验证一下，思考一下为什么会这样。

2. 绘制副反射器

01 单击“绘图”工具栏“圆弧”按钮，以（150，150）为圆心，绘制一条半径为 60mm 的半圆弧，如图 11-6（a）所示。

02 单击“绘图”工具栏中的“直线”按钮，在“对捕捉踪”绘图方式下，用鼠标分别捕捉半圆弧的两个端点绘制竖直直线 1，如图 11-6（b）所示。

03 单击“修改”工具栏中的“偏移 ”按钮，，以直线 1 为起始，向左绘制直线 2，偏移量为 30mm，如图 11-6（c）所示。

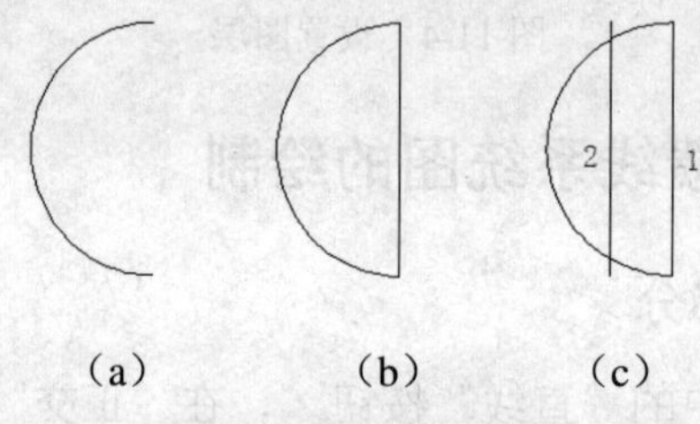

图 11-6　绘制半圆弧

04 单击“绘图”工具栏中的“直线”按钮，在“对捕捉踪”和“正交”绘图方式下，用鼠标捕捉圆弧圆心，以其为起点，向左绘制一条长度为 60mm 的水平直线 3，终点刚好落在圆弧上，如图 11-7（a）所示。

05 单击“修改”工具栏中的“偏移 ”按钮，将直线 3 分别向上和向下偏移 7.5mm，得到直线 4 和 5，如图 11-7（b）所示。

06 单击“修改”工具栏中的“删除”按钮，删除直线 3，如图 11-7（c）所示。

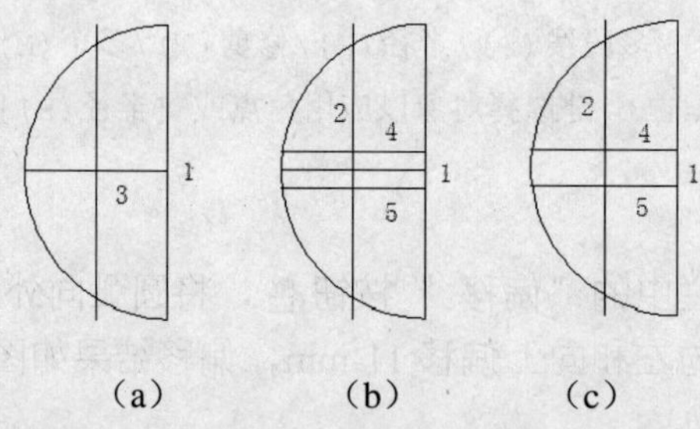

图 11-7　添加直线

07 单击“修改”工具栏中的“删除”按钮和“修剪”按钮，得到如图 11-8 所示的图形，就是绘制完成的副反射器的图形符号。

3. 绘制极化分离器

01 单击“绘图”工具栏中的“矩形”按钮，绘制一个长为 75mm、宽为 45mm 的矩形，命令行序提示与操作如下：

```
命令：_rectang
指定第一个角点或 [倒角(C)/标高(E)/圆角(F)/厚度(T)/宽度(W)](在屏幕空白处单击鼠标)
指定另一个角点或 [面积(A)/尺寸(D)/旋转(R)]: D
指定矩形的长度 <0.0000>:75↙
指定矩形的宽度 <0.0000>:45↙
指定另一个角点或 [面积(A)/尺寸(D)/旋转(R)]:(在屏幕空白处合适位置单击鼠标)
```

绘制得到的矩形如图 11-9（a）所示。

02 单击“绘图”工具栏中的“分解”按钮，将绘制的矩形分解为直线 1、2、3、4。

03 单击“修改”工具栏中的“偏移”按钮，以直线 1 为起始，分别向下绘制直线 5 和 6，偏移量分别为 15mm 和 15mm；以直线 3 为起始，分别向右绘制直线 7 和 8，偏移量分别为 30mm 和 15mm，偏移结果如图 11-9（b）所示。

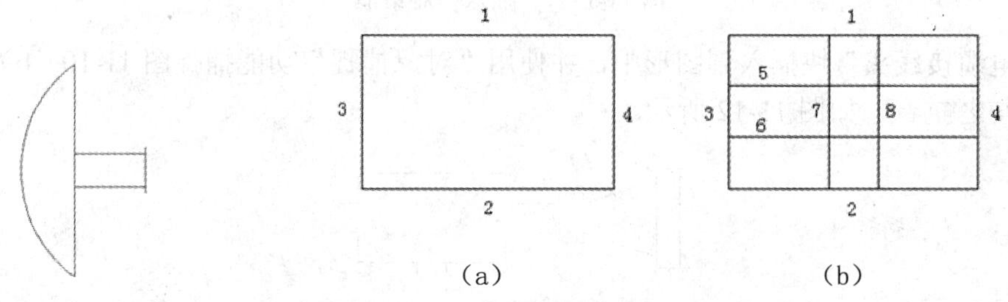

图 11-8　副反射器

图 11-9　绘制、分解矩形

04 单击“修改”工具栏中的“拉长”按钮，将直线 5、6 分别向两端拉长 15mm，将直线 7、8 分别向下拉长 15mm，拉长结果如图 11-10（a）所示。

05 单击“修改”工具栏中的“删除”按钮和“修剪”按钮，对图形进行修剪操作，并删除多余直线段，得到如图 11-10（b）所示结果，就是绘制完成的极化分离器的图形符号。

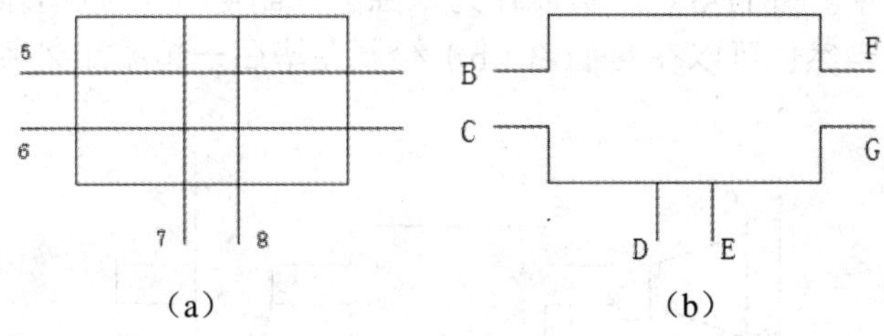

图 11-10　绘制、分解矩形

4. 连接成天线馈线系统

将绘制好的各部件连接起来，并加上注释，得到图 11-3 所示结果。连接过程中，需要调用平移命令，并结合使用“对象追踪”等功能，下面介绍连接方法。

01 由于与极化分离器相连的电气元件最多，所以将其作为整个连接操作的中心。首先，单击“绘图”工具栏中的“插入块”按钮，弹出如图 11-11 所示的“插入”对话框。“插入点”选择“在屏幕上指定”，“缩放比例”选择“统一比例”，在“X”文本框中输入 1.5 作为缩放比例。“旋转”角度为 90°。

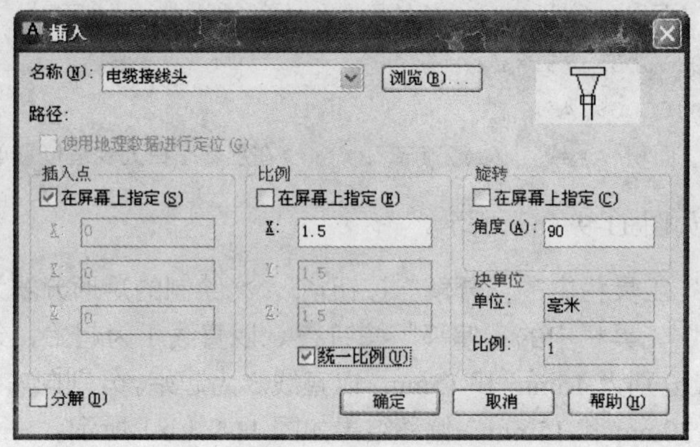

图 11-11 “插入”对话框

将“电缆接线头”块插入到图形中，并使用“对象捕捉”功能捕捉图 11-10（b）中的 C，使得刚好与之重合，如图 11-12 所示。

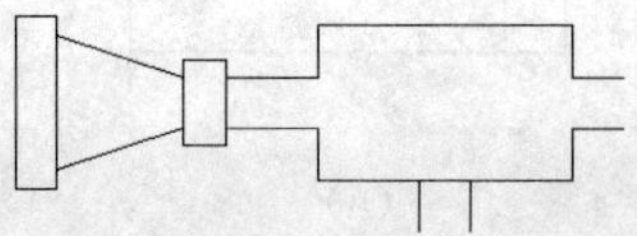

图 11-12 连接“电缆接线头”与“极化分离器”

02 采用类似的方法插入另一个电缆接线头，并移入副反射器符号，结果如图 11-13 所示。

03 重复步骤 1 和步骤 2，向图形中插入另外的两个电缆接线头和弯管连接部分。这些电气元件之间用直线连接即可，比较简单。值得注意的是，实际的电缆长度会很长，在此不必绘制其真正的长度，可用图 11-13 中的形式来表示。

04 添加注释文字。图 11-3（a）可以作为单独的一副电气工程图，因此可以在此步添加文字注释，当然也可以在图 11-3（b）绘制完毕后一起添加文字注释。

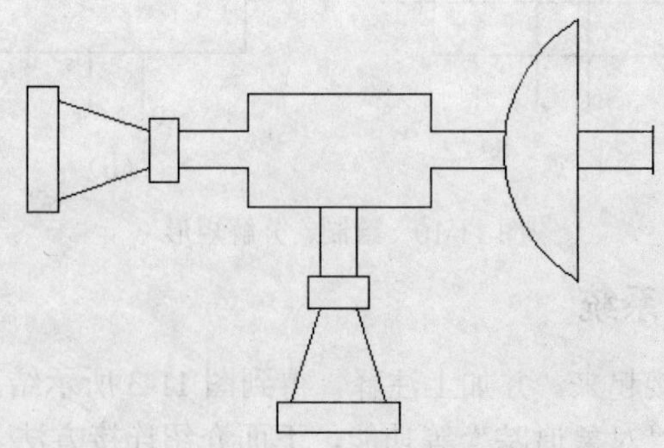

图 11-13 添加电气元件

11.2.3　圆波导天线馈线系统图的绘制

1. 天线反射面的绘制

01 单击"绘图"工具栏"圆弧"按钮，绘制两个同心半圆弧，两圆弧半径分别为 60mm 和 20mm，如图 11-14（a）所示。

02 单击"绘图"工具栏中的"直线"按钮，在"对象捕捉"和"极轴"绘图方式下，用鼠标捕捉圆心点，以其为起点，分别绘制 5 条沿半径方向的直线段，这些直线段分别与竖直方向成 15°、30°、90° 角，长度均为 60mm，如图 11-14（b）所示。

03 单击"修改"工具栏中的"修剪"按钮和"删除"按钮，对整个图形进行修剪，并删除多余的直线或者圆弧，得到如图 11-14（c）所示的结果，就是绘制完成的天线反射面的图形符号。

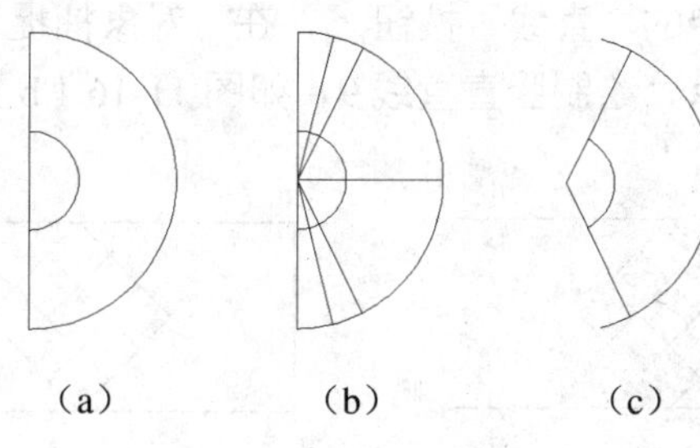

图 11-14　绘制天线反射面

2. 绘制密封节

01 单击"绘图"工具栏中的"矩形"按钮，绘制一个长和宽均为 60mm 的矩形，如图 11-15（a）所示。

02 单击"绘图"工具栏中的"分解"按钮，将绘制的矩形分解为 4 段直线。

03 单击"修改"工具栏中的"偏移"按钮，以直线 1 为起始，向下绘制两条水平直线，偏移量均为 20mm；以直线 3 为起始，向右绘制两条竖直直线，偏移量均为 20mm，如图 11-15（b）所示。

04 单击"修改"工具栏中的"旋转"按钮，将图 11-15（b）所示的图形旋转 45°，旋转过程中，命令行提示与操作如下：

```
命令：_rotate
UCS 当前的正角方向：  ANGDIR=逆时针  ANGBASE=0
选择对象：指定对角点：找到 8 个（用鼠标框选图 11-16（b）所示的图形）
选择对象：↙
指定基点：（在图形内任意点单击鼠标）
指定旋转角度，或 [复制(C)/参照(R)] <270>:  45↙
```

旋转结果如图 11-15（c）所示。

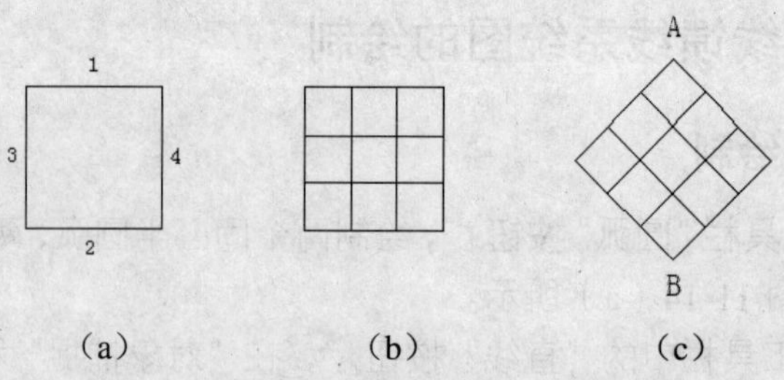

图 11-15　绘制矩形

05 单击“绘图”工具栏中的“直线”按钮，在“对象捕捉”方式下，用鼠标捕捉 A 点，以其为起点，分别向左和向右绘制长度均为 100mm 的水平直线 5 和 6；用鼠标捕捉 B 点，以其为起点，分别向左和向右绘制长度均为 100mm 的水平直线 7 和 8，结果如图 11-16（a）所示。

06 击“绘图”工具栏中的“直线”按钮，在“对象捕捉”方式下，用鼠标分别捕捉直线 5 和 7 的左端点，绘制竖直直线 9，如图 11-16（b）所示。

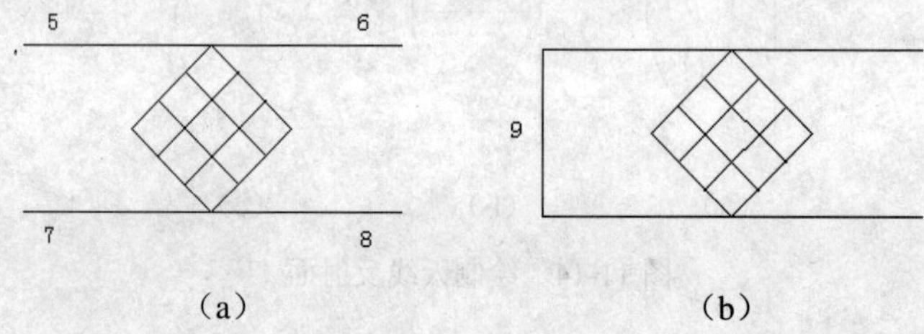

图 11-16　添加直线

07 选择“修改”菜单栏中的“拉长”命令，将直线 9 分别向上和向下拉长 35mm，如图 11-17（a）所示。

08 单击“修改”工具栏中的“偏移 ”按钮，以直线 9 为起始，向左绘制竖直直线 10，偏移量为 35mm，如图 11-17（b）所示。

09 单击“绘图”工具栏中的“直线”按钮，在“对象捕捉”绘图方式下，用鼠标分别捕捉直线 9 和直线 10 的上端点，绘制一条水平直线；用鼠标分别捕捉直线 9 和直线 10 的下端点，绘制另外一条水平直线。这两条水平直线和直线 9、10 构成了一个矩形，结果如图 11-18（a）所示。

10 用和前面相同的方法在直线 6 和直线 8 的右端绘制另外一个矩形，结果如图 11-18（b）所示，就是绘制完成的密封节的图形符号。

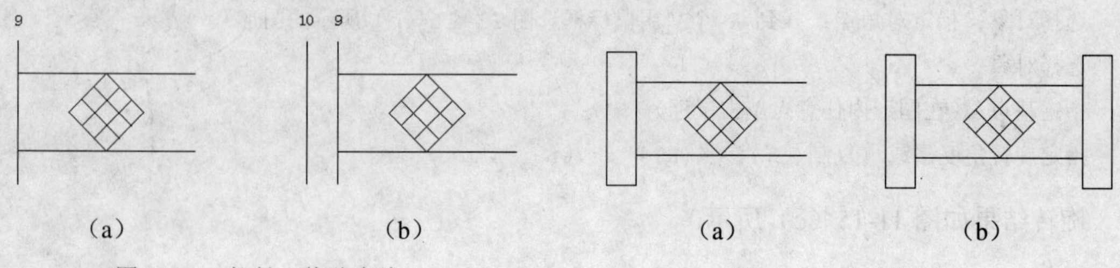

图 11-17　拉长、偏移直线　　　　图 11-18　绘制矩形

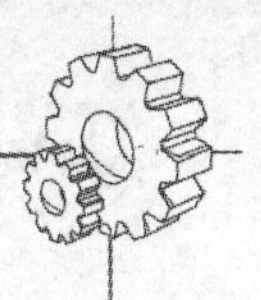

3. 绘制极化补偿节

01 单击“绘图”工具栏中的“矩形”按钮，绘制一个长为 110mm、宽为 30mm 的矩形，如图 11-19（a）所示。

02 单击“绘图”工具栏中的“直线”按钮，在“对象捕捉”和“极轴”绘图方式下，用鼠标捕捉 A 点，并以其为起点，绘制一条与水平方向成 135° 角，长度为 20mm 的直线 1，如图 11-19（b）所示。

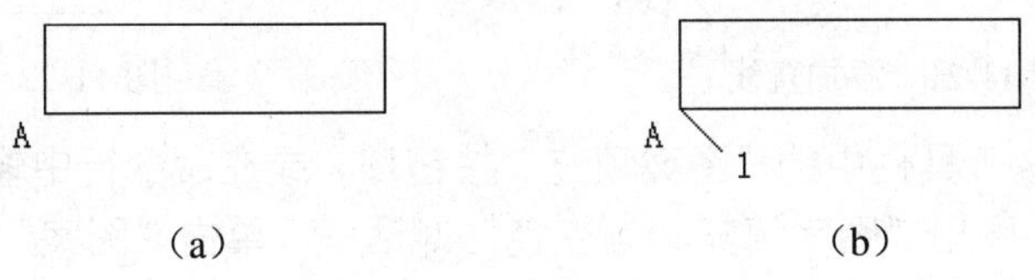

图 11-19　绘制矩形和直线

03 单击“修改”工具栏中的“移动”按钮，将直线 1 向右平移 20mm，如图 11-20（a）所示。

04 用同样的方法绘制直线 2，如图 11-20（b）所示。

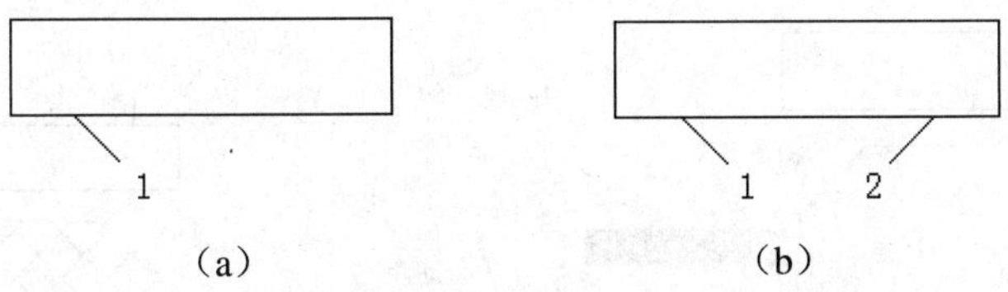

图 11-20　添加直线

05 单击“绘图”工具栏中的“直线”按钮，在“对象捕捉”和“极轴”绘图方式下，用鼠标捕捉直线 1 的下端点，并以其为起点，绘制一条与水平方向成 45° 角，长度为 40mm 的直线；用同样的方法，以直线 2 的下端点为起点，绘制一条与水平方向成 45° 角、长度为 40mm 的直线，结果如图 11-21（a）所示。

06 单击“绘图”工具栏中的“直线”按钮，关闭“极轴”绘图方式，激活“正交”功能，用鼠标捕捉 E 点，以其为起点，向下绘制长度为 40mm 的竖直直线；用鼠标捕捉 F 点，以其为起点，向下绘制长度为 40mm 的竖直直线，结果如图 11-21（b）所示。

07 单击“修改”工具栏中的“镜像”按钮，对图形进行镜像操作，镜像过程中命令行提示与操作如下：

```
命令：_mirror
选择对象：指定对角点：找到 8 个（用鼠标框选整个图形）
选择对象：↙
指定镜像线的第一点：（用鼠标选择 M 点）
指定镜像线的第二点：（用鼠标选择 N 点）
要删除源对象吗？[是(Y)/否(N)] <N>:↙
```

镜像结果如图 11-22 所示。

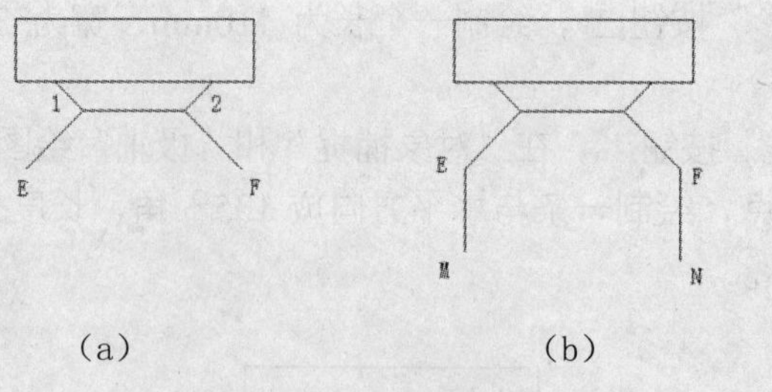

图 11-21　添加直线

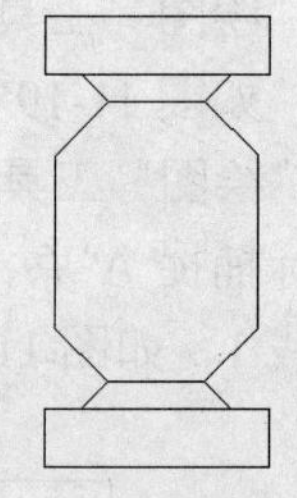

图 11-22　镜像结果

08 单击“绘图”工具栏中的“图案填充”按钮，或在命令行中输入 BHATCH 命令后按 Enter 键，弹出“图案填充和渐变色”对话框。单击“图案”选项右侧的按钮，弹出“填充图案选项板”对话框，在“ANSI”选项卡中选择“ANSI37”图案，单击“确定”按钮，回到“图案填充和渐变色”对话框，将“角度”设置为 0，“比例”设置为 1，其他为默认值。单击“选择对象”按钮，暂时回到绘图窗口中进行选择。用鼠标选择填充对象，如图 11-23 所示。按 Enter 键，再次回到“边界图案填充”对话框，单击“确定”按钮，完成填充，填充结果如图 11-24 所示。

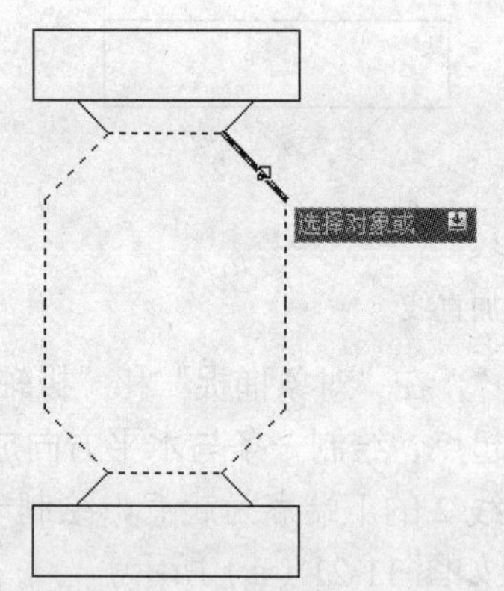

图 11-23　选择填充对象

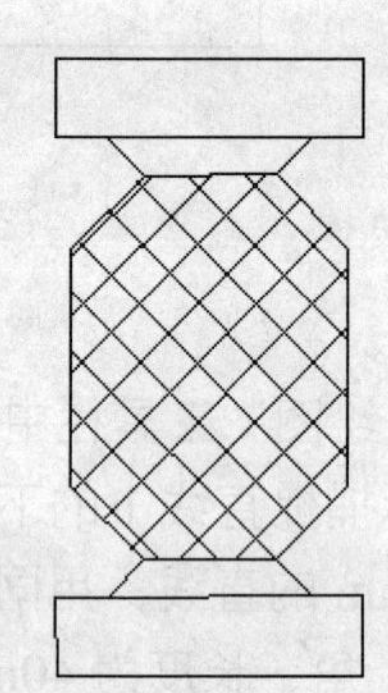

图 11-24　填充结果

4. 连接成圆波导天线馈线系统

将上面绘制的各电气元件连接起来，就构成了本图的主题，具体操作方法参考同轴电缆无线馈线系统图的方法，基本是一致的。

5. 添加文字和注释

01 选择菜单栏中“格式”→“文字样式”命令或者在命令行输入“STYLE”命令，弹出“文字样式”对话框，如图 11-25 所示。

02 在“文字样式”对话框单击“新建”按钮，然后输入样式名“工程字”，并单击“确定”按钮。

03 在“字体名”下拉列表中选择“仿宋_GB2311”。

04 高度选择默认值为 20。

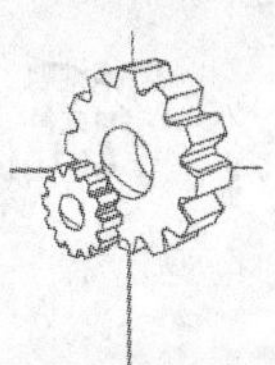

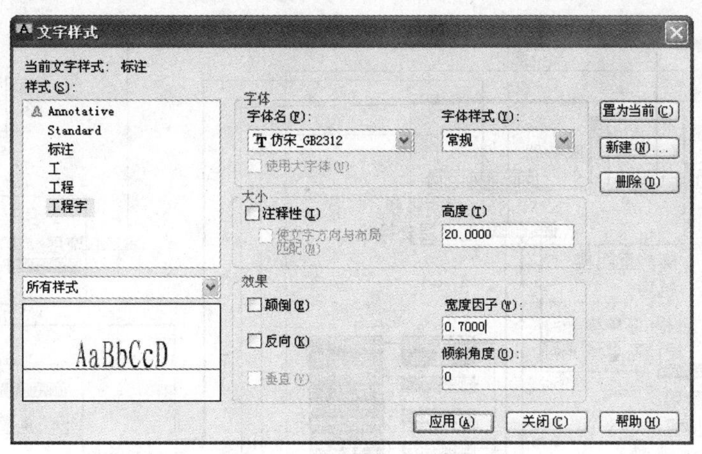

图 11-25　“文字样式”对话框

05 宽度比例输入值为 0.7，倾斜角度默认值为 0。

06 检查预览区文字外观，如果合适，单击“应用”按钮和“关闭”按钮。

07 单击“绘图”工具栏中的“多行文字”按钮 A，或者在命令行输入“MTEXT”命令，在图 11-3（b）中相应位置添加文字。

如果觉得文字的位置不理想，可以选定文字，将文字移动到需要的位置。移动文字的方法比较多，下面推荐一种比较方便的方法。

首先选定需要移动的文字，选择菜单栏中“修改”→“移动”命令，此时命令行出现提示：

指定基点或 [位移(D)] <位移>:

把鼠标的光标移动到被移动文字的附近（不是屏幕任意位置，一定不能是离被移动文字比较远的位置），单击鼠标左键，此时，移动鼠标就会发现被选定的文字会随着鼠标移动并实时显示出来，把鼠标光标移动到需要的位置，再单击鼠标左键，选定文字就被移动到了合适的位置，利用此方法可以将文字调整到任意的位置。

11.3　学校网络拓扑图

网络拓扑图是表示网络结构的图纸，本节介绍某学校网络拓扑图的绘制方法。其绘制思路为，先绘制网络组件，然后分部分绘制网络结构，最终将各部分的网络连接起来，从而得到整个网络的拓扑结构，如图 11-26 所示。

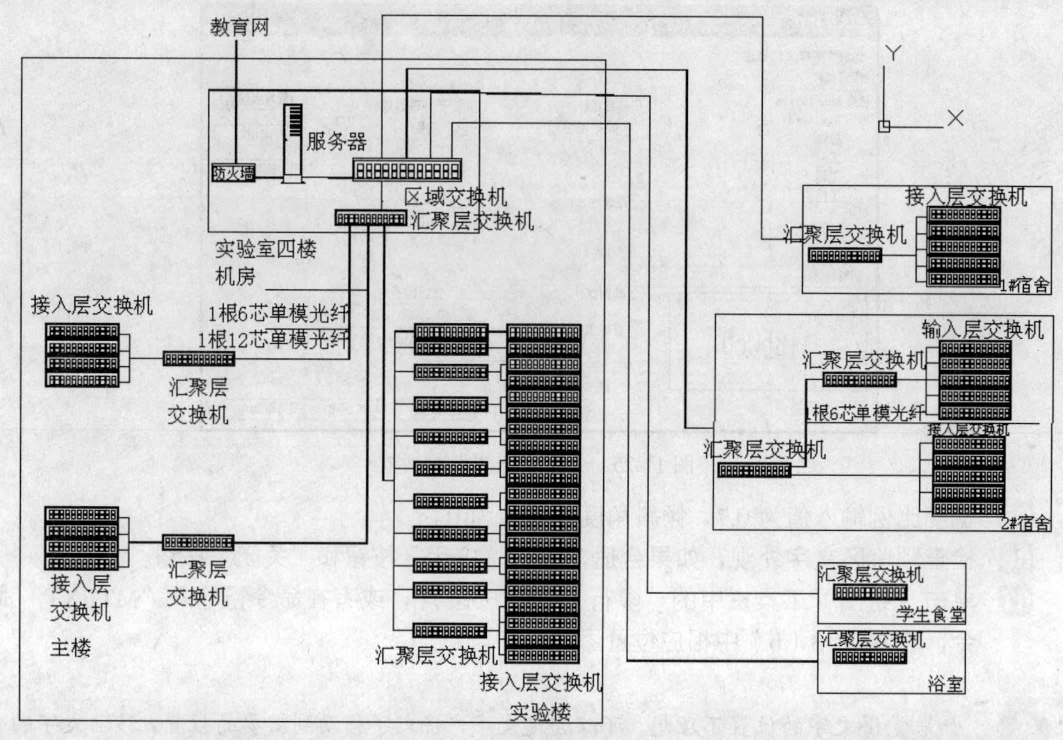

图 11-26　某学校网络拓扑图

11.3.1　设置绘图环境

01 建立新文件。打开 AutoCAD 2013 应用程序，选择随书光盘中的“源文件\第 11 章\A4 样板图.dwt”样板文件为模板，建立新文件，将新文件命名为“某学校网络拓扑图.dwg”。

02 设置图层。单击“图层”工具栏中的“图层特性管理器”按钮，弹出“图层特性管理器”面板，新建“连线层”和“部件层”两个图层，并将“部件层”设置为当前图层。

11.3.2　绘制部件符号

1. 绘制汇聚层交换机示意图

因为本图中汇聚层交换机比较多，所以把汇聚层交换机设置为块。

01 单击“绘图”工具栏中的“矩形”按钮，绘制两个矩形，矩形的尺寸分别为 300×60 和 290×50；在矩形内绘制一个小矩形，小矩形的尺寸为 15×15，位置尺寸如图 11-27 所示。

02 单击“修改”工具栏中的“矩形阵列”按钮，选择阵列对象为小矩形，“行”设置为 2，“列”设置为 11。“行偏移”设置为-19，“列偏移”设置为 23.5，“阵列角度”为 0。阵列结果如图 11-28 所示。

图 11-27　绘制矩形

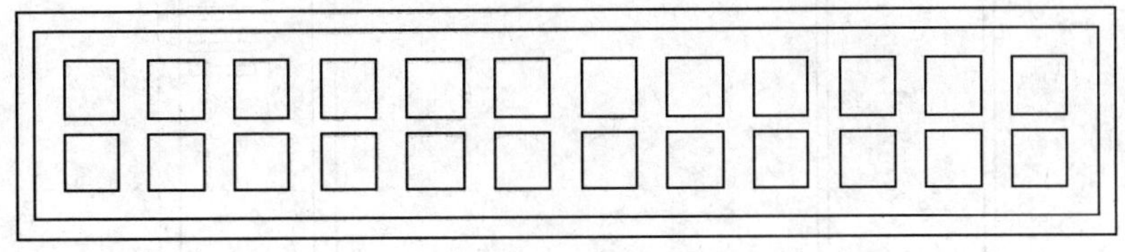

图 11-28　阵列矩形

03 单击“标准”工具栏中的“块编辑器”按钮，将块的名字定义为“汇聚交换机”，单击“确定”按钮进入块编辑器，在编辑器中编辑块。

2. 绘制服务器示意图

01 单击“绘图”工具栏中的“矩形”按钮，绘制两个矩形，大矩形的尺寸为 80×320，小矩形的尺寸为 70×280。

02 单击“绘图”工具栏中的“直线”按钮，绘制一条中心线，结果如图 11-29 所示；重复“直线”命令，在左下角绘制一条斜线和一条水平线，绘制的位置及长度如图 11-30 所示。

03 单击“绘图”工具栏中的“圆”按钮，绘制一个直径为 6 的圆；单击“修改”工具栏中的“镜像”按钮，将图 11-30 中绘制的水平直线和斜直线进行镜像，结果如图 11-31 所示。

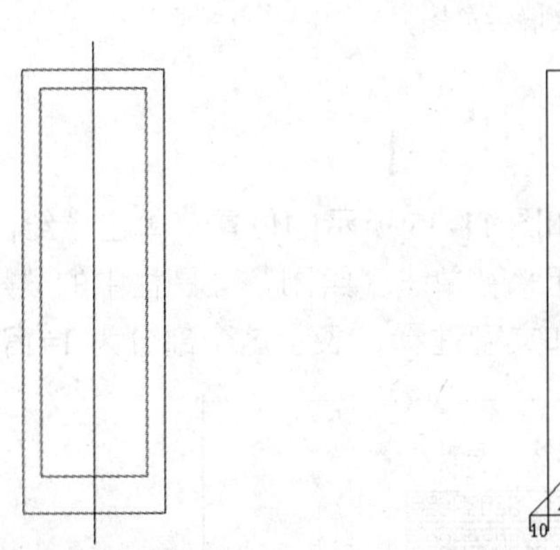

图 11-29　绘制矩形和中心线

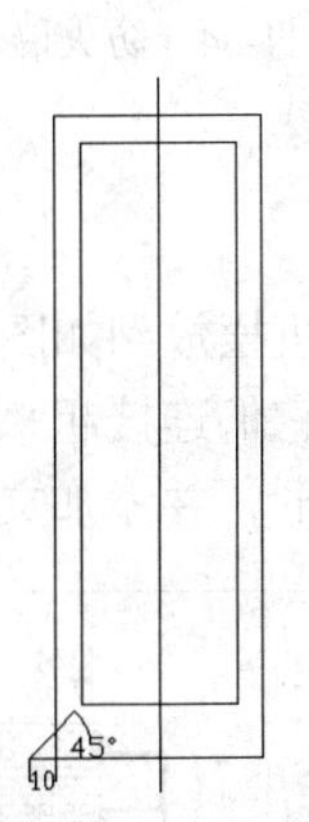

图 11-30　绘制斜直线和水平直线

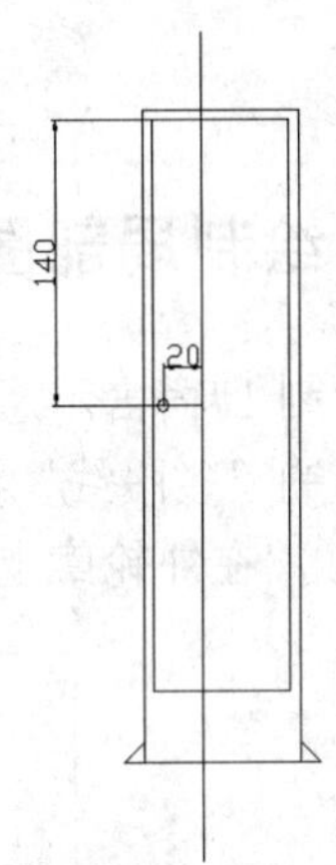

图 11-31　镜像图形

04 单击“修改”工具栏中的“删除”按钮，删除中心线；再单击“绘图”工具栏中的“矩形”按钮，绘制一个长为 40、宽为 5 的矩形，矩形的位置尺寸如图 11-32 所示。

05 单击“修改”工具栏中的“矩形阵列”按钮，选择阵列对象为矩形，“行”设置为 9，“列”设置为 1。“行偏移”设置为-13，“阵列角度”为 0，阵列结果如图 11-33 所示。

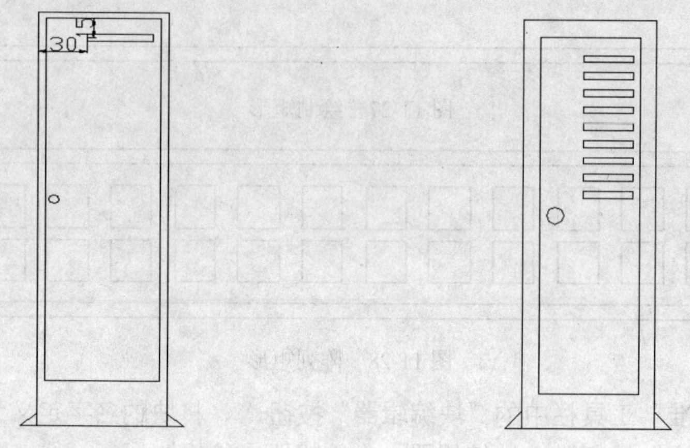

图 11-32 删除中心线　　图 11-33 阵列图形

3. 绘制防火墙示意图

01 单击“绘图”工具栏中的“矩形”按钮，绘制两个矩形，大矩形的尺寸为 150×60，小矩形的尺寸为 140×50。

02 选择菜单栏中的“绘图”→“文字”→“单行文字”命令，在矩形内添加文字“防火墙”，结果如图 11-34 所示。

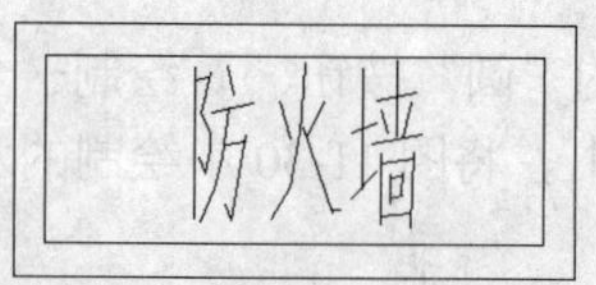

图 11-34 防火墙示意图

11.3.3 绘制局部图

01 绘制 1#宿舍示意图。将交换机摆放到如图 11-35 所示的位置，单击“绘图”工具栏中的“多段线”按钮，将它们连接起来；单击“绘图”工具栏中的“矩形”按钮，在外轮廓上绘制一个矩形，并添加文字注释，表示这个部分为 1#宿舍。

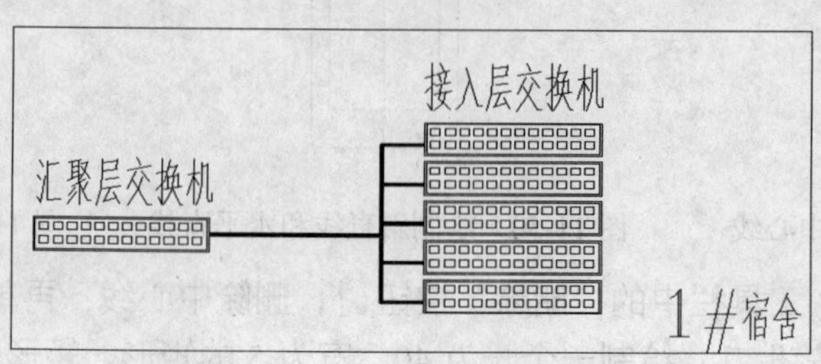

图 11-35 1#宿舍示意图

02 绘制 2#宿舍示意图。采用相同的方法，将交换机摆放到如图 11-36 所示的位置，单击“绘图”工具栏中的“多段线”按钮，将它们连接起来；单击“绘图”工具栏中的“矩形”按钮，在外轮廓上绘制一个矩形，并添加文字注释，表示这个部分为 2#宿舍。

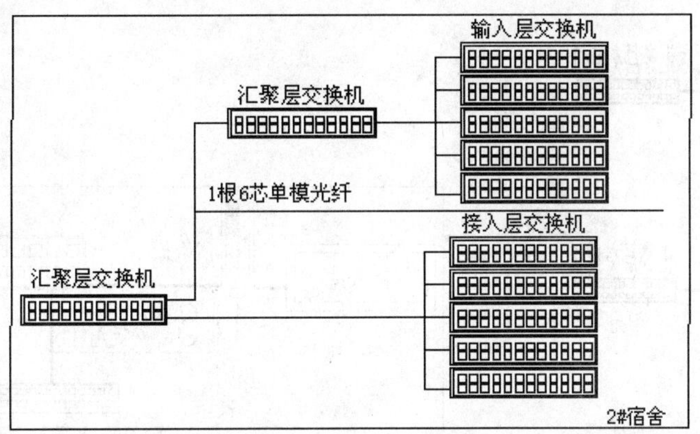

图 11-36　2#宿舍示意图

03 绘制学生食堂和浴室示意图。采用相同的方法绘制学生食堂和浴室示意图，结果如图 11-37 所示。

04 绘制实验楼示意图。单击“修改”工具栏中的“复制”按钮，将交换机摆放在适当的位置；单击“绘图”工具栏中的“多段线”按钮，将它们连接起来，结果如图 11-38 所示。

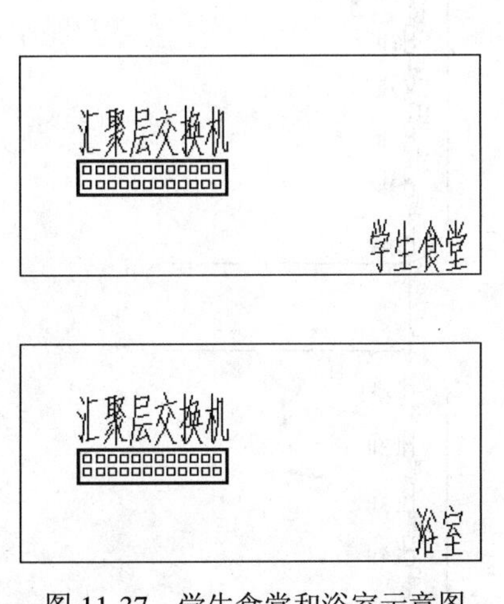

图 11-37　学生食堂和浴室示意图

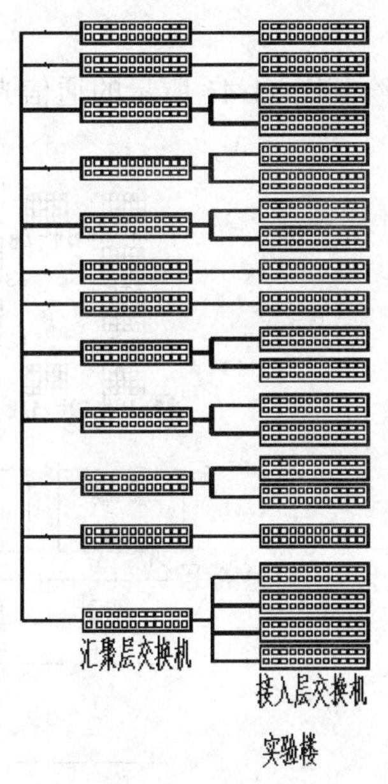

图 11-38　实验楼示意图

05 绘制教学楼示意图。单击“修改”工具栏中的“阵列”按钮，4 个交换机为一组，共设计了两组；单击“绘图”工具栏中的“多段线”按钮，将它们连接起来，并添加文字注释，结果如图 11-39 所示。

06 绘制教学实验楼四楼网络机房示意图。将部件放到合适的位置上，单击“绘图”工具栏中的“多段线”按钮，将它们连接起来；选择菜单栏中的“绘图”→“文字”→“单行文字”命令，在图纸上加上标注，如图 11-40 所示。

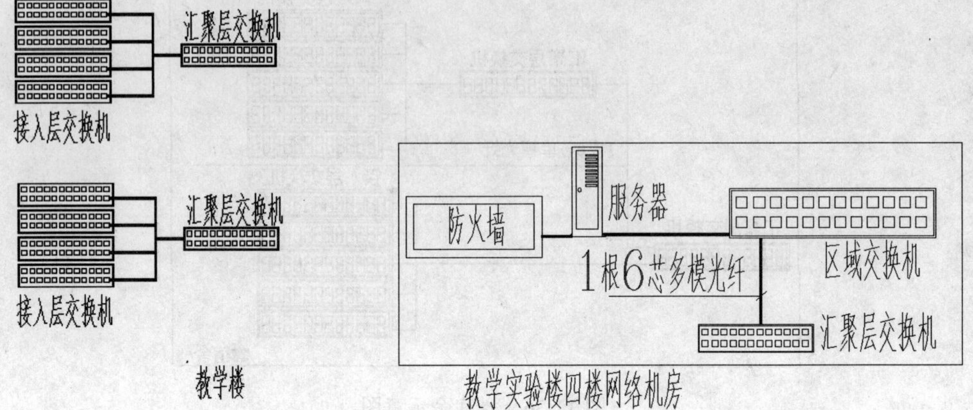

图 11-39　教学楼示意图　　　　图 11-40　实验楼四楼网络机房示意图

最后将以上 6 个部分摆入到图中适当的位置，就可以得到如图 11-26 所示的图形。

11.4　上机实验

实验绘制图 11-41 所示的通信光缆施工图。

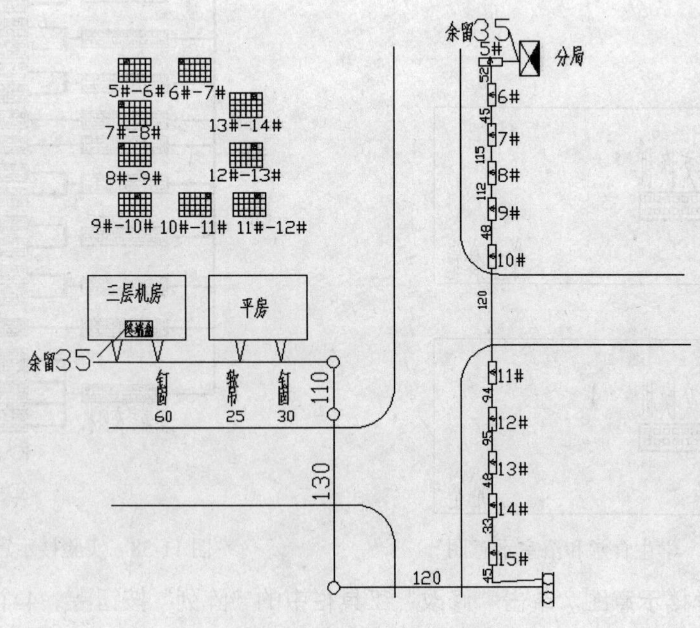

图 11-41　通信光缆施工图

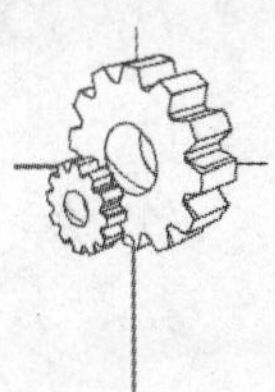

（1）目的要求

本例通过绘制通信光缆施工图帮助读者掌握通信电气工程图的方法和技巧。

（2）操作提示

①绘制各个单元符号图形。

②将各个单元放置到一起并移动连接。

③标注文字。

11.5　思考与练习

绘制如图 11-42 所示的程控交换机系统图。

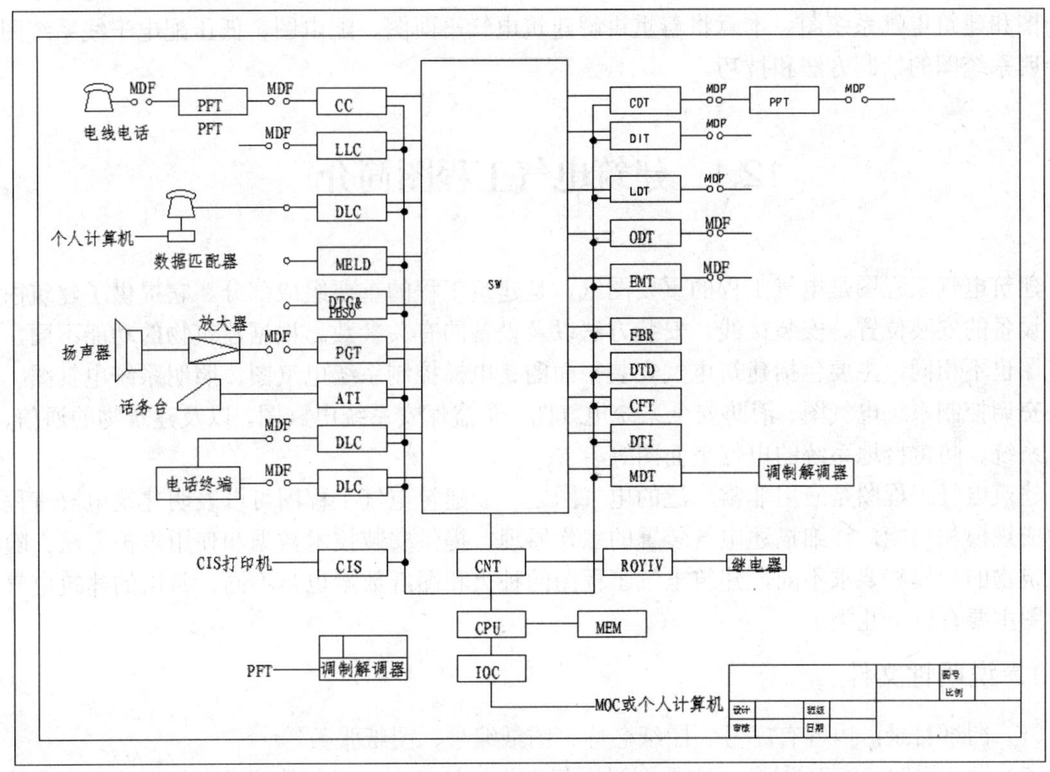

图 11-42　程控交换机系统图

第 12 章

建筑电气工程图设计

建筑电气设计是基于建筑设计和电气设计的一个交叉学科。建筑电气一般分为建筑电气平面图和建筑电气系统图。本章将着重讲解建筑电气平面图、配电图、低压配电干线系统图及照明系统图的绘制方法和技巧。

12.1 建筑电气工程图简介

建筑电气工程图是电气工程的重要图纸，是建筑工程的重要组成部分。它提供了建筑内电气设备的安装位置、安装接线、安装方法以及设备的有关参数。根据建筑物的功能不同，电气图也不相同，主要包括建筑电气安装平面图、电梯控制系统电气图、照明系统电气图、中央空调控制系统电气图、消防安全系统电气图、防盗保安系统电气图，以及建筑物的通信、电视系统、防雷接地系统的电气平面图等。

建筑电气工程图是应用非常广泛的电气图之一。建筑电气工程图可以表明建筑电气工程的构成规模和功能，详细描述电气装置的工作原理，提供安装技术数据和使用维护方法。随着建筑物的规模和要求不同，建筑电气工程图的种类和图纸数量也是不同，常用的建筑电气工程图主要有以下几类。

1．说明性文件

（1）图纸目录：内容有序号、图纸名称、图纸编号、图纸张数等。

（2）设计说明（施工说明）：主要阐述电气工程设计依据、工程的要求和施工原则、建筑特点、电气安装标准、安装方法、工程等级、工艺要求及有关设计的补充说明等。

（3）图例：图形符号和文字代号，通常只列出本套图纸中涉及的一些图形符号和文字代号所代表的意义。

（4）设备材料明细表（零件表）：列出该项电气工程所需要的设备和材料的名称、型号、规格和数量，供设计概算、施工预算及设备订货时参考。

2．系统图

系统图是表现电气工程的供电方式、电力输送、分配、控制和设备运行情况的图纸。从

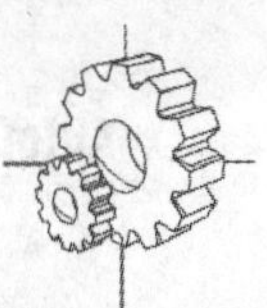

系统图中可以粗略地看出工程的概貌。系统图可以反映不同级别的电气信息，如变配电系统图、动力系统图、照明系统图、弱电系统图等。

3. 平面图

电气平面图是表示电气设备、装置与线路平面布置的图纸，是进行电气安装的主要依据。电气平面图是以建筑平面图为依据，在图上绘出电气设备、装置及线路的安装位置、敷设方法等。常用的电气平面图有变配电所平面图、室外供电线路平面图、动力平面图、照明平面图、防雷平面图、接地平面图、弱电平面图等。

4. 布置图

布置图是表现各种电气设备和器件的平面与空间的位置、安装方式及其相互关系的图纸。通常由平面图、立面图、剖面图及各种构件详图等组成。一般来说，设备布置图是按三视图原理绘制的。

5. 接线图

安装接线图在现场常称为安装配线图，主要是用来表示电气设备、电气元件和线路的安装位置、配线方式、接线方法、配线场所特征的图纸。

6. 电路图

电路图在现场常称为电气原理图，主要是用来表现某一电气设备或系统的工作原理的图纸，它是按照各个部分的动作原理图采用分开表示法展开绘制的。通过对电路图的分析，可以清楚地看出整个系统的动作顺序。电路图可以用来指导电气设备和器件的安装、接线、调试、使用与维修。

7. 详图

详图是表现电气工程中设备的某一部分的具体安装要求和做法的图纸。

12.2 住宅楼配电平面图设计

本例绘制住宅楼配电平面图，如图 12-1 所示。

图 12-1 为住宅楼配电平面图，其制作思路：首先绘制轴线，把平面图的大致轮廓尺寸定出来，然后绘制墙体，生成整个平面图。其次绘制各种配电符号，然后连成线路。

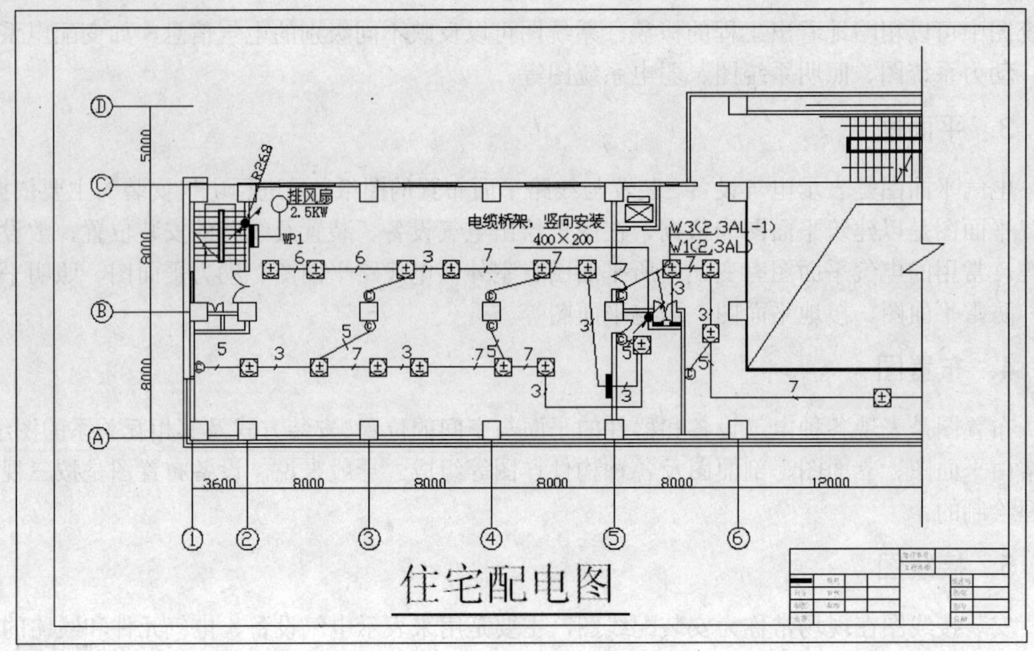

图 12-1　住宅楼配电平面图

12.2.1　设置绘图环境

01 打开 AutoCAD 2013 应用程序，建立新文件；将新文件命名为“配电.dwg”并保存。

02 设置图层，一共设置以下 4 个图层：“轴线”、“标注”、“墙体”和“配电”，设置好的各图层的属性如图 12-2 所示。

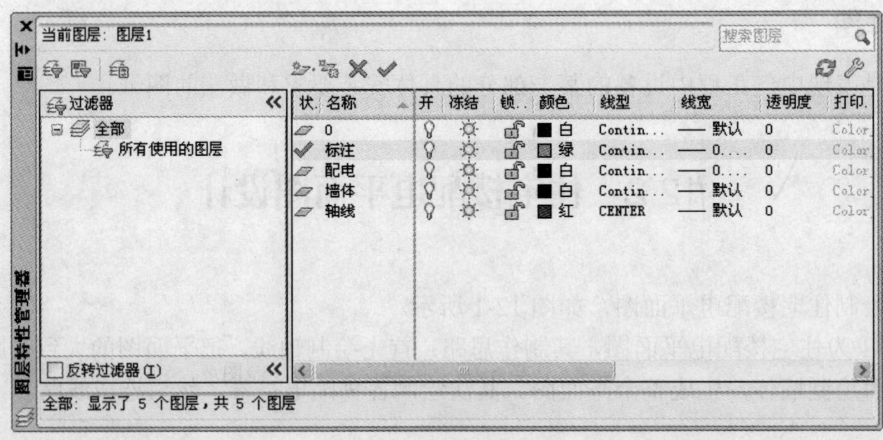

图 12-2　图层的设置

12.2.2　图纸布局

1. 初步绘制轴线

将“轴线”图层设置为当前层。单击“绘图”工具栏中的“直线”按钮，在窗口中进

行轴线的绘制。绘制的时候我们可以先确定两条相互垂直的线，如图 12-3 所示。

2. 使用“夹持”功能复制或偏移轴线

01 激活夹持点。选取已绘制的轴线，出现如图 12-4 所示的夹持点，即图中的小方框。单击任一小方框就可以使夹持点成为激活夹持点，激活的夹持点呈现红色。

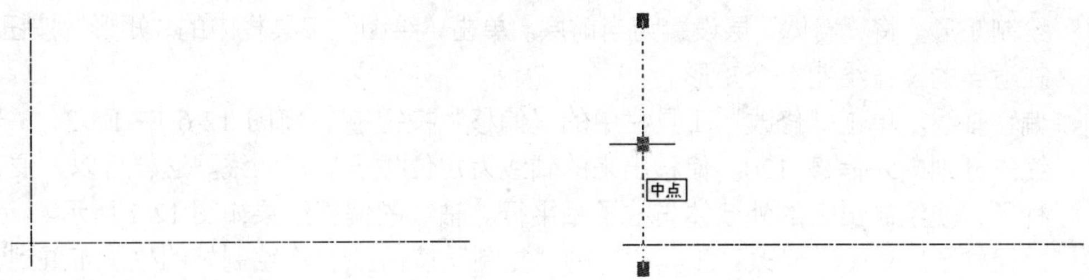

图 12-3　相互垂直的轴线　　　　图 12-4　激活夹持点

此时下面的命令行中出现如图 12-5 所示的提示。

** 拉伸 **
指定拉伸点或 [基点(B)/复制(C)/放弃(U)/退出(X)]:

图 12-5　命令行提示

02 复制轴线。在命令行中输入“C”就可启动复制功能，依次输入要复制的距离，即可实现轴线的复制。轴线最终复制结果如图 12-6 所示。

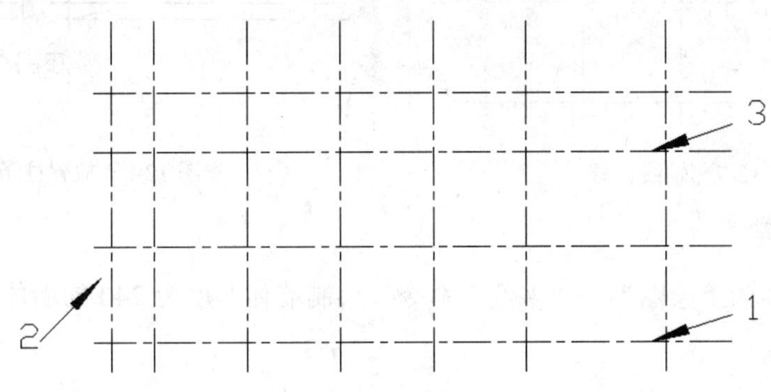

图 12-6　复制轴线

注 意

当激活夹持点后，在命令行中会出现“拉伸”功能，如图 12-5 所示。而事实上当实体目标处于被激活的夹持点状态的时候，AutoCAD 允许用户切换以下操作：Stretch（拉伸）、Move（移动）、Rotate（旋转）、Scale（缩放）、Mirror（镜像）。而切换的方法很简单，读者可以：直接按回车键，直接按空格键，或者输入各命令的前两个字母。其他的功能读者可以自己尝试操作一下。

12.2.3 绘制柱子、墙体及门窗

1. 绘制柱子

由于在配电平面图中没必要给出柱子的具体尺寸，所以我们也可以示意性地给出柱子的位置及大小。

01 绘制矩形。将“墙体”层设置为当前层。单击“绘图”工具栏中的“矩形”按钮□，在适当的位置绘制一个矩形。

02 偏移轴线。单击“修改”工具栏中的“偏移”按钮，将图 12-6 中 1、2、3 号轴线先分别向外偏移 120。偏移出来的轴线为定位柱子的辅助线。这样可以方便布置柱子，使绘制出来的外墙体与柱子相平行。轴线的偏移结果如图 12-7 所示。

03 放置柱子。单击“修改”工具栏中的“复制”按钮，将绘制好的柱子布置到合适的位置。在“对象捕捉”绘图方式下，选取柱子一边的中点为控制点，将柱子放在辅助线与其垂直的轴线的交点上，如图 12-8 所示。

将各个柱子放置完毕后，删除辅助线，最终结果如图 12-9 所示。

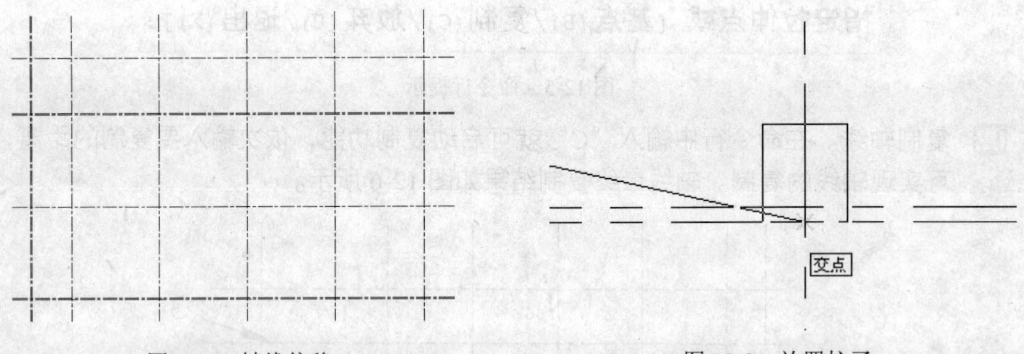

图 12-7　轴线偏移　　图 12-8　放置柱子

2. 绘制墙体

选择菜单栏中的“绘图”→“多线”命令。绘制墙体厚度为 240 的墙体。最终结果如图 12-10 所示。

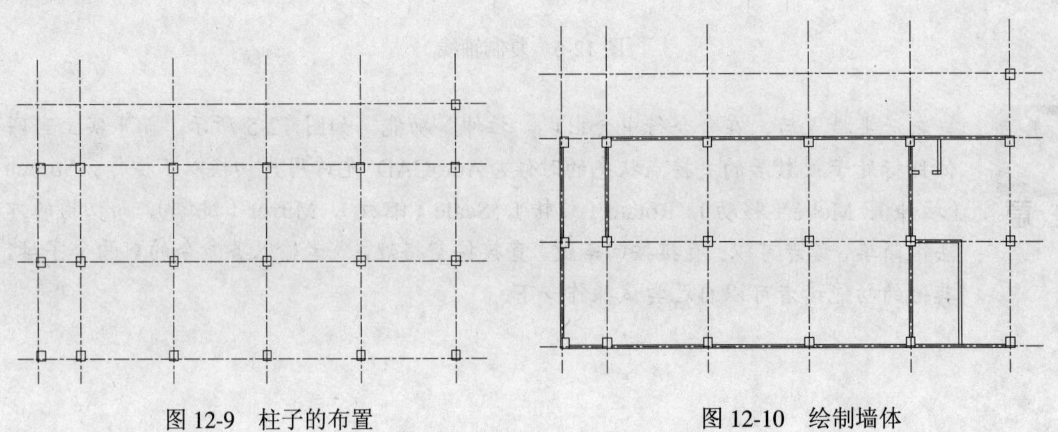

图 12-9　柱子的布置　　图 12-10　绘制墙体

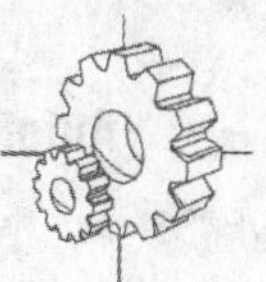

3. 绘制门窗

01 墙体开洞。单击“修改”工具栏中的“分解”按钮，将用多线绘制出来的墙体进行“分解”；单击“修改”工具栏中的“修剪_按钮，对墙体进行开洞。开洞结果如图 12-11 所示。

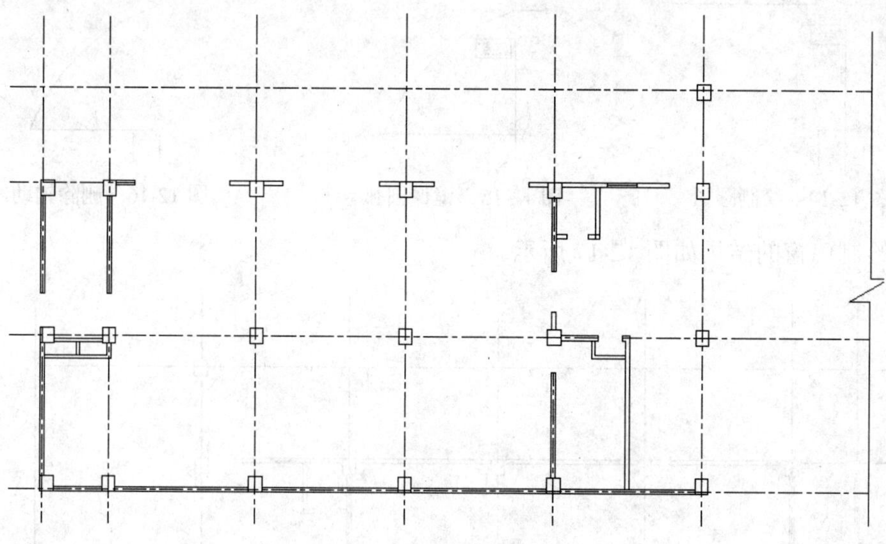

图 12-11　墙体开洞

02 绘制门窗模块。单击“绘图”工具栏中的“圆弧”按钮，绘制门窗模块，调整适当比例。

03 绘制双扇门。

❶ 绘制直线。单击“绘图”工具栏中的“直线”按钮，用直线连接洞口两侧的端点，如图 12-12 所示。重复“直线”命令，过直线的中点做直线的垂线，如图 12-13 所示。

❷ 绘制圆弧。单击“绘图”工具栏中的“圆弧”按钮，绘制圆弧，如图 12-14 所示。

❸ 镜像圆弧删除辅助线。单击“修改”工具栏中的“镜像”按钮，以辅助轴线为对称轴线对圆弧进行镜像，如图 12-15 所示。删除辅助线，结果如图 12-16 所示。

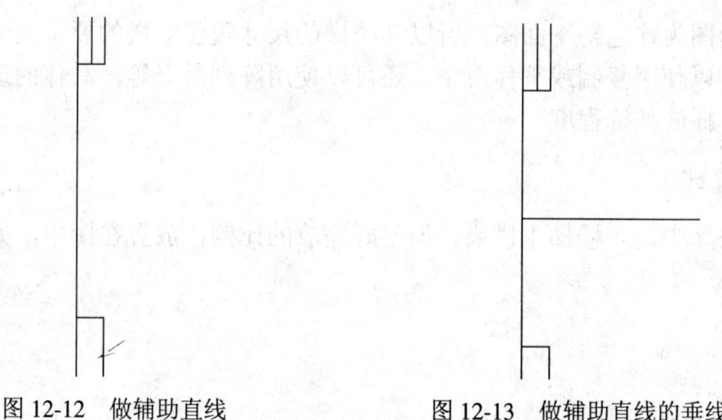

图 12-12　做辅助直线　　　　图 12-13　做辅助直线的垂线

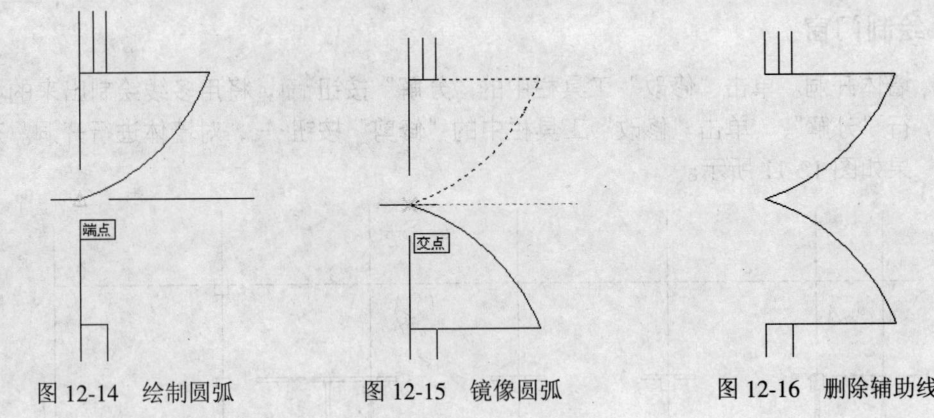

图 12-14　绘制圆弧　　图 12-15　镜像圆弧　　图 12-16　删除辅助线

最终绘制门窗的结果如图 12-17 所示。

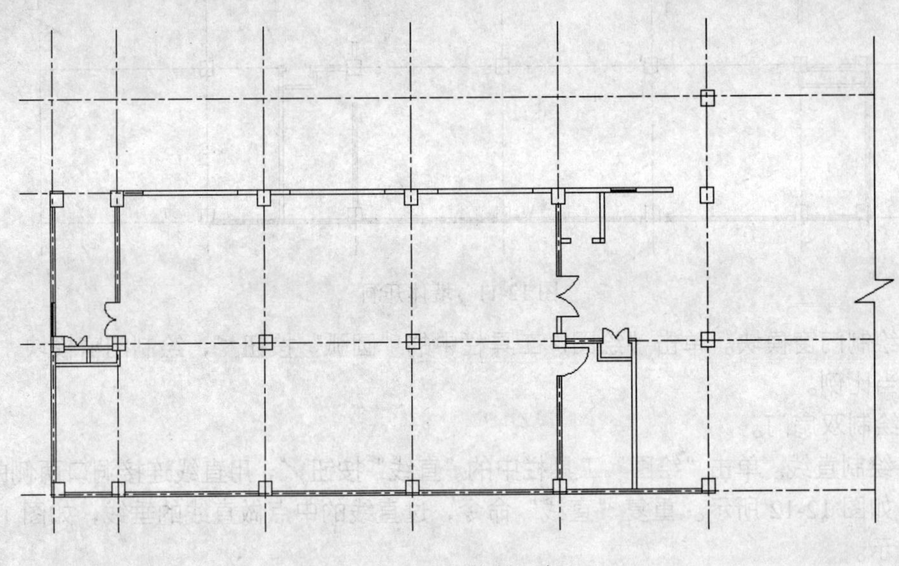

图 12-17　绘制门窗

12.2.4　绘制楼梯及室内设施

由于本平面图为住宅楼平面图，所以其楼梯的尺寸较住宅楼的要宽大一些，但是绘制方法完全相同。可以使用复制或平移命令，还可以使用阵列命令等，具体的选取要根据读者自己对各个命令掌握的熟练程度。

1．绘制楼梯

直接从模块库中调入楼梯 1 模块，调整好缩放的比例，放置在图中，如图 12-18 所示。

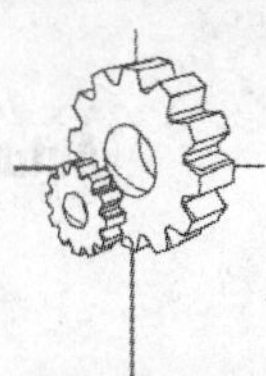

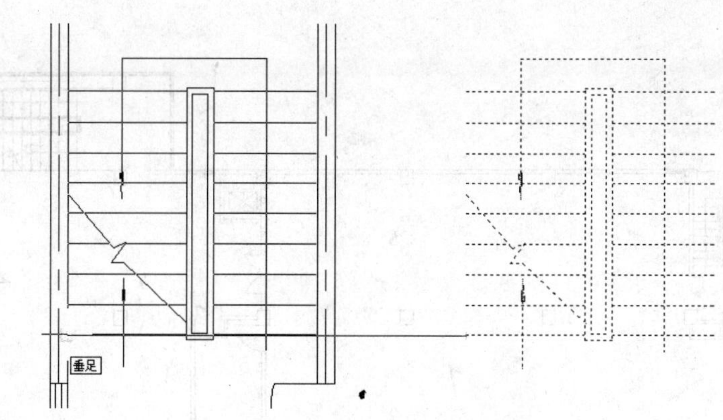

图 12-18　移动模块到楼梯间

同理，可以绘制另外的楼梯，最终结果如图 12-19 所示。

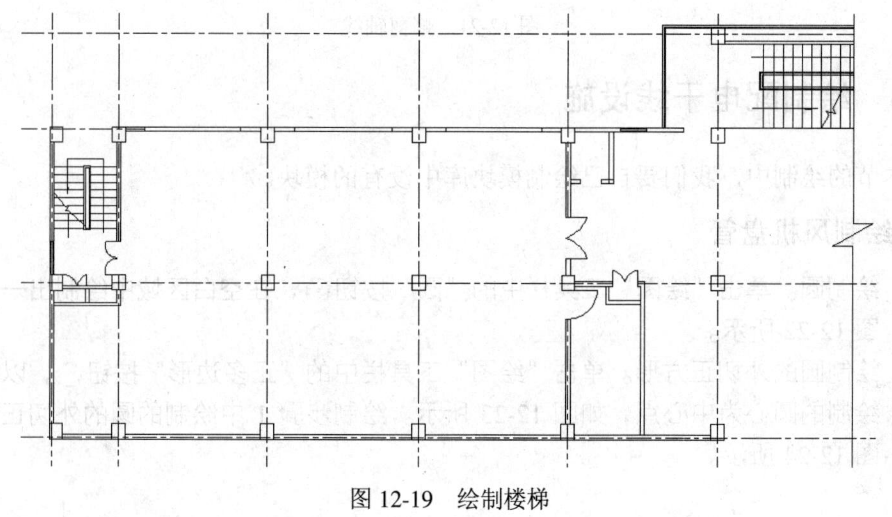

图 12-19　绘制楼梯

2．绘制室内设施

由于本层主要为办公区，所以室内设施较少，只须绘制如图 12-20 所示的设施。

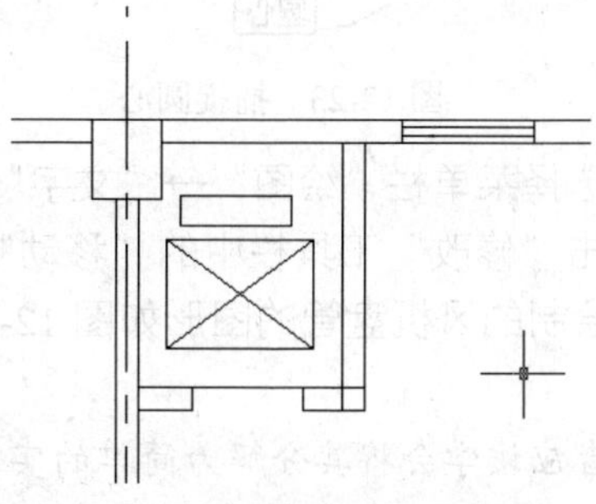

图 12-20　绘制室内设施

3．修剪轴线

单击“修改”工具栏中的“修剪”按钮和“删除”按钮，对于多余的轴线进行删除和修剪，但是为了标注尺寸的方便，边沿的轴线要保留一部分，如图 12-21 所示。

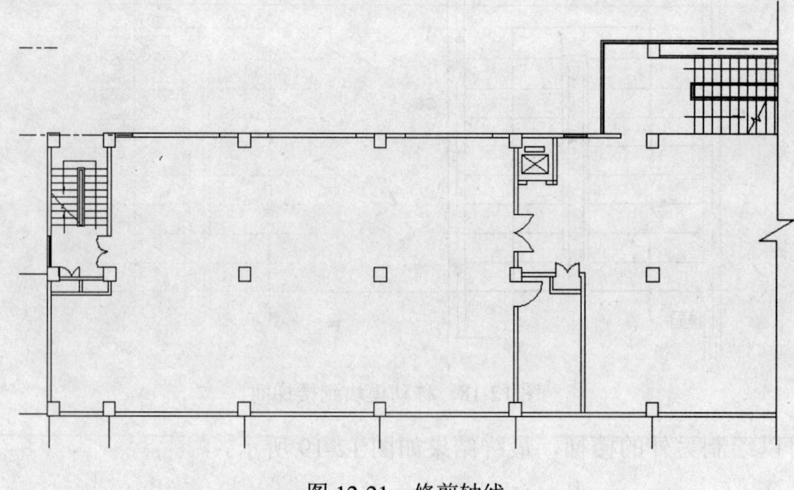

图 12-21　修剪轴线

12.2.5　绘制配电干线设施

在本节的绘制中，我们要自己绘制模块库中没有的模块。

1. 绘制风机盘管

01 绘制圆。单击"绘图"工具栏中的"圆"按钮，在空白区域中绘制出一个圆，如图 12-22 所示。

02 绘制圆的外切正方形。单击"绘图"工具栏中的"正多边形"按钮，以步骤 1 中绘制的圆心为中心点，如图 12-23 所示。绘制步骤 1 中绘制的圆的外切正方形，如图 12-24 所示。

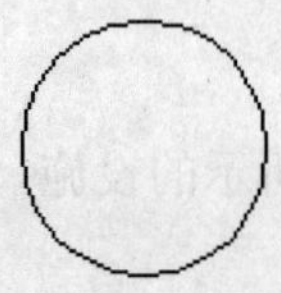

图 12-22　绘制圆

图 12-23　捕捉圆心

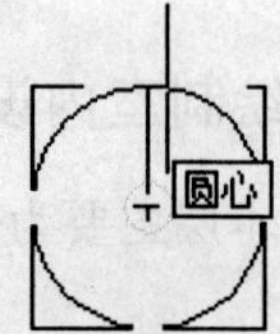

图 12-24　绘制圆的外切正方形

03 完成风机盘管图形。选择菜单栏"绘图"→"文字"→"单行文字"命令。将"±"书写在空白区域；单击"修改"工具栏中的"移动"按钮，移动到圆的中心，如图 12-25 所示。最终绘制的风机盘管的图形如图 12-26 所示。

面对复杂的图形，读者应该学会将其分解为简单的实体，然后分别进行绘制，最终组合成所要的图形。

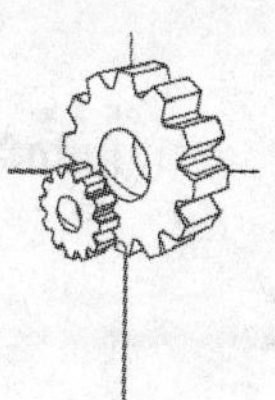

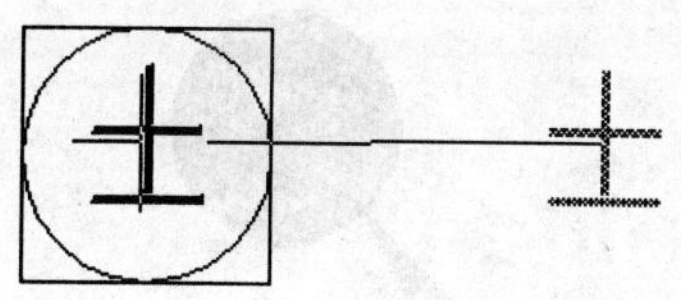

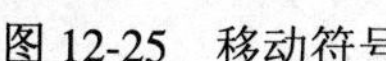

图 12-25 移动符号

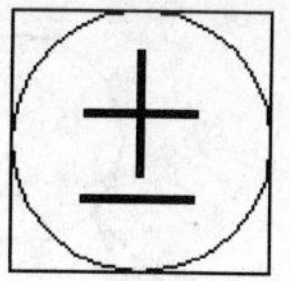

图 12-26 风机盘管

2. 绘制上下敷管

01 绘制圆。单击“绘图”工具栏中的“圆”按钮，绘制出一个适当大小的圆。

02 设置极轴追踪角度。打开“草图设置”对话框，在“极轴追踪”选项卡中将增量角选为 45°，在“对象捕捉追踪设置”中选中“用所有极轴角设置追踪”，如图 12-27 所示。单击“确定”按钮完成极轴捕捉设置。

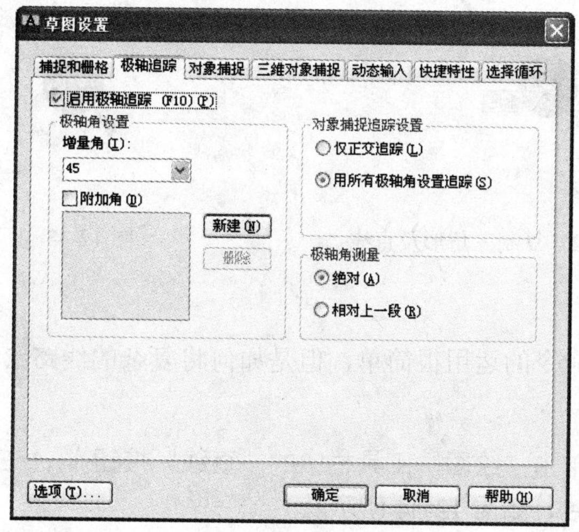

图 12-27 设置极轴追踪角度

03 绘制直线。单击“绘图”工具栏中的“直线”按钮，在“极轴捕捉”绘图方式下，使极轴追踪到的 45° 线通过圆心，在追踪线上取一点，如图 12-28 所示。绘制 45° 线与圆相交，如图 12-29 所示。重复“直线”命令，绘制三角形，如图 12-30 所示。

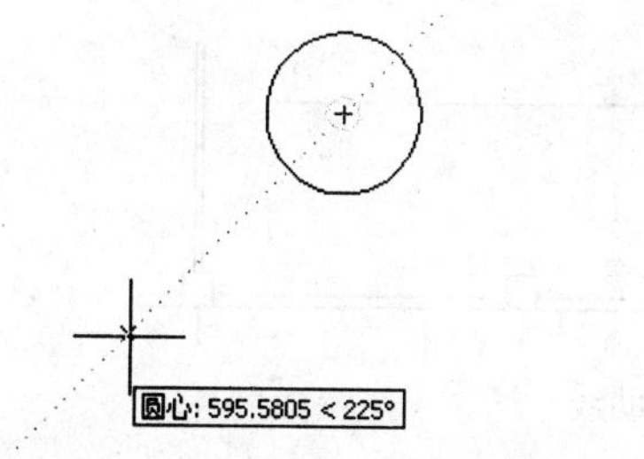

图 12-28 极轴线上取点

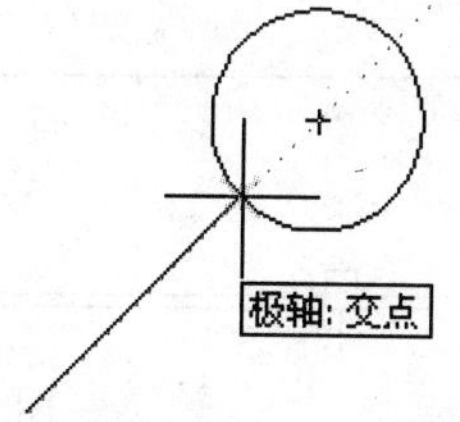

图 12-29 绘制直线

04 填充圆与三角形。单击“绘图”工具栏中的“图案填充”按钮，弹出“图案填充和渐变色”对话框，在“图案”中选取“SOLID”。填充结果如图 12-31 所示。

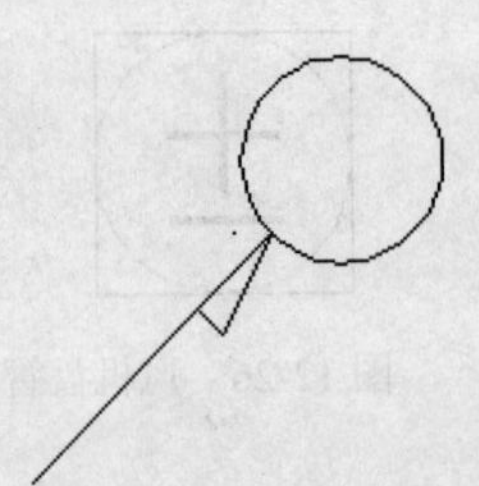

图 12-30 绘制三角形

图 12-31 填充三角形

05 复制直线和三角形。单击"修改"工具栏中的"复制"按钮，复制的基点取直线的端点，如图 12-32 所示。最终绘制好的上下敷管的图形如图 12-33 所示。

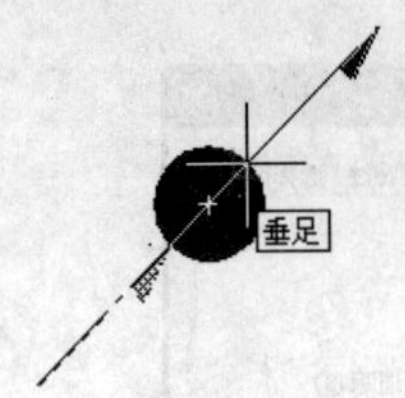

图 12-32 复制三角形及直线

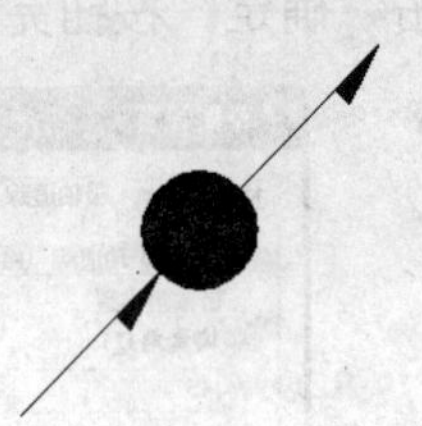

图 12-33 上下敷管

3. 绘制线路

线路的绘制过程中命令的运用很简单，但是如何将复杂的线路绘制得美观、有条不紊就需要一定的绘制方法。

01 绘制辅助线。单击"绘图"工具栏中的"直线"按钮，在需要安放电气元件的区域做两条辅助线，如图 12-34 所示。

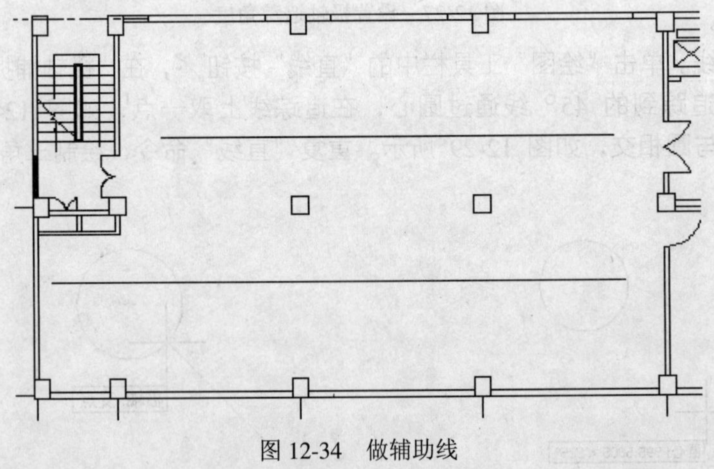

图 12-34 做辅助线

02 将辅助线等分。选择菜单栏中的"绘图"→"点"→"定数等分"命令，将上面的辅助线等分为 7 份。重复"定数等分"命令可以将下面的辅助线等分为 9 份。

03 复制风机盘管。单击"修改"工具栏中的"复制"按钮，将绘制好的"风机盘管"分别放在各个节点上，如图 12-35 所示。

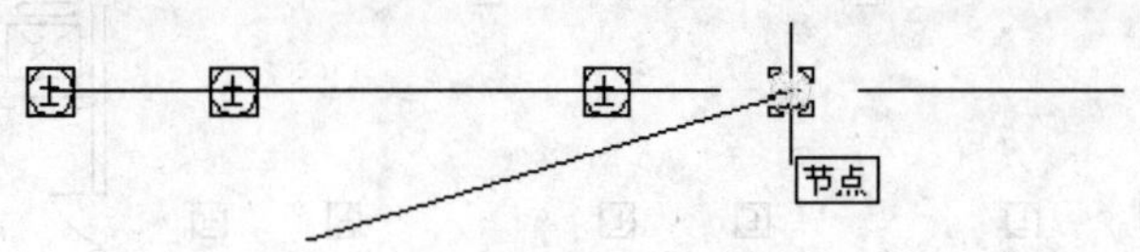

图 12-35　复制“风机盘管”至节点上

04 删除辅助线。单击“修改”工具栏中的“删除”按钮，删去辅助线。最终效果如图 12-36 所示。

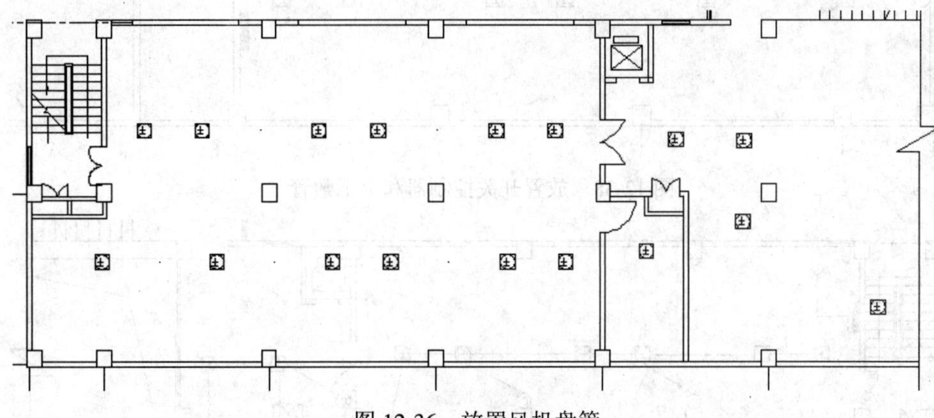

图 12-36　放置风机盘管

05 放置配电器。从“设计中心”模块库中调入“照明配电箱”、“动力配电箱”；单击“修改”工具栏中的“移动”按钮，将其放置到图形中的合适位置，如图 12-37 所示。

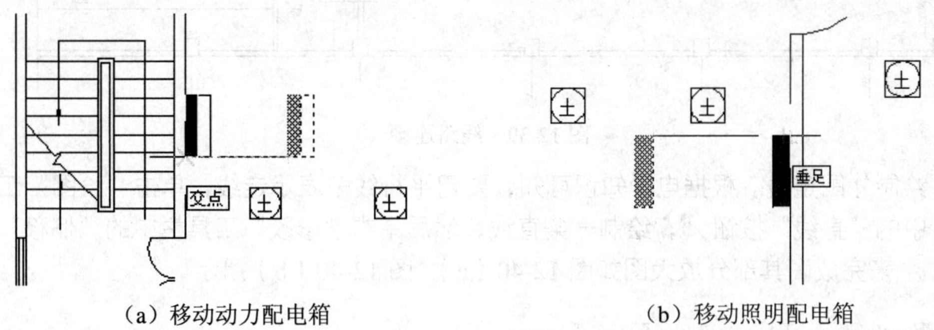

（a）移动动力配电箱　　（b）移动照明配电箱

图 12-37　放置配电箱

同理，可以调入“温控与三速开关控制器”及“上下敷管”模块，放入图形中，如图 12-38 所示。

06 连成线路。单击“绘图”工具栏中的“直线”按钮，进行连线的操作。注意，如果画水平线或竖直线，一定要在“正交”绘图方式下，这样能确保直线水平或竖直，并且绘制也更加快捷。绘制的结果如图 12-39 所示。

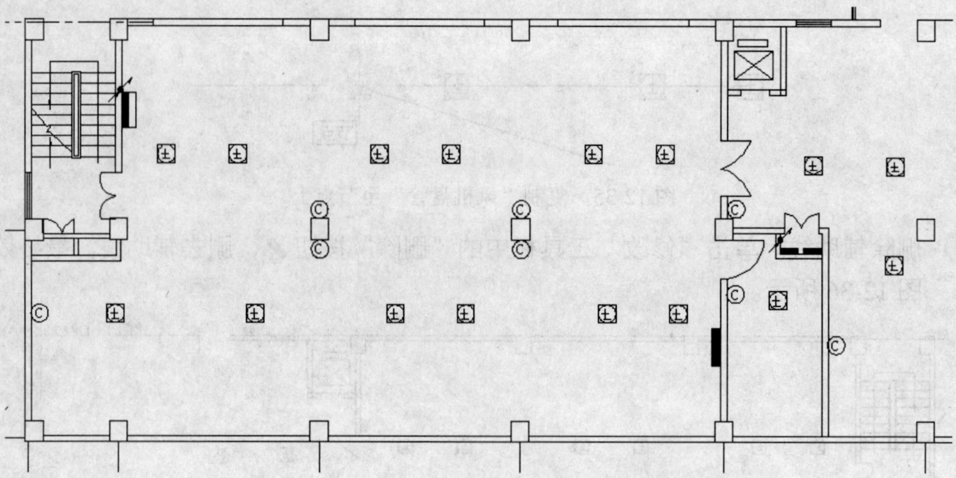

图 12-38　放置开关控制器和上下敷管

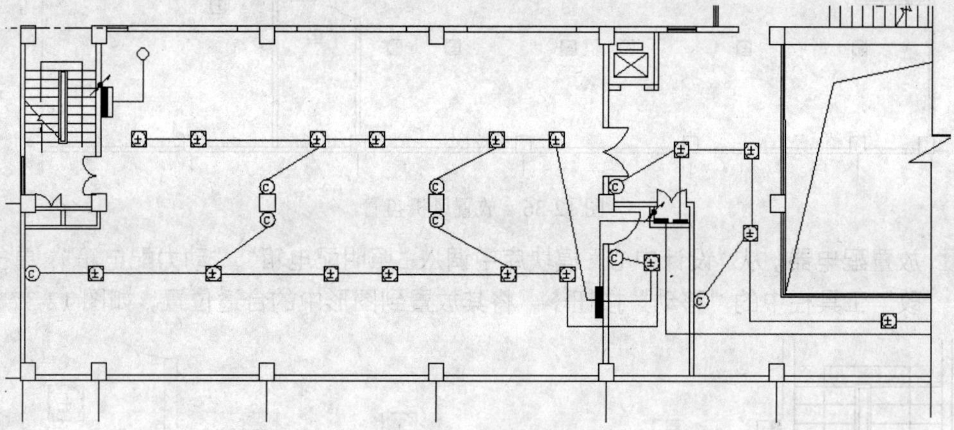

图 12-39　线路连接

07 绘制外围走线。根据电学知识可知，要用平行线来表示走线，单击“绘图”工具栏中的“直线”按钮，绘制一条直线，然后单击“修改”工具栏中的“偏移”按钮来完成，其部分放大图如图 12-40（a）、图 12-40（b）所示。

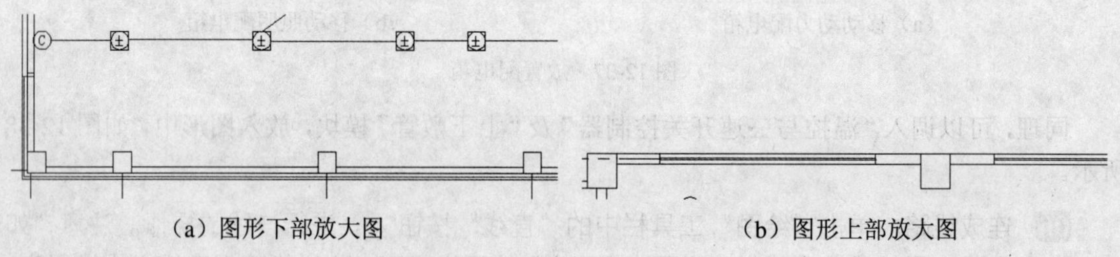

（a）图形下部放大图　　（b）图形上部放大图

图 12-40　绘制外围走线

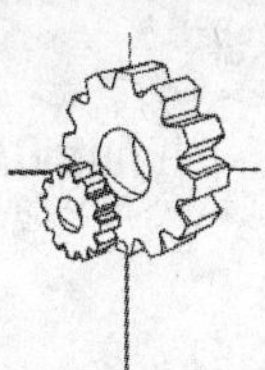

12.2.6　标注尺寸及文字说明

1. 标注尺寸

01 切换图层。打开“图层特性管理器”面板，将“标注”层设为当前层。

02 标注尺寸。单击“标注”工具栏中的“线性”按钮，标注两条轴线的尺寸，如图 12-41 所示。

03 标注尺寸。单击“标注”工具栏中的“连续”按钮，此时在屏幕中鼠标会直接与上一步骤中的基点相连，如图 12-42 所示。直接选取其他轴线上点即可完成快速标注。

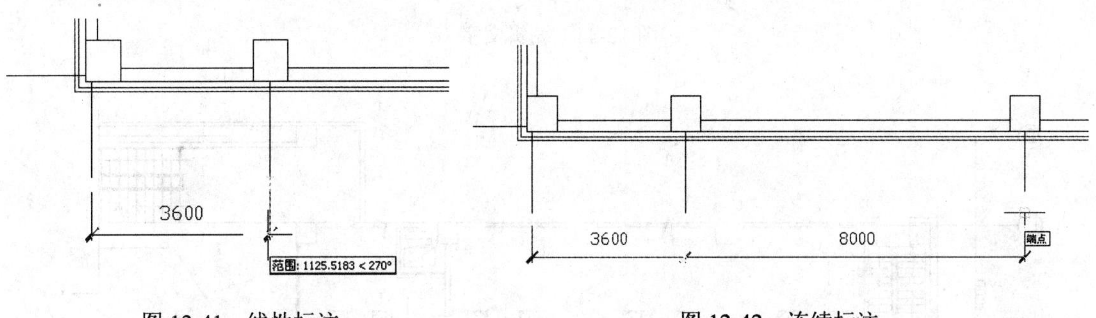

图 12-41　线性标注　　　　图 12-42　连续标注

注 意

在开始使用连续标注前，要求读者首先标出一个尺寸，而且该尺寸必须是线型尺寸、角度型尺寸等某一类型尺寸。在标注过程中用户只能向同一个方向标注下一个尺寸，不能向相反方向标注，否则会覆盖原来的尺寸。

同理，可以标注其他的尺寸，结果如图 12-43 所示。

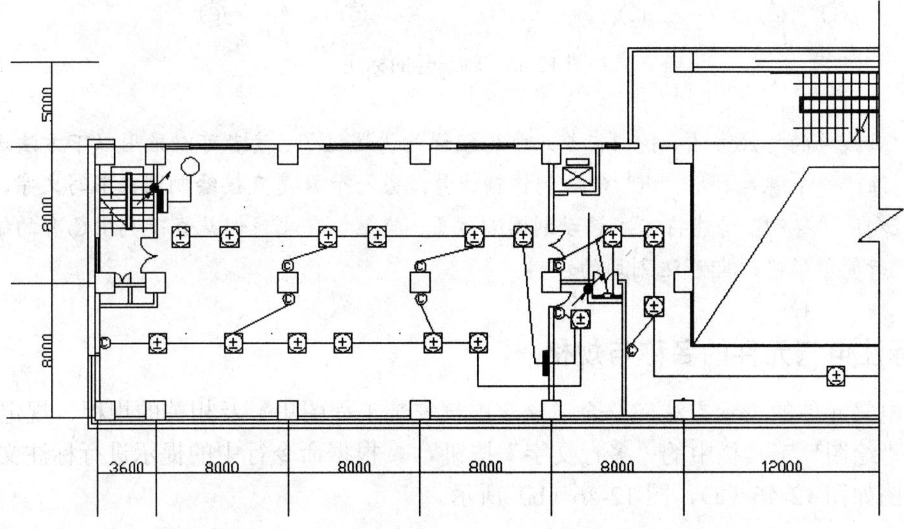

图 12-43　尺寸的标注

04 标注轴线号。由于图中已经有了“温控与三速开关控制器”，我们可以将其稍加修改就可以成为轴线号。将其放置到轴线端，用鼠标双击圆里面的文字“C”，弹出“文字格式”对话框，如图 12-44 所示依次进行修改。最终结果如图 12-45 所示。

图 12-44　编辑文字

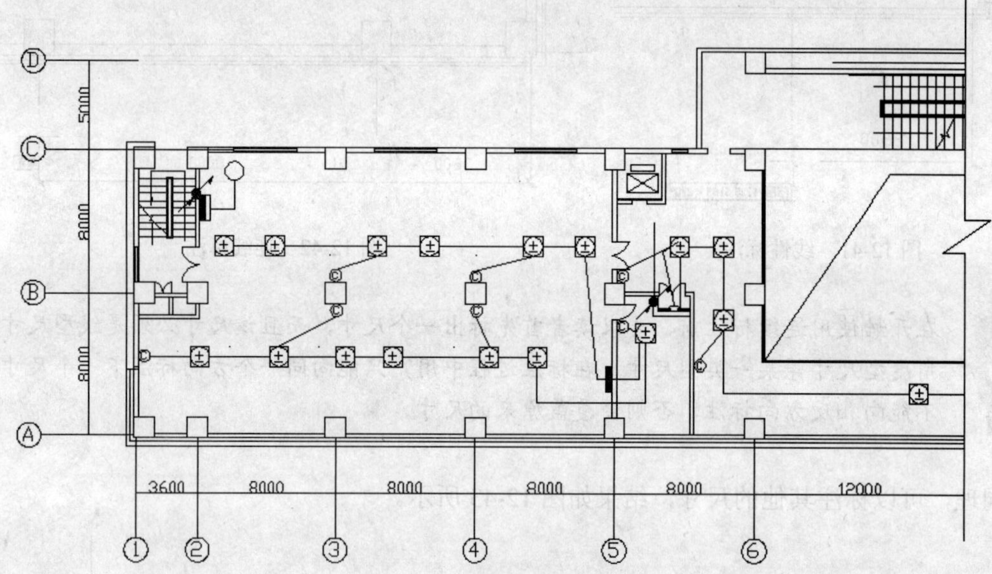

图 12-45　轴线号的标注

注意

轴线号的标注方法，我们在前几章已经详细讲述过了。读者可以采用以下方法进行标注：一个就是利用“dt”命令制作轴线号；另一个就是直接绘制圆，书写文字，然后利用“移动”功能将文字移动到圆心位置。当然，在此我们就直接利用已有的结果进行简单的修改即可达到目的。

2. 标注电气元件的名称与规格

各个电气元件的表示方法应符合《建筑电气安装工程图集》及相关的规程、规定。

单击“绘图”工具栏中的“多行文字”按钮 A，根据命令行中的提示进行标注文本。其局部放大图如图 12-46（a）、图 12-46（b）所示。

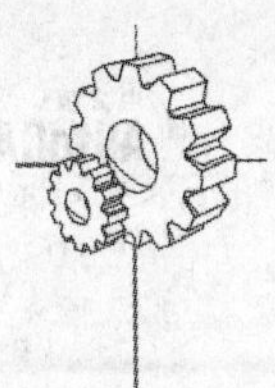

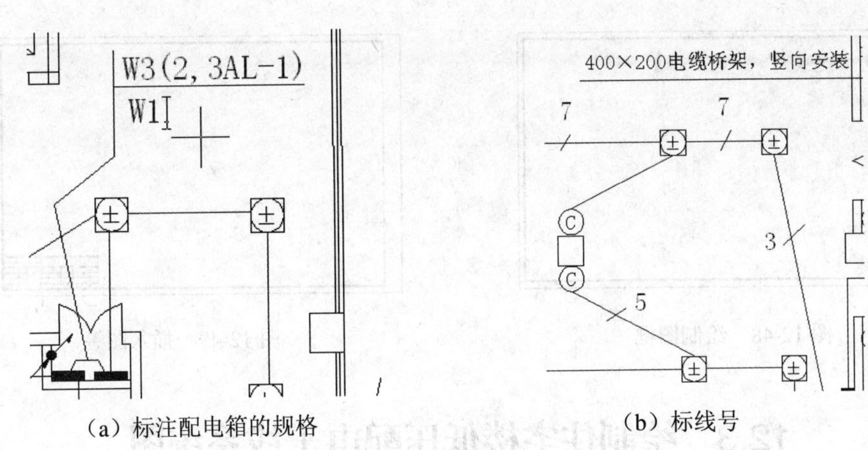

（a）标注配电箱的规格　　（b）标线号

图 12-46　标注文本

具体在操作过程中，读者可以综合运用以前学过的操作命令，诸如复制、移动、文字修改等，最后的结果如图 12-47 所示。

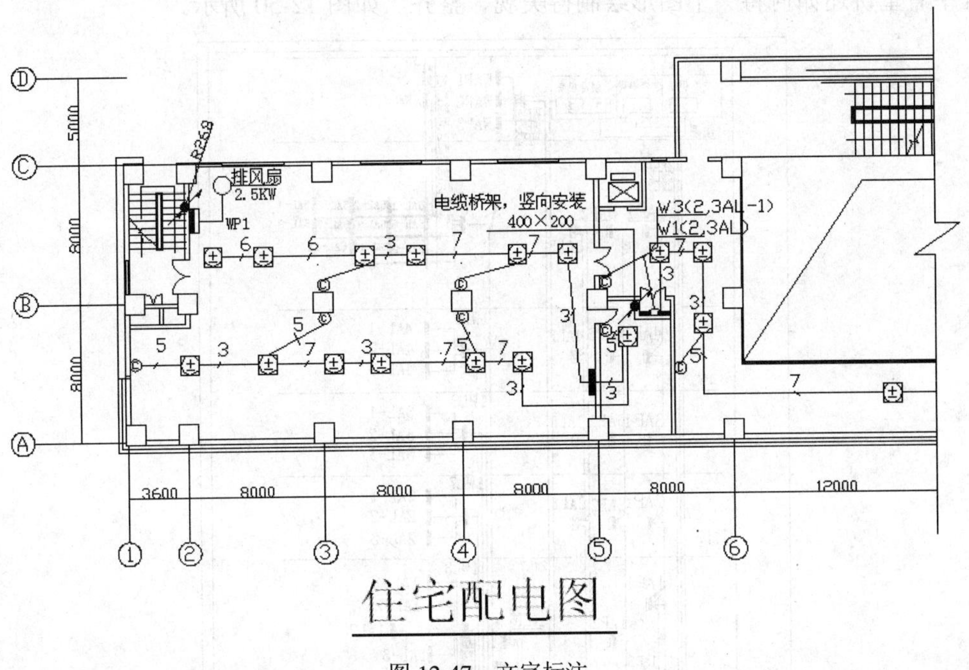

图 12-47　文字标注

12.2.7　生成图签

（1）绘制 A3 的图框如图 12-48 所示。

（2）插入图签。图签的绘制在前几章也曾详细讲述过，读者可以从模块库中直接调入图签，也可以自己绘制图签。图签插入的结果如图 12-49 所示。

（3）将图形移动到图框内，并填写图签。填写图签的过程即操作“文本”命令的过程。最终的结果如图 12-1 所示。

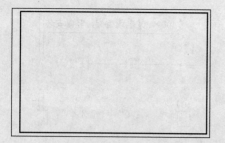

图 12-48　绘制图框

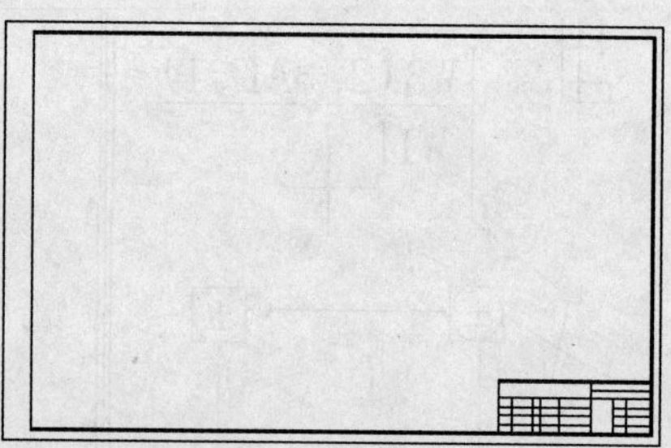

图 12-49　插入图签

12.3　绘制住宅楼低压配电干线系统图

配电干线系统图具有无尺寸标注、难以对图中的对象进行定位的特点。我们在本例的绘制过程中着重讲述如何将一个图形绘制得美观、整齐，如图 12-50 所示。

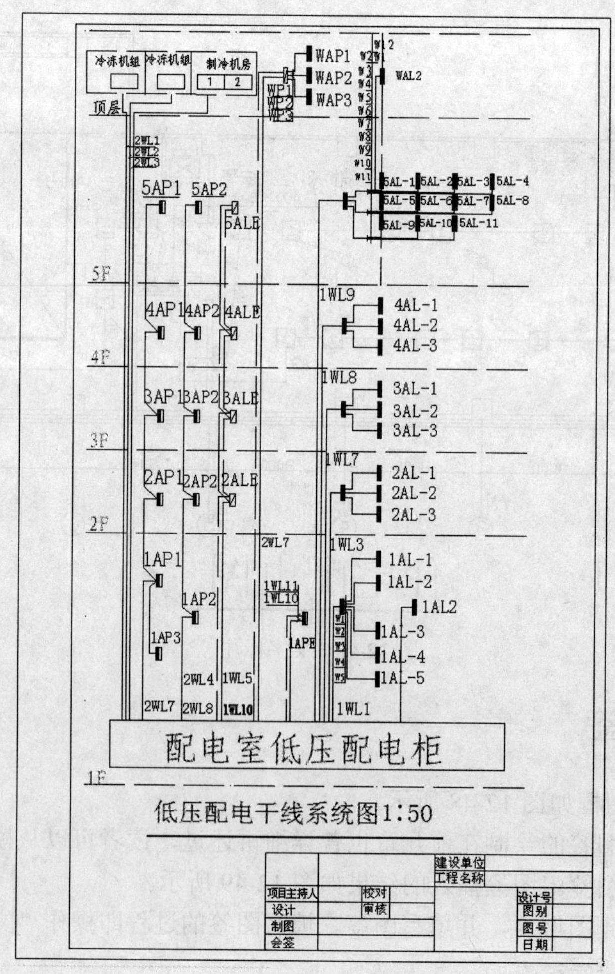

图 12-50　低压配电干线系统图

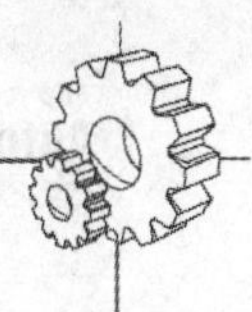

12.3.1　图层的设置

01 建立新文件。打开 AutoCAD 2013 应用程序，单击“标准”工具栏中的“新建”按钮，弹出“选择样板”对话框，单击“打开”按钮右侧的按钮，以“无样板打开－公制”（毫米）方式建立新文件，将新文件命名为“配电干线系统.dwg”并保存。

02 设置图层。单击“图层”工具栏中的“图层特性管理器”按钮，弹出“图层特性管理器”面板，新建图层，如图 12-51 所示。

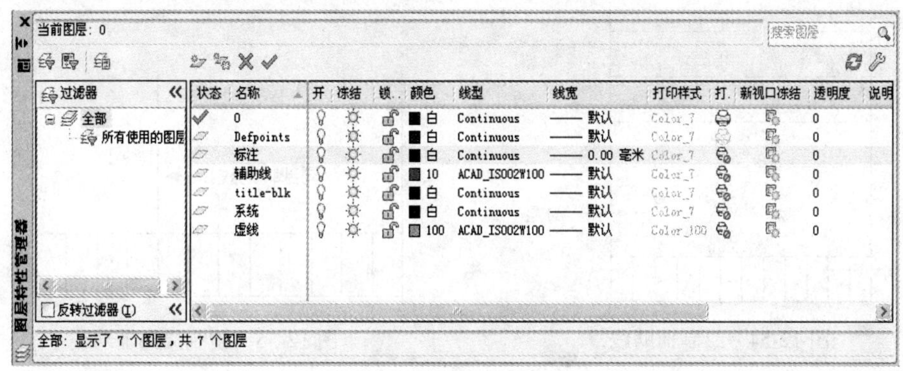

图 12-51　设置图层

12.3.2　绘制配电系统

1. 绘制底层配电系统辅助线

01 将“虚线”层设为当前图层。单击“绘图”工具栏中的“矩形”按钮，在适当位置绘制 12 000×20 000 的矩形，如图 12-52 所示。

02 单击“修改”工具栏中的“分解”按钮，将刚绘制的矩形分解。

03 选择菜单栏中的“绘图”→“点”→“定数等分”命令，将矩形的一条长边等分为 9 份；重复“定数等分”命令，将矩形的一条短边等分为 12 份。

04 单击“绘图”工具栏中的“直线”按钮，在“对象捕捉”绘图方式下，在矩形边上捕捉节点，如图 12-53 所示。初步绘制出来的辅助线如图 12-54 所示，其中第 1 层和第 5 层各占两个节点间距。

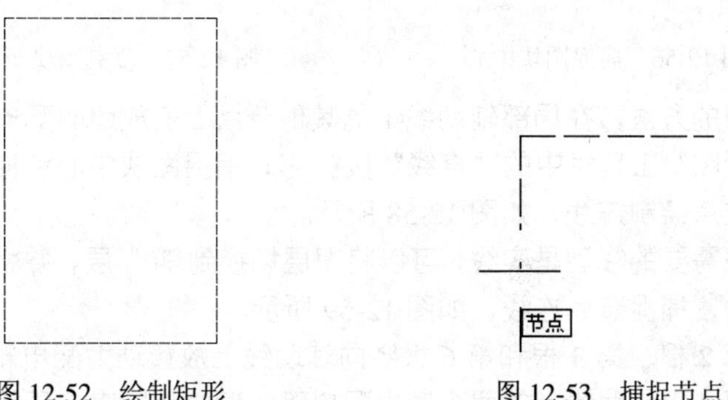

图 12-52　绘制矩形　　　　图 12-53　捕捉节点

05 单击“绘图”工具栏中的“直线”按钮，以第 8 根竖直辅助线的端点为起点，在第 1 层间绘制如图 12-55 所示的局部辅助线 1。

06 选择菜单栏中的“绘图”→“点”→“定数等分”命令，将局部辅助线 1 等分为 7 份。

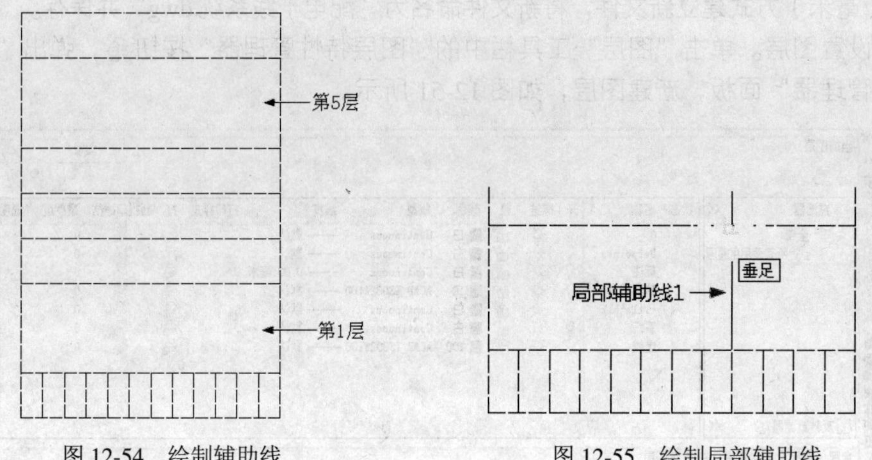

图 12-54 绘制辅助线　　图 12-55 绘制局部辅助线

2. 插入配电模块

01 单击“绘图”工具栏中的“插入块”按钮，弹出“插入”对话框，单击“浏览”按钮，弹出“选择图形文件”对话框，选择随书光盘中的“源文件\第 12 章\照明配电箱\动力配电箱”图块插入；单击“修改”工具栏中的“分解”按钮，分解图块，这样是为了方便在操作的时候捕捉图块的中心。

02 单击“修改”工具栏中的“复制”按钮，捕捉图块的中心，如图 12-56 所示，将其复制到局部辅助线 1 的上数第 1 个节点处，如图 12-57 所示。

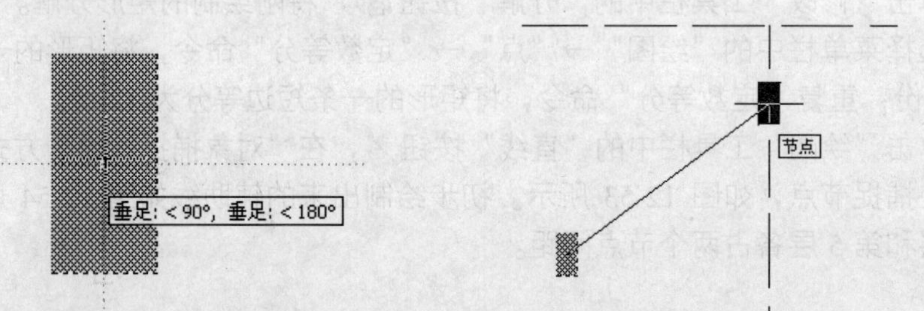

图 12-56 捕捉图块中心　　图 12-57 复制图块至第 1 节点处

03 采用相同的方法，在局部辅助线 1 的其他节点上安放照明配电箱。

04 单击“绘图”工具栏中的“直线”按钮，捕捉图块中心和捕捉节点 3 与第 7 根辅助线的交点绘制连线，如图 12-58 所示。

05 由于连线需要的线型是实线，可以将图层切换到“0”层，并将照明配电箱的长边等分为 6 份，捕捉节点连线，如图 12-59 所示。

06 分别在第 2 根、第 3 根和第 6 根竖向辅助线上放置动力配电箱，如图 12-60 所示。其中，第 2 根辅助线上的两个动力配电箱，横向分别对应于第 2 个节点和第 5 个节

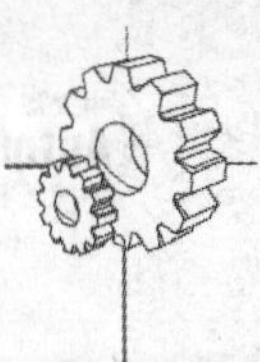

点。第 3 根和第 6 根辅助线上的动力配电箱横向对应于局部辅助线段的中点。

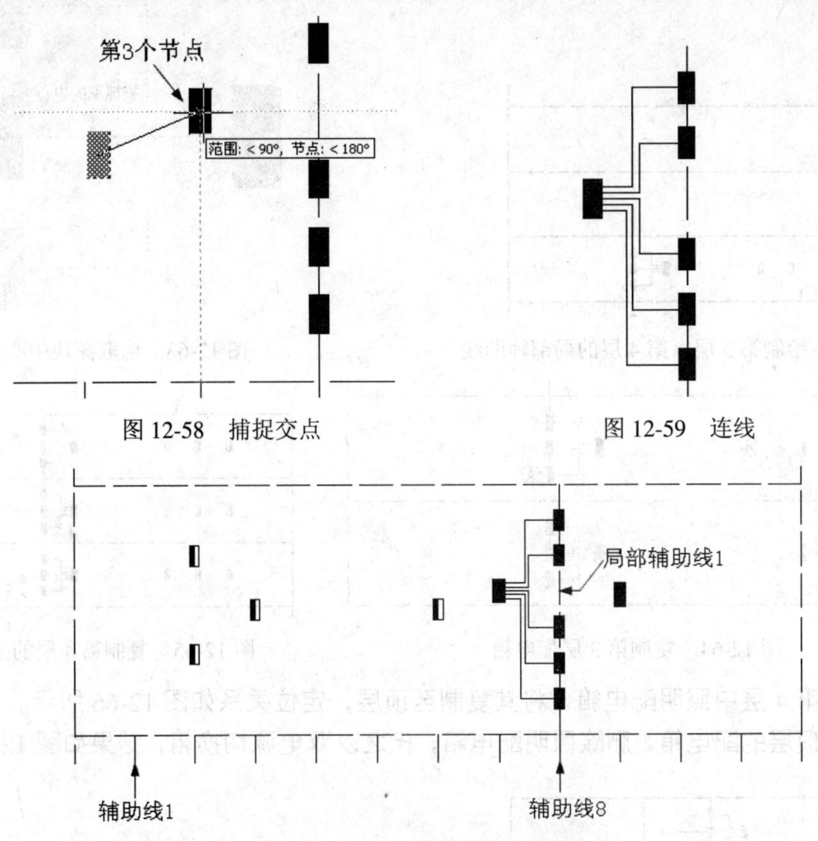

图 12-58　捕捉交点

图 12-59　连线

图 12-60　放置动力配电箱

3. 绘制第 2 层、第 3 层、第 4 层的配电系统

01 绘制第 2 层配电箱的方法同绘制第 1 层的配电系统图，首先在第 8 根辅助线方向上在第 2 层间做局部辅助线 2，然后将其 4 等分，并插入配电箱，结果如图 12-61 所示。

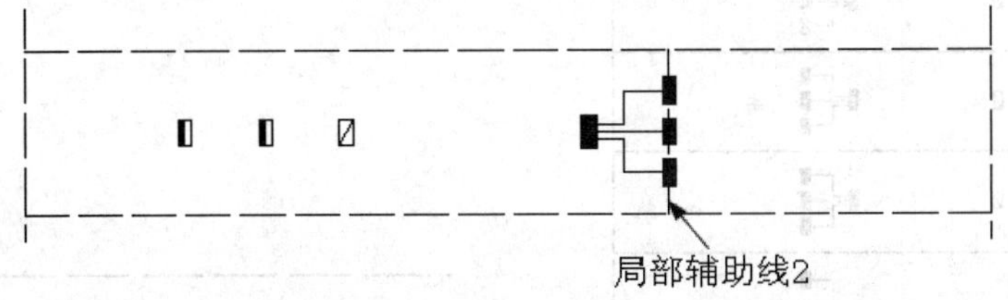

图 12-61　绘制第 2 层配电箱

02 采用类似的方法分别绘制第 3 层、第 4 层的局部辅助线，并删除第 2 层辅助线，结果如图 12-62 所示。

03 单击“修改”工具栏中的“复制”按钮，选择第 2 层的所有图形为复制对象，以如图 12-63 所示的图块中心为基点，将其复制至第 3 层辅助线的中心，如图 12-64 所示。

04 采用相同的方法，复制生成第 4 层的配电箱，最终效果如图 12-65 所示。

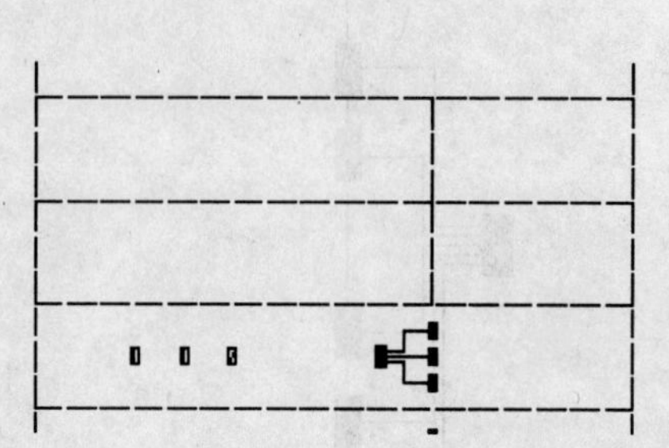

图 12-62　绘制第 3 层、第 4 层的局部辅助线

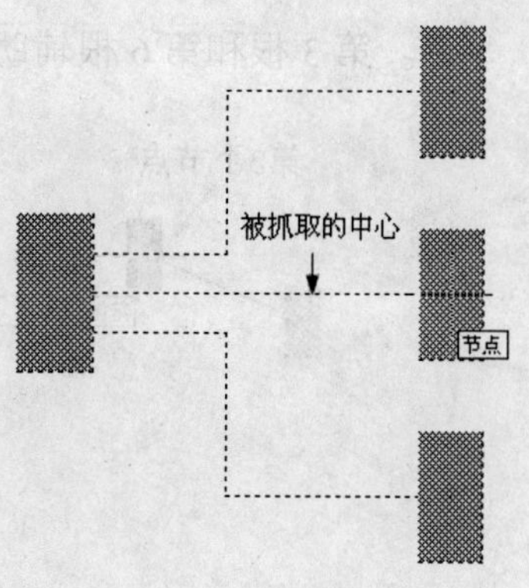

图 12-63　选取图块中心

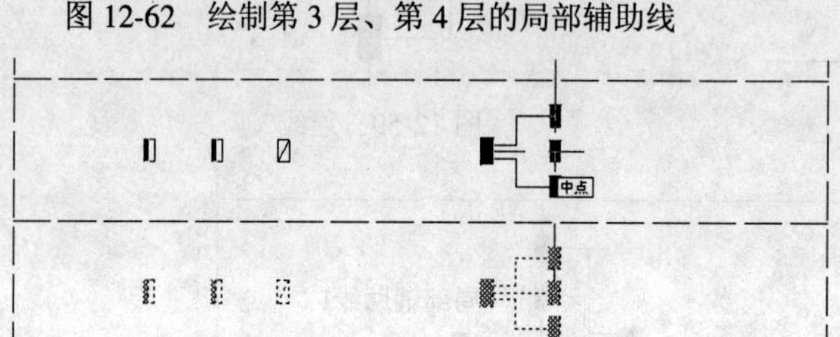

图 12-64　复制第 3 层配电箱

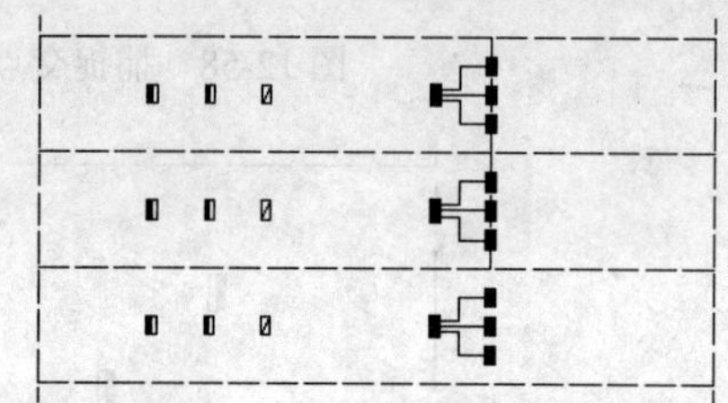

图 12-65　复制第 4 层的配电箱

05 选择第 4 层中照明配电箱，将其复制至顶层，定位关系如图 12-66 所示。

06 修改顶层的配电箱，删除照明配电箱，代之以双电源切换箱，结果如图 12-67 所示。

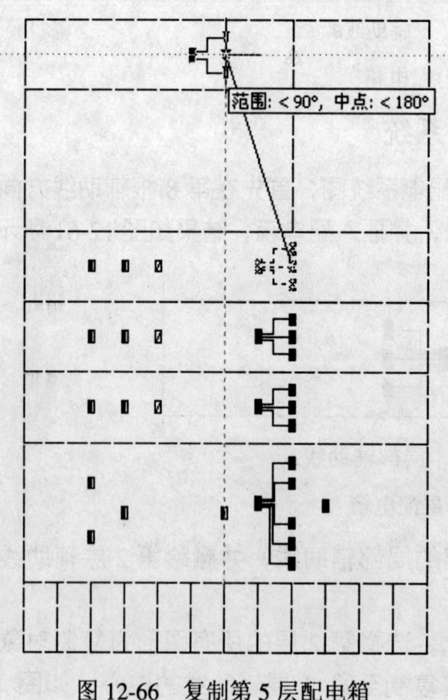

图 12-66　复制第 5 层配电箱

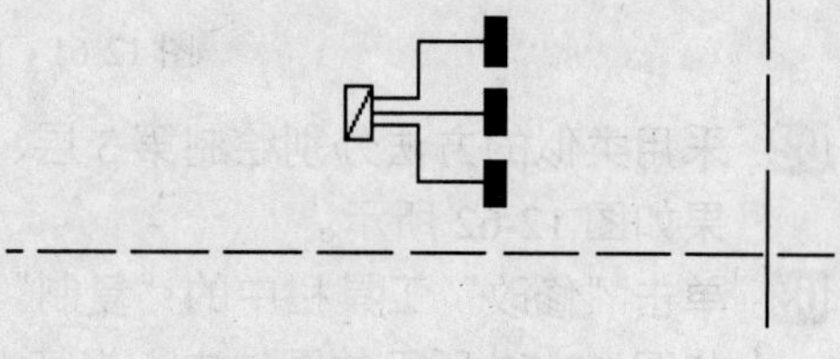

图 12-67　修改配电箱

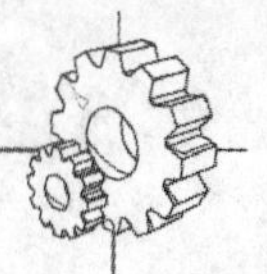

4. 绘制第 5 层配电箱

01 绘制局部辅助线，并将其 4 等分，将照明配电箱放置到节点上，而动力配电箱及双电源切换箱则同第 4 层，复制后的图形如图 12-68 所示。

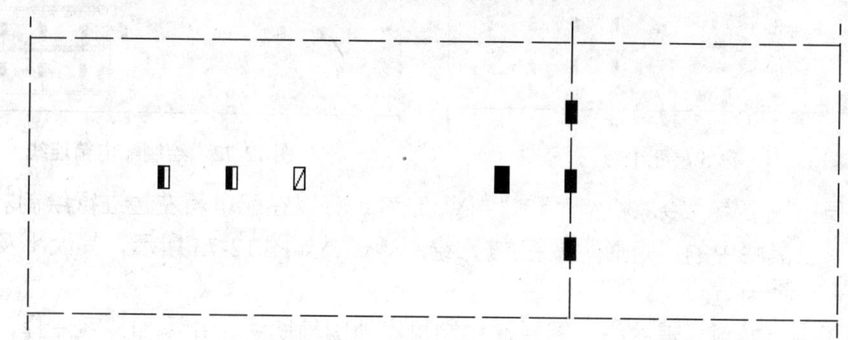

图 12-68　绘制第 5 层配电箱

02 选择竖直方向的 3 个配电箱，选取其中一个的中心为复制的基点，向右复制，如图 12-69 所示。

03 采用相同的方法，可以复制生成另外两列配电箱，如图 12-70 所示。

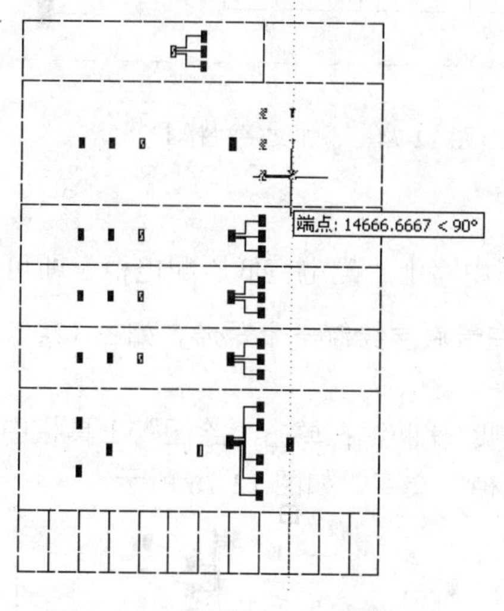

图 12-69　复制第 2 列配电箱

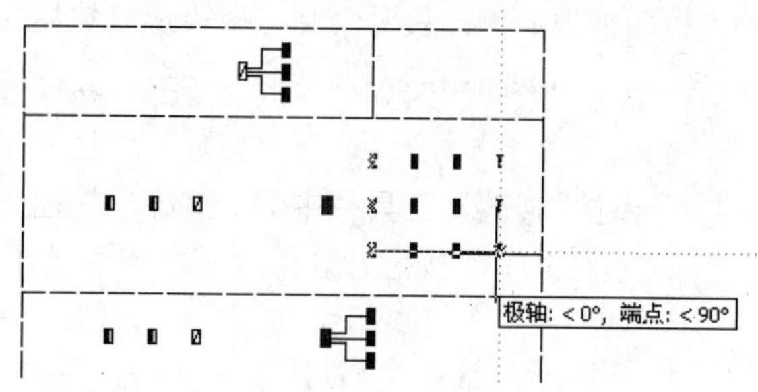

图 12-70　复制第 2、3 列配电箱

04 删除右下角的一个配电箱，生成的第 5 层配电箱如图 12-71 所示。

05 在各个配电箱之间绘制连线，结果如图 12-72 所示。

注意

对于各个局部的辅助线，我们都是先将其平分，然后再将各个图块放置到节点上，这样各个图块之间的距离均等，绘制出来的图形整齐、美观。如果将图块随便摆放，则绘制出来的图形就显得杂乱。所以，在连线的过程中我们也要尽量运用此技巧。

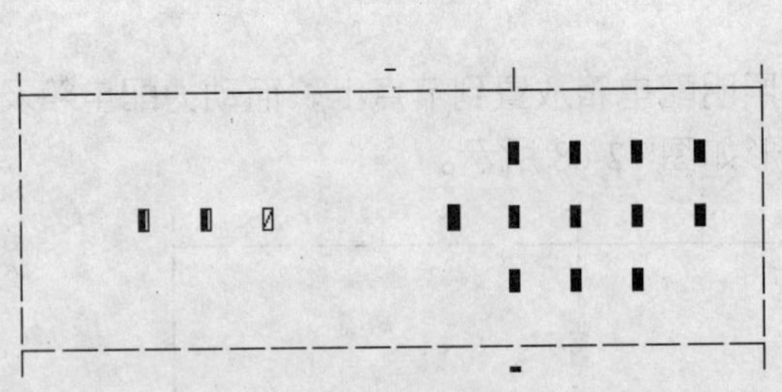

图 12-71　第 5 层配电箱

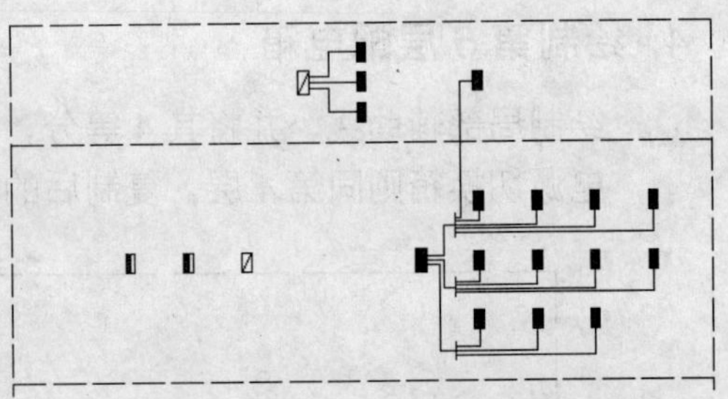

图 12-72　绘制配电箱连线

06 顶层上还要有“冷冻机组”和“制冷机房”，可以在配电箱左边进行绘制。单击“绘图”工具栏中的“矩形”按钮，绘制矩形，如图 12-73 所示，其大小及位置以和图形协调为宜。

07 将图层转换到“辅助线”图层，绘制机房外围辅助线，并添加文字注释，结果如图 12-74 所示。

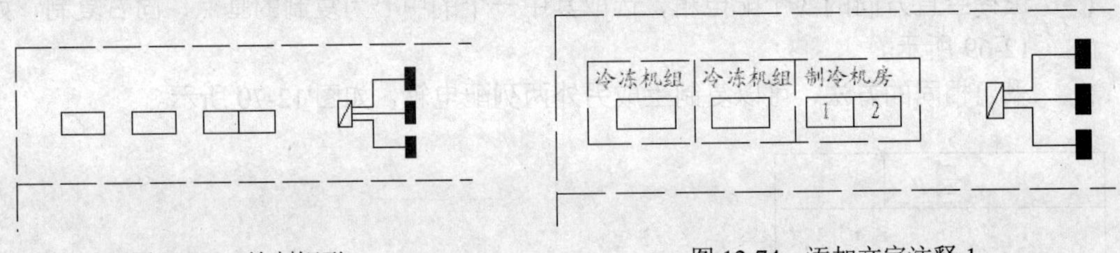

图 12-73　绘制矩形　　图 12-74　添加文字注释 1

5. 绘制主机图形

主机图形很简单，只要绘制一个矩形，然后在矩形中写上“配电室低压配电柜”即可。

01 单击“绘图”工具栏中的“矩形”按钮，在最底层绘制一个矩形，如图 12-75 所示。

02 单击“修改”工具栏中的“删除”按钮，删除辅助线；单击“绘图”工具栏中的“多行文字”按钮 A，输入“配电室低压配电柜”文字，如图 12-76 所示。

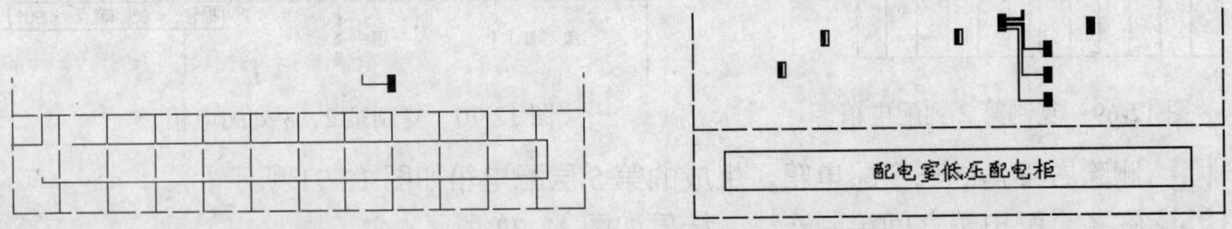

图 12-75　绘制主机矩形　　图 12-76　添加文字注释 2

12.3.3　连接总线

在绘制总线的过程中，如果是双线，可以使用“平行线”命令；如果是多线，可以先绘制一条直线，然后使用“阵列”命令，再进行修剪。

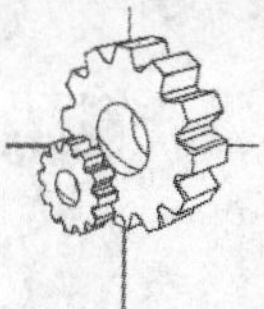

1. 绘制平行线

01 选择菜单栏中的“绘图”→“多线”命令，以 120 为比例绘制多线，绘制的结果如图 12-77 所示。

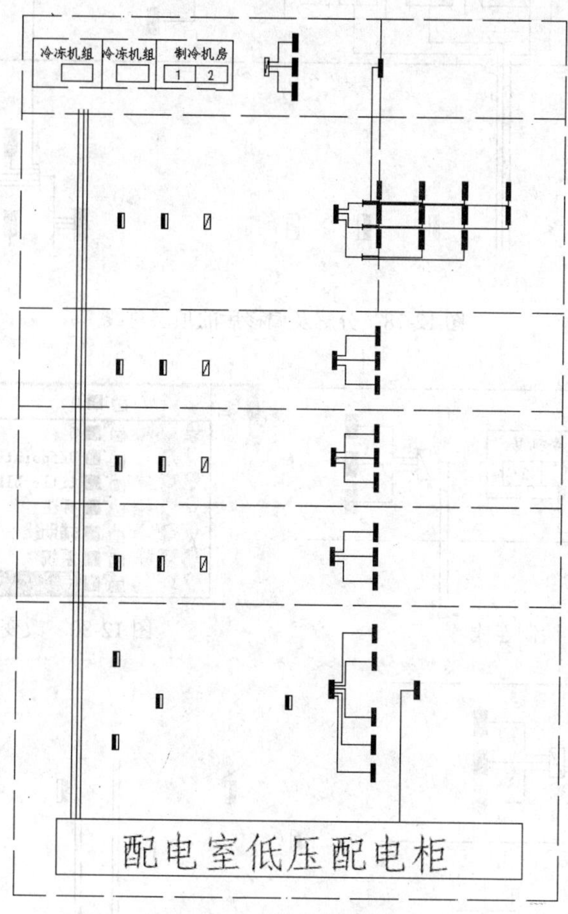

图 12-77　绘制平行线

02 单击“修改”工具栏中的“分解”按钮，将多线分解；单击“修改”工具栏中的“偏移”按钮，将右边的一根线向右偏移 100，分解及偏移后的顶层总线如图 12-78 所示。

03 选择菜单栏中的“绘图”→“多线”命令，绘制顶层的配电箱与配电室的配电柜之间的连线，如图 12-79 所示。

04 单击“修改”工具栏中的“分解”按钮，将多线分解，单击选中左边的一根线，然后在“图层”工具栏的“图层控制”下拉列表中选择“虚线”选项，如图 12-80 所示，则被选中的直线就变为虚线，如图 12-81 所示。

05 采用相同的方法，可以绘制一层动力配电箱连线，如图 12-82 所示。

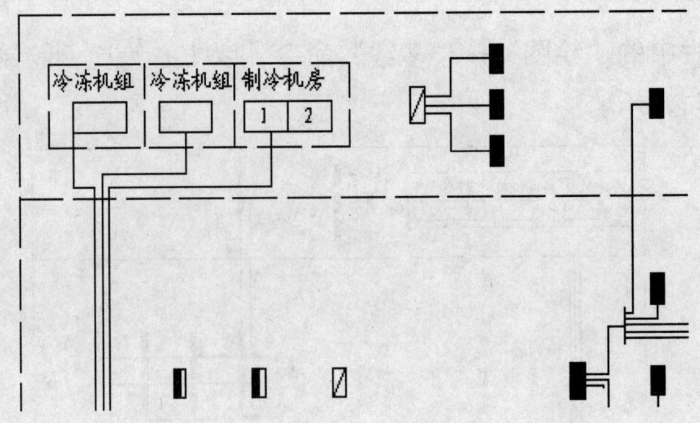

图 12-78　分解及偏移后的顶层总线

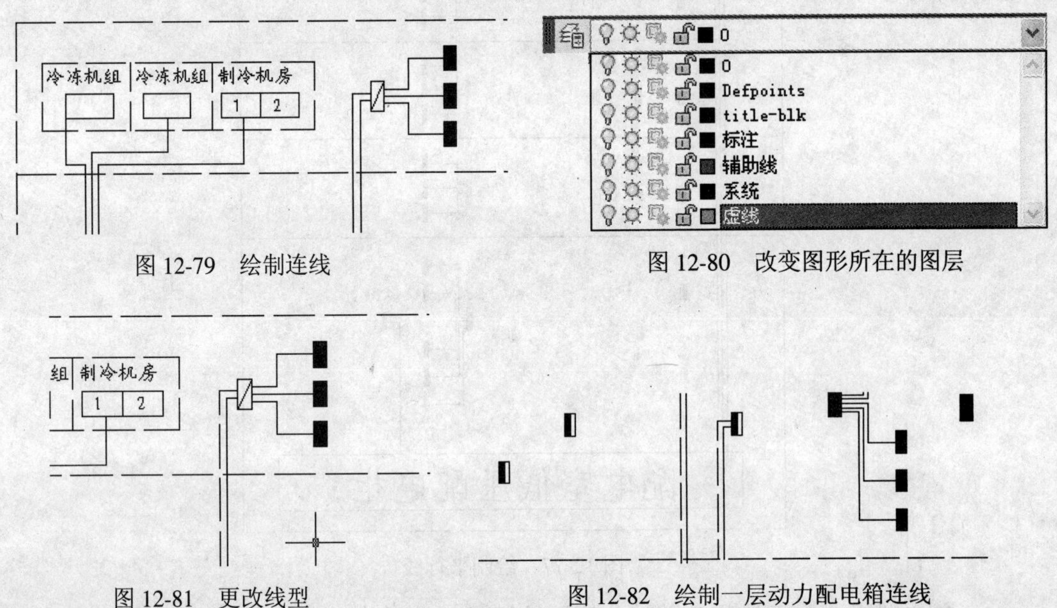

图 12-79　绘制连线

图 12-80　改变图形所在的图层

图 12-81　更改线型

图 12-82　绘制一层动力配电箱连线

2.绘制单线

在绘制单线的时候要在“正交模式”绘图方式下，这样就能避免倾斜误差，绘制结果如图 12-83 所示。在图 12-83 中既有实线，又有虚线的连线绘制，需要在不同的图层中进行，所以也把其归类到绘制单线之中。

3.绘制总线

01 单击“绘图”工具栏中的“直线”按钮，绘制如图 12-84 所示的一条竖直直线。

02 单击“修改”工具栏中的“矩形阵列”按钮，将图 12-84 中绘制的直线进行矩形阵列，“行”设置为 1，“列”设置为 5。“列偏移”设置为-120，“阵列角度”为 0。阵列结果如图 12-85 所示。

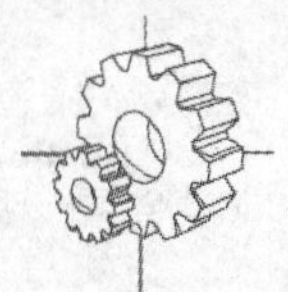

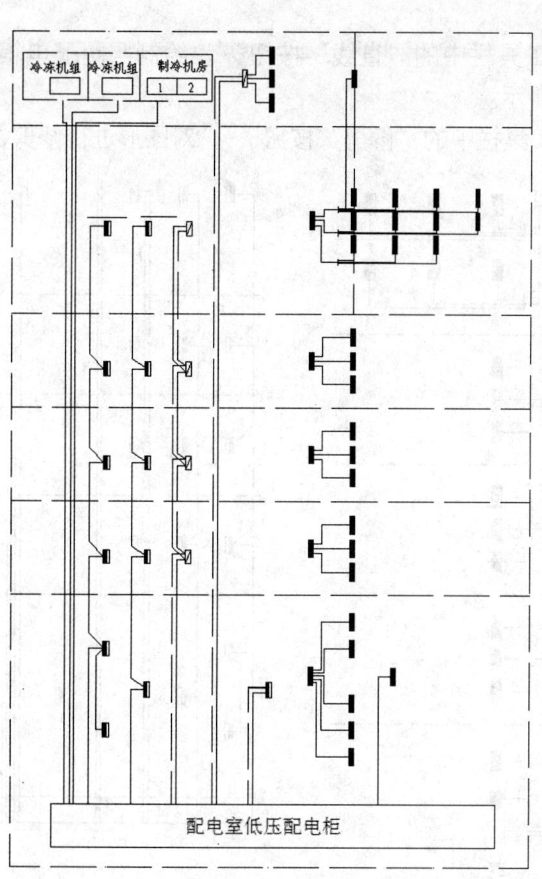

图 12-83　绘制单线

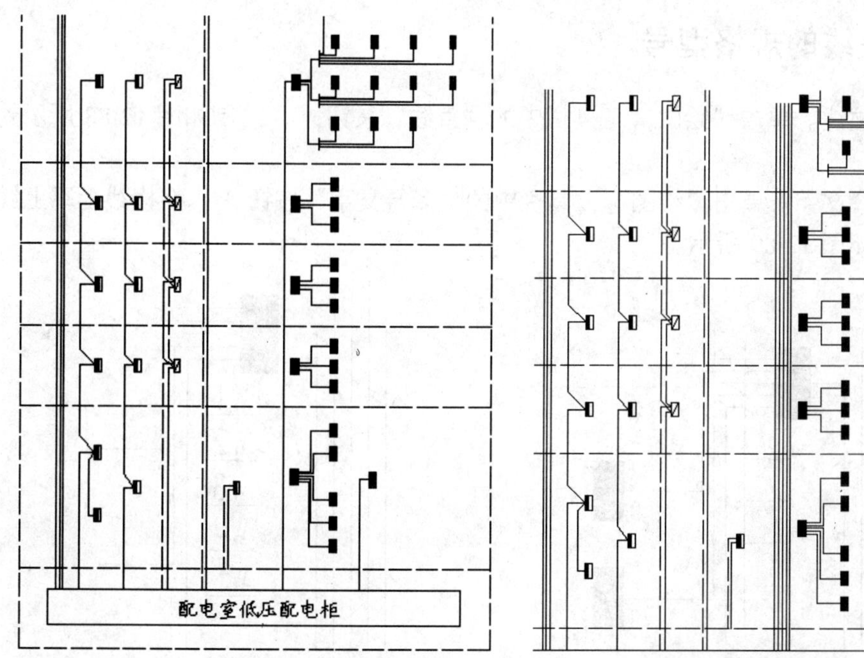

图 12-84　绘制单条竖直直线

图 12-85　阵列直线

03 单击“绘图”工具栏中的“直线”按钮，绘制照明配电箱与总线之间的线段，结果如图 12-86 所示。

04 单击“修改”工具栏中的“修剪”按钮，对图形进行修剪，结果如图 12-87 所示。

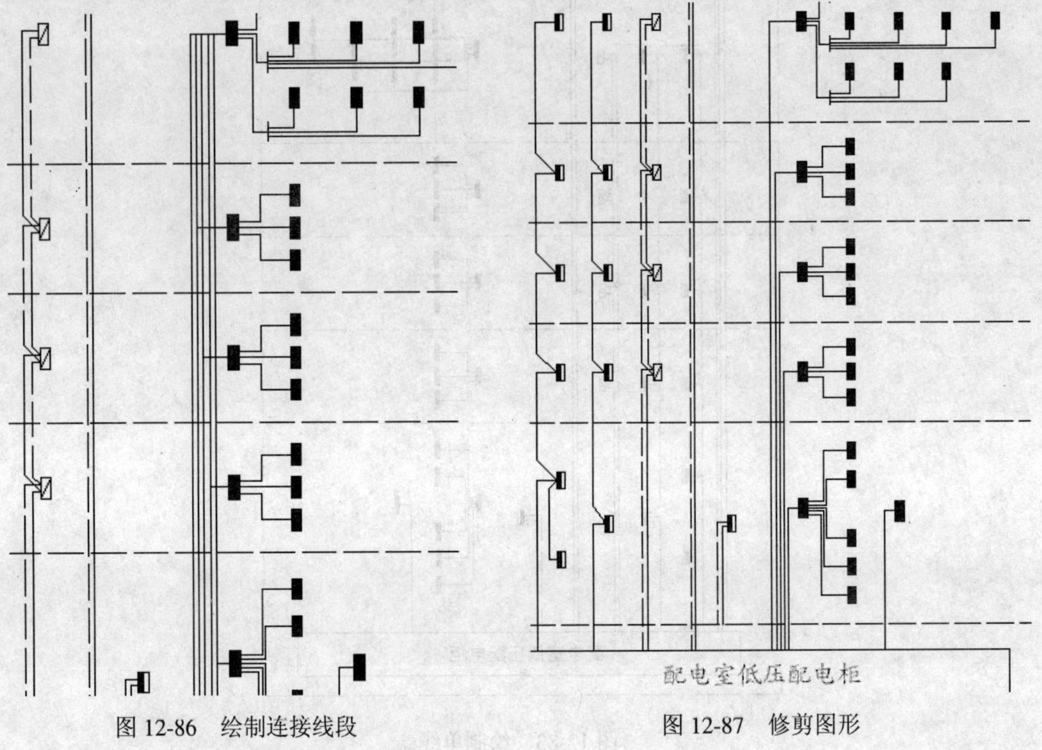

图 12-86 绘制连接线段　　图 12-87 修剪图形

12.3.4 标注线的规格型号

01 绘制标注线。单击“绘图”工具栏中的“直线”按钮，绘制如图 12-88 所示的标注线。

02 添加注释文字。单击“绘图”工具栏中的“多行文字”按钮A，在横线上写上线的型号，如图 12-89 所示。

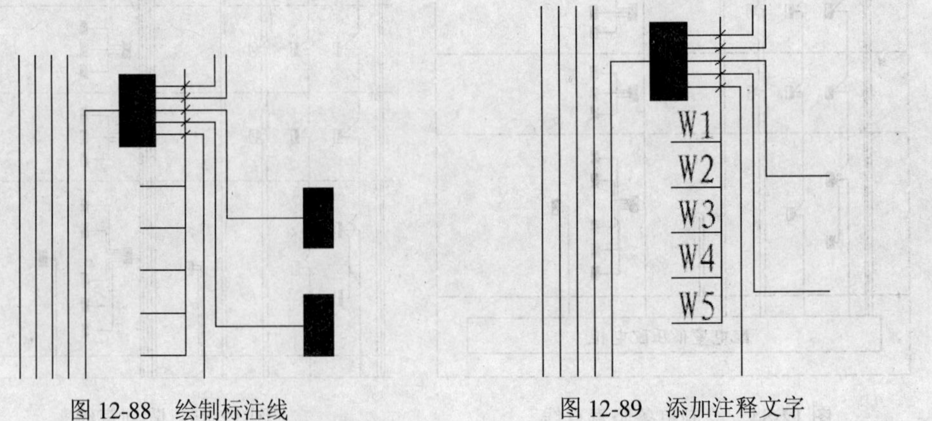

图 12-88 绘制标注线　　图 12-89 添加注释文字

对于文字下面的短横线的绘制有很多种方法，读者可以一条一条地绘制，尽量保持各条横线段之间的距离相等，也可以先绘制出一条，然后使用“偏移”功能，输入偏移距离，这样就能保证各小横线之间等距。

03 采用相同的方法，可以进行类似的标注，如图 12-90 所示。

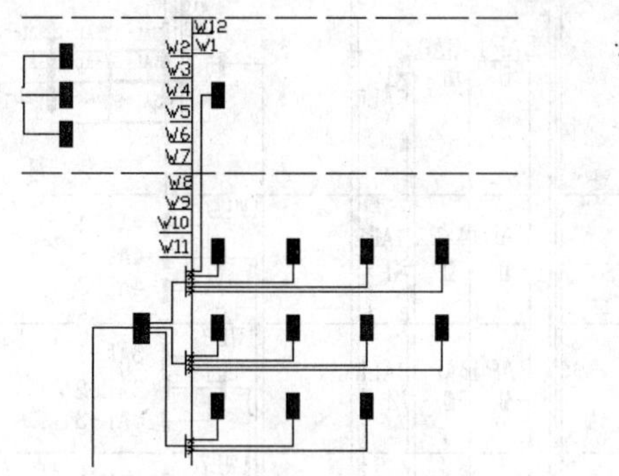

图 12-90　标注 5 层线型符号

04 对其他配电箱型号进行说明。单击“绘图”工具栏中的“多行文字”按钮 A，添加标注即可，最终结果如图 12-91 所示。

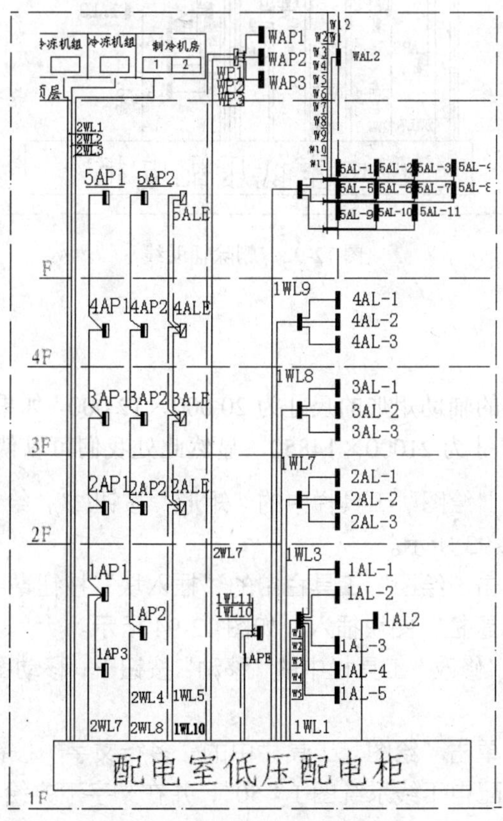

图 12-91　标注其他配电箱型号

05 单击“修改”工具栏中的“删除”按钮，删除两侧的辅助线，得到如图 12-92 所示的图形。

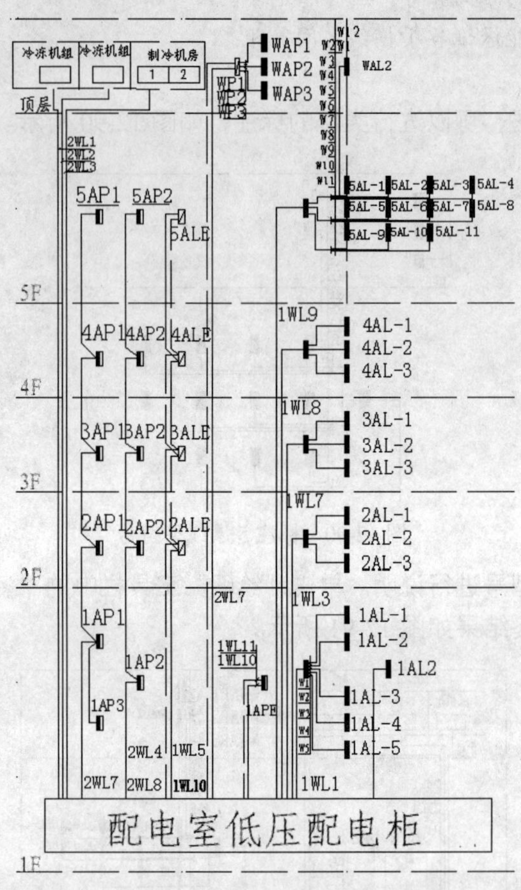

图 12-92　删除辅助线

12.3.5　插入图框

由于在绘制之初绘制的辅助矩形的尺寸为 20 000×12 000，如果我们使用 1∶50 的比例，则 A3 的图纸放大 50 倍尺寸为 21000×14850，显然此处我们可以使用 A3 的图框。

01 绘制图框。单击“绘图”工具栏中的“矩形”按钮，绘制图框，尺寸为 21 000×14 850，如图 12-93 所示。

02 插入标题栏。单击“绘图”工具栏中的“插入块”按钮，选择随书光盘中的“源文件\第 12 章\标题栏”图块插入，如图 12-94 所示。

03 移动图形。单击“修改”工具栏中的“移动”按钮，移动图形到图框中，如图 12-95 所示。

04 添加注释文字。单击“绘图”工具栏中的“多行文字”按钮 A，在图形的下方添加注释文字“低压配电干线系统图 1∶50”，并在文字下方绘制一条直线，最终效果如图 12-50 所示。至此，一张完整的低压配电干线系统图绘制完毕。

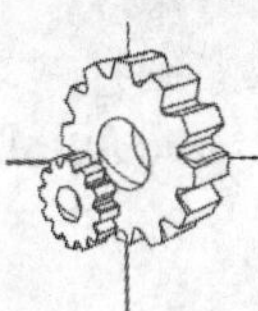

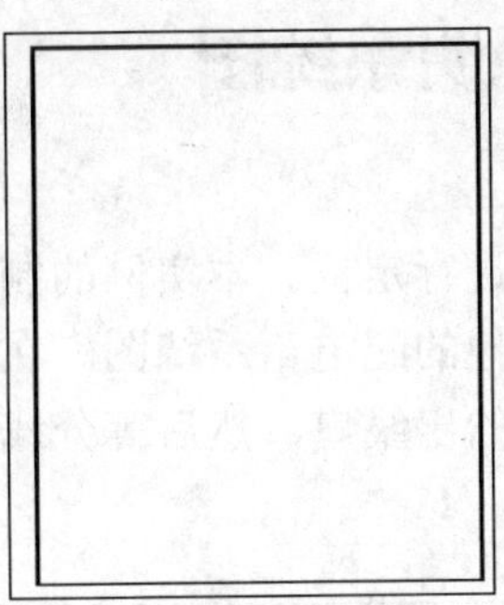

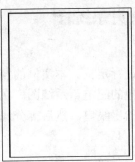

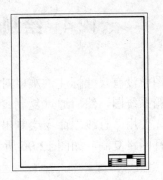

图 12-93　绘制图框

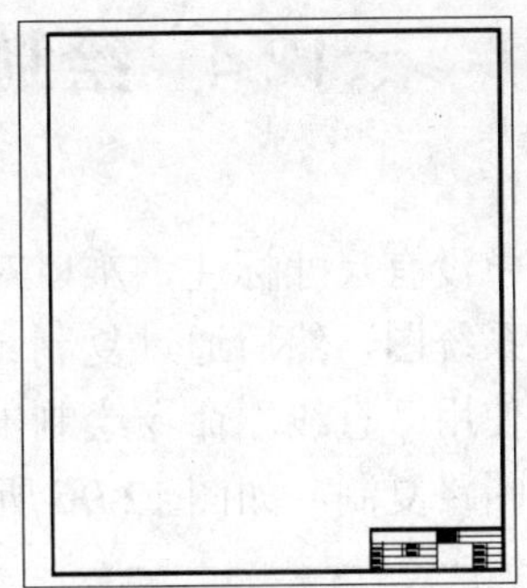

图 12-94　插入标题栏

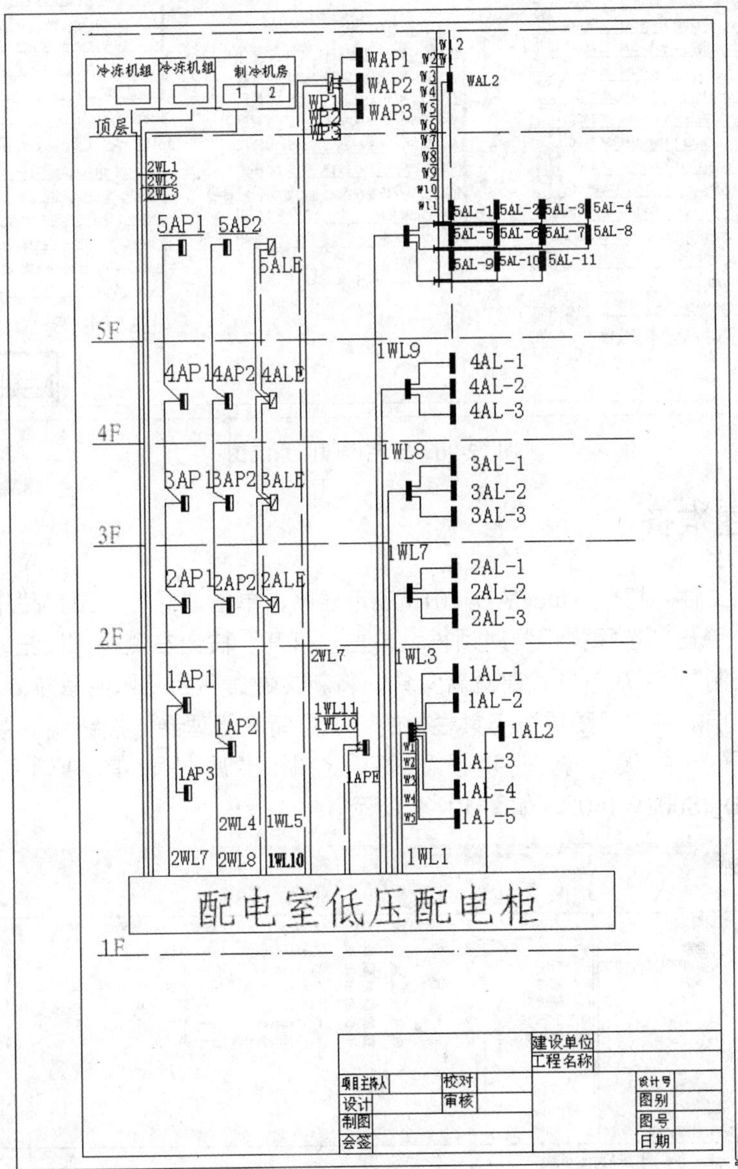

图 12-95　移动图形

12.4 绘制住宅楼照明系统图

照明系统图中没有尺寸标注，难以对图中的对象进行定位。本实例的制作思路为：首先绘制一个配电箱系统图，然后通过复制、修改生成其他的配电箱系统图。在绘制配电箱系统图的时候，首先使用“直线”命令绘制出照明配电箱的出线口，然后等分线段，再绘制一个回路，最后进行回路复制，如图 12-96 所示。

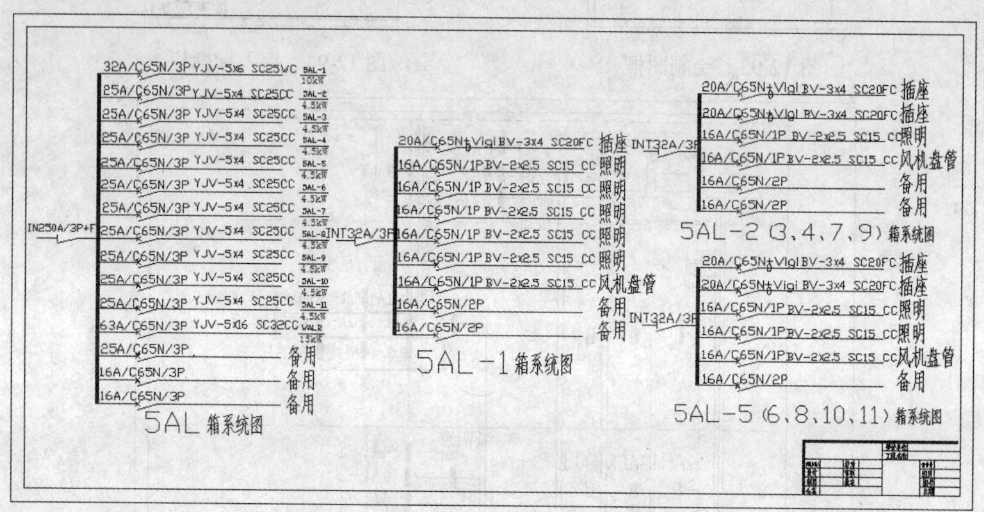

图 12-96 住宅楼照明系统图

12.4.1 绘图准备

01 建立新文件。打开 AutoCAD 2013 应用程序，单击“标准”工具栏中的“新建”按钮，弹出“选择样板”对话框，单击“打开”按钮右侧的按钮，以“无样板打开－公制”（毫米）方式建立新文件，将新文件命名为“照明系统.dwg”并保存。

02 设置图层。单击“图层”工具栏中的“图层特性管理器”按钮，弹出“图层特性管理器”面板，新建并设置每一个图层属性，其中辅助线的线型为“ACAD_IS002W100”，如图 12-97 所示。

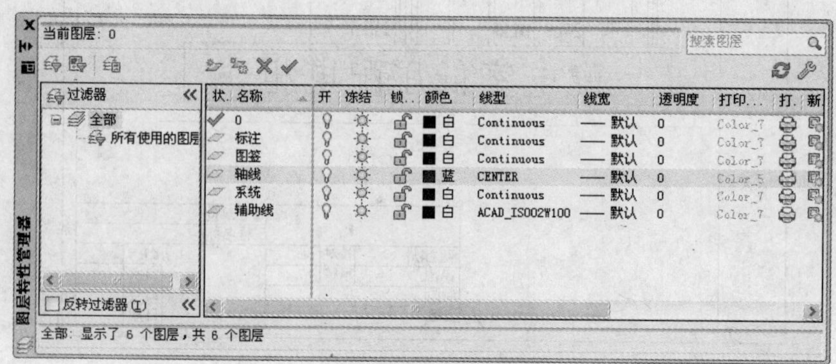

图 12-97 设置图层

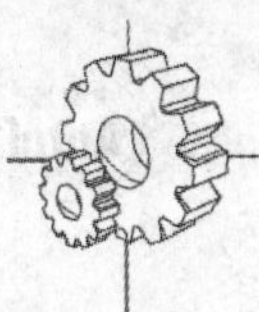

12.4.2　绘制定位辅助线

01 绘制辅助矩形。将“轴线”层设为当前图层，再单击“绘图”工具栏中的“矩形”按钮，在适当的位置绘制 230×110 的矩形，如图 12-98 所示。

02 分解矩形。单击“修改”工具栏中的“分解”按钮，将矩形进行分解。

图 12-98　绘制辅助矩形

03 等分矩形边。选择菜单栏中的“绘图”→“点”→“定数等分”命令，将矩形的一条长边等分为 3 份。

04 绘制辅助线。单击“绘图”工具栏中的“直线”按钮，在等分后的矩形边上捕捉节点，如图 12-99 所示，绘制出来的辅助线将矩形等分为三个区域，如图 12-100 所示。

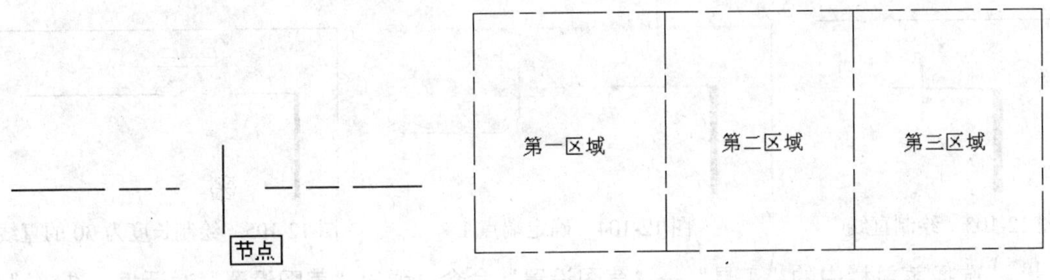

图 12-99　捕捉节点　　图 12-100　绘制辅助线

12.4.3　绘制系统图形

1. 绘制配电箱出线口

01 将“系统”图层置为当前图层，单击“绘图”工具栏中的“多段线”按钮，设置线宽为 0.7，绘制配电箱出线口，如图 12-101 所示。

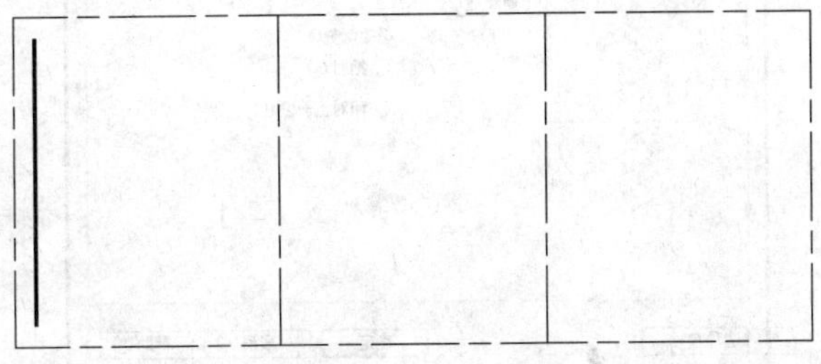

图 12-101　绘制配电箱出线口

02 重复“多段线”命令，绘制另外两个区域中的配电箱出线口，如图 12-102 所示。

03 选择菜单栏中的“绘图”→“点”→“定数等分”命令，将第一区域中绘制的多段线等分为 14 份。

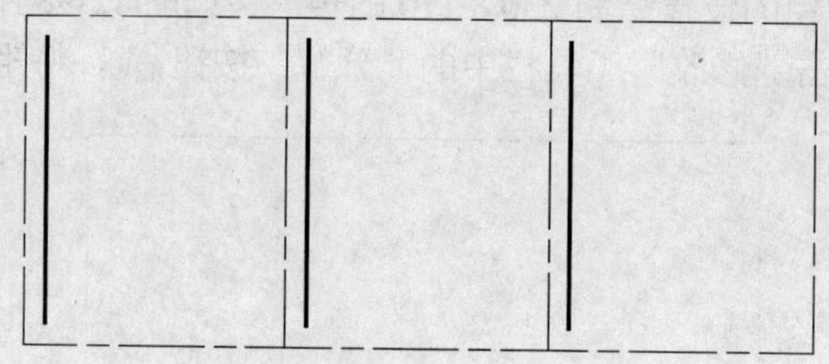

图 12-102　绘制其他配电箱出线口

2. 绘制回路

01 将“0”层设为当前图层。单击“绘图”工具栏中的“直线”按钮，以绘制的竖直直线的上端点为起点，绘制长度为 10 的直线，如图 12-103 所示；然后在不单击鼠标的情况下向右拉伸追踪线，在命令行中输入“5”，即中间的空隙长为 5，单击确定下一条直线的端点 1，如图 12-104 所示，向右绘制长度为 30 的直线，如图 12-105 所示。

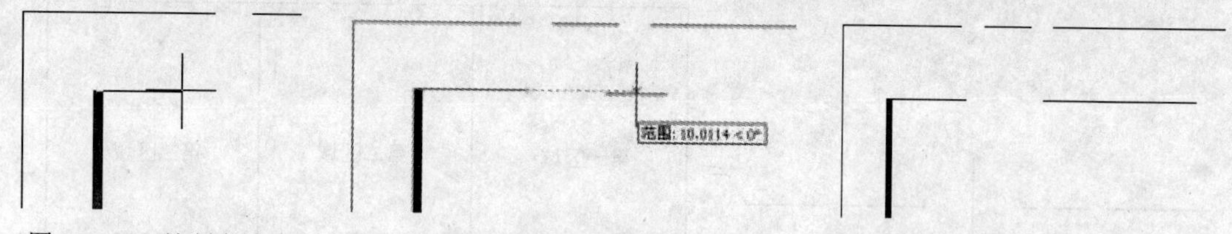

图 12-103　绘制直线　　图 12-104　确定端点 1　　图 12-105　绘制长度为 30 的直线

02 选择菜单栏中的“工具”→“草图设置”命令，弹出“草图设置”对话框，选中“启用极轴追踪”复选框，在“增量角”下拉列表框中选择“15”选项，如图 12-106 所示，单击“确定”按钮。

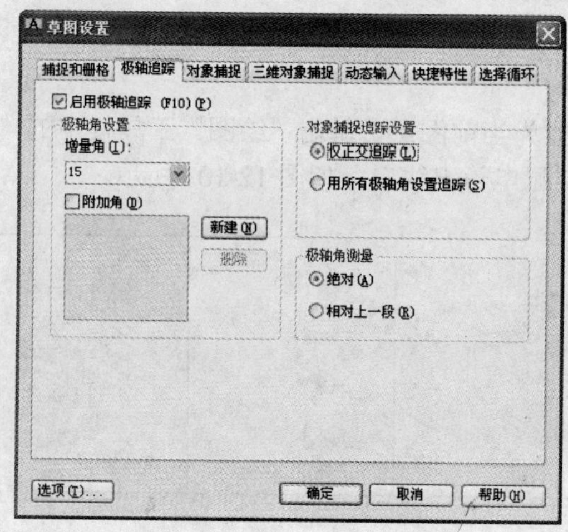

图 12-106　设置 15°角度捕捉

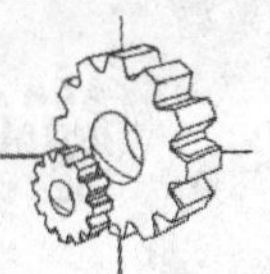

03 单击“绘图”工具栏中的“直线”按钮，捕捉点1为起点，在195°追踪线上向左移动鼠标，直至195°追踪线与竖直追踪线出现交点，选择此交点为直线的终点，绘制的斜线段如图12-107所示。

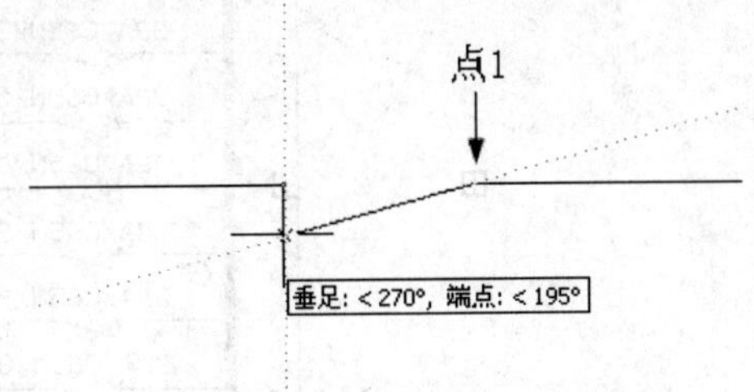

图12-107　绘制斜线段

04 单击“绘图”工具栏中的“矩形”按钮，在绘图区绘制一个边长为1的正方形，如图12-108所示。

05 单击“绘图”工具栏中的“多段线”按钮，连接正方形的对角线，设置线宽为0.03，如图12-109所示；单击“修改”工具栏中的“删除”按钮，删除外围矩形，可得到如图12-110所示的图形。

图12-108　绘制矩形

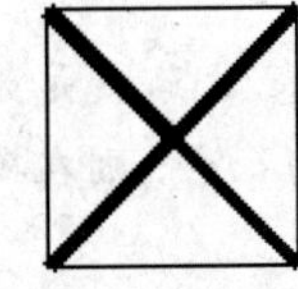

图12-109　绘制交叉线

图12-110　删除矩形

06 单击“修改”工具栏中的“移动”按钮，选择交叉线段的交点为基点，将交叉线移动到如图12-111所示的位置。

07 选择菜单栏中的“绘图”→“文字”→“单行文字”命令，设置样式为“Standard”，字体高度为1.5，在回路中添加文字注释，结果如图12-112所示。

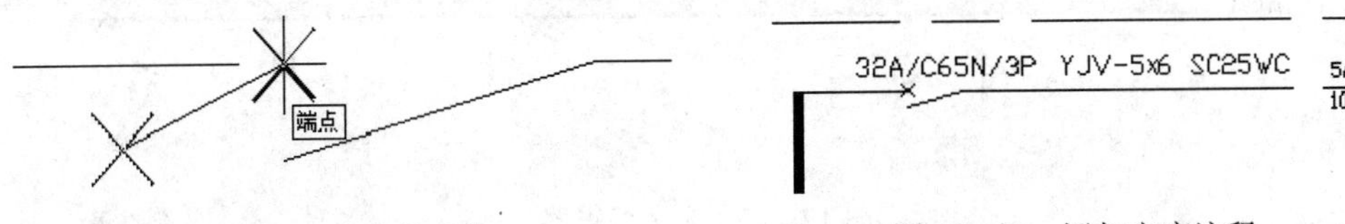

图12-111　移动交叉线　　图12-112　添加文字注释

3. 复制生成其他回路

单击“修改”工具栏中的“复制”按钮，选取已经绘制好的回路及文字，以水平直线左端点为基点进行复制，如图12-113所示，将其依次复制到各个节点上，结果如图12-114所示。

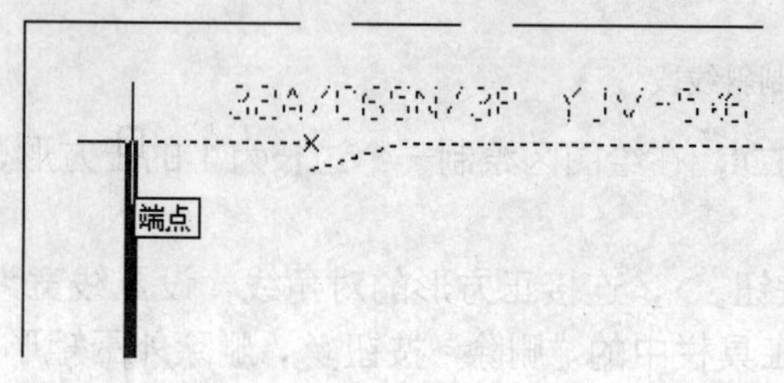

图 12-113 选取复制基点

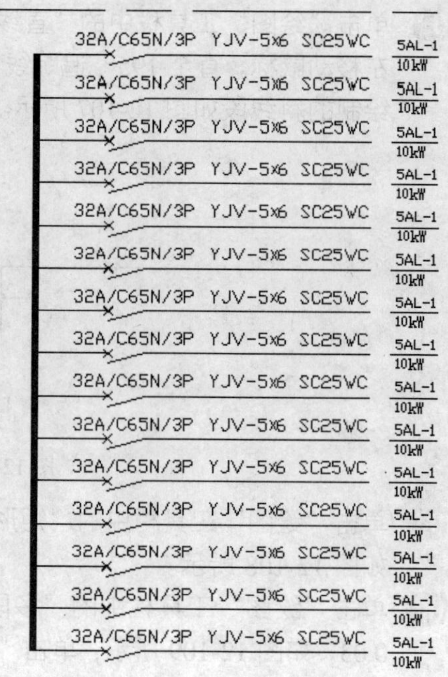

图 12-114 复制生成其他回路

注 意

之所以要捕捉端点作为复制的基准点，就是为了在复制的时候容易捕捉到已经平分好的节点。如果捕捉其他的点作为基点，则在确定复制位置的时候要用到从节点引伸出到追踪线，那样就比较麻烦。

4. 修改文字

01 双击要修改的文字，弹出如图 12-115 所示的文字编辑器。

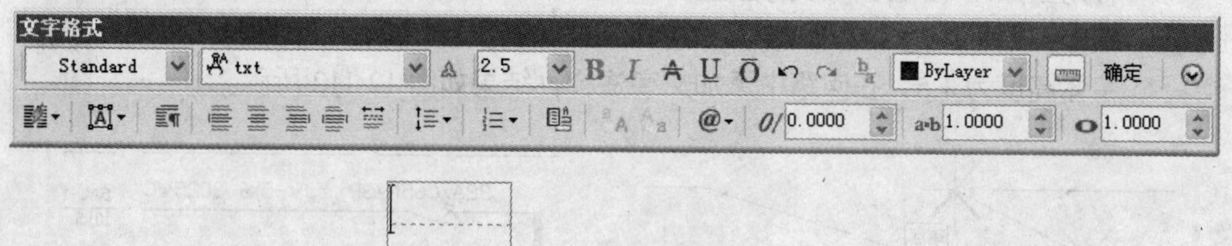

图 12-115 文字编辑器

02 输入所需的文字内容，单击“确定”按钮完成文字的修改，修改结果如图 12-116 所示。

03 单击“修改”工具栏中的“复制”按钮，将已经绘制好的第一个配电箱的各个回路复制到其他配电箱，复制的结果如图 12-117 所示。

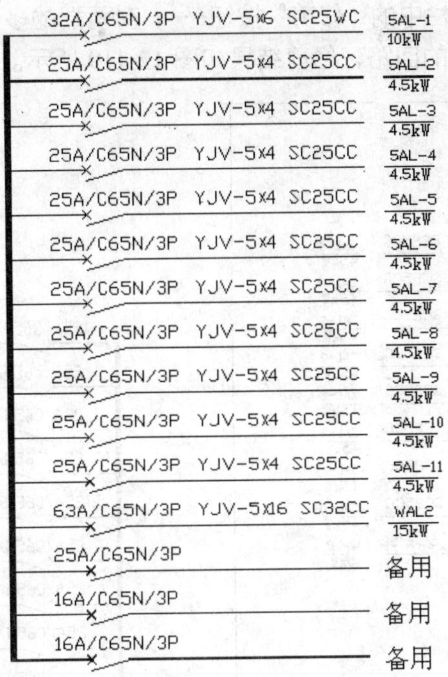

图 12-116　修改文字

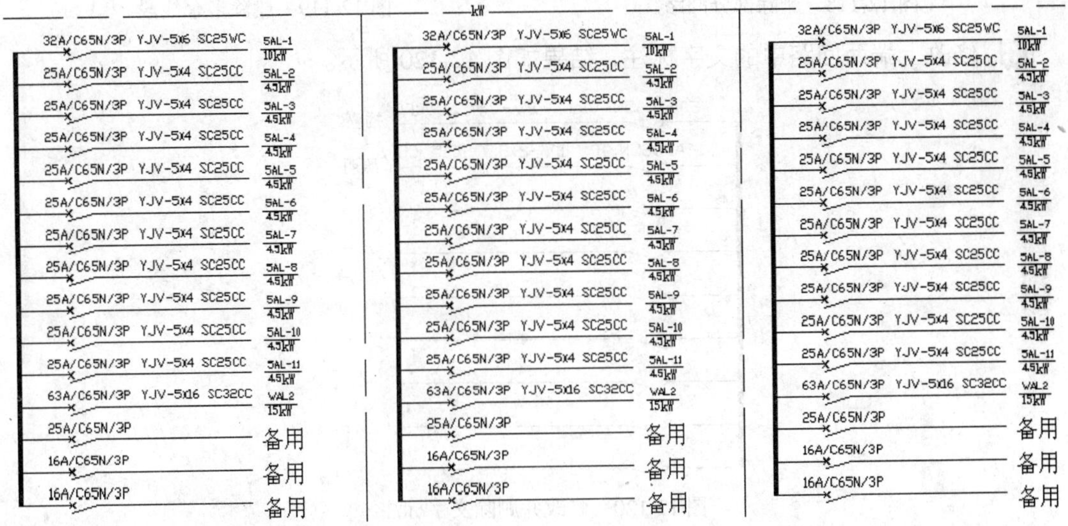

图 12-117　复制回路

5. 修改第二区域配电箱

01 第一区域的配电箱为五层总配电箱，而第二、第三区域的配电箱为子配电箱，从图 12-96 所示的干线系统图中可以看出，子配电箱是从总配电箱中连接出来的。第二区域的子配电箱的回路为 9 个，而复制过来的回路有 15 个，所以要删除多余的回路。为了回路对称的需要，可以将回路上端、下端各删除 3 个，删除结果如图 12-118 所示。

02 单击“修改”工具栏中的“修剪”按钮，对两端的多余的线段进行修剪，修剪的边界取上端和下端的回路，修剪结果如图 12-119 所示。

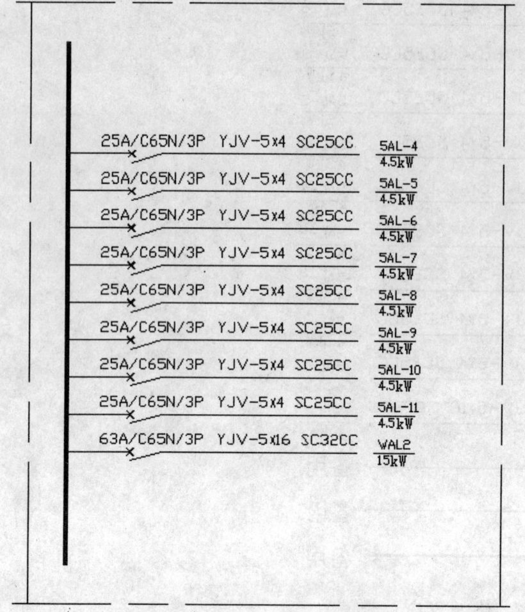

图 12-118 删除部分回路

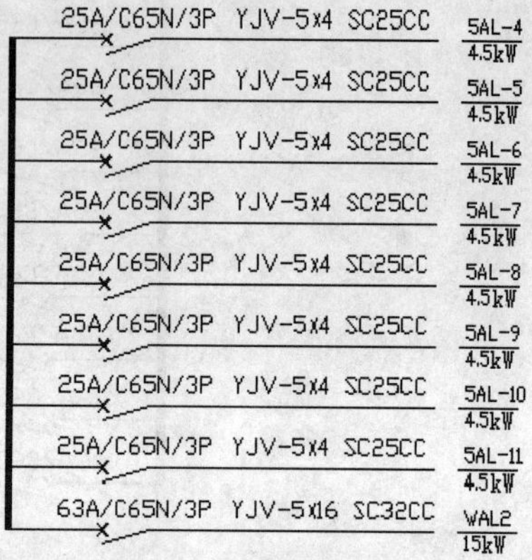

图 12-119 删除多余线段

03 修改上端两回路中的文字标注，结果如图 12-120 所示。

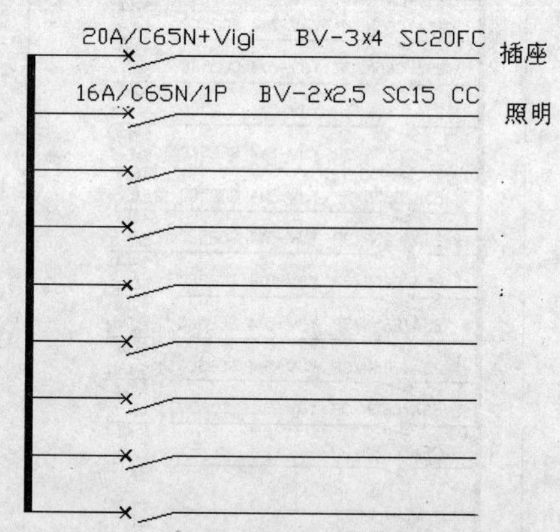

图 12-120 修改并删除文字标注

04 单击“修改”工具栏中的“复制”按钮，将上面第二回路中的文字标注向下复制 7 次，结果如图 12-121 所示；然后对文字标注进行必要的修改，结果如图 12-122 所示。

05 对于端部连接插座的回路，配置漏电断路器。单击“绘图”工具栏中的“椭圆”按钮，在断路器的右侧选择一点，绘制长轴为 2、短轴为 0.5 的椭圆，如图 12-123～图 12-125 所示。

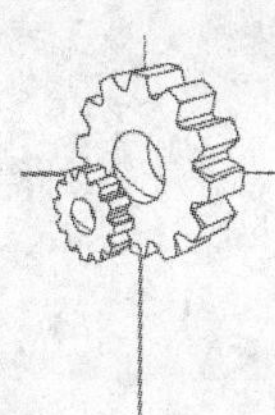

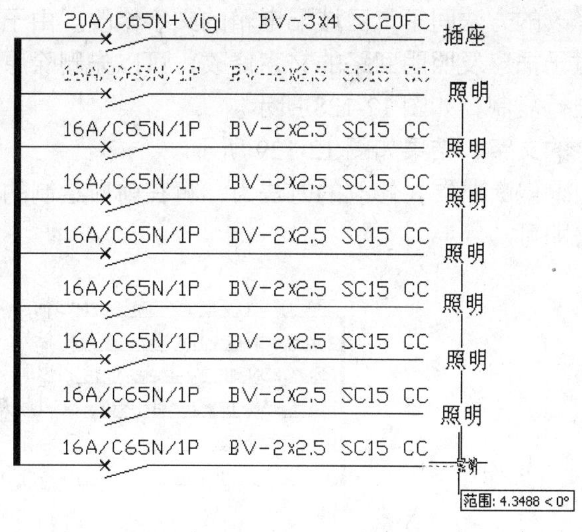

图 12-121　复制文字标注

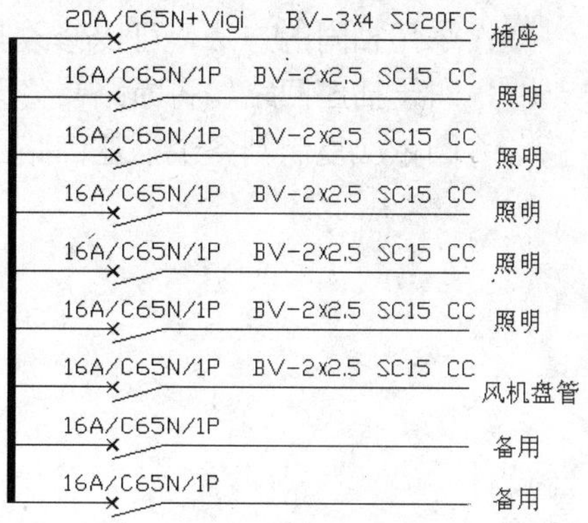

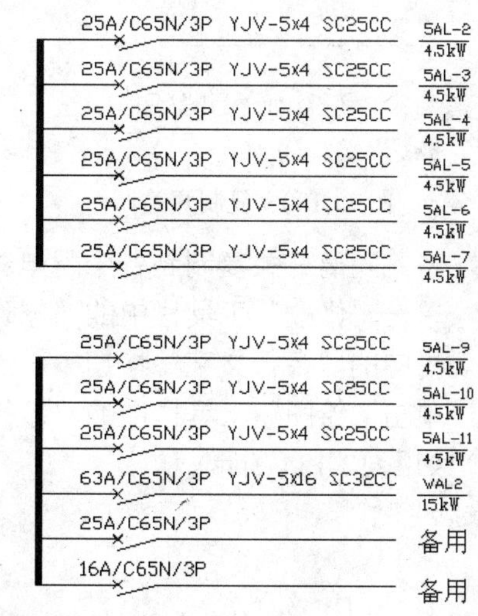

图 12-122　修改并删除文字标注

图 12-123　确定起点

图 12-124　确定椭圆的长轴

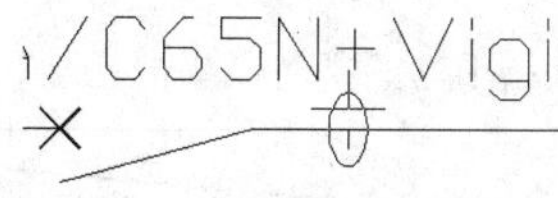

图 12-125　确定椭圆的短轴

6. 修改第三区域配电箱

01 删除回路。第三区域有两个配电箱，每个配电箱有 6 个回路，单击“修改”工具栏中的“删除”按钮，分别删除最上、最下、最中间的回路，删除结果如图 12-126 所示。

02 修剪线段。单击“修改”工具栏中的“修剪”按钮，修剪两端及中间多余的线段，修剪结果如图 12-127 所示。

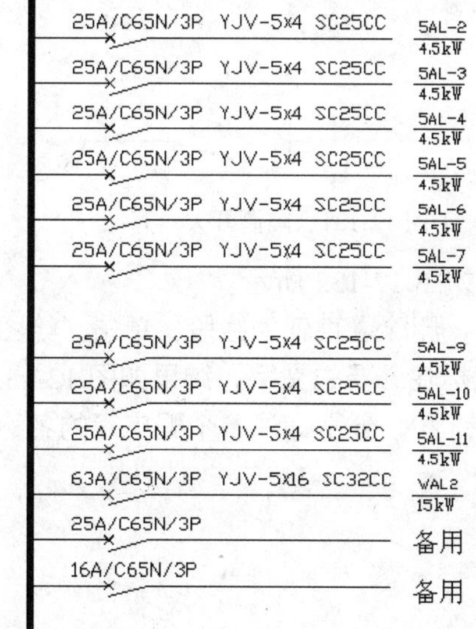

图 12-126　删除回路

图 12-127　修剪线段

03 复制文字。修改文字标注，其修改的方法同第二区域配电箱的文字修改。由于插座回路的文字标注相同，因此，对于插座及照明回路的文字修改，可以先删除原有的文字，然后从第二区域配电箱进行复制，如图 12-128 所示。

04 采用相同的方法，可以修改其余的文字，结果如图 12-129 所示。

05 对于插座回路，将断路器修改为漏电断路器，修改的方法为：将在前面绘制的小椭圆依次复制到各个插座回路上去即可。

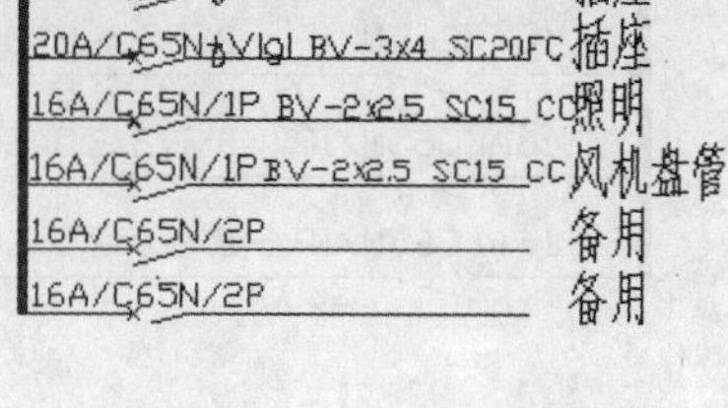

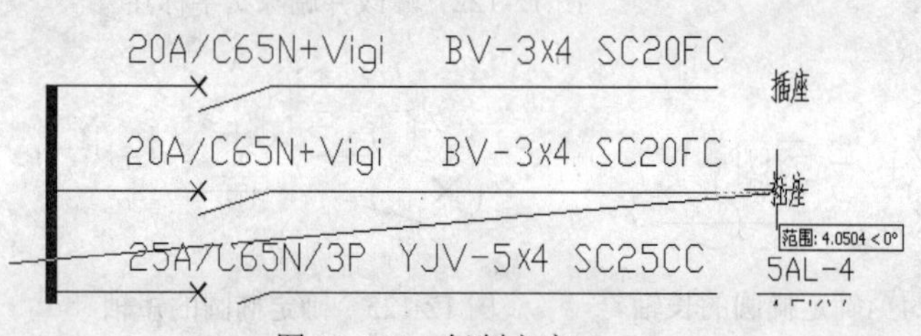

图 12-128 复制文字

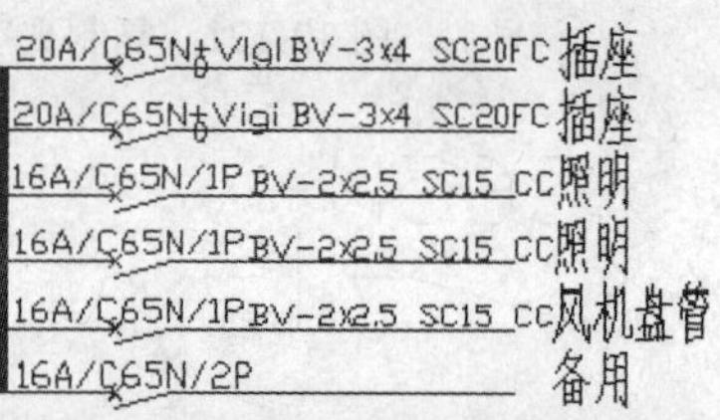

图 12-129 修改文字标注

7. 绘制配电箱入口隔离开关

01 从已经绘制好的回路中复制部分图形，如图 12-130 所示。

02 单击"绘图"工具栏中的"直线"按钮，在复制好的图形上添置一小段直线，隔离开关绘制完毕，结果如图 12-131 所示。

图 12-130 复制开关　　图 12-131 隔离开关

03 将此隔离开关复制到各个配电箱的中部，如图 12-132 所示。

04 单击"修改"工具栏中的"删除"按钮，删除竖直辅助线段；单击"绘图"工具栏中的"多行文字"按钮 A，为隔离开关标注必要的文字，结果如图 12-133 所示。

05 单击"绘图"工具栏中的"多行文字"按钮 A，分别标注各个配电箱的名称，结果如图 12-134 所示。

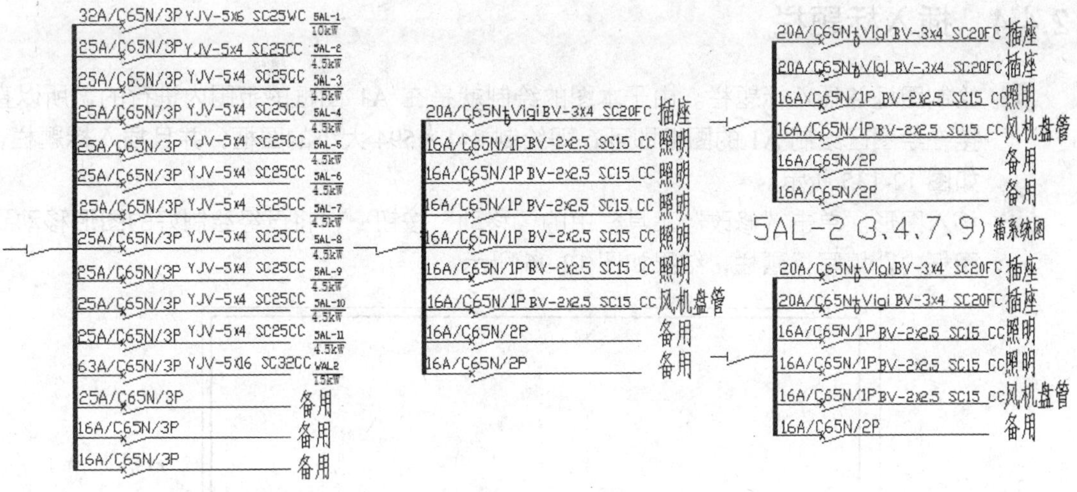

32A/C65N/3P YJV-5x6 SC25WC 5AL-1 10kW
25A/C65N/3P YJV-5x4 SC25CC 5AL-2 4.5kW
25A/C65N/3P YJV-5x4 SC25CC 5AL-3 4.5kW
25A/C65N/3P YJV-5x4 SC25CC 5AL-4 4.5kW
25A/C65N/3P YJV-5x4 SC25CC 5AL-5 4.5kW
25A/C65N/3P YJV-5x4 SC25CC 5AL-6 4.5kW
25A/C65N/3P YJV-5x4 SC25CC 5AL-7 4.5kW
25A/C65N/3P YJV-5x4 SC25CC 5AL-8 4.5kW
25A/C65N/3P YJV-5x4 SC25CC 5AL-9 4.5kW
25A/C65N/3P YJV-5x4 SC25CC 5AL-10 4.5kW
25A/C65N/3P YJV-5x4 SC25CC 5AL-11 4.5kW
63A/C65N/3P YJV-5x16 SC32CC WAL2 15kW
25A/C65N/3P 备用
16A/C65N/3P 备用
16A/C65N/3P 备用

20A/C65N+Vigi BV-3x4 SC20FC 插座
16A/C65N/1P BV-2x2.5 SC15 CC 照明
16A/C65N/1P BV-2x2.5 SC15 CC 照明
16A/C65N/1P BV-2x2.5 SC15 CC 照明
16A/C65N/1P BV-2x2.5 SC15 CC 照明
16A/C65N/1P BV-2x2.5 SC15 CC 照明
16A/C65N/1P BV-2x2.5 SC15 CC 风机盘管
16A/C65N/2P 备用
16A/C65N/2P 备用

20A/C65N+Vigi BV-3x4 SC20FC 插座
20A/C65N+Vigi BV-3x4 SC20FC 插座
16A/C65N/1P BV-2x2.5 SC15 CC 照明
16A/C65N/1P BV-2x2.5 SC15 CC 风机盘管
16A/C65N/2P 备用
16A/C65N/2P 备用
5AL-2 (3、4、7、9) 箱系统图

20A/C65N+Vigi BV-3x4 SC20FC 插座
20A/C65N+Vigi BV-3x4 SC20FC 插座
16A/C65N/1P BV-2x2.5 SC15 CC 照明
16A/C65N/1P BV-2x2.5 SC15 CC 照明
16A/C65N/1P BV-2x2.5 SC15 CC 风机盘管
16A/C65N/2P 备用

图 12-132　复制隔离开关

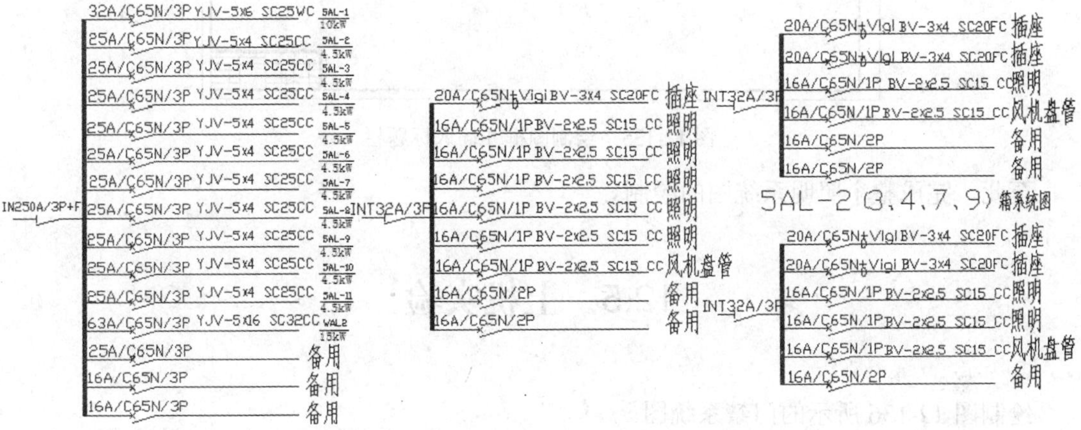

IN250A/3P+F
32A/C65N/3P YJV-5x6 SC25WC 5AL-1 10kW
25A/C65N/3P YJV-5x4 SC25CC 5AL-2 4.5kW
25A/C65N/3P YJV-5x4 SC25CC 5AL-3 4.5kW
25A/C65N/3P YJV-5x4 SC25CC 5AL-4 4.5kW
25A/C65N/3P YJV-5x4 SC25CC 5AL-5 4.5kW
25A/C65N/3P YJV-5x4 SC25CC 5AL-6 4.5kW
25A/C65N/3P YJV-5x4 SC25CC 5AL-7 4.5kW
25A/C65N/3P YJV-5x4 SC25CC 5AL-8 4.5kW
25A/C65N/3P YJV-5x4 SC25CC 5AL-9 4.5kW
25A/C65N/3P YJV-5x4 SC25CC 5AL-10 4.5kW
25A/C65N/3P YJV-5x4 SC25CC 5AL-11 4.5kW
63A/C65N/3P YJV-5x16 SC32CC WAL2 15kW
25A/C65N/3P 备用
16A/C65N/3P 备用
16A/C65N/3P 备用

INT32A/3P
20A/C65N+Vigi BV-3x4 SC20FC 插座
16A/C65N/1P BV-2x2.5 SC15 CC 照明
16A/C65N/1P BV-2x2.5 SC15 CC 照明
16A/C65N/1P BV-2x2.5 SC15 CC 照明
16A/C65N/1P BV-2x2.5 SC15 CC 照明
16A/C65N/1P BV-2x2.5 SC15 CC 照明
16A/C65N/1P BV-2x2.5 SC15 CC 风机盘管
16A/C65N/2P 备用
16A/C65N/2P 备用

INT32A/3P
20A/C65N+Vigi BV-3x4 SC20FC 插座
20A/C65N+Vigi BV-3x4 SC20FC 插座
16A/C65N/1P BV-2x2.5 SC15 CC 照明
16A/C65N/1P BV-2x2.5 SC15 CC 风机盘管
16A/C65N/2P 备用
16A/C65N/2P 备用
5AL-2 (3、4、7、9) 箱系统图

INT32A/3P
20A/C65N+Vigi BV-3x4 SC20FC 插座
20A/C65N+Vigi BV-3x4 SC20FC 插座
16A/C65N/1P BV-2x2.5 SC15 CC 照明
16A/C65N/1P BV-2x2.5 SC15 CC 照明
16A/C65N/1P BV-2x2.5 SC15 CC 风机盘管
16A/C65N/2P 备用

图 12-133　标注隔离开关文字

IN250A/3P+F
32A/C65N/3P YJV-5x6 SC25WC 5AL-1 10kW
25A/C65N/3P YJV-5x4 SC25CC 5AL-2 4.5kW
25A/C65N/3P YJV-5x4 SC25CC 5AL-3 4.5kW
25A/C65N/3P YJV-5x4 SC25CC 5AL-4 4.5kW
25A/C65N/3P YJV-5x4 SC25CC 5AL-5 4.5kW
25A/C65N/3P YJV-5x4 SC25CC 5AL-6 4.5kW
25A/C65N/3P YJV-5x4 SC25CC 5AL-7 4.5kW
25A/C65N/3P YJV-5x4 SC25CC 5AL-8 4.5kW
25A/C65N/3P YJV-5x4 SC25CC 5AL-9 4.5kW
25A/C65N/3P YJV-5x4 SC25CC 5AL-10 4.5kW
25A/C65N/3P YJV-5x4 SC25CC 5AL-11 4.5kW
63A/C65N/3P YJV-5x16 SC32CC WAL2 15kW
25A/C65N/3P 备用
16A/C65N/3P 备用
16A/C65N/3P 备用
5AL 箱系统图

INT32A/3P
20A/C65N+Vigi BV-3x4 SC20FC 插座
16A/C65N/1P BV-2x2.5 SC15 CC 照明
16A/C65N/1P BV-2x2.5 SC15 CC 照明
16A/C65N/1P BV-2x2.5 SC15 CC 照明
16A/C65N/1P BV-2x2.5 SC15 CC 照明
16A/C65N/1P BV-2x2.5 SC15 CC 照明
16A/C65N/1P BV-2x2.5 SC15 CC 风机盘管
16A/C65N/2P 备用
16A/C65N/2P 备用
5AL-1 箱系统图

INT32A/3P
20A/C65N+Vigi BV-3x4 SC20FC 插座
20A/C65N+Vigi BV-3x4 SC20FC 插座
16A/C65N/1P BV-2x2.5 SC15 CC 照明
16A/C65N/1P BV-2x2.5 SC15 CC 风机盘管
16A/C65N/2P 备用
16A/C65N/2P 备用
5AL-2 (3、4、7、9) 箱系统图

INT32A/3P
20A/C65N+Vigi BV-3x4 SC20FC 插座
20A/C65N+Vigi BV-3x4 SC20FC 插座
16A/C65N/1P BV-2x2.5 SC15 CC 照明
16A/C65N/1P BV-2x2.5 SC15 CC 照明
16A/C65N/1P BV-2x2.5 SC15 CC 风机盘管
16A/C65N/2P 备用
5AL-5 (6、8、10、11) 箱系统图

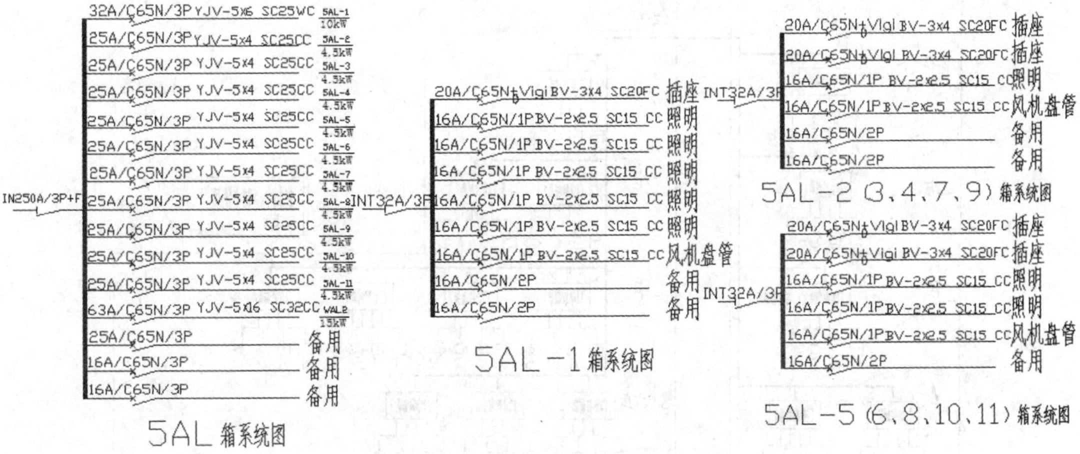

图 12-134　标注配电箱名称

12.4.4 插入标题栏

01 绘制图框并插入标题栏。由于本图的绘制就是在 A1 图框的范围内进行的，所以直接在绘图区绘制 A1 的图框即可，即绘制 841×594 大小的图框，并且插入标题栏，如图 12-135 所示。

02 移入图形。单击“修改”工具栏中的“移动”按钮，将已经绘制好的图形移动到图框内，填写标题栏，结果如图 12-96 所示。

图 12-135 绘制图框并插入标题栏

至此，完成整个照明系统图的绘制。

12.5 上机实验

绘制图 12-136 所示的门禁系统图。

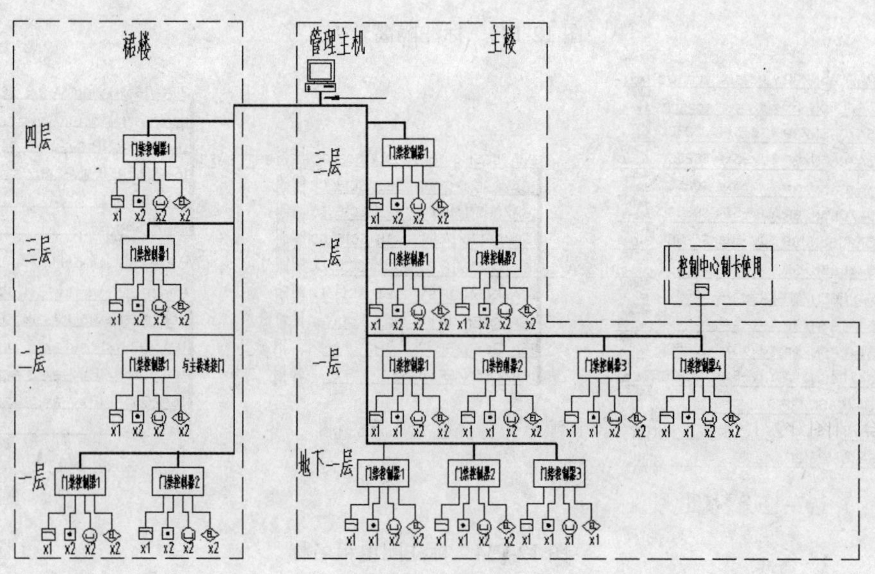

图 12-136 门禁系统图

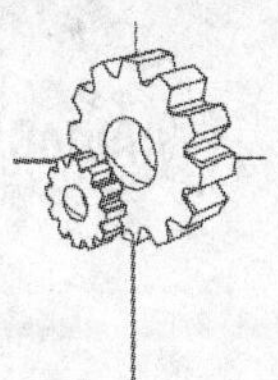

（1）目的要求

本例通过绘制门禁系统图帮助读者掌握建筑电气工程图的方法和技巧。

（2）操作提示

①绘制各个单元模块。

②插入和复制各个单元模块。

③绘制连接线。

④文字标注。

12.6　思考与练习

1．绘制图 12-137 所示的跳水馆照明干线系统图。

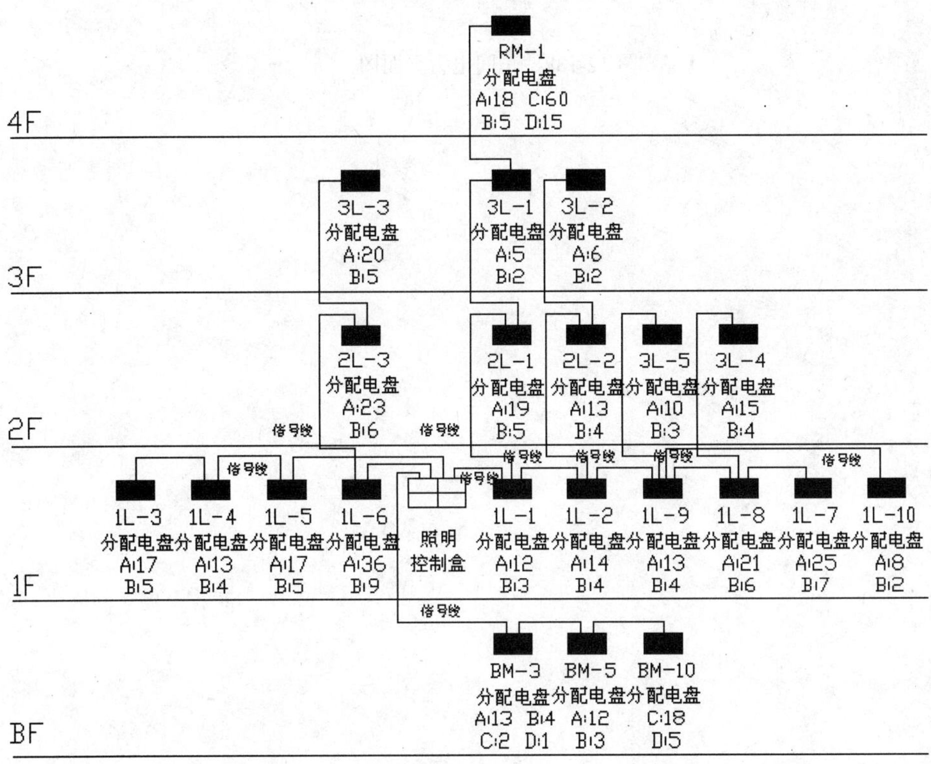

图 12-137　跳水馆照明干线系统图

2．绘制图 12-138 所示的车间电力平面图。

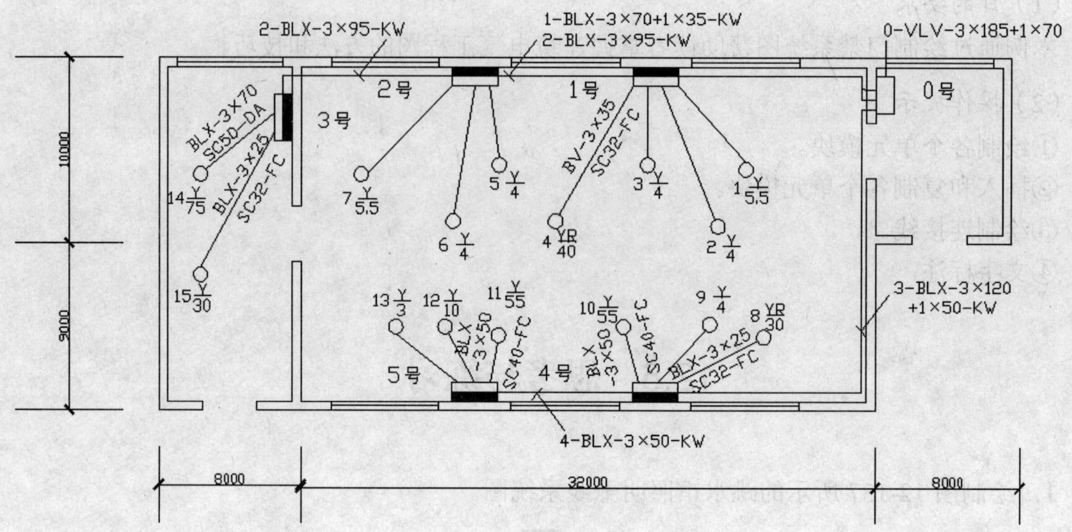

图 12-138　车间电力平面图

第 13 章

柴油机 PLC 系统电气工程图综合实例

柴油机发动的原理就是将能量转化为电能，基于 PLC 的柴油发电机组与市电切换系统，由柴油发电机组和可编程序逻辑控制器组成。通过此控制系统能实现：当电网正常时，负载由电网供电；当电网不正常时，控制系统立刻启动柴油发电机组，实现柴油机组输出对负载供电。当电网恢复正常后，系统恢复电网供电，并关闭柴油机组。通过此系统能确保负载的正常输出。下面详细讲述其绘制思路和过程。

13.1 PLC 系统供电系统图

PLC 供电系统是指对 PLC 控制系统所需电源的分配，包括强电（220VAC）和弱电（24VDC），这些电源电路的分布和走向布置就是“PLC 供电系统”。根据 PLC 的具体型号来定，需要 24VDC 的，通过开关电源供电；需要 220VAC 的，就直接接入市电。本节将详细讲述 PLC 系统供电系统图。

13.1.1 设置绘图环境

01 打开 AutoCAD 2013 应用程序，单击“标准”工具栏中的“新建”按钮，打开“选择样板”对话框，如图 13-1 所示，以“无样板打开-公制（M）”方式打开一个新的空白图形文件。

02 单击“标准”工具栏中的“保存”按钮，打开“图形另存为”对话框，如图 13-2 所示，将文件保存为“PLC 系统供电系统图.dwg”图形文件。

03 单击“图层”工具栏中的“图层特性管理器”按钮，打开“图层特性管理器”面板，新建“实体符号层”和“连接线层”，如图 13-3 所示。

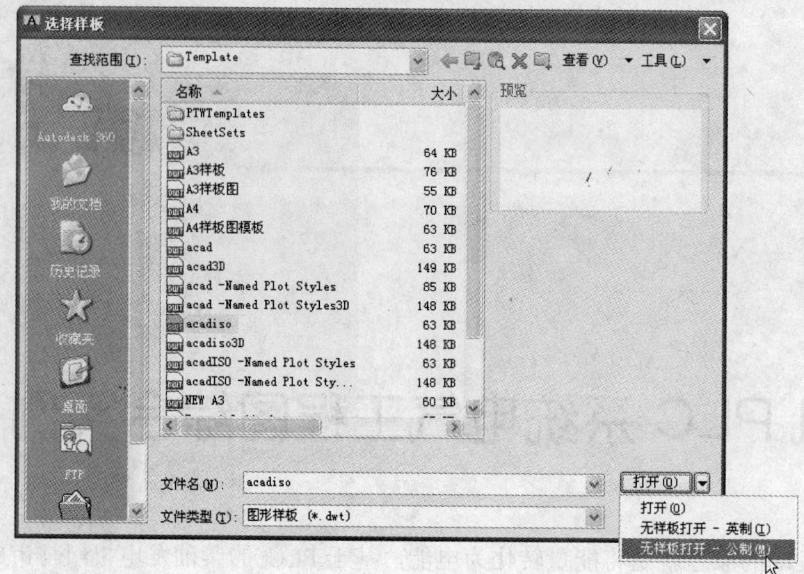

图 13-1 “选择样板”对话框

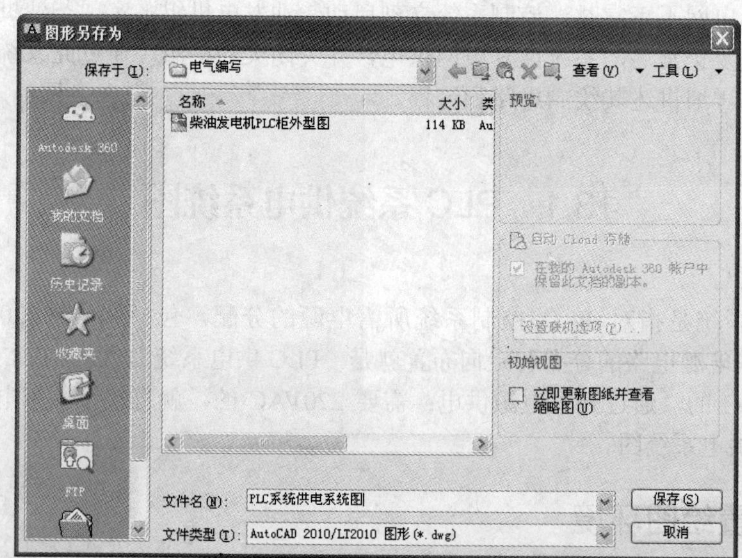

图 13-2 保存文件

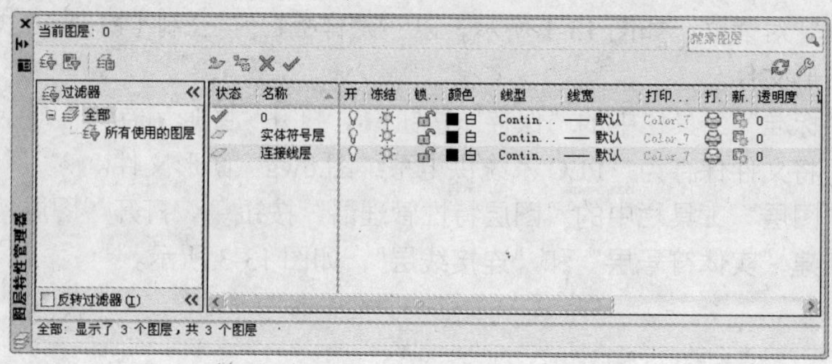

图 13-3 新建图层

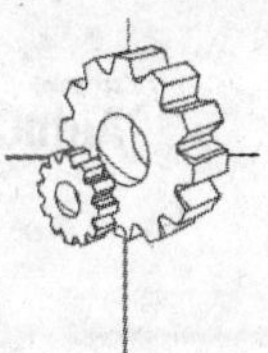

13.1.2　绘制元件符号

下面简要讲述 PLC 供电系统图中用到的一些元件符号的绘制方法。

1．绘制开关

01 将“实体符号层”置为当前图层，单击“绘图”工具栏中的“直线”按钮，绘制三段水平直线，如图 13-4 所示。

图 13-4　绘制水平直线

02 单击“修改”工具栏中的“旋转”按钮，将短直线旋转到合适的角度，如图 13-5 所示。

03 单击“绘图”工具栏中的“直线”按钮，绘制短斜线，如图 13-6 所示。

图 13-5　旋转短直线

图 13-6　绘制短斜线

04 单击“修改”工具栏中的“旋转”按钮，将短斜线旋转复制，完成开关的绘制，如图 13-7 所示。

05 单击“修改”工具栏中的“复制”按钮，将开关向下复制，如图 13-8 所示。

图 13-7　旋转复制短斜线

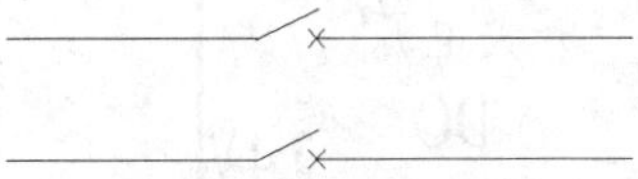

图 13-8　复制开关

06 单击“绘图”工具栏中的“直线”按钮，绘制连接线，如图 13-9 所示。

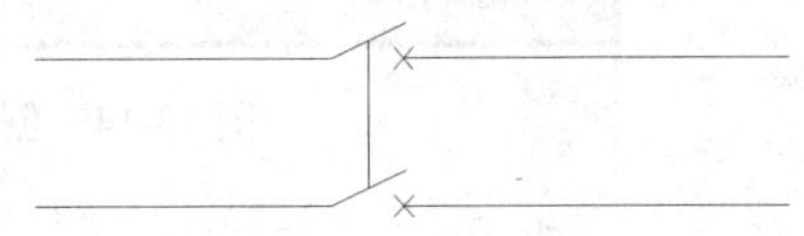

图 13-9　绘制连接线

07 单击“绘图”工具栏中的“创建块”按钮，将开关创建为块，如图 13-10 所示。

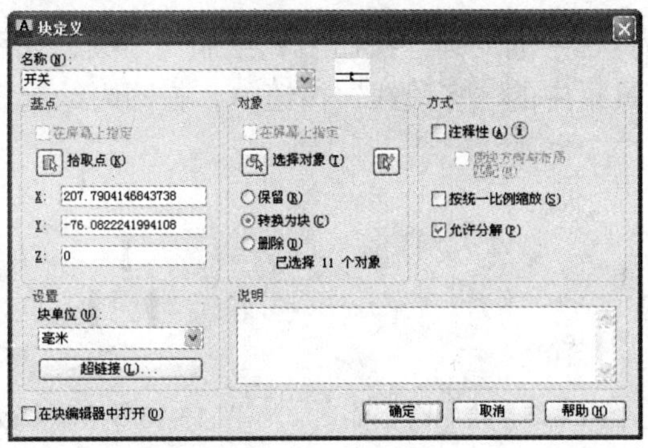

图 13-10　创建块

2. 绘制开关电源

01 单击“绘图”工具栏中的“多段线”按钮，设置线宽为 0.3，绘制一个四边形，如图 13-11 所示。

02 单击“绘图”工具栏中的“直线”按钮，在四边形内绘制一条斜线，如图 13-12 所示。

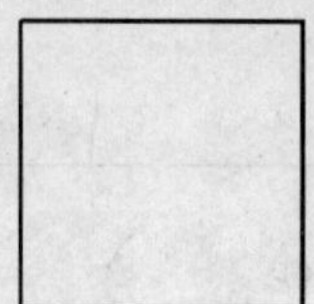

图 13-11　绘制四边形

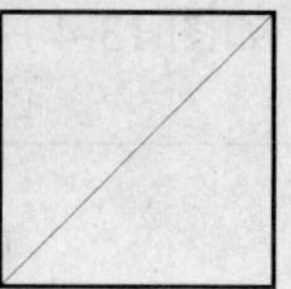

图 13-12　绘制斜线

03 单击“绘图”工具栏中的“多行文字”按钮，在四边形内输入文字，完成开关电源的绘制，如图 13-13 所示。

04 单击“绘图”工具栏中的“创建块”按钮，在弹出的“块定义”对话框中，将开关电源创建为块，如图 13-14 所示。

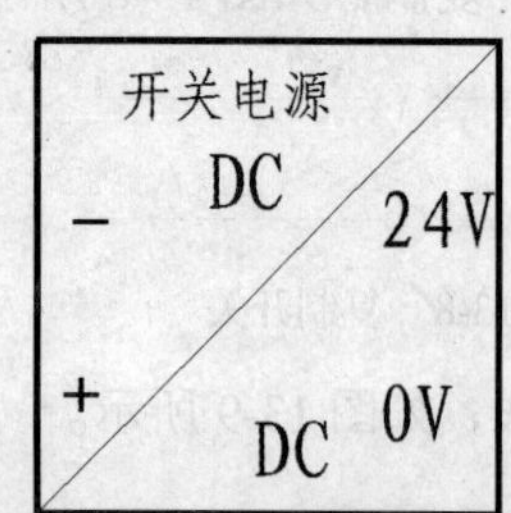

图 13-13　绘制开关电源

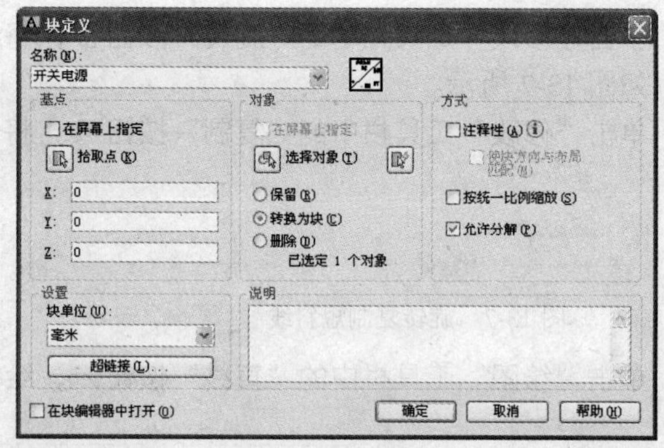

图 13-14　创建块

13.1.3　元件布局

绘制完元件符号后，需要将这些元件符号布局在图纸合适的位置，下面简要讲述其方法。

01 单击“绘图”工具栏中的“圆”按钮，绘制一个圆，如图 13-15 所示。

02 单击“绘图”工具栏中的“多段线”按钮，在圆内绘制三条较短的多段线，如图 13-16 所示。

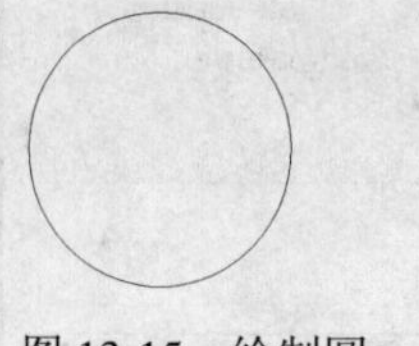

图 13-15　绘制圆

图 13-16　绘制多段线

03 单击“绘图”工具栏中的“插入块”按钮，打开“插入”对话框，在“旋转”栏中将角度设置为 90，如图 13-17 所示，将“开关”图块插入到图中，如图 13-18 所示。

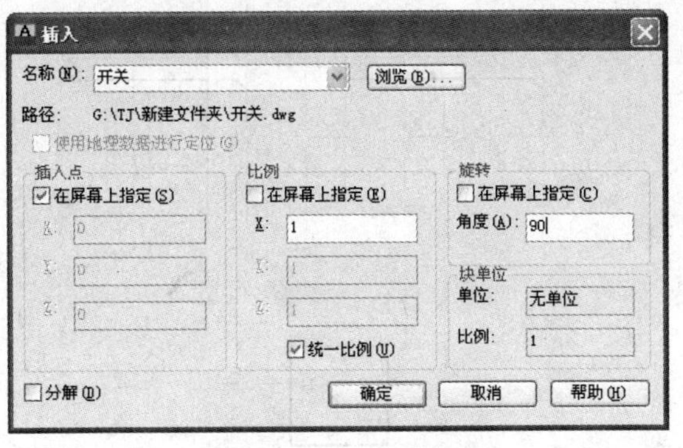

图 13-17　“插入”对话框

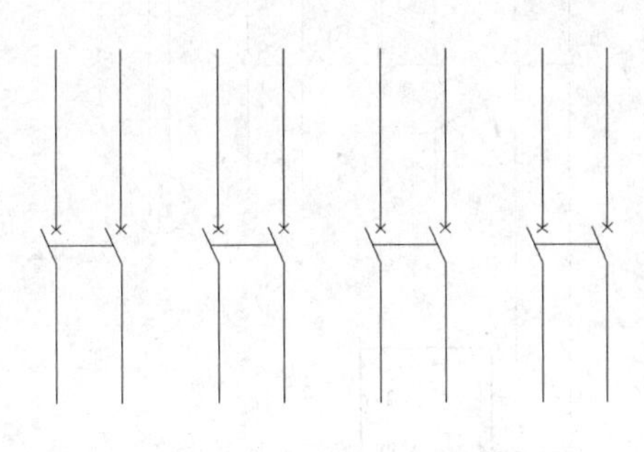

图 13-18　插入开关图块

04 单击“绘图”工具栏中的“插入块”按钮，将开关电源插入到图中合适的位置，如图 13-19 所示。

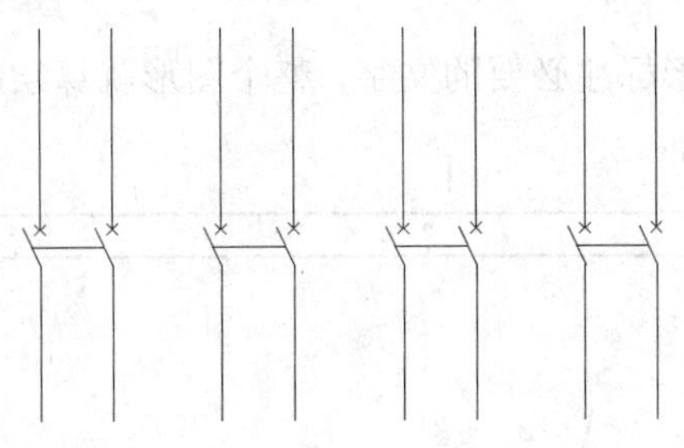

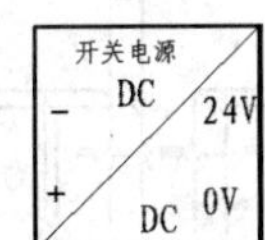

图 13-19　插入开关电源

13.1.4　绘制线路图

布局完元件符号后，可以用导线将这些元件符号连接起来，下面讲述其方法。

01 将“连接线层”置为当前图层，单击“绘图”工具栏中的“直线”按钮，按照原理图连接各元器件，如图 13-20 所示。

02 单击“绘图”工具栏中的“多段线”按钮和“修改”工具栏中的“修剪”按钮，绘制总线，如图 13-21 所示。

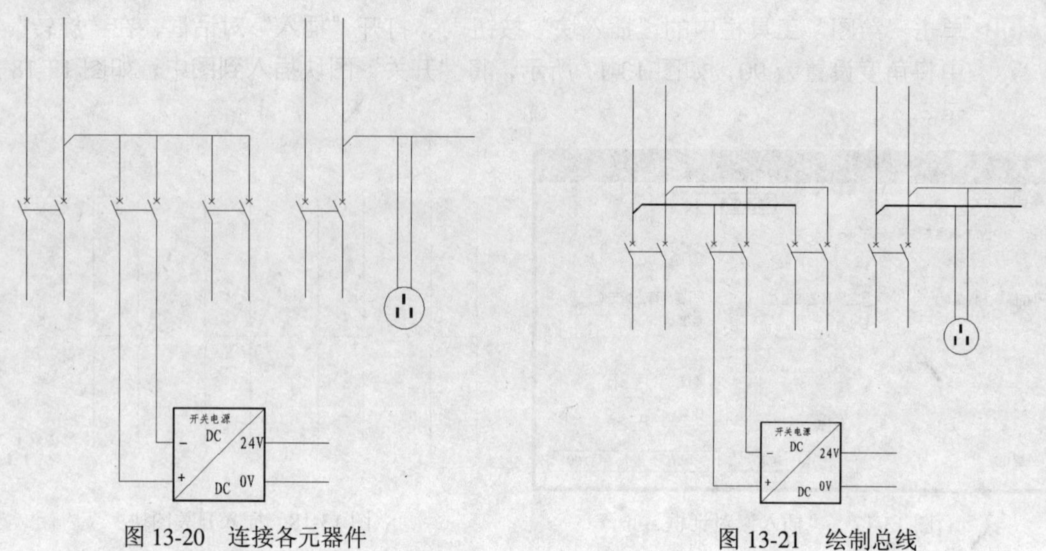

图 13-20　连接各元器件

图 13-21　绘制总线

13.1.5　标注文字

线路连接完毕后，给整个图形标注必要的文字，整个图形就算绘制完毕，结果如图 13-22 所示。

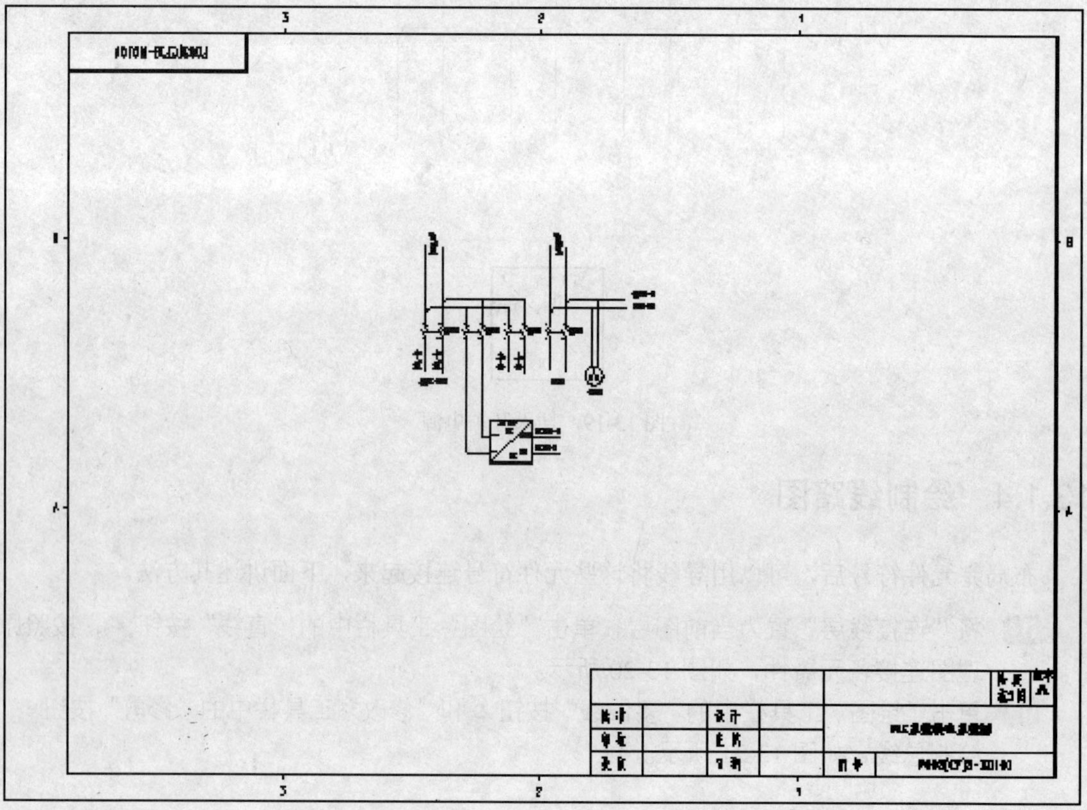

图 13-22　PLC 系统供电系统图

01 选择菜单栏中的“格式”→“文字样式”命令，打开“文字样式”对话框，单击“新建”按钮，打开“新建文字样式”对话框，如图 13-23 所示，单击“确定”按钮，返回“文字样式”对话框，设置字体为宋体，高度为 3，如图 13-24 所示。

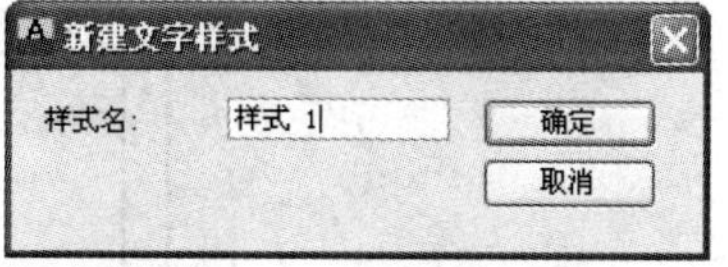

图 13-23　新建文字样式

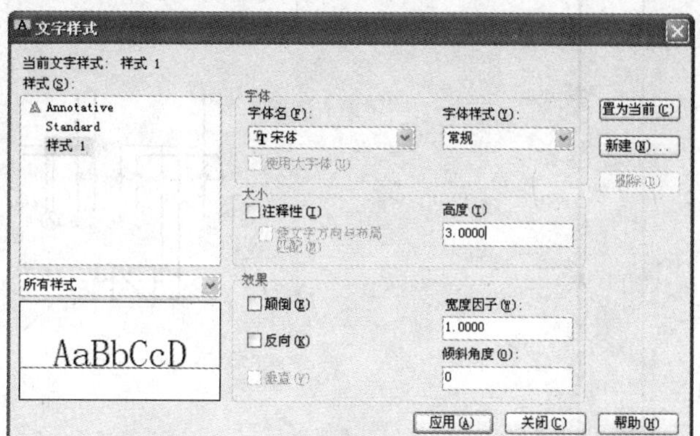

图 13-24　设置文字样式

02 单击“绘图”工具栏中的“多行文字”按钮，为图形标注文字，对于竖直方向的文字，单击“修改”工具栏中的“旋转”按钮，将文字旋转 90°，结果如图 13-25 所示。

03 单击“绘图”工具栏中的“插入块”按钮，打开“插入”对话框，如图 13-26 所示，在光盘\图库中找到“图框”图块，将其插入到图中合适的位置，如图 13-27 所示。

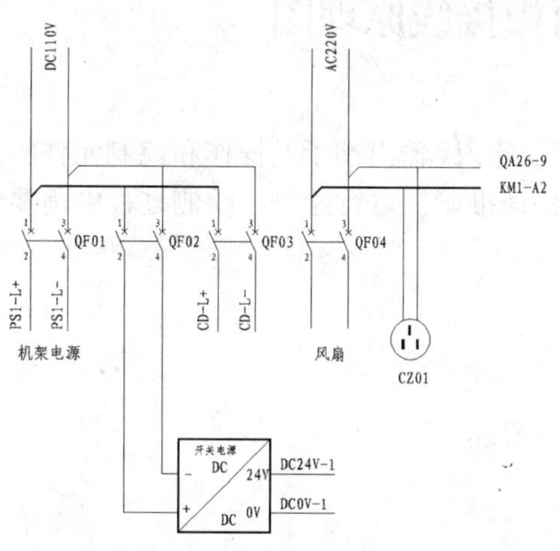

图 13-25　标注文字

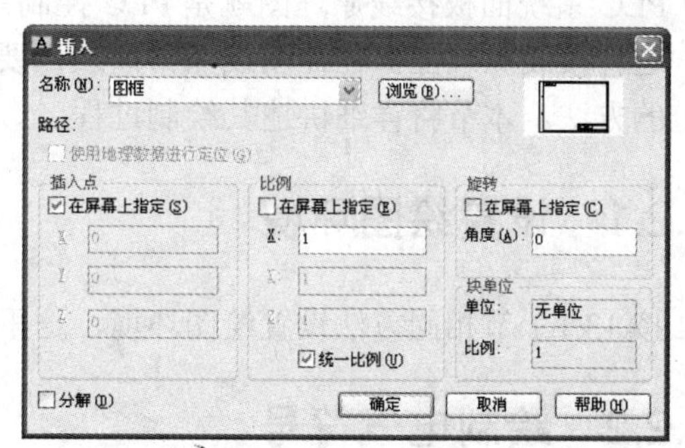

图 13-26　“插入”对话框

04 单击“绘图”工具栏中的“多行文字”按钮，在图框内输入图纸名称，如图 13-22 所示。

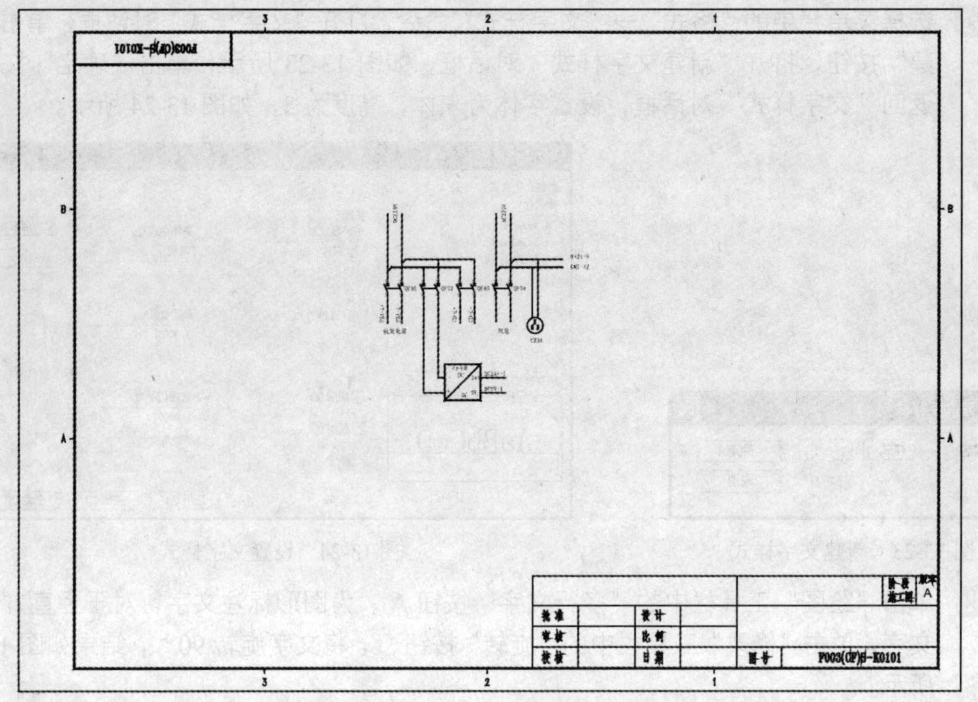

图 13-27 插入图框

13.2 PLC 系统面板接线原理图

PLC 系统面板接线原理图就是 PLC 控制系统的输入、输出端子及操作和控制元件的接线图。这种接线原理图，往往图线非常烦琐，要想快速准确地进行绘制，绘制过程中需要遵循一定的方法。本节将详细讲述其绘制过程。

13.2.1 设置绘图环境

按 13.1.1 节相同方法设置绘图环境，这里不再赘述。

13.2.2 绘制电气符号

下面简要讲述 PLC 系统面板接线原理图中用到的一些元件符号的绘制方法。

1. 绘制转换开关

01 将"实体符号层"置为当前图层，单击"绘图"工具栏中的"直线"按钮，绘制一条竖直直线，如图 13-28 所示。

02 单击"修改"工具栏中的"偏移"按钮，将竖直直线向两侧偏移，如图 13-29 所示。

03 单击"绘图"工具栏中的"圆"按钮，在图中合适的位置绘制一个圆，如图 13-30

所示。

04 单击“修改”工具栏中的“修剪”按钮，修剪掉多余的直线，如图 13-31 所示。

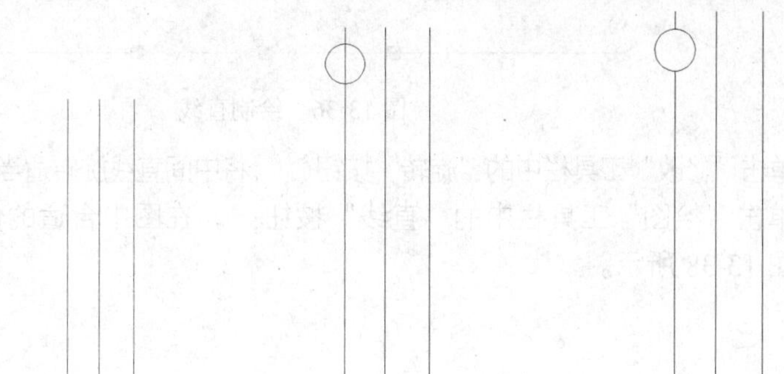

图 13-28　绘制竖直直线　　图 13-29　偏移直线　　图 13-30　绘制圆　　图 13-31　修剪掉多余的直线

05 单击“绘图”工具栏中的“多行文字”按钮 A，在圆内输入文字，完成标号的绘制，如图 13-32 所示。

06 单击“修改”工具栏中的“复制”按钮，将标号复制到图中其他位置，如图 13-33 所示。

图 13-32　绘制标号　　图 13-33　复制标号

07 双击文字，修改文字内容，然后单击“修改”工具栏中的“修剪”按钮，修剪掉多余的直线，如图 13-34 所示。

08 单击“绘图”工具栏中的“创建块”按钮，将转换开关创建为块，如图 13-35 所示。

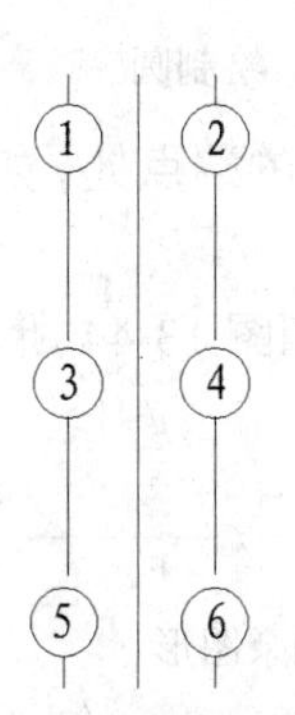

图 13-34　修剪掉多余的直线

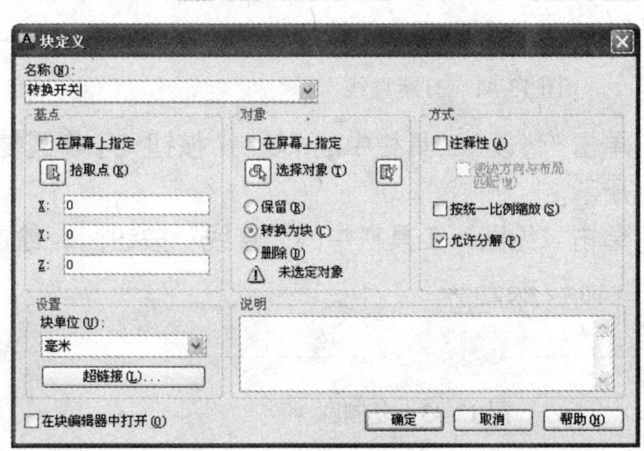

图 13-35　创建块

2. 绘制按钮

01 单击“绘图”工具栏中的“直线”按钮，绘制三段水平直线，如图 13-36 所示。

图 13-36　绘制直线

02 单击“修改”工具栏中的“旋转”按钮，将中间直线旋转适当的角度，如图 13-37 所示。

03 单击“绘图”工具栏中的“直线”按钮，在图中合适的位置处绘制竖直直线，如图 13-38 所示。

图 13-37　旋转直线

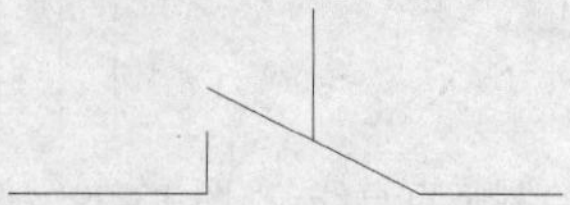

图 13-38　绘制竖直直线

04 单击“绘图”工具栏中的“直线”按钮，绘制连续线段，如图 13-39 所示。

05 单击“绘图”工具栏中的“创建块”按钮，将按钮创建为块。

3. 绘制开关 1

01 单击“绘图”工具栏中的“直线”按钮，在图中绘制一条水平直线，如图 13-40 所示。

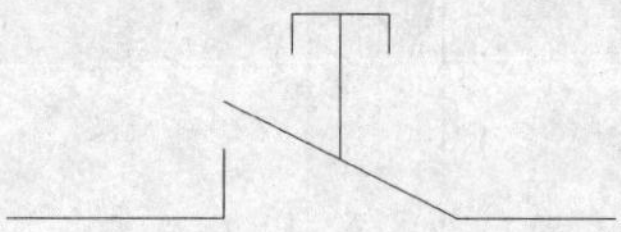

图 13-39　绘制连续线段

图 13-40　绘制水平直线

02 单击“修改”工具栏中的“打断”按钮，将直线打断，如图 13-41 所示。

03 单击“绘图”工具栏中的“圆”按钮，在左侧直线端点处绘制圆，如图 13-42 所示。

图 13-41　打断直线

图 13-42　绘制圆

04 单击“修改”工具栏中的“复制”按钮，将圆复制到右侧直线的端点处，如图 13-43 所示。

05 单击“绘图”工具栏中的“直线”按钮，绘制剩余图形，如图 13-44 所示。

图 13-43　复制圆

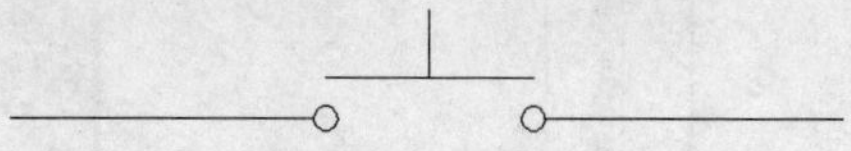

图 13-44 绘制剩余图形

06 单击“绘图”工具栏中的“创建块”按钮，将开关 1 创建为块。

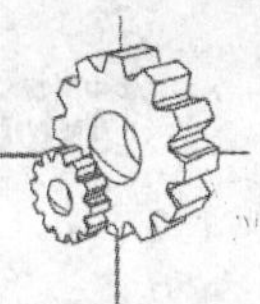

4．绘制开关 2

01 单击“绘图”工具栏中的“直线”按钮，绘制三段水平直线，如图 13-45 所示。

02 单击“修改”工具栏中的“旋转”按钮，将中间直线旋转适当的角度，如图 13-46 所示。

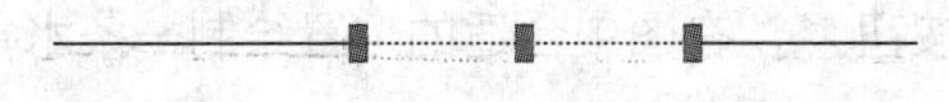

图 13-45　绘制水平直线

图 13-46　旋转直线

03 单击“绘图”工具栏中的“创建块”按钮，将开关 2 创建为块。

13.2.3　绘制原理图

绘制完元件符号后，以此为基础，绘制出 PLC 系统接线原理图，如图 13-47 所示。下面简要讲述其方法。

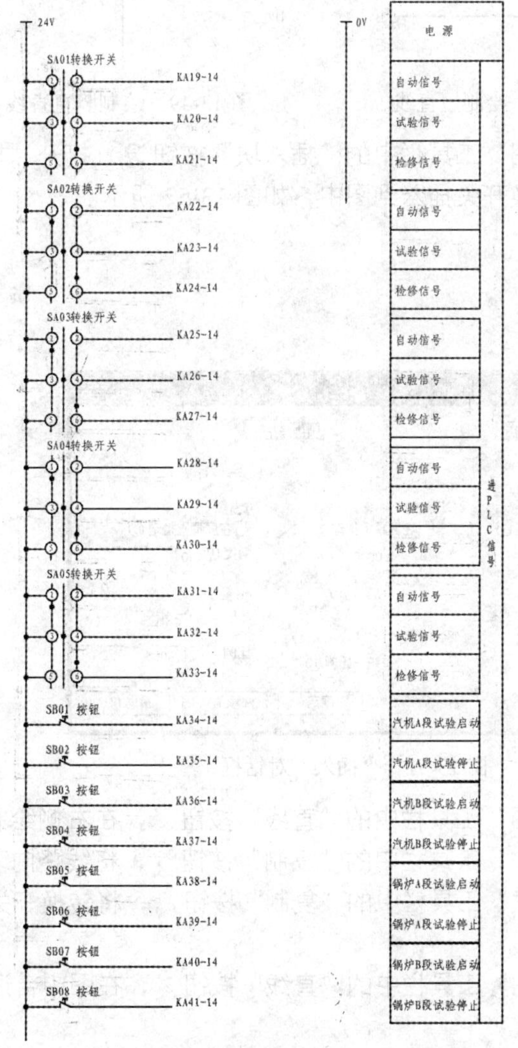

图 13-47　PLC 系统接线原理图

01 将“连接线层”置为当前图层，单击“绘图”工具栏中的“直线”按钮，绘制一条短直线，如图 13-48 所示。

02 单击“绘图”工具栏中的“直线”按钮，以上步绘制的短直线中点为起点，竖直向下绘制一条竖直直线，如图 13-49 所示。

03 单击“绘图”工具栏中的“直线”按钮，在图中合适的位置绘制一条水平直线，如图 13-50 所示。

图 13-48　绘制短直线　　图 13-49　绘制竖直直线　　图 13-50　绘制水平直线

04 单击“绘图”工具栏中的“插入块”按钮，打开“插入”对话框，如图 13-51 所示，将转换开关插入到图中，如图 13-52 所示。

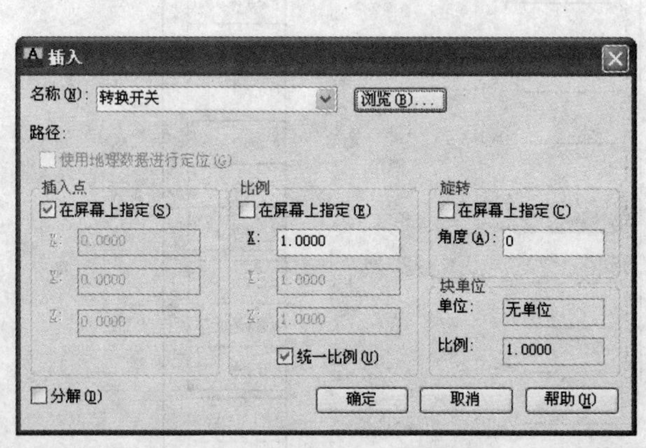

图 13-51　“插入”对话框　　图 13-52　插入转换开关

05 单击“绘图”工具栏中的“直线”按钮，在右侧绘制线路，如图 13-53 所示。

06 单击“修改”工具栏中的“复制”按钮，将线路向下复制，如图 13-54 所示。

07 单击“修改”工具栏中的“复制”按钮，将转换开关和线路依次向下复制，如图 13-55 所示。

08 单击“绘图”工具栏中的“直线”按钮，在图中合适的位置绘制一条直线，如图 13-56 所示。

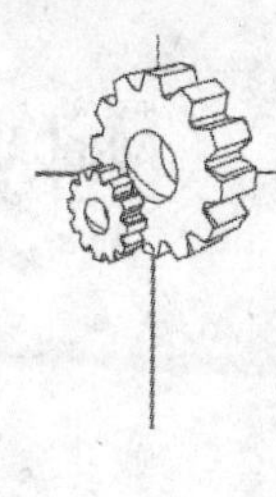

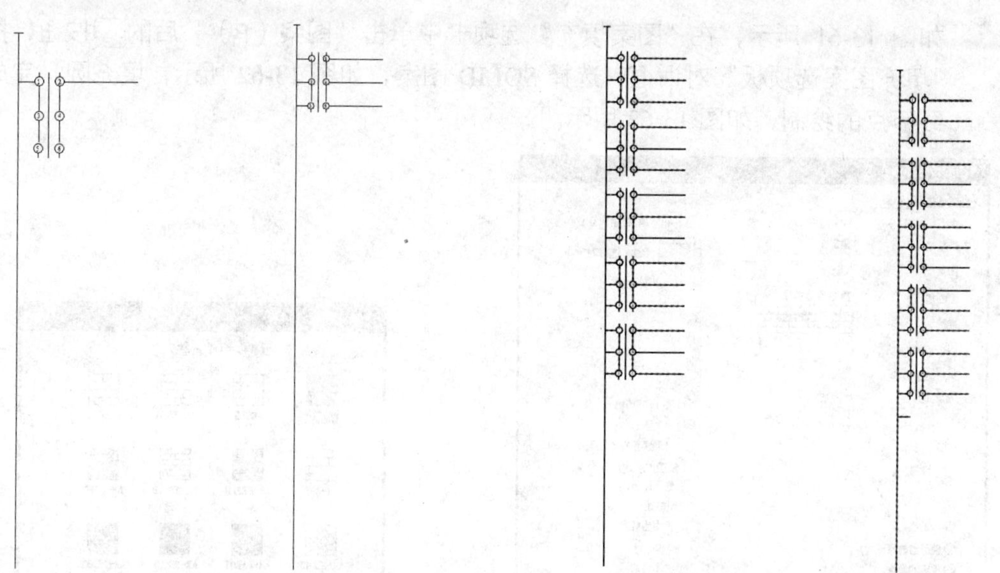

图 13-53　绘制线路　　图 13-54　复制线路　　图 13-55　复制转换开关和线路　　图 13-56　绘制直线

09 单击“绘图”工具栏中的“插入块”按钮，将按钮插入到上步绘制的直线右侧，如图 13-57 所示。

10 单击“绘图”工具栏中的“直线”按钮，绘制线路，如图 13-58 所示。

11 单击“修改”工具栏中的“复制”按钮，将按钮和线路向下依次复制，如图 13-59 所示。

12 单击“绘图”工具栏中的“圆”按钮，在图中合适的位置绘制一个圆，如图 13-60 所示。

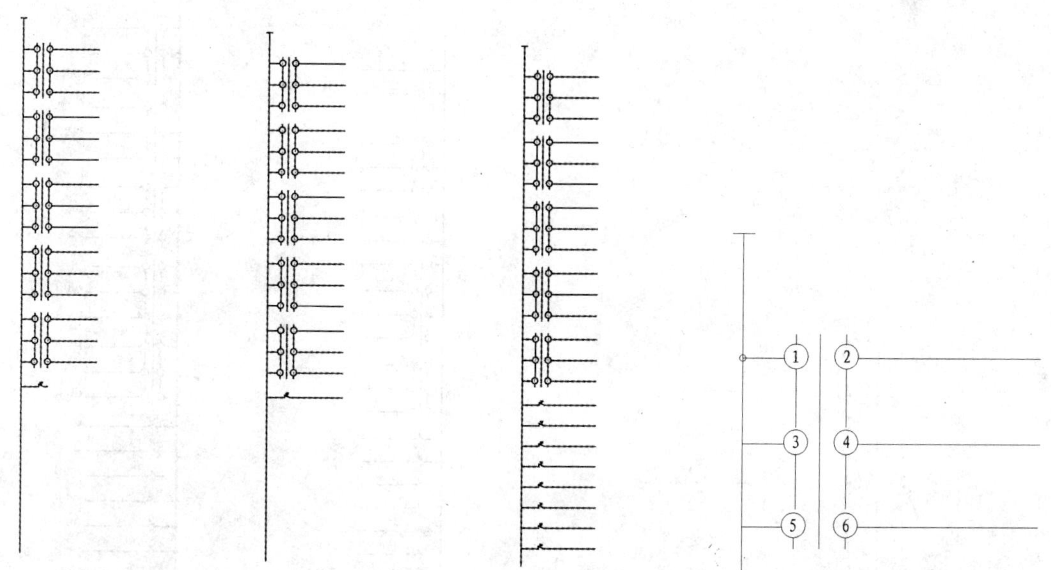

图 13-57　插入按钮　　图 13-58　绘制线路　　图 13-59　复制按钮和线路　　图 13-60　绘制圆

13 单击“绘图”工具栏中的“图案填充”按钮，打开“图案填充和渐变色”对话框，如图 13-61 所示，在“图案填充”选项卡中单击“图案（P）:”后的[...]按钮，打开“填充图案选项板”对话框，选择 SOLID 图案，如图 13-62 所示，填充圆，完成导线节点的绘制，如图 13-63 所示。

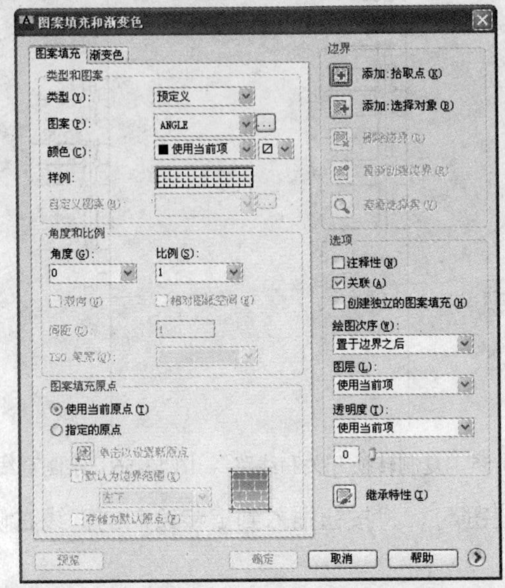

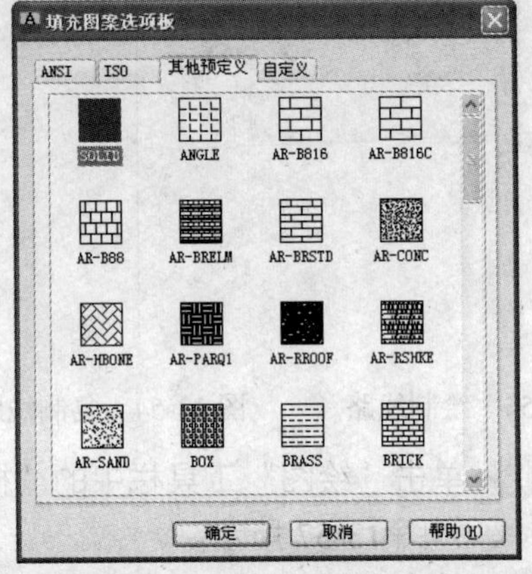

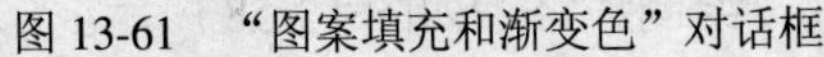
图 13-61 “图案填充和渐变色”对话框　　图 13-62 选择填充图案

14 单击“修改”工具栏中的“复制”按钮，将导线节点复制到图中其他位置，如图 13-64 所示。

15 单击“绘图”工具栏中的“多行文字”按钮A，标注文字，如图 13-65 所示。

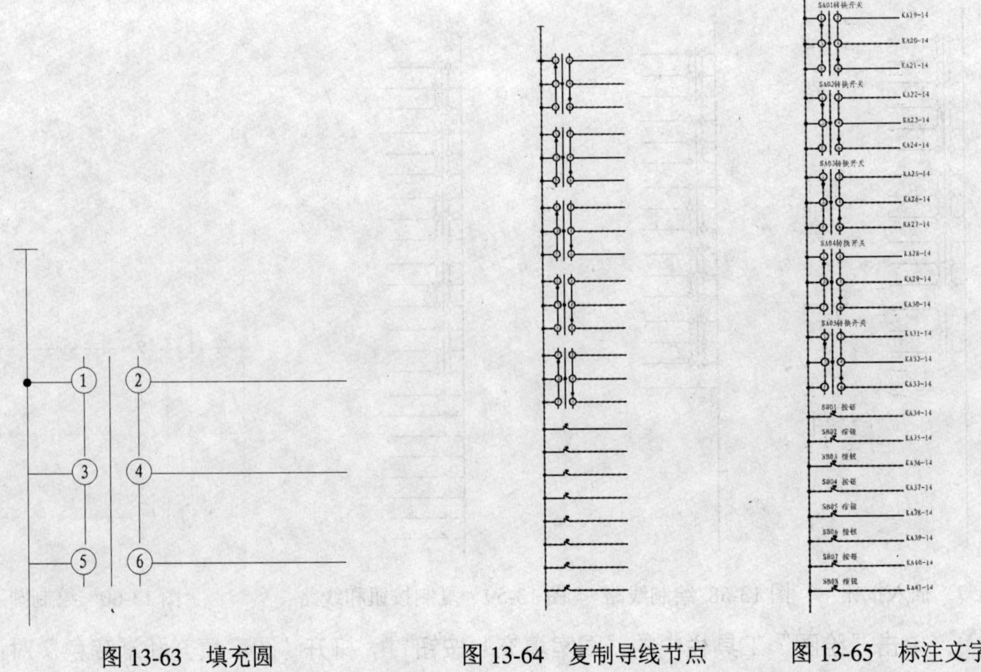

图 13-63 填充圆　　图 13-64 复制导线节点　　图 13-65 标注文字

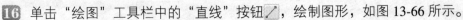

16 单击“绘图”工具栏中的“直线”按钮，绘制图形，如图 13-66 所示。

17 单击“绘图”工具栏中的“直线”按钮 和“矩形”按钮，在图中绘制多个矩形，如图 13-67 所示。

18 单击“绘图”工具栏中的“多行文字”按钮A，在矩形内输入文字，如图 13-68 所示。

19 单击“修改”工具栏中的“复制”按钮，复制矩形和文字，如图 13-69 所示。

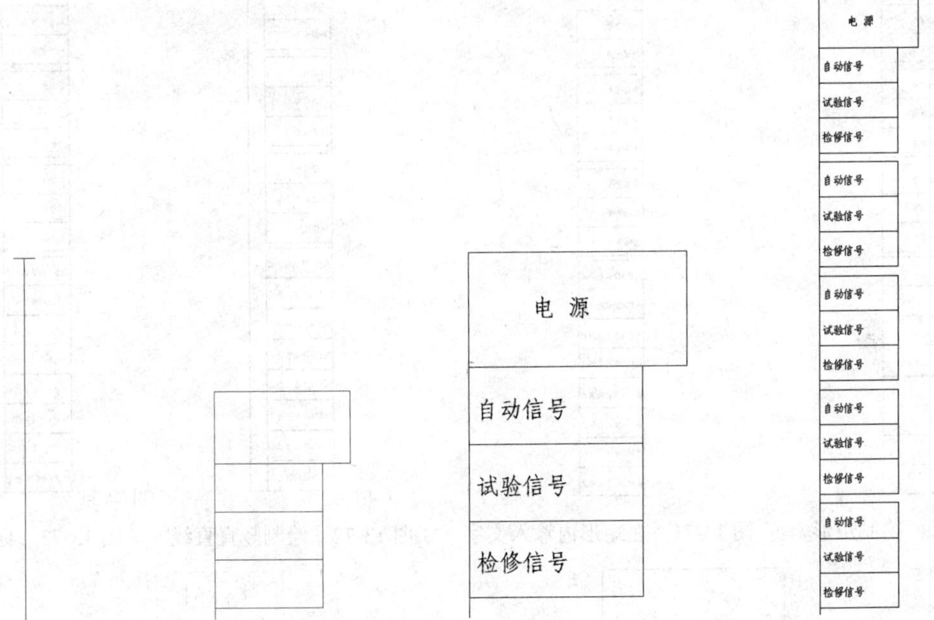

图 13-66 绘制图形　图 13-67 绘制矩形　图 13-68 输入文字　图 13-69 复制矩形和文字

20 单击“绘图”工具栏中的“矩形”按钮，继续绘制矩形，如图 13-70 所示。

21 单击“绘图”工具栏中的“多行文字”按钮A，在矩形内输入文字，如图 13-71 所示。

22 单击“绘图”工具栏中的“直线”按钮，在右侧绘制一条竖直直线，如图 13-72 所示。

23 单击“绘图”工具栏中的“多行文字”按钮A，在图中标注文字，如图 13-73 所示。

24 单击“绘图”工具栏中的“矩形”按钮，在图中绘制一个长为 21.5、宽为 14 的矩形，如图 13-74 所示。

25 单击“修改”工具栏中的“分解”按钮，将矩形分解。

26 单击“修改”工具栏中的“偏移”按钮，将左侧竖直直线向右偏移，偏移距离为 11、3.5 和 3.5，如图 13-75 所示。

27 单击“修改”工具栏中的“偏移”按钮，将上侧水平直线向下偏移，偏移距离为 3.5、3.5 和 3.5，如图 13-76 所示。

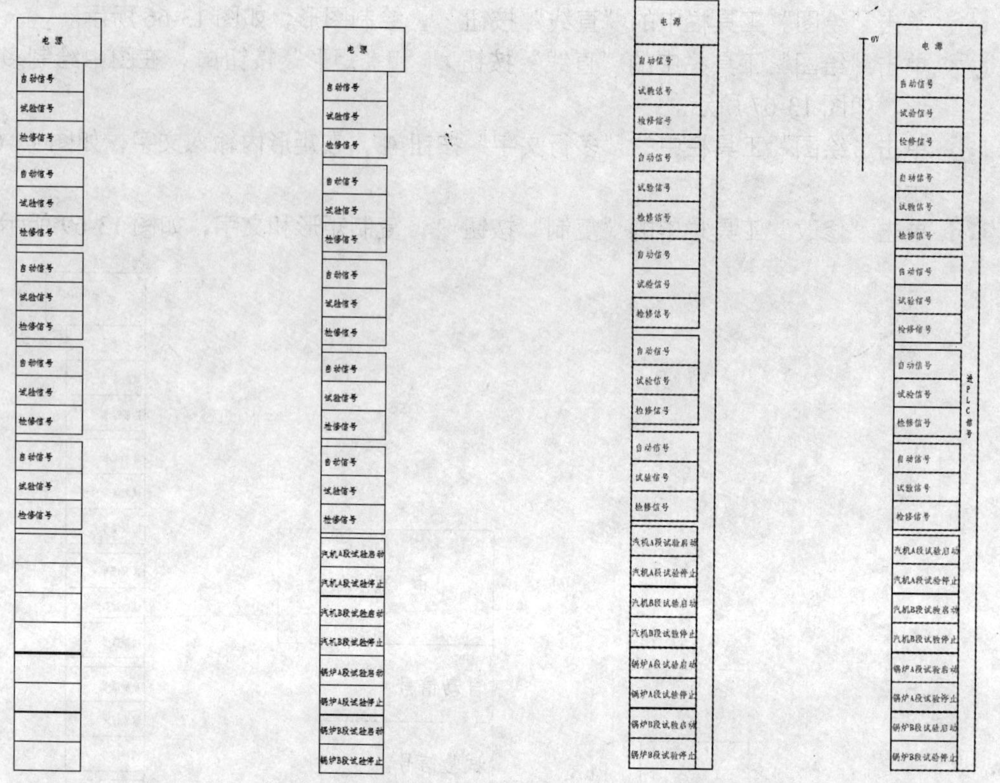

图 13-70　绘制矩形　　图 13-71　在矩形内输入文字　　图 13-72　绘制竖直直线　　图 13-73　标注文字

图 13-74　绘制矩形

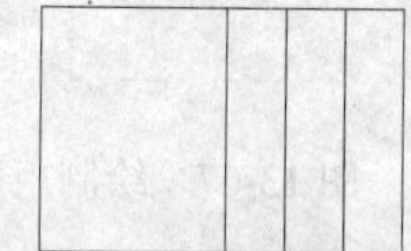

图 13-75　偏移竖直直线

28 单击“绘图”工具栏中的“多行文字”按钮A，在表格内输入文字，如图 13-77 所示。

29 单击“绘图”工具栏中的“直线”按钮，在表格内绘制叉图形，如图 13-78 所示。

图 13-76　偏移水平直线

触点	45°	0°	45°
1-2			
3-4			
5-6			

图 13-77　输入文字

触点	45°	0°	45°
1-2	X		
3-4		X	
5-6			X

图 13-78　绘制叉图形

13.2.4　绘制系统图

完成 PLC 系统接线原理图后，进一步绘制出其系统图，如图 13-79 所示，具体绘制过程如下。

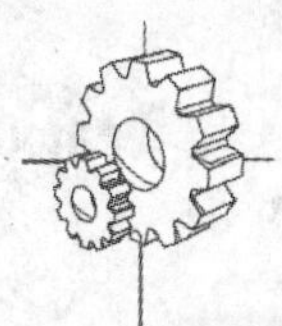

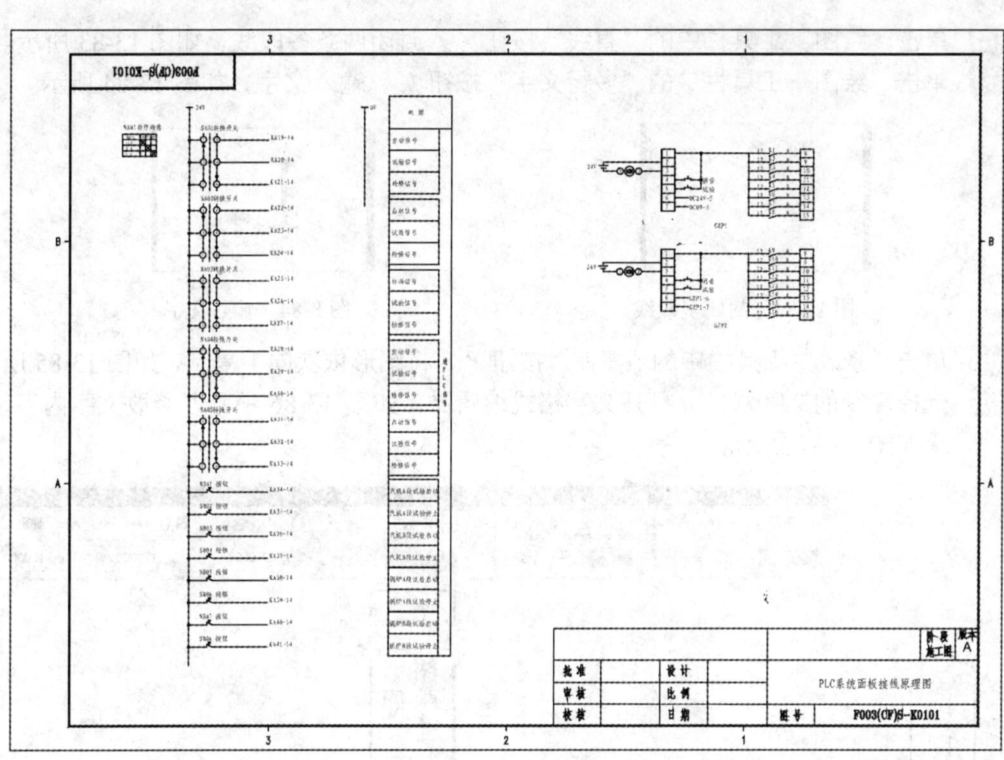

图 13-79　PLC 系统面板接线原理图

01 单击“绘图”工具栏中的“多段线”按钮，起始和终止线宽设置为 0.3，绘制一条竖直多段线，如图 13-80 所示。

02 单击“修改”工具栏中的“偏移”按钮，将多段线向右偏移，然后选中偏移后的多段线，右击，打开快捷菜单，选择“特性”选项，如图 13-81 所示，打开“特性”面板，将起始和终止线宽设置为 0.2，如图 13-82 所示。

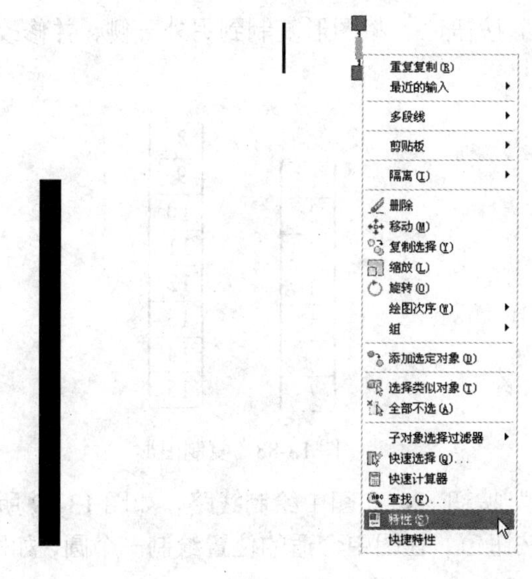

图 13-80　绘制多段线

图 13-81　快捷菜单

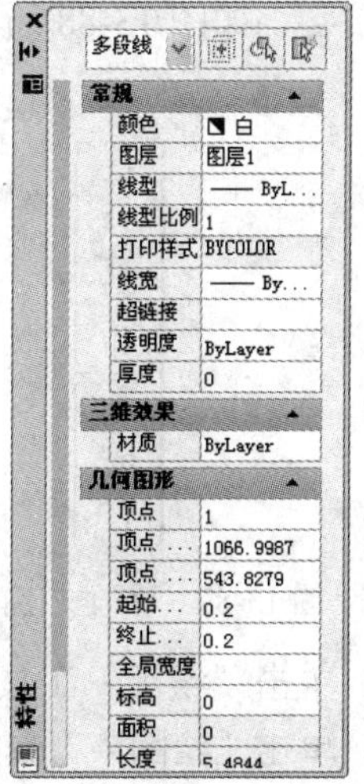

图 13-82　设置线宽

03 单击“绘图”工具栏中的“直线”按钮，封闭两条多段线，如图 13-83 所示。

04 单击“绘图”工具栏中的“多行文字”按钮A，输入文字，如图 13-84 所示。

图 13-83　封闭多段线

图 8-84　输入文字

05 单击“修改”工具栏中的“复制”按钮，将图形依次向下复制，如图 13-85 所示。

06 选择复制的文字双击，打开文字格式编辑器，如图 13-86 所示，修改文字内容，结果如图 13-87 所示。

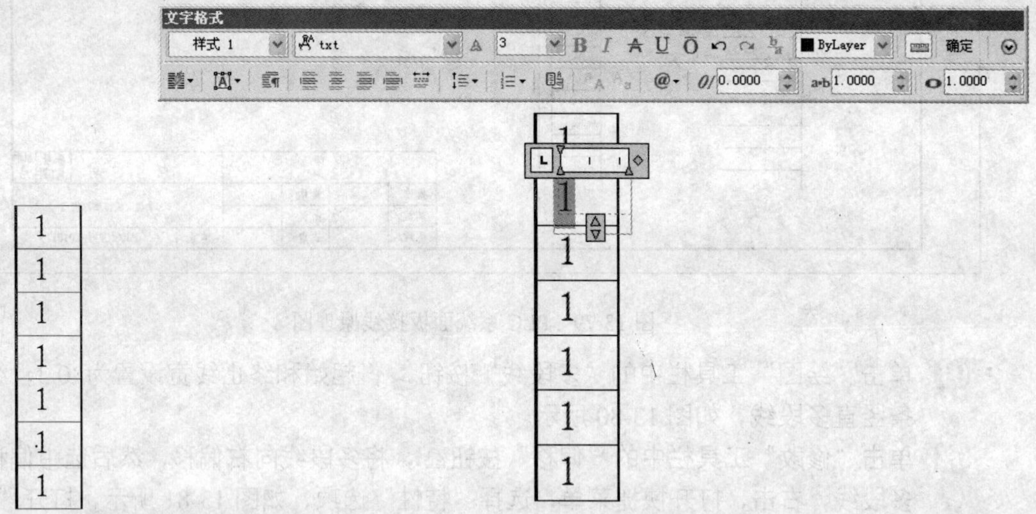

图 13-85　复制图形　　图 13-86　文字格式编辑器

07 单击“修改”工具栏中的“复制”按钮，将图形复制到另外一侧，并修改文字内容，如图 13-88 所示。

1
2
3
4
5
6
7

图 13-87　修改文字内容

1	8
2	9
3	10
4	11
5	12
6	13
7	14
	15

图 13-88　复制图形

08 单击“绘图”工具栏中的“直线”按钮，在图中绘制线路，如图 13-89 所示。

09 单击“绘图”工具栏中的“圆”按钮，在图中合适的位置绘制一个圆，如图 13-90 所示。

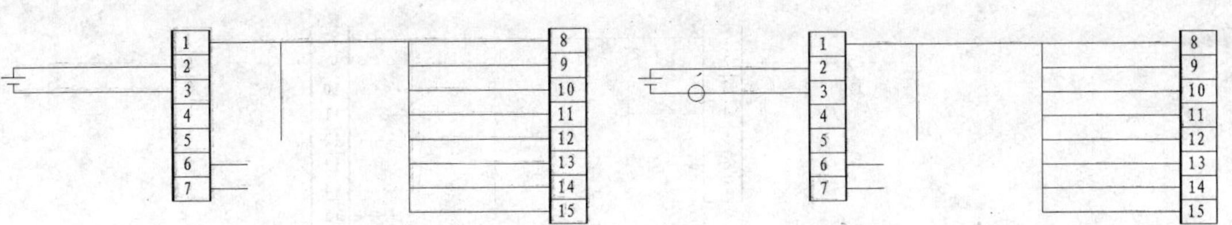

图 13-89　绘制线路　　　　图 13-90　绘制圆

10 单击“修改”工具栏中的“修剪”按钮，修剪掉多余的直线，如图 13-91 所示。

11 单击“绘图”工具栏中的“多行文字”按钮 A，在圆内输入文字，如图 13-92 所示。

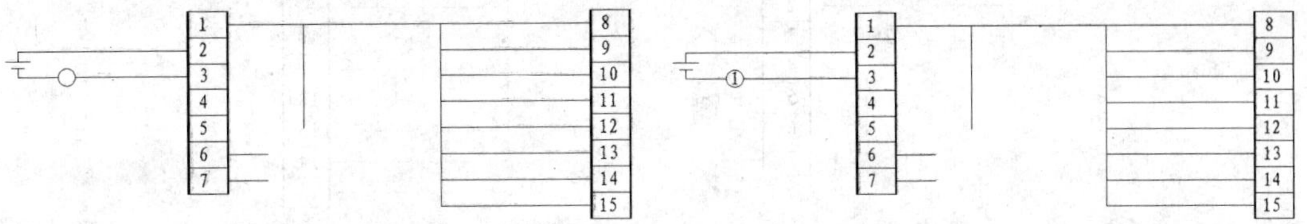

图 13-91　修剪掉多余的直线　　　　图 13-92　输入文字

12 单击“绘图”工具栏中的“直线”按钮和“圆”按钮，在标号右侧绘制图形，然后单击“修改”工具栏中的“修剪”按钮，修剪掉多余的直线，如图 13-93 所示。

13 单击“修改”工具栏中的“复制”按钮，将标号复制到图中其他位置，并修改文字内容，然后单击“修改”工具栏中的“修剪”按钮，修剪掉多余的直线，如图 13-94 所示。

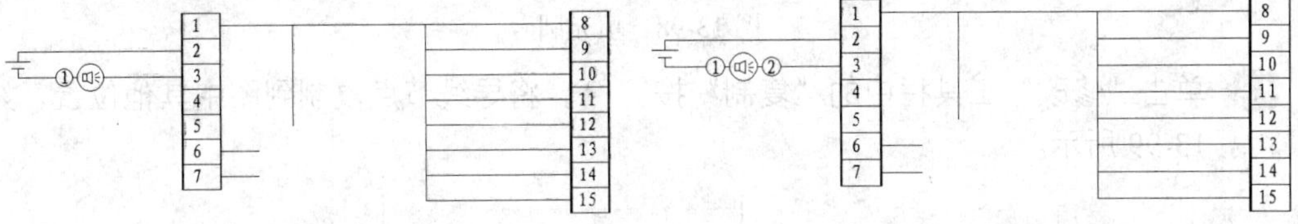

图 13-93　绘制图形　　　　图 13-94　复制标号

14 单击“绘图”工具栏中的“插入块”按钮，将开关 1 插入到图中合适的位置，如图 13-95 所示。

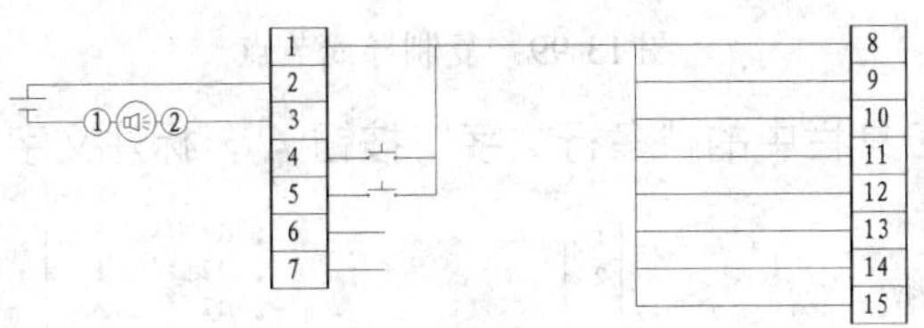

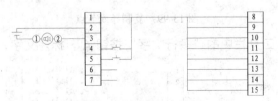

图 13-95　插入开关 1

15 单击“绘图”工具栏中的“插入块”按钮，将开关 2 插入到图中合适的位置，然后单击“修改”工具栏中的“修剪”按钮，修剪掉多余的直线，如图 13-96 所示。

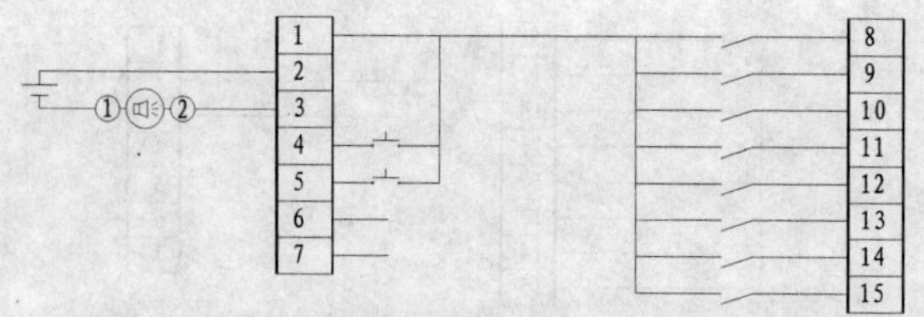

图 13-96　插入开关 2

16 单击“绘图”工具栏中的“圆”按钮，在图中绘制一个圆，如图 13-97 所示。

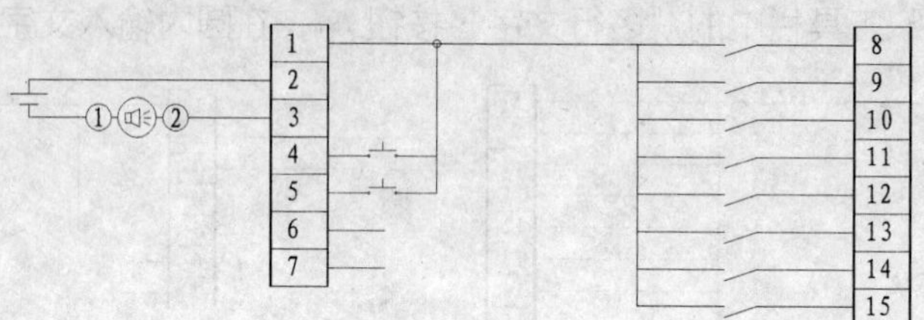

图 13-97　绘制圆

17 单击“绘图”工具栏中的“图案填充”按钮，选择 SOLID 图案，填充圆，完成导线节点的绘制，如图 13-98 所示。

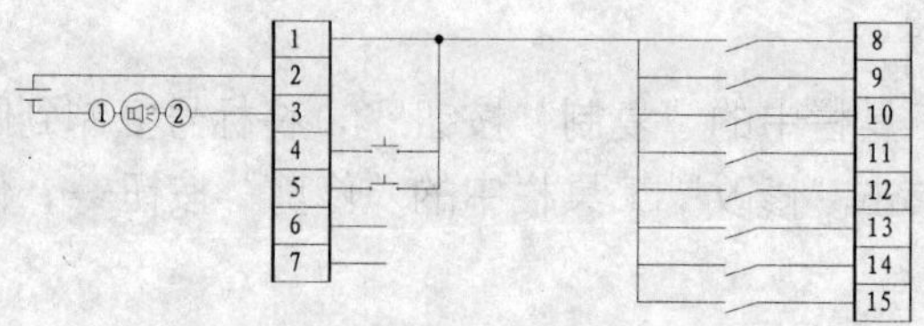

图 13-98　填充圆

18 单击“修改”工具栏中的“复制”按钮，将导线节点复制到图中其他位置，如图 13-99 所示。

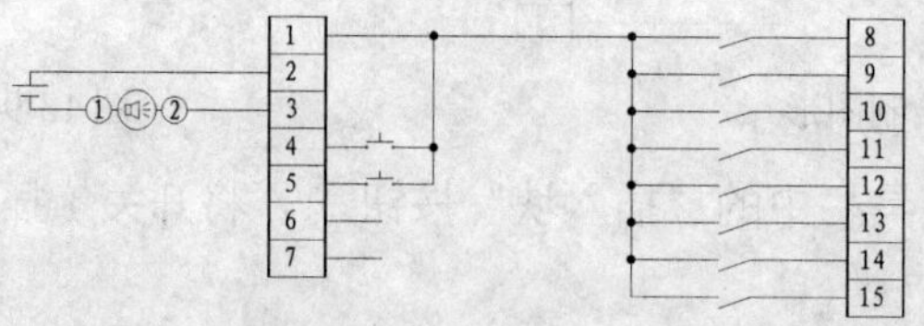

图 13-99　复制导线节点

19 单击“绘图”工具栏中的“多行文字”按钮 A，标注文字，如图 13-100 所示。

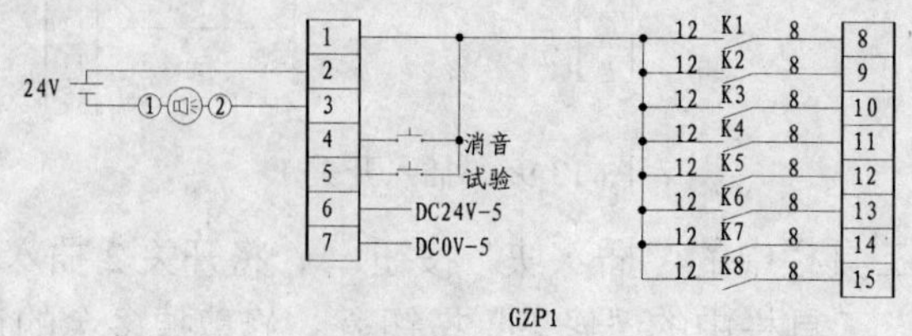

图 13-100　标注文字

20 单击“修改”工具栏中的“复制”按钮，将 GZP1 图形进行复制，并修改文字内

容，如图 13-101 所示。

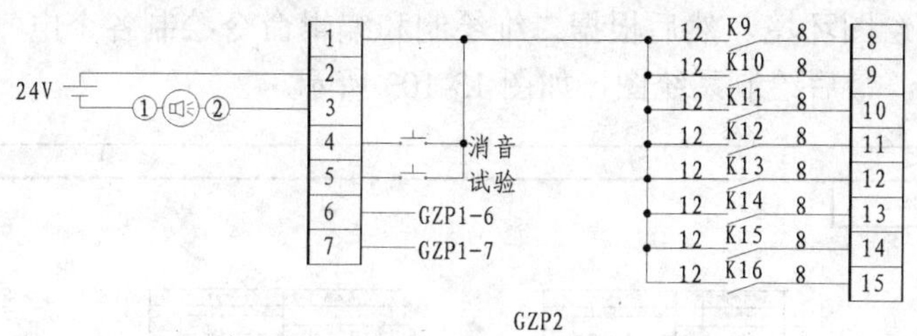

图 13-101　绘制 GZP2 图形

21 单击“绘图”工具栏中的“插入块”按钮，打开“插入”对话框，在光盘\图库中找到图框图块，将其插入到图中合适的位置，如图 13-102 所示。

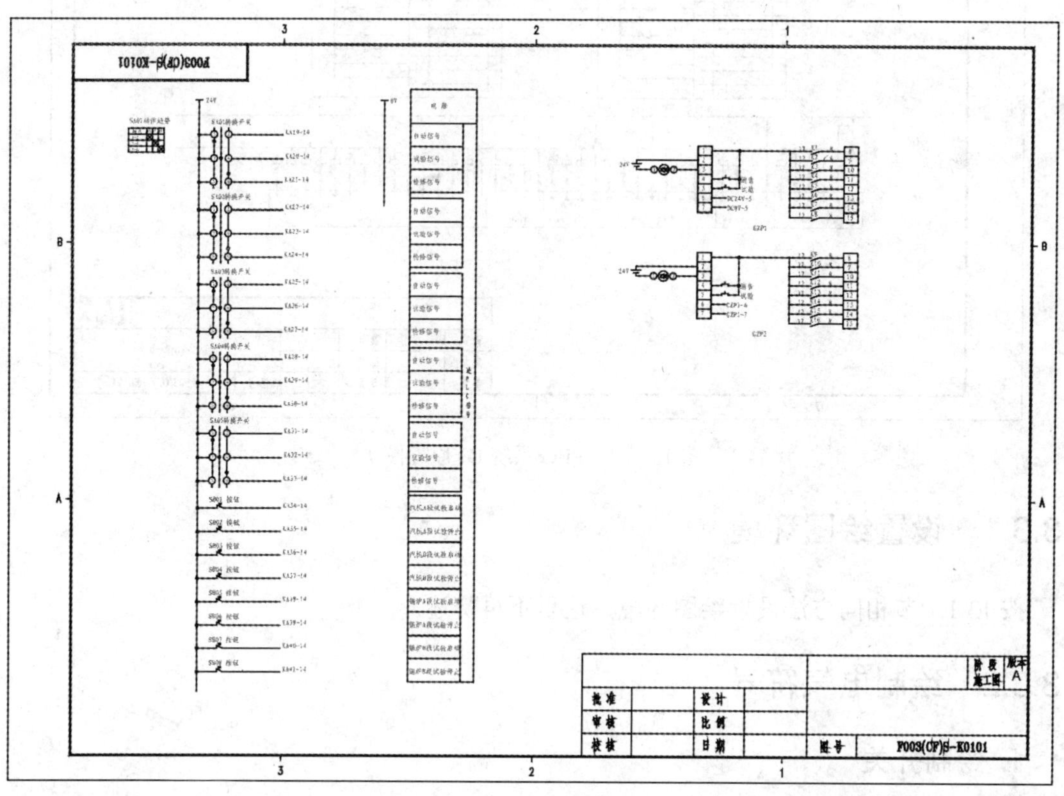

图 13-102　插入图框

22 单击“绘图”工具栏中的“多行文字”按钮 A，在图框内输入图纸名称，如图 13-79 所示。

13.3　PLC 系统 DI 原理图

PLC 系统 DI 原理图是 PLC 系统整套电气图的重要组成部分。本节将以 PLC 系统 DI 原理图 1 为例详细介绍 PLC 系统 DI 原理图的具体绘制思路和方法。

本例首先设置绘图环境，然后根据二维绘制和编辑命令绘制各个电气符号，再绘制 DI 原理图功能说明表，最后绘制系统图，如图 13-103 所示。

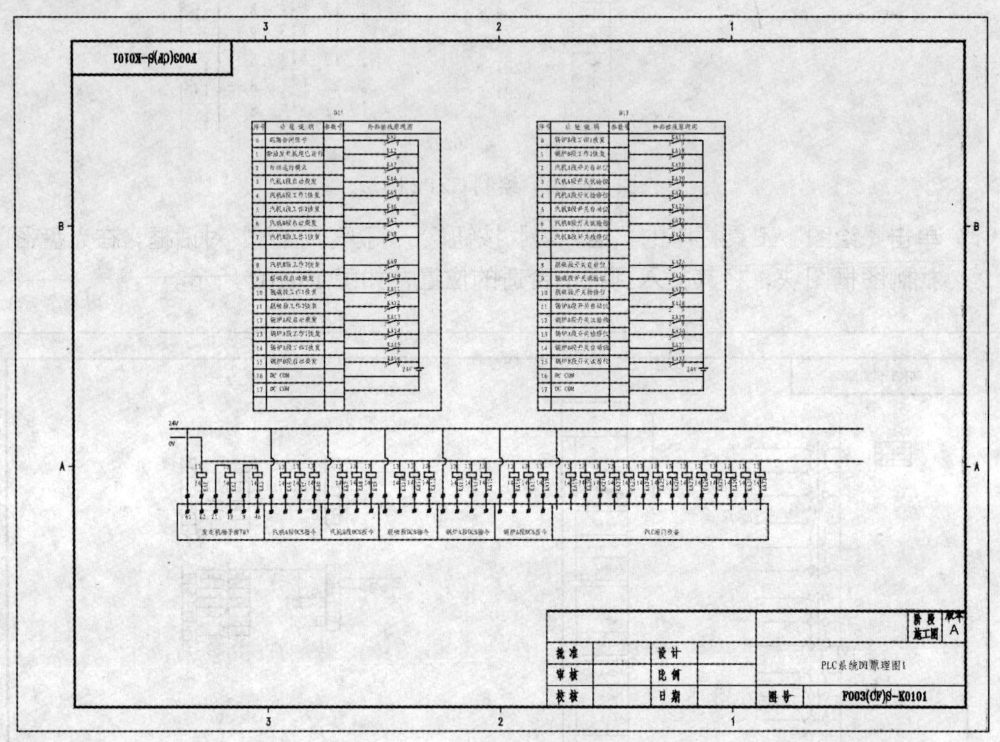

图 13-103　PLC 系统 DI 原理图 1

13.3.1　设置绘图环境

按 13.1.1 节相同方法设置绘图环境，这里不再赘述。

13.3.2　绘制电气符号

1. 绘制开关

01 单击“绘图”工具栏中的“直线”按钮，绘制三段水平直线，如图 13-104 示。

02 单击“修改”工具栏中的“旋转”按钮，将中间直线旋转适当的角度，完成开关的绘制，如图 13-105 示。

图 13-104　绘制三段水平直线　　图 13-105　旋转直线

03 单击“绘图”工具栏中的“创建块”按钮，打开“块定义”对话框，将开关创建为块，如图 13-106 所示。

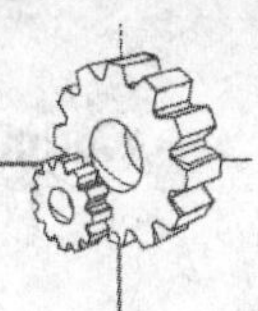

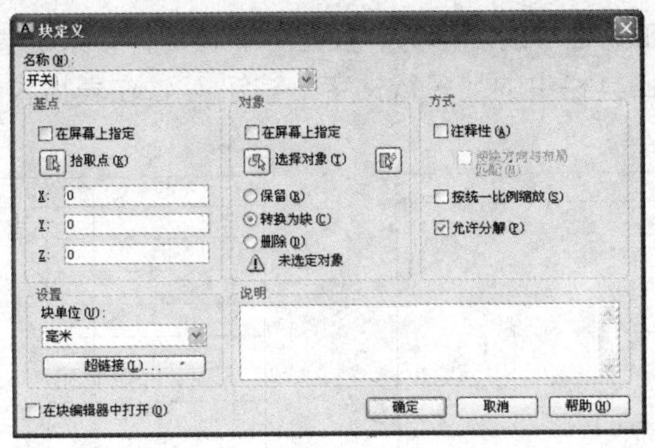

图 13-106　创建块

2. 绘制线圈

01 单击“绘图”工具栏中的“矩形”按钮，在图中绘制一个矩形，如图 13-107 所示。

02 单击“绘图”工具栏中的“直线”按钮，在矩形两端绘制直线，如图 13-108 所示。

03 单击“绘图”工具栏中的“创建块”按钮，将线圈创建为块，

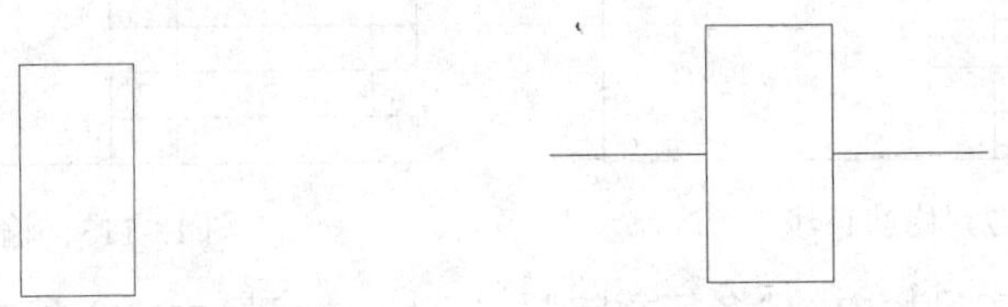

图 13-107　绘制矩形　　图 13-108　绘制直线

13.3.3 绘制原理图功能说明表

01 单击“绘图”工具栏中的“矩形”按钮，绘制一个矩形，如图 13-109 所示。

02 单击“修改”工具栏中的“分解”按钮，将矩形分解。

03 单击“修改”工具栏中的“偏移”按钮，将左侧竖直直线向右依次偏移，如图 13-110 所示。

04 单击“修改”工具栏中的“偏移”按钮，将上侧水平直线依次向下偏移，如图 13-111 所示。

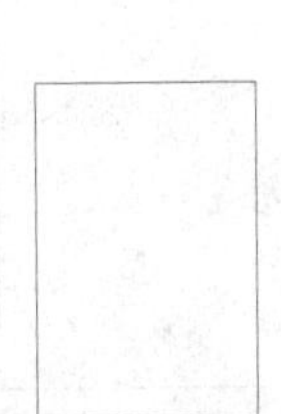

图 13-109　绘制矩形

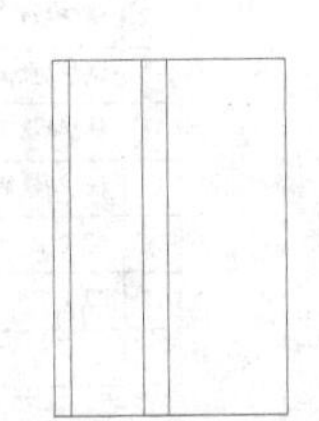

图 13-110 偏移竖直直线

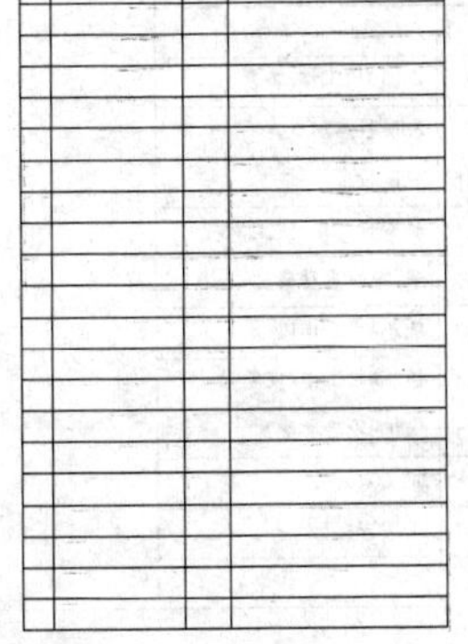

图 13-111　偏移水平直线

05 单击“修改”工具栏中的“修剪”按钮，修剪掉多余的直线，如图 13-112 所示。

06 单击“绘图”工具栏中的“多行文字”按钮A，在表格内输入标题，如图 13-113 所示。

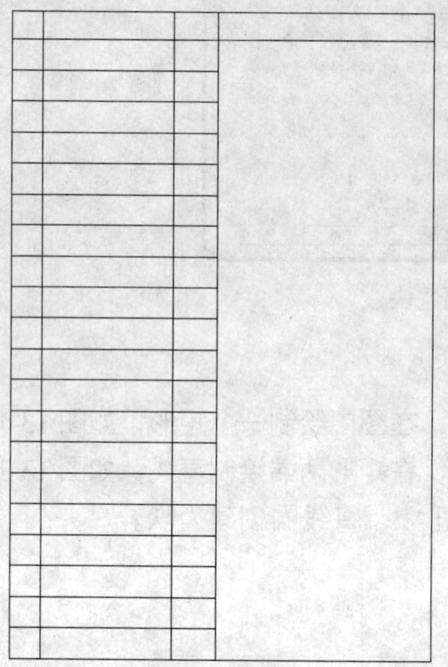

图 13-112　修剪直线

序号	功 能 说 明	参数号	外部接线原理图

图 13-113　输入标题

07 单击“绘图”工具栏中的“多行文字”按钮A，在标题内输入相应的内容，如图 13-114 所示。

08 单击“绘图”工具栏中的“直线”按钮，在“外部接线原理图”的标题下绘制线路，如图 13-115 所示。

序号	功 能 说 明	参数号	外部接线原理图
0	同期合闸信号		
1	柴油发电机组已运行		
2	自动运行模式		
3	汽机A段启动柴发		
4	汽机A段工作1恢复		
5	汽机A段工作2恢复		
6	汽机B段启动柴发		
7	汽机B段工作1恢复		
8	汽机B段工作2恢复		
9	脱硫段启动柴发		
10	脱硫段工作1恢复		
11	脱硫段工作2恢复		
12	锅炉A段启动柴发		
13	锅炉A段工作1恢复		
14	锅炉A段工作2恢复		
15	锅炉B段启动柴发		
16	DC COM		
17	DC COM		

图 13-114　输入文字内容

序号	功 能 说 明	参数号	外部接线原理图
0	同期合闸信号		
1	柴油发电机组已运行		
2	自动运行模式		
3	汽机A段启动柴发		
4	汽机A段工作1恢复		
5	汽机A段工作2恢复		
6	汽机B段启动柴发		
7	汽机B段工作1恢复		
8	汽机B段工作2恢复		
9	脱硫段启动柴发		
10	脱硫段工作1恢复		
11	脱硫段工作2恢复		
12	锅炉A段启动柴发		
13	锅炉A段工作1恢复		
14	锅炉A段工作2恢复		
15	锅炉B段启动柴发		
16	DC COM		
17	DC COM		

图 13-115　绘制线路

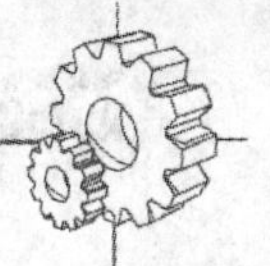

09 单击“绘图”工具栏中的“插入块”按钮，打开“插入”对话框，将开关插入到图中合适的位置，如图 13-116 所示。

10 单击“绘图”工具栏中的“多行文字”按钮A，在开关处输入文字，如图 13-117 所示。

序号	功能说明	参数号	外部接线原理图
0	同期合闸信号		
1	柴油发电机组已运行		
2	自动运行模式		
3	汽机A段启动柴发		
4	汽机A段工作1恢复		
5	汽机A段工作2恢复		
6	汽机B段启动柴发		
7	汽机B段工作1恢复		
8	汽机B段工作2恢复		
9	脱硫段启动柴发		
10	脱硫段工作1恢复		
11	脱硫段工作2恢复		
12	锅炉A段启动柴发		
13	锅炉A段工作1恢复		
14	锅炉A段工作2恢复		
15	锅炉B段启动柴发		
16	DC COM		
17	DC COM		

图 13-116　插入开关

序号	功能说明	参数号	外部接线原理图
0	同期合闸信号		KA1 5 9
1	柴油发电机组已运行		
2	自动运行模式		
3	汽机A段启动柴发		
4	汽机A段工作1恢复		
5	汽机A段工作2恢复		
6	汽机B段启动柴发		
7	汽机B段工作1恢复		
8	汽机B段工作2恢复		
9	脱硫段启动柴发		
10	脱硫段工作1恢复		
11	脱硫段工作2恢复		
12	锅炉A段启动柴发		
13	锅炉A段工作1恢复		
14	锅炉A段工作2恢复		
15	锅炉B段启动柴发		
16	DC COM		
17	DC COM		

图 13-117　输入文字

11 单击“修改”工具栏中的“复制”按钮，将线路和开关依次向下复制，如图 13-118 所示，然后双击文字，修改文字内容，如图 13-119 所示。

序号	功能说明	参数号	外部接线原理图
0	同期合闸信号		KA1 5 9
1	柴油发电机组已运行		KA1 5 9
2	自动运行模式		KA1 5 9
3	汽机A段启动柴发		KA1 5 9
4	汽机A段工作1恢复		KA1 5 9
5	汽机A段工作2恢复		KA1 5 9
6	汽机B段启动柴发		KA1 5 9
7	汽机B段工作1恢复		KA1 5 9
8	汽机B段工作2恢复		KA1 5 9
9	脱硫段启动柴发		KA1 5 9
10	脱硫段工作1恢复		KA1 5 9
11	脱硫段工作2恢复		KA1 5 9
12	锅炉A段启动柴发		KA1 5 9
13	锅炉A段工作1恢复		KA1 5 9
14	锅炉A段工作2恢复		KA1 5 9
15	锅炉B段启动柴发		KA1 5 9
16	DC COM		
17	DC COM		

图 13-118　复制线路和开关

序号	功能说明	参数号	外部接线原理图
0	同期合闸信号		KA1 5 9
1	柴油发电机组已运行		KA2 5 9
2	自动运行模式		KA3 5 9
3	汽机A段启动柴发		KA4 5 9
4	汽机A段工作1恢复		KA5 5 9
5	汽机A段工作2恢复		KA6 5 9
6	汽机B段启动柴发		KA7 5 9
7	汽机B段工作1恢复		KA8 5 9
8	汽机B段工作2恢复		KA9 5 9
9	脱硫段启动柴发		KA10 5 9
10	脱硫段工作1恢复		KA11 5 9
11	脱硫段工作2恢复		KA12 5 9
12	锅炉A段启动柴发		KA13 5 9
13	锅炉A段工作1恢复		KA14 5 9
14	锅炉A段工作2恢复		KA15 5 9
15	锅炉B段启动柴发		KA16 5 9
16	DC COM		
17	DC COM		

图 13-119　修改文字内容

12 单击“绘图”工具栏中的“直线”按钮 和“多行文字”按钮 A，绘制电源和其他线路，结果如图 13-120 所示。

DI1

序号	功能说明	参数号	外部接线原理图
0	同期合闸信号		KA1 5 9
1	柴油发电机组已运行		KA2 5 9
2	自动运行模式		KA3 5 9
3	汽机A段启动柴发		KA4 5 9
4	汽机A段工作1恢复		KA5 5 9
5	汽机A段工作2恢复		KA6 5 9
6	汽机B段启动柴发		KA7 5 9
7	汽机B段工作1恢复		KA8 5 9
8	汽机B段工作2恢复		KA9 5 9
9	脱硫段启动柴发		KA10 5 9
10	脱硫段工作1恢复		KA11 5 9
11	脱硫段工作2恢复		KA12 5 9
12	锅炉A段启动柴发		KA13 5 9
13	锅炉A段工作1恢复		KA14 5 9
14	锅炉A段工作2恢复		KA15 5 9
15	锅炉B段启动柴发		KA16 5 9 24V
16	DC COM		
17	DC COM		

图 13-120　绘制电源和其他线路

13 单击“修改”工具栏中的“复制”按钮，将 DI1 向右复制，然后在功能说明和外部接线原理图对应的表内修改文字内容，并将 DI1 修改为 DI2，如图 13-121 所示。

DI1

序号	功能说明	参数号	外部接线原理图
0	同期合闸信号		KA1 5 9
1	柴油发电机组已运行		KA2 5 9
2	自动运行模式		KA3 5 9
3	汽机A段启动柴发		KA4 5 9
4	汽机A段工作1恢复		KA5 5 9
5	汽机A段工作2恢复		KA6 5 9
6	汽机B段启动柴发		KA7 5 9
7	汽机B段工作1恢复		KA8 5 9
8	汽机B段工作2恢复		KA9 5 9
9	脱硫段启动柴发		KA10 5 9
10	脱硫段工作1恢复		KA11 5 9
11	脱硫段工作2恢复		KA12 5 9
12	锅炉A段启动柴发		KA13 5 9
13	锅炉A段工作1恢复		KA14 5 9
14	锅炉A段工作2恢复		KA15 5 9
15	锅炉B段启动柴发		KA16 5 9 24V
16	DC COM		
17	DC COM		

DI2

序号	功能说明	参数号	外部接线原理图
0	锅炉B段工作1恢复		KA17 5 9
1	锅炉B段工作2恢复		KA18 5 9
2	汽机A段开关自动位		KA19 5 9
3	汽机A段开关试验位		KA20 5 9
4	汽机A段开关检修位		KA21 5 9
5	汽机B段开关自动位		KA22 5 9
6	汽机B段开关试验位		KA23 5 9
7	汽机B段开关检修位		KA24 5 9
8	脱硫段开关自动位		KA25 5 9
9	脱硫段开关试验位		KA26 5 9
10	脱硫段开关检修位		KA27 5 9
11	锅炉A段开关自动位		KA28 5 9
12	锅炉A段开关试验位		KA29 5 9
13	锅炉A段开关检修位		KA30 5 9
14	锅炉B段开关自动位		KA31 5 9
15	锅炉B段开关试验位		KA32 5 9 24V
16	DC COM		
17	DC COM		

图 13-121　绘制 DI2

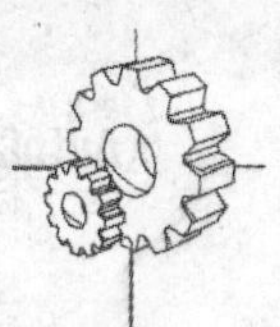

13.3.4　绘制系统图

01 单击“绘图”工具栏中的“直线”按钮，绘制一条水平直线，如图 13-122 所示。

图 13-122　绘制水平直线

02 单击“修改”工具栏中的“复制”按钮，将直线向下复制到合适的距离，如图 13-123 所示。

图 13-123　复制直线

03 单击“绘图”工具栏中的“直线”按钮，在图中合适的位置绘制竖向直线，如图 13-124 所示。

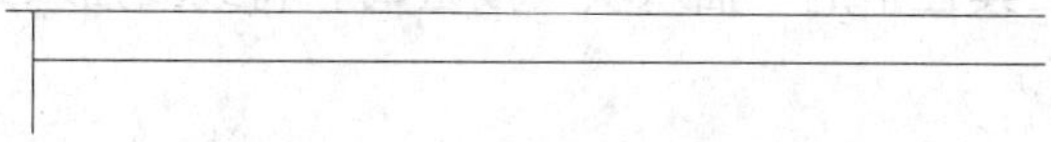

图 13-124　绘制竖向直线

04 单击“绘图”工具栏中的“圆”按钮和“直线”按钮，绘制端子电气符号，如图 13-125 所示。

图 13-125　绘制端子符号

05 单击“修改”工具栏中的“复制”按钮，将端子向下复制，如图 13-126 所示。

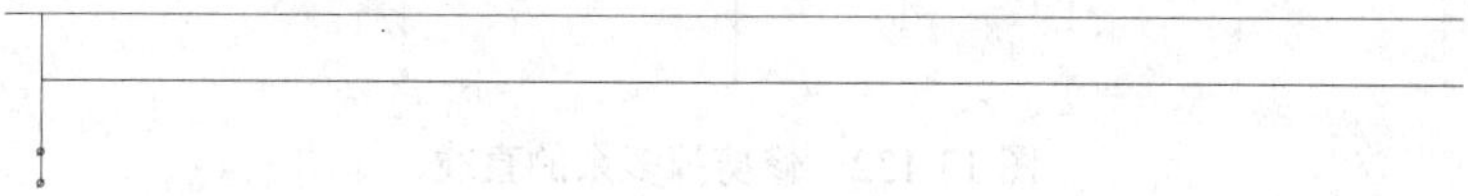

图 13-126　复制端子

06 单击“绘图”工具栏中的“直线”按钮，在图中合适的位置绘制一条水平直线，如图 13-127 所示。

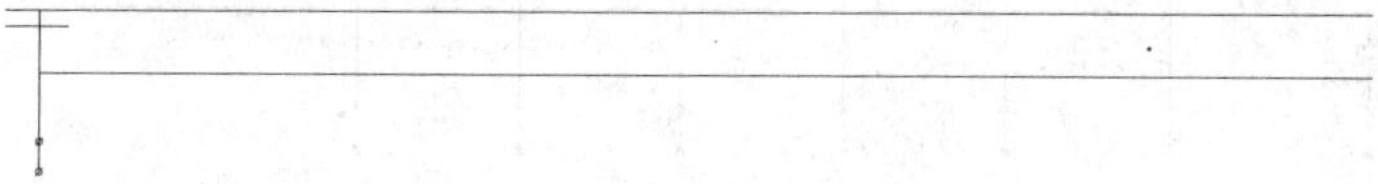

图 13-127　绘制水平直线

07 单击“修改”工具栏中的“打断”按钮，将上步绘制的水平直线打断，如图 13-128 所示。

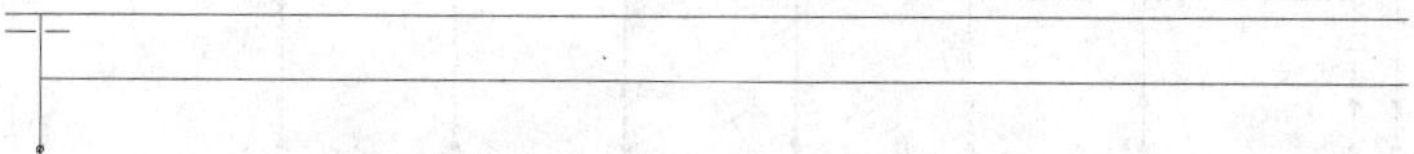

图 13-128　打断直线

08 单击“修改”工具栏中的“复制”按钮，复制图形，如图 13-129 所示。

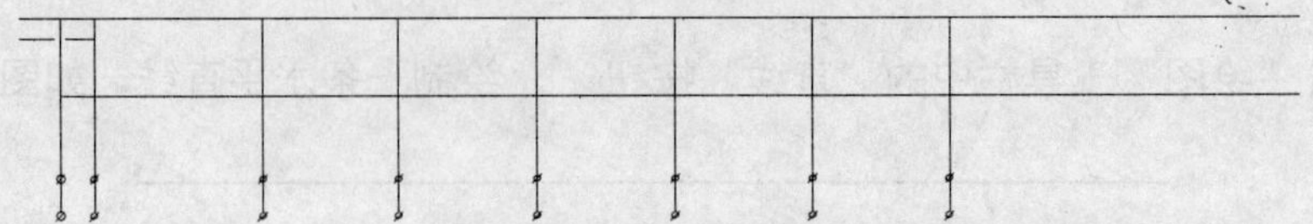

图 13-129　复制图形

09 单击“修改”工具栏中的“修剪”按钮，修剪掉多余的直线，如图 13-130 所示。

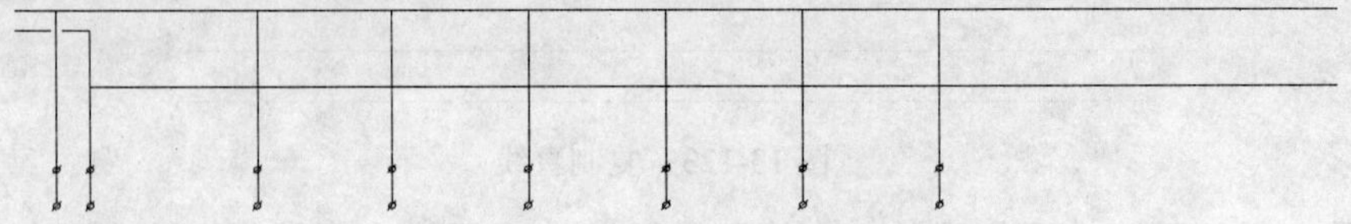

图 13-130　修剪掉多余的直线

10 单击“绘图”工具栏中的“插入块”按钮，将线圈插入到图中合适的位置，如图 13-131 所示。

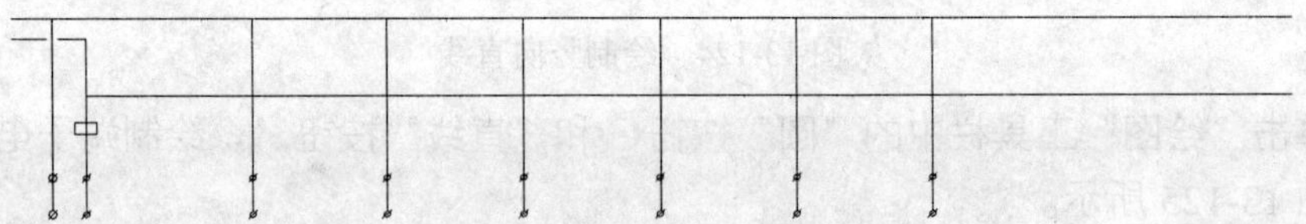

图 13-131　插入线圈

11 单击“修改”工具栏中的“修剪”按钮，修剪掉多余的直线，如图 13-132 所示。

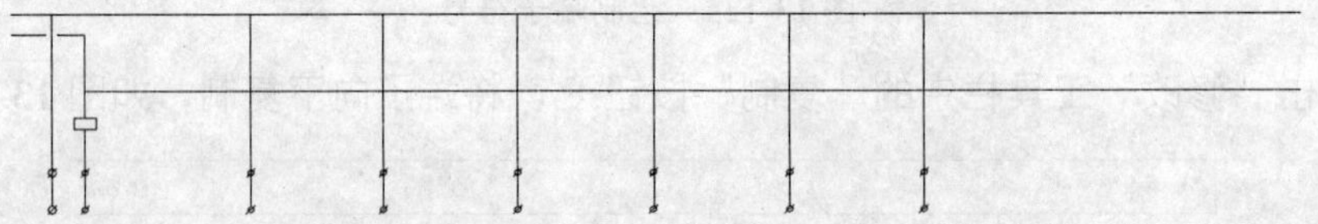

图 13-132　修剪掉多余的直线

12 单击“绘图”工具栏中的“圆弧”按钮，在图中合适的位置绘制一段圆弧，如图 13-133 所示。

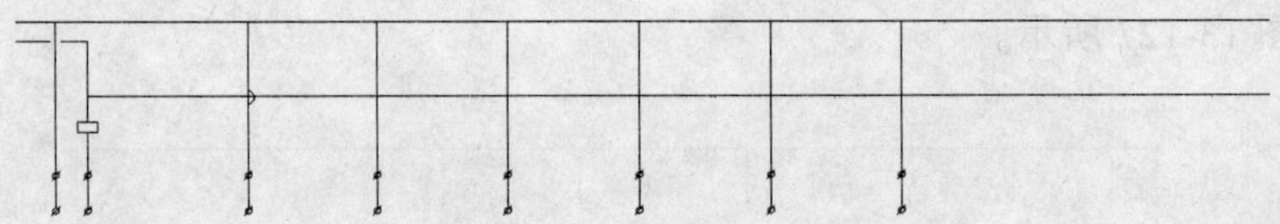

图 13-133　绘制圆弧

13 单击“修改”工具栏中的“复制”按钮，将圆弧依次向右复制，如图 13-134 所示。

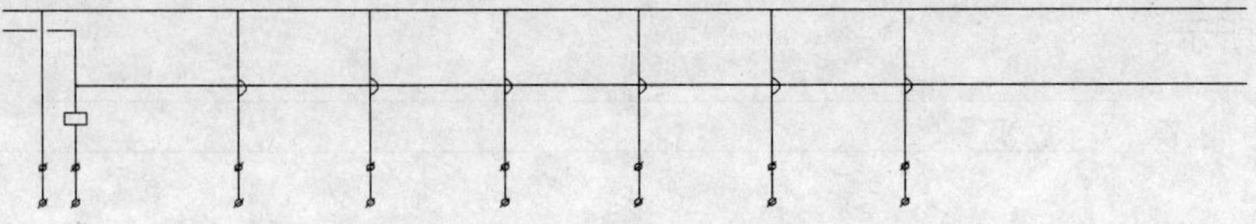

图 13-134　复制圆弧

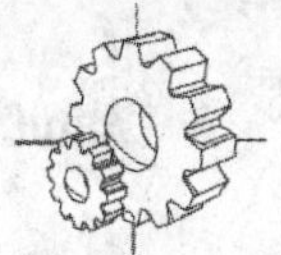

14 单击“修改”工具栏中的“修剪”按钮，修剪掉多余的直线，如图 13-135 所示。

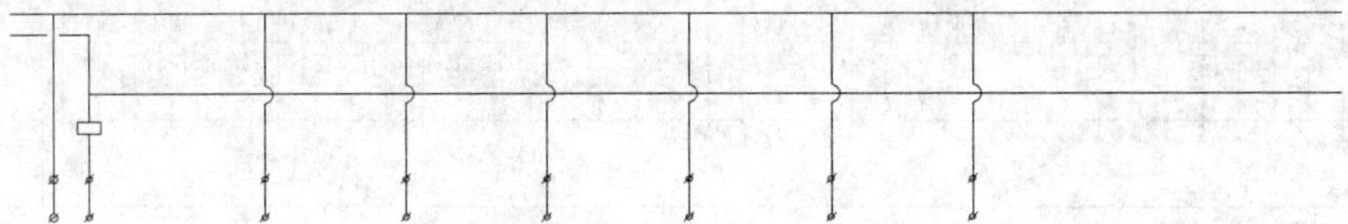

图 13-135　修剪掉多余的直线

15 单击“修改”工具栏中的“复制”按钮，复制图形，如图 13-136 所示。

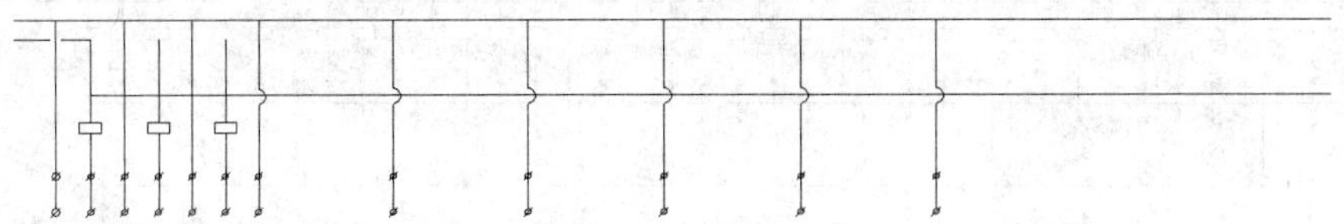

图 13-136　复制图形

16 单击“绘图”工具栏中的“直线”按钮和“修剪”按钮，整理图形，如图 13-137 所示。

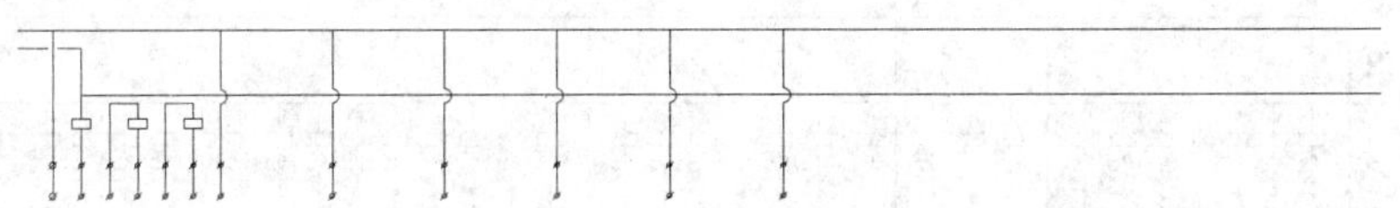

图 13-137　整理图形

17 单击“修改”工具栏中的“复制”按钮和“修剪”按钮，绘制右侧图形，如图 13-138 所示。

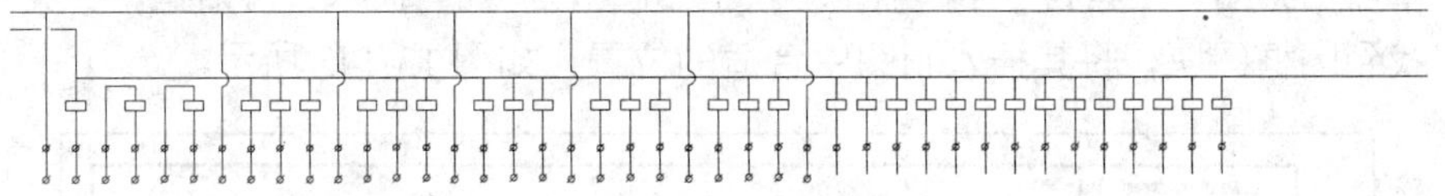

图 13-138　绘制右侧图形

18 单击“绘图”工具栏中的“多行文字”按钮 A，在电气符号处标注文字，如图 13-139 所示。

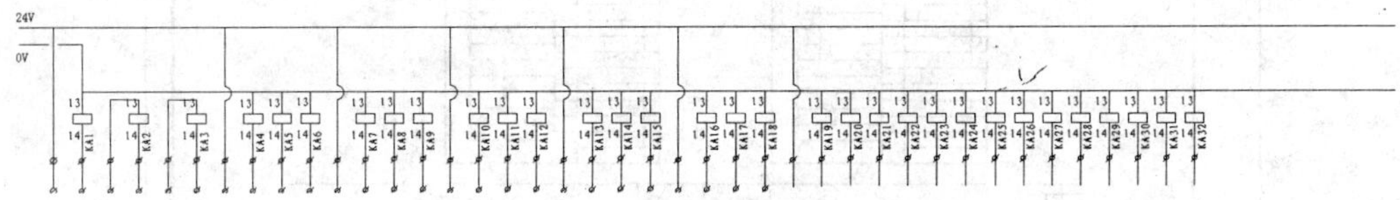

图 13-139　标注文字

19 单击“绘图”工具栏中的“矩形”按钮，在图中合适的位置绘制一个矩形，如图 13-140 所示。

20 单击“绘图”工具栏中的“直线”按钮，在矩形内绘制多条竖直直线分解矩形，如图 13-141 所示。

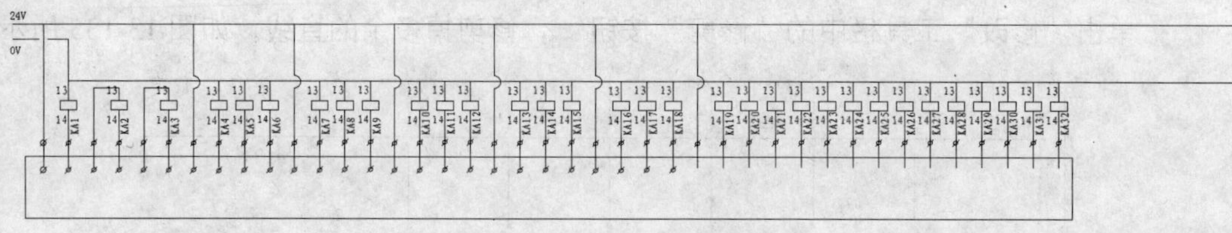

图 13-140 绘制矩形

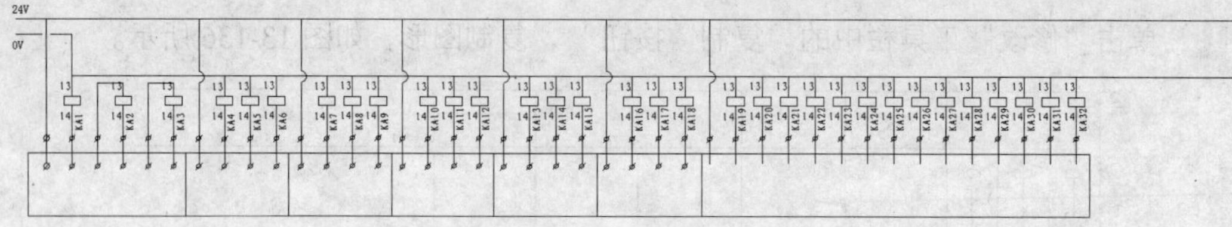

图 13-141 绘制直线

21 单击“绘图”工具栏中的“多行文字”按钮 A，在矩形内输入相应的文字，如图 13-142 所示。

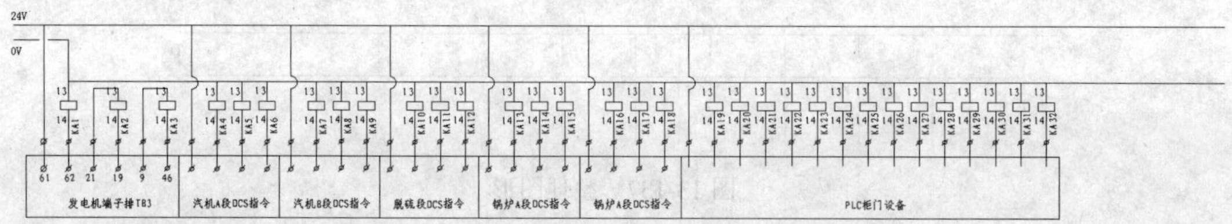

图 13-142 输入文字

22 单击“绘图”工具栏中的“插入块”按钮，打开“插入”对话框，在光盘\图库中找到图框图块，将其插入到图中合适的位置，如图 13-143 所示。

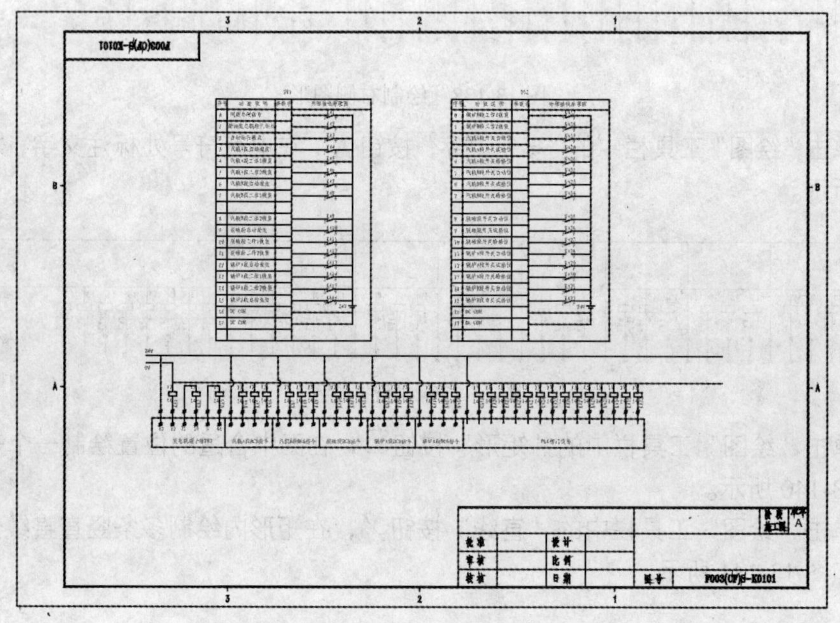

图 13-143 插入图框

23 单击“绘图”工具栏中的“多行文字”按钮 A，在图框内输入图纸名称，如图 13-103 所示。

13.3.5　绘制 PLC 系统 DI 原理图 2

本例首先打开前面绘制的“PLC 系统 DI 原理图 1”，然后根据二维编辑命令，修改 DI 原理图功能说明表，最后绘制系统图，如图 13-144 所示。

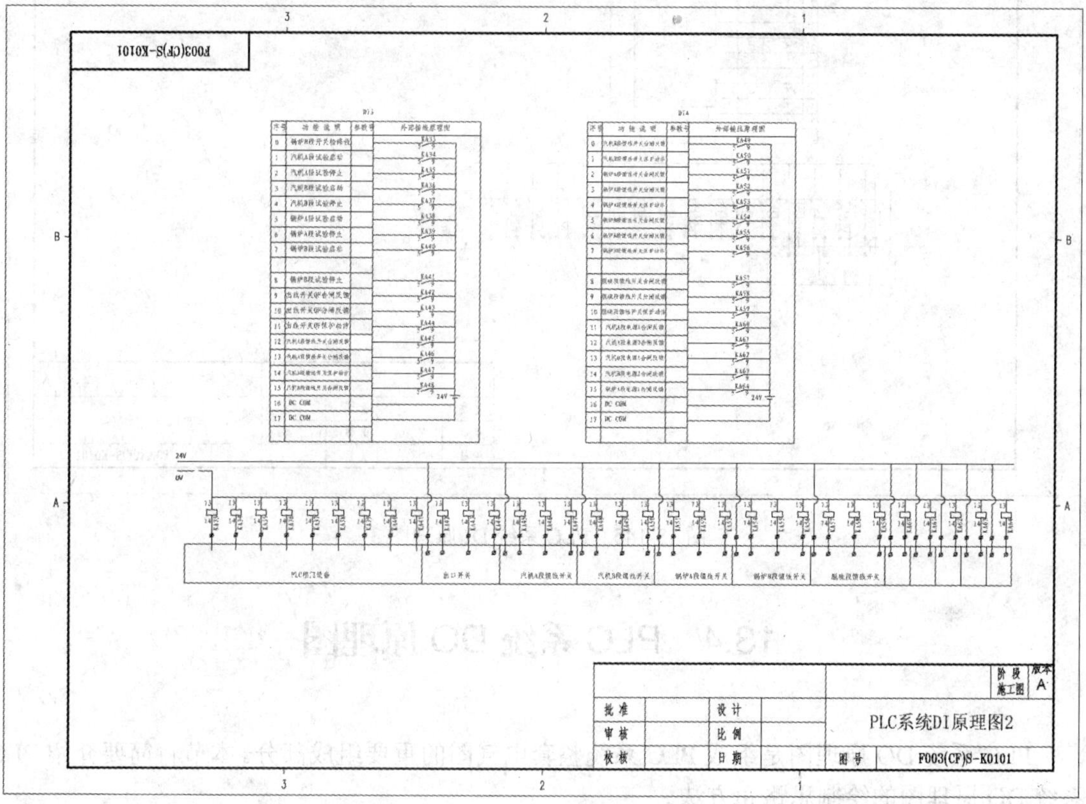

图 13-144　PLC 系统 DI 原理图 2

13.3.6　绘制 PLC 系统 DI 原理图 3

本例的绘制方法与 PLC 系统 DI 原理图 1 和 PLC 系统 DI 原理图 2 类似，首先打开前面绘制的“PLC 系统 DI 原理图 1”，然后根据二维编辑命令，修改 DI 原理图功能说明表，最后绘制系统图，如图 13-145 所示。

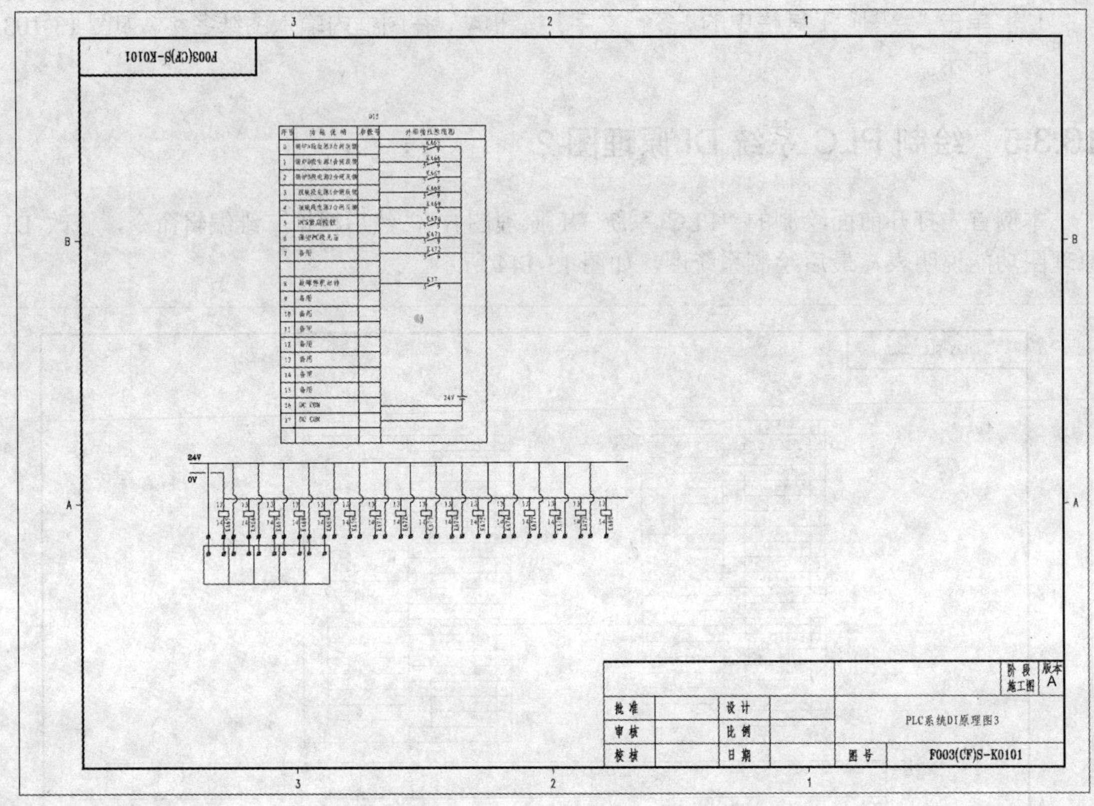

图 13-145　PLC 系统 DI 原理图 3

13.4　PLC 系统 DO 原理图

PLC 系统 DO 原理图是组成 PLC 系统整套电气图的重要组成部分。本节将简要介绍 PLC 系统 DO 原理图的绘制思路和方法。

13.4.1　绘制 PLC 系统 DO 原理图 1

本例首先设置绘图环境，然后根据二维绘制和编辑命令绘制 DO 原理图功能说明表，最后绘制系统图，如图 13-146 所示。

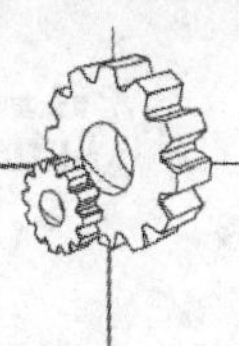

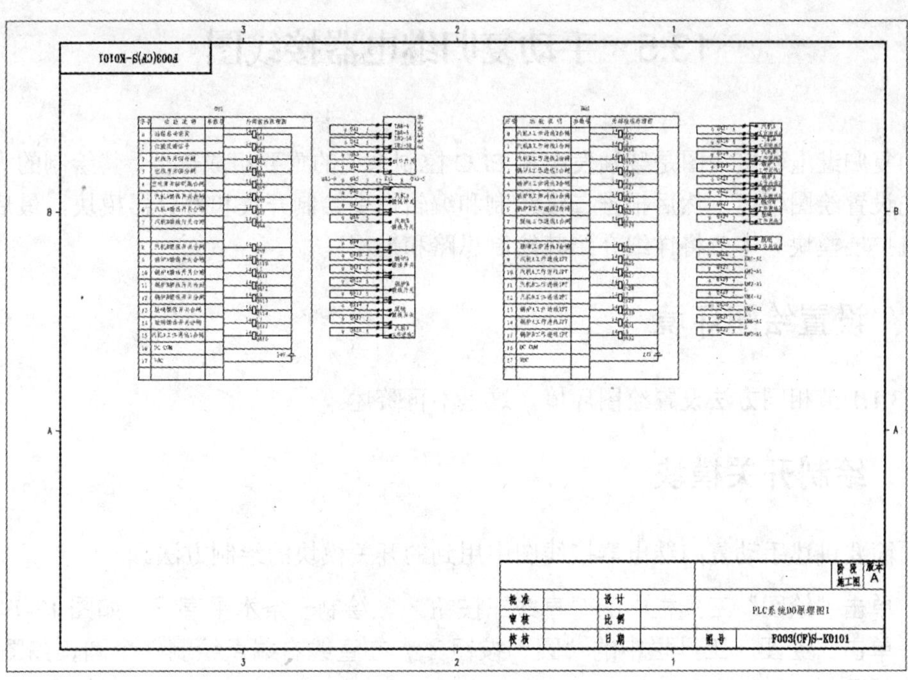

图 13-146　PLC 系统 DO 原理图 1

13.4.2　绘制 PLC 系统 DO 原理图 2

本例的绘制方法与 PLC 系统 DO 原理图 1 类似，首先打开前面绘制的“PLC 系统 DO 原理图 1”，然后根据二维编辑命令，修改 DO 原理图功能说明表，最后绘制系统图，如图 13-147 所示。

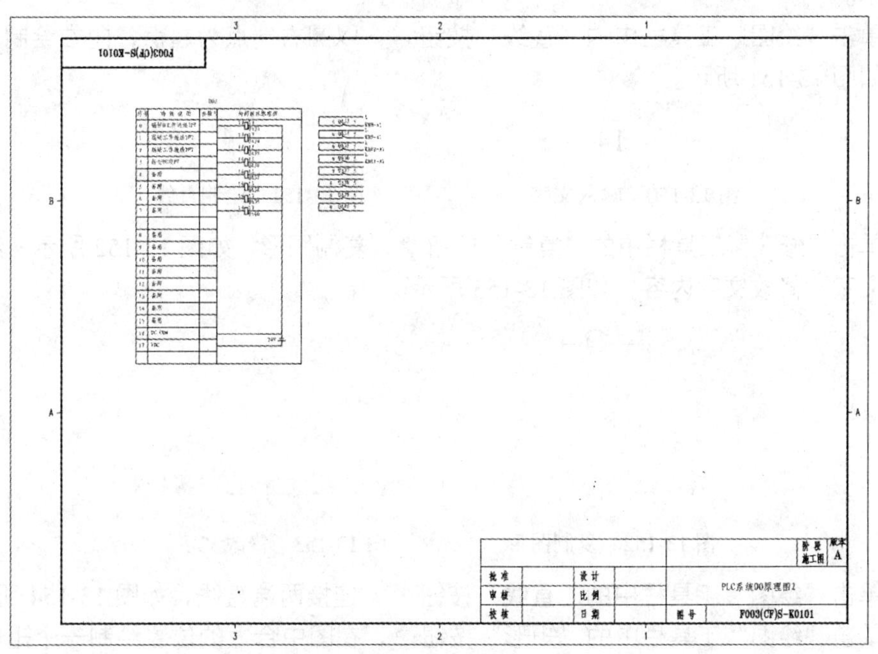

图 13-147　PLC 系统 DO 原理图 2

13.5　手动复归继电器接线图

手动复归继电器接线图是柴油发电机 PLC 控制系统的重要组成部分，其绘制的大体思路是：首先设置绘图环境，然后根据二维绘制和编辑命令绘制开关和寄存器模块，最后绘制柴油发电机扩展模块。本节将详细介绍其绘制思路和过程。

13.5.1　设置绘图环境

按 13.1.1 节相同方法设置绘图环境，这里不再赘述。

13.5.2　绘制开关模块

下面简要讲述手动复归继电器接线图中用到的开关模块的绘制方法。

01 单击“绘图”工具栏中的“直线”按钮，绘制一条水平直线，如图 13-148 所示。

02 单击“绘图”工具栏中的“圆”按钮，在直线右端点绘制一个圆，如图 13-149 所示。

图 13-148　绘制水平直线　　图 13-149　绘制圆

03 单击“绘图”工具栏中的“多行文字”按钮，在圆内输入文字，如图 13-150 所示。

04 单击“绘图”工具栏中的“直线”按钮，以圆右端点为起点，向右绘制短直线，如图 13-151 所示。

图 13-150　输入文字 　　图 13-151　绘制直线

05 单击“修改”工具栏中的“复制”按钮，复制图形，如图 13-152 所示，然后双击文字，修改文字内容，如图 13-153 所示。

图 13-152　复制图形　　图 13-153　修改文字

06 单击“绘图”工具栏中的“直线”按钮，连接两端直线，如图 13-154 所示。

07 单击“绘图”工具栏中的“矩形”按钮，在图中合适的位置绘制一个矩形，如图 13-155 所示。

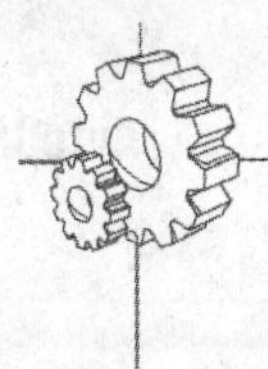

图 13-154　连接两端直线　　　　图 13-155　绘制矩形

08 单击“修改”工具栏中的“修剪”按钮，修剪掉多余的直线，如图 13-156 所示。

09 单击“绘图”工具栏中的“直线”按钮，在图中合适的位置绘制直线，如图 13-157 所示。

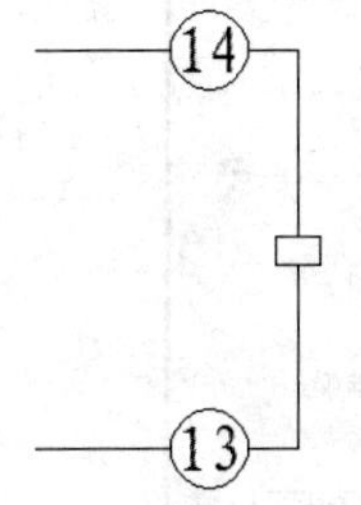

图 13-156　修剪掉多余的直线

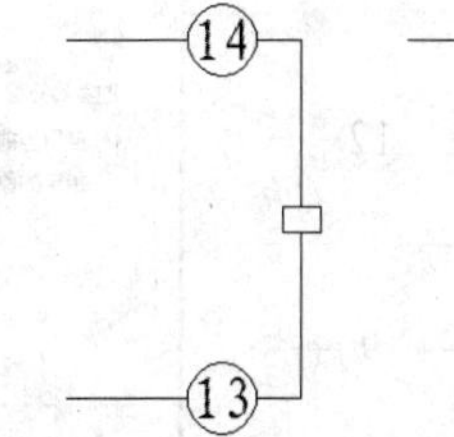

图 13-157　绘制直线

10 单击“修改”工具栏中的“复制”按钮，复制标号，然后双击文字，修改文字内容，如图 13-158 所示。

11 单击“绘图”工具栏中的“直线”按钮，在右侧绘制直线，如图 13-159 所示。

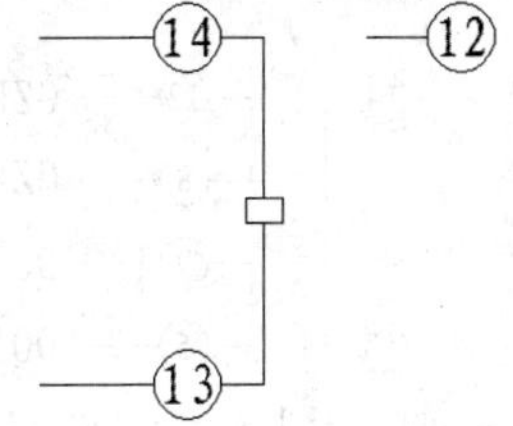

图 13-158　复制标号

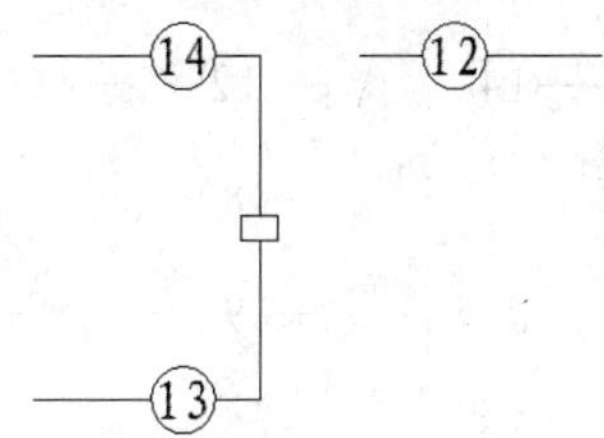

图 13-159　绘制直线

12 单击“修改”工具栏中的“复制”按钮，复制图形，并修改标号，如图 13-160 所示。

13 单击“绘图”工具栏中的“直线”按钮，绘制开关符号，如图 13-161 所示。

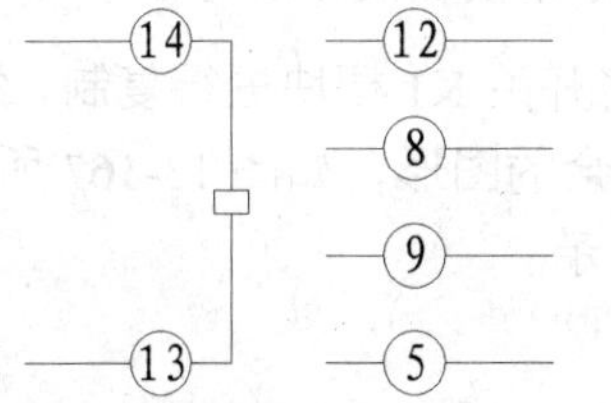

图 13-160　复制图形

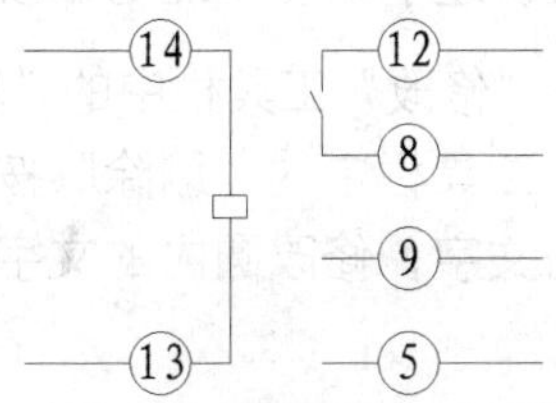

图 13-161　绘制开关符号

14 单击“绘图”工具栏中的“直线”按钮，在开关处绘制图形，如图 13-162 所示。

15 单击“绘图”工具栏中的“图案填充”按钮，打开“图案填充和渐变色”对话框，选择 SOLID 图案，如图 13-163 所示，填充图形，如图 13-164 所示。

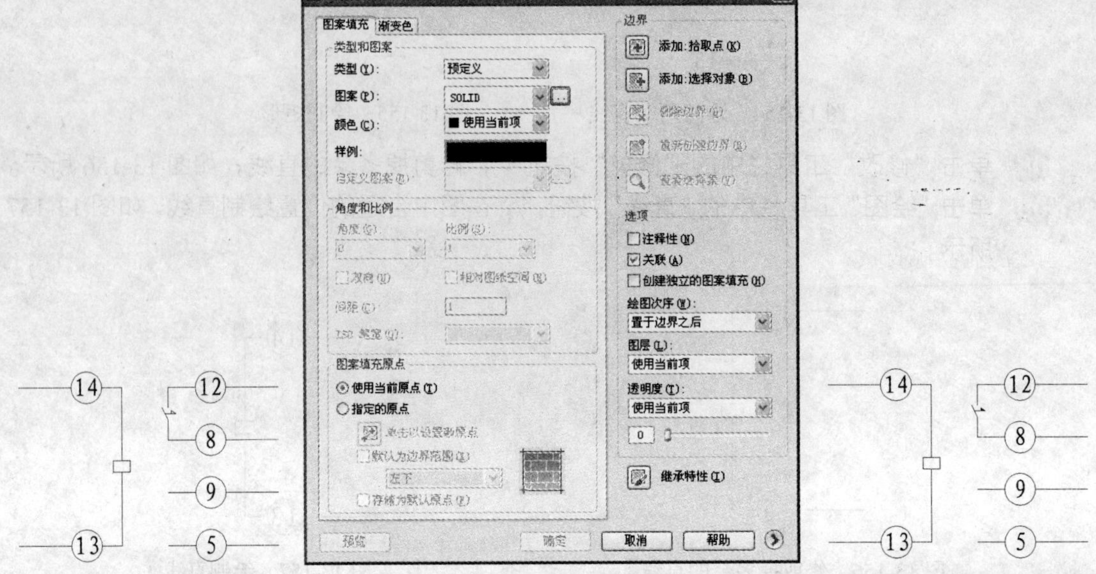

图 13-162　绘制图形　　图 13-163　“图案填充和渐变色”对话框　　图 13-164　填充图形

16 单击“修改”工具栏中的“复制”按钮，复制图形，如图 13-165 所示。

17 单击“绘图”工具栏中的“多行文字”按钮A，标注文字，完成开关 K1 的绘制，如图 13-166 所示。

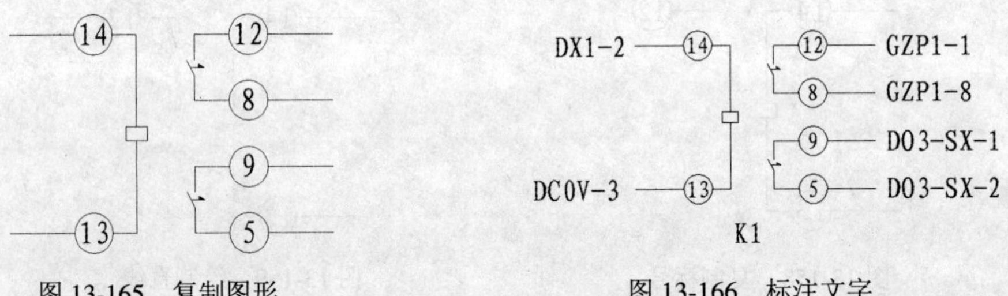

图 13-165　复制图形　　图 13-166　标注文字

13.5.3　绘制寄存器模块

下面简要讲述手动复归继电器接线图中用到的寄存器模块的绘制方法。

01 单击“修改”工具栏中的“复制”按钮，将开关 K1 模块进行复制，然后单击“修改”工具栏中的“删除”按钮，删除掉多余的图形，如图 13-167 所示。

02 双击文字，修改圆内的文字，如图 13-168 所示。

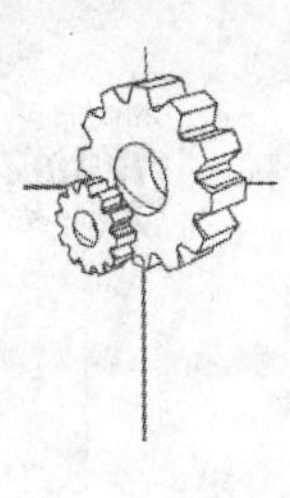

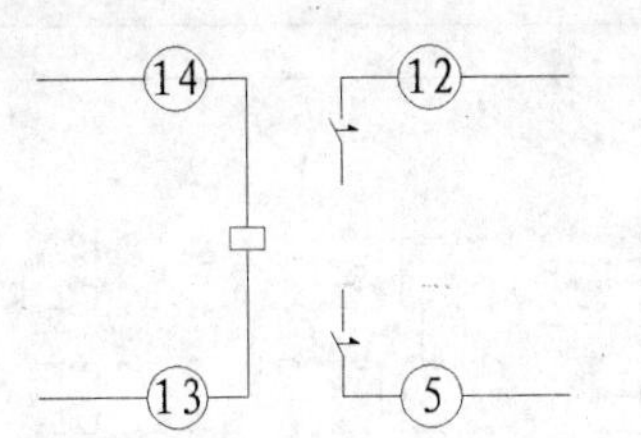

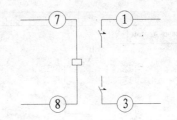

图 13-167　删除掉多余的图形

图 13-168　修改圆内的文字

03 单击“绘图”工具栏中的“直线”按钮、“圆”按钮和“多行文字”按钮，绘制剩余图形，如图 13-169 所示。

04 单击“绘图”工具栏中的“多行文字”按钮，标注文字，最终完成寄存器 DX1 模块的绘制，如图 13-170 所示。

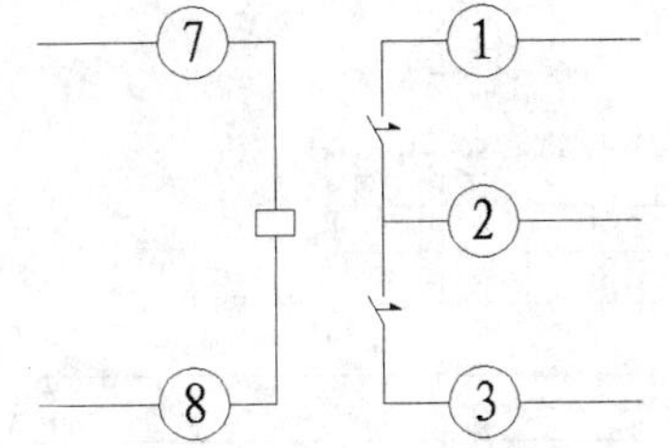

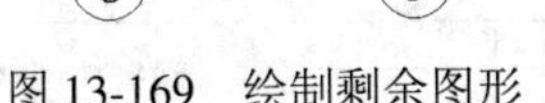

图 13-169　绘制剩余图形

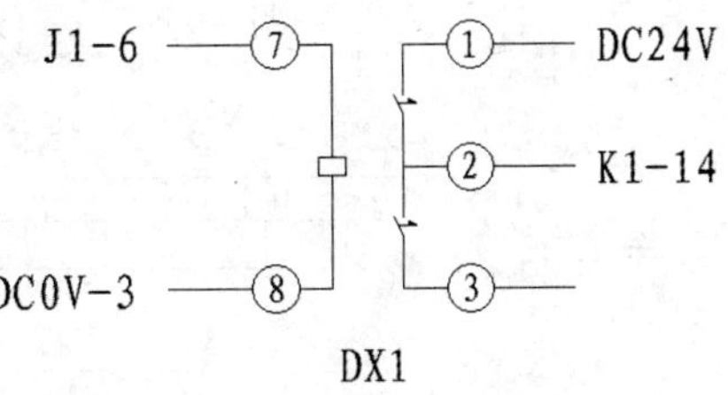

图 13-170　标注文字

05 同理，绘制其他开关和寄存器模块，如图 13-171 所示。

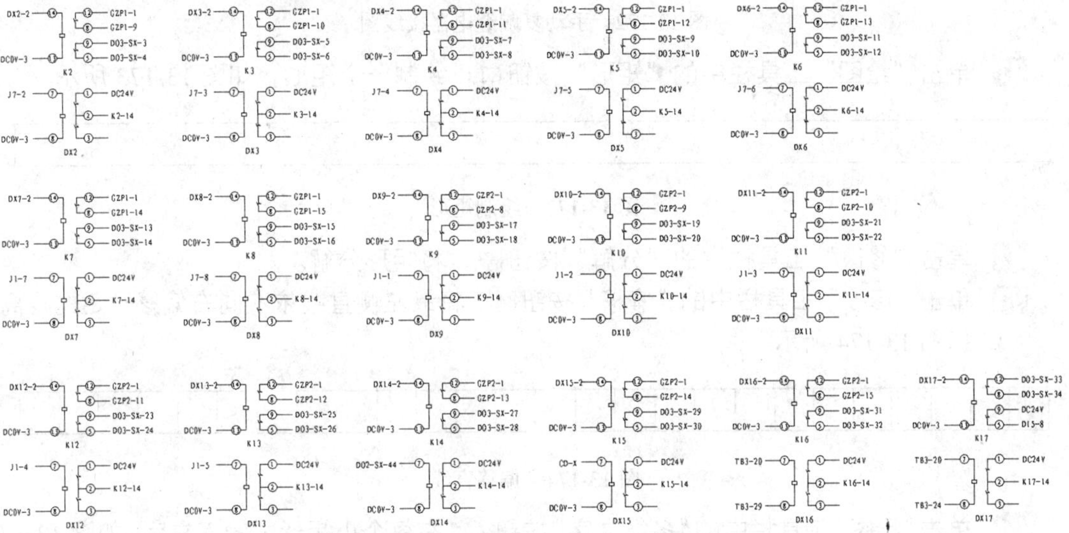

图 13-171　绘制其他开关和寄存器模块

13.5.4　绘制柴油发电机扩展模块

在绘制完开关模块和寄存器模块后，最后绘制出柴油发电机扩展模块，如图 13-172 所示，具体绘制方法如下。

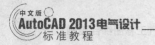

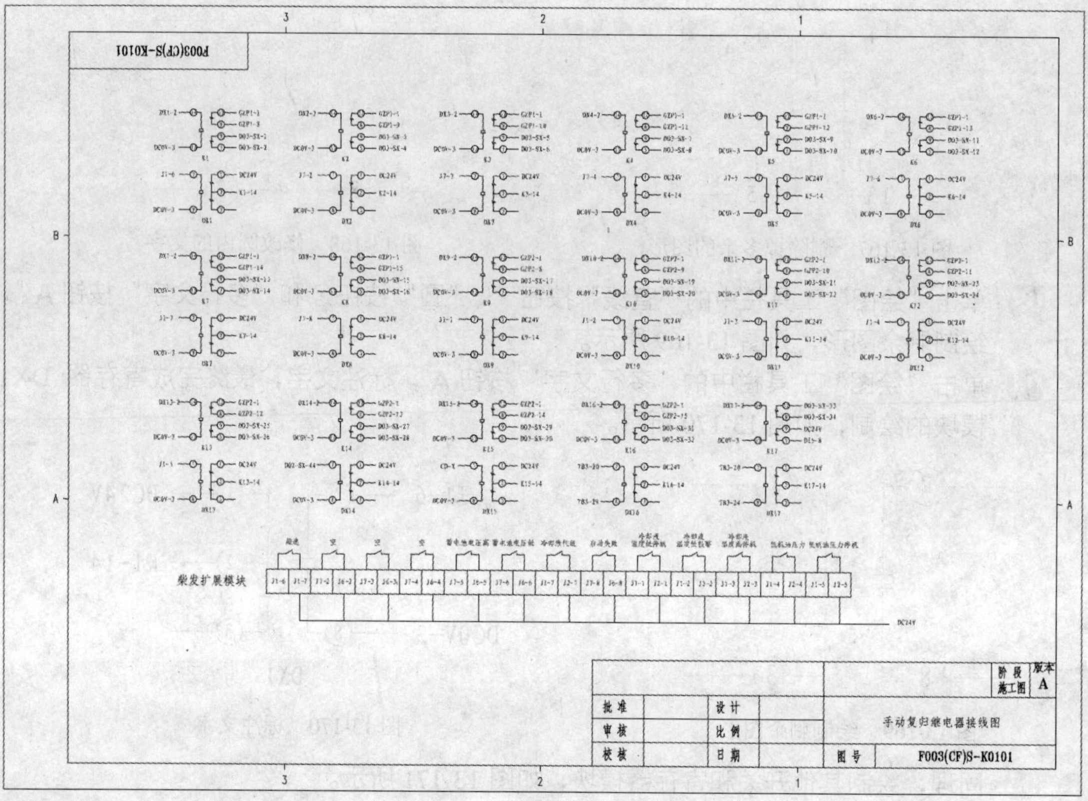

图 13-172 手动复归继电器接线图

01 单击“绘图”工具栏中的“矩形”按钮，绘制一个矩形，如图 13-173 所示。

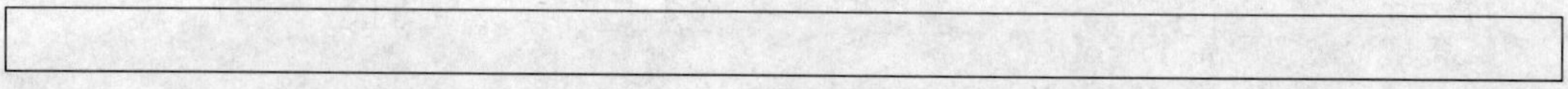

图 13-173 绘制矩形

02 单击“修改”工具栏中的“分解”按钮，将矩形分解。

03 单击“修改”工具栏中的“偏移”按钮，将最左侧直线依次向右偏移一定的距离，如图 13-174 所示。

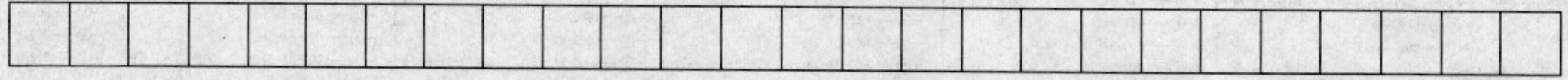

图 13-174 偏移直线

04 单击“绘图”工具栏中的“多行文字”按钮 A，在每个小矩形内输入文字，如图 13-175 所示。

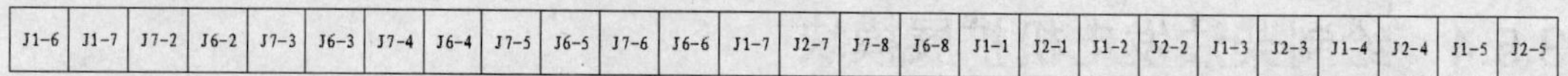

图 13-175 输入文字

05 单击“绘图”工具栏中的“直线”按钮，在矩形上侧绘制图形，如图 13-176 所示。

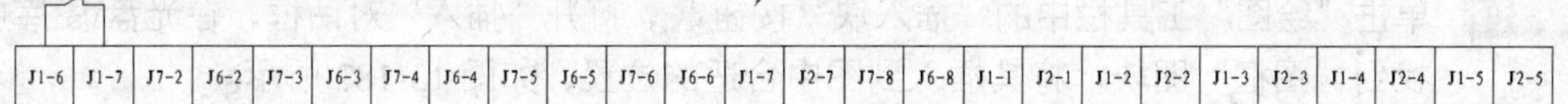

图 13-176　绘制图形

06 单击“修改”工具栏中的“复制”按钮，将图形依次向右进行复制，如图 13-177 所示。

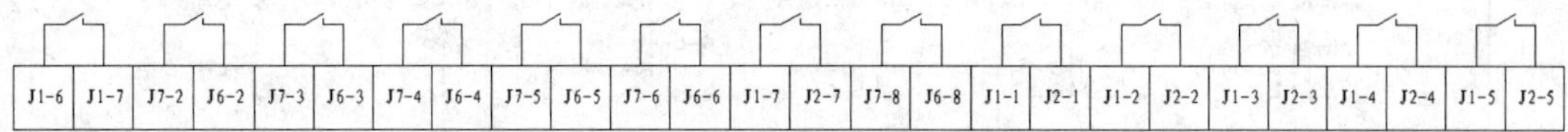

图 13-177　复制图形

07 单击“绘图”工具栏中的“多行文字”按钮 A，标注文字，如图 13-178 所示。

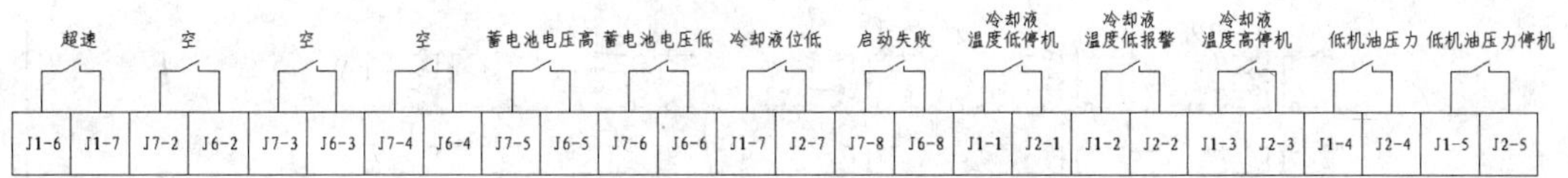

图 13-178　标注文字

08 单击“绘图”工具栏中的“直线”按钮，在矩形下侧绘制多条竖直直线，如图 13-179 所示。

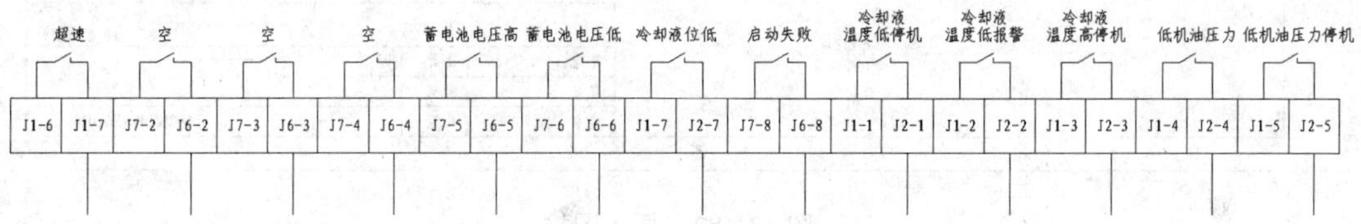

图 13-179　绘制竖直直线

09 单击“绘图”工具栏中的“直线”按钮，在下侧绘制水平直线，如图 13-180 所示。

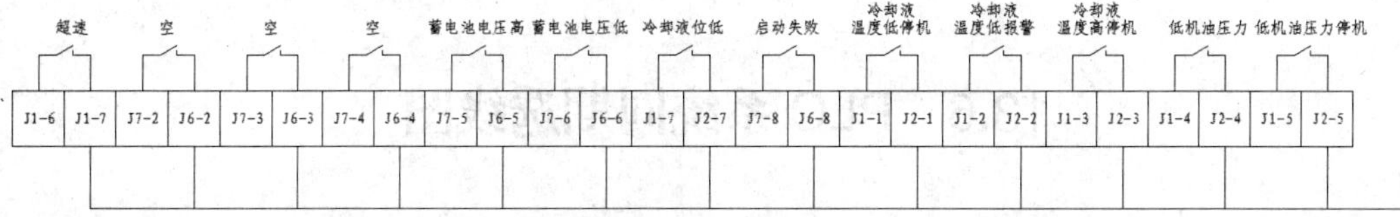

图 13-180　绘制水平直线

10 单击“绘图”工具栏中的“多行文字”按钮 A，标注文字，最终完成柴发扩展模块的绘制，如图 13-181 所示。

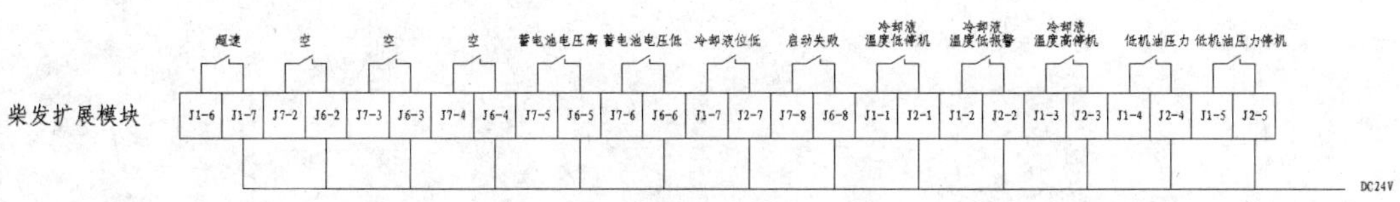

图 13-181　标注文字

11 单击“绘图”工具栏中的“插入块”按钮，打开“插入”对话框，在光盘\图库中找到“图框”图块，将其插入到图中合适的位置，如图13-182所示。

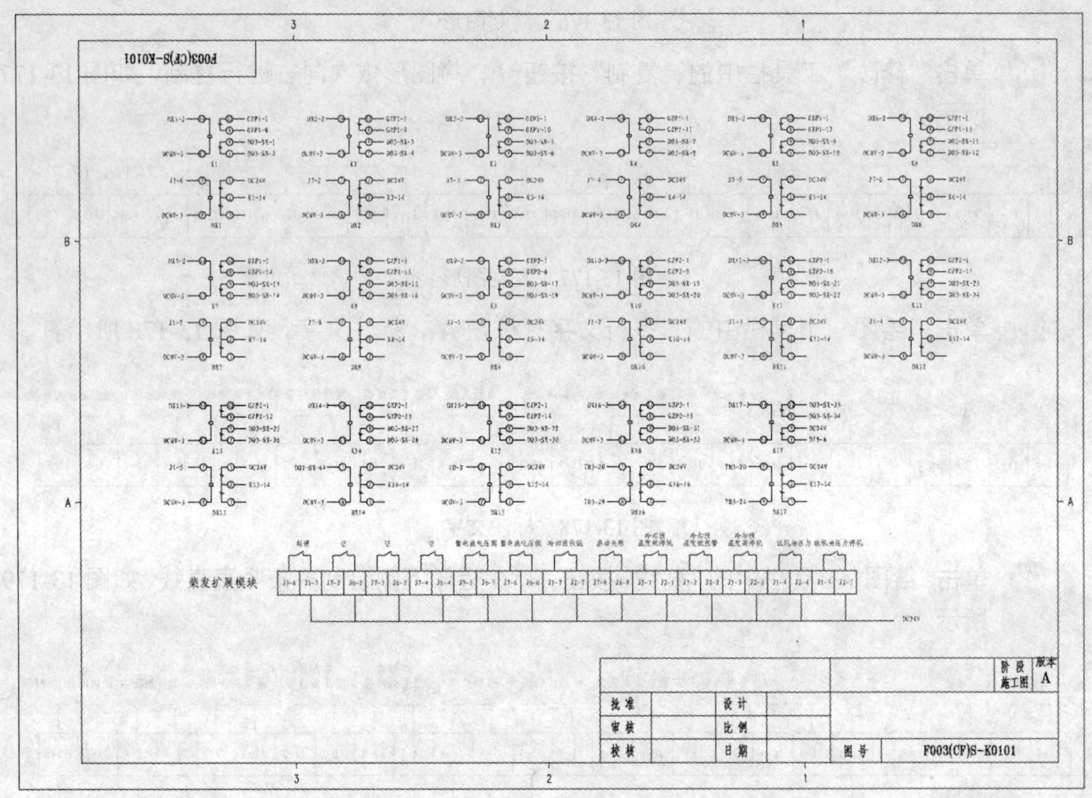

图13-182　插入图框

12 单击“绘图”工具栏中的“多行文字”按钮，在图框内输入图纸名称，如图13-172所示。

13.6　PLC系统同期选线图

PLC系统同期选线图是柴油发电机PLC控制系统的重要组成部分，其绘制的大体思路是：首先设置绘图环境，然后结合二维绘图和编辑命令绘制电气符号，最后绘制选线图，如图13-183所示。具体过程不再赘述。

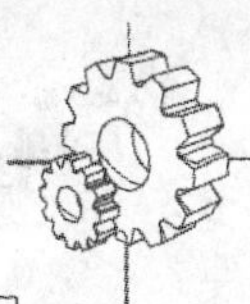

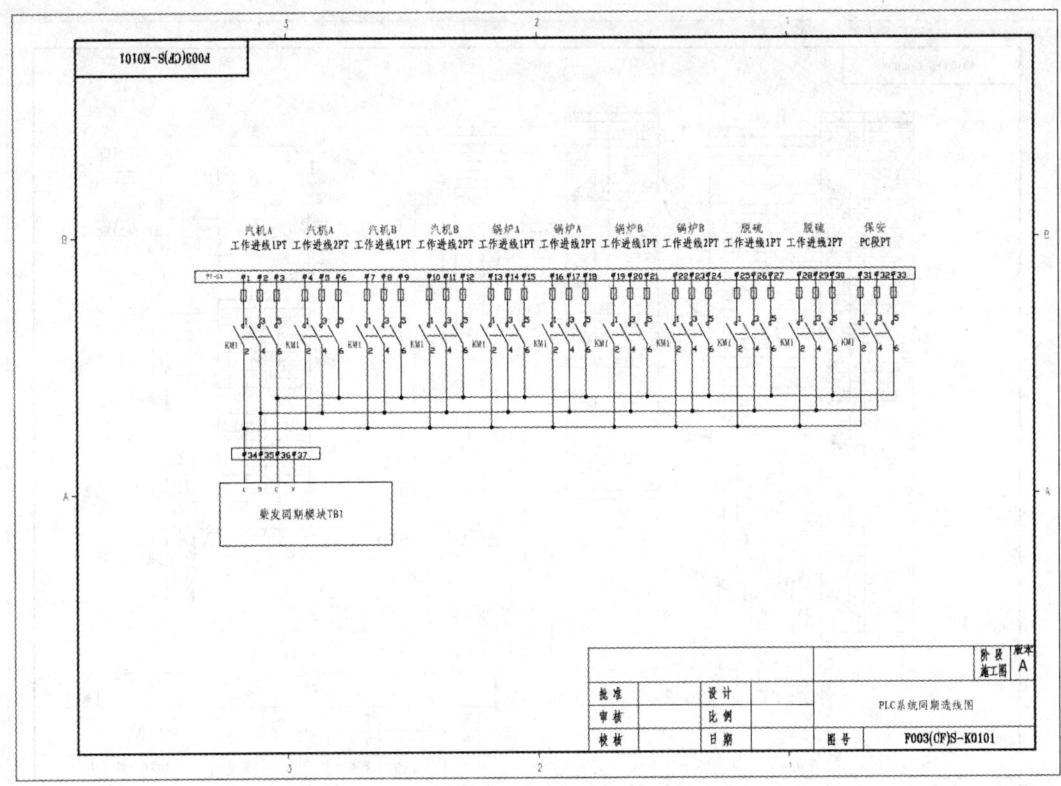

图 13-183　PLC 系统同期选线图

13.7　PLC 系统出线端子图

PLC系统出线端子图是柴油发电机PLC控制系统的重要组成部分，其绘制的大体思路是：首先设置绘图环境，然后结合二维绘图和编辑命令绘制电气符号，最后绘制端子图。本章将以 PLC 系统出线端子图 1 为例详细介绍其绘制思路和过程。

本例结合二维绘图和编辑命令绘制端子图，然后绘制原理图，最后绘制继电器模块，如图 13-184 所示。

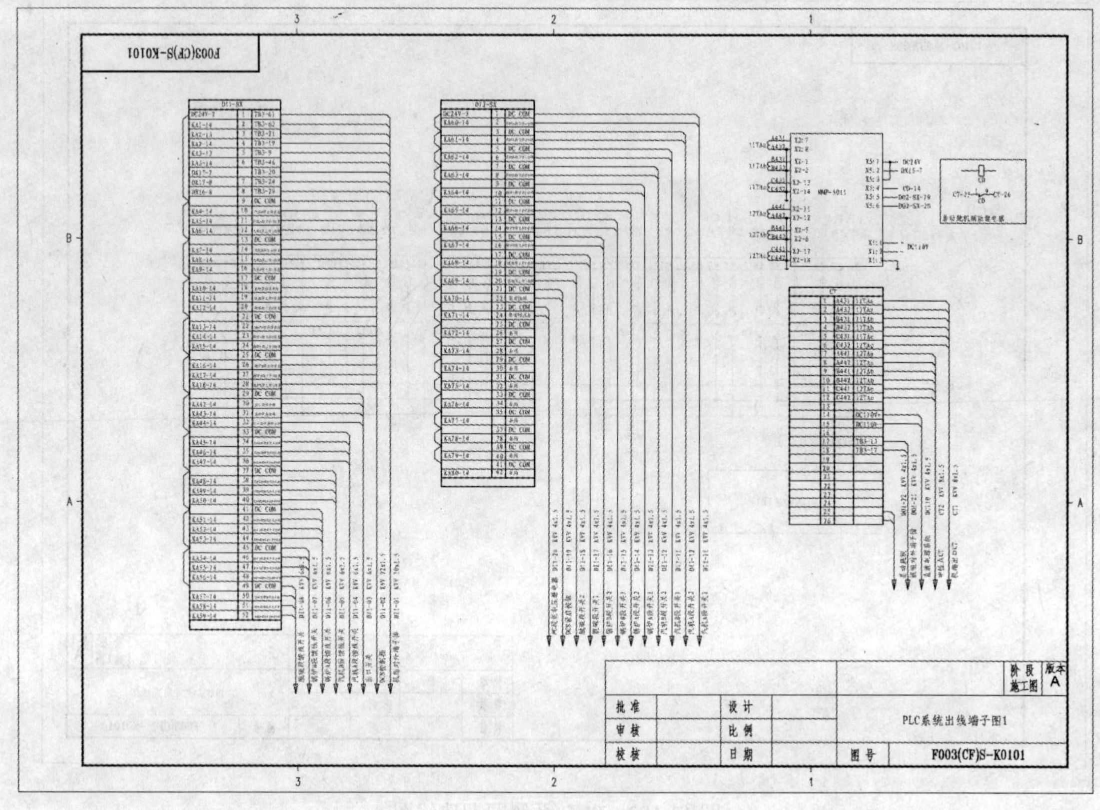

图 13-184　PLC 系统出线端子图 1

13.7.1　设置绘图环境

按 13.1.1 节相同方法设置绘图环境，这里不再赘述。

13.7.2　绘制端子图 DI13-SX

01 单击“绘图”工具栏中的“多段线”按钮，设置起始线段宽度和终止线段宽度为 0.3，绘制长为 54 的水平多段线，如图 13-185 所示。

图 13-185　绘制水平多段线

02 单击“绘图”工具栏中的“多段线”按钮，以上步绘制的多段线左端点为起点，竖直向下绘制长为 301 的多段线，如图 13-186 所示。

03 单击“修改”工具栏中的“偏移”按钮，将竖直多段线向右依次偏移，偏移距离为 29、8 和 17，如图 13-187 所示。

04 击左数第三条多段线，打开快捷菜单，如图 13-188 所示，选择“特性”选项，打开“特性”面板，将起始线段宽度和终止线段宽度设置为 0.2，如图 13-189 所示。

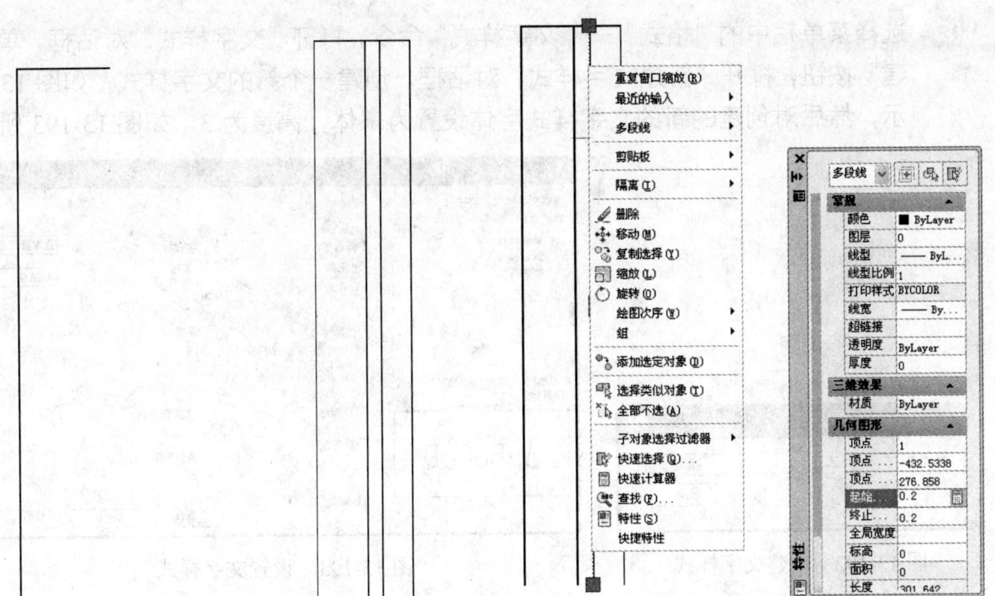

图 13-186　绘制竖直多段线　图 13-187　偏移竖直多段线　图 13-188　快捷菜单　图 13-189　“特性”面板

05 单击“修改”工具栏中的“偏移”按钮，将水平多段线依次向下偏移，偏移距离为 5、291 和 5，如图 13-190 所示。

06 单击“修改”工具栏中的“修剪”按钮，修改掉多余的直线，如图 13-191 所示。

图 13-190　偏移多段线　　图 13-191　修剪掉多余的直线

07 选择菜单栏中的“格式”→“文字样式”命令，打开“文字样式”对话框，单击“新建”按钮，打开“新建文字样式”对话框，创建一个新的文字样式，如图 13-192 所示，然后对创建的新的文字样式字体设置为宋体，高度为 3，如图 13-193 所示。

图 13-192　新建文字样式

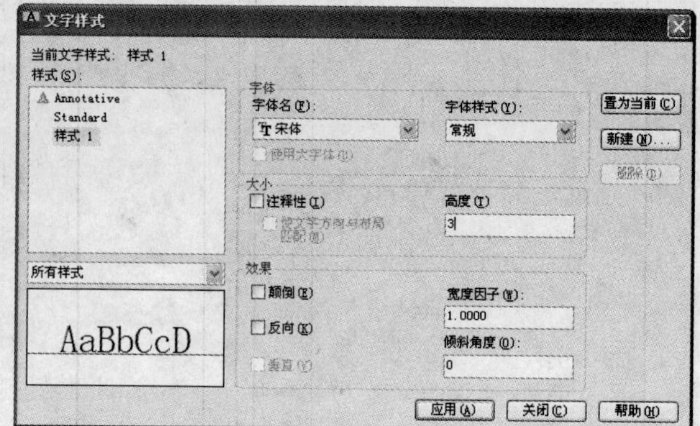

图 13-193　设置文字样式

08 单击“绘图”工具栏中的“多行文字”按钮A，输入标题 DI13-SX，如图 13-194 所示。

09 单击“绘图”工具栏中的“直线”按钮，在图中合适的位置绘制一条水平直线，将其与最上侧水平多段线的距离为 10，如图 13-195 所示。

10 单击“修改”工具栏中的“偏移”按钮，将上步绘制的水平直线依次向下偏移为 5，偏移 51 次，如图 13-196 所示。

11 单击“绘图”工具栏中的“多行文字”按钮A，在表内输入文字，如图 13-197 所示。

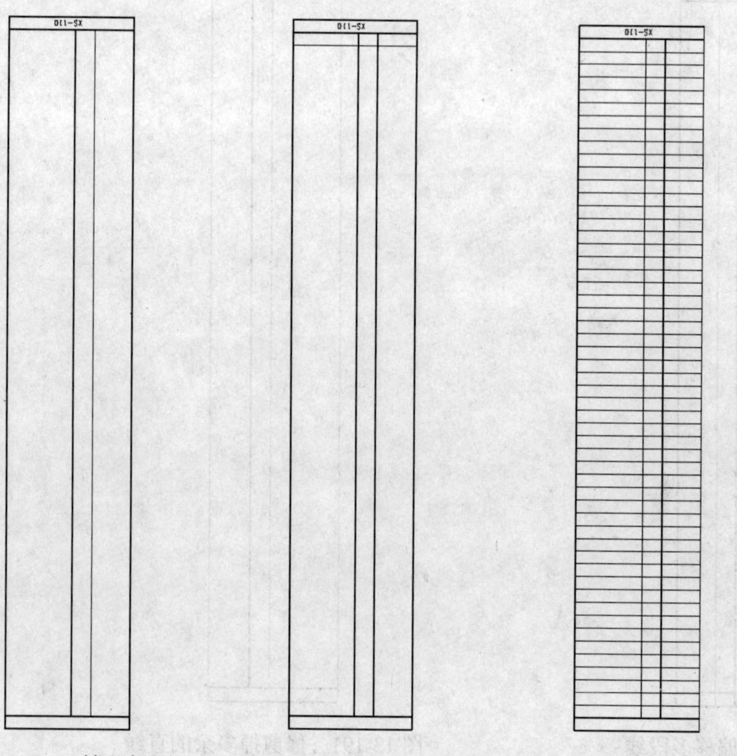

图 13-194　输入标题　图 13-195　绘制水平直线　图 13-196　偏移直线　图 13-197　输入文字

12 单击“修改”工具栏中的“复制”按钮，将上步输入的文字复制到下一行，如图 13-198 所示，然后选择复制的文字双击，打开“文字格式”编辑器，如图 13-199 所示，修改文字内容，以便文字格式的统一，如图 13-200 所示。

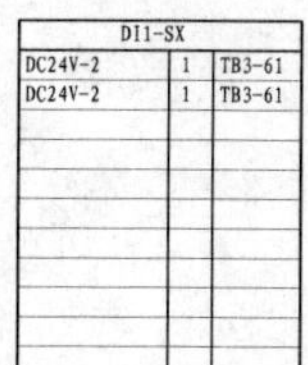

DI1-SX		
DC24V-2	1	TB3-61
DC24V-2	1	TB3-61

图 13-198　复制文字

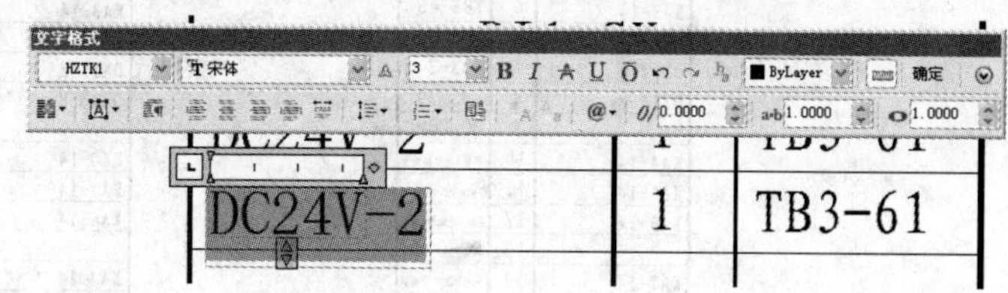

图 13-199　“文字格式”编辑器

13 同理，修改其他文字内容，如图 13-201 所示。

14 单击“绘图”工具栏中的“多行文字”按钮A，标注其他位置的文字，如图 13-202 所示。

15 单击“绘图”工具栏中的“直线”按钮，在表的左侧绘制一条短的斜线，如图 13-203 所示。

DI1-SX		
DC24V-2	1	TB3-61
KA1-14	1	TB3-61

图 13-200　修改文字 1

DI1-SX		
DC24V-2	1	TB3-61
KA1-14	2	TB3-62

图 13-201　修改文字 2

DI1-SX		
DC24V-2	1	TB3-61
KA1-14	2	TB3-62
KA2-13	3	TB3-21
KA2-14	4	TB3-19
KA3-13	5	TB3-9
KA3-14	6	TB3-46
DX17-7		TB3-20
DX17-8	7	TB3-24
DX16-8	8	TB3-29
	9	DC COM
KA4-14	10	[illegible]
KA5-14	11	[illegible]
KA6-14	12	[illegible]
	13	DC COM
KA7-14	14	[illegible]
KA8-14	15	[illegible]
KA9-14	16	[illegible]
	17	DC COM
KA10-14	18	[illegible]
KA11-14	19	[illegible]
KA12-14	20	[illegible]
	21	DC COM
KA13-14	22	[illegible]
KA14-14	23	[illegible]
KA15-14	24	[illegible]
	25	DC COM
KA16-14	26	[illegible]
KA17-14	27	[illegible]
KA18-14	28	[illegible]
	29	DC COM
KA42-14	30	[illegible]
KA43-14	31	[illegible]
KA44-14	32	[illegible]
	33	DC COM
KA45-14	34	[illegible]
KA46-14	35	[illegible]
KA47-14	36	[illegible]
	37	DC COM
KA48-14	38	[illegible]
KA49-14	39	[illegible]
KA50-14	40	[illegible]
	41	DC COM
KA51-14	42	[illegible]
KA52-14	43	[illegible]
KA53-14	44	[illegible]
	45	DC COM
KA54-14	46	[illegible]
KA55-14	47	[illegible]
KA56-14	48	[illegible]
	49	DC COM
KA57-14	50	[illegible]
KA58-14	51	[illegible]
KA59-14	52	[illegible]

图 13-202　标注文字

DI1-SX		
DC24V-2	1	TB3-61
KA1-14	2	TB3-62
KA2-13	3	TB3-21
KA2-14	4	TB3-19
KA3-13	5	TB3-9
KA3-14	6	TB3-46
DX17-7		TB3-20
DX17-8	7	TB3-24
DX16-8	8	TB3-29
	9	DC COM
KA4-14	10	汽机A段启动柴发
KA5-14	11	汽机A段工作1恢复
KA6-14	12	汽机A段工作2恢复
	13	DC COM
KA7-14	14	汽机B段启动柴发
KA8-14	15	汽机B段工作1恢复
KA9-14	16	汽机B段工作2恢复

图 13-203　绘制短斜线

16 单击“绘图”工具栏中的“直线”按钮，以上步绘制的短直线的端点为起点，绘制长为 44 的竖直直线，如图 13-204 所示。

17 单击“修改”工具栏中的“镜像”按钮，以竖直直线的中点为镜像点，将斜线镜像到另外一侧，如图 13-205 所示。

DI1-SX		
DC24V-2	1	TB3-61
KA1-14	2	TB3-62
KA2-13	3	TB3-21
KA2-14	4	TB3-19
KA3-13	5	TB3-9
KA3-14	6	TB3-46
DX17-7		TB3-20
DX17-8	7	TB3-24
DX16-8	8	TB3-29
	9	DC COM
KA4-14	10	[illegible]
KA5-14	11	[illegible]
KA6-14	12	[illegible]
	13	DC COM
KA7-14	14	[illegible]
KA8-14	15	[illegible]
KA9-14	16	[illegible]

图 13-204　绘制竖直直线

DI1-SX		
DC24V-2	1	TB3-61
KA1-14	2	TB3-62
KA2-13	3	TB3-21
KA2-14	4	TB3-19
KA3-13	5	TB3-9
KA3-14	6	TB3-46
DX17-7		TB3-20
DX17-8	7	TB3-24
DX16-8	8	TB3-29
	9	DC COM
KA4-14	10	[illegible]
KA5-14	11	[illegible]
KA6-14	12	[illegible]
	13	DC COM
KA7-14	14	[illegible]
KA8-14	15	[illegible]
KA9-14	16	[illegible]

图 13-205　镜像斜线

18 同理，在图中合适的位置继续绘制斜线，如图 13-206 所示。

19 单击“绘图”工具栏中的“直线”按钮，以上步绘制的斜线端点为起点，竖直向下绘制长为 17 的直线，如图 13-207 所示。

20 单击“修改”工具栏中的“镜像”按钮，以上步绘制的竖直直线的中点为镜像点，将斜线镜像到另外一侧，如图 13-208 所示。

21 单击“修改”工具栏中的“复制”按钮，将上步绘制的图形向下复制 9 个，如图 13-209 所示。

DI1-SX		
DC24V-2	1	TB3-61
KA1-14	2	TB3-62
KA2-13	3	TB3-21
KA2-14	4	TB3-19
KA3-13	5	TB3-9
KA3-14	6	TB3-46
DX17-7		TB3-20
DX17-8	7	TB3-24
DX16-8	8	TB3-29
	9	DC COM
KA4-14	10	[illegible]
KA5-14	11	[illegible]
KA6-14	12	[illegible]
	13	DC COM
KA7-14	14	[illegible]
KA8-14	15	[illegible]
KA9-14	16	[illegible]
	17	DC COM
KA10-14	18	[illegible]
KA11-14	19	[illegible]
KA12-14	20	[illegible]
	21	DC COM
KA13-14	22	[illegible]
KA14-14	23	[illegible]
KA15-14	24	[illegible]
	25	DC COM
KA16-14	26	[illegible]
KA17-14	27	[illegible]
KA18-14	28	[illegible]
	29	DC COM
KA42-14	30	[illegible]
KA43-14	31	[illegible]
KA44-14	32	[illegible]
	33	DC COM
KA45-14	34	[illegible]
KA46-14	35	[illegible]
KA47-14	36	[illegible]
	37	DC COM
KA48-14	38	[illegible]
KA49-14	39	[illegible]
KA50-14	40	[illegible]
	41	DC COM
KA51-14	42	[illegible]
KA52-14	43	[illegible]
KA53-14	44	[illegible]
	45	DC COM
KA54-14	46	[illegible]
KA55-14	47	[illegible]
KA56-14	48	[illegible]
	49	DC COM
KA57-14	50	[illegible]
KA58-14	51	[illegible]
KA59-14	52	[illegible]

图 13-206　绘制斜线

DI1-SX		
DC24V-2	1	TB3-61
KA1-14	2	TB3-62
KA2-13	3	TB3-21
KA2-14	4	TB3-19
KA3-13	5	TB3-9
KA3-14	6	TB3-46
DX17-7		TB3-20
DX17-8	7	TB3-24
DX16-8	8	TB3-29
	9	DC COM
KA4-14	10	[illegible]
KA5-14	11	[illegible]
KA6-14	12	[illegible]
	13	DC COM
KA7-14	14	[illegible]
KA8-14	15	[illegible]
KA9-14	16	[illegible]
	17	DC COM
KA10-14	18	[illegible]
KA11-14	19	[illegible]
KA12-14	20	[illegible]
	21	DC COM

图 13-207　绘制竖直直线

DI1-SX		
DC24V-2	1	TB3-61
KA1-14	2	TB3-62
KA2-13	3	TB3-21
KA2-14	4	TB3-19
KA3-13	5	TB3-9
KA3-14	6	TB3-46
DX17-7		TB3-20
DX17-8	7	TB3-24
DX16-8	8	TB3-29
	9	DC COM
KA4-14	10	[illegible]
KA5-14	11	[illegible]
KA6-14	12	[illegible]
	13	DC COM
KA7-14	14	[illegible]
KA8-14	15	[illegible]
KA9-14	16	[illegible]
	17	DC COM
KA10-14	18	[illegible]
KA11-14	19	[illegible]
KA12-14	20	[illegible]
	21	DC COM
KA13-14	22	[illegible]
KA14-14	23	[illegible]
KA15-14	24	[illegible]
	25	DC COM
KA16-14	26	[illegible]
KA17-14	27	[illegible]
KA18-14	28	[illegible]
	29	DC COM
KA42-14	30	[illegible]
KA43-14	31	[illegible]
KA44-14	32	[illegible]
	33	DC COM
KA45-14	34	[illegible]
KA46-14	35	[illegible]
KA47-14	36	[illegible]
	37	DC COM
KA48-14	38	[illegible]
KA49-14	39	[illegible]
KA50-14	40	[illegible]
	41	DC COM
KA51-14	42	[illegible]
KA52-14	43	[illegible]
KA53-14	44	[illegible]
	45	DC COM
KA54-14	46	[illegible]
KA55-14	47	[illegible]
KA56-14	48	[illegible]
	49	DC COM
KA57-14	50	[illegible]
KA58-14	51	[illegible]
KA59-14	52	[illegible]

图 13-208 镜像斜线

DI1-SX		
DC24V-2	1	TB3-61
KA1-14	2	TB3-62
KA2-13	3	TB3-21
KA2-14	4	TB3-19
KA3-13	5	TB3-9
KA3-14	6	TB3-46
DX17-7		TB3-20
DX17-8	7	TB3-24
DX16-8	8	TB3-29
	9	DC COM
KA4-14	10	[illegible]
KA5-14	11	[illegible]
KA6-14	12	[illegible]
	13	DC COM
KA7-14	14	[illegible]
KA8-14	15	[illegible]
KA9-14	16	[illegible]
	17	DC COM
KA10-14	18	[illegible]
KA11-14	19	[illegible]
KA12-14	20	[illegible]
	21	DC COM
KA13-14	22	[illegible]
KA14-14	23	[illegible]
KA15-14	24	[illegible]
	25	DC COM
KA16-14	26	[illegible]
KA17-14	27	[illegible]
KA18-14	28	[illegible]
	29	DC COM
KA42-14	30	[illegible]
KA43-14	31	[illegible]
KA44-14	32	[illegible]
	33	DC COM
KA45-14	34	[illegible]
KA46-14	35	[illegible]
KA47-14	36	[illegible]
	37	DC COM
KA48-14	38	[illegible]
KA49-14	39	[illegible]
KA50-14	40	[illegible]
	41	DC COM
KA51-14	42	[illegible]
KA52-14	43	[illegible]
KA53-14	44	[illegible]
	45	DC COM
KA54-14	46	[illegible]
KA55-14	47	[illegible]
KA56-14	48	[illegible]
	49	DC COM
KA57-14	50	[illegible]
KA58-14	51	[illegible]
KA59-14	52	[illegible]

图 13-209　复制图形

22 单击“绘图”工具栏中的“直线”按钮，在表右侧合适的位置绘制一条长为 64 的水平直线，如图 13-210 所示。

23 单击“绘图”工具栏中的“直线”按钮，以上步绘制的水平直线端点为起点竖直向下绘制长为 329 的竖直直线，如图 13-211 所示。

24 单击“绘图”工具栏中的“直线”按钮，在上步绘制的竖直直线底端绘制箭头，如图 13-212 所示。

25 单击“修改”工具栏中的“倒角”按钮，设置倒角距离为 2，如图 13-213 所示。

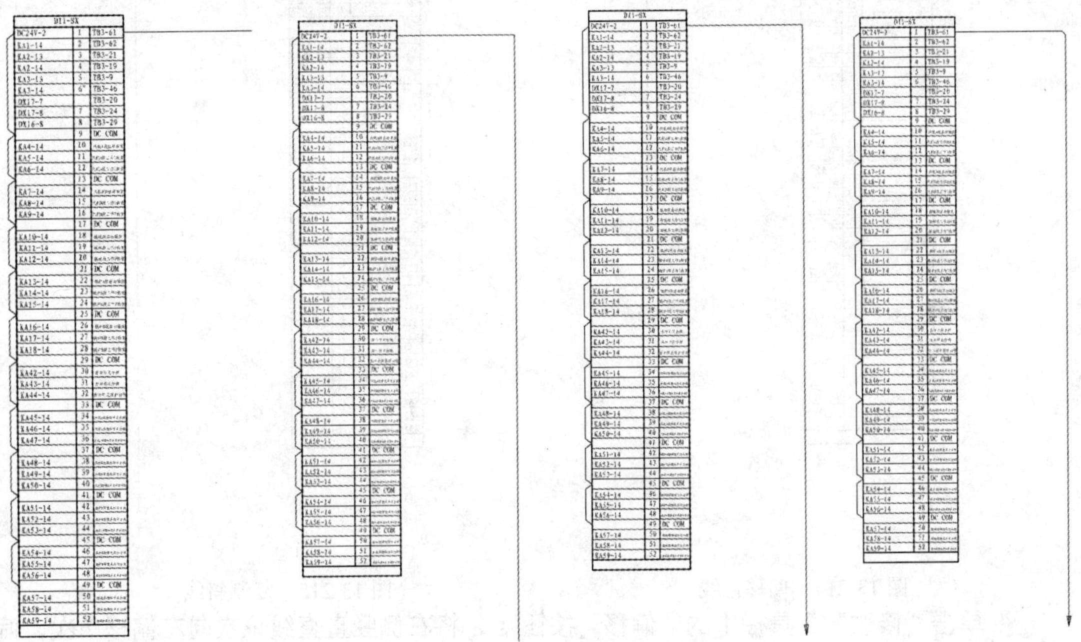

图 13-210　绘制水平直线　　图 13-211　绘制竖直直线　　图 13-212　绘制箭头　　图 13-213　绘制倒角

26 单击“修改”工具栏中的“偏移”按钮，将水平直线向下偏移 8 次，偏移距离为 5，如图 13-214 所示。

27 单击“修改”工具栏中的“复制”按钮，将倒角后得到的斜线依次向下进行复制，如图 13-215 所示。

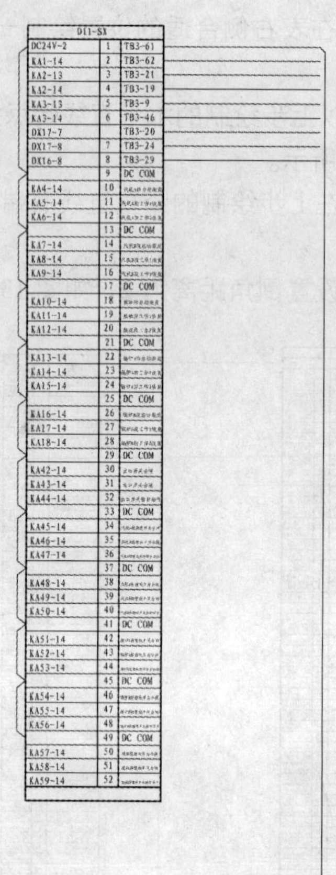

图 13-214　偏移直线

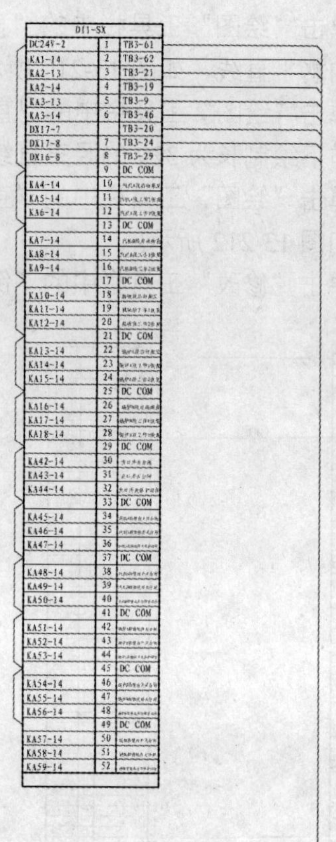

图 13-215　复制斜线

28 单击"修改"工具栏中的"偏移"按钮，将右侧竖直直线依次向左偏移 7 次，偏移距离为 8，如图 13-216 所示。

29 单击"修改"工具栏中的"复制"按钮，将水平直线依次向下进行复制，复制距离为 5，如图 13-217 所示。

30 单击"修改"工具栏中的"修剪"按钮，修剪掉多余的直线，如图 13-218 所示。

31 单击"修改"工具栏中的"倒角"按钮，设置倒角距离为 2，将每条竖直直线与水平直线的第一个相交处进行倒角操作，如图 13-219 所示。

32 单击"修改"工具栏中的"复制"按钮，将上步绘制的倒角进行复制，如图 13-220 所示。

33 单击"修改"工具栏中的"修剪"按钮，修剪掉多余的直线，如图 13-221 所示。

34 单击"修改"工具栏中的"复制"按钮，将底部箭头复制到图中其他位置，如图 13-222 所示。

35 单击"绘图"工具栏中的"多行文字"按钮，在第一个箭头处标注文字，然后单击"修改"工具栏中的"旋转"按钮，将文字旋转 90°，如图 13-223 所示。

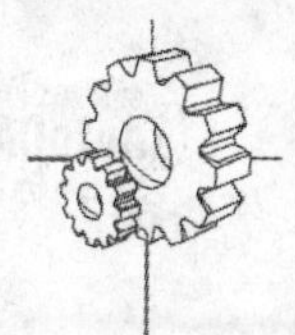

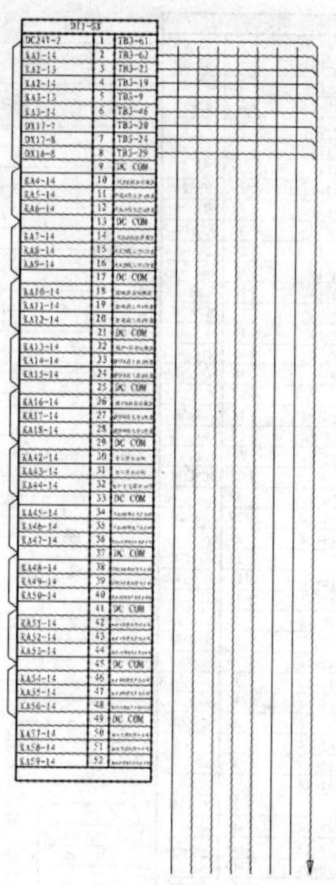

图 13-216　偏移直线

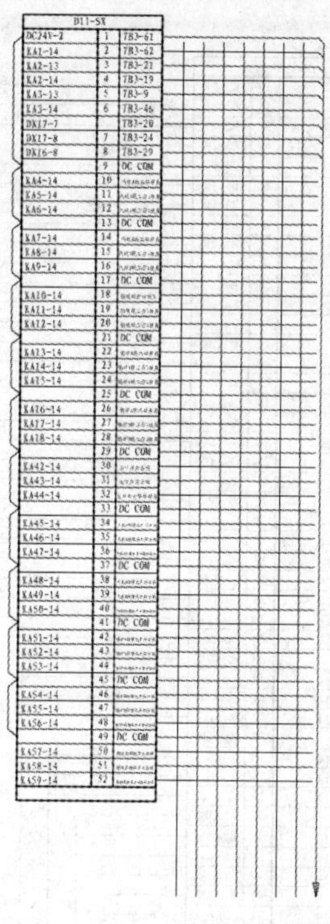

图 13-217　复制水平直线

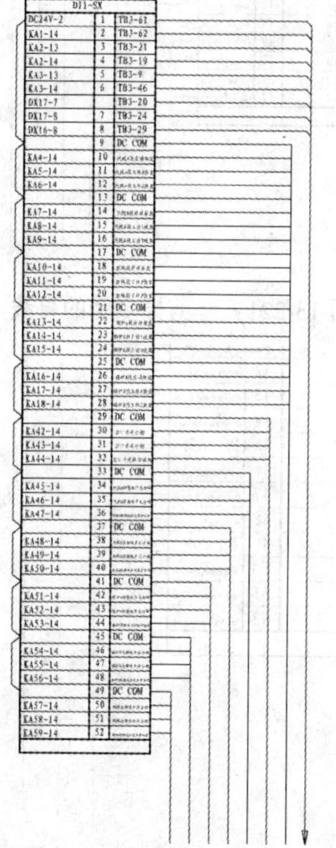

图 13-218　修剪掉多余的直线

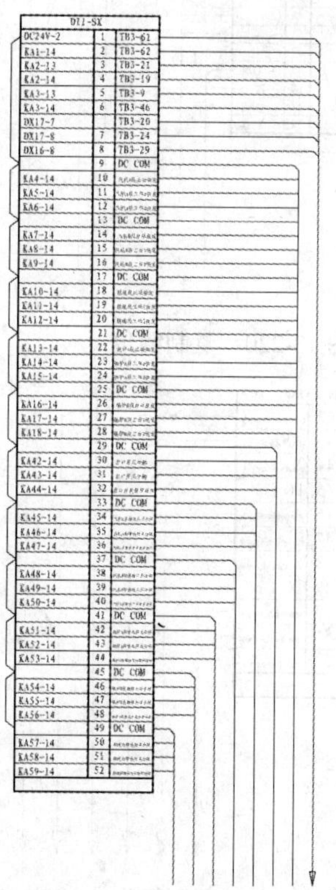

图 13-219　绘制倒角

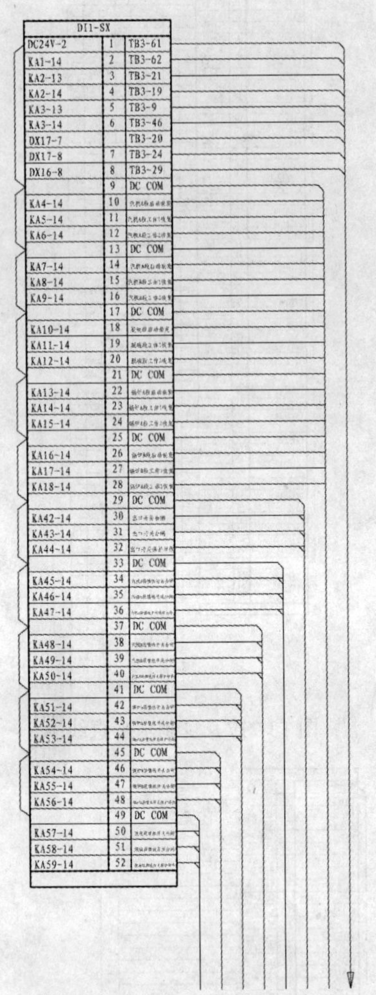

图 13-220　复制倒角

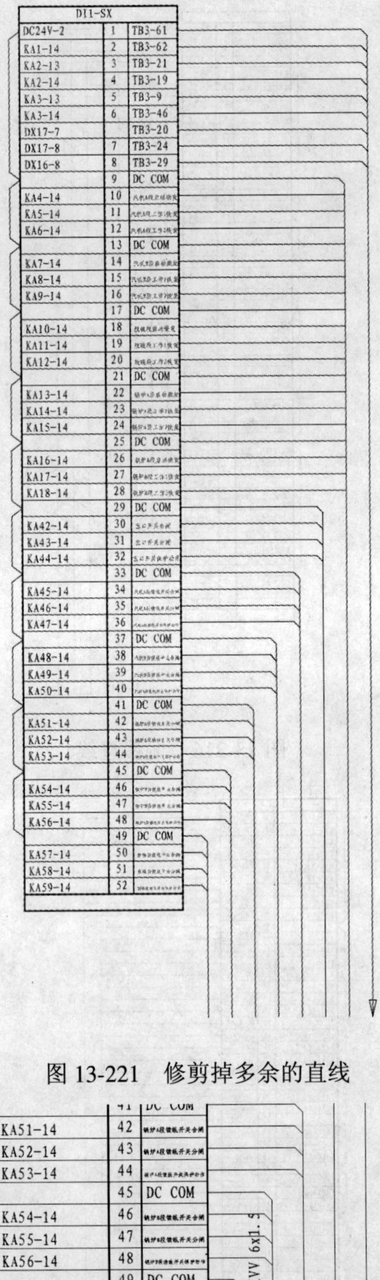

图 13-221　修剪掉多余的直线

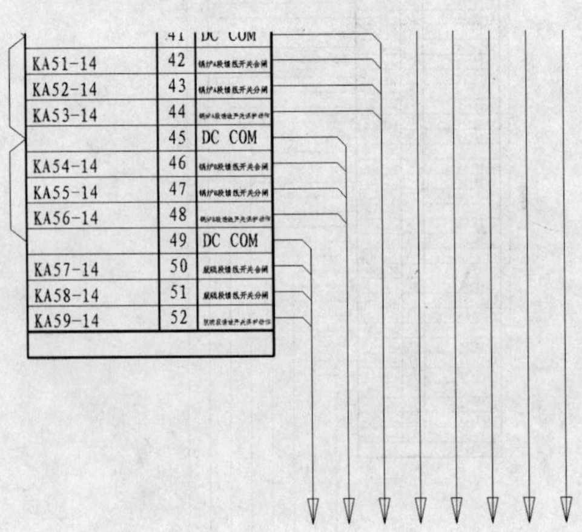

图 13-222　复制箭头

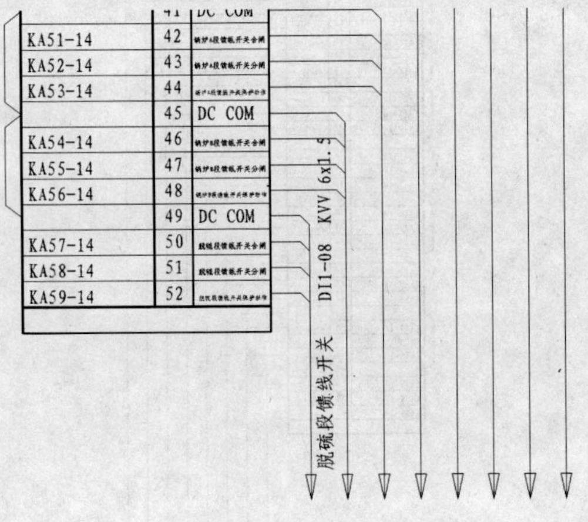

图 13-223　标注文字

36 单击“修改”工具栏中的“复制”按钮，将文字向右进行复制，如图 13-224 所示，然后双击文字，修改文字内容，以便文字格式的统一，结果如图 13-225 所示。

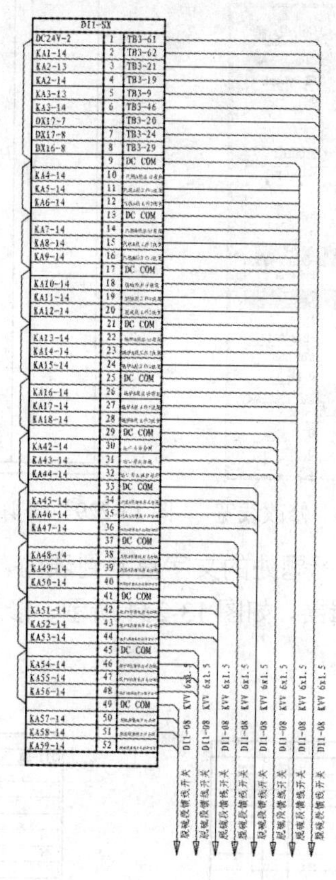

图 13-224　复制文字

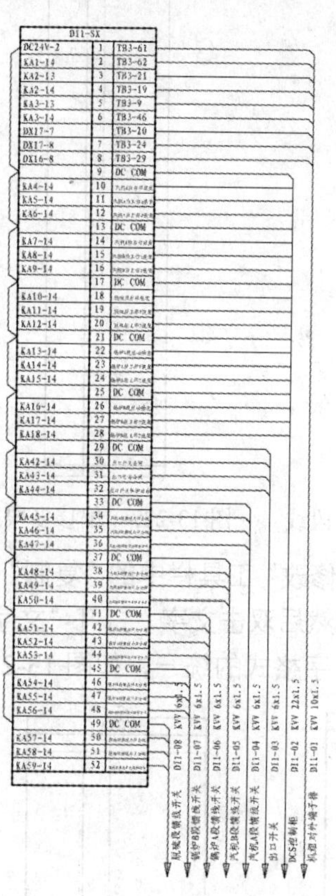

图 13-225　修改文字内容

13.7.3　绘制端子图 DI2-SX

01 单击“绘图”工具栏中的“多段线”按钮，设置起始线段宽度和终止线段宽度为 0.3，绘制水平长为 54、竖直长为 220 的多段线，如图 13-226 所示。

02 单击“修改”工具栏中的“偏移”按钮，将水平多段线向下偏移为 5、210 和 5，竖直多段线向右偏移为 29、8 和 17，如图 13-227 所示。

03 右击第三条多段线，在快捷菜单中选择“特性”选项，打开“特性”面板，将起始线段宽度和终止线段宽度设置为 0.2，如图 13-228 所示。

04 单击“修改”工具栏中的“修剪”按钮，修剪掉多余的直线，如图 13-229 所示。

05 单击“绘图”工具栏中的“多行文字”按钮A，输入标题，如图 13-230 所示。

06 单击“绘图”工具栏中的“直线”按钮，在图中合适的位置绘制一条水平直线，将其与最上侧水平多段线的距离为 10，如图 13-231 所示。

07 单击“修改”工具栏中的“偏移”按钮，将上步绘制的水平直线向下偏移 40 次，偏移距离为 5，如图 13-232 所示。

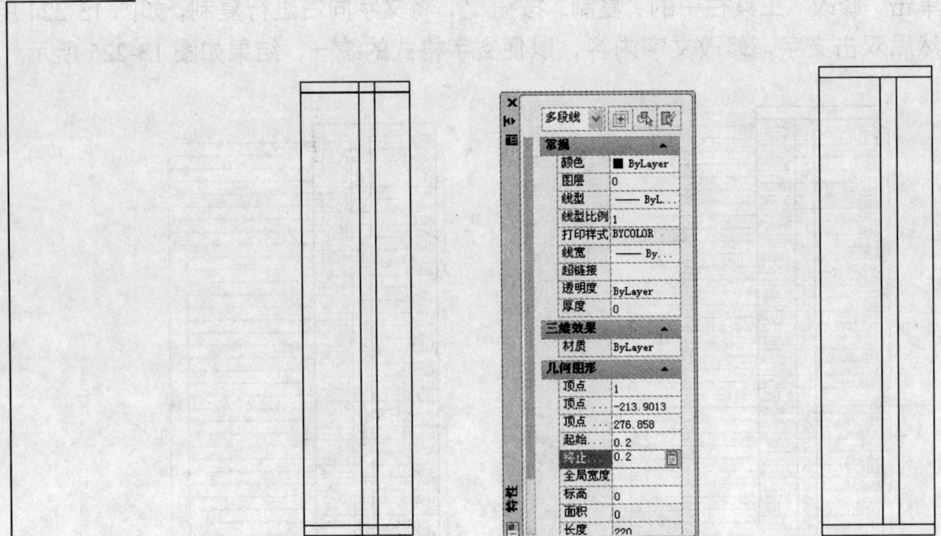

图 13-226　绘制多段线　　图 13-227　偏移多段线　　图 13-228　修改线宽　　图 13-229　修剪掉多余的直线

08 单击“修改”工具栏中的“复制”按钮，将标题处的文字复制到表内，如图 13-233 所示，然后双击文字，打开“文字格式”编辑器，如图 13-234 所示，修改文字内容，以便文字格式的统一，如图 13-235 所示。

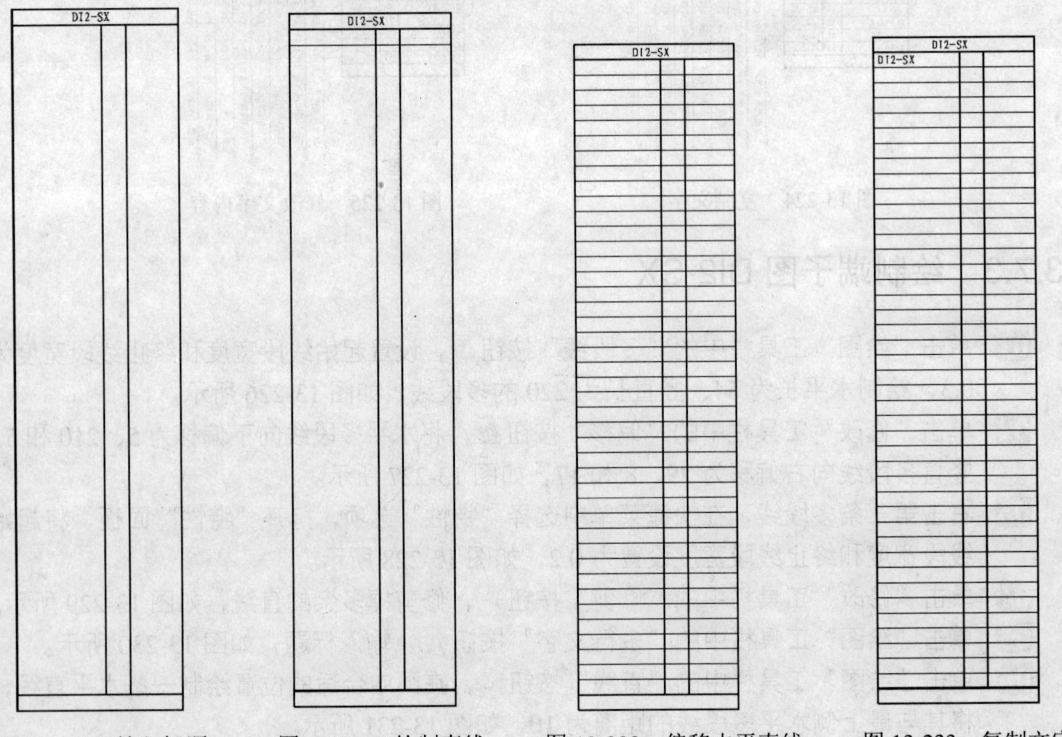

图 13-230　输入标题　　图 13-231　绘制直线　　图 13-232　偏移水平直线　　图 13-233　复制文字

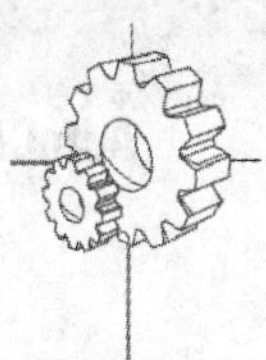

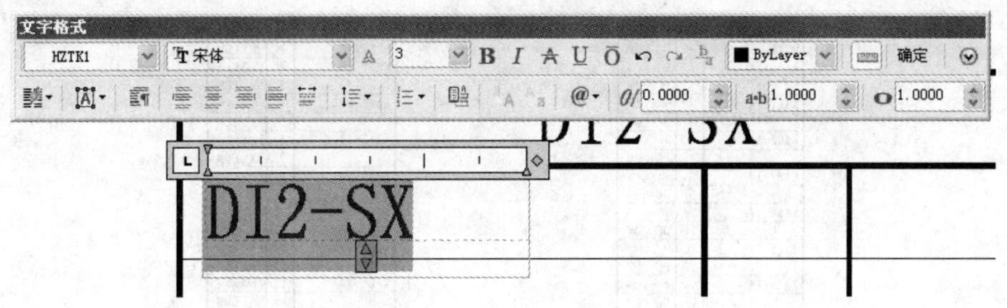

图 13-234　“文字格式”编辑器

09 同理，在表内输入其他位置的文字，结果如图 13-236 所示。

10 单击“绘图”工具栏中的“直线”按钮，在图中合适的位置绘制一条斜线，如图 13-237 所示。

11 单击“绘图”工具栏中的“直线”按钮，以上步绘制的斜线端点为起点，竖直向下绘制长为 5 的竖直直线，如图 13-238 所示。

DI2-SX		
DC24V-3		

图 13-235　修改文字内容

DI2-SX		
DC24V-3	1	DC COM
KA60-14	2	汽机A段工作1合闸
	3	DC COM
KA61-14	4	汽机A段工作2合闸
	5	DC COM
KA62-14	6	汽机B段工作1合闸
	7	DC COM
KA63-14	8	汽机B段工作2合闸
	9	DC COM
KA64-14	10	锅炉A段工作1合闸
	11	DC COM
KA65-14	12	锅炉A段工作2合闸
	13	DC COM
KA66-14	14	锅炉B段工作1合闸
	15	DC COM
KA67-14	16	锅炉B段工作2合闸
	17	DC COM
KA68-14	18	脱硫段工作1合闸
	19	DC COM
KA69-14	20	脱硫段工作2合闸
	21	DC COM
KA70-14	22	紧急按钮
	23	DC COM
KA71-14	24	保安PC失压
	25	DC COM
KA72-14	26	备用
	27	DC COM
KA73-14	28	备用
	29	DC COM
KA74-14	30	备用
	31	DC COM
KA75-14	32	备用
	33	DC COM
KA76-14	34	备用
	35	DC COM
KA77-14		备用
	37	DC COM
KA78-14	38	备用
	39	DC COM
KA79-14	40	备用
	41	DC COM
KA80-14	42	备用

图 13-236　输入文字

DI2-SX		
DC24V-3	1	DC COM
KA60-14	2	汽机A段工作1合闸
	3	DC COM
KA61-14	4	汽机A段工作2合闸
	5	DC COM
KA62-14	6	汽机B段工作1合闸
	7	DC COM
KA63-14	8	汽机B段工作2合闸
	9	DC COM
KA64-14	10	锅炉A段工作1合闸
	11	DC COM
KA65-14	12	锅炉A段工作2合闸
	13	DC COM
KA66-14	14	锅炉B段工作1合闸
	15	DC COM
KA67-14	16	锅炉B段工作2合闸
	17	DC COM
KA68-14	18	脱硫段工作1合闸
	19	DC COM

图 13-237　绘制斜线

DI2-SX		
DC24V-3	1	DC COM
KA60-14	2	汽机A段工作1合闸
	3	DC COM
KA61-14	4	汽机A段工作2合闸
	5	DC COM
KA62-14	6	汽机B段工作1合闸
	7	DC COM
KA63-14	8	汽机B段工作2合闸
	9	DC COM
KA64-14	10	锅炉A段工作1合闸
	11	DC COM
KA65-14	12	锅炉A段工作2合闸
	13	DC COM
KA66-14	14	锅炉B段工作1合闸
	15	DC COM
KA67-14	16	锅炉B段工作2合闸
	17	DC COM
KA68-14	18	脱硫段工作1合闸
	19	DC COM
KA69-14	20	脱硫段工作2合闸

图 13-238　绘制竖直直线

12 单击“修改”工具栏中的“镜像”按钮，以上步绘制的竖直直线中点为镜像点，将斜线镜像到另外一侧，如图 13-239 所示。

13 单击“修改”工具栏中的“复制”按钮，复制图形，如图 13-240 所示。

14 单击“绘图”工具栏中的“直线”按钮，在表的右侧绘制长为 96 的水平直线和长为 303 的竖直直线，如图 13-241 所示。

15 单击“绘图”工具栏中的“直线”按钮，在竖直直线底部绘制箭头，如图 13-242 所示。

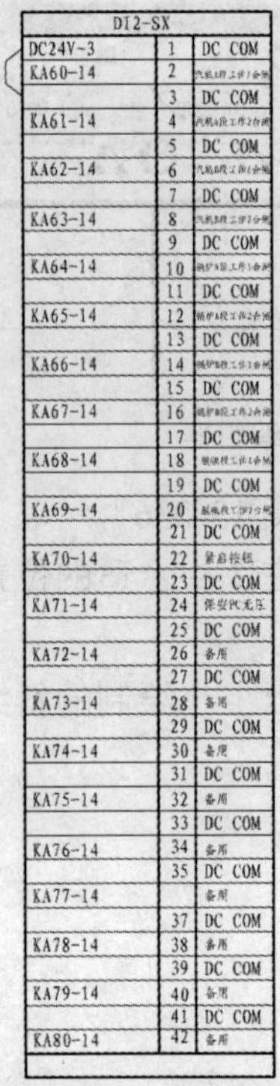

图 13-239　镜像斜线

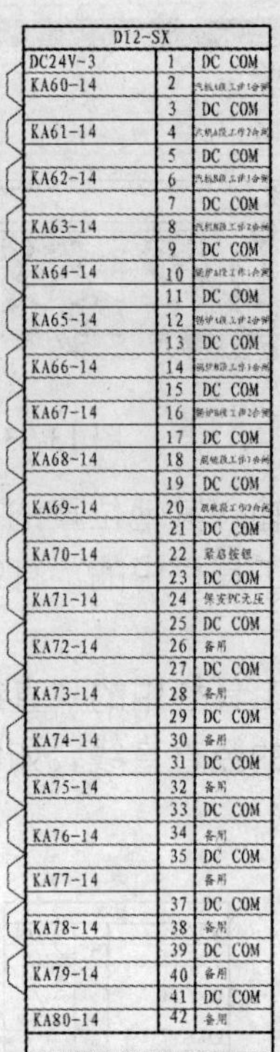

图 13-240　复制图形

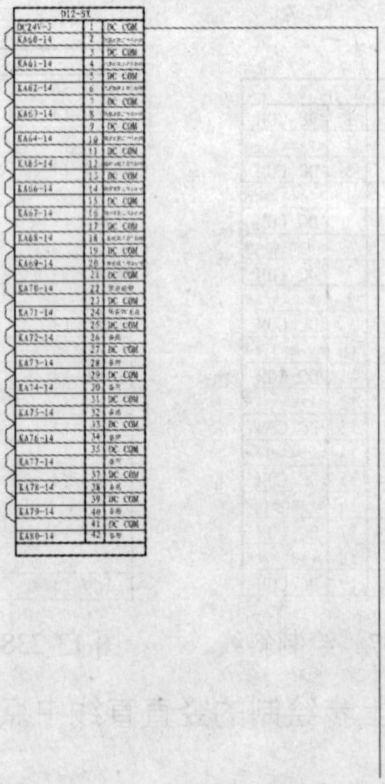

图 13-241　绘制直线

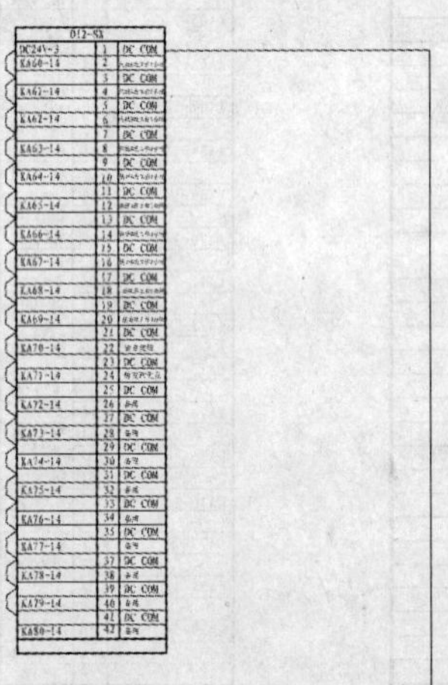

图 13-242　绘制箭头

16 单击“修改”工具栏中的“倒角”按钮，对图形进行倒角操作，设置倒角距离为 2，如图 13-243 所示。

17 单击“修改”工具栏中的“偏移”按钮，将竖直直线向左偏移 11 次，偏移距离为 8，如图 13-244 所示。

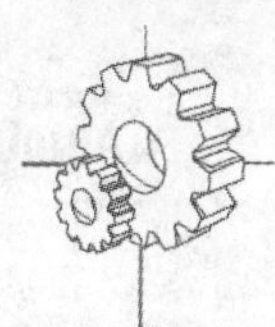

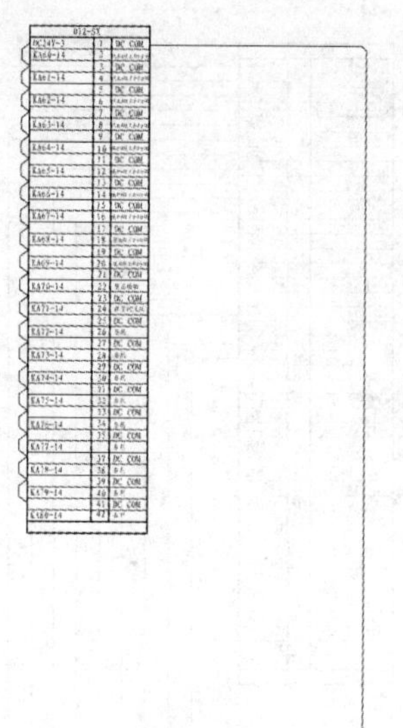

图 13-243　绘制倒角

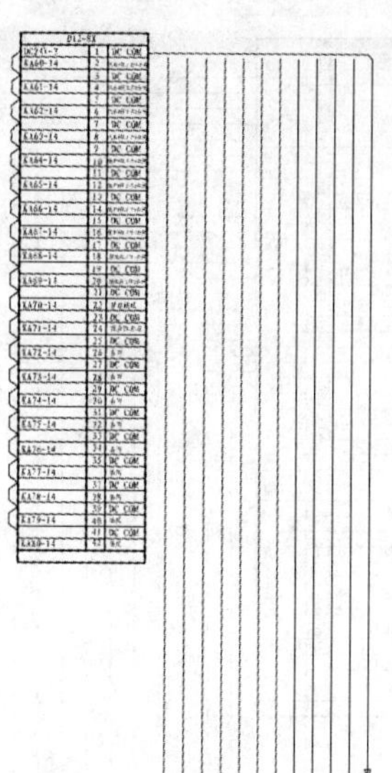

图 13-244　偏移直线

18 单击“修改”工具栏中的“复制”按钮，将箭头复制到偏移直线的底端，如图 13-245 所示。

19 单击“修改”工具栏中的“偏移”按钮，将水平直线向下偏移 23 次，偏移距离为 5，如图 13-246 所示。

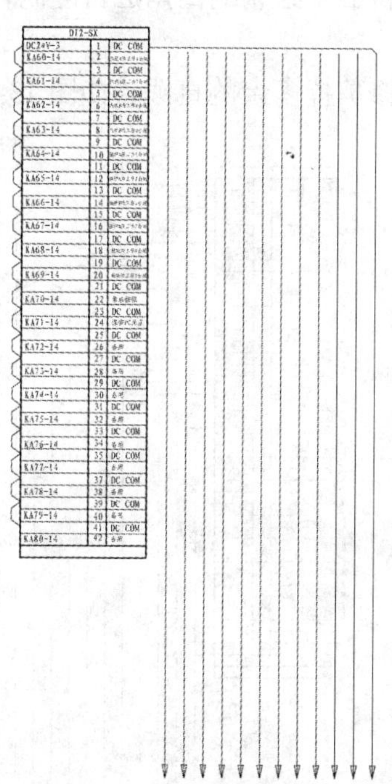

图 13-245　复制箭头

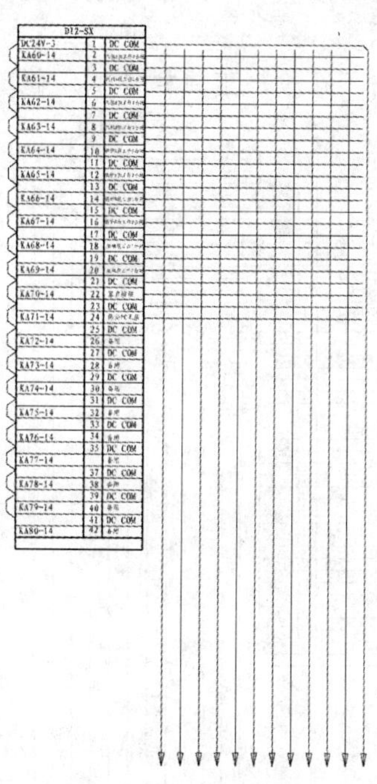

图 13-246　偏移水平直线

20 单击“修改”工具栏中的“修剪”按钮，修剪掉多余的直线，如图 13-247 所示。

21 单击“修改”工具栏中的“倒角”按钮，对图形进行倒角操作，如图 13-248 所示。

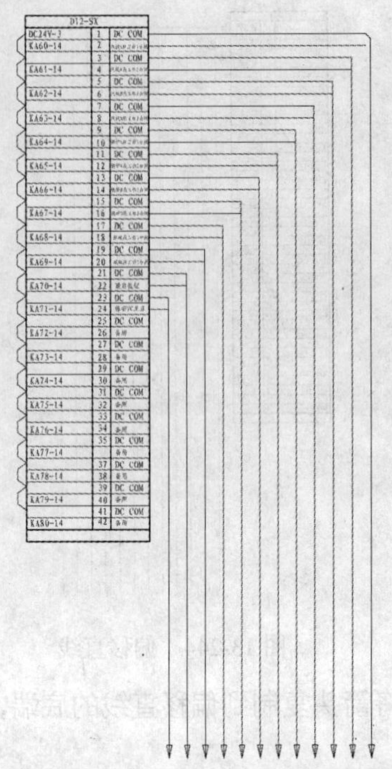

图 13-247　修剪掉多余的直线　　　图 13-248　绘制倒角

22 单击“修改”工具栏中的“复制”按钮，将上步绘制的倒角进行复制，如图 13-249 所示。

23 单击“修改”工具栏中的“修剪”按钮，修剪掉多余的直线，如图 13-250 所示。

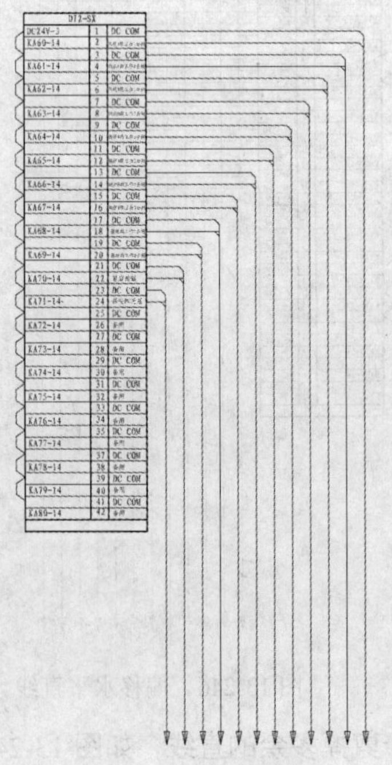

图 13-249　复制倒角

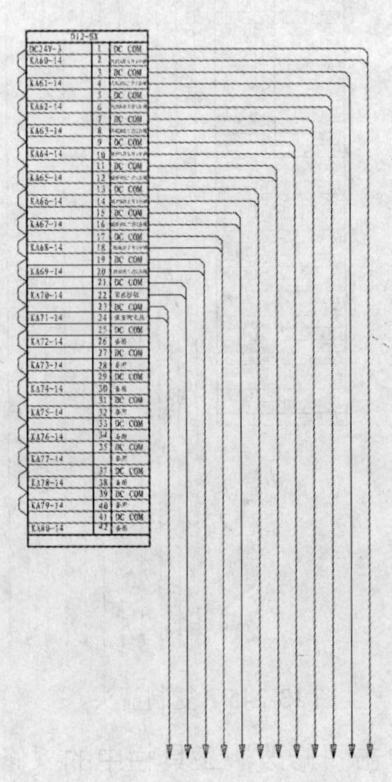

图 13-250 修剪掉多余的直线

24 单击“绘图”工具栏中的“多行文字”按钮，在左侧箭头处标注文字，如图 13-251 所示。

25 单击“修改”工具栏中的“复制”按钮，将文字依次向右进行复制，如图 13-252 所示，然后双击文字，修改文字内容，以便格式的统一，如图 13-253 所示。

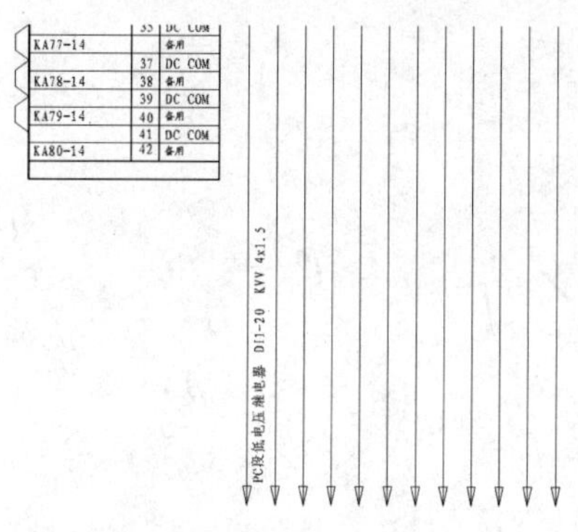

图 13-251　标注文字

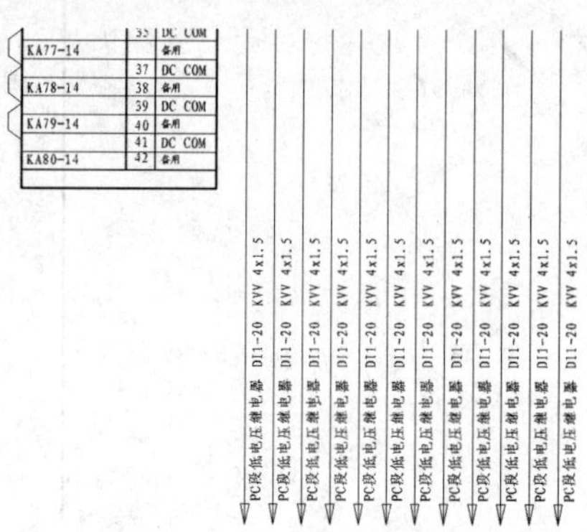

图 13-252 复制文字

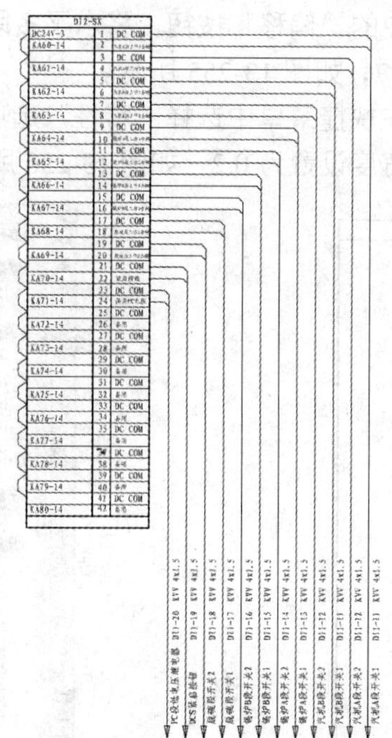

图 13-253　修改文字内容

13.7.4　绘制端子图 CT

01 单击“绘图”工具栏中的“多段线”按钮，设置起始线段宽度和终止线段宽度为 0.3，绘制水平长为 54、竖直长为 135 的多段线，如图 13-254 所示。

图 13-254　绘制多段线

02 单击“修改”工具栏中的“偏移”按钮，将水平多段线向下偏移 5，竖直多段线向右偏移 18、8、11 和 17，如图 13-255 所示。

03 右击第 4 条多段线，在快捷菜单中选择“特性”选项，打开“特性”面板，将起始线段宽度和终止线段宽度设置为 0.2，如图 13-256 所示。

图 13-255　偏移直线

图 13-256　设置线宽

04 单击“修改”工具栏中的“修剪”按钮，修剪掉多余的直线，如图 13-257 所示。

05 单击“绘图”工具栏中的“多行文字”按钮，输入标题，如图 13-258 所示。

06 单击“绘图”工具栏中的“直线”按钮，在图中合适的位置绘制一条水平直线，将其与最上侧水平多段线的距离为 10，如图 13-259 所示。

07 单击“修改”工具栏中的“偏移”按钮，将上步绘制的水平直线偏移 25 次，偏移距离为 5，如图 13-260 所示。

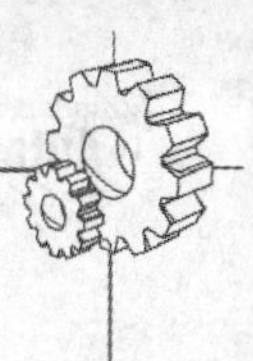

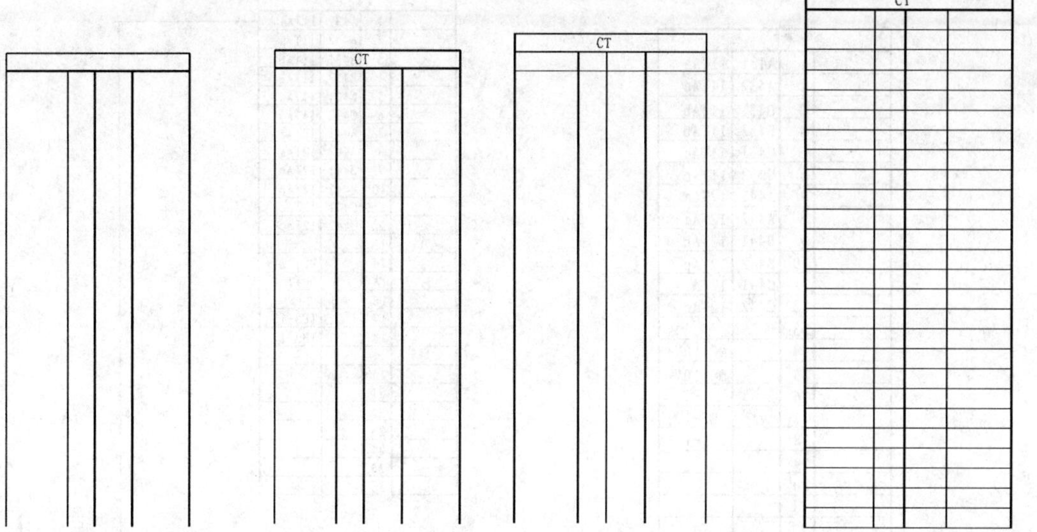

图 13-257　修剪掉多余的直线　图 13-258　输入标题　图 13-259　绘制水平直线　图 13-260　偏移水平直线

08 单击“修改”工具栏中的“复制”按钮，将标题处的文字复制到表内，如图 13-261 所示，然后双击文字，修改文字内容，以便文字格式的统一，如图 13-262 所示。

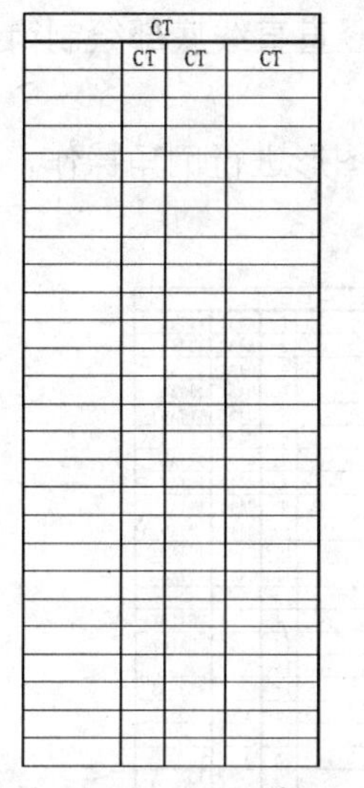

图 13-261　复制文字

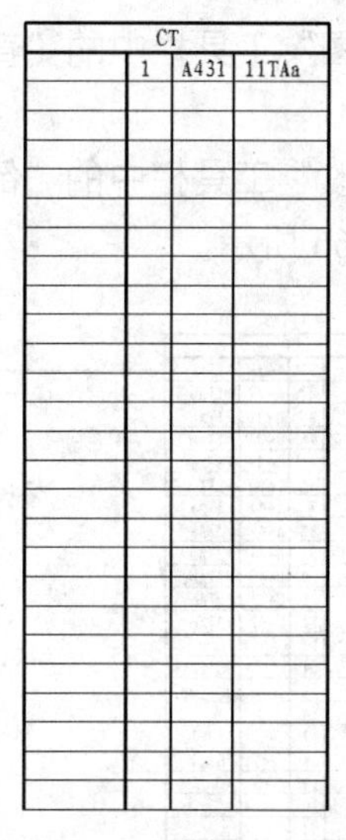

图 13-262　修改文字内容

09 同理，在表内输入其他位置的文字，如图 13-263 所示。

10 单击“绘图”工具栏中的“直线”按钮，在表的右侧绘制水平长为 40、竖直长为 164 的直线，如图 13-264 所示。

CT			
	1	A431	11TAa
	2	A432	11TAa
	3	B431	11TAb
	4	B432	11TAb
	5	C431	11TAc
	6	C432	11TAc
	7	A441	12TAa
	8	A442	12TAa
	9	B441	12TAb
	10	B442	12TAb
	11	C441	12TAc
	12	C442	12TAc
	13		
	14		DC110V+
	15		DC110V-
	16		
	17		TB3-13
	18		TB3-17
	19		
	20		
	21		
	22		
	23		
	24		
	25		
	26		

图 13-263　标注文字

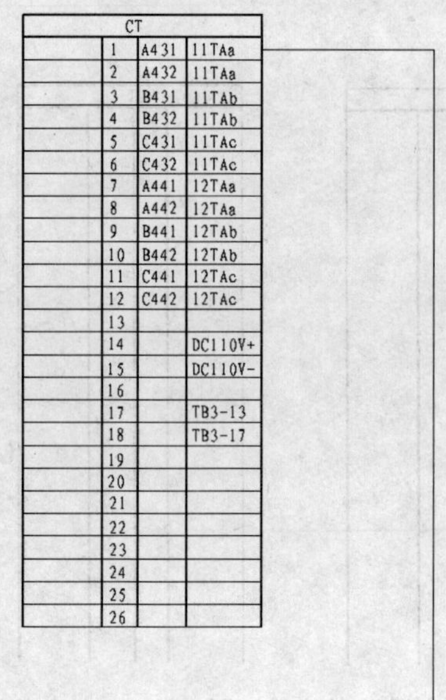

CT			
	1	A431	11TAa
	2	A432	11TAa
	3	B431	11TAb
	4	B432	11TAb
	5	C431	11TAc
	6	C432	11TAc
	7	A441	12TAa
	8	A442	12TAa
	9	B441	12TAb
	10	B442	12TAb
	11	C441	12TAc
	12	C442	12TAc
	13		
	14		DC110V+
	15		DC110V-
	16		
	17		TB3-13
	18		TB3-17
	19		
	20		
	21		
	22		
	23		
	24		
	25		
	26		

图 13-264　绘制直线

11 单击“绘图”工具栏中的“直线”按钮，在竖直直线底部绘制箭头，如图 13-265 所示。

12 单击“修改”工具栏中的“倒角”按钮，对图形进行倒角操作，设置倒角距离为 2，如图 13-266 所示。

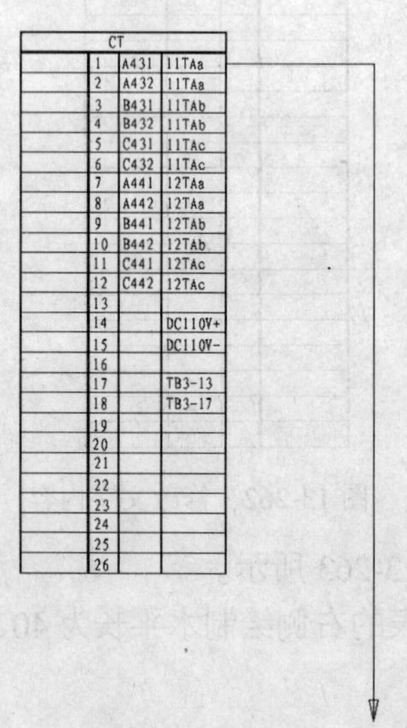

CT			
	1	A431	11TAa
	2	A432	11TAa
	3	B431	11TAb
	4	B432	11TAb
	5	C431	11TAc
	6	C432	11TAc
	7	A441	12TAa
	8	A442	12TAa
	9	B441	12TAb
	10	B442	12TAb
	11	C441	12TAc
	12	C442	12TAc
	13		
	14		DC110V+
	15		DC110V-
	16		
	17		TB3-13
	18		TB3-17
	19		
	20		
	21		
	22		
	23		
	24		
	25		
	26		

图 13-265　绘制箭头

CT			
	1	A431	11TAa
	2	A432	11TAa
	3	B431	11TAb
	4	B432	11TAb
	5	C431	11TAc
	6	C432	11TAc
	7	A441	12TAa
	8	A442	12TAa
	9	B441	12TAb
	10	B442	12TAb
	11	C441	12TAc
	12	C442	12TAc
	13		
	14		DC110V+
	15		DC110V-
	16		
	17		TB3-13
	18		TB3-17
	19		
	20		
	21		
	22		
	23		
	24		
	25		
	26		

图 13-266　绘制倒角

13 单击“修改”工具栏中的“复制”按钮，将水平直线和倒角向下复制 5 次，间距为 5，如图 13-267 所示。

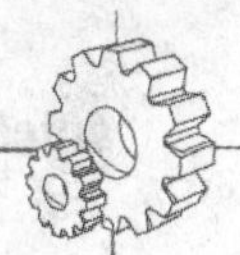

14 单击“修改”工具栏中的“偏移”按钮，将右侧竖直直线向左偏移 4 次，偏移距离为 8，如图 13-268 所示。

CT			
	1	A431	11TAa
	2	A432	11TAa
	3	B431	11TAb
	4	B432	11TAb
	5	C431	11TAc
	6	C432	11TAc
	7	A441	12TAa
	8	A442	12TAa
	9	B441	12TAb
	10	B442	12TAb
	11	C441	12TAc
	12	C442	12TAc
	13		
	14		DC110V+
	15		DC110V-
	16		
	17		TB3-13
	18		TB3-17
	19		
	20		
	21		
	22		
	23		
	24		
	25		
	26		

图 13-267　复制直线和倒角

CT			
	1	A431	11TAa
	2	A432	11TAa
	3	B431	11TAb
	4	B432	11TAb
	5	C431	11TAc
	6	C432	11TAc
	7	A441	12TAa
	8	A442	12TAa
	9	B441	12TAb
	10	B442	12TAb
	11	C441	12TAc
	12	C442	12TAc
	13		
	14		DC110V+
	15		DC110V-
	16		
	17		TB3-13
	18		TB3-17
	19		
	20		
	21		
	22		
	23		
	24		
	25		
	26		

图 13-268　偏移竖直直线

15 单击“修改”工具栏中的“复制”按钮，将箭头复制到图中其他位置，如图 13-269 所示。

16 单击“修改”工具栏中的“偏移”按钮，将最下侧水平直线向下偏移，偏移距离为 5、5、5、5、5、5、10、5、10、5、35 和 5，如图 13-270 所示。

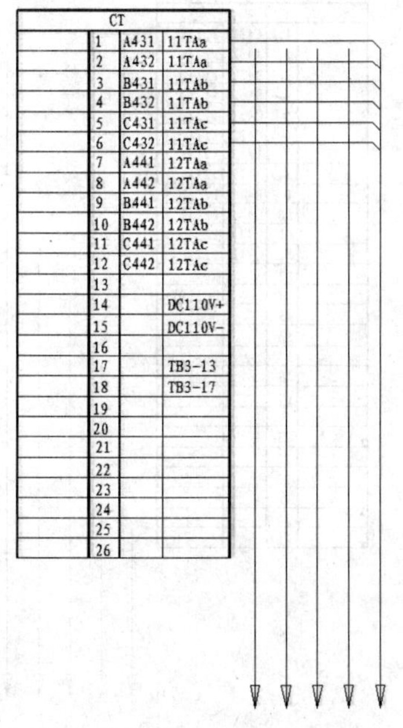

图 13-269　复制箭头

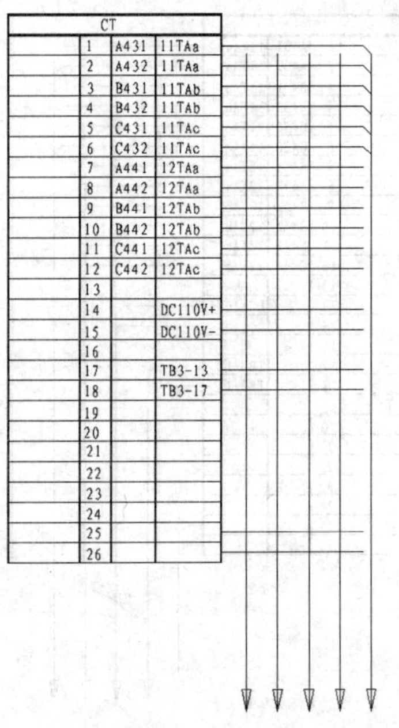

图 13-270　偏移水平直线

17 单击“修改”工具栏中的“修剪”按钮，修剪掉多余的直线，如图 13-271 所示。

18 单击“修改”工具栏中的“倒角”按钮，绘制倒角，如图 13-272 所示。

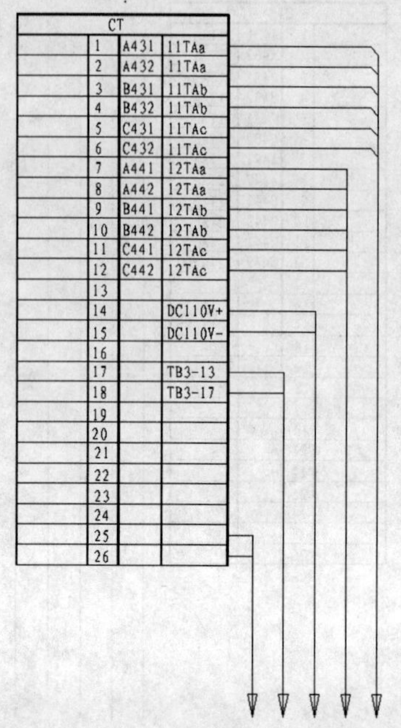

图 13-271 修剪掉多余的直线

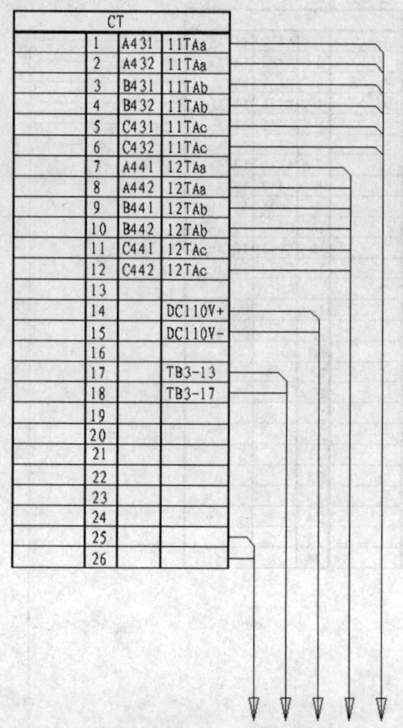

图 13-272 绘制倒角

19 单击“修改”工具栏中的“复制”按钮，将上步绘制的倒角进行复制，如图 13-273 所示。

20 单击“修改”工具栏中的“修剪”按钮，修剪掉多余的直线，如图 13-274 所示。

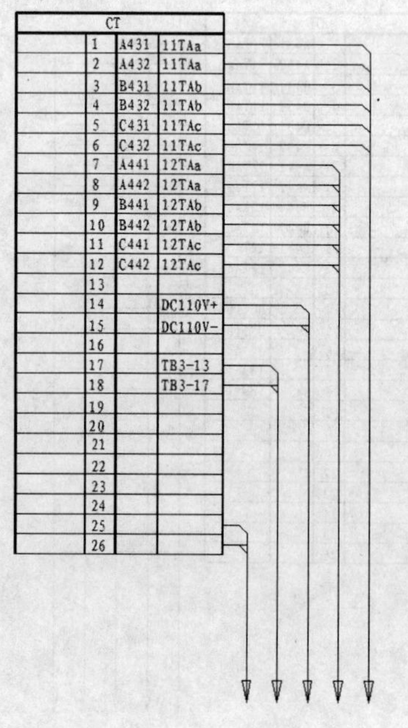

图 13-273 复制倒角

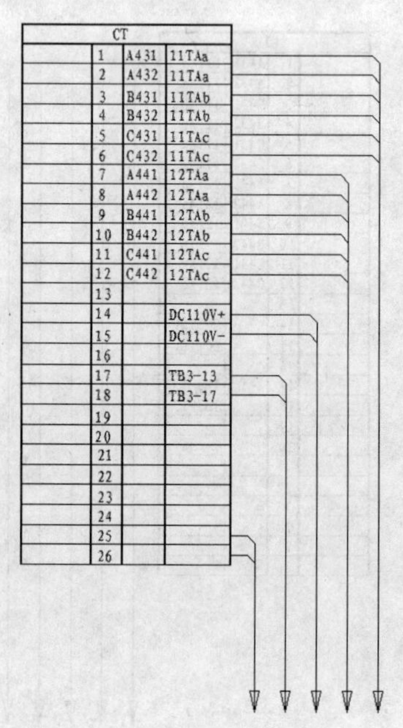

图 13-274 修剪掉多余的直线

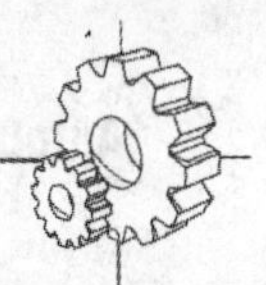

21 单击“绘图”工具栏中的“多行文字”按钮，在左侧第一个箭头处标注文字，如图 13-275 所示。

22 单击“修改”工具栏中的“复制”按钮，将上步标注的文字向右进行复制，如图 13-276 所示，然后双击文字，修改文字内容，以便文字格式的统一，如图 13-277 所示。

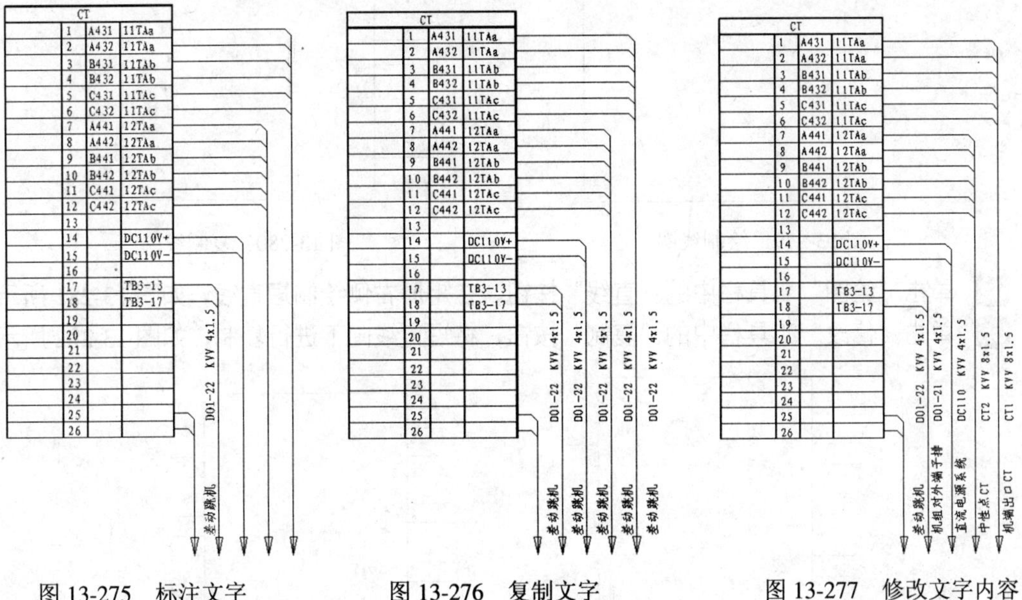

图 13-275　标注文字　　图 13-276　复制文字　　图 13-277　修改文字内容

13.7.5　绘制原理图

01 单击“绘图”工具栏中的“矩形”按钮，绘制一个长为 53、宽为 76 的矩形，如图 13-278 所示。

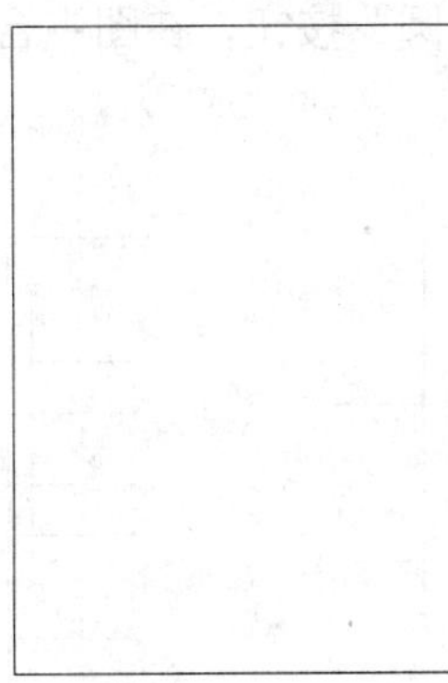

图 13-278　绘制矩形

02 单击“绘图”工具栏中的“直线”按钮和“圆弧”按钮，在矩形左侧绘制线圈，如图 13-279 所示。

03 单击“修改”工具栏中的“复制”按钮，将线圈依次向下进行复制，如图 13-280 所示。

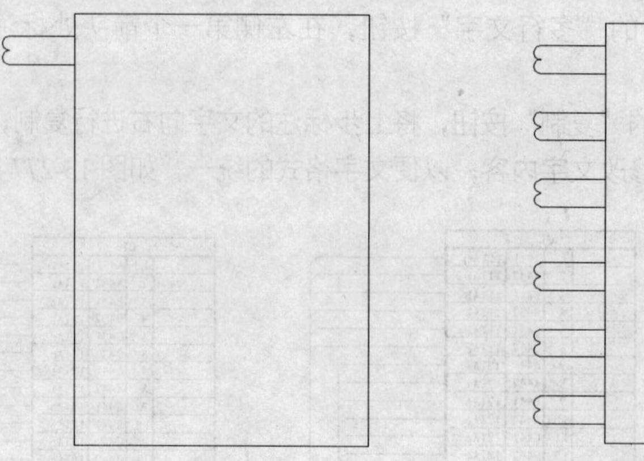

图 13-279　绘制线圈　　　　图 13-280　复制线圈

04 单击“绘图”工具栏中的“直线”按钮，在矩形右侧绘制短直线，如图 13-281 所示。

05 单击“修改”工具栏中的“复制”按钮，将短直线向下进行复制，如图 13-282 所示。

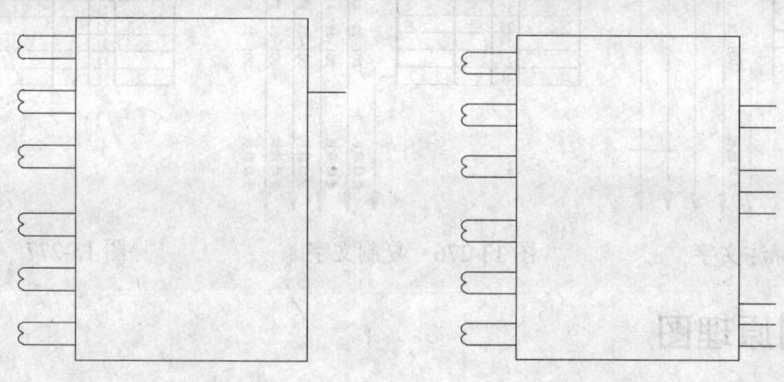

图 13-281　绘制短直线　　　　图 13-282　复制短直线

06 单击“绘图”工具栏中的“直线”按钮，绘制接地线路，如图 13-283 所示。

07 单击“绘图”工具栏中的“圆”按钮，在图中合适的位置绘制一个圆，如图 13-284 所示。

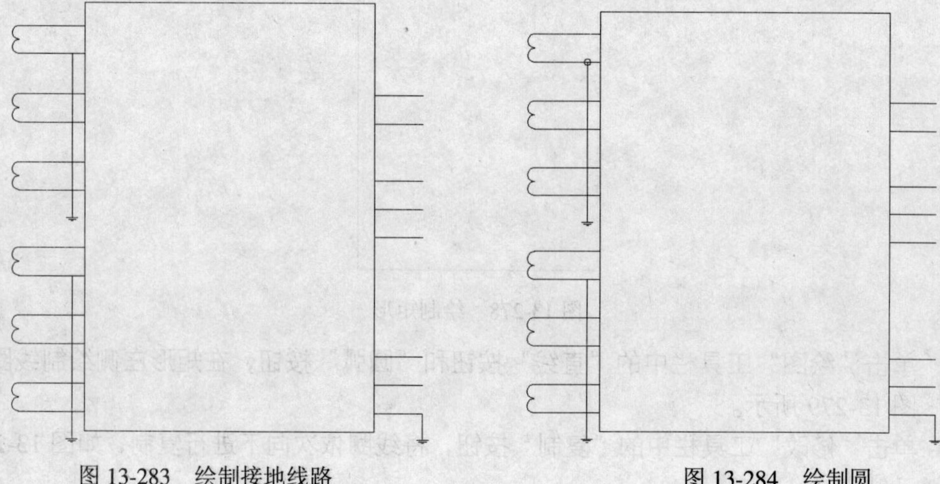

图 13-283　绘制接地线路　　　　图 13-284　绘制圆

08 单击“绘图”工具栏中的“图案填充”按钮，打开“图案填充和渐变色”对话框，选择 SOLID 图案，如图 13-285 所示，填充圆，如图 13-286 所示。

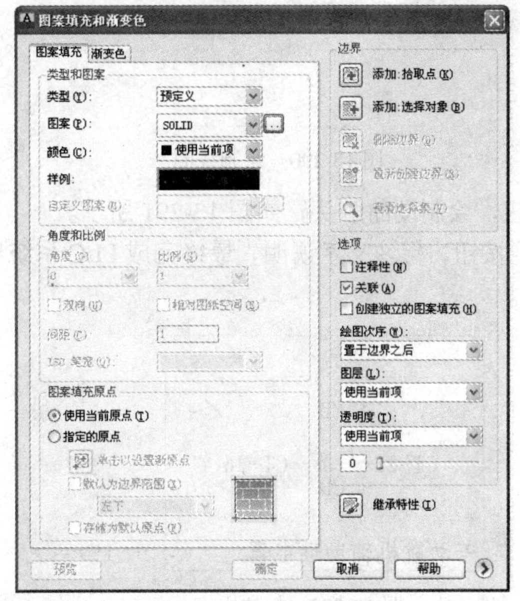

图 13-285　选择填充图案

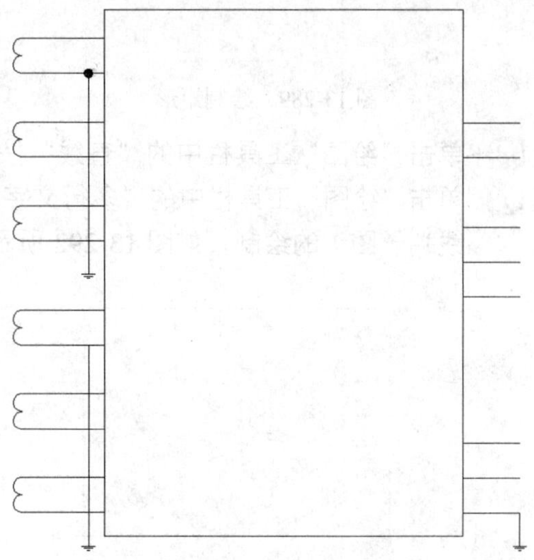

图 13-286　填充圆

09 单击“修改”工具栏中的“复制”按钮，将填充圆复制到图中其他位置，并整理图形，如图 13-287 所示。

10 单击“绘图”工具栏中的“多行文字”按钮，标注文字，如图 13-288 所示。

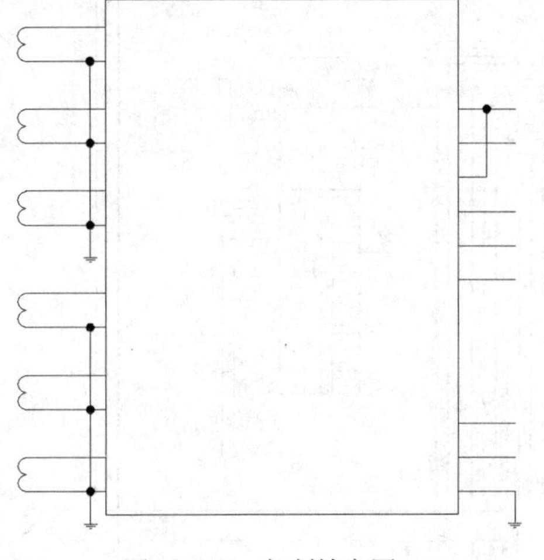

图 13-287　复制填充圆

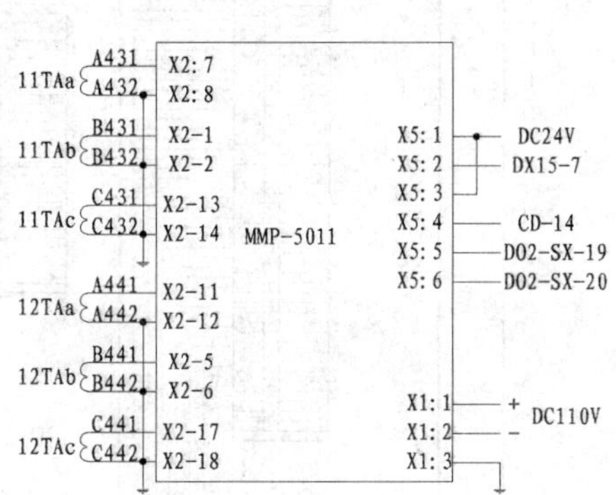

图 13-288　标注文字

13.7.6　绘制继电器模块

01 单击“绘图”工具栏中的“矩形”按钮，绘制一个矩形，如图 13-289 所示。

02 单击“绘图”工具栏中的“直线”按钮和“矩形”按钮，在上步绘制的矩形内绘制线圈，如图 13-290 所示。

图 13-289　绘制矩形

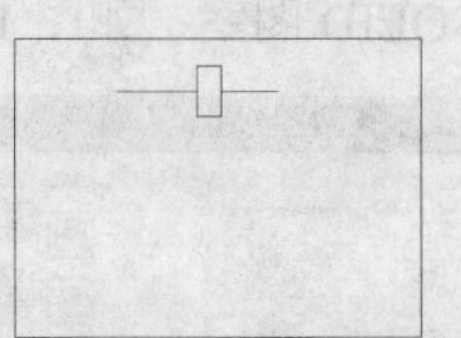

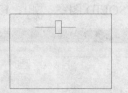

图 13-290　绘制线圈

03 单击“绘图”工具栏中的“直线”按钮，绘制动断触头，如图 13-291 所示。

04 单击“绘图”工具栏中的“多行文字”按钮，标注文字说明，最终完成 PLC 系统出线端子图 1 的绘制，如图 13-292 所示。

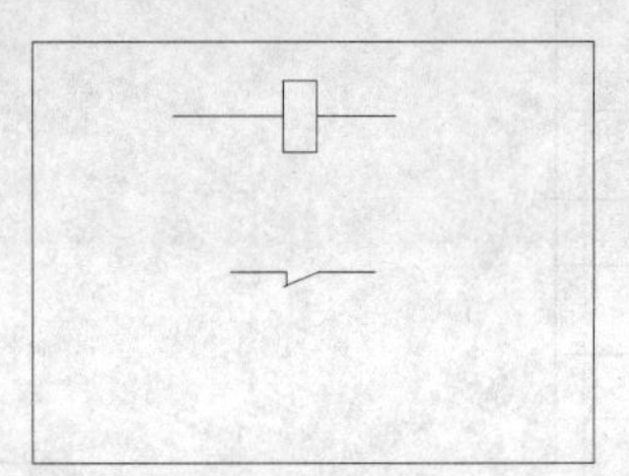

图 13-291　绘制动断触头

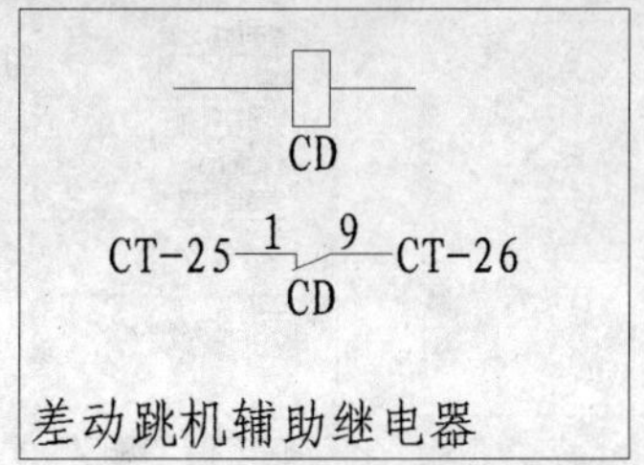

图 13-292　标注文字

05 单击“绘图”工具栏中的“插入块”按钮，打开“插入”对话框，在光盘/图库中找到“图框”图块，将其插入到图中合适的位置，如图 13-293 所示。

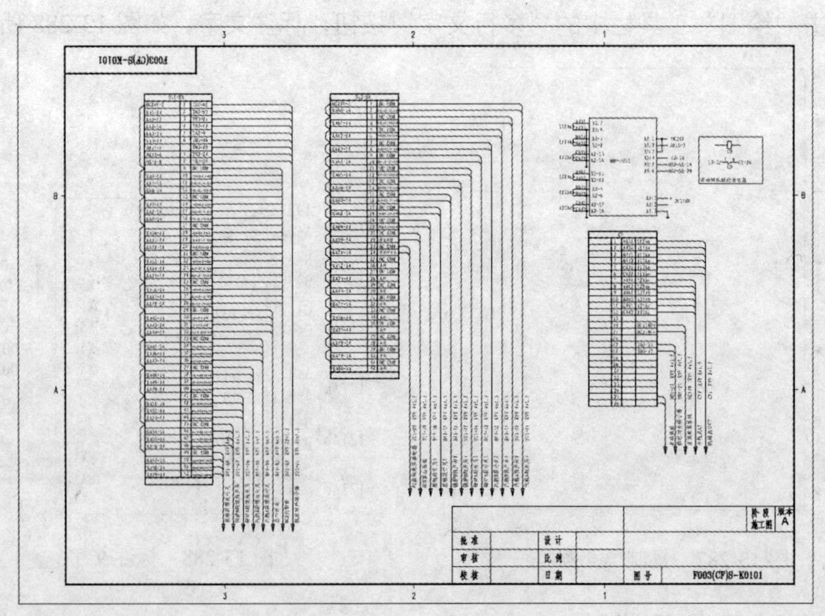

图 13-293　插入图框

06 单击“绘图”工具栏中的“多行文字”按钮，在图框内输入图纸名称，如图 13-184 所示。

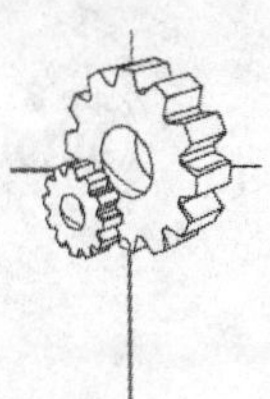

13.7.7　绘制 PLC 系统出线端子图 2

本例结合二维绘图和编辑命令绘制端子图，最后插入图框，如图 13-294 所示。

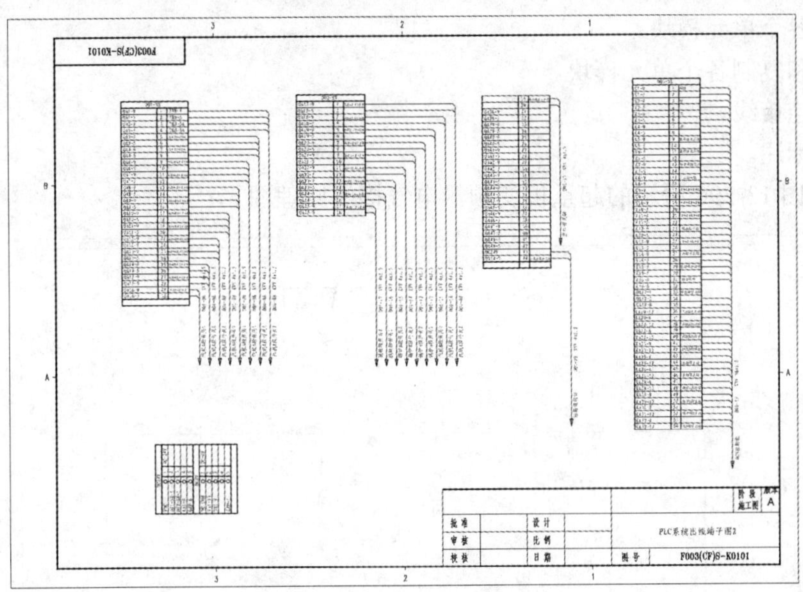

图 13-294　PLC 系统出线端子图 2

13.8　上机实验

1. 绘制图 13-295 所示的起重机照明电气原理图。

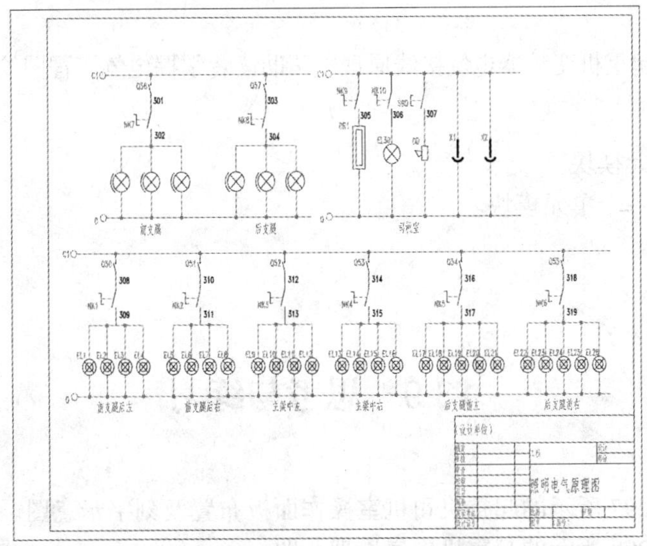

图 13-295　起重机照明电气原理图

（1）目的要求

本例通过绘制起重机照明电气原理图帮助读者掌握电气工程图绘制的方法和技巧。

（2）操作提示

①绘制各个单元模块。

②插入和复制各个单元模块。

③绘制连接线。

④文字标注。

2. 绘制图 13-296 所示的起重机变频器电气接线原理图。

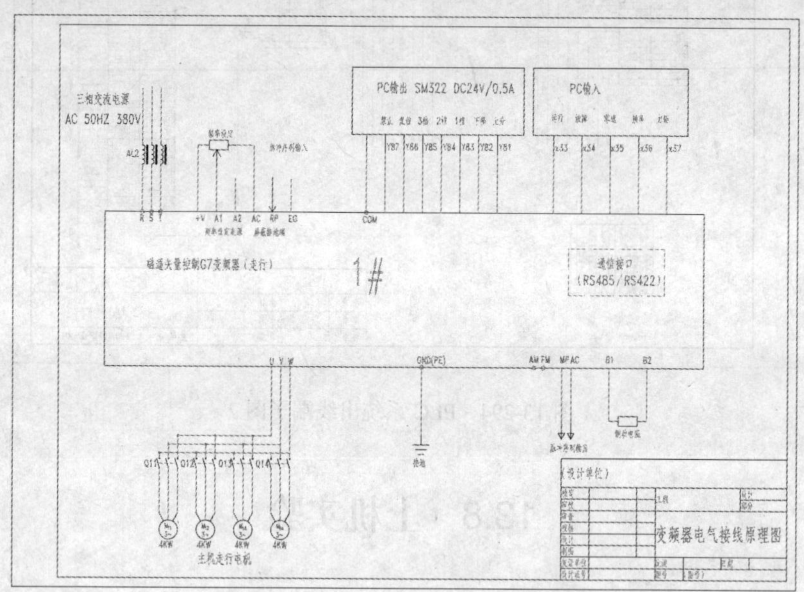

图 13-296　起重机变频器电气接线原理图

（1）目的要求

本例通过绘制起重机变频器电气接线原理图帮助读者掌握电气工程图绘制的方法和技巧。

（2）操作提示

①绘制各个单元模块。

②插入和复制各个单元模块。

③绘制连接线。

④文字标注。

13.9　思考与练习

1. 绘制图 13-297 所示的起重机司机室操作面板布置及刻字示意图。

2. 绘制图 13-298 所示的起重机电气原理总图。

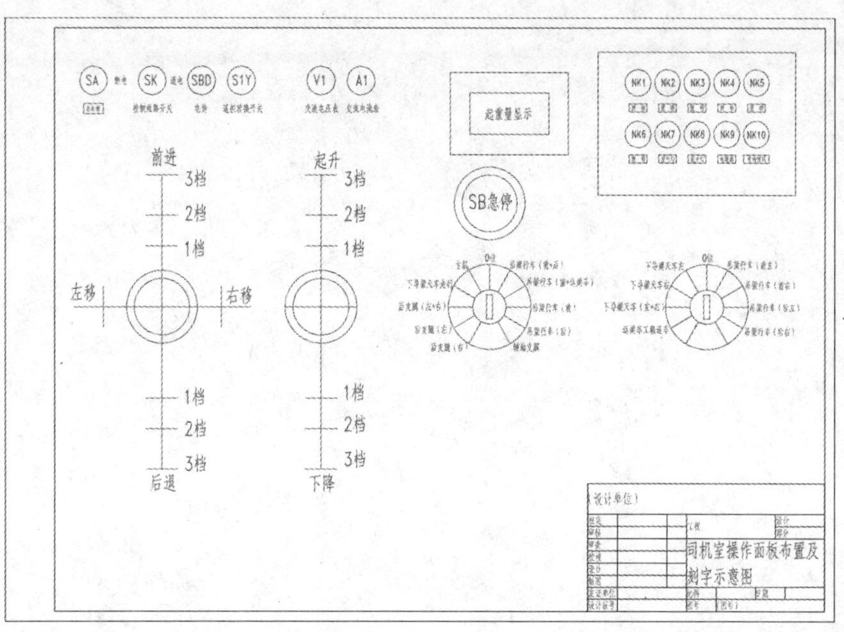

图 13-297　起重机司机室操作面板布置及刻字示意图

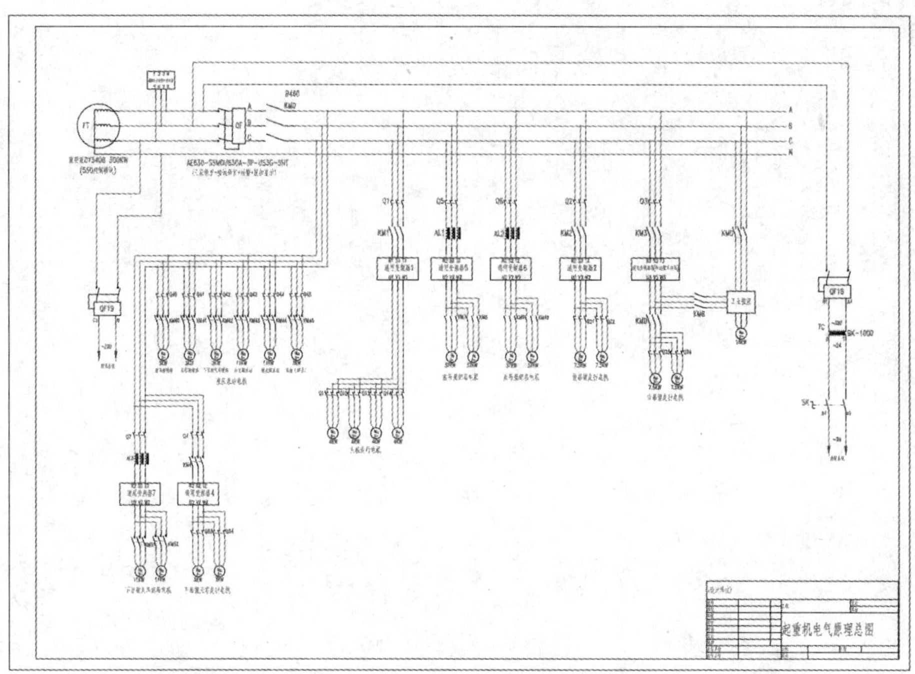

图 13-298　起重机电气原理总图